Brandenburg

Bigalke | Köhler

Mathematik

Gymnasiale Oberstufe

Qualifikationsphase

Grundkurs **12**

Herausgegeben von

Dr. Anton Bigalke Dr. Norbert Köhler

Erarbeitet von

Dr. Anton Bigalke
Dr. Norbert Köhler
Dr. Gabriele Ledworuski
Dr. Horst Kuschnerow

unter Mitarbeit der Verlagsredaktion
und Beratung von

Viola Adam, Luckenwalde

Cornelsen

Bigalke | Köhler

Mathematik

Redaktion: Dr. Ulf Rothkirch
Layout: Klein und Halm Grafikdesign, Berlin
Bildrecherche: Rebekka Gerlach, Kai Mehnert

Grafik: Dr. Anton Bigalke, Waldmichelbach
Illustration: Detlev Schüler †, Berlin (64-1, 73-1, 73-2, 186-4, 272-2, 310-2, 310-4);
Gudrun Lenz, Berlin (212-1);
Cornelsen/Gerlinde Keller (182);
Cornelsen/Henning Knoff (24-1);
Dr. Norbert Köhler, Stahnsdorf (105-1, 105-2, 105-3, 193-1, 193-2, 352);
Dr. Anton Bigalke, Waldmichelbach (alle weiteren)
Umschlaggestaltung: Klein und Halm Grafikdesign,
Hans Herschelmann, Berlin
Technische Umsetzung: CMS – Cross Media Solutions GmbH, Würzburg

Bilder aus dem Land Brandenburg

Umschlag: Lübbenau, Hafen
Seite 13: Angermünde, Rathaus
Seite 63: Dahme/Mark
Seite 85: Beelitz-Heilstätten, Baumkronenpfad
Seite 125: Neuzelle, Klostergarten
Seite 173: Potsdam, Nikolaikirche
Seite 209: Rheinsberg, Park
Seite 253: Kloster Zinna
Seite 319: Prenzlau/Uckermark

www.cornelsen.de

1. Auflage, 3. Druck 2025

Alle Drucke dieser Auflage sind inhaltlich unverändert
und können im Unterricht nebeneinander verwendet werden.

Druck: Livonia Print, Riga

ISBN 978-3-06-040667-8 (Schülerbuch)
ISBN 978-3-06-040972-3 (E-Book)

PEFC zertifiziert
Dieses Produkt stammt aus nachhaltig bewirtschafteten Wäldern und kontrollierten Quellen.
www.pefc.de
PEFC/12-31-006

Inhalt

- Wiederholung
- Basis
- Basis/Erweiterung
- Vertiefung

Vorwort

Kernlehrplan

In diesem Buch wird der Rahmenplan Mathematik des Landes Brandenburg für das zweite Kursjahr konsequent umgesetzt.

In erheblichem Umfang sind Anwendungsaufgaben und Modellierungen berücksichtigt, auch perspektivisch im Hinblick auf das Zentralabitur. Allerdings muss man die ohnehin knappe Zeit gut einteilen, da Anwendungen und Modellierungen erfahrungsgemäß zeitaufwendig sind.

Druckformat

Das Buch besitzt ein weitgehend zweispaltiges Druckformat, was die Übersichtlichkeit deutlich erhöht und die Lesbarkeit erleichtert.
Lehrtexte und Lösungsstrukturen sind auf der linken Seitenhälfte angeordnet, während Beweisdetails, Rechnungen und Skizzen in der Regel rechts platziert sind.

Beispiele

Wichtige Methoden und Begriffe werden auf der Basis anwendungsnaher, vollständig durchgerechneter Beispiele eingeführt, die das Verständnis des klar strukturierten Lehrtextes unterstützen. Diese Beispiele können auf vielfältige Weise als Grundlage des Unterrichtsgesprächs eingesetzt werden. Im Folgenden werden einige Möglichkeiten skizziert:

- Die Aufgabenstellung eines Beispiels wird problemorientiert vorgetragen. Die Lösung wird im Unterrichtsgespräch oder in Stillarbeit entwickelt, wobei die Schülerbücher geschlossen bleiben. Im Anschluss kann die erarbeitete Lösung mit der im Buch dargestellten Lösung verglichen werden.
- Die Schüler lesen ein Beispiel und die zugehörige Musterlösung. Anschließend bearbeiten sie eine an das Beispiel anschließende Übung in Einzel- oder Partnerarbeit. Diese Vorgehensweise ist auch für Hausaufgaben gut geeignet.
- Ein Schüler wird beauftragt, ein Beispiel zu Hause durchzuarbeiten und als Kurzreferat zur Einführung eines neuen Begriffs oder Rechenverfahrens im Unterricht vorzutragen.

Übungen

Im Anschluss an die durchgerechneten Beispiele werden exakt passende Übungen angeboten.

- Diese Übungsaufgaben können mit Vorrang in Stillarbeitsphasen als Kontrolle eingesetzt werden. Dabei können die Schüler sich am vorangegangenen Unterrichtsgespräch orientieren.
- Eine weitere Möglichkeit: Die Schüler erhalten den Auftrag, eine Übung zu lösen, wobei sie mit dem Lehrbuch arbeiten sollen, indem sie sich am Lehrtext oder an den Musterlösungen der Beispiele orientieren, die vor der Übung angeordnet sind.
- Weitere Übungsaufgaben auf zusammenfassenden Übungsseiten finden sich am Ende der meisten Abschnitte. Sie sind für Hausaufgaben, Wiederholungen und Vertiefungen geeignet. Rot markierte Übungen haben einen erhöhten Schwierigkeitsgrad.
- In erheblichem Umfang sind die Formate des Zentralabiturs berücksichtigt, vor allem auch solche mit einfachen Anwendungsbezügen und mit Modellierungen. Allerdings muss man sich die ohnehin knappe Zeit gut einteilen, da Anwendungsaufgaben zeitaufwendig sind.

Überblick, Test, mathematische Streifzüge und Knobelaufgaben

Am Ende eines jeden Kapitels sind in einem *Überblick* die wichtigsten mathematischen Regeln, Formeln und Verfahren in knapper Form zusammengefasst.

Jedes Kapitel bietet vor dem *Überblick* eine oder zwei Seiten mit *hilfsmittelfreien Aufgaben* an. Auf der letzten Seite eines Kapitels findet man einen Test zum Standardstoff, der auch zur Selbstkontrolle dienen kann.

Mehrere Kapitel enthalten einen mathematischen *Streifzug*, der besonders interessierten Schülern Vertiefungsmöglichkeiten bietet.

An zahlreichen Stellen findet man als Zusatzoption *Knobelaufgaben*, die unabhängig vom aktuellen Stoff sind und Problemlösefähigkeiten verstärkt ansprechen.

Verwendung von Taschenrechnern

Die zugrunde gelegten Taschenrechnermodelle CASIO FX 87 DE X und TI 30 X Plus MathPrint entsprechen in ihrer Funktionalität den in Brandenburg genehmigten Modellen.

Sie beherrschen die Binomial- und die Normalverteilung. Außerdem können Sie Wertetabellen von Funktionen erstellen und sind zusätzlich um eine Tabellenkalkulation erweitert.

Entsprechend den Vorschriften sind sie nicht graphikfähig noch beherrschen sie die numerische Differentiation bzw. die numerische Integration, denn die Schüler sollen diese grundlegenden Techniken sinnvollerweise manuell sicher beherrschen.

Für Schulen, die CAS-Rechner verwenden, sind über die Kapitel verteilt einige exemplarische CAS-Seiten enthalten.

Operatoren

Die Aufgabenstellungen in Übungen wurden - auch und vor allem im Hinblick auf das Abitur verstärkt mit Hilfe von Operatoren formuliert.
Es wurden aber auch offener formulierte Fragestellungen einbezogen, um die erforderliche Flexibilität der Schüler im Umgang mit der Fachsprache zu erhalten und zu fördern und sie nicht völlig abhängig zu machen von operationalisierten Formulierungen, da solche Hilfestellungen nicht nur Vorteile bieten, sondern Selbständigkeit und Kreativität beeinträchtigen können, weshalb sie in anschließenden Ausbildungsgängen und im Studium nur marginal vorkommen.

Gesamtkonzeption und Hinweise zu den Kapiteln

Das Buch ist – dem Rahmenplan entsprechend – in sechs Kapitel untergliedert. Zwei weitere Kapitel dienen der Wiederholung von Grundstrategien bzw. enthalten komplexe Aufgaben zu den drei Sachgebieten Analysis, Geometrie und Stochastik. Aufgrund der knappen Zeit vor allem im letzten Abitursemester muss die Lehrkraft entscheiden, welche mit Vorrang behandelt werden sollen. Hinweise und Vorschläge hierzu werden im Folgenden gegeben.

I. Koordinatensysteme und Vektoren – Orientieren und Bewegen im Raum

In diesem grundlegenden Kapitel werden die elementaren Basisbegriffe der Analytischen Geometrie und der Vektorrechnung behandelt.

In Abschnitt 1 (Punkte im Koordinatensystem) geht es um die Darstellung im dreidimensionalen Koordinatensystem. Eine wichtige Fertigkeit ist das Ablesen von Punktkoordinaten aus Figuren im Koordinatensystem, wobei die Verkürzung in x-Richtung beachtet werden muss.

Wichtig ist auch die Umkehrung diese Aufgabenstellung, d. h. das Zeichnen von Schrägbildern von Figuren, deren Eckpunktkoordinaten gegeben sind. Dabei ist es wichtig, das Zeichnen auf kariertem Papier zu üben, wie es den Schülern zur Verfügung steht (S. 17).

An rechnerischen Mitteln wird der Abstand von Punkten im Raum behandelt (S. 20 ff), wobei auf den Satz des Pythagoras zurückgegriffen wird. Als Anwendung kommt unter anderem auch der Gleichschenkligkeits- und der Rechtwinklichkeitsnachweis für Dreiecke in Frage.

In Abschnitt 2 (Begriff des Vektors) werden Vektoren als Pfeilklassen eingeführt (S. 24). Danach wird aber schnell auf die praktisch besonders wichtigen Spaltenvektoren eingegangen (S. 25) sowie Verschiebungsvektor und Ortsvektor eingeführt. Natürlich wird hier auch der Betrag eines Vektors behandelt (S. 27).
Die Anwendungen sind noch einfach, z. B. die Spiegelung eines Punktes oder die Ergänzung eines Dreiecks zu einem Parallelogramm.

In Abschnitt 3 (Rechnen mit Vektoren) werden alle grundlegenden Rechengesetze (Addition, Subtraktion, skalare Multiplikation) geometrisch-anschaulich und rechnerisch eingeführt (S. 31 ff.), wobei auch Nullvektor und Gegenvektor wichtig sind. Die Distributivgesetze sollte man – auch aus Zeitgründen – nicht zu stark problematisieren, da sie von der Schülern erfahrungsgemäß rein intuitiv richtig angewandt werden.

Die Linearkombination von Vektoren wird behandelt, insbesondere die Darstellung eines Vektors als Linearkombination gegebener Vektoren (S. 40). Damit eng verbunden sind Kollinearität und der Komplanarität, die danach dargestellt werden (S. 41).
Als Verallgemeinerung hiervon werden lineare Abhängigkeit und Unabhängigkeit besprochen.

Wichtige Anwendungen – auf die man nicht verzichten sollte – sind der Mittelpunkt einer Strecke, Teilverhältnisse von Strecken und der Nachweis ebener geometrischer Figuren (Dreieck, rechtwinkliges Dreieck, Parallelogramm, Trapez und Rechteck, S. 53 ff).

Es gibt zwei optionale Exkurse: Ein Exkurs über physikalische Anwendungen der Vektorrechnung (Kräfte) (S. 47–48), die zur Motivation eingesetzt werden können und ein weiterer Exkurs zu Vektorzügen (S. 37).

Übungsmaterial ist überall reichlich vorhanden. Aus Zeitgründen sollte die Lehrkraft die Übungen aber nicht zu weit ausdehnen.

II. Das Skalarprodukt

Das Skalarprodukt wird schon an dieser Stelle zur Verfügung gestellt. Praktisch hat man damit frühzeitig im Kursverlauf ein Mittel zur Messung von Winkeln und Flächen in der Ebene und im Raum zur Verfügung. Das Skalarprodukt könnte auch später behandelt werden, entweder nach Lageuntersuchungen von Geraden oder direkt vor der Einführung von Ebenengleichungen in Normalen- und Koordinatenform.

In Abschnitt 1 (Die Definition des Skalarprodukts) wird das Skalarprodukt ausgehend vom physikalischen Arbeitsbegriff Arbeit = Kraft × Weg in seiner Kosinusform eingeführt (S. 64). Die ebenfalls unbedingt erforderliche Koordinatenform folgt unmittelbar darauf (S. 65).

Der Rahmenplan sieht die Behandlung der orthogonalen Projektion eines Vektors auf einen zweiten Vektor vor (S. 67).

In Abschnitt 2 (Winkel- und Flächenberechnungen) wird zunächst die Kosinusformel für den Winkel zwischen zwei Vektoren behandelt (S. 68). Diese Formel bildet die Grundlage aller späteren Winkelberechnungen.
Wichtig ist der Sonderfall orthogonaler Vektoren mit dem Skalarprodukt Null (S. 70).

Ebenfalls behandelt wird die vektorielle Bestimmung des Flächeninhalts eines Dreiecks, die wesentlich effizienter als die Methoden der Elementargeometrie ist (S. 71).

In Abschnitt 3 (Untersuchung von Figuren und Körpern) werden erste Längen-, Winkel- und Flächenberechnungen an ebenen Figuren und an Körpern wie z. B. an Pyramiden durchgeführt (S. 74 ff.), so dass nun insgesamt schon viele Problemstellungen gelöst werden können.

III. Geraden

In diesem Kapitel geht es um die vektorielle Erfassung einer der elementarsten Strukturen der Geometrie, nämlich der Geraden.

Abschnitt 1 (Lineare Gleichungssysteme, S. 86 ff) ist ein reiner Wiederholungsabschnitt. Dieses Thema wurde bereits im ersten Kursjahr behandelt. Der Schüler hat hier die Möglichkeit, die Verfahren zum Lösen von Gleichungssystem in kompakter Form nachzuschlagen, wenn er sie im Folgenden benötigt. Enthalten ist auch die Lösung von linearen Gleichungssystemen mit einem sehr übersichtlichen Online-Programm (S. 90). Es eignet sich insbesondere gut zur Kontrolle von manuell erzielten Rechenergebnissen.

In Abschnitt 2 (Geradengleichungen) wird zunächst die vektorielle Parametergleichung einer Geraden mit Orts-, Stütz- und Richtungsvektoren eingeführt (S. 94). Hinzu kommt die vektorielle Zweipunktegleichung der Geraden (S. 96).
Vektorielle Darstellungen in der ebenen zweidimensionalen Geometrie findet man der Vollständigkeit halber ebenfalls (S. 98), aber diese spielen in der Folge keine große Rolle.

In Abschnitt 3 (Lagebeziehungen) wird zunächst die gegenseitige Lage von Punkt und Gerade bzw. Punkt und Strecke im Raum untersucht (Punktprobe, S. 100).
Anschließend werden die drei möglichen relativen Lagen von zwei Geraden im Raum untersucht, d.h. die Fälle parallel, schneidend und windschief (S. 101 ff.).
Ein gut funktionierendes Untersuchungsschema in Form eines Flussdiagramms ist auf S. 101 ebenfalls aufgeführt. Als interessante Anwendung wird ein Flugbahnproblem gestellt (S. 104).

In Abschnitt 4 (Der Winkel zwischen Geraden) werden die Kosinusformel für den Schnittwinkel von Geraden (S. 108) und die Orthogonalitätsbedingung für Geraden (S. 109) behandelt.

In Abschnitt 5 (Spurpunkte mit Anwendungen) wird zunächst gezeigt, wie man die Spurpunkte einer Geraden berechnet (S. 110) und wie man damit Reflexionsprobleme (S. 111) sowie den Schattenwurf (S. 112) untersuchen kann.
Den Abschluss des Kapitels bilden erste zusammengesetzte Aufgabestellungen (S. 114 ff.) und im Streifzug noch einmal Flugbahnen (S. 120) als evtl. abiturelevantes Thema.

IV. Ebenen

In diesem Kapitel werden Ebenen und ihre Lagebeziehungen behandelt.

In Abschnitt 1 (Parametergleichung) werden die vektorielle Parametergleichung einer Ebene (S. 126) und die Dreipunktegleichung (S. 127) eingeführt.

In Abschnitt 2 (Normalen- und Koordinatengleichung der Ebene) wird zunächst als grundlegendes Strukturelement der Normalenvektor einer Ebene definiert und gezeigt, wie man ihn mit Hilfe des Orthogonalitätskriteriums und mit einem Gleichungssystem berechnet (S. 129).
Außerhalb des Rahmenplans wird in einem Streifzug die Berechnung mit dem Vektorprodukt gezeigt. Damit geht das natürlich viel effizienter und die Lehrkraft sollte sich überlegen, ob sie dieses Mittel nicht zusätzlich einführt. Es spart viel Zeit und viele Fehler (S. 130/131).
Anschließend werden die Normalengleichung (S. 132) und die Koordinatengleichung der Ebene behandelt. Mit der Normalengleichung können später gut Abstände berechnet werden und die Koordinatengleichung vereinfacht viele Rechnungen ungemein und ist wenig fehleranfällig als die Normalengleichung. Sie sollte sicher bevorzuget verwendet werden.
Im Folgenden werden die Umwandlungen der drei Ebenendarstellungen thematisiert (134 ff.).

In Abschnitt 3 (Achsenabschnitte und Spurgeraden einer Ebene) werden die Achsenabschnittspunkte einer Ebene bestimmt (S. 136) und zur besonders anschaulichen Darstellung von Ebenen im Koordinatensystem genutzt. Kurz wird auch die Achsenabschnittsgleichung angesprochen (S. 137), die aber keine besonders große Bedeutung hat.
Die Spurgeraden einer Ebene hängen unmittelbar mit den Achsenabschnitten zusammen (S. 138).

In Abschnitt 4 (Lagebeziehungen) geht es um die besonders wichtigen Lagebeziehungen zwischen Ebenen und Punkten (Punktprobe, S. 141), Ebenen und Geraden (S. 144) und zwei Ebenen (S. 153). Bei der Lageuntersuchung zweier Ebenen wird unterschieden zwischen der Lageuntersuchung ohne Schnittmengenbestimmung (S. 153 ff.), welche laut Rahmenplan obligatorisch ist, und der Lageuntersuchung mit Schnittmengenbestimmung (S. 156), welche nicht im Rahmenplan steht.

Als Sonderfälle werde dabei auch orthogonale und parallele Lagen angesprochen (S. 148, S. 157) und in diesem Zusammenhang auch Spiegelungen an Ebenen (S. 149).
Als nicht obligatorische, nicht im Rahmenplan vorgesehene Vertiefung findet man einen Exkurs zur Lage von Punkt und Dreieck (S. 143) und einen noch weiter führenden Streifzug zur Lage von Gerade und Dreieck (S. 164). Hier spielt die Parametergleichung der Ebene ihre Stärke aus. Als einzige Darstellungsform - im Gegensatz zur Normalen- und zur Koordinatenform - gibt sie der Ebene über die Richtungsvektoren eine innere Struktur, die es gestattet, begrenzte Teile einer Ebene wie z.B. Parallelogramme oder Dreiecke zu untersuchen.

Ein weiterer rein optionaler Zusatz ist die Ermittlung der Lagebeziehung von Gerade und Ebene mit dem Computer (S. 147). Dieses Mittel kann gut zu Kontrollzwecken eingesetzt werden, wenn man es behandelt.

In den Übungsaufgaben werden auch schon komplexere Lagebeziehungen von Punkten, Geraden und Ebenen in geometrischen Körpern angesprochen.

V. Winkel und Abstände

Während es in den vorhergehenden Kapiteln um strukturelle Fragen der analytischen Geometrie ging (Wie werden Strukturen in der Ebene und im Raum vektoriell dargestellt und wie werden ihre Beziehungen zueinander untersucht?), geht es nun um die metrische analytische Geometrie (Wie werden Winkel und Abstände in der Ebene und im Raum mit Hilfe des Skalarproduktes gemessen bzw. berechnet?).

In Abschnitt 1 (Schnittwinkel) werden die Formeln für den Schnittwinkel von Geraden (S. 174) den Schnittwinkel von Gerade und Ebene (S. 175) und den Schnittwinkel von zwei Ebenen (S. 176) kompakt entwickelt.

In Abschnitt 2 (Abstandsberechnungen) wird zunächst derAbstand Punkt/Ebene mit dem besonders anschaulichen Lotfußpunktverfahren bestimmt (S. 178). Eine wichtige Anwendung ist die Pyramidenhöhe (S. 179).

Anschließend wird die Hessesche Normalengleichung der Ebene eingeführt (S. 182) und zur Berechnung von Abständen eingesetzt (S. 183).
Als nicht obligatorische Anwendung gibt es einen Streifzug zum Volumen der Dreieckspyramide (S. 184).

Insgesamt ist nun die Berechnung von Abständen von Punkten zu Ebenen, von Geraden zu parallelen Ebenen und von parallelen Ebenen zueinander möglich.
Hinweis: Im Rahmenplan ausdrücklich nicht vorgesehen ist die Berechnung des Abstandes eines Punktes zu einer Geraden und des Abstandes windschiefer Geraden.

In Abschnitt 3 (Untersuchung geometrischer Objekte im Raum) werden die bisher unterrichteten Methoden und Verfahren auf komplexere geometrische Objekte im Raum angewandt. dadurch wird die Anwendungssicherheit erhöht, das räumliche Vorstellungsvermögen geschult. Hier geht es um Punkte, Geraden und Ebenen im Zusammenhang mit Würfeln, Quadern, Pyramiden, Modellhäusern usw. (S. 189–195)

Anschließend werden bewegte Objekte im Raum untersucht, insbesondere Flugbahnprobleme, bei denen die Geschwindigkeit von Flugobjekten eine Rolle spielt.(S. 196 - 201)
Beide Thematiken dieses Abschnitts dienen auch der frühzeitigen Abiturvorbereitung.

VI. Prognose- und Konfidenzintervalle

In diesem Kapitel wird die Wahrscheinlichkeitsrechnung aus dem zweiten Kurshalbjahr fortgesetzt und um ein Thema ergänzt. Dabei geht es um zwei grundsätzliche Fragestellungen. Zum einen wird untersucht, ob die relative Häufigkeit eines Stichprobenergebnisses kompatibel ist zu einer bekannten Wahrscheinlichkeit. Zum anderen wird versucht ,aus dem Ergebnis einer Stichprobe eine Aussage über eine unbekannte Wahrscheinlichkeit abzuleiten.

Abschnitt 1 (Die Binomialverteilung im Überblick) ist ein Wiederholungs- und Nachleseabschnitt. Ein solcher Abschnitt ist dringend erforderlich, da die Behandlung dieses Thema fast zwei Semester zurückliegen dürfte. Die wichtigsten Grundlagen (Formel von Bernoulli und Binomialverteilung (S. 211), kumulierte Binomialverteilung (S. 212) werden in knapper Form dargestellt.

Anschließend erfolgt die Handhabung der Binomialverteilung (S. 212–213) und der kumulierten Binomialverteilung (S. 214) mit dem Taschenrechner. Auf die Anwendung von Tabellen wird hier aus Zeit- und Platzgründen verzichtet.

Hinzu kommt die Behandlung von Erwartungswert (S. 215) und Standardabweichung (S. 216), denn diese statistischen Kenngrößen werden bei Konfidenzproblemen dauernd benötigt.

Im Abschnitt 2 (Die Sigma-Regeln) werden die sog. Sigma-Regeln behandelt. Wir sprechen hier beide Gruppen von $k\sigma$-Regeln an, die für ganzzahliges k ($k = 1$, $k = 2$, $k = 3$, S. 219) und die Regeln für ganzzahlige Sicherheitswahrscheinlichkeiten (90 %, 95 %, 99 %, S. 220).
Erstere Sigma-Regeln erwähnt der Rahmenplan, die zweite Sorte von Sigma-Regeln sind aber der Standard für Konfidenzintervalle.

In Abschnitt 3 (Prognoseintervalle) wird von der Grundgesamtheit auf eine Stichprobe geschlossen. Zunächst werden die Basisbegriffe Grundgesamtheit und Stichprobe erklärt (S. 223). Dann wird der Begriff des Prognoseintervalls erläutert, mit dem man von einer bekannten Trefferwahrscheinlichkeit eines Merkmals in der Grundgesamtheit auf die absolute Trefferhäufigkeit (S. 224 ff) oder auf die relative Trefferhäufigkeit in einer zukünftig zu ziehenden Stichprobe schließt (S. 229).

Auch in Abschnitt 4 (Verträglichkeit mit einer Stichprobe), (S. 231 ff) wird untersucht, ob eine mehr oder weniger berechtigte Vermutung über die Trefferwahrscheinlichkeit in der Grundgesamtheit mit dem Ergebnis einer zu ziehenden Stichprobe „verträglich“ ist, weil das Stichprobenergebnis im vorher festgelegten Verträglichkeitsintervall liegt.
Da jedoch das Verträglichkeitsintervall beliebig groß oder klein gewählt werden kann und die Trefferwahrscheinlichkeit in der Grundgesamtheit unbekannt ist, ist an dieser Stelle eine Aussage über die Wahrscheinlichkeit einer falschen Entscheidung nicht möglich. Letzteres geht nur mit Signifikanzintervallen, die in diesem Kurs nicht behandelt werden.

In Abschnitt 5 (Konfidenzintervalle) geht es nun wirklich um reine Konfidenzprobleme, also um den Schluss von der relativen Häufigkeit eines Merkmals in einer Stichprobe auf die Wahrscheinlichkeit des Merkmals in der zugehörigen Grundgesamtheit.

Zunächst wird gezeigt, wie man von einer bereits bekannten $\frac{\sigma}{n}$-Umgebung der relativen Häufigkeit eines Merkmals zu einem Vertrauens- oder Konfidenzintervall für die Wahrscheinlichkeit p des Merkmals in der Grundgesamtheit kommt. Man erhält auf diese Weise eine Formel für die beiden Grenzen des Konfidenzintervalls (S. 235).
Hierbei werden – wie es gebräuchlich ist, als Sicherheitswahrscheinlichkeiten 90 %, 95 % und 99 % verwendet.

Im Anschluss gibt es aber einen Exkurs, bei dem Konfidenzintervalle verwendet werden, die auf ganzzahligen Sigma-Umgebungen beruhen, wie im Rahmenplan erwähnt. Allerdings ist bei den dann vorliegenden weniger gebräuchlichen Sicherheitswahrscheinlichkeiten von 68,3 %, 95,5 % und 99,7 % Folgendes zu beachten: Eine Sicherheitswahrscheinlichkeit von 68,3 % macht in der Praxis keinen großen Sinn, da sie zu klein ist (dann könnte man auch gleich würfeln), und eine Sicherheitswahrscheinlichkeit von 99,7 % erscheint viel zu hoch. Dann wird das Konfidenzintervall zu groß und damit zu ungenau.

In Abschnitt 5 wird auf die Frage eingegangen, wie sich eine Vergrößerung des Stichprobemumfangs auf den Durchmesser des Konfidenzintervalls, also auf die Genauigkeit der Abschätzung der unbekannten Trefferwahrscheinlichkeit p, auswirkt (sog. $\frac{1}{\sqrt{n}}$-Gesetz, S. 245).

Insgesamt muss die Lehrkraft bezüglich dieses Kapitels die aktuellen Entwicklungen beobachten und danach entscheiden, welche Abschnitte er behandeln möchte.

Damit ist der rahmenplanbezogene Teil der Kurshalbjahre 3 und 4 abgeschlossen.

VII. Grundstrategien in der Oberstufe

In diesem Kapitel ist es das Anliegen der Autoren, den Schülern die Möglichkeit zu geben, sich noch einmal mit den mathematischen Grundstrategien der gymnasialen Oberstufe vertraut zu machen. Diese sollten sozusagen auf Zuruf eines passenden Themenstichworts abrufbar und weitgehend automatisiert rezeptartig angewandt werden können.

Der Vorteil im Abitur wäre, dass dann der Zeitaufwand für die Bearbeitung von Fragestellungen einfachen und mittleren Schwierigkeitsgrades deutlich reduziert würde und gleichzeitig wesentlich weniger Fehler zu erwarten wären.

Dieses Konzept wird nach den mathematischen Fachgebieten Analysis, Analytische Geometrie und Stochastik gegliedert.

Es kann sowohl in Eigentätigkeit der Schüler abgearbeitet werden als auch bei Zeitreserven im Unterricht während der Abiturvorbereitung.

Abschnitt 1: Analysis:

In einer Tabelle (S. 254) werden sieben Strategiebereiche übersichtlich zusammengestellt, jeweils mit einer einprägsamen Überschrift versehen (Ableitungsregeln, Extrema und Wendepunkte, Funktionsuntersuchungen, Extremalprobleme, Rekonstruktion und Modellierung, Integrationsaufgaben, Wachstumsprozesse). Jeder Strategiebereich erhält noch ein bis drei einprägsame Schlagworte zu den Detailstrategien.
Diese Strategien werden im Folgenden auf jeweils 1–2 Seiten exemplarisch und knapp dargestellt. wobei auch passende Übungen zum Festigen vorhanden sind, aber unmittelbar im Anschluss an die Stategien nur in begrenzter Zahl, denn die Zeit im vierten Kurshalbjahr ist knapp. Dennoch gibt es einige zusätzliche Übungsseiten und einen Test am Ende des Abschnitts, auch weil die Analysis besonders lange zurückliegt und im Abitur ein deutlich höheres Gewicht als die beiden anderen Themenbereiche hat.

Abschnitt 2: Analytische Geometrie

In der Tabelle (S. 275) werden hier acht Grundstrategien aufgeführt, jeweils wieder mit einprägsamer Überschrift (Kollinearität und Komplanarität, Skalarprodukt und Anwendungen, Nachweis geometrischer Figuren, Lagebeziehungen von geraden, Ebenengleichungen. Lagebeziehungen von Ebenen,
Spurpunkte und Spurgeraden, Abstandsberechnungen).
Auch hier sind nur begrenzt direkt passende Übungen vorhanden, aber am Ende des Abschnitts gibt es eine Doppelseite mit Übungen und einen Test.

Abschnitt 3: Stochastik

In der Tabelle (S. 293) werden sieben Grundstrategien zusammengestellt (Laplace-Wahrscheinlichkeiten, mehrstufige Zufallsversuche und Baumdiagramme, kombinatorische Abzählverfahren, bedingte Wahrscheinlichkeiten, Vierfeldertafeln, Bernoulliexperimente/Binomialverteilung, Prognose- und Konfidenzintervalle).
Auch hier gibt es einige Übungsseiten.

VIII . Aufgaben zur Abiturvorbereitung

Der erste Abschnitt bietet Aufgaben zur Bearbeitung ohne Hilfsmittel aus den Gebieten Analysis, lineare Algebra/analytische Geometrie und Stochastik.

Abschließend werden getrennt nach den drei Sachgebieten Anylysis, lineare Algebra/analytische Geometrie und Stochastik jeweils einige zusammengesetzte Aufgaben dargestellt, die zur zusammenfassenden Übung dienen und auch der Vorbereitung auf das Abitur. In ihrer Struktur wurden diese Aufgaben durchaus realen Abituraufgaben - auch aus dem Aufgabenpool der Länder – angepasst, so dass die Schüler einen ersten Eindruck gewinnen können, auch von den manchmal etwas kryptisch formulierten Teilaufgaben des Pools.

Allerdings ist es unbedingt ratsam, ja unverzichtbar, die Abiturvorbereitungsübungen immer an die aktuellen Abituraufgaben der letzten Jahre anzupassen.

I. Koordinatensysteme und Vektoren – Orientieren und Bewegen im Raum

1. Punkte im Koordinatensystem

Punkte und geometrische Gebilde werden in ***kartesischen Koordinatensystemen*** dargestellt, deren Achsen senkrecht aufeinander stehen.

A. Punkte in der Ebene

Punkte in der Ebene und ebene geometrische Gebilde werden im zweidimensionalen Koordinatensystem dargestellt. Die Darstellung ist verzerrungsfrei möglich.
Die beiden ***Koordinatenachsen*** (x-Achse, y-Achse) stehen im ***Koordinatenursprung*** senkrecht aufeinander. Sie unterteilen die Ebene in vier ***Quadranten****.
Ein Punkt P wird durch zwei Koordinaten festgelegt. Der Punkt P(a|b) liegt vom Ursprung aus gesehen a Einheiten in Richtung der x-Achse und b Einheiten in Richtung der y-Achse.

Zweidimensionales Koordinatensystem:

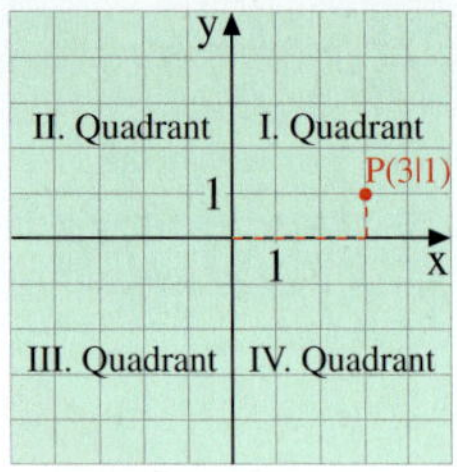

B. Punkte im Raum

Punkte und geometrische Gebilde im Raum werden im dreidimensionalen Koordinatensystem als ***Schrägbild*** dargestellt.
Die drei ***Koordinatenachsen*** (x-Achse, y-Achse, z-Achse) stehen im ***Koordinatenursprung*** senkrecht aufeinander.
Im Schrägbild wird die x-Achse allerdings unter einem Winkel von 135° zu den beiden anderen Achsen gezeichnet, um einen Raumeindruck entstehen zu lassen. Die Einheit auf der x-Achse wird mit dem ***Faktor*** $\frac{1}{\sqrt{2}}$ verkürzt, damit ein realer Eindruck entsteht.

Der Punkt P(a|b|c) liegt vom Ursprung aus gesehen a Einheiten in Richtung der x-Achse, b Einheiten in Richtung der y-Achse und c Einheiten in Richtung der z-Achse.
Drei Koordinatenebenen (x-y-Ebene, x-z-Ebene und y-z-Ebene) teilen den Raum in acht ***Oktanten****. Die Oktanten I bis IV liegen über den Quadranten I bis IV der x-y-Ebene, die Oktanten V bis VIII liegen darunter.

Dreidimensionales Koordinatensystem:

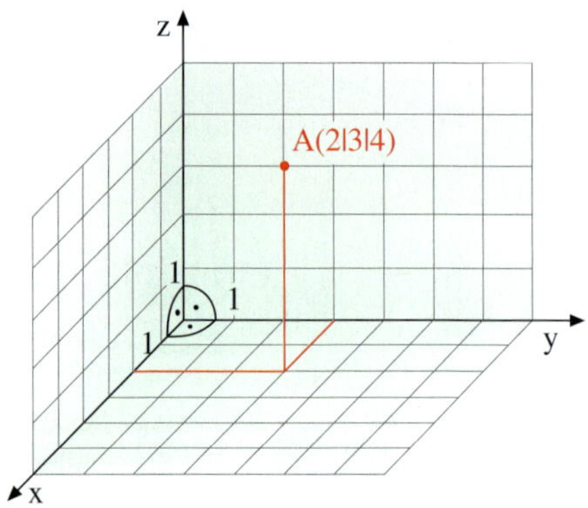

Koordinatenebenen und Oktanten:

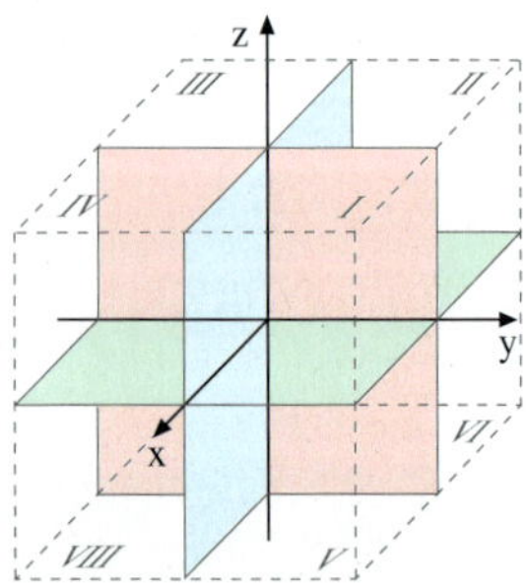

* Koordinatenachsen und Koordinatenebenen gehören nicht zu den Quadranten bzw. den Oktanten.

Beispiel: Punktkoordinaten

Rechts ist ein Haus im Schrägbild dargestellt. Die Maße (in m) sind eingezeichnet.

a) Bestimmen Sie die Koordinaten der Ecken A bis K des rechts dargestellten Hauses.

b) Welche Punkte liegen im zweiten bzw. im dritten bzw. im vierten Oktanten des Koordinatensystems?

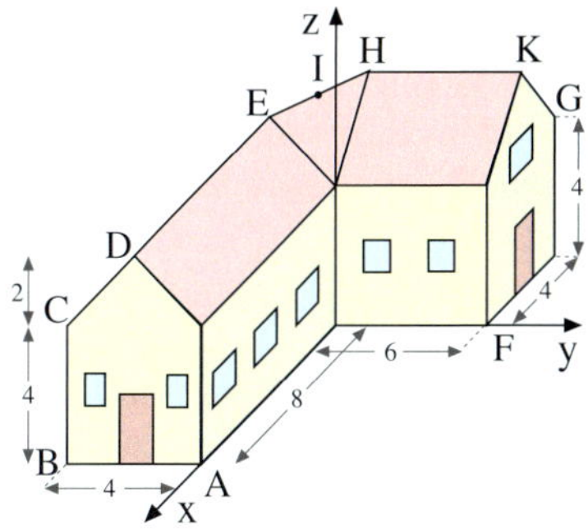

Lösung zu a:

Wir lesen die Koordinaten der Punkte aus der Zeichnung ab. Beispielsweise kommt man vom Ursprung zum Punkt D, indem man 8 Einheiten in Richtung der x-Achse geht, dann -2 Einheiten in Richtung der y-Achse und schließlich 6 Einheiten in Richtung der z-Achse. Resultat: $D(8|-2|6)$

Am schwierigsten ist der Punkt I zu bestimmen, der in der Mitte zwischen E und H liegt.

Er hat die Koordinaten $I(-1|-1|6)$.

Koordinaten der Eckpunkte:

$A(8\|0\|0)$	$F(0\|6\|0)$
$B(8\|-4\|0)$	$G(-4\|6\|4)$
$C(8\|-4\|4)$	$H(-2\|0\|6)$
$D(8\|-2\|6)$	$I(-1\|-1\|6)$
$E(0\|-2\|6)$	$K(-2\|6\|6)$

Lösung zu b:

Im zweiten Oktanten liegen alle Punkte mit $x < 0$, $y > 0$ und $z > 0$, also G und K. Im 3. Oktanten liegt nur I. Im 4. Oktanten liegen alle Punkte mit $x > 0$, $y < 0$ und $z > 0$, also C und D.

Die Punkte A, B, E, F und H liegen auf den Koordinatenachsen bzw. den Koordinatenebenen und gehören folglich keinem Oktanten an (vgl. Fußnote S. 14).

Lage der Punkte in den Oktanten:

Oktant II: $x < 0$, $y > 0$, $z > 0$;
G und K

Oktant III: $x < 0$, $y < 0$, $z > 0$
nur I

Oktant IV: $x > 0$, $y < 0$, $z > 0$
C und D

In keinem Oktanten: $x = 0$, $y = 0$ oder $z = 0$:
A, B, E, F und H

Übung 1 Koordinaten im Raum

Die Abbildung zeigt einen Gebäudekomplex.

a) Bestimmen Sie die Koordinaten der Punkte A bis F.

b) Liegen die Punkte $U(-2|20|12)$, $V(2|-4|18)$ und $W(10|-3|28)$ innerhalb des Hauses?

c) Zeichnen Sie das Gebäude in einem Koordinatensystem, dessen y-Achse wie im Beispiel oben horizontal verläuft.

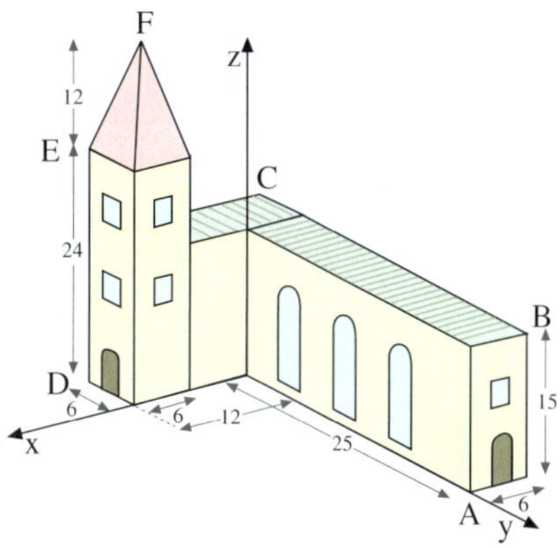

Übung 2 Geändertes Koordinatensystem

Zeichnen Sie das Gebäude aus dem obigen Beispiel in einem Koordinatensystem, in welchem die Richtung der x-Achse umgekehrt ist. Verwenden Sie für diese Darstellung die im Beispiel errechneten Koordinaten der Punkte A bis K.

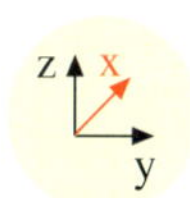

Übungen

3. Punkte im Koordinatensystem

Geben Sie an, in welchem Oktanten der Punkt P liegt.

a) $P(1|-1|3)$ b) $P(2|1|2)$ c) $P(-1|-1|4)$ d) $P(1|-2|-3)$
e) $P(-2|-2|-3)$ f) $P(-2|1|1)$ g) $P(-2|1|-1)$ h) $P(0|0|0)$

4. Punkte auf den Achsen und Koordinatenebenen

Prüfen Sie, ob der Punkt P auf der x-z-Ebene bzw. auf einer Koordinatenachse liegt.

a) $P(1|2|1)$ b) $P(2|-1|0)$ c) $P(0|0|-4)$ d) $P(0|0|0)$
e) $P(4|0|-1)$ f) $P(0|1|2)$ g) $P(1|-3|0)$ h) $P(4|0|0)$

5. Lage von Punkten

Geben Sie an, welche Bedingung ein Punkt P erfüllen muss, damit er die angegebene Lage besitzt. Beispiel: $P(x|y|z)$ liegt in der x-y-Ebene, wenn $z = 0$ gilt.

a) P liegt auf der y-Achse.
b) P liegt auf der x-Achse.
c) P liegt auf der x-y-Ebene.
d) P liegt auf der y-z-Ebene.
e) P liegt auf der x-z-Ebene.
f) P liegt auf der Winkelhalbierenden des 1. Quadranten der x-y-Ebene.

6. Schrägbild

Die Graphik zeigt das Schrägbild eines Gebäudes, das 9 m hoch ist.

a) Bestimmen Sie die Koordinaten der eingezeichneten Punkte A bis F.
b) Prüfen Sie, welche der Punkte $U(-6|3|2)$, $V(-6|6|8)$ und $W(-1|7|8)$ im Inneren des Gebäudes liegen.

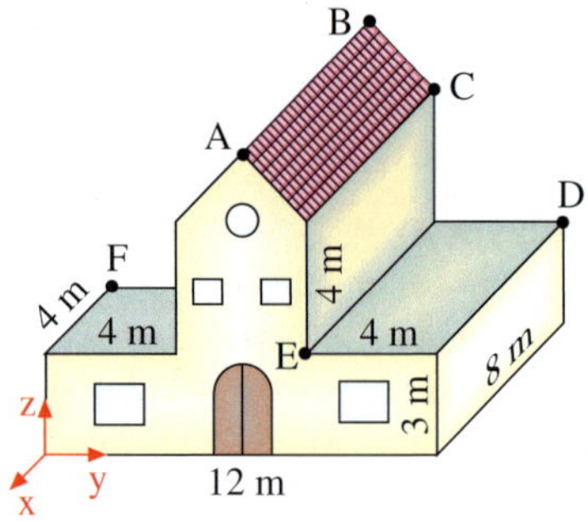

7. Projektion eines Dreiecks

Das Dreieck ABC wird senkrecht auf die angegebene Koordinatenebene projiziert. Es entsteht das Dreieck A′B′C′. Geben Sie die Punkte A′, B′ und C′ an. Fertigen Sie eine Zeichnung an.

a) $A(2|3|2)$, $B(3|5|1)$, $C(5|5|5)$
x-z-Ebene
b) $A(2|3|2)$, $B(3|5|1)$, $C(5|5|5)$
y-z-Ebene

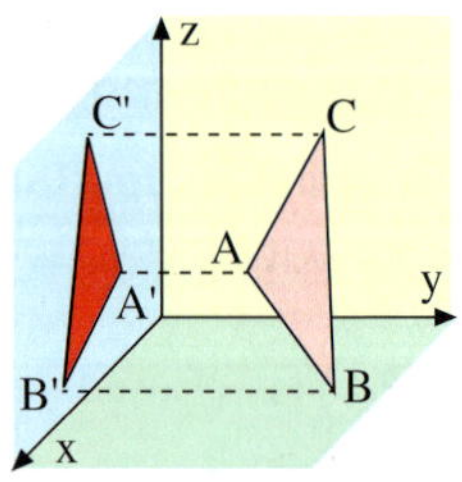

8. Spiegelung eines Dreiecks

Das Dreieck ABC wird an der x-z-Ebene gespiegelt. Bestimmen Sie die Spiegelpunkte A′, B′ und C′.
Fertigen Sie eine Zeichnung an.
$A(2|3|2)$, $B(3|5|1)$, $C(5|5|5)$

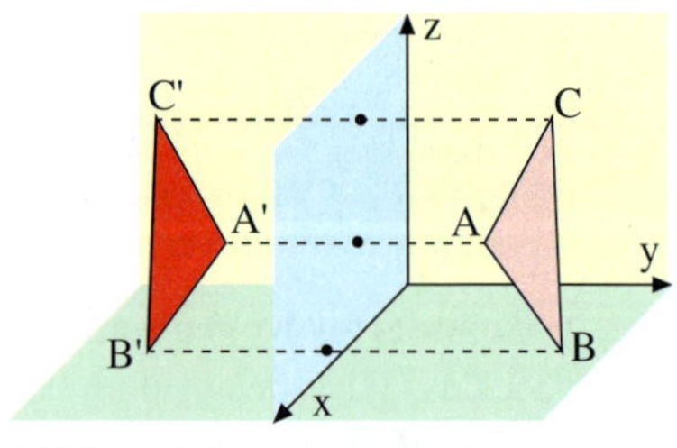

C. Schrägbilder

In Abschnitt B haben wir bereits Schrägbilder verwendet. Nun soll das Konstruieren von Schrägbildern vertieft werden.

Besonders einfach können Schrägbilder auf *kariertem Papier* gezeichnet werden.

Verwendet man auf den unverzerrt dargestellten Achsen (y- und z-Achse) als Längeneinheit 1 cm, so stellt die Diagonale eines Rechenkästchens die mit dem Faktor $\frac{1}{\sqrt{2}}$ verkürzte Längeneinheit auf der x-Achse dar. Diese Tatsache gestattet das Zeichnen von Schrägbildern, ohne dass ein Linealmaßstab verwendet werden muss.

Diagonale als verkürzte Einheit:

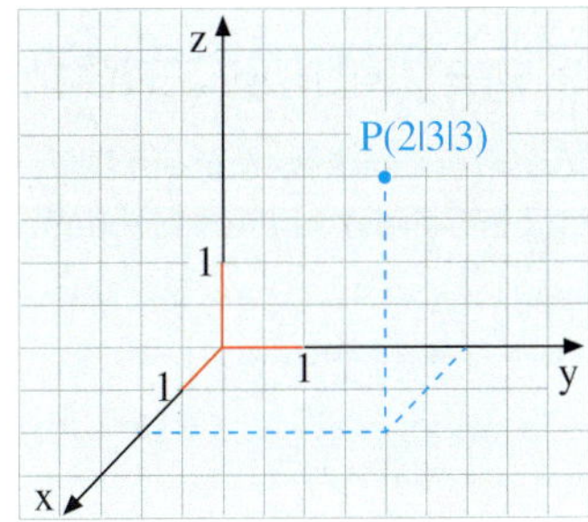

Beispiel: Würfel mit Pyramide

Stellen Sie einen Würfel mit einer aufgesetzten Pyramide im Schrägbild dar.
Kantenlänge des Würfels: 4 cm Höhe der Pyramide: 3 cm

Lösung:
Wir stellen den Würfel achsenparallel im 1. Oktanten auf (Maßstab: 1 cm = 2 LE).
Die Eckpunktkoordinaten sind dann:
A (4|0|0), B (4|4|0), C (0|4|0), D (0|0|0)
E (4|0|4), F (4|4|4), G (0|4|4), H (0|0|4).
Die Spitze der Pyramide ist S (2|2|7).
Verdeckte Linien können gestrichelt eingezeichnet werden.
Die Außenseiten des Gebildes können zur Betonung farbig gestaltet werden.

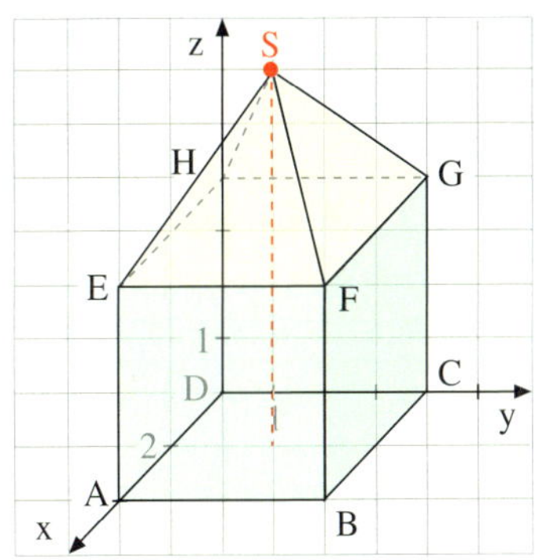

Übung 9 Rechteck und Dreieck als Schrägbild

Zeichnen Sie das Schrägbild folgender Figuren:
a) Rechteck ABCD mit folgenden Ecken: A (4|1|0), B (2|1|0), C (2|0|3), D (4|0|3)
b) Dreieck UVW mit folgenden Ecken: U (3|3|1), V (1|4|1), W (0|3|3)

Übung 10 Abzugshaube

Eine vertikal aufgehängte Abzugshaube ist aus ebenen Blechteilen zusammengeschweißt. Ihre Ecken sind A (4|4|4), B (4|8|4), C (0|8|4), D (0|4|4), E (4|4|5), F (4|8|5), G (0|8|5), H (0|4|5), I (3|5|7), J (3|7|7), K (1|7|7), L (1|5|7), M (3|5|9), N (3|7|9), O (1|7|9), P (1|5|9).
Zeichnen Sie ein Schrägbild der Abzugshaube.

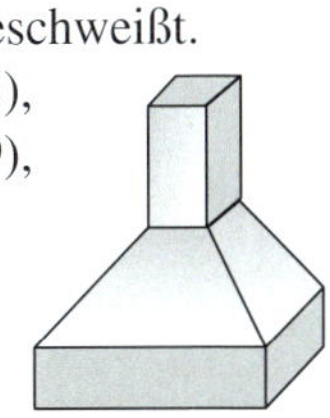

Schrägbilder

Schrägbilder dienen der ästhetischen Veranschaulichung raumgeometrischer Figuren. Auf Seite 17 kann man die Grundlagen nachlesen. Hier wird das vertieft, indem mit Grundriss, Aufriss und Seitenriss gearbeitet wird.

Beispiel: Schrägbild aus Rissen konstruieren

Für die Planung eines neuen Gebäudes wurden Risse mit den Maßen erstellt, und zwar ein Grundriss, ein Aufriss und ein Seitenriss. Zur Veranschaulichung für den Bauherrn soll aus den Rissen ein Schrägbild des Gebäudes konstruiert werden. Führen Sie die Konstruktion durch.

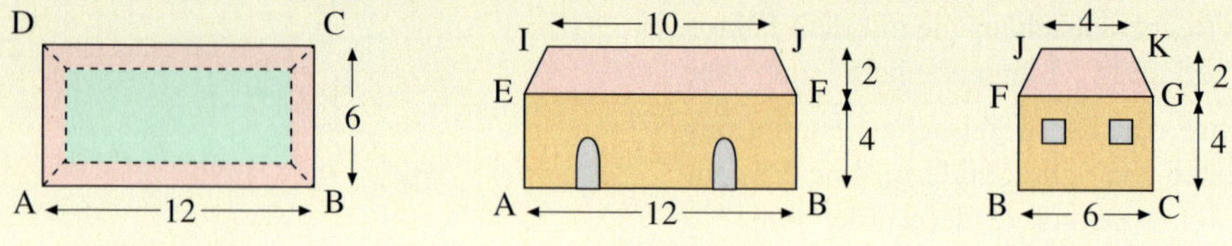

GRUNDRISS AUFRISS SEITENRISS

Lösung:

Wir stellen das Gebäude im 1. Oktanten des dreidimensionalen Koordinatensystems achsenparallel auf. Die Ecke D liegt im Ursprung.

Der Grundriss hat dann die Ecken A (6|0|0), B (6|12|0), C (0|12|0) und D (0|0|0).
Darüber liegen die Ecken E (6|0|4), F (6|12|4), G (0|12|4) und H (0|0|4) der Geschossdecke.
Schließlich hat die Dachoberseite die Eckpunkte I (5|1|6), J (5|11|6), K (1|11|6) und L (1|1|6).

Rechts ist das Schrägbild mit Hilfe der Methode von Seite 17 dargestellt.

Schrägbild des Gebäudes:

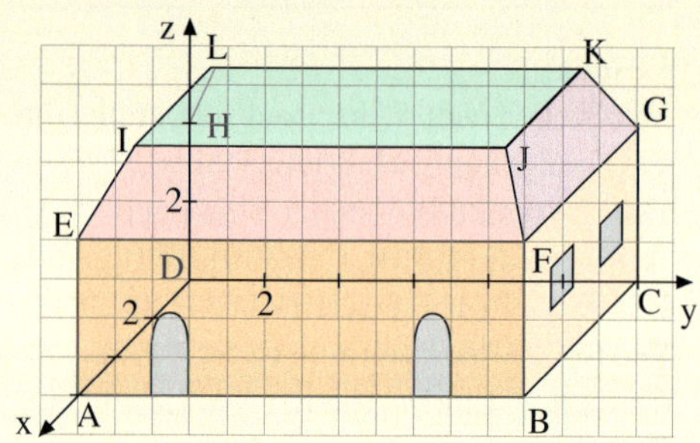

Übung 1 **Gebäude**

Gegeben sind die bemaßten Risse eines Klosters. Zeichnen Sie ein Schrägbild des Gebäudes. Verwenden Sie dazu die Raumkoordinaten der Punkte A bis X.

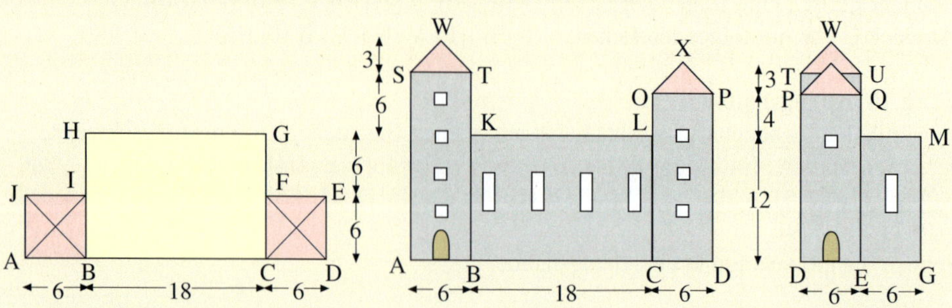

GRUNDRISS AUFRISS SEITENRISS

Übung 2 **Pyramiden**

Drei Pyramiden mit quadratischen Grundrissen und der Spitze S haben folgende Eckpunkte:

Pyramide 1:	A(7|6|0),	B(10|9|0),	C(7|12|0),	D(4|9|0),	S_1(7|9|6)
Pyramide 2:	E(−2|10|0),	F(2|8|0),	G(4|12|0),	H(0|14|0),	S_2(1|11|6)
Pyramide 3:	I(0|2|0),	J(4|2|0),	K(4|6|0),	L(0|6|0),	S_3(2|4|5)

Fertigen Sie ein Schrägbild der Pyramiden 1 bis 3 an.
Verdeckte Teile sollen dabei nicht dargestellt werden.
Sichtbare Teile der Pyramiden sollen farbig oder schraffiert dargestellt werden.

Übung 3 **Schloss**

Ein Schloss hat die abgebildeten Risse (Grund-, Auf- und Seitenriss).

a) Konstruieren Sie ein Schrägbild des Schlosses im 1. Oktanten des Koordinatensystems. Der Ursprung soll in der Ecke des Grundrisses sein, die links hinten liegt.

b) Bestimmen Sie die Koordinaten der neun Eckpunkte des Schlossturmes.

c) Prüfen Sie, ob die folgenden Punkte innnerhalb des Gebäudes liegen.
R_1(12|4|2), R_2(6|10|2), R_3(10|12|10), R_4(12|18|20), R_5(15|16|20), R_6(10|20|26), R_7(10|18|26)

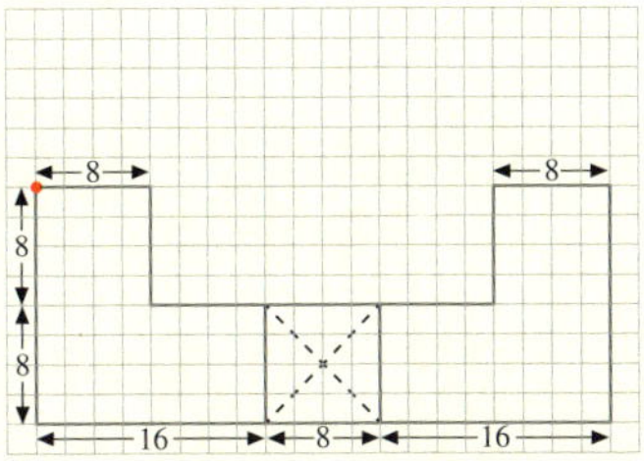

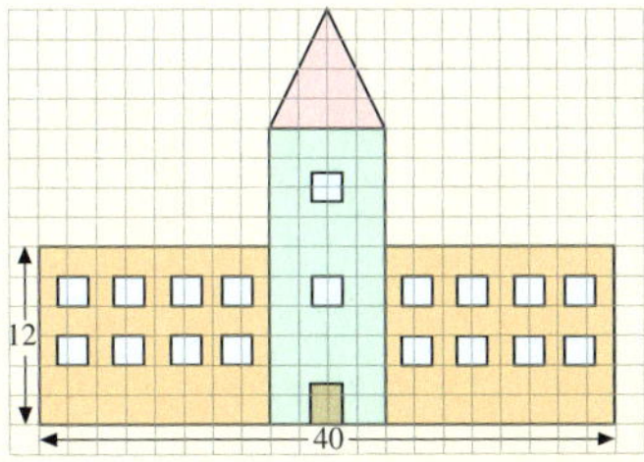

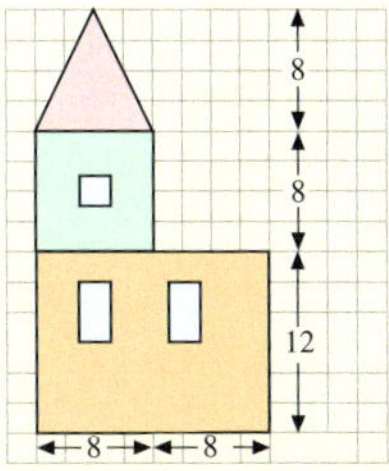

Übung 4 **Koordinatensystem**

Übertragen Sie das abgebildete Koordinatensystem auf ein kariertes Blatt. Beachten Sie dabei die Neigungen von x-Achse und y-Achse.

Konstruieren Sie anschließend das Schrägbild des Schlosses aus Übung 13 in dem neuen Koordinatensystem.

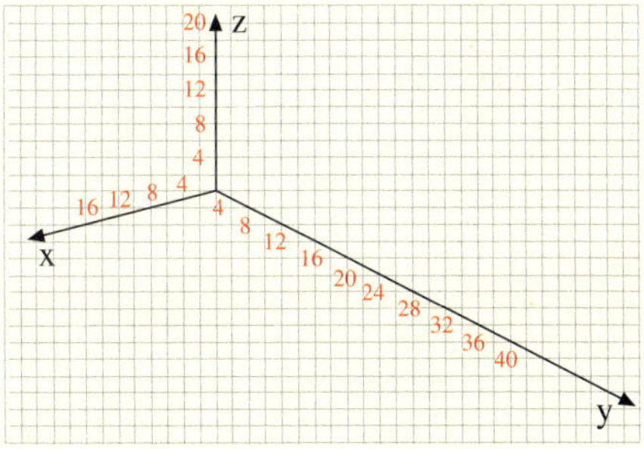

Übung 5 **Würfel und Dreieck**

Ein achsenparalleler Würfel hat die Standfläche ABCD und die Deckfläche EFGH. Ein Raumdreieck hat die Ecken U, V und W.

a) Zeichnen Sie ein Schrägbild.

b) Wie lauten die fehlenden Punkte?

c) Zeichnen Sie die drei Risse.

Würfel:
A(1|1|0), D(1|5|0), G(5|5|4)

Dreieck:
U(2|4|1), V(5|10|3), W(1|7|4)

D. Der Abstand von Punkten in der Ebene und im Raum

Um Berechnungen in ebenen und räumlichen Figuren vornehmen zu können, benötigt man Formeln zur Berechnung von Punktabständen und Streckenlängen. Dazu verwendet man die Koordinaten der Punkte und den Satz des Pythagoras.

Der Abstand* $d(A, B) = |AB|$ der Punkte $A(a_1|a_2)$ und $B(b_1|b_2)$ wird mit Hilfe des Satzes von Pythagoras errechnet, der auf das abgebildete rechtwinklige Dreieck im Koordinatensystem angewandt wird. Das Resultat ist die folgende Abstandsformel:

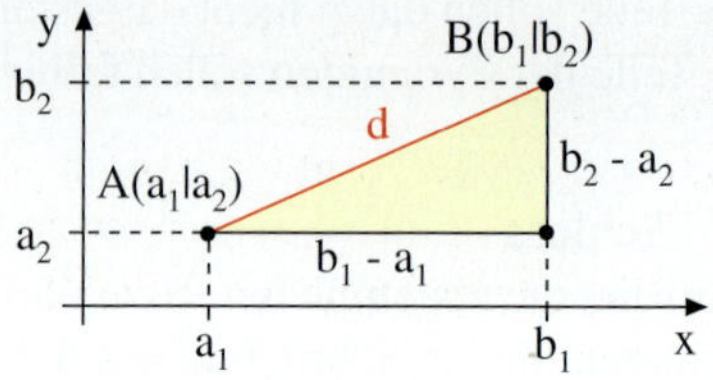

Abstand zweier Punkte in der Ebene

Die Punkte $A(a_1|a_2)$ und $B(b_1|b_2)$ besitzen den Abstand

$$|AB| = \sqrt{(b_1 - a_1)^2 + (b_2 - a_2)^2}$$

Beispiel: Punktabstand in der Ebene

Abstand von $A(3|2)$ und $B(7|5)$

$$|AB| = \sqrt{(7-3)^2 + (5-2)^2}$$
$$= \sqrt{4^2 + 3^2} = \sqrt{25} = 5$$

Der Abstand* $|AB|$ der Raumpunkte $A(a_1|a_2|a_3)$ und $B(b_1|b_2|b_3)$ wird durch zweifache Anwendung des Satzes von Pythagoras gewonnen.

Dazu wird die rechts abgebildete Figur im dreidimensionalen Koordinatensystem verwendet. Das Resultat ist die folgende Abstandsformel:

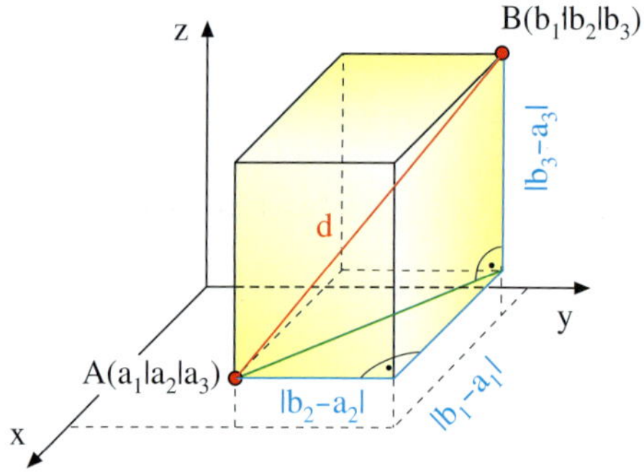

Abstand zweier Punkte im Raum

Die Punkte $A(a_1|a_2|a_3)$ und $B(b_1|b_2|b_3)$ besitzen den Abstand

$$|AB| = \sqrt{(b_1 - a_1)^2 + (b_2 - a_2)^2 + (b_3 - a_3)^2}$$

Beispiel: Punktabstand im Raum

Abstand von $A(4|2|1)$ und $B(2|6|5)$

$$|AB| = \sqrt{(2-4)^2 + (6-2)^2 + (5-1)^2}$$
$$= \sqrt{(-2)^2 + 4^2 + 4^2} = \sqrt{36} = 6$$

Übung 11 Punktabstand

Berechnen Sie den Abstand der Punkte A und B.

a) $A(4|2)$, $B(10|10)$
b) $A(1|-1|2)$, $B(4|5|8)$
c) $A(-5|3|0)$, $B(-1|7|7)$

Übung 12 Parameter

Für welche Werte des Parameters a besitzen die Punkte A und B den Abstand d?

a) $A(4|2)$, $B(9|a)$, $d = 13$
b) $A(1|2|3)$, $B(2|a|11)$, $d = 9$
c) $A(1|-1|4)$, $B(3|2|a)$, $d = 7$

* Für den Abstand zweier Punkte A und B verwendet man die Schreibweisen $d(A, B)$ oder $|AB|$.

Mit der Abstandsformel für Punkte im Raum lassen sich einfache Berechnungen in räumlichen Figuren durchführen.

Beispiel: Gleichschenkligkeitstest und Rechtwinkligkeitstest beim Dreieck

Gegeben ist das Raumdreieck ABC mit den Ecken A(1|−1|−2), B(5|7|6) und C(3|1|4).

a) Untersuchen Sie das Dreieck auf Gleichschenkligkeit.

b) Bestimmen Sie den Umfang des Dreiecks.

c) Prüfen Sie, ob das Dreieck rechtwinklig ist.

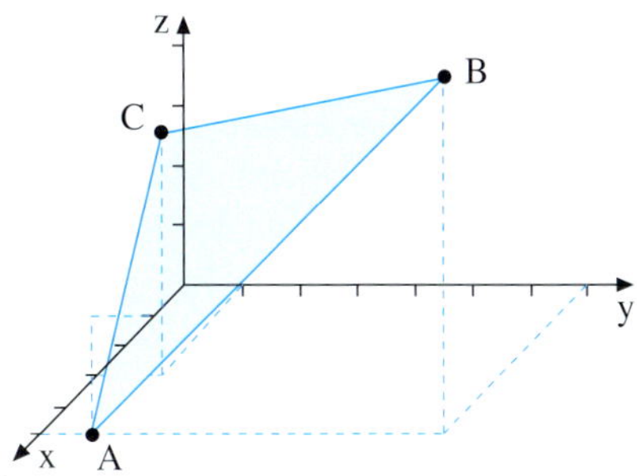

Lösung zu a:
Wir berechnen die Seitenlängen des Dreiecks durch Anwendung der Abstandsformel für Punkte im Raum.
Die Seiten $\overline{AC}$ und $\overline{BC}$ stellen sich bei dieser Rechnung als gleich lang heraus.
Also ist das Dreieck gleichschenklig.

Gleichschenkligkeit des Dreiecks:

$$|AB| = \sqrt{(5-1)^2 + (7-(-1))^2 + (6-(-2))^2} = \sqrt{4^2 + 8^2 + 8^2} = \sqrt{144} = 12$$

$$|AC| = \sqrt{(3-1)^2 + (1-(-1))^2 + (4-(-2))^2} = \sqrt{2^2 + 2^2 + 6^2} = \sqrt{44} \approx 6{,}63$$

$$|BC| = \sqrt{(3-5)^2 + (1-7)^2 + (4-6)^2} = \sqrt{2^2 + 6^2 + 2^2} = \sqrt{44} \approx 6{,}63$$

Lösung zu b:
Der Umfang ist gleich der Summe der Seitenlängen des Dreiecks, die wir unter a) bereits berechnet haben.
Er beträgt ca. 25,26.

Umfang des Dreiecks:

$$U = |AB| + |AC| + |BC| \approx 12 + 6{,}63 + 6{,}63 = 25{,}26$$

Lösung zu c:
Ein Dreieck ist rechtwinklig, wenn das Quadrat seiner längsten Seite gleich der Summe der Quadrate der beiden kürzeren Seiten ist (Umkehrung des Satzes von Pythagoras). Da dieser Sachverhalt hier nicht zutrifft, ist das Dreieck nicht rechtwinklig.

Test auf Rechtwinkligkeit:

$$|AB|^2 = |AC|^2 + |BC|^2$$
$$\sqrt{144}^2 = \sqrt{44}^2 + \sqrt{44}^2$$
$$144 = 44 + 44$$
$\Rightarrow$ Widerspruch $\Rightarrow$ nicht rechtwinklig

Übung 13 Gleichschenklige Dreiecke

Untersuchen Sie, ob das Dreieck ABC gleichschenklig ist.

a) A(4|4|4), B(10|10|7), C(7|4|1)
b) A(6|2|8), B(3|6|3), C(2|6|8)
c) A(0|2|4), B(3|8|2), C(2|5|10)
d) A(2|2|2), B(4|4|6), C(6|0|4)
e) A(0|1|a), B(4|1|0), C(0|7|0)

Übung 14 Rechtwinklige Dreiecke

Ist das Dreieck ABC rechtwinklig?

a) A(1|1|2), B(3|1|0), C(2|2|3)
b) A(6|2|8), B(2|6|8), C(3|6|3)

Übung 15 Raute oder Quadrat

Ist das Viereck ABCD eine Raute oder ein Quadrat? A(2|4|2), B(4|5|0), C(5|7|2), D(3|6|4)

Wir führen nun Berechnungen in Schrägbildern durch. Auch dazu verwenden wir die Formel zur Berechnung von Punktabständen bzw. Streckenlängen sowie den Satz des Pythagoras.

Beispiel: Schrägbild einer Pyramide

Betrachtet wird eine Pyramide mit der Grundfläche ABCD und der Spitze S.
Gegeben sind die Punkte A (6|2|0), B (10|6|0), C (6|10|0), D (2|6|0) und S (6|6|4). Dabei entspricht eine Längeneinheit 10 Metern.

a) Zeichnen Sie ein Schrägbild der Pyramide. Wo liegt der Höhenfußpunkt F ?
b) Eine Treppe führt von der Seitenmitte M der Grundkante $\overline{BC}$ zur Spitze S der Pyramide. Wie lang ist die Treppe?
c) Die Seitenfläche BCS der Pyramide soll restauriert werden. Wie groß ist der Inhalt von BCS?

Lösung zu a:
Wir zeichnen zunächst das Schrägbild. Der Höhenfußpunkt F liegt senkrecht unter der Spitze S (6|6|4) in der x-y-Ebene. Er hat also die Koordinaten F (6|6|0).

Schrägbild der Pyramide:

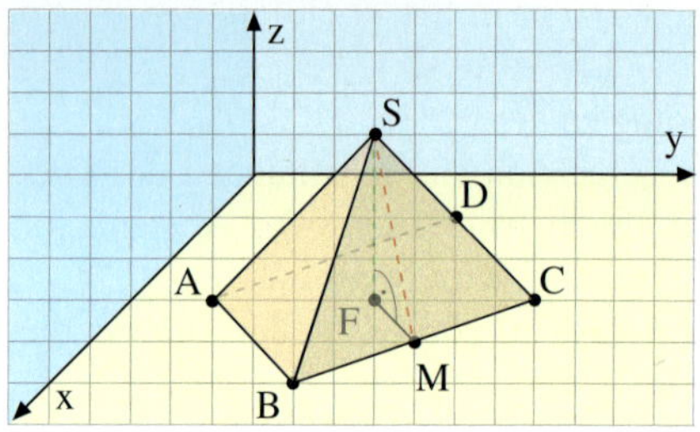

Lösung zu b:
Die Koordinaten der Mitte der Seite BC erhalten wir durch Bilden des arithmetischen Mittels der Koordinaten von B und C. Resultat: M (8|8|0)
Nun berechnen wir die Länge l der Treppe. l ist der Abstand der Punkte M und S:
$l = |MS| = \sqrt{24} \approx 4{,}9$.
Das entspricht in der Realität ca. 49 m.

Länge der Treppe:

$$\overrightarrow{OM} = \frac{1}{2}(\overrightarrow{OB} + \overrightarrow{OC}) = \frac{1}{2} \cdot \left(\begin{pmatrix} 10 \\ 6 \\ 0 \end{pmatrix} + \begin{pmatrix} 6 \\ 10 \\ 0 \end{pmatrix} \right) = \begin{pmatrix} 8 \\ 8 \\ 0 \end{pmatrix}$$

$\Rightarrow$ M (8|8|0)

$$L = |MS| = \sqrt{(6-8)^2 + (6-8)^2 + (4-0)^2} = \sqrt{24} \approx 4{,}9$$

Lösung zu c:
Wir verwenden die Formel für den Flächeninhalt des Dreiecks: $A = \frac{1}{2} g \cdot h$.
Die Grundlinie g hat die Länge $|BC| = \sqrt{32}$.
Die Höhe h entspricht der Treppenlänge aus Teil b), also $l \approx 4{,}9$.
Der Inhalt von BCS ist also $A \approx 13{,}86$.
Das entspricht beim vorliegenden Maßstab von 1 : 10 in der Realität ca. 1368 m².

Inhalt der Seitenfläche BCS:

$$|BC| = \sqrt{(6-10)^2 + (10-6)^2 + (0-0)^2} = \sqrt{32}$$

$$A = \frac{1}{2} g \cdot h = \frac{1}{2}|BC| \cdot h \approx \frac{1}{2}\sqrt{32} \cdot 4{,}9 \approx 13{,}86$$

Übung 16 Ergänzung zum Beispiel

a) Berechnen Sie die Länge der Seitenkante $\overline{BS}$ der Pyramide aus dem obigen Beispiel.
b) Bestimmen Sie das Volumen V der Pyramide. Hinweis: Verwenden Sie die Information, dass die Grundfläche der Pyramide ein Quadrat ist.
c) Welchen Abstand hat die Spitze der Pyramide vom Ursprung?

Übungen

17. Dreieck im Raum

Gegeben ist ein Dreieck ABC mit den Eckpunkten A (1 | 3 | 2), B (3 | 2 | 4) und C (− 1 | 1 | 3).

a) Zeichnen Sie ein räumliches kartesisches Koordinatensystem. Tragen Sie die Punkte A, B und C ein und zeichnen Sie das Schrägbild des Dreiecks ABC.

b) Weisen Sie rechnerisch nach, dass das Dreieck ABC gleichschenklig ist.

18. Würfel

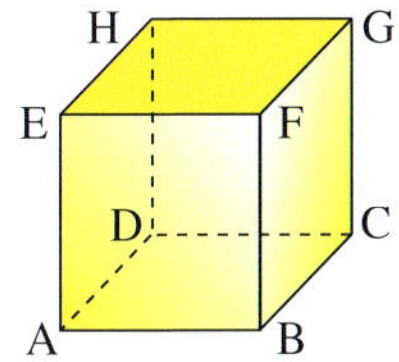

Ein Würfel besitzt als Grundfläche das Quadrat ABCD und als Deckfläche das Quadrat EFGH.

Dabei gelte: A (3 | 2 | 1), B (3 | 6 | 1), G (− 1 | 6 | 5).

a) Zeichnen Sie in ein räumliches Koordinatensystem ein Schrägbild des Würfels.

b) Bestimmen Sie die fehlenden Koordinaten von C, D, E, F und H.

c) Bestimmen Sie die Koordinaten des Mittelpunktes M_1 der Seitenfläche BCGF und die Koordinaten des Würfelmittelpunktes M.

d) Berechnen Sie die Länge der Flächendiagonalen $\overline{BG}$ sowie die Länge der Raumdiagonalen $\overline{AG}$ des Würfels.

19. Pyramide

Gegeben sind die Punkte A (5 | 6 | 1), B (2 | 6 | 1), C (0 | 2 | 1), D (3 | 2 | 1) und S (2 | 4 | 5). Das Viereck ABCD ist die Grundfläche einer Pyramide mit der Spitze S.

a) Zeichnen Sie die Pyramide in einem räumlichen Koordinatensystem.

b) Bestimmen Sie die Länge der Seitenkante $\overline{AS}$.

c) Bestimmen Sie die Koordinaten des Höhenfußpunktes F der Pyramide und berechnen Sie Höhe und Volumen der Pyramide.

20. Quader

Ein Quader ABCDEFGH hat die Eckpunkte A (2 | 3 | 5) und G (x | 7 | 13).
Wie muss x gewählt werden, wenn die Diagonale $\overline{AG}$ die Länge 12 besitzen soll?

21. Haus

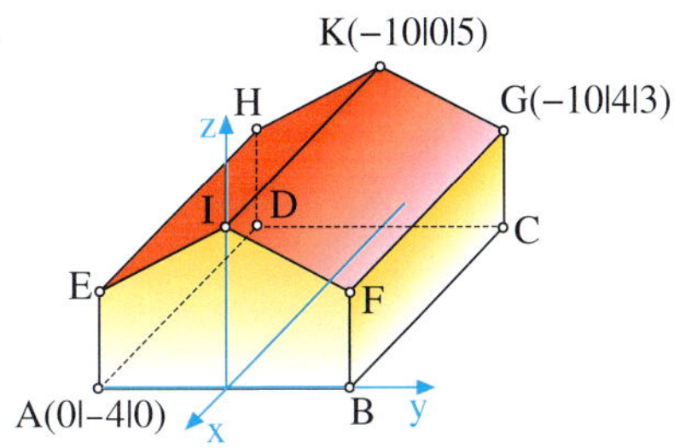

Gegeben ist das abgebildete Schrägbild eines Hauses.

a) Bestimmen Sie die Koordinaten der Punkte B, C, D, E, F, H und I.

b) Das Dach soll gedeckt werden.
Berechnen Sie den Flächeninhalt.

c) Das Haus soll verputzt werden.
Berechnen sie die Größe der zu verputzenden Außenfläche des Hauses.

d) Bestimmen Sie das Luftvolumen des Hauses.

e) Zwischen welchen der eingetragenen Eckpunkte des Hauses liegt die längste Strecke? Wie lang ist diese Strecke?

2. Begriff des Vektors

A. Vektoren als Pfeilklassen

Bei Ornamenten und Parkettierungen entsteht die Regelmäßigkeit oft durch ***Parallelverschiebungen*** einer Figur, wie auch bei dem abgebildeten Froschparkett.

Eine Parallelverschiebung kann man durch einen Verschiebungspfeil oder durch einen beliebigen Punkt A_1 und dessen Bildpunkt A_2 kennzeichnen.

Bei einer Seglerflotte, die innerhalb eines gewissen Zeitraumes unter dem Einfluss des Windes abtreibt, werden alle Schiffe in gleicher Weise verschoben.
Die Verschiebung wird schon durch jeden einzelnen der gleich gerichteten und gleich langen Pfeile $\overrightarrow{A_1A_2}$, $\overrightarrow{B_1B_2}$, $\overrightarrow{C_1C_2}$ eindeutig festgelegt.

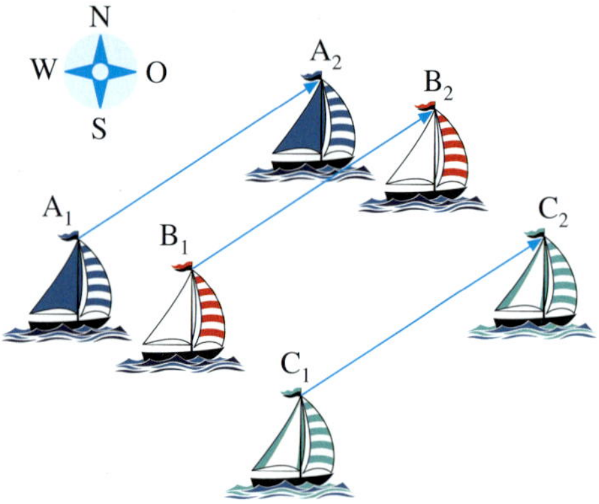

Wir fassen daher alle Pfeile der Ebene (des Raumes), die gleiche Länge und gleiche Richtung haben, zu einer Klasse zusammen. Eine solche Pfeilklasse bezeichnen wir als einen ***Vektor*** in der Ebene (im Raum).

Vektoren stellen wir symbolisch durch Kleinbuchstaben dar, die mit einem Pfeil versehen sind: $\vec{a}$, $\vec{b}$, $\vec{c}$, ...
Jeder Vektor ist schon durch einen einzigen seiner Pfeile festgelegt.
Daher bezeichnen wir beispielsweise den Vektor $\vec{a}$ aus nebenstehendem Bild auch als Vektor $\overrightarrow{P_1P_2}$. Eine vektorielle Größe ist also durch eine Richtung und eine Länge gekennzeichnet, im Gegensatz zu einer reellen Zahl, einer sog. skalaren Größe.

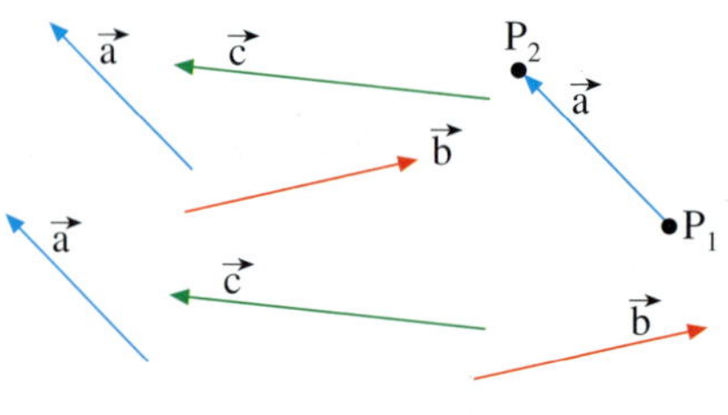

Übung 1 Pfeile im Quader

Welche der auf dem Quader eingezeichneten Pfeile gehören zum Vektor $\vec{a}$?

a) $\vec{a} = \overrightarrow{AB}$ b) $\vec{a} = \overrightarrow{EH}$ c) $\vec{a} = \overrightarrow{DH}$

d) $\vec{a} = \overrightarrow{CD}$ e) $\vec{a} = \overrightarrow{HG}$ f) $\vec{a} = \overrightarrow{AH}$

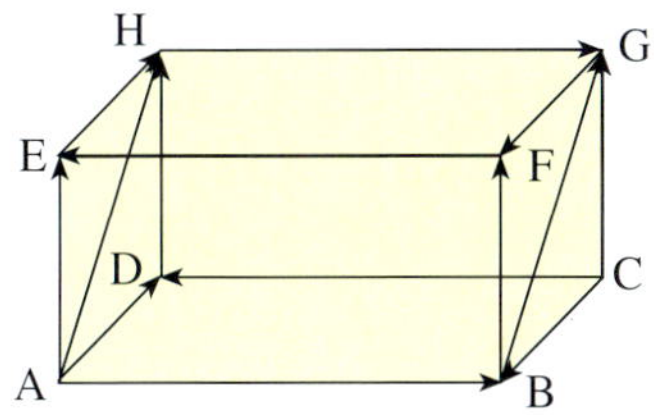

B. Spaltenvektoren/Koordinaten eines Vektors

Im Koordinatensystem können Vektoren besonders einfach dargestellt werden, indem man ihre Verschiebungsanteile in Richtung der Koordinatenachsen erfasst. Man verwendet dazu sogenannte ***Spaltenvektoren***.

Rechts ist ein Vektor $\vec{v}$ dargestellt, der eine Verschiebung um +4 in Richtung der positiven x-Achse und eine Verschiebung um +2 in Richtung der positiven y-Achse bewirkt.

Man schreibt $\vec{v} = \begin{pmatrix} 4 \\ 2 \end{pmatrix}$ und bezeichnet $\vec{v}$ als einen ***Spaltenvektor*** mit den Koordinaten 4 und 2.

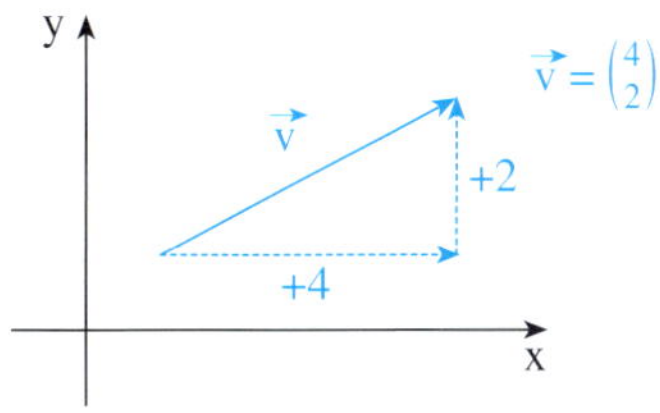

Spaltenvektoren in der Ebene

$$\vec{v} = \begin{pmatrix} v_1 \\ v_2 \end{pmatrix}$$

Spaltenvektoren im Raum

$$\vec{v} = \begin{pmatrix} v_1 \\ v_2 \\ v_3 \end{pmatrix}$$

v_1, v_2 bzw. v_1, v_2 und v_3 heißen Koordinaten von $\vec{v}$. Sie stellen die Verschiebungsanteile des Vektors $\vec{v}$ in Richtung der Koordinatenachsen dar.

Übung 2 Spaltenvektoren

Der in der Übung 1 dargestellte Quader habe die Maße $6 \times 4 \times 3$. Der Koordinatenursprung liege im Punkt D. Die Koordinatenachsen seien parallel zu den Quaderkanten.

Stellen Sie die folgenden Vektoren als Spaltenvektoren dar.

a) $\overrightarrow{CB}$ b) $\overrightarrow{BC}$ c) $\overrightarrow{AE}$

d) $\overrightarrow{AH}$ e) $\overrightarrow{BH}$ f) $\overrightarrow{BG}$

g) $\overrightarrow{DG}$ h) $\overrightarrow{DC}$ i) $\overrightarrow{AC}$

Übung 3 Pyramide

Dargestellt ist eine regelmäßige Pyramide mit der Höhe 6. Stellen Sie die eingezeichneten Vektoren in Spaltenform dar.

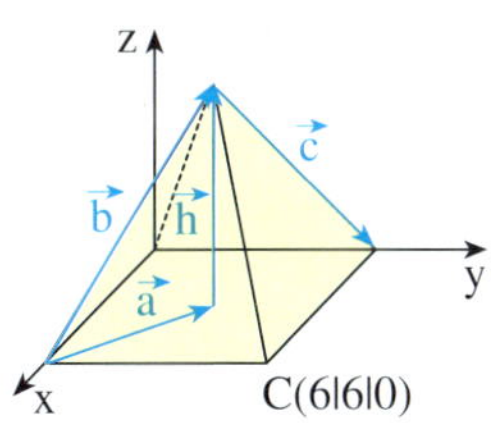

C. Der Verschiebungsvektor $\overrightarrow{PQ}$

Sind von einem Vektor $\vec{v}$ Anfangspunkt P und Endpunkt Q eines seiner Pfeile bekannt, so lässt sich $\vec{v}$ besonders leicht als Spaltenvektor darstellen.

Man errechnet dann einfach die ***Koordinatendifferenzen*** von Endpunkt und Anfangspunkt, um die Koordinaten des Spaltenvektors zu bestimmen. Im Beispiel rechts gilt also:

$\vec{v} = \overrightarrow{PQ} = \begin{pmatrix} 7-2 \\ 1-4 \end{pmatrix} = \begin{pmatrix} 5 \\ -3 \end{pmatrix}$

Analog kann man im Raum vorgehen, um den Vektor $\overrightarrow{PQ}$ zu bestimmen, wenn P und Q bekannt sind.

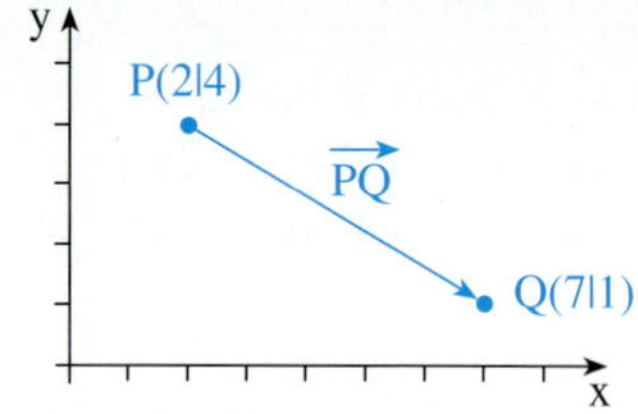

$\overrightarrow{PQ} = \begin{pmatrix} 7-2 \\ 1-4 \end{pmatrix} = \begin{pmatrix} 5 \\ -3 \end{pmatrix}$

Der Verschiebungsvektor $\overrightarrow{PQ}$

Ebene: $P(p_1|p_2)$, $Q(q_1|q_2)$

$\overrightarrow{PQ} = \begin{pmatrix} q_1 - p_1 \\ q_2 - p_2 \end{pmatrix}$

Raum: $P(p_1|p_2|p_3)$, $Q(q_1|q_2|q_3)$

$\overrightarrow{PQ} = \begin{pmatrix} q_1 - p_1 \\ q_2 - p_2 \\ q_3 - p_3 \end{pmatrix}$

Übung 4 Verschiebungsvektor

Bestimmen Sie die Koordinaten von $\overrightarrow{PQ}$.

a) P(2|1), Q(6|4)
b) P(2|−3), Q(−2|1)
c) P(1|2|−3), Q(5|6|1)
d) P(−4|−3|5), Q(2|3|−1)
e) P(3|4|7), Q(2|6|2)
f) P(1|4|a), Q(a|−3|2a + 1)

Übung 5 Pyramide

Eine dreiseitige Pyramide hat die Grundfläche ABC mit A(1|−1|−2), B(5|3|−2), C(−1|6|−2) und die Spitze S(2|3|4).

a) Zeichnen Sie die Pyramide.
b) Bestimmen Sie die Seitenkantenvektoren $\overrightarrow{AB}$, $\overrightarrow{AC}$ und $\overrightarrow{AS}$.
c) M sei der Mittelpunkt der Kante $\overline{AB}$. Wie lautet der Vektor $\overrightarrow{AM}$?

D. Der Ortsvektor $\overrightarrow{OP}$ eines Punktes

Auch die Lage von Punkten im Koordinatensystem lässt sich vektoriell erfassen. Dazu verwendet man den Pfeil $\overrightarrow{OP}$, der vom Ursprung O des Koordinatensystems auf den gewünschten Punkt P zeigt. Dieser Vektor heißt ***Ortsvektor*** von P. Seine Koordinaten entsprechen exakt den Koordinaten des Punktes P. Man geht in der Ebene und im Raum analog vor.

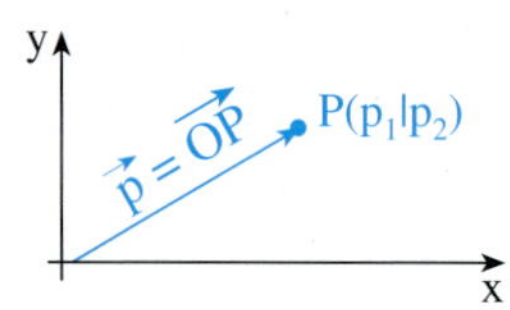

$\vec{p} = \overrightarrow{OP} = \begin{pmatrix} p_1 \\ p_2 \end{pmatrix}$ bzw. $\vec{p} = \overrightarrow{OP} = \begin{pmatrix} p_1 \\ p_2 \\ p_3 \end{pmatrix}$

E. Der Betrag eines Vektors

Jeder Pfeil in einem ebenen Koordinatensystem hat eine Länge, die sich mit Hilfe des Satzes von Pythagoras errechnen lässt.

Alle Pfeile eines Vektors $\vec{a}$ haben die gleiche Länge. Man bezeichnet diese Länge als ***Betrag des Vektors*** und verwendet die Schreibweise $|\vec{a}|$.

Länge eines Pfeils in der Ebene:

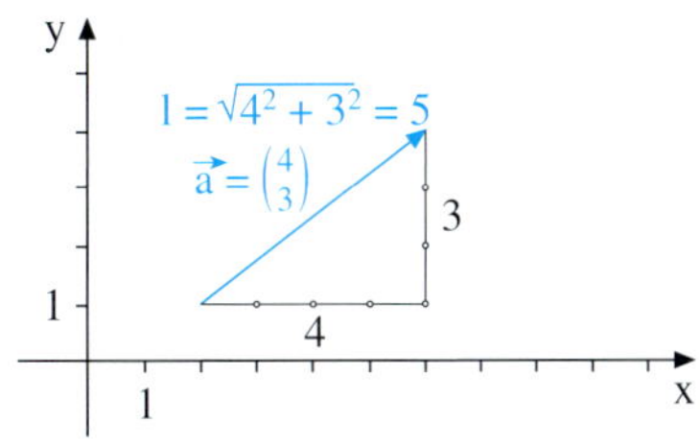

Betrag eines Vektors in der Ebene:

$\left|\begin{pmatrix} 4 \\ 3 \end{pmatrix}\right| = \sqrt{4^2 + 3^2} = \sqrt{25} = 5$

Betrag eines Vektors im Raum:

$\left|\begin{pmatrix} 1 \\ 2 \\ 5 \end{pmatrix}\right| = \sqrt{1^2 + 2^2 + 5^2} = \sqrt{30} \approx 5{,}48$

Definition I.1: Der Betrag eines Vektors

Der Betrag $|\vec{a}|$ eines Vektors ist die Länge eines seiner Pfeile.

Betrag eines Spaltenvektors in der Ebene:

$\vec{a} = \begin{pmatrix} a_1 \\ a_2 \end{pmatrix} \Rightarrow |\vec{a}| = \sqrt{a_1^2 + a_2^2}$

Betrag eines Spaltenvektors im Raum:

$\vec{a} = \begin{pmatrix} a_1 \\ a_2 \\ a_3 \end{pmatrix} \Rightarrow |\vec{a}| = \sqrt{a_1^2 + a_2^2 + a_3^2}$

Ein Vektor $\vec{a}$ heißt Einheitsvektor, wenn $|\vec{a}| = 1$ ist.

Beispiel: Betrag eines Vektors

Bestimmen Sie $|\vec{a}|$.

a) $\vec{a} = \begin{pmatrix} 2 \\ 4 \end{pmatrix}$ b) $\vec{a} = \begin{pmatrix} a \\ -3 \end{pmatrix}$

c) $\vec{a} = \begin{pmatrix} 2 \\ 3 \\ 6 \end{pmatrix}$ d) $\vec{a} = \begin{pmatrix} -3 \\ 0 \\ 4 \end{pmatrix}$

Lösung:

a) $|\vec{a}| = \sqrt{2^2 + 4^2} = \sqrt{20} \approx 4{,}48$

b) $|\vec{a}| = \sqrt{a^2 + (-3)^2} = \sqrt{a^2 + 9}$

c) $|\vec{a}| = \sqrt{2^2 + 3^2 + 6^2} = \sqrt{49} = 7$

d) $|\vec{a}| = \sqrt{(-3)^2 + 0^2 + 4^2} = \sqrt{25} = 5$

Übung 6 Betrag eines Vektors

Bestimmen Sie den Betrag des gegebenen Vektors.

a) $\begin{pmatrix} 1 \\ a \end{pmatrix}$ b) $\begin{pmatrix} 5 \\ 12 \end{pmatrix}$ c) $\begin{pmatrix} -3 \\ -5 \end{pmatrix}$ d) $\begin{pmatrix} 5 \\ -2 \\ 12 \end{pmatrix}$ e) $\begin{pmatrix} 4 \\ 6 \\ 12 \end{pmatrix}$ f) $\begin{pmatrix} 3a \\ 0 \\ 4a \end{pmatrix}$

Übung 7 Parameteraufgabe

Stellen Sie fest, für welche $t \in \mathbb{R}$ die folgenden Bedingungen gelten.

a) $\vec{a} = \begin{pmatrix} t \\ 2t \end{pmatrix}$, $|\vec{a}| = 1$ b) $\vec{a} = \begin{pmatrix} 2 \\ t \end{pmatrix}$, $|\vec{a}| = t + 1$ c) $\vec{a} = \begin{pmatrix} -2t \\ t \\ 2t \end{pmatrix}$, $|\vec{a}| = 5$

F. Geometrische Anwendungen

Mit Hilfe von Vektoren kann man geometrische Objekte erfassen, z. B. Seitenkanten und Diagonalen von Körpern. Man kann geometrische Operationen durchführen, beispielsweise Spiegelungen. Wir behandeln hierzu exemplarisch zwei Aufgaben.

Beispiel: Diagonalen in einem Körper
Stellen Sie die Vektoren $\overrightarrow{AK}$, $\overrightarrow{BL}$ und $\overrightarrow{CM}$ als Spaltenvektoren dar. Bestimmen Sie außerdem die Länge der Diagonalen $\overline{CM}$.

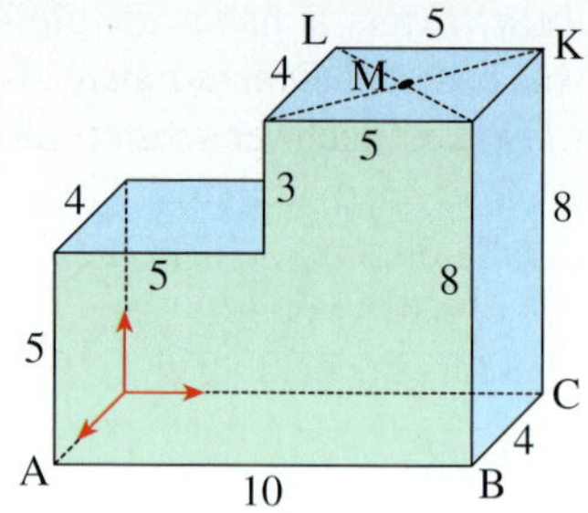

Lösung:
Wir verwenden ein Koordinatensystem, dessen Achsen parallel zu den Kanten des Körpers verlaufen.
Dann können wir die achsenparallelen Verschiebungsanteile der gesuchten Vektoren aus der Figur direkt ablesen. Damit erhalten wir die rechts aufgeführten Resultate.

$$\overrightarrow{AK} = \begin{pmatrix} -4 \\ 10 \\ 8 \end{pmatrix}, \overrightarrow{BL} = \begin{pmatrix} -4 \\ -5 \\ 8 \end{pmatrix}, \overrightarrow{CM} = \begin{pmatrix} 2 \\ -2{,}5 \\ 8 \end{pmatrix}$$

$$|\overrightarrow{CM}| = \sqrt{2^2 + (-2{,}5)^2 + 8^2} \approx 8{,}62$$

Beispiel: Spiegelung eines Punktes
Der Punkt A (2|2|4) wird am Punkt P (4|6|3) gespiegelt. Auf diese Weise entsteht der Spiegelpunkt A′. Bestimmen Sie die Koordinaten von A′.

Lösung:
Wir bestimmen den Vektor $\vec{v} = \overrightarrow{AP}$, der den Punkt A in den Punkt P verschiebt.

Er lautet $\overrightarrow{AP} = \begin{pmatrix} 4-2 \\ 6-2 \\ 3-4 \end{pmatrix} = \begin{pmatrix} 2 \\ 4 \\ -1 \end{pmatrix}$.

Diesen Vektor können wir verwenden, um den Punkt P nach A′ zu verschieben.
Daher gilt für den Punkt A′:
A′(4 + 2|6 + 4|3 − 1) = A′(6|10|2).

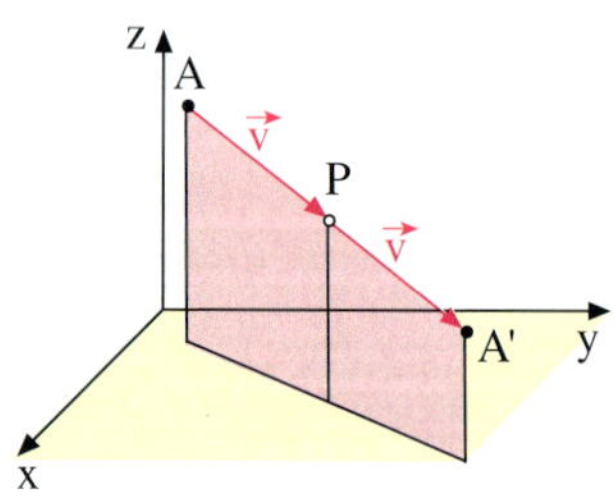

Übung 8 Quader
Ein achsenparalleler Quader ABCDEFGH ist durch die Angabe der drei Punkte B (2|4|0), C (−2|4|0), H (−2|0|3) gegeben. Bestimmen Sie die restlichen Punkte, zeichnen Sie ein Schrägbild des Quaders und berechnen Sie die Länge der Raumdiagonalen $\overline{BH}$ des Quaders.

Übung 9 Raumdreieck
Gegeben ist das Raumdreieck ABC mit A (4|−2|2), B (0|2|2) und C (2|−1|4). Stellen Sie die Seiten des Dreiecks als Spaltenvektoren dar. Berechnen Sie den Umfang des Dreiecks. Spiegeln Sie das Dreieck ABC am Punkt P (4|4|3). Fertigen Sie ein Schrägbild des Dreiecks ABC und des Bilddreiecks A′B′C′ an.

Mit Hilfe von Vektoren kann man Nachweise führen, die sonst schwierig wären, vor allem bei geometrischen Figuren im dreidimensionalen Raum.

Beispiel: Dreieck/Parallelogramm

Gegeben ist das Dreieck ABC mit den Eckpunkten A(6|2|1), B(4|8|−2) und C(0|5|3) (siehe Abb.).

a) Zeigen Sie, dass das Dreieck gleichschenklig ist, aber nicht gleichseitig.

b) Der Punkt D ergänzt das Dreieck zu einem Parallelogramm. Bestimmen Sie die Koordinaten von D.

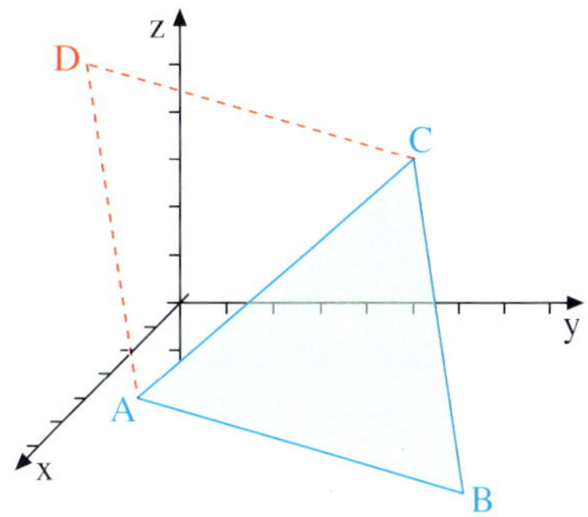

Lösung zu a:

Wir bestimmen die Beträge der drei Seitenvektoren und vergleichen diese.

$$\overrightarrow{AB} = \begin{pmatrix} 4-6 \\ 8-2 \\ -2-1 \end{pmatrix} = \begin{pmatrix} -2 \\ 6 \\ -3 \end{pmatrix} \Rightarrow |\overrightarrow{AB}| = 7$$

$$\overrightarrow{AC} = \begin{pmatrix} 0-6 \\ 5-2 \\ 3-1 \end{pmatrix} = \begin{pmatrix} -6 \\ 3 \\ 2 \end{pmatrix} \Rightarrow |\overrightarrow{AC}| = 7$$

$$\overrightarrow{BC} = \begin{pmatrix} 0-4 \\ 5-8 \\ 3+2 \end{pmatrix} = \begin{pmatrix} -4 \\ -3 \\ 5 \end{pmatrix} \Rightarrow |\overrightarrow{BC}| \approx 7{,}1$$

Das Dreieck ist gleichschenklig, da die Vektoren $\overrightarrow{AB}$ und $\overrightarrow{AC}$ gleich lang sind. Es ist nicht gleichseitig, da $\overrightarrow{BC}$ länger ist. Ein direktes Abmessen im Schrägbild ist wegen der Verzerrung nicht sinnvoll und führt zu falschen Ergebnissen.

Lösung zu b:

Die Koordinaten des Punktes D erhalten wir durch eine Parallelverschiebung des Punktes A mit dem Vektor $\overrightarrow{BC}$.

$$A(6|2|1) \xrightarrow[\text{Verschiebung}]{\begin{pmatrix} -4 \\ -3 \\ 5 \end{pmatrix}} D(2|-1|6)$$

Resultat: D(2|−1|6)

Übung 10 Vierecke

Ein Viereck ABCD ist genau dann ein Parallelogramm, wenn die Vektorgleichungen $\overrightarrow{AB} = \overrightarrow{DC}$ und $\overrightarrow{AD} = \overrightarrow{BC}$ gelten. Begründen Sie diese Aussage anschaulich anhand einer Skizze. Prüfen Sie, ob die folgenden Vierecke Parallelogramme sind. Fertigen Sie jeweils eine Zeichnung an und rechnen Sie anschließend.

a)	b)	c)	d)
A(−2|1)	A(2|1)	A(0|0|3)	A(10|10|5)
B(4|−1)	B(5|2)	B(7|6|5)	B(6|17|7)
C(7|2)	C(5|5)	C(11|7|5)	C(1|10|9)
D(1|4)	D(2|4)	D(4|4|3)	D(5|3|7)

Übung 11 Parallelogramm

Das Viereck ABCD ist ein Parallelogramm. Es gilt A(0|3|1), B(6|5|7) und C(4|1|3). Bestimmen Sie die Koordinaten von D. Handelt es sich um eine Raute?

Übungen

12. Würfelgruppe

Der abgebildete Körper setzt sich aus drei gleich großen Würfeln zusammen.

a) Welche der eingezeichneten Pfeile gehören zum gleichen Vektor?

b) Begründen Sie, weshalb die Pfeile $\overrightarrow{JH}$, $\overrightarrow{KL}$ und $\overrightarrow{GL}$ nicht zu dem gleichen Vektor gehören, obwohl sie parallel zueinander sind.

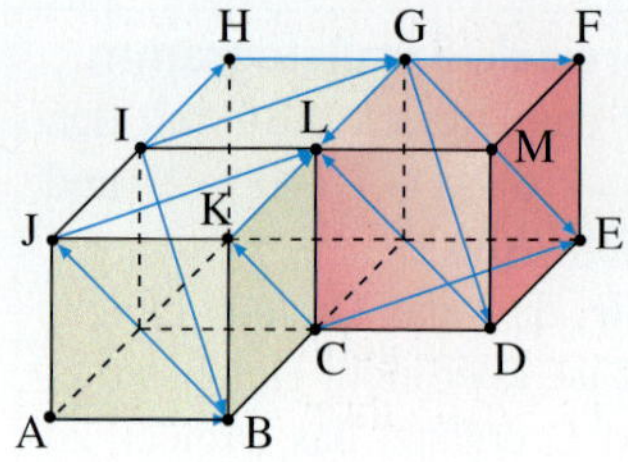

13. Pfeile eines Vektors

Die Pfeile $\overrightarrow{AB}$ und $\overrightarrow{CD}$ sollen zum gleichen Vektor gehören. Bestimmen Sie die Koordinaten des jeweils fehlenden Punktes.

a) A(−3|4), B(5|−7), D(8|11)
b) A(3|2), C(8|−7), D(11|15)
c) B(3|8), C(3|−2), D(8|5)
d) A(3|a), B(2|b), C(4|3)
e) A(−3|5|−2), C(1|−4|2), D(3|3|3)
f) A(3|3|4), B(−1|4|0), D(2|1|8)
g) A(1|8|−7), B(0|0|0), D(3|3|7)
h) A(a|a|a), B(a + 1|a + 2|3), D(a|2|a − 1)

14. Verschiebungsvektor

Bestimmen Sie die Koordinatendarstellung des Vektors $\vec{a} = \overrightarrow{PQ}$.

a) P(2|4), Q(3|8)
b) P(−3|5), Q(7|−2)
c) P(1|a), Q(3|2a + 1)
d) P(4|4|−2), Q(1|5|5)
e) P(1|−3|7), Q(4|0|−3)

15. Verschiebungsvektor

Der Vektor $\vec{a} = \begin{pmatrix} -1 \\ 2 \\ -3 \end{pmatrix}$ verschiebt den Punkt P in den Punkt Q. Bestimmen Sie P bzw. Q.

a) P(3|2|1)
b) Q(0|0|0)
c) P(3|−2|4)
d) Q(1|0|2)
e) P(4|−3|0)
f) P(0|0|0)
g) P(1|a|1)
h) Q(a|3|0)
i) $Q(q_1|q_2|q_3)$
j) $P(p_1|p_2|p_3)$

16. Betrag eines Vektors

Der abgebildete Quader habe die Maße 4 × 2 × 2. Bestimmen Sie die Koordinatendarstellung zu allen angegebenen Vektoren sowie ihre Beträge.

$\overrightarrow{AB}$, $\overrightarrow{AD}$, $\overrightarrow{AE}$, $\overrightarrow{AF}$, $\overrightarrow{AG}$, $\overrightarrow{AH}$, $\overrightarrow{BC}$, $\overrightarrow{BH}$, $\overrightarrow{CD}$, $\overrightarrow{CH}$, $\overrightarrow{DA}$, $\overrightarrow{DB}$, $\overrightarrow{DC}$, $\overrightarrow{EB}$, $\overrightarrow{EC}$, $\overrightarrow{ED}$, $\overrightarrow{EG}$, $\overrightarrow{FD}$, $\overrightarrow{FG}$, $\overrightarrow{FH}$, $\overrightarrow{HG}$.

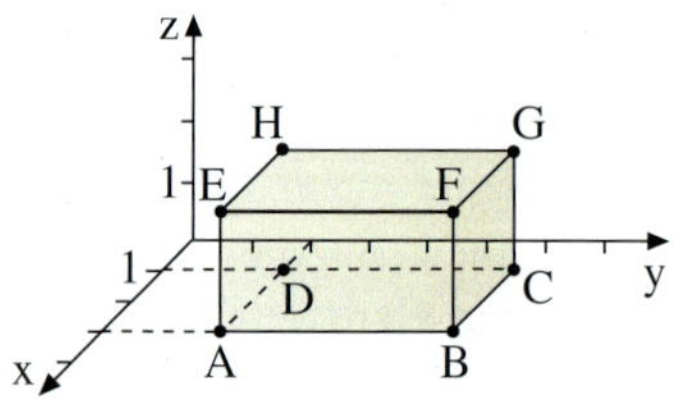

17. Betrag eines Vektors

a) Bestimmen Sie die Beträge der Vektoren $\begin{pmatrix} 4 \\ 1 \\ 8 \end{pmatrix}$, $\begin{pmatrix} 32 \\ 8 \\ 1 \end{pmatrix}$, $\begin{pmatrix} 2 \\ -6 \\ 5 \end{pmatrix}$, $\begin{pmatrix} 0 \\ -15 \\ -20 \end{pmatrix}$.

b) Für welchen Wert von a hat der Vektor $\begin{pmatrix} 2a \\ 2 \\ 5 \end{pmatrix}$ den Betrag 15?

3. Rechnen mit Vektoren

Im Folgenden führen wir Rechenoperationen für Vektoren ein. Da Vektoren als Verschiebungen interpretiert werden können, handelt es sich um Rechenoperationen für Verschiebungen.

A. Addition und Subtraktion von Verschiebungen

Zwei nacheinander ausgeführte Verschiebungen addieren sich in ihrer Wirkung und können durch eine einzige Verschiebung ersetzt werden.
Im Bild wird der Punkt P(1|1) mit dem Vektor $\vec{a} = \binom{4}{1}$ in den Punkt Q(5|2) verschoben, der dann mit dem Vektor $\vec{b} = \binom{2}{3}$ in den Punkt R(7|5) verschoben wird.
Die gleiche Verschiebung von P nach R kann mit dem Vektor $\vec{c} = \binom{6}{4}$ bewirkt werden, der als Summe der Vektoren $\vec{a}$ und $\vec{b}$ betrachtet werden kann.

$$\vec{a} + \vec{b} = \binom{4}{1} + \binom{2}{3} = \binom{6}{4}$$

Addition durch Aneinanderlegen

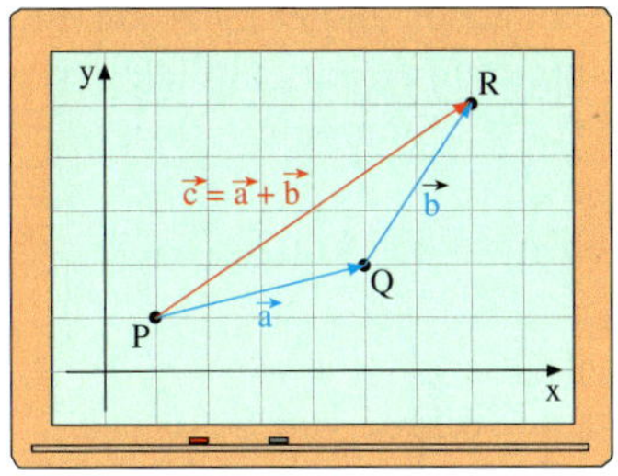

Addition von Vektoren:

P(1|1) $\xrightarrow{\binom{4}{1}}$ Q(5|2) $\xrightarrow{\binom{2}{3}}$ R(7|5)

$\binom{6}{4}$ (von P(1|1) nach R(7|5))

Definition I.2: Rechnerische Addition von Spaltenvektoren

Unter der Summe zweier Vektoren $\vec{a}$ und $\vec{b}$ versteht man den Vektor, dessen Koordinaten durch Addition der Koordinaten von $\vec{a}$ und $\vec{b}$ entstehen.

Addition in der Ebene

$$\vec{a} + \vec{b} = \begin{pmatrix} a_1 \\ a_2 \end{pmatrix} + \begin{pmatrix} b_1 \\ b_2 \end{pmatrix} = \begin{pmatrix} a_1 + b_1 \\ a_2 + b_2 \end{pmatrix}$$

Addition im Raum

$$\vec{a} + \vec{b} = \begin{pmatrix} a_1 \\ a_2 \\ a_3 \end{pmatrix} + \begin{pmatrix} b_1 \\ b_2 \\ b_3 \end{pmatrix} = \begin{pmatrix} a_1 + b_1 \\ a_2 + b_2 \\ a_3 + b_3 \end{pmatrix}$$

Geometrische Addition von Vektoren (Dreiecksregel)

Geometrisch führt man die Addition zweier Vektoren mit Hilfe von Pfeilrepräsentanten durch. Da hierbei ein Dreieck enststeht, spricht man von der Dreiecksregel.

Dreiecksregel

Zur Addition von $\vec{a}$ und $\vec{b}$ legt man den Anfangspunkt eines Pfeiles von $\vec{b}$ an den Endpunkt des Pfeiles von $\vec{a}$. Der Pfeil der Summe $\vec{a} + \vec{b}$ führt dann vom Anfangspunkt dieser Pfeilkette zu ihren Endpunkt.

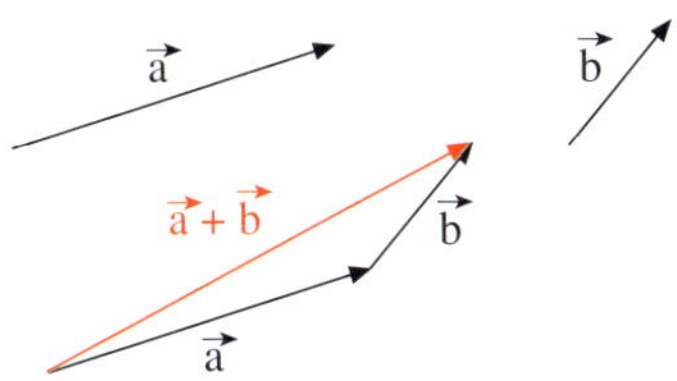

Geometrische Addition von Vektoren (Parallelogrammregel)

Es spielt keine Rolle, in welcher Reihenfolge man die Summanden bei der Addition anordnet. $\vec{a} + \vec{b}$ führt zum gleichen Ergebnis wie $\vec{b} + \vec{a}$. Die Addition ist kommutativ. Hieraus ergibt sich die sog. ***Parallelogrammregel*** für die Addition. Sie ist zur Dreiecksregel gleichwertig.

Parallelogrammregel (Addition)
Zur Addition von $\vec{a}$ und $\vec{b}$ legt man die beiden Vektoren mit ihren Anfangspunkten aneinander und ergänzt die entstandene Figur zu einem Parallelogramm. Der Pfeil der Summe $\vec{a} + \vec{b}$ ist dann der Diagonalpfeil im Parallelogramm, der im gemeinsamen Anfangspunkt beginnt.

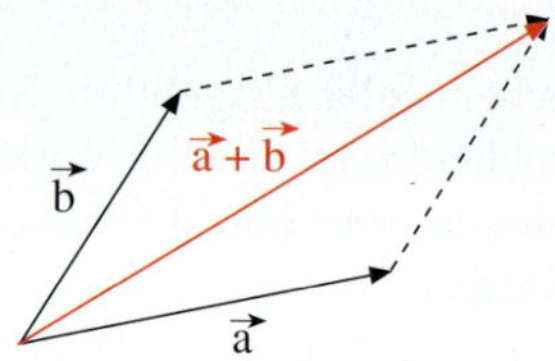

Übung 1 Summe von Vektoren
Berechnen Sie die Summe der beiden Vektoren, sofern dies möglich ist.

a) $\begin{pmatrix}2\\3\end{pmatrix}, \begin{pmatrix}3\\-4\end{pmatrix}$ b) $\begin{pmatrix}2\\1\\3\end{pmatrix}, \begin{pmatrix}3\\-4\\1\end{pmatrix}$ c) $\begin{pmatrix}3\\-3\\2\end{pmatrix}, \begin{pmatrix}-3\\3\\-2\end{pmatrix}$ d) $\begin{pmatrix}4\\0\\2\end{pmatrix}, \begin{pmatrix}0\\0\\0\end{pmatrix}$ e) $\begin{pmatrix}2\\3\\1\end{pmatrix}, \begin{pmatrix}3\\-4\end{pmatrix}$

Übung 2 Summe von Vektoren
Bestimmen Sie zeichnerisch und rechnerisch die angegebene Summe.*

a) $\vec{u} + \vec{v}$ b) $\vec{u} + \vec{w}$ c) $\vec{v} + \vec{w}$
d) $(\vec{u} + \vec{v}) + \vec{w}$ e) $\vec{v} + \vec{u}$
f) $\vec{u} + (\vec{v} + \vec{w})$ g) $\vec{u} + \vec{u}$

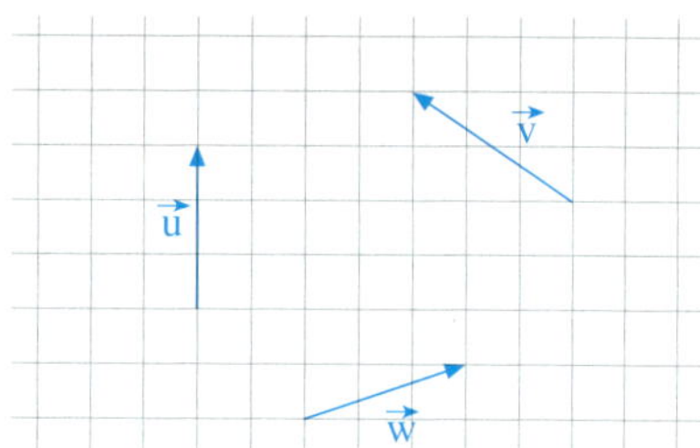

Rechengesetze der Vektoraddition

Neben dem Kommutativgesetz gelten für die Addition von Vektoren noch weitere Rechengesetze, die Rechnungen z. T. erheblich erleichtern können.

Satz I.1: Rechengesetze der Vektoraddition
$\vec{a}$, $\vec{b}$ und $\vec{c}$ seien Vektoren in der Ebene oder im Raum. Dann gelten folgende Gesetze:

Kommutativgesetz der Addition

$$\vec{a} + \vec{b} = \vec{b} + \vec{a}$$

Assoziativgesetz der Addition

$$(\vec{a} + \vec{b}) + \vec{c} = \vec{a} + (\vec{b} + \vec{c})$$

Übung 3 Assoziativgesetz
Bestimmen Sie für die gegebenen Vektoren die Terme $(\vec{a} + \vec{b}) + \vec{c}$ und $\vec{a} + (\vec{b} + \vec{c})$.

Rechnerisch:

$$\vec{a} = \begin{pmatrix}1\\2\\1\end{pmatrix}, \vec{b} = \begin{pmatrix}2\\-1\\2\end{pmatrix}, \vec{c} = \begin{pmatrix}1\\3\\-2\end{pmatrix}$$

Zeichnerisch:*

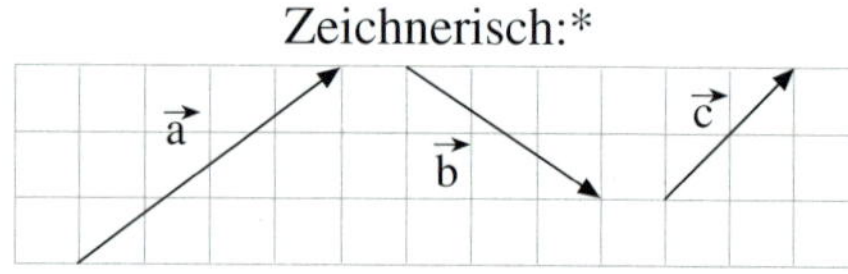

* Eine Einheit entspricht einer Karolänge.

Subtraktion von Vektoren

Die Gegenoperation zu einer Addition ist die Subtraktion. Für diese Operation benötigen wir ein neutrales Element der Addition, d. h. einen Nullvektor $\vec{0}$. Außerdem wird zu jedem Vektor $\vec{a}$ einen Gegenvektor $-\vec{a}$ benötigt, der die Verschiebungswirkung von $\vec{a}$ aufheben kann.

Satz I.2: Nullvektor
Es gibt genau einen Vektor $\vec{0}$, so dass $\vec{a} + \vec{0} = \vec{a}$ gilt für alle Vektoren $\vec{a}$.
$\vec{0}$ heißt ***Nullvektor***.
Geometrisch wird er als *Pfeil der Länge 0* ohne bestimmte Richtung interpretiert.

Nullvektor in der Ebene	Nullvektor im Raum
$\vec{0} = \begin{pmatrix} 0 \\ 0 \end{pmatrix}$	$\vec{0} = \begin{pmatrix} 0 \\ 0 \\ 0 \end{pmatrix}$

Satz I.3: Gegenvektor
Zu jedem Vektor $\vec{a}$ gibt es genau einen Gegenvektor $-\vec{a}$, so dass $\vec{a} + (-\vec{a}) = \vec{0}$ gilt für alle Vektoren $\vec{a}$.
$-\vec{a}$ heißt ***Gegenvektor von*** $\vec{a}$.

Geometrisch wird $-\vec{a}$ durch einen Pfeil erfasst, der die gleiche Länge, aber die umgekehrte Richtung wie $\vec{a}$ besitzt.

Gegenvektor von $\vec{a}$

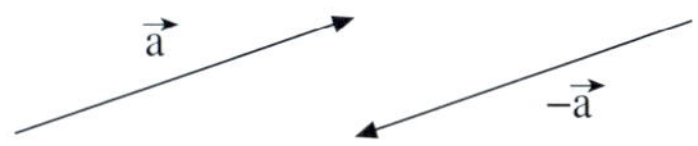

Gegenvektor in der Ebene $\quad \vec{a} = \begin{pmatrix} a_1 \\ a_2 \end{pmatrix} \Rightarrow -\vec{a} = \begin{pmatrix} -a_1 \\ -a_2 \end{pmatrix}$

Gegenvektor im Raum $\quad \vec{a} = \begin{pmatrix} a_1 \\ a_2 \\ a_3 \end{pmatrix} \Rightarrow -\vec{a} = \begin{pmatrix} -a_1 \\ -a_2 \\ -a_3 \end{pmatrix}$

Mit Hilfe des Gegenvektors lässt sich nun die Subtraktion von Vektoren definieren:

Definition I.3: Subtraktion von Vektoren
Die Differenz $\vec{a} - \vec{b}$ zweier Vektoren $\vec{a}$ und $\vec{b}$ ist die Summe aus dem Vektor $\vec{a}$ und dem Gegenvektor von $\vec{b}$.

$$\vec{a} - \vec{b} = \vec{a} + (-\vec{b})$$

Auch für die Subtraktion gibt es eine Parallelogrammregel.

Parallelogrammregel (Subtraktion)
In dem von $\vec{a}$ und $\vec{b}$ aufgespannten Parallelogramm verbindet der Vektor $\vec{a} - \vec{b}$ die Pfeilspitze von $\vec{b}$ mit der Pfeilspitze von $\vec{a}$.

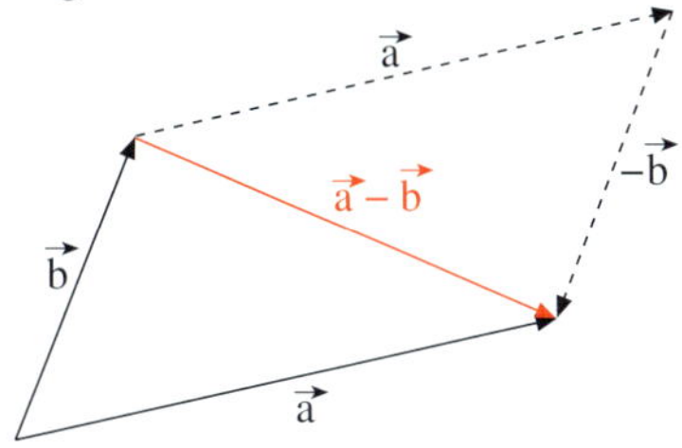

Übung 4 Subtraktion
Konstruieren Sie zeichnerisch den angegebenen Term (siehe auch S. 32).

a) $\vec{a} - \vec{b}$ b) $\vec{b} - \vec{a}$
c) $\vec{a} - \vec{b} + \vec{a}$ d) $-\vec{b} - \vec{a}$
e) $\vec{a} - \vec{b} - \vec{c}$ f) $-\vec{a} + \vec{b} - \vec{c}$

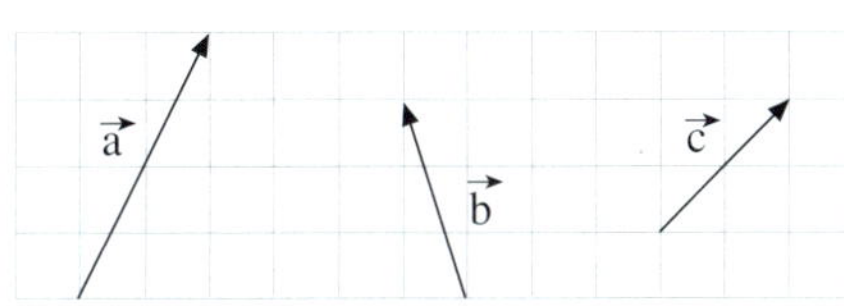

Eine Einheit entspricht einer Karolänge.

Wir rechnen nun einige Beispiele zur Addition und Subtraktion.

Beispiel: Addition und Subtraktion von Vektoren

Gegeben sind die Vektoren $\vec{a}$, $\vec{b}$ und $\vec{c}$.

a) Addieren Sie $\vec{a}$, $\vec{b}$ und $\vec{c}$ zeichnerisch.

b) Bestimmen sie $\vec{a} - \vec{c} - \vec{b}$ zeichnerisch.

c) Bestimmen Sie $\vec{a} - \vec{b} - \vec{c}$ rechnerisch.

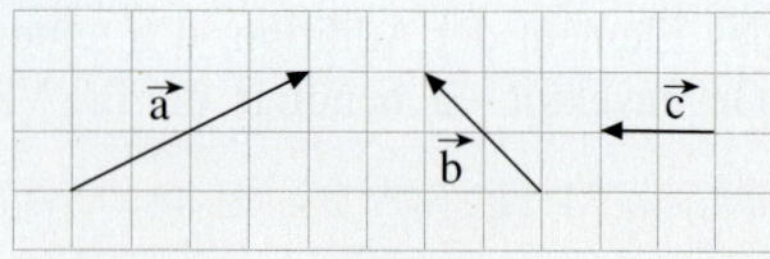

Lösung zu a:
Wir hängen die Vektoren $\vec{a}$, $\vec{b}$ und $\vec{c}$ zu einem Vektorzug aneinander. Die Summe $\vec{a} + \vec{b} + \vec{c}$ ist der Vektor, der vom Anfangspunkt des Vektorzuges zum Endpunkt zeigt.

Zeichnerische Addition:

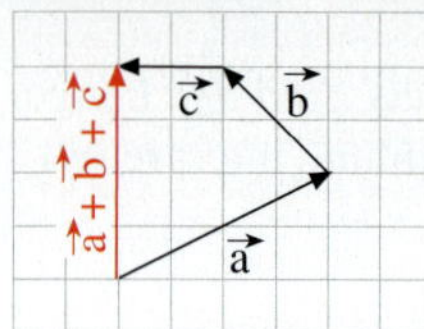

Lösung zu b:
Wir hängen nun die Vektoren $\vec{a}$, $-\vec{c}$ und $-\vec{b}$ zu einem Vektorzug aneinander. $\vec{a} - \vec{c} - \vec{b}$ ist nun wieder der Vektor, der vom Anfangspunkt des Vektorzugs zum Endpunkt führt.

Zeichnerische Addition:

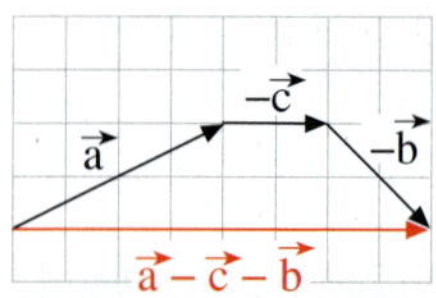

Lösung zu c:
Wir stellen die Vektoren $\vec{a}$, $\vec{b}$ und $\vec{c}$ als Spaltenvektoren dar (Ablesen der Koordinaten aus der Zeichnung). Dann addieren bzw. subtrahieren wir diese rechnerisch. Das Ergebnis entspricht der zeichnerischen Lösung.

Zeichnerische Subtraktion:

$$\vec{a} = \begin{pmatrix} 4 \\ 2 \end{pmatrix} \qquad \vec{b} = \begin{pmatrix} -2 \\ 2 \end{pmatrix} \qquad \vec{c} = \begin{pmatrix} -2 \\ 0 \end{pmatrix}$$

$$\vec{a} - \vec{b} - \vec{c} = \begin{pmatrix} 4 \\ 2 \end{pmatrix} - \begin{pmatrix} -2 \\ 2 \end{pmatrix} - \begin{pmatrix} -2 \\ 0 \end{pmatrix} = \begin{pmatrix} 8 \\ 0 \end{pmatrix}$$

Beispiel: Addition von Vektoren im dreidimensionalen Raum

Gegeben sind die Vektoren $\vec{a}$ und $\vec{b}$.
Addieren Sie $\vec{a}$ und $\vec{b}$ zeichnerisch im Koordinatensystem.

$$\vec{a} = \begin{pmatrix} 7 \\ 5 \\ 4 \end{pmatrix} \qquad \vec{b} = \begin{pmatrix} -2 \\ 2 \\ -1 \end{pmatrix}$$

Lösung:
Wir hängen die zwei Vektoren wieder zu einem Vektorzug aneinander, um sie zu addieren. Zwecks besserer Übersicht deuten wir ihre Koordinaten durch gepunktete Linien an.

Das Resultat: $\vec{a} + \vec{b} = \begin{pmatrix} 5 \\ 7 \\ 3 \end{pmatrix}$

Wir erkennen, dass Vektoren im Raum nicht sehr anschaulich darstellbar sind. Hier sind die rechnerische Addition und Subtraktion einfacher durchzuführen.

Vektoraddition im Raum:

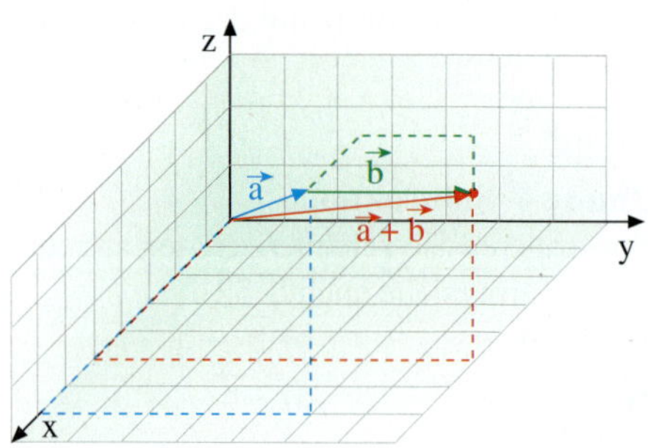

B. Skalar-Multiplikation (S-Multiplikation)

Die nebenstehend durchgeführte zeichnerische Konstruktion (Addition durch Aneinanderlegen) legt es nahe, die Summe $\vec{a} + \vec{a} + \vec{a}$ als ***Vielfaches*** von $\vec{a}$ aufzufassen. Man schreibt daher:

$$3 \cdot \vec{a} = \vec{a} + \vec{a} + \vec{a}.$$

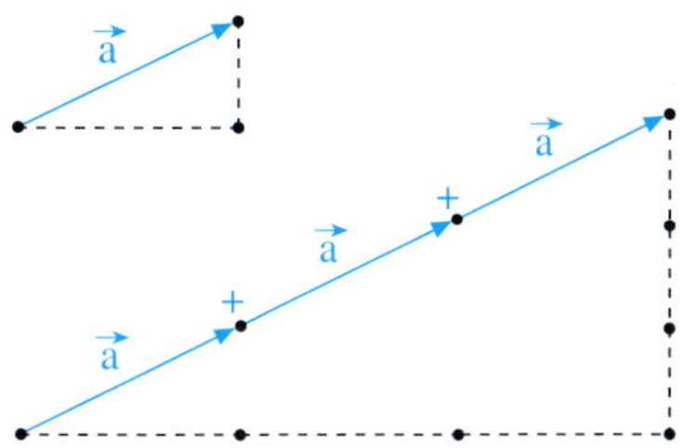

Rechnerisch ergibt sich mit Hilfe koordinatenweiser Addition für $\vec{a} = \begin{pmatrix} a_1 \\ a_2 \end{pmatrix}$:

$$3 \cdot \begin{pmatrix} a_1 \\ a_2 \end{pmatrix} = \begin{pmatrix} a_1 \\ a_2 \end{pmatrix} + \begin{pmatrix} a_1 \\ a_2 \end{pmatrix} + \begin{pmatrix} a_1 \\ a_2 \end{pmatrix} = \begin{pmatrix} 3a_1 \\ 3a_2 \end{pmatrix}.$$

Diese koordinatenweise Vervielfachung eines Vektors lässt sich sogar auf beliebige reelle Vervielfältigungsfaktoren ausdehnen,
z. B. $2{,}5 \cdot \begin{pmatrix} a_1 \\ a_2 \end{pmatrix} = \begin{pmatrix} 2{,}5\,a_1 \\ 2{,}5\,a_2 \end{pmatrix}$.

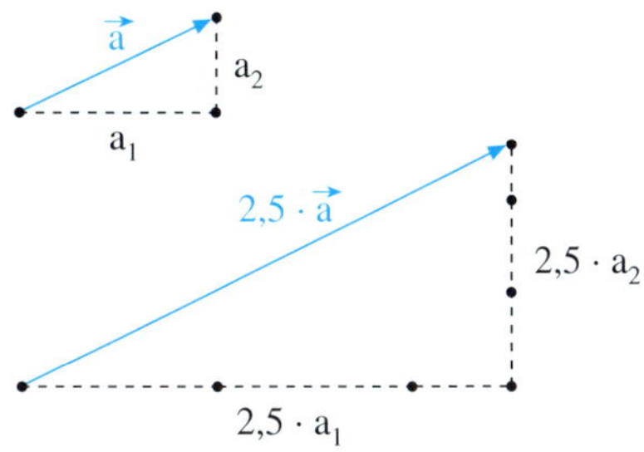

Definition I.4: Skalare Multiplikation
Ein Vektor wird mit einer reellen Zahl s (einem sog. Skalar) multipliziert, indem jede seiner Koordinaten mit s multipliziert wird.

In der Ebene: $s \cdot \begin{pmatrix} a_1 \\ a_2 \end{pmatrix} = \begin{pmatrix} s \cdot a_1 \\ s \cdot a_2 \end{pmatrix}$ | **Im Raum:** $s \cdot \begin{pmatrix} a_1 \\ a_2 \\ a_3 \end{pmatrix} = \begin{pmatrix} s \cdot a_1 \\ s \cdot a_2 \\ s \cdot a_3 \end{pmatrix}$

Für die S-Multiplikation gelten folgende Rechengesetze:

Satz I.4: r und s seien reelle Zahlen, $\vec{a}$ und $\vec{b}$ Vektoren. Dann gelten folgende Regeln:

(I) Distributivgesetz
$r \cdot (\vec{a} + \vec{b}) = r \cdot \vec{a} + r \cdot \vec{b}$

(II) Distributivgesetz
$(r + s) \cdot \vec{a} = r \cdot \vec{a} + s \cdot \vec{a}$

(III) Assoziativgesetz
$(r \cdot s) \cdot \vec{a} = r \cdot (s \cdot \vec{a})$

Wir beschränken uns auf den Beweis zu (I) für Vektoren im Raum.

$$r\left(\begin{pmatrix} a_1 \\ a_2 \\ a_3 \end{pmatrix} + \begin{pmatrix} b_1 \\ b_2 \\ b_3 \end{pmatrix}\right) \underset{\text{Def. I.2}}{=} r\begin{pmatrix} a_1 + b_1 \\ a_2 + b_2 \\ a_3 + b_3 \end{pmatrix} \underset{\text{Def. I.4}}{=} \begin{pmatrix} r(a_1 + b_1) \\ r(a_2 + b_2) \\ r(a_3 + b_3) \end{pmatrix} \underset{\text{Distributivgesetz in } \mathbb{R}}{=} \begin{pmatrix} ra_1 + rb_1 \\ ra_2 + rb_2 \\ ra_3 + rb_3 \end{pmatrix} \underset{\text{Def. I.2}}{=} \begin{pmatrix} ra_1 \\ ra_2 \\ ra_3 \end{pmatrix} + \begin{pmatrix} rb_1 \\ rb_2 \\ rb_3 \end{pmatrix} \underset{\text{Def. I.4}}{=} r\begin{pmatrix} a_1 \\ a_2 \\ a_3 \end{pmatrix} + r\begin{pmatrix} b_1 \\ b_2 \\ b_3 \end{pmatrix}$$

Übung 5

Beweisen Sie Satz I.4 (II) sowohl für Vektoren in der Ebene als auch für Vektoren im Raum.

Übungen

6. Vereinfachen Sie den Term zu einem einzigen Vektor.

a) $5 \cdot \begin{pmatrix} 1{,}2 \\ 0{,}6 \\ 3{,}4 \end{pmatrix}$ b) $5 \cdot \begin{pmatrix} 3 \\ 2 \\ 1 \end{pmatrix} + 3 \cdot \begin{pmatrix} -1 \\ 0 \\ 2 \end{pmatrix}$ c) $3 \cdot \begin{pmatrix} 8 \\ -1 \\ 0 \end{pmatrix} + 2 \cdot \begin{pmatrix} -10 \\ 1 \\ 2 \end{pmatrix} - 2 \cdot \begin{pmatrix} 2 \\ 0{,}5 \\ 2 \end{pmatrix}$

7. Stellen Sie den gegebenen Vektor in der Form $r\vec{a}$ dar, wobei $\vec{a}$ nur ganzzahlige Koordinaten besitzen soll und r eine reelle Zahl ist.

a) $\begin{pmatrix} 0{,}5 \\ 1{,}5 \\ -1{,}5 \end{pmatrix}$ b) $\begin{pmatrix} 3{,}5 \\ 1 \\ 2{,}5 \end{pmatrix}$ c) $\begin{pmatrix} 0{,}25 \\ 0{,}5 \\ -2 \end{pmatrix}$ d) $\begin{pmatrix} 1 \\ 0{,}4 \\ 0{,}6 \end{pmatrix}$ e) $\begin{pmatrix} 0{,}5 \\ -0{,}25 \\ 0{,}125 \end{pmatrix}$ f) $\begin{pmatrix} 1{,}5 \\ 3 \\ 0{,}75 \end{pmatrix}$

8. Bestimmen Sie das Ergebnis des gegebenen Rechenausdrucks als Spaltenvektor.*

a) $-\vec{a} + \vec{e}$
b) $\vec{d} - \vec{b}$
c) $3\vec{a} + 2\vec{c} + \vec{d}$
d) $2(\vec{a} + \vec{b}) - (\vec{a} - \vec{c}) - 2\vec{b}$
e) $\frac{1}{2}\vec{c} + \frac{1}{4}\vec{b} - \vec{a}$
f) $\vec{a} + \vec{b} + \vec{c} - \vec{d} + 3\vec{f}$

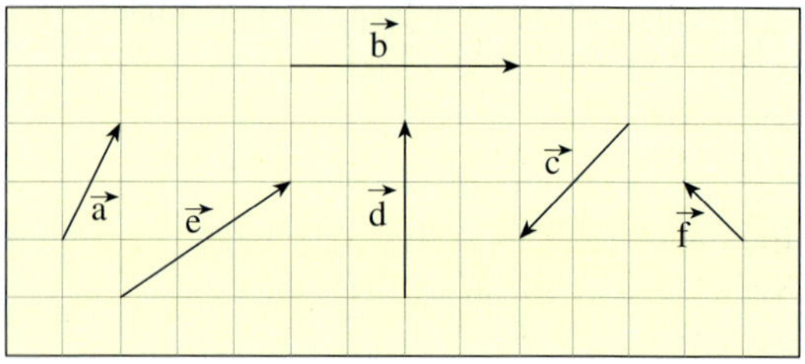

9. Vereinfachen Sie den Term so weit wie möglich.

a) $3\vec{a} + 5\vec{a} - 7\vec{a} - (-2\vec{a}) - \vec{a}$
b) $\vec{a} - 4(\vec{b} - \vec{a}) - 2\vec{c} + 2(\vec{b} + \vec{c})$
c) $2(\vec{a} + 4(\vec{b} - \vec{a})) + 2(\vec{c} + \vec{a}) - 6\vec{b}$
d) $2(\vec{a} - \vec{c}) + 0{,}5(\vec{c} - \vec{b}) + 1{,}5(\vec{b} + \vec{c}) - \vec{a}$
e) $-(\vec{a} - 2\vec{b} - (7\vec{a} - (-2) \cdot (-\vec{a}))) - (\vec{a} - (-\vec{b}))$
f) $\vec{c} - (\vec{a} - 2\vec{b} + (7\vec{c} - (4\vec{b} - 2\vec{c})) - 2\vec{c})$
g) $(4\vec{b} - \vec{a} - (-2\vec{b})) \cdot 3 - 3(-4\vec{a} - (\vec{b} - \vec{a}) \cdot (-1))$
h) $5\vec{b} - (\vec{a} - 4\vec{b} + 3(\vec{a} - 7\vec{b})) \cdot (-2) - 5(-9\vec{b} + 1{,}6\vec{a})$

10. Berechnen Sie den Wert der Variablen x, sofern eine Lösung existiert.

a) $x \cdot \begin{pmatrix} 3 \\ 5 \\ 1 \end{pmatrix} = \begin{pmatrix} 1 \\ 2 \\ 1 \end{pmatrix} - \begin{pmatrix} 7 \\ 12 \\ -1 \end{pmatrix}$

b) $\begin{pmatrix} 20 \\ 4 \\ -14 \end{pmatrix} = x \cdot \begin{pmatrix} 12 \\ 4 \\ 4 \end{pmatrix} - 2x \cdot \begin{pmatrix} 1 \\ 1 \\ 3 \end{pmatrix}$

c) $\begin{pmatrix} 4 \\ x \\ 2 \end{pmatrix} + 2\begin{pmatrix} 1 \\ 2 \\ 3 \end{pmatrix} = \begin{pmatrix} x \\ 10 \\ x+2 \end{pmatrix}$

d) $x \cdot \begin{pmatrix} x+1 \\ 5 \\ -1 \end{pmatrix} = x \cdot \begin{pmatrix} 1 \\ 2 \\ -2 \end{pmatrix} - 3\begin{pmatrix} 3 \\ 3 \\ 1 \end{pmatrix} + \begin{pmatrix} 6x \\ 18 \\ 2x \end{pmatrix}$

11. Prüfen Sie, ob die angegebene Gleichung richtig ist.

a) $\vec{a} + 2\vec{b} = 3\vec{d} - 2\vec{c}$
b) $\vec{a} - \vec{c} = \vec{d} - 3\vec{c}$
c) $\vec{a} - \vec{b} = -\frac{1}{2}\vec{c}$
d) $2\vec{d} - (\vec{c} - \vec{a}) = \vec{0}$
e) $\vec{a} + 2\vec{d} = 2\vec{b} + \vec{d}$

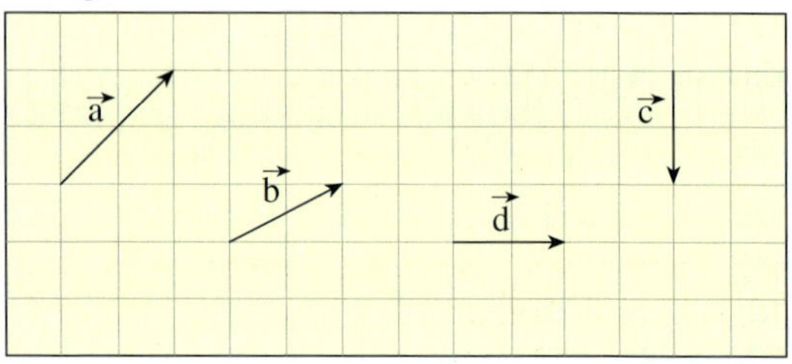

* Eine Einheit entspricht einer Karolänge.

C. Exkurs: Kombination von Rechenoperationen/Vektorzüge

Die Addition bzw. Subtraktion und Skalarmultiplikation von mehr als zwei Vektoren kann mit Hilfe von sogenannten Vektorzügen vereinfacht und sehr effizient durchgeführt werden.

Beispiel: Addition durch Vektorzug
Gegeben sind die rechts dargestellten Vektoren $\vec{a}$, $\vec{b}$ und $\vec{c}$.
Konstruieren Sie zeichnerisch den Vektor $\vec{x} = \vec{a} + 2\vec{b} + 1{,}5\,\vec{c}$. Führen Sie eine rechnerische Ergebniskontrolle durch.

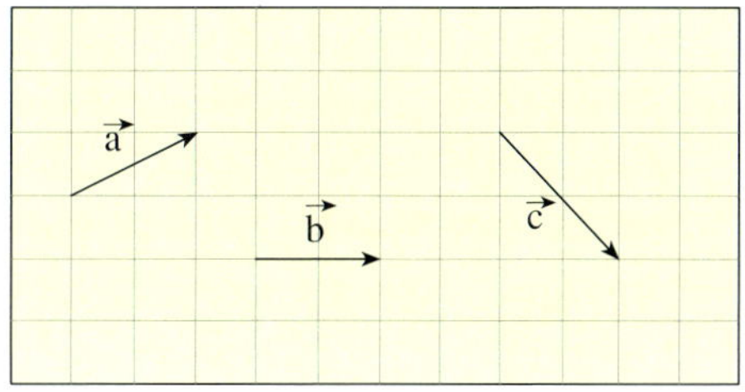

Lösung:
Wir setzen die Vektoren $\vec{a}$, $2\vec{b}$ und $1{,}5\,\vec{c}$ wie abgebildet aneinander.

Es entsteht ein *Vektorzug*.

Der gesuchte Vektor führt vom Anfang zum Ende des Vektorzugs. Er bewirkt die gleiche Verschiebung wie die drei Einzelterme insgesamt, ist also deren Summe.

Rechnerisch erhalten wir das gleiche Resultat, indem wir $\vec{a}$, $\vec{b}$ und $\vec{c}$ mit Hilfe von Spaltenvektoren darstellen.

Zeichnerische Lösung:

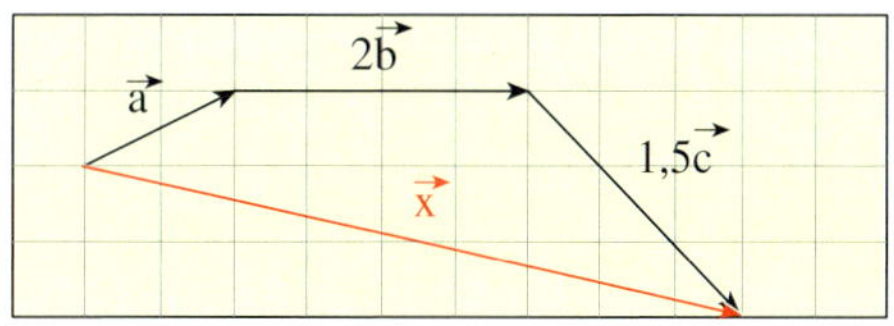

Rechnerische Lösung:

$$\vec{x} = \vec{a} + 2\vec{b} + 1{,}5\,\vec{c}$$
$$= \begin{pmatrix} 2 \\ 1 \end{pmatrix} + 2\begin{pmatrix} 2 \\ 0 \end{pmatrix} + 1{,}5\begin{pmatrix} 2 \\ -2 \end{pmatrix} = \begin{pmatrix} 9 \\ -2 \end{pmatrix}$$

Beispiel: Drittelung einer Strecke
Gegeben ist die Strecke $\overline{AB}$ mit den Endpunkten $A(2|4)$ und $B(8|1)$. Punkt C teilt die Strecke im Verhältnis 2 : 1.
Bestimmen Sie die Koordinaten von C.

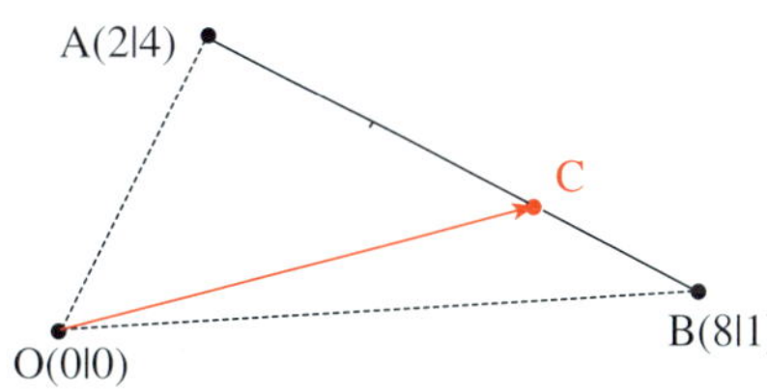

Lösung:
Der Ortsvektor $\overrightarrow{OC}$ des gesuchten Punktes C lässt sich durch den Vektorzug $\overrightarrow{OA} + \frac{2}{3}\overrightarrow{AB}$ darstellen, wie dies aus der Skizze zu erkennen ist.
Die rechts aufgeführte Rechnung führt auf das Resultat $C(6|2)$.

Berechnung des Ortsvektors von C:

$$\overrightarrow{OC} = \overrightarrow{OA} + \overrightarrow{AC}$$
$$= \overrightarrow{OA} + \tfrac{2}{3}\overrightarrow{AB}$$
$$= \begin{pmatrix} 2 \\ 4 \end{pmatrix} + \frac{2}{3}\begin{pmatrix} 6 \\ -3 \end{pmatrix} = \begin{pmatrix} 6 \\ 2 \end{pmatrix}$$

Übung 12 Vektoraddition
Bestimmen Sie durch Zeichnung und Rechnung die Vektoren $\vec{x} = \vec{a} + 2\vec{b}$, $\vec{y} = \vec{a} + \vec{b} - \vec{c}$ und $\vec{z} = \vec{a} - 0{,}5\,\vec{b} + 2\,\vec{c}$.

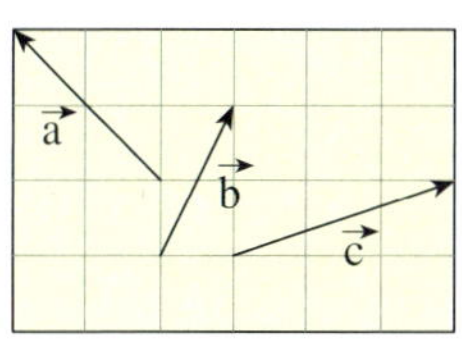

Oft muss man den Mittelpunkt einer Strecke ermitteln. Hierfür gibt es eine Formel, die wir nun herleiten.

Der Mittelpunkt M einer Strecke $\overline{AB}$ lässt sich als arithmetisches Mittel der Streckenendpunkte A und B berechnen.

Mittelpunkt einer Strecke

M sei der Mittelpunkt der Strecke $\overline{AB}$. Dann gilt:

$$\overrightarrow{OM} = \frac{1}{2}(\overrightarrow{OA} + \overrightarrow{OB}).$$

Der vektorielle Nachweis steht rechts.

Beweis zum Streckenmittelpunkt

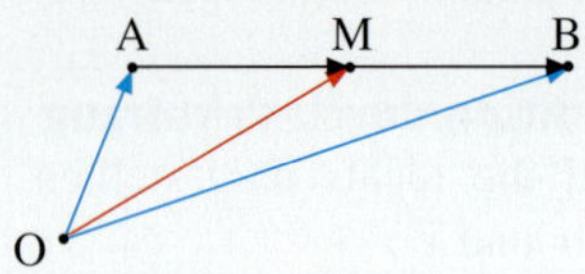

$$\begin{aligned}\overrightarrow{OM} &= \overrightarrow{OA} + \overrightarrow{AM}\\ &= \overrightarrow{OA} + \tfrac{1}{2}\overrightarrow{AB}\\ &= \overrightarrow{OA} + \tfrac{1}{2}(-\overrightarrow{OA} + \overrightarrow{OB})\\ &= \tfrac{1}{2}(\overrightarrow{OA} + \overrightarrow{OB})\end{aligned}$$

Beispiel: Streckenmittelpunkt

Berechnen Sie den Mittelpunkt M der Strecke $\overline{AB}$ mit den Endpunkten A (4|3|4) und B (2|9|10).

Lösung:

Wir verwenden die obige Formel für den Streckenmittelpunkt M, welche im Prinzip das arithmetrische Mittel der Streckenendpunkte darstellt.

Streckenmittelpunkt

$$\overrightarrow{OM} = \frac{1}{2}(\overrightarrow{OA} + \overrightarrow{OB}) = \frac{1}{2}\left[\begin{pmatrix}4\\3\\4\end{pmatrix} + \begin{pmatrix}2\\9\\10\end{pmatrix}\right]$$

$$= \frac{1}{2}\begin{pmatrix}6\\12\\14\end{pmatrix} = \begin{pmatrix}3\\6\\7\end{pmatrix}$$

$$\Rightarrow M = M(3|6|7)$$

Resultat: Streckenmittelpunkt M (3|6|7)

Übung 13 Streckenmittelpunkt

Bestimmen Sie den Mittelpunkt M der Strecke $\overline{AB}$ mit A (–2|–4|4) und B (6|8|12).

Übung 14 Streckenmittelpunkt – Umkehraufgabe

Die Strecke $\overline{AB}$, die im Punkt A (4|4|6) beginnt, hat den Mittelpunkt M (2|6|7). Bestimmen Sie B.

Übung 15 Mittelpunkt eines Quaders

Gesucht ist der Mittelpunkt M eines Quaders ABCDEFGH mit den Ecken A (6|5|0), B (0|13|0), C (–4|10|0), D (2|2|0) und E (6|5|4).

a) Bestimmen Sie zunächst die Koordinaten der fehlenden Eckpunkte F, G und H und skizzieren Sie den Quader im Koordinatensystem.

b) Bestimmen Sie den Mittelpunkt der Seitenkante FG.

c) Stellen Sie den Mittelpunkt der Deckfläche EFGH des Quaders als Mittelpunkt einer Strecke dar und berechnen Sie seine Koordinaten.

d) Stellen Sie den Mittelpunkt M des Quaders als Mittelpunkt einer Strecke dar und berechnen Sie seine Koordinaten.

e) Beschreiben Sie, worin sich die Mittelpunkte von Quadern und Kugeln unterscheiden.

Geometrische Figuren können oft durch einige wenige Basisvektoren festgelegt bzw. aufgespannt werden. Weitere in den Figuren auftretende Vektoren können dann mit Hilfe dieser Basisvektoren als Vektorzug dargestellt werden.

Beispiel: Vektoren im Trapez

Ein Trapez wird durch die Vektoren $\vec{a}$ und $\vec{b}$ aufgespannt. Die Decklinie des Trapezes ist halb so lang wie die Grundlinie.
Stellen Sie die Vektoren $\overrightarrow{AC}$ und $\overrightarrow{BC}$ mit Hilfe der Vektoren $\vec{a}$ und $\vec{b}$ dar.

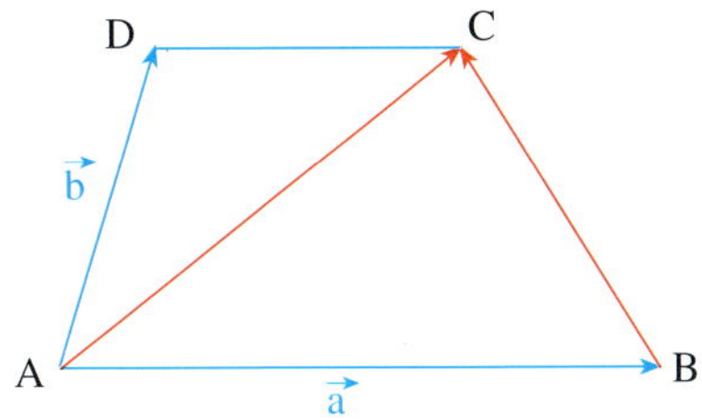

Lösung:
Wir arbeiten zur Darstellung mit Vektorzügen, die $\vec{a}$ und $\vec{b}$ enthalten. Dabei beachten wir, dass $\overrightarrow{DC} = \frac{1}{2}\vec{a}$ gilt, denn $\overrightarrow{DC}$ ist parallel zu $\vec{a}$ und halb so lang.
Die Rechenwege und Resultate sind rechts aufgeführt.

$$\overrightarrow{AC} = \overrightarrow{AD} + \overrightarrow{DC} = \vec{b} + \tfrac{1}{2}\vec{a}$$

$$\overrightarrow{BC} = \overrightarrow{BA} + \overrightarrow{AD} + \overrightarrow{DC} = -\vec{a} + \vec{b} + \tfrac{1}{2}\vec{a} = \vec{b} - \tfrac{1}{2}\vec{a}$$

Übung 16 Vektoren im Quader

Der abgebildete Quader wird durch die Vektoren $\vec{a}$, $\vec{b}$ und $\vec{c}$ aufgespannt. Der Vektor $\vec{x}$ verbindet die Mittelpunkte M und N zweier Quaderkanten.
Stellen Sie den Vektor $\vec{x}$ mit Hilfe der aufspannenden Vektoren $\vec{a}$, $\vec{b}$ und $\vec{c}$ dar.

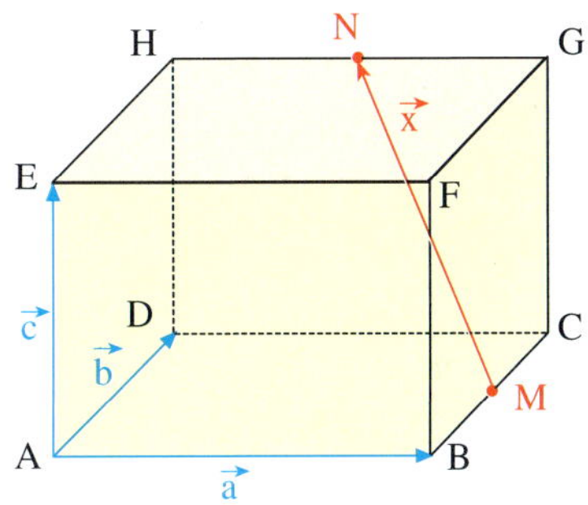

Übung 17 Vektoren im Sechseck

Die Vektoren $\vec{a}$, $\vec{b}$ und $\vec{c}$ definieren ein Sechseck. Stellen Sie die Transversalenvektoren $\overrightarrow{AE}$, $\overrightarrow{DA}$ und $\overrightarrow{CF}$ mit Hilfe von $\vec{a}$, $\vec{b}$ und $\vec{c}$ dar.

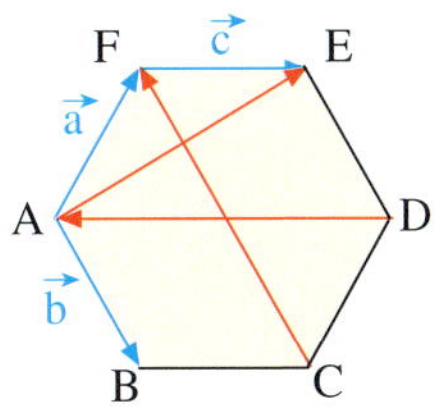

Übung 18 Vektoren in einer Pyramide

Eine gerade Pyramide hat eine quadratische Grundfläche ABCD und die Spitze S. Sie wird von den Vektoren $\vec{a}$, $\vec{b}$ und $\vec{h}$ wie abgebildet aufgespannt. Stellen Sie die Seitenkantenvektoren $\overrightarrow{AS}$, $\overrightarrow{BS}$, $\overrightarrow{CS}$ und $\overrightarrow{DS}$ mit Hilfe von $\vec{a}$, $\vec{b}$ und $\vec{h}$ dar.

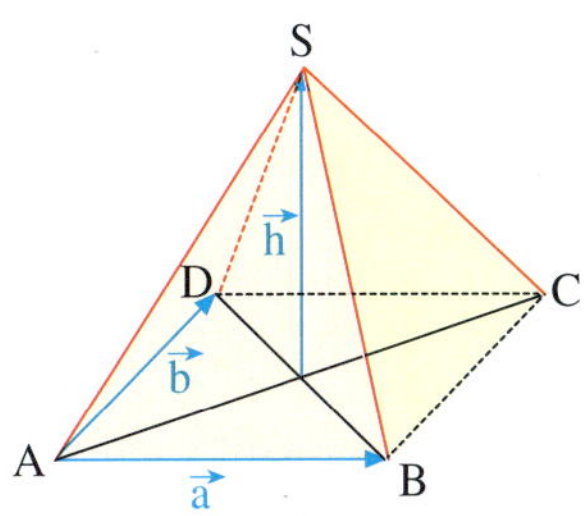

D. Linearkombination von Vektoren

Sind zwei Vektoren $\vec{a}$ und $\vec{b}$ gegeben, lassen sich weitere Vektoren $\vec{x}$ der Form $r \cdot \vec{a} + s \cdot \vec{b}$ aus den gegebenen Vektoren $\vec{a}$ und $\vec{b}$ erzeugen. Eine solche Summe nennt man ***Linearkombination*** von $\vec{a}$ und $\vec{b}$. Man kann den Begriff folgendermaßen verallgemeinern.

Eine Summe der Form $r_1 \cdot \vec{a}_1 + r_2 \cdot \vec{a}_2 + \ldots + r_n \cdot \vec{a}_n$ ($r_i \in \mathbb{R}$) nennt man ***Linearkombination*** der Vektoren $\vec{a}_1, \vec{a}_2, \ldots, \vec{a}_n$.

Beispiel: Darstellung eines Vektors als Linearkombination (LK)

Gegeben sind die Vektoren $\vec{a} = \begin{pmatrix}2\\1\\1\end{pmatrix}$, $\vec{b} = \begin{pmatrix}1\\1\\2\end{pmatrix}$ sowie $\vec{c} = \begin{pmatrix}3\\1\\0\end{pmatrix}$ und $\vec{d} = \begin{pmatrix}3\\1\\2\end{pmatrix}$.

a) Zeigen Sie, dass $\vec{c}$ als LK von $\vec{a}$ und $\vec{b}$ dargestellt werden kann.

b) Zeigen Sie, dass $\vec{d}$ **nicht** als LK von $\vec{a}$ und $\vec{b}$ dargestellt werden kann.

Wir versuchen, die Vektoren $\vec{c}$ bzw. $\vec{d}$ als Linearkombination von $\vec{a}$ und $\vec{b}$ darzustellen. Dies führt jeweils auf ein lineares Gleichungssystem mit 3 Gleichungen und 2 Variablen. Wenn es lösbar ist, ist die gesuchte Darstellung gefunden, andernfalls ist sie nicht möglich.

Lösung zu a:

Ansatz: $\begin{pmatrix}3\\1\\0\end{pmatrix} = r \cdot \begin{pmatrix}2\\1\\1\end{pmatrix} + s \cdot \begin{pmatrix}1\\1\\2\end{pmatrix}$

Gl.-system:
I $2r + s = 3$
II $r + s = 1$
III $r + 2s = 0$

Lösungsversuch:
IV I−II: $r = 2$
V IV in I: $s = -1$

Überprüfung: IV, V in III: $0 = 0$ ist wahr

Ergebnis:

$r = 2$, $s = -1$

$\vec{c}$ ist als Linearkombination von $\vec{a}$ und $\vec{b}$ darstellbar: $\vec{c} = 2\vec{a} - \vec{b}$.

Lösung zu b:

Ansatz: $\begin{pmatrix}3\\1\\2\end{pmatrix} = r \cdot \begin{pmatrix}2\\1\\1\end{pmatrix} + s \cdot \begin{pmatrix}1\\1\\2\end{pmatrix}$

Gl.-system:
I $2r + s = 3$
II $r + s = 1$
III $r + 2s = 2$

Lösungsversuch:
IV I−II: $r = 2$
V IV in I: $s = -1$

Überprüfung: IV, V in III: $0 = 2$ ist falsch

Ergebnis:

Das Gleichungssystem ist unlösbar.

$\vec{d}$ ist **nicht** als Linearkombination von $\vec{a}$ und $\vec{b}$ darstellbar.

Übung 19 Linearkombination

Überprüfen Sie, ob die Vektoren $\vec{c} = \begin{pmatrix}6\\4\\1\end{pmatrix}$ bzw. $\vec{d} = \begin{pmatrix}2\\3\\4\end{pmatrix}$ als Linearkombination der Vektoren $\vec{a} = \begin{pmatrix}2\\1\\-1\end{pmatrix}$ und $\vec{b} = \begin{pmatrix}2\\2\\3\end{pmatrix}$ dargestellt werden können.

E. Kollineare und komplanare Vektoren

Zwei Vektoren, deren Pfeile parallel verlaufen, bezeichnet man als ***kollinear***. Sie verlaufen parallel, können aber eine unterschiedliche Orientierung und Länge haben. Ein Vektor lässt sich dann als Vielfaches des anderen Vektors darstellen.

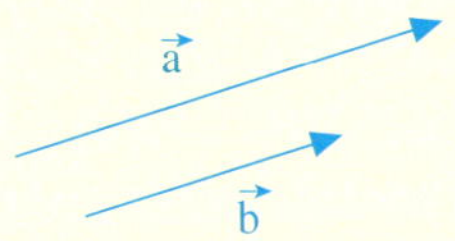

Kollineare Vektoren

$\vec{b} = r \cdot \vec{a}$ *oder* $\vec{a} = r \cdot \vec{b}$

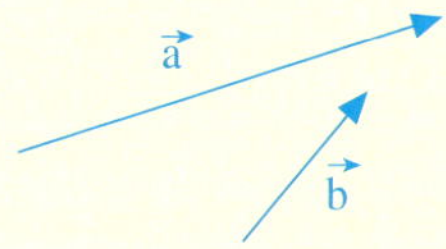

Nicht kollineare Vektoren

Beispiel: Kollineare Vektoren

a) Prüfen Sie rechnerisch, ob die Vektoren $\vec{a}$, $\vec{b}$ bzw. $\vec{a}$, $\vec{c}$ kollinear sind.

b) Versuchen Sie anschließend, die Vektoren $\vec{a}$ und $\vec{b}$ zeichnerisch auf Kollinearität zu überprüfen.

$$\vec{a} = \begin{pmatrix} 2 \\ 4 \\ 2 \end{pmatrix} \qquad \vec{b} = \begin{pmatrix} 4 \\ 5 \\ 3 \end{pmatrix} \qquad \vec{c} = \begin{pmatrix} -1 \\ -2 \\ -1 \end{pmatrix}$$

Lösung zu a:
Der rechnerische Kollinearitätsansatz $\vec{b} = r \cdot \vec{a}$ führt auf einen Widerspruch, da r nicht zugleich 2, 1,25 und 1,5 sein kann. Daher sind $\vec{a}$ und $\vec{b}$ nicht kollinear.

Kollinearitätsüberprüfung für $\vec{a}$ und $\vec{b}$:
Ansatz: $\vec{b} = r \cdot \vec{a}$

$$\begin{pmatrix} 4 \\ 5 \\ 3 \end{pmatrix} = r \cdot \begin{pmatrix} 2 \\ 4 \\ 2 \end{pmatrix} \Rightarrow \begin{matrix} 4 = 2r \\ 5 = 4r \\ 3 = 2r \end{matrix} \Rightarrow \begin{matrix} r = 2 \\ r = 1{,}25 \\ r = 1{,}5 \end{matrix}$$

$\Rightarrow$ Widerspruch $\Rightarrow$ nicht kollinear

Der Ansatz $\vec{c} = r \cdot \vec{a}$ führt auf eine Lösung für $r = -0{,}5$. Daher gilt $\vec{c} = -0{,}5 \cdot \vec{a}$. $\vec{a}$ und $\vec{c}$ sind also kollinear.

Kollinearitätsüberprüfung für $\vec{a}$ und $\vec{c}$:
Ansatz: $\vec{c} = r \cdot \vec{a}$

$$\begin{pmatrix} -1 \\ -2 \\ -1 \end{pmatrix} = r \cdot \begin{pmatrix} 2 \\ 4 \\ 2 \end{pmatrix} \Rightarrow \begin{matrix} -1 = 2r \\ -2 = 4r \\ -1 = 2r \end{matrix} \Rightarrow \begin{matrix} r = -0{,}5 \\ r = -0{,}5 \\ r = -0{,}5 \end{matrix}$$

$\Rightarrow \vec{c} = -0{,}5 \cdot \vec{a} \Rightarrow$ kollinear

Lösung zu b:
Wir zeichnen die Vektoren $\vec{a}$ und $\vec{b}$ in ein dreidimensionales Koordinatensystem ein. Beide sehen exakt gleich aus, sind es aber offensichtlich nicht.
Hier wird Gleichheit und damit Kollinearität nur vorgetäuscht.
Es ist also eher ungünstig, Kollinearität im Raum zeichnerisch entscheiden zu wollen.

Versuch der zeichnerischen Lösung

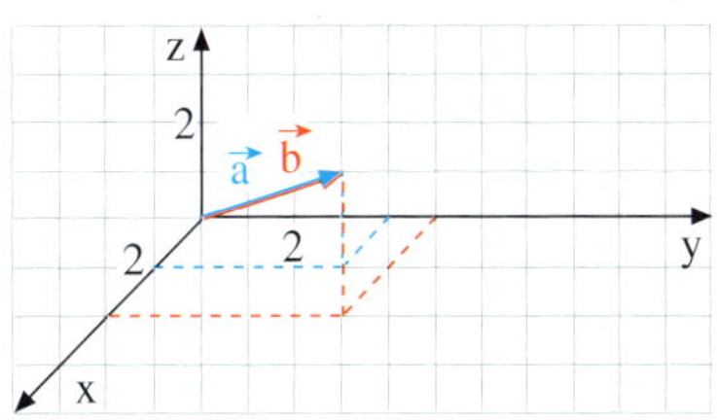

Übung 20 Kollinearitätsprüfung

Prüfen Sie, ob die gegebenen Vektoren kollinear sind.

a) $\begin{pmatrix} 3 \\ 5 \end{pmatrix}, \begin{pmatrix} -6 \\ -10 \end{pmatrix}$ b) $\begin{pmatrix} -12 \\ 3 \\ 8 \end{pmatrix}, \begin{pmatrix} 4 \\ -1 \\ 3 \end{pmatrix}$ c) $\begin{pmatrix} 4 \\ -2 \\ 8 \end{pmatrix}, \begin{pmatrix} 6 \\ -3 \\ 12 \end{pmatrix}$ d) $\begin{pmatrix} 2 \\ -3 \\ 4 \end{pmatrix}, \begin{pmatrix} 4 \\ -9 \\ 8 \end{pmatrix}$

Übung 21 Trapeznachweis

Gegeben sind im räumlichen Koordinatensystem die Punkte A (3|2|−2), B (0|8|1), C (−1|3|3) und D (1|−1|1). Zeigen Sie, dass ABCD ein Trapez ist. Fertigen Sie ein Schrägbild an.
Hinweis: Ein Trapez ABCD ist dadurch gekennzeichnet, dass mindestens ein Paar gegenüberliegender Seiten Parallelität aufweist.

Drei Vektoren, deren Pfeile sich in ein- und derselben Ebene darstellen lassen, bezeichnet man als ***komplanar***. Dies bedeutet, dass mindestens einer der beteiligten Vektoren als Linearkombination der anderen beiden Vektoren darstellbar ist.

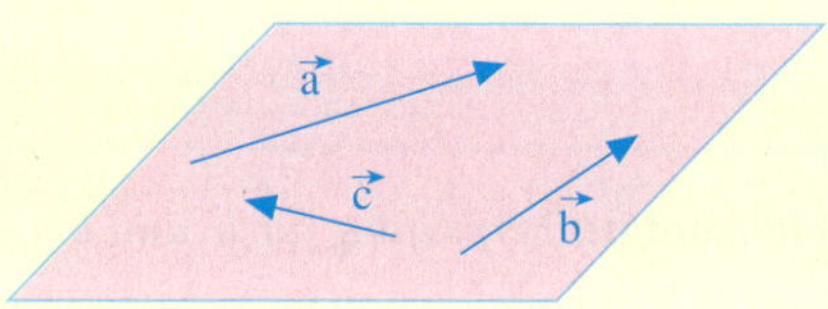

Komplanare Vektoren

$\vec{c} = r \cdot \vec{a} + s \cdot \vec{b}$ *oder* $\vec{b} = r \cdot \vec{a} + s \cdot \vec{c}$
oder $\vec{a} = r \cdot \vec{b} + s \cdot \vec{c}$

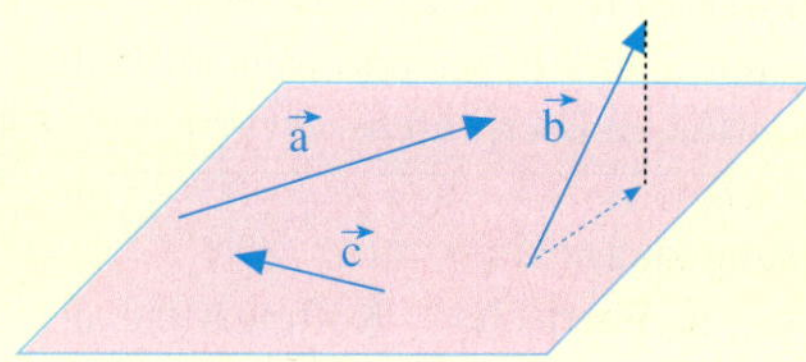

Nicht komplanare Vektoren

$\vec{c} \neq r \cdot \vec{a} + s \cdot \vec{b}$ *und* $\vec{b} \neq r \cdot \vec{a} + s \cdot \vec{c}$
und $\vec{a} \neq r \cdot \vec{b} + s \cdot \vec{c}$

Beispiel: Komplanare Vektoren

Zeigen Sie, dass die Vektoren $\vec{a}$, $\vec{b}$ und $\vec{c}$ komplanar sind. $\vec{a} = \begin{pmatrix} 1 \\ 7 \\ 2 \end{pmatrix}$ $\vec{b} = \begin{pmatrix} 1 \\ 2 \\ 1 \end{pmatrix}$ $\vec{c} = \begin{pmatrix} 2 \\ -1 \\ 1 \end{pmatrix}$

Lösung:
Wir wählen einen der drei möglichen Ansätze für Komplanarität:

$\vec{a} = r \cdot \vec{b} + s \cdot \vec{c}$.

Der Ansatz führt auf ein überbestimmtes lineares Gleichungssystem (s. rechts).
Es ist eindeutig lösbar mit den Lösungen r = 3 und s = −1.

Daher gilt: $\vec{a} = 3 \cdot \vec{b} - \vec{c}$.

Also sind $\vec{a}$, $\vec{b}$ und $\vec{c}$ komplanar.

Komplanaritätsuntersuchung:

Ansatz: $\begin{pmatrix} 1 \\ 7 \\ 2 \end{pmatrix} = r\begin{pmatrix} 1 \\ 2 \\ 1 \end{pmatrix} + s\begin{pmatrix} 2 \\ -1 \\ 1 \end{pmatrix}$

$\Rightarrow$ I $\quad r + 2s = 1$
II $\quad 2r - s = 7$
III $\quad r + s = 2$

I − III: s = −1
in III: r − 1 = 2 ⇒ r = 3
in II (Probe): 2 · 3 − (−1) = 7 ist wahr
⇒ $\vec{a}$, $\vec{b}$ und $\vec{c}$ sind komplanar.

Übung 22 Kollineare Vektoren
Wie muss der Parameter a gewählt werden, damit die beiden gegebenen Vektoren kollinear sind?

a) $\begin{pmatrix} -2 \\ 4 \\ 2a \end{pmatrix}, \begin{pmatrix} 3 \\ a \\ 18 \end{pmatrix}$ b) $\begin{pmatrix} \frac{1}{a} \\ 6 \\ \frac{1}{5} \end{pmatrix}, \begin{pmatrix} 5 \\ 2 \\ a \end{pmatrix}$

Übung 23 Komplanare Vektoren
Prüfen Sie, ob die gegebenen Vektoren komplanar sind.

a) $\begin{pmatrix} 1 \\ 7 \\ 2 \end{pmatrix}, \begin{pmatrix} 1 \\ 2 \\ 1 \end{pmatrix}, \begin{pmatrix} 2 \\ -1 \\ 1 \end{pmatrix}$ b) $\begin{pmatrix} 1 \\ 0 \\ 1 \end{pmatrix}, \begin{pmatrix} 0 \\ 1 \\ 0 \end{pmatrix}, \begin{pmatrix} 2 \\ 1 \\ 2 \end{pmatrix}$ c) $\begin{pmatrix} 2 \\ 2 \\ 4 \end{pmatrix}, \begin{pmatrix} 4 \\ 6 \\ 5 \end{pmatrix}, \begin{pmatrix} 1 \\ 2 \\ 2 \end{pmatrix}$

F. Lineare Abhängigkeit und Unabhängigkeit

Kollineare Vektoren und komplanare Vektoren bezeichnet man auch als ***linear abhängig***, da jeweils einer der beteiligten Vektoren sich als Linearkombination der restlichen Vektoren darstellen lässt. Ist dies nicht möglich, so bezeichnet man die Vektoren als ***linear unabhängig***.

Zwei linear unabhängige Vektoren $\vec{a}$ und $\vec{b}$ des zweidimensionalen Anschauungsraumes $\mathbb{R}^2$ bezeichnet man als eine ***Basis*** des zweidimensionalen Raumes, da sich jeder andere Vektor des zweidimensionalen Raumes als Linearkombination von $\vec{a}$ und $\vec{b}$ darstellen lässt.

Analog bilden drei linear unabhängige Vektoren $\vec{a}$, $\vec{b}$ und $\vec{c}$ des dreidimensionalen Anschauungsraumes $\mathbb{R}^3$ eine Basis des dreidimensionalen Raumes. Jeder andere Vektor des dreidimensionalen Raumes lässt sich dann als Linearkombination von $\vec{a}$, $\vec{b}$ und $\vec{c}$ darstellen.

Beispiel: Basis
In dem abgebildeten Haus haben alle Kanten die gleiche Länge. Begründen Sie, dass die Vektoren $\vec{a}$, $\vec{b}$ und $\vec{c}$ eine Basis bilden. Stellen Sie die folgenden Vektoren als Linearkombination der Basisvektoren dar.
$\overrightarrow{AC}, \overrightarrow{AG}, \overrightarrow{CE}, \overrightarrow{ED}, \overrightarrow{TH}, \overrightarrow{ES}, \overrightarrow{BS}$

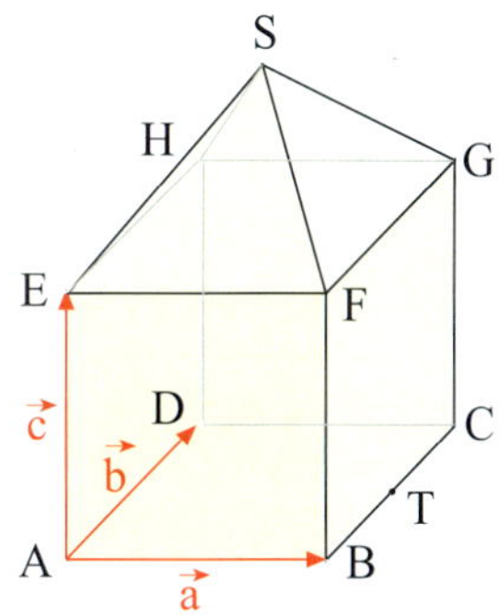

Lösung:
$\vec{a}$, $\vec{b}$ und $\vec{c}$ liegen nicht in einer Ebene und sind daher linear unabhängig. Folglich bilden sie eine Basis des dreidimensionalen Raumes. Jeder Vektor kann als Linearkombination der Basisvektoren dargestellt werden, insbesondere auch alle innerhalb des Hauses realisierbaren Vektoren.

$\overrightarrow{AC} = \vec{a} + \vec{b}$, $\overrightarrow{AG} = \vec{a} + \vec{b} + \vec{c}$

$\overrightarrow{CE} = -\vec{a} - \vec{b} + \vec{c}$, $\overrightarrow{ED} = \vec{b} - \vec{c}$

$\overrightarrow{TH} = -\vec{a} + 0{,}5\,\vec{b} + \vec{c}$

$\overrightarrow{ES} = 0{,}5\,\vec{a} + 0{,}5\,\vec{b} + \frac{\sqrt{2}}{2}\vec{c}$

$\overrightarrow{BS} = -0{,}5\,\vec{a} + 0{,}5\,\vec{b} + \left(1 + \frac{\sqrt{2}}{2}\right)\vec{c}$

Übungen

24. Stellen Sie den angegebenen Vektor als Linearkombination der Vektoren $\vec{a}$, $\vec{b}$ und $\vec{c}$ dar.

$\vec{a} = \overrightarrow{AB}$, $\vec{b} = \overrightarrow{AD}$, $\vec{c} = \overrightarrow{MS}$

a) $\overrightarrow{AS}$ b) $\overrightarrow{BS}$

c) $\overrightarrow{SC}$ d) $\overrightarrow{BD}$

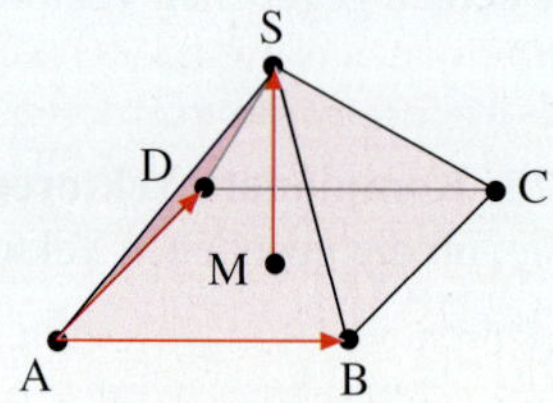

25. Stellen Sie den angegebenen Vektor als Linearkombination von $\vec{a}$, $\vec{b}$ und $\vec{c}$ dar.

$\vec{a} = \overrightarrow{AB}$, $\vec{b} = \overrightarrow{AD}$, $\vec{c} = \overrightarrow{AE}$

a) $\overrightarrow{AM}$ b) $\overrightarrow{BM}$

c) $\overrightarrow{GN}$ d) $\overrightarrow{FD}$ bzw. $\overrightarrow{EC}$

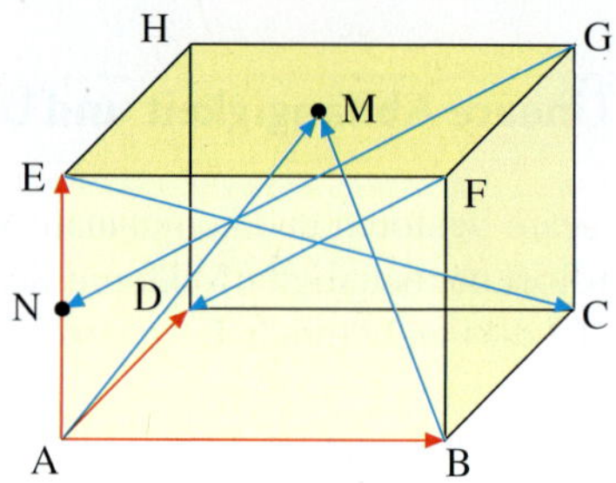

26. Stellen Sie den angegebenen Vektor als Linearkombination von $\vec{a}$, $\vec{b}$ und $\vec{c}$ dar.

$\vec{a} = \overrightarrow{AB}$, $\vec{b} = \overrightarrow{AD}$, $\vec{c} = \overrightarrow{AH}$

a) $\overrightarrow{AE}$ b) $\overrightarrow{AF}$

c) $\overrightarrow{HS}$ d) $\overrightarrow{TG}$

F und G sind Seitenmitten.

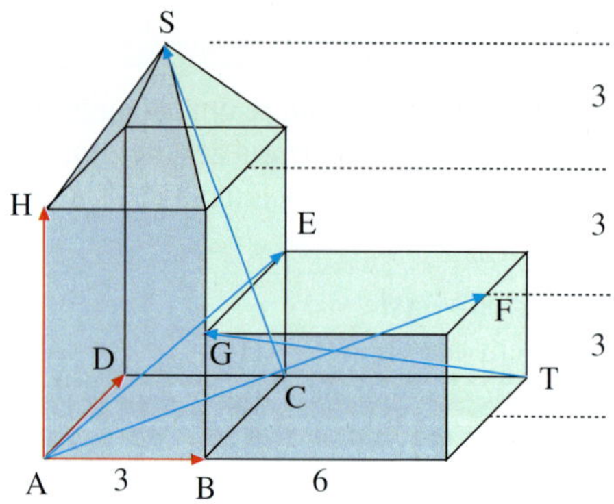

27. Rechts ist ein regelmäßiges zweidimensionales Sechseck abgebildet.

a) Stellen Sie die Vektoren $\vec{c}$, $\vec{d}$ und $\vec{e}$ als Linearkombination der Vektoren $\vec{a}$ und $\vec{b}$ dar.

b) Stellen Sie den Vektor $\overrightarrow{PQ}$ als Linearkombination von $\vec{a}$ und $\vec{b}$ dar.

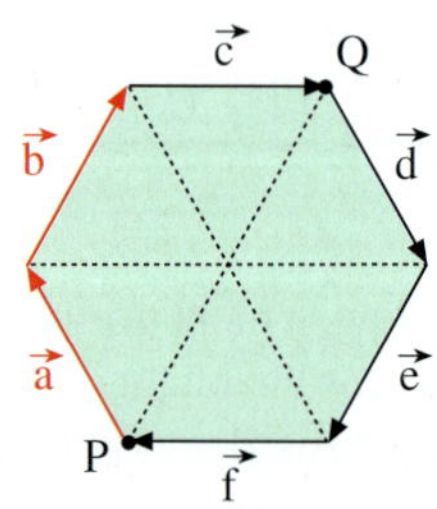

28. Gegeben sind die Vektoren $\vec{a} = \begin{pmatrix} 1 \\ 0 \\ 1 \end{pmatrix}$, $\vec{b} = \begin{pmatrix} 0 \\ 1 \\ 1 \end{pmatrix}$ und $\vec{c} = \begin{pmatrix} 1 \\ 1 \\ 1 \end{pmatrix}$ sowie $\vec{d} = \begin{pmatrix} 2 \\ 1 \\ 4 \end{pmatrix}$ und $\vec{e} = \begin{pmatrix} -2 \\ 0 \\ -3 \end{pmatrix}$.

a) Zeigen Sie, dass die Vektoren $\vec{a}$, $\vec{b}$, $\vec{c}$ nicht komplanar sind.

b) Stellen Sie die Vektoren $\vec{d}$ und $\vec{e}$ als Linearkombination der Vektoren $\vec{a}$, $\vec{b}$ und $\vec{c}$ dar.

G. Exkurs: Vertiefung zur linearen Unabhängigkeit

Das Kriterium zur Komplanarität bzw. Nichtkomplanarität von drei Vektoren im Raum ist zwar sehr anschaulich, kann aber dazu führen, dass eventuell drei Fälle untersucht werden müssen. Die folgenden Kriterien sind zwar etwas abstrakter, benötigen aber stets nur eine Rechnung.

Kriterium zur linearen Abhängigkeit:
Drei Vektoren $\vec{a}$, $\vec{b}$ und $\vec{c}$ sind genau dann linear abhängig (komplanar), wenn es drei reelle Zahlen r, s, t gibt, die nicht alle null sind, sodass gilt: $r \cdot \vec{a} + s \cdot \vec{b} + t \cdot \vec{c} = \vec{0}$.

Für drei nicht komplanare Vektoren gilt entsprechend:

Kriterium zur linearen Unabhängigkeit:
Drei Vektoren $\vec{a}$, $\vec{b}$, $\vec{c}$ sind genau dann linear unabhängig (nicht komplanar), wenn die Gleichung $r \cdot \vec{a} + s \cdot \vec{b} + t \cdot \vec{c} = \vec{0}$ nur die triviale Lösung $r = s = t = 0$ hat.

Im folgenden Beispiel wird die Leistungsfähigkeit der Kriterien exemplarisch dargestellt.

Beispiel: Lineare Abhängigkeit bzw. Unabhängigkeit
Untersuchen Sie, ob die Vektoren linear abhängig oder linear unabhängig sind.

a) $\vec{a} = \begin{pmatrix} 2 \\ 1 \\ 0 \end{pmatrix}, \vec{b} = \begin{pmatrix} 0 \\ 1 \\ 0 \end{pmatrix}, \vec{c} = \begin{pmatrix} 1 \\ 1 \\ 1 \end{pmatrix}$

b) $\vec{a} = \begin{pmatrix} 2 \\ 1 \\ 0 \end{pmatrix}, \vec{b} = \begin{pmatrix} 3 \\ 1 \\ -1 \end{pmatrix}, \vec{c} = \begin{pmatrix} 1 \\ 1 \\ 1 \end{pmatrix}$

Lösung zu a:

Ansatz: $r\begin{pmatrix} 2 \\ 1 \\ 0 \end{pmatrix} + s\begin{pmatrix} 0 \\ 1 \\ 0 \end{pmatrix} + t\begin{pmatrix} 1 \\ 1 \\ 1 \end{pmatrix} = \begin{pmatrix} 0 \\ 0 \\ 0 \end{pmatrix}$

I $2r + t = 0$
II $r + s + t = 0$
III $t = 0$

Aus III folgt $t = 0$. Aus I folgt damit $r = 0$. Nun folgt aus II auch noch $s = 0$. Insgesamt $r = s = t = 0$
Die Vektoren sind also linear unabhängig.

Lösung zu b:

Ansatz: $r\begin{pmatrix} 2 \\ 1 \\ 0 \end{pmatrix} + s\begin{pmatrix} 3 \\ 1 \\ -1 \end{pmatrix} + t\begin{pmatrix} 1 \\ 1 \\ 1 \end{pmatrix} = \begin{pmatrix} 0 \\ 0 \\ 0 \end{pmatrix}$

I $2r + 3s + t = 0$
II $r + s + t = 0$
III $-s + t = 0$

$I - 2 \cdot II$: $s - t = 0$; entspricht III
Daher: $t = 1$ frei wählen
$\Rightarrow s = 1 \Rightarrow r = -2$
Die Vektoren sind also linear abhängig.

Man kann den Begriff der linearen Unabhängigkeit bzw. der linearen Abhängigkeit auf n Vektoren verallgemeinern. Die hier formulierten Kriterien gelten auch für diesen allgemeinen Fall.
n Vektoren sind linear unabhängig, wenn der Nullvektor nur die „triviale Darstellung" als Linearkombination dieser n Vektoren zulässt, deren Koeffizienten alle 0 sind.
Mehr als drei Spaltenvektoren im Raum sind immer linear abhängig.

Übung 29

Prüfen Sie auf lineare Abhängigkeit.

a) $\begin{pmatrix}1\\7\\2\end{pmatrix}, \begin{pmatrix}1\\2\\1\end{pmatrix}, \begin{pmatrix}2\\-1\\1\end{pmatrix}$ b) $\begin{pmatrix}1\\0\\1\end{pmatrix}, \begin{pmatrix}0\\1\\0\end{pmatrix}, \begin{pmatrix}2\\1\\2\end{pmatrix}$ c) $\begin{pmatrix}2\\2\\4\end{pmatrix}, \begin{pmatrix}4\\6\\5\end{pmatrix}, \begin{pmatrix}1\\2\\2\end{pmatrix}$

Mit den behandelten Methoden können auch Vektoren mit Parametern auf lineare Abhängigkeit bzw. lineare Unabhängigkeit überprüft werden.

Beispiel: Lineare Abhängigkeit bei Vektoren mit Parametern

Für welche Werte von u sind $\vec{a} = \begin{pmatrix}1\\1\\2\end{pmatrix}$, $\vec{b} = \begin{pmatrix}3\\-1\\1\end{pmatrix}$ und $\vec{c} = \begin{pmatrix}-1\\3\\u\end{pmatrix}$ linear abhängig?

Lösung:

Wir versuchen, den Vektor $\vec{c}$ als Linearkombination von $\vec{a}$ und $\vec{b}$ darzustellen. Daher der Ansatz: $\vec{c} = r\,\vec{a} + s\,\vec{b}$.

Ansatz:

$$\begin{pmatrix}-1\\3\\u\end{pmatrix} = r\begin{pmatrix}1\\1\\2\end{pmatrix} + s\begin{pmatrix}3\\-1\\1\end{pmatrix}$$

Aus den Gleichungen I und II des äquivalenten linearen Gleichungssystems folgt $r = 2$ und $s = -1$. Einsetzen in III ergibt $u = 3$.

Gleichungssystem:

$$\begin{aligned}&\text{I} && r + 3s = -1\\ &\text{II} && r - s = 3\end{aligned}\Bigg\} \Rightarrow r = 2,\ s = -1$$

$$\text{III}\quad 2r + s = u \quad \Rightarrow u = 3$$

Für $u = 3$ gilt also $\vec{c} = 2\,\vec{a} + (-1)\,\vec{b}$.
Für diesen Wert des Parameters sind die Vektoren $\vec{a}$, $\vec{b}$ und $\vec{c}$ linear abhängig.
Für $u \neq 3$ sind sie linear unabhängig.

Ergebnis:

$$2\begin{pmatrix}1\\1\\2\end{pmatrix} + (-1)\begin{pmatrix}3\\-1\\1\end{pmatrix} = \begin{pmatrix}-1\\3\\3\end{pmatrix}$$

Nun wird gezeigt, wie man beweist, dass die lineare Unabhängigkeit von Vektoren, $\vec{a}$, $\vec{b}$ und $\vec{c}$ auch die lineare Unabhängigkeit von bestimmten Summen aus $\vec{a}$, $\vec{b}$ und $\vec{c}$ zur Folge hat.

Übung 30 Linear unabhängige Vektoren

Untersuchen Sie, ob die Vektoren linear unabhängig sind.

a) $\begin{pmatrix}6\\2\\-4\end{pmatrix}, \begin{pmatrix}-3\\-1\\2\end{pmatrix}$ b) $\begin{pmatrix}-2\\5\\1\end{pmatrix}, \begin{pmatrix}1\\-1\\-1\end{pmatrix}, \begin{pmatrix}2\\2\\-2\end{pmatrix}$ c) $\begin{pmatrix}4\\1\\3\end{pmatrix}, \begin{pmatrix}2\\-1\\4\end{pmatrix}, \begin{pmatrix}2\\-4\\9\end{pmatrix}$

Übung 31 Linear abhängige Vektoren

Für welchen Wert des Parameters a sind die gegebenen Vektoren linear abhängig?

a) $\begin{pmatrix}1\\2\\-1\end{pmatrix}, \begin{pmatrix}2\\-1\\3\end{pmatrix}, \begin{pmatrix}4\\a\\-1\end{pmatrix}$ b) $\begin{pmatrix}2\\5\\-3\end{pmatrix}, \begin{pmatrix}2\\4\\a\end{pmatrix}, \begin{pmatrix}3\\8\\-5\end{pmatrix}$ c) $\begin{pmatrix}a\\4\\-1\end{pmatrix}, \begin{pmatrix}1\\-2\\1\end{pmatrix}, \begin{pmatrix}4\\5\\-2\end{pmatrix}$

Übung 32 Komplanarität

Begründen Sie: Sind die Vektoren $\vec{a}$ und $\vec{b}$ kollinear, so sind die Vektoren $\vec{a}$, $\vec{b}$ und ein beliebiger Vektor $\vec{c}$ immer komplanar.

H. Exkurs: Anwendungen des Rechnens mit Vektoren

Das Rechnen mit Vektoren hat praktische Anwendungsbezüge. Vektoren sind gut geeignet, gerichtete Größen wie Kräfte und Geschwindigkeiten zu modellieren. Wir behandeln exemplarisch ein einfaches Beispiel.

Beispiel: Die resultierende Kraft
Ein Lastkahn K wird von zwei Schleppern auf See wie abgebildet gezogen. Schlepper A zieht mit einer Kraft von 10 kN in Richtung N60°O*. Schlepper B zieht mit 15 kN in Richtung S80°O. Wie groß ist die resultierende Zugkraft? In welche Richtung bewegt sich die Formation insgesamt?

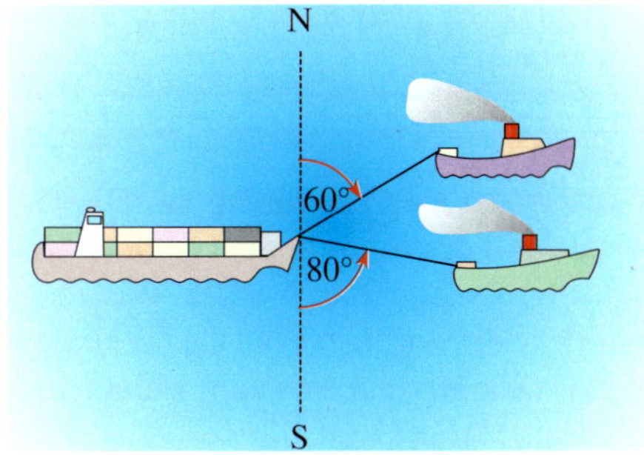

Lösung:
Wir zeichnen die beiden Zugkräfte $\vec{F}_1$ und $\vec{F}_2$ maßstäblich (z. B. 1 kN = 1 cm), bilden ihre vektorielle Summe $\vec{F}$ (Resultierende) und messen deren Betrag und Richtung. Wir erhalten eine Kraft von $|\vec{F}| = 23{,}5$ kN in Richtung N84°O.

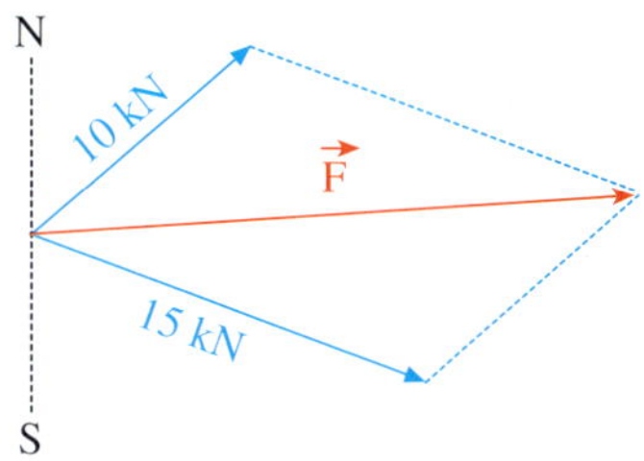

33. Kräfte am Fesselballon
Ein Gasballon mit einem Gewicht von 5000 N ist wie abgebildet an einem Seil befestigt. Das Gas erzeugt eine Auftriebskraft von 10 000 N. Durch Seitenwind wird der Ballon um 15° aus der Vertikalen gedrängt. Mit welcher Kraft wirkt der Wind auf den Ballon? Wie groß ist die Kraft im Halteseil? Zeichnen Sie zur Lösung der Aufgabe ein Kräftediagramm.

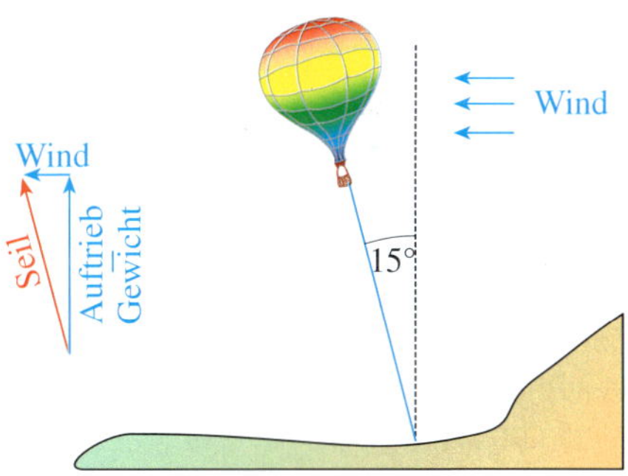

34. Wer gewinnt?
Drei Pferde ziehen wie abgebildet nach rechts, zwei Stiere ziehen nach links. Ein Stier ist doppelt so stark wie ein Pferd. Wer gewinnt den Kampf?

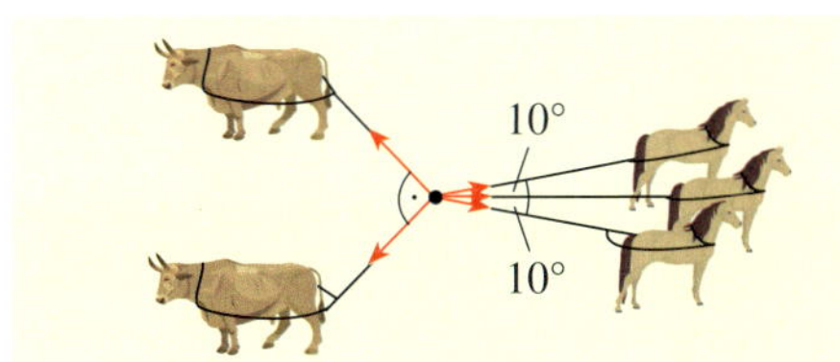

* Die Angabe N60°O bedeutet: Das Objekt bewegt sich nach Norden mit einer Abweichung von 60° nach Osten.

Im Folgenden ist im Gegensatz zum vorhergehenden Beispiel die resultierende Kraft gegeben. Gesucht sind nun Komponenten dieser Kraft in bestimmte vorgegebene Richtungen.

Beispiel: Antriebskraft am Hang

Welche Antriebskraft muss ein 1200 kg schweres Auto mindestens aufbringen, um einen 15° steilen Hang hinauffahren zu können?

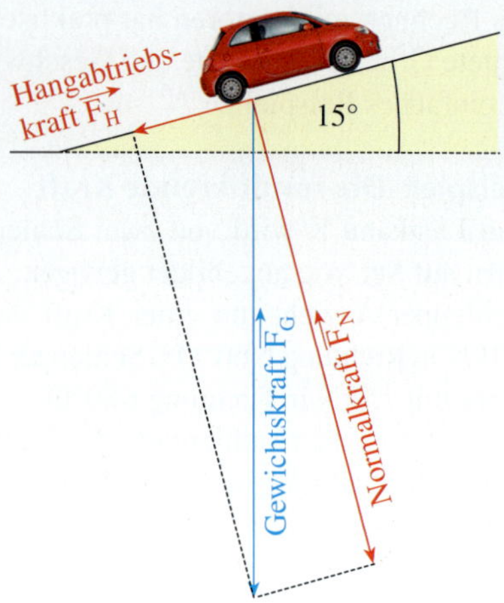

Lösung:
Wir fertigen eine Zeichnung an. Die Gewichtskraft des Autos beträgt ca. 12 000 N. Sie zeigt senkrecht nach unten. Wir zerlegen sie additiv in eine zum Hang senkrechte Normalkraft und eine zum Hang parallele Hangabtriebskraft $\vec{F}_H$.
Maßstäbliches Ausmessen ergibt die Beträge $|\vec{F}_N| = 11\,600$ N und $|\vec{F}_H| = 3100$ N. Die Antriebskraft des Autos muss nur den Hangabtrieb ausgleichen, d.h. sie muss mindestens 3100 N betragen.

Beispiel: Seilkräfte

Zwei Kräne heben ein 10 000 kg schweres Bauteil mit Hilfe von Drahtseilen. Wie groß sind die Seilkräfte?

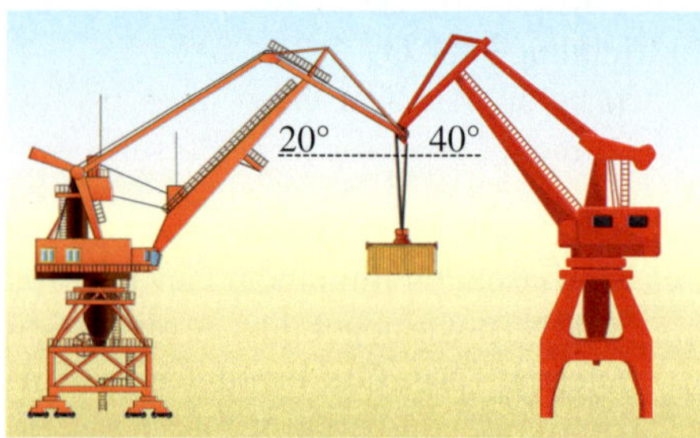

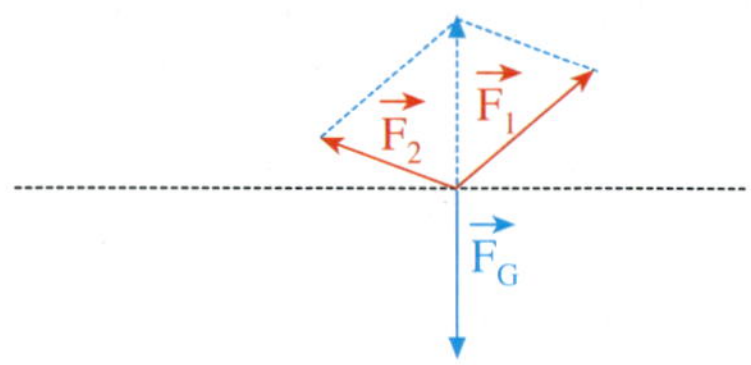

Lösung:
Die Gewichtskraft beträgt ca. 100 000 N. Sie muss durch eine gleich große, nach oben gerichtete Gegenkraft ausgeglichen werden. Mit Hilfe eines Parallelogramms konstruieren wir zwei längs der Seile wirkende Kräfte, deren resultierende Summe genau diese Gegenkraft ergibt.
Durch maßstäbliches Zeichnen und Ablesen erhalten wir $|\vec{F}_1| = 108\,500$ N und $|\vec{F}_2| = 88\,500$ N.

Übung 35

Ein Gärtner schiebt einen Rasenmäher wie abgebildet auf einer ebenen Wiese. Er muss eine Schubkraft von 200 N in Richtung der Schubstange aufbringen. Welche Antriebskraft müsste ein gleich schwerer motorisierter Rasenmäher besitzen, um die gleiche Wirkung zu erzielen?

Übungen

36. Schrägbild und Volumen einer Pyramide

Gegeben sind die Punkte A (0|4|2), B (6|4|2), C (10|8|2), D (4|8|2) und S (5|6|8). Sie bilden eine Pyramide mit der Grundfläche ABCD und der Spitze S.

a) Zeichnen Sie ein Schrägbild der Pyramide. Bestimmen Sie den Fußpunkt F der Höhe.

b) Zeigen Sie, dass ABCD ein Parallelogramm ist. Bestimmen Sie das Pyramidenvolumen.

37. Addition und Subtraktion von Vektoren, der Betrag eines Vektors

a) Gegeben sind die Spaltenvektoren $\vec{a} = \begin{pmatrix} 4 \\ 4 \\ 3 \end{pmatrix}$, $\vec{b} = \begin{pmatrix} 0 \\ 1 \\ 4 \end{pmatrix}$ und $\vec{c} = \begin{pmatrix} 6 \\ 0 \\ 5 \end{pmatrix}$.
Bestimmen Sie den Betrag von $\vec{x}$.
$\vec{x} = \vec{a}$, $\vec{x} = \vec{b} - \vec{c}$, $\vec{x} = \vec{a} + 2\,\vec{b}$, $\vec{x} = \vec{b} - 2\,\vec{a} + \vec{c}$, $\vec{x} = \vec{a} + \vec{b} + \vec{c}$, $\vec{x} = 2\,\vec{a} - \vec{b} - 2\,\vec{c}$

b) Gegeben sind die Punkte P (2|2|1), Q (5|10|15), R (3|a|0), S (4|6|5). Wie muss a gewählt werden, wenn die Differenz der Vektoren $\overrightarrow{PQ}$ und $\overrightarrow{RS}$ den Betrag 11 besitzen soll?

38. Vektoren im Viereck

Das abgebildete Viereck wird von den Vektoren $\vec{a}$, $\vec{b}$ und $\vec{c}$ aufgespannt.

a) Stellen Sie die folgenden Vektoren mit Hilfe von $\vec{a}$, $\vec{b}$ und $\vec{c}$ dar.
$\overrightarrow{DA}$, $\overrightarrow{DB}$, $\overrightarrow{AC}$, $\overrightarrow{DC}$, $\overrightarrow{CB}$, $\overrightarrow{BD}$

b) Es sei A (4|0|0), B (2|4|2), C (0|2|3) und D (4|−6|−1). Bestimmen Sie den Umfang des Vierecks und begründen Sie, dass es ein Trapez ist.

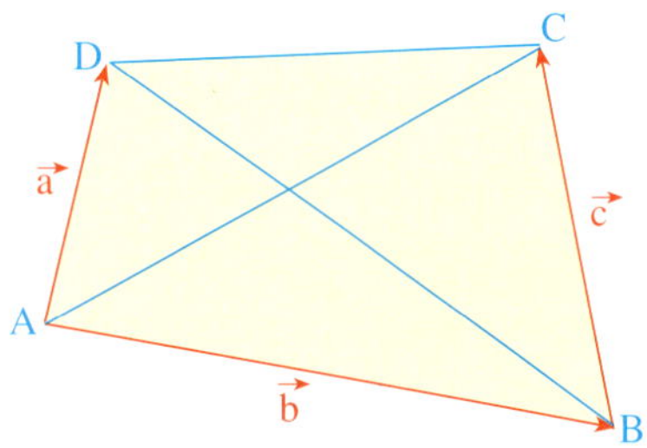

39. Parallelogramme

Ein Dreieck ABC kann durch Hinzunahme eines weiteren Punktes D zu einem Parallelogramm ergänzt werden. Es gibt stets drei Möglichkeiten für die Konstruktion eines solchen Punktes D. Bestimmen Sie diese Möglichkeiten für folgende Dreiecke:

a) A (2|4), B (8|3), C (4|6)
Lösen Sie die Aufgabe im Koordinatensystem zeichnerisch.

b) A (4|6|3), B (2|8|5), C (0|0|4)
Lösen Sie die Aufgabe rechnerisch mit Hilfe von Spaltenvektoren.

40. Linearkombination von Vektoren, komplanare Vektoren

a) Stellen Sie den Vektor $\vec{x}$ als Linearkombination der Vektoren $\begin{pmatrix} 2 \\ 0 \\ 1 \end{pmatrix}$, $\begin{pmatrix} 1 \\ 1 \\ 1 \end{pmatrix}$ und $\begin{pmatrix} 0 \\ 1 \\ -1 \end{pmatrix}$ dar.
$\vec{x} = \begin{pmatrix} 5 \\ 0 \\ 4 \end{pmatrix}$, $\vec{x} = \begin{pmatrix} 1 \\ 2 \\ 0 \end{pmatrix}$, $\vec{x} = \begin{pmatrix} 0 \\ 0 \\ 0 \end{pmatrix}$

b) Untersuchen Sie, ob $\vec{x} = \begin{pmatrix} 1 \\ 0 \\ 1 \end{pmatrix}$ als Linearkombination von $\begin{pmatrix} 0 \\ 1 \\ 1 \end{pmatrix}$, $\begin{pmatrix} 2 \\ 3 \\ 3 \end{pmatrix}$ und $\begin{pmatrix} 1 \\ 1 \\ 1 \end{pmatrix}$ darstellbar ist.

c) Sind die Vektoren $\begin{pmatrix} 1 \\ 2 \\ -1 \end{pmatrix}$, $\begin{pmatrix} 1 \\ 0 \\ 3 \end{pmatrix}$, $\begin{pmatrix} 3 \\ 2 \\ 5 \end{pmatrix}$ bzw. $\begin{pmatrix} 1 \\ 2 \\ -1 \end{pmatrix}$, $\begin{pmatrix} 1 \\ 0 \\ 1 \end{pmatrix}$, $\begin{pmatrix} 2 \\ 4 \\ 1 \end{pmatrix}$ komplanar?

I. Teilverhältnisse von Strecken

Die abgebildete Strecke $\overline{AB}$ ist in fünf gleich lange Abschnitte unterteilt. Der eingezeichnete Punkt T teilt die Strecke im Verhältnis 2 : 3, denn es gilt $\overrightarrow{AT} = \frac{2}{5}\overrightarrow{AB}$ und $\overrightarrow{TB} = \frac{3}{5}\overrightarrow{AB}$.

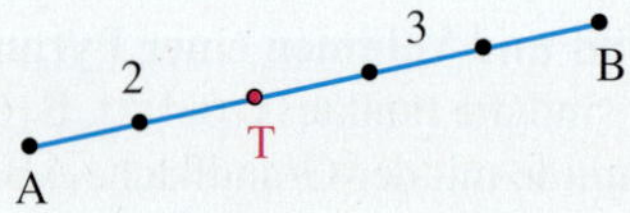

Im folgenden Beispiel kann man das Teilverhältnis nicht so einfach ablesen sondern man muss es erst errechnen.

Beispiel: Seilbahn

Eine Seilbahn verbindet die Talstation A(6|2|0) mit der Gipfelstation B(3|8|6). Es gibt noch eine Zwischenstation Z(5|4|2). In welchem Verhältnis teilt der Zwischenpunkt Z die Gesamtstrecke $\overline{AB}$?

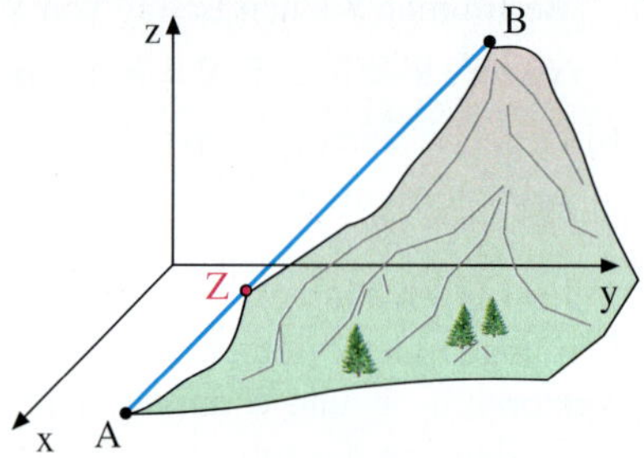

Lösung:
Wir verwenden den Ansatz $\overrightarrow{AZ} = \alpha \cdot \overrightarrow{AB}$ und $\overrightarrow{ZB} = (1-\alpha) \cdot \overrightarrow{AB}$.
Dies führt nach Einsetzen der Punktkoordinaten von A, B und Z zu $\alpha = \frac{1}{3}$ und $1 - \alpha = \frac{2}{3}$.
Daraus ergibt sich:
Der Punkt Z teilt die Strecke $\overline{AB}$ im Verhältnis 1 : 2.

Rechnung:

$\overrightarrow{AZ} = \alpha \cdot \overrightarrow{AB}$

$$\begin{pmatrix}-1\\2\\2\end{pmatrix} = \alpha \cdot \begin{pmatrix}-3\\6\\6\end{pmatrix}$$

$\Rightarrow \alpha = \frac{1}{3}$

$\overrightarrow{ZB} = (1-\alpha) \cdot \overrightarrow{AB}$

$$\begin{pmatrix}-2\\4\\4\end{pmatrix} = (1-\alpha) \cdot \begin{pmatrix}-3\\6\\6\end{pmatrix}$$

$\Rightarrow (1-\alpha) = \frac{2}{3}$

$\Rightarrow \overrightarrow{AZ} : \overrightarrow{ZB} = \frac{1}{3} : \frac{2}{3} = 1 : 2$

Übung 41 Streckenteilung

In welchem Verhältnis teilt der Punkt T die Strecke $\overline{AB}$? Fertigen Sie eine Skizze an!

a) A(6|2|0), B(1|12|5), T(3|8|3)

b) A(−2|−4|2,5), B(4|8|4), T(0|0|3)

Übung 42 Landeanflug

Ein Hubschrauber startet auf dem Berggipfel A(1|0|6) und fliegt geradlinig zur Bodenstation B(7|6|0).
Welchen Anteil an der Gesamtstrecke hat er zurückgelegt, wenn er den Zwischenpunkt T(5|4|2) erreicht hat?

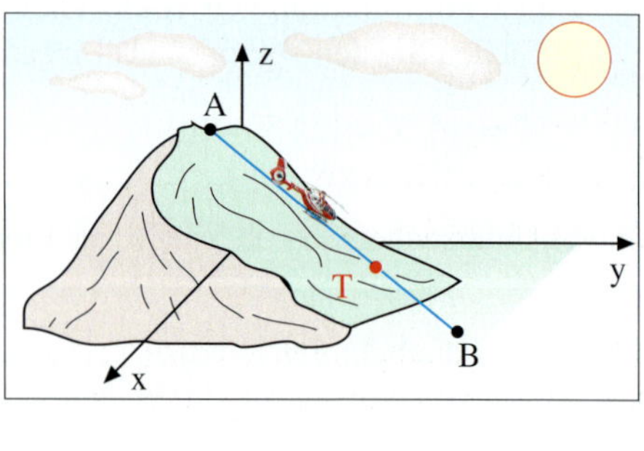

Teilverhältnisse kommen oft auch in abstrakten geometrischen Figuren vor. Dann beruht ihre Berechnung auf ***geschlossenen Vektorzügen*** bzw. ***Vektorketten*** wie im folgenden Beispiel.

Beispiel: Teilverhältnisse im Rechteck

Im Rechteck ABCD halbiert der Punkt E die Seite $\overline{BC}$. In welchem Verhältnis teilt der Schnittpunkt S die Diagonale $\overline{DB}$ bzw. die Transversale $\overline{AE}$?

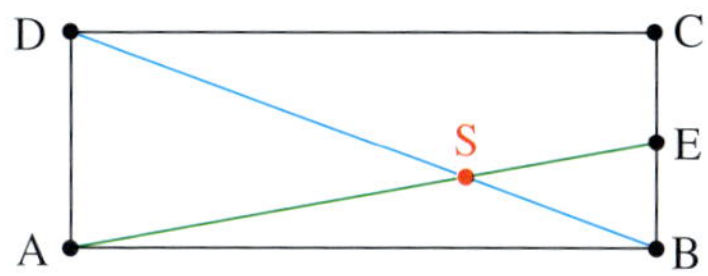

Lösung:

1. Basisvektoren / Vektorzug

Im ersten Schritt legen wir zwei linear unabhängige ***Basisvektoren*** $\vec{a}$ und $\vec{b}$ fest, mit denen sich alle anderen Vektoren der Figur darstellen lassen. Geeignet sind die Seitenkantenvektoren $\vec{a} = \overrightarrow{AB}$ und $\vec{b} = \overrightarrow{AD}$. Außerdem legen wir einen ***geschlossenen Vektorzug*** fest, der eine Teilstrecke der Diagonalen $\overline{DB}$ und eine Teilstrecke der Transversalen $\overline{AE}$ enthält: z. B. den Vektorzug $\overrightarrow{DS}$, $\overrightarrow{SA}$, $\overrightarrow{AD}$ (s. Abb.).

Basisvektoren und Vektorzug

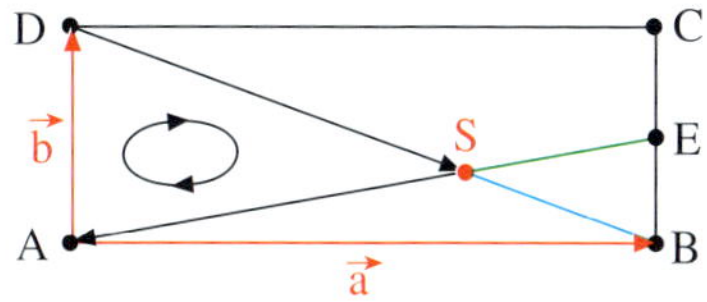

2. Darstellung der Teilstrecken

Die Vektoren $\overrightarrow{DS}$ und $\overrightarrow{SA}$ lassen sich als nichtganzzahlige Vielfache von $\overrightarrow{DB}$ (Diagonale) und $\overrightarrow{AE}$ (Transversale) darstellen: $\overrightarrow{DS} = \alpha \cdot \overrightarrow{DB}$, $\overrightarrow{AS} = \beta \cdot \overrightarrow{AE}$

Darstellung von Teilstrecken:

$\overrightarrow{DS} = \alpha \cdot \overrightarrow{DB}$, $\quad \overrightarrow{AS} = \beta \cdot \overrightarrow{AE}$

3. Berechnung von α und β

Wir berechnen nun die Faktoren α und β, welche die gesuchten Teilverhältnisse festlegen. Im geschlossenen Vektorzug gilt $\overrightarrow{DS} + \overrightarrow{SA} + \overrightarrow{AD} = \vec{0}$.

In dieser Gleichung stellen wir nun die dort auftretenden Vektoren mit Hilfe der Basisvektoren $\vec{a}$ und $\vec{b}$ dar, wie rechts ausgeführt ist. Wir erhalten die Gleichung

$(\alpha - \beta) \cdot \vec{a} + \left(-\alpha - \frac{1}{2}\beta + 1\right) \cdot \vec{b} = \vec{0}$.

Da $\vec{a}$ und $\vec{b}$ linear unabhängig sind, müssen die Klammerterme null sein. Dies liefert das Gleichungssystem

I. $\alpha - \beta = 0$, $\quad$ II. $-\alpha - \frac{1}{2}\beta + 1 = 0$,

dessen Lösungen $\alpha = \frac{2}{3}$ und $\beta = \frac{2}{3}$ sind.

Berechnung von α und β:

$$\overrightarrow{DS} + \overrightarrow{SA} + \overrightarrow{AD} = \vec{0}$$

$$\alpha \cdot \overrightarrow{DB} + (-\beta \cdot \overrightarrow{AE}) + \vec{b} = \vec{0}$$

$$\alpha(-\vec{b} + \vec{a}) - \beta\left(\vec{a} + \tfrac{1}{2}\vec{b}\right) + \vec{b} = \vec{0}$$

$$(\alpha - \beta) \cdot \vec{a} + \left(-\alpha - \tfrac{1}{2}\beta + 1\right) \cdot \vec{b} = \vec{0}$$

Lineares Gleichungssystem

I. $\alpha - \beta = 0$, $\quad$ II. $-\alpha - \frac{1}{2}\beta + 1 = 0$

I + II: $-\frac{3}{2}\beta + 1 = 0 \Rightarrow \beta = \frac{2}{3}$

in I: $\quad \alpha - \frac{2}{3} = 0 \Rightarrow \alpha = \frac{2}{3}$

4. Interpretation

S teilt die Diagonale $\overline{DB}$ und die Transversale $\overline{AE}$ im Verhältnis 2 : 1 (s. Abb. rechts).

Interpretation

$\overrightarrow{DS} = \frac{2}{3}\overrightarrow{DB} \Rightarrow \overrightarrow{SB} = \frac{1}{3}\overrightarrow{DB}$

$\overrightarrow{AS} = \frac{2}{3}\overrightarrow{AE} \Rightarrow \overrightarrow{SE} = \frac{1}{3}\overrightarrow{AE}$

$\Rightarrow$ S teilt $\overline{DB}$ im Verhältnis 2 : 1.

S teilt $\overline{AE}$ im Verhältnis 2 : 1.

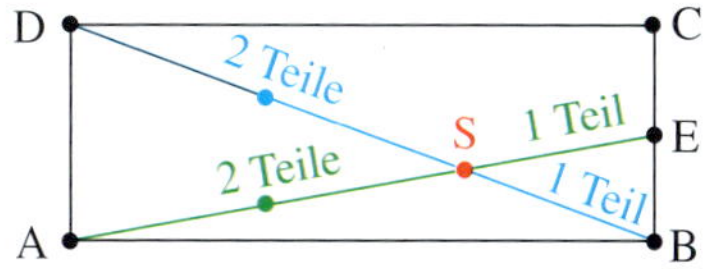

Manchmal sind ganz konkrete Figuren gegeben. Dann muss man nicht ganz so abstrakt wie im vorhergehenden Beispiel vorgehen, sondern kann die involvierten Vektoren als konkrete Spaltenvektoren ablesen.

Beispiel: Fachwerk
In welchem Verhältnis teilt der Kreuzungspunkt S der beiden Balken AC und BD die Balken des Fachwerks der Giebelwand eines Hauses.
Verwenden Sie Spaltenvektoren.

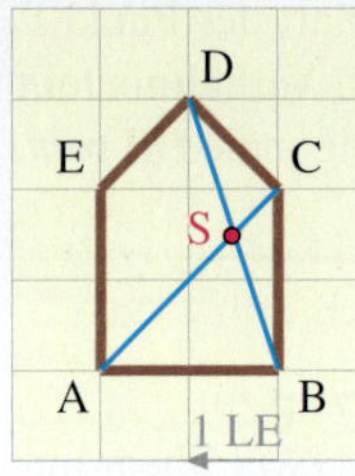

Lösung:
Wir bilden zunächst einen geschlossenen Vektorzug, der den Teilungspunkt S enthält, z. B. $\overrightarrow{BS}$, $\overrightarrow{SC}$, $\overrightarrow{CB}$.
Die Summe dieser Vektoren ist also der Nullvektor: $\overrightarrow{BS} + \overrightarrow{SC} + \overrightarrow{CB} = \vec{0}$ (1).

Nun stellen wir $\overrightarrow{SC}$ mithilfe von $\overrightarrow{AC}$ dar und $\overrightarrow{BS}$ mithilfe von $\overrightarrow{BD}$: $\overrightarrow{SC} = \alpha \cdot \overrightarrow{AC}$, $\overrightarrow{BS} = \beta \cdot \overrightarrow{BD}$. Dies setzen wir in (1) ein. Anschließend lesen wir aus der Zeichnung die konkreten Spaltenvektorkoordinaten von $\overrightarrow{BD}$, $\overrightarrow{AC}$ und $\overrightarrow{CB}$ ab und setzen diese ein.

Wir erhalten die Vektorgleichung (3), die auf das lineare Gleichungssystem (4) führt. Dieses hat die Lösung $\alpha = \frac{1}{4}$ und $\beta = \frac{1}{2}$.

Daraus ergeben sich die gesuchten Teilverhältnisse.

Resultat: S teilt $\overline{AC}$ im Verhältnis 3 : 1.
S halbiert $\overline{BD}$ (Verhältnis 1 : 1).

Geschlossener Vektorzug:

(1) $\overrightarrow{BS} + \overrightarrow{SC} + \overrightarrow{CB} = \vec{0}$

(2) $\left\{\begin{array}{l} \overrightarrow{SC} = \alpha \cdot \overrightarrow{AC},\ 0 < \alpha < 1 \\ \overrightarrow{BS} = \beta \cdot \overrightarrow{BD},\ 0 < \beta < 1 \end{array}\right.$

$\Rightarrow \beta \cdot \overrightarrow{BD} + \alpha \cdot \overrightarrow{AC} + \overrightarrow{CB} = 0$

(3) $\beta\begin{pmatrix}-1\\3\end{pmatrix} + \alpha\begin{pmatrix}2\\2\end{pmatrix} + \begin{pmatrix}0\\-2\end{pmatrix} = \begin{pmatrix}0\\0\end{pmatrix}$

(4) $\left\{\begin{array}{ll} \text{I} & -\beta + 2\alpha = 0 \\ \text{II} & 3\beta + 2\alpha - 2 = 0 \end{array}\right.$

aus I: $\beta = 2\alpha$
in II: $6\alpha + 2\alpha - 2 = 0$
$8\alpha = 2$
$\alpha = \frac{1}{4}$
in I: $\beta = \frac{1}{2}$

$\Rightarrow \overline{AS} : \overline{SE} = (1 - \alpha) : \alpha = \frac{3}{4} : \frac{1}{4} = 3 : 1$

$\overline{BS} : \overline{SD} = \beta : (1 - \beta) = \frac{1}{2} : \frac{1}{2} = 1 : 1$

Übung 43 Stern
In welchem Verhältnis teilt der Schnittpunkt S die beiden Kanten AE und BF des rechts dargestellten Sternes?
Verwenden Sie Spaltenvektoren.

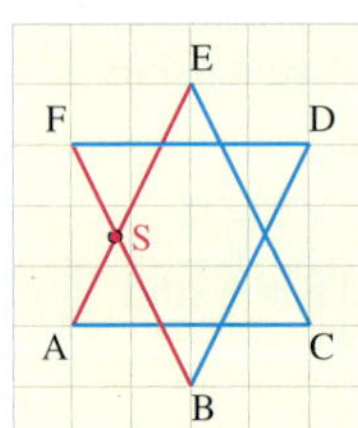

J. Nachweis von geometrischen Figuren

Im Folgenden zeigen wir, wie man überprüft, ob gegebene Punkte ein Dreieck bzw. ein Trapez, ein Parallellogramm oder ein Rechteck bilden.

Beispiel: Dreiecksnachweis
Zeigen Sie, dass die Punkte A(2|4|4), B(4|10|5) und C(3|6|8) ein echtes Dreieck bilden, d. h., dass A, B und C nicht auf einer Linie liegen.

Dreieck

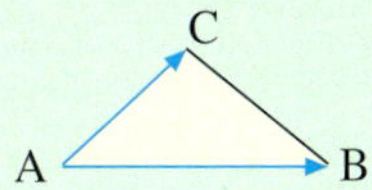

$\overrightarrow{AB}$ und $\overrightarrow{AC}$ sind nicht kollinear.

Lösung:
Die Abbildung rechts zeigt, dass ein echtes Dreieck vorliegt, wenn die Vektoren $\overrightarrow{AB}$ und $\overrightarrow{AC}$ nicht kollinear sind.
Die Berechnung von $\overrightarrow{AB}$ und $\overrightarrow{AC}$ ergibt zwei offensichtlich nicht kollineare Vektoren. ABC ist also ein echtes Dreieck.

Kollinearitätsprüfung:

$$\overrightarrow{AB} = \overrightarrow{OB} - \overrightarrow{OA} = \begin{pmatrix} 4 \\ 10 \\ 5 \end{pmatrix} - \begin{pmatrix} 2 \\ 4 \\ 4 \end{pmatrix} = \begin{pmatrix} 2 \\ 6 \\ 1 \end{pmatrix}$$

$$\overrightarrow{AC} = \overrightarrow{OC} - \overrightarrow{OA} = \begin{pmatrix} 3 \\ 6 \\ 8 \end{pmatrix} - \begin{pmatrix} 2 \\ 4 \\ 4 \end{pmatrix} = \begin{pmatrix} 1 \\ 2 \\ 4 \end{pmatrix}$$

$\Rightarrow \overrightarrow{AB}, \overrightarrow{AC}$ sind nicht kollinear.

Beispiel: Trapeznachweis
Zeigen Sie, dass die Punkte A(2|4|4), B(4|8|6), C(2|7|7) und D(1|5|6) ein Trapez bilden, also ein Viereck mit zwei parallelen Seiten.

Trapez*

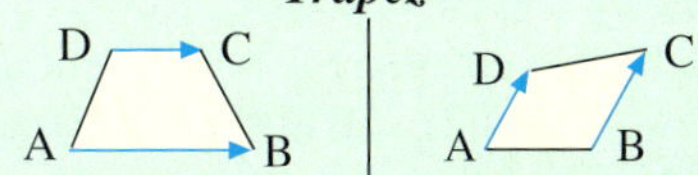

$\overrightarrow{AB}$ und $\overrightarrow{DC}$ sind kollinear. | $\overrightarrow{AB}$ und $\overrightarrow{DC}$ sind kollinear.

Lösung:
Ein Viereck ist ein Trapez, wenn zwei gegenüberliegende Seitenvektoren kollinear sind. Es gibt, wie die Abbildung zeigt, zwei Möglichkeiten, die man austesten muss.
Hier ist $\overrightarrow{DC} = 0{,}5\ \overrightarrow{AB}$, also ist es ein Trapez.

Kollinearitätsprüfung:

$$\overrightarrow{AB} = \begin{pmatrix} 2 \\ 4 \\ 2 \end{pmatrix}, \quad \overrightarrow{DC} = \begin{pmatrix} 1 \\ 2 \\ 1 \end{pmatrix}$$

$\Rightarrow \overrightarrow{DC} = 0{,}5 \cdot \overrightarrow{AB} \Rightarrow \overrightarrow{AB}, \overrightarrow{DC}$ kollinear
$\Rightarrow$ ABCD ist ein Trapez.

Beispiel: Parallelogrammnachweis
Zeigen Sie, dass die Punkte A(2|5|3), B(4|6|2), C(6|11|3) und D(4|10|4) ein Parallelogramm bilden, d. h., dass jeweils gegenüberliegende Seiten parallel sind.

Parallelogramm*

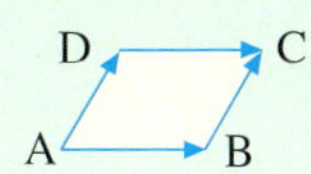

$\overrightarrow{AB}$ und $\overrightarrow{DC}$ sind gleich.

Lösung:
Ein Parallelogramm liegt vor, wenn zwei gegenüberliegende Seitenvektoren gleich sind. Da hier z. B. $\overrightarrow{AB} = \overrightarrow{DC}$ gilt, handelt es sich tatsächlich um ein Parallelogramm.

Nachweis der Gleichheit von $\overrightarrow{AB}$ und $\overrightarrow{DC}$:

$$\overrightarrow{AB} = \begin{pmatrix} 4 \\ 6 \\ 2 \end{pmatrix} - \begin{pmatrix} 2 \\ 5 \\ 3 \end{pmatrix} = \begin{pmatrix} 2 \\ 1 \\ -1 \end{pmatrix}, \overrightarrow{DC} = \begin{pmatrix} 6 \\ 11 \\ 3 \end{pmatrix} - \begin{pmatrix} 4 \\ 10 \\ 4 \end{pmatrix} = \begin{pmatrix} 2 \\ 1 \\ -1 \end{pmatrix}$$

$\Rightarrow \overrightarrow{AB} = \overrightarrow{DC} \Rightarrow$ Es ist ein Parallelogramm.

* Es sei vorausgesetzt, dass $\overrightarrow{AB}$ und $\overrightarrow{AD}$ nicht kollinear sind, damit A, B, C und D ein Viereck bilden.

Beispiel: Rechtwinkligkeitsnachweis
Zeigen Sie, dass das Dreieck ABC mit den Ecken A(0|3|1), B(0|0|4) und C(2|2|2) bei C einen rechten Winkel besitzt.
Verwenden Sie die Umkehrung des Satzes von Pythagoras.

Lösung:
Die Umkehrung des Satzes von Pythagoras besagt: Gilt für die Seiten a, b und c eines Dreiecks die Gleichung $c^2 = a^2 + b^2$, so ist das Dreieck rechtwinklig bei C.
Wir berechnen also die Seitenlängen des Dreiecks, indem wir die Beträge der Seitenvektoren $\vec{a}$, $\vec{b}$ und $\vec{c}$ bestimmen, und überprüfen die Pythagorasbedingung. Da diese erfüllt ist, ist das Dreieck rechtwinklig bei C.

Rechtwinkligkeit

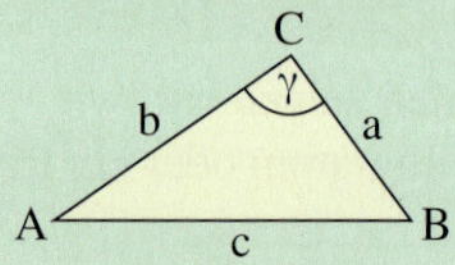

$c^2 = a^2 + b^2 \Rightarrow \gamma = 90°$

Rechtwinkligkeitsprüfung

$\vec{a} = \overrightarrow{BC} = \begin{pmatrix} 2 \\ 2 \\ -2 \end{pmatrix}, \quad a = |\vec{a}| = \sqrt{12}$

$\vec{b} = \overrightarrow{AC} = \begin{pmatrix} 2 \\ -1 \\ 1 \end{pmatrix}, \quad b = |\vec{b}| = \sqrt{6}$

$\vec{c} = \overrightarrow{AB} = \begin{pmatrix} 0 \\ -3 \\ 3 \end{pmatrix}, \quad c = |\vec{c}| = \sqrt{18}$

$a^2 + b^2 = 12 + 6 = 18$
$c^2 = 18$ $\Rightarrow$ ABC ist rechtwinklig.

Beispiel: Nachweis eines Rechtecks
Gegeben ist das Viereck ABCD mit den Ecken A(4|0|2), B(6|6|3), C(0|7|9) und D(−2|1|8). Zeigen Sie, dass es sich bei diesem Viereck um ein ein Rechteck handelt.

Lösung:
Ein Rechteck liegt vor, wenn zwei gegenüberliegende Seitenvektoren gleich sind und außerdem in einer Ecke ein rechter Winkel nachgewiesen werden kann.
Im gegebenen Viereck gilt $\overrightarrow{AB} = \overrightarrow{DC}$ und außerdem ist z. B. bei B ein rechter Winkel, also ist es ein Rechteck.

Rechteck

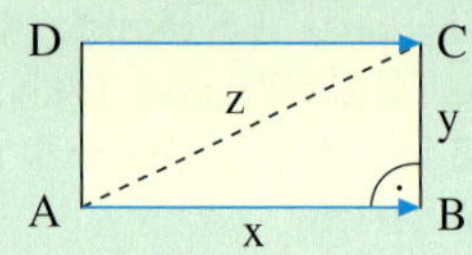

$\overrightarrow{AB} = \overrightarrow{DC}$ und rechtwinklig in einer Ecke

Rechtecksnachweis:

$\overrightarrow{AB} = \begin{pmatrix} 6 \\ 6 \\ 3 \end{pmatrix} - \begin{pmatrix} 4 \\ 0 \\ 2 \end{pmatrix} = \begin{pmatrix} 2 \\ 6 \\ 1 \end{pmatrix}, \ \overrightarrow{DC} = \begin{pmatrix} 0 \\ 7 \\ 9 \end{pmatrix} - \begin{pmatrix} -2 \\ 1 \\ 8 \end{pmatrix} = \begin{pmatrix} 2 \\ 6 \\ 1 \end{pmatrix}$

$x = |\overrightarrow{AB}| = \left|\begin{pmatrix} 2 \\ 6 \\ 1 \end{pmatrix}\right| = \sqrt{41}, \ y = |\overrightarrow{BC}| = \left|\begin{pmatrix} -6 \\ 1 \\ 6 \end{pmatrix}\right| = \sqrt{73}$

$z = |\overrightarrow{AC}| = \left|\begin{pmatrix} -4 \\ 7 \\ 7 \end{pmatrix}\right| = \sqrt{114}$

$\Rightarrow x^2 + y^2 = z^2 \Rightarrow$ Rechter Winkel bei B

Übung 44 Dreieckseigenschaften
Zeigen Sie zunächst, dass die Punkte A, B und C nicht auf einer Geraden liegen.
Zeigen Sie dann, dass das Dreieck ABC die angegebene Eigenschaft besitzt.

a) A(0|0|0), B(7|1|0), C(4|−3|5)
gleichseitig

b) A(1|3|2), B(3|−1|6), C(5|1|−2)
gleichschenklig

c) A(1|3|2), B(3|5|3), C(2|4|−2)
rechtwinklig

d) A(1|2|3), B(1|2|8), C(4|6|3)
gleichschenklig und rechtwinklig

Übung 45 Viereckseigenschaften
Untersuchen Sie, ob ein Quadrat, Rechteck, Parallelogramm oder Trapez vorliegt.

a) A(2|1|0), B(4|3|1), C(5|1|3), D(3|−1|2)
b) A(2|0|4), B(3|1|6), C(3|2|0), D(2|1|−2)
c) A(2|2|1), B(4|1|2), C(5|3|2), D(3|4|1)
d) A(1|1|0), B(5|3|−2), C(6|5|1), D(4|4|2)

Übungen

46. Der Punkt T teilt die Strecke $\overline{AB}$ im Verhältnis v. Bestimmen Sie den Punkt B.

a) A(1|4), T(5|8), v = 2 : 1 b) A(8|5), T(17|−4), v = 3 : 2 c) A(1|4|7), T(9|16|−1), v = 2 : 3 d) A(1|5|12), T(7|2|0), v = 3 : 1

47. Teilverhältnis im Quadrat

Im abgebildeten Quadrat ABCD halbiert E die Seite $\overline{BC}$ und F die Seite $\overline{DC}$. In welchem Verhältnis teilt der Schnittpunkt S der Transversalen $\overline{AE}$ und $\overline{BF}$ die Strecke $\overline{AE}$?

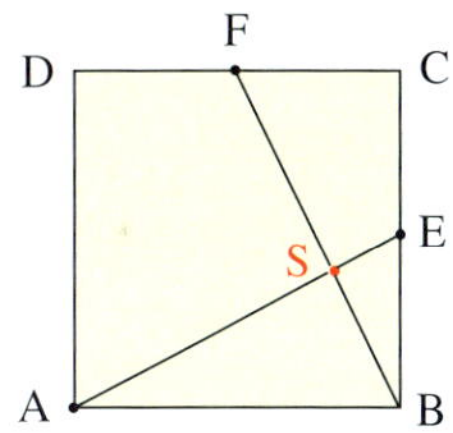

48. Teilverhältnis im Parallelogramm

Im Parallelogramm ABCD teilt der Punkt E die Seite $\overline{BC}$ im Verhältnis 2 : 1. In welchem Verhältnis teilt der Schnittpunkt S der Diagonalen $\overline{DB}$ und der Transversalen $\overline{AE}$ die Strecke $\overline{AE}$ bzw. die Strecke $\overline{DB}$?

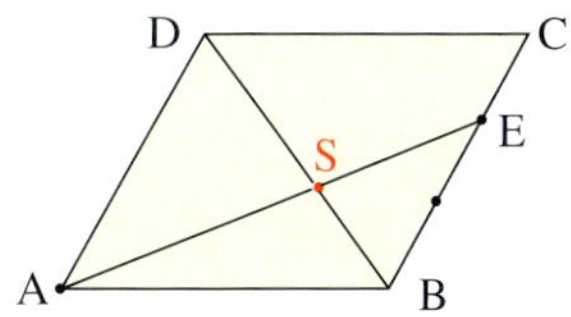

49. Teilverhältnis im Trapez

Im abgebildeten Trapez ABCD ist die Seite $\overline{DC}$ halb so lang wie die Seite $\overline{AB}$. S sei der Schnittpunkt der Diagonalen $\overline{AC}$ und $\overline{BD}$.

In welchem Verhältnis teilt der Punkt S die Diagonale $\overline{AC}$ bzw. $\overline{BD}$?

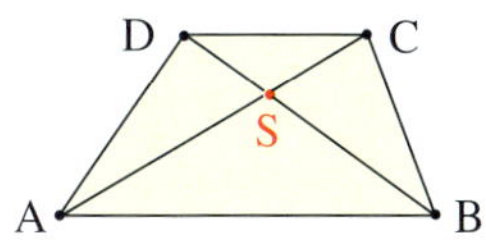

50. Sechseck

Im abgebildeten Sechseck kreuzen sich die beiden Transversalen $\overline{AC}$ und $\overline{BE}$. S sei der Schnittpunkt dieser Transversalen. In welchen Verhältnissen teilt S die Transversalen?

Hinweis: Stellen Sie alle benötigten Vektoren als zweidimensionale Spaltenvektoren dar.

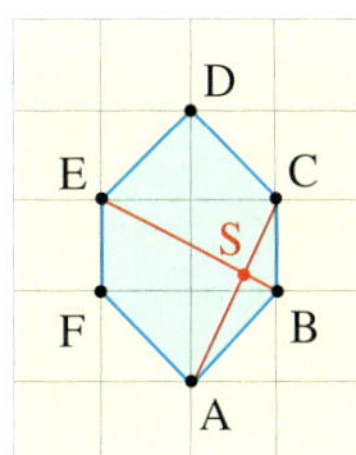

51. Dreieck

Im abgebildeten Dreieck sind M_1 und M_2 die Seitenmitten von $\overline{AB}$ und $\overline{BC}$.

a) Wie lauten die Koordinaten von M_1 und M_2?

b) In welchem Verhältnis teilt der Punkt S die Transversalen $\overline{AM_2}$ und $\overline{CM_1}$?

c) Wo liegt der Punkt S?

Hinweis: Stellen Sie alle benötigten Vektoren als Spaltenvektoren dar.

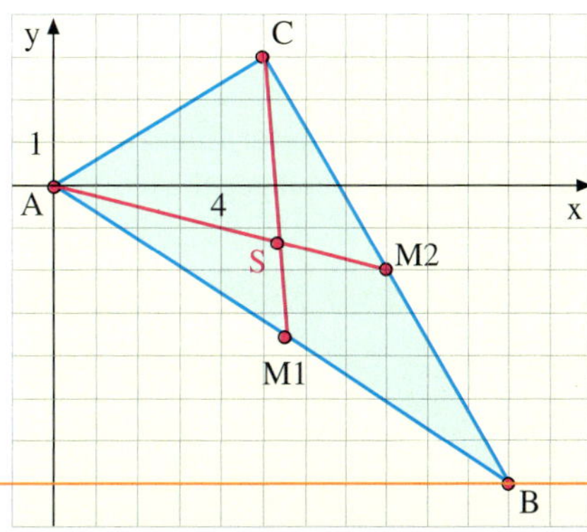

Übungen

Die folgenden Übungen können ohne Hilfsmittel gelöst werden, soweit nichts anderes angegeben ist.

1. Pyramide

In einem kartesischen Koordinatensystem ist die gerade Pyramide ABCDS gegeben. Die Seitenlänge der quadratischen Grundfläche ist 4, die Höhe der Pyramide ist 3.

a) Geben Sie mögliche Koordinaten der Eckpunkte der Pyramide an.

b) Skizzieren Sie ein Schrägbild der Pyramide im Koordinatensystem.

c) Mindestens einer der Eckpunkte soll so verschoben werden, dass sich das Volumen der Pyramide vervierfacht. Dafür gibt es mehrere Möglichkeiten. Geben Sie für zwei dieser Möglichkeiten jeweils die Koordinaten der verschobenen Eckpunkte an und begründen Sie Ihre Angabe.

2. Betrag eines Vektors

a) Untersuchen Sie, welcher der Vektoren $\vec{a}$, $\vec{b}$ oder $\vec{c}$ den längeren Pfeil hat.

b) Bestimmen Sie die fehlende Koordinate x so, dass der Pfeil $\overrightarrow{AB}$ die Länge 15 hat.

$$\vec{a} = \begin{pmatrix} 1 \\ 4 \\ 8 \end{pmatrix} \quad \vec{b} = \begin{pmatrix} 4 \\ 4 \\ 7 \end{pmatrix} \quad \vec{c} = \begin{pmatrix} 2 \\ 6 \\ 9 \end{pmatrix}$$

$$\overrightarrow{AB} = \begin{pmatrix} 2 \\ x \\ 11 \end{pmatrix}$$

3. Dreieck

In einem Koordinatensystem sind die Punkte $A(1|2|3)$, $B(2|7|6)$ und $C(-3|2|2)$ gegeben.

a) Weisen Sie nach, dass A, B und C die Eckpunkte eines Dreiecks sind.

b) Überprüfen Sie, ob das Dreieck ABC gleichschenklig oder rechtwinklig ist.

c) Ergänzen Sie ABC durch Hinzunahme eines Punktes D zum Parallelogramm ABCD.

4. Sechseck

Im abgebildeten Sechseck sollen die Vektoren $\vec{a}$ und $\vec{b}$ verwendet werden, um weitere Vektoren als Linearkombination von $\vec{a}$ und $\vec{b}$ darzustellen. Stellen Sie so die Vektoren $\vec{c}$, $\vec{d}$, $\vec{e}$, $\vec{f}$ und g mit Hilfe von $\vec{a}$ und $\vec{b}$ dar.

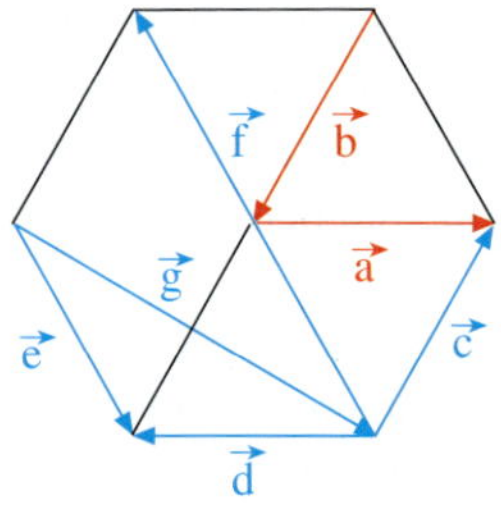

5. Linear abhängig oder linear unabhängig

Prüfen Sie, ob die angegebenen Vektoren linear abhängig oder linear unabhängig sind.

a) $\begin{pmatrix} 3 \\ -2 \\ 4 \end{pmatrix}, \begin{pmatrix} -6 \\ 4 \\ -12 \end{pmatrix}$ b) $\begin{pmatrix} 1 \\ 4 \\ -2 \end{pmatrix}, \begin{pmatrix} 1 \\ 4 \\ -4 \end{pmatrix}, \begin{pmatrix} -2 \\ -8 \\ 3 \end{pmatrix}$ c) $\begin{pmatrix} 3 \\ 2 \\ -1 \end{pmatrix}, \begin{pmatrix} 5 \\ -1 \\ 2 \end{pmatrix}, \begin{pmatrix} 4 \\ 5 \\ -5 \end{pmatrix}$

6. Parallelogramm

Gegeben sind die Punkte A (4|3|0), B (6|6|6), C (2|3|6) und D (0|0|0) eines Vierecks ABCD.

a) Weisen Sie nach: Das Viereck ABCD ist ein Parallelogramm, aber kein Rechteck.

b) Skizzieren Sie das Viereck im Koordinatensystem.

c) Geben Sie den Mittelpunkt M der Diagonalen $\overline{AC}$ an.
Welche Länge hat die Diagonale?

7. Pyramide

Gegeben ist eine Pyramide mit der Grundfläche ABC und der Spitze S.
Die Koordinaten der Punkte lauten A (6|6|2), B (2|9|2), C (3|2|2) und S (4|4|6).

a) Zeigen Sie: Das Grundflächendreieck ABC ist gleichschenklig und bei A rechtwinklig.

b) Beschreiben Sie, welche spezielle Lage die Pyramide im Koordinatensystem hat.
Fertigen Sie eine Skizze an.

c) Berechnen Sie das Volumen der Pyramide.

8. Quader

Ein Quader ABCDEFGH hat die Eckpunkte A (6|3|−1), B (5|5|1), C (9|3|5), D (10|1|3), E (4|1|0) und F (3|3|2). $\vec{a} = \overrightarrow{AB}$, $\vec{b} = \overrightarrow{AD}$ und $\vec{c} = \overrightarrow{AE}$ seien drei aufeinander senkrecht stehende Vektoren des Quaders.

a) Skizzieren Sie den Quader im Koordinatensystem.
Bestimmen Sie die fehlenden Koordinaten der Punkte G und H.

b) Zeigen Sie, dass der Körper tatsächlich ein Quader ist. (Die Vektoren $\vec{a}$, $\vec{b}$ und $\vec{c}$ stehen rechtwinklig aufeinander und beschreiben alle Kanten des Quaders.)

c) Bestimmen Sie die Koordinaten des Mittelpunktes M der Grundfläche ABCD.

d) T sei der Mittelpunkt des Quaders. Geben Sie den Vektor $\overrightarrow{AT}$ als Linearkombination von $\vec{a}$, $\vec{b}$ und $\vec{c}$ an. Ermitteln Sie die Koordinaten von T.

9. Kollinearität und Komplanarität

a) Welche dieser Vektoren sind kollinear?

$$\vec{a} = \begin{pmatrix} 4 \\ 1 \\ -3 \end{pmatrix}, \quad \vec{b} = \begin{pmatrix} 1 \\ 2 \\ -4 \end{pmatrix}, \quad \vec{c} = \begin{pmatrix} -8 \\ -2 \\ 6 \end{pmatrix}, \quad \vec{d} = \begin{pmatrix} -0{,}5 \\ -1 \\ 2 \end{pmatrix}, \quad \vec{e} = \begin{pmatrix} 2 \\ 0{,}5 \\ -1{,}5 \end{pmatrix}$$

b) Wählen Sie den Parameter a so, dass die gegebenen Vektoren komplanar sind.

$$I.\ \begin{pmatrix} -1 \\ 3 \\ -1 \end{pmatrix}, \begin{pmatrix} 4 \\ -5 \\ 3 \end{pmatrix}, \begin{pmatrix} 2 \\ 1 \\ a \end{pmatrix} \qquad II.\ \begin{pmatrix} a \\ 15 \\ -2 \end{pmatrix}, \begin{pmatrix} 2 \\ 4 \\ -1 \end{pmatrix}, \begin{pmatrix} 3 \\ 1 \\ -2 \end{pmatrix} \qquad III.\ \begin{pmatrix} 3 \\ 1 \\ -3 \end{pmatrix}, \begin{pmatrix} 1 \\ 2 \\ 1 \end{pmatrix}, \begin{pmatrix} a \\ a \\ -1 \end{pmatrix}$$

10. Teilverhältnis

Gegeben ist das Dreieck ABC mit den Ecken A (0|0|0), B (8|−2|−2) und C (10|8|2).

a) Bestimmen Sie die Mittelpunkte M_1 und M_2 der Seiten $\overline{AB}$ und $\overline{BC}$.

b) Zeigen Sie, dass sich die Seitenhalbierenden $\overline{CM_1}$ und $\overline{AM_2}$ wie 2 : 1 schneiden.

c) Bestimmen Sie den Schnittpunkt S der Seitenhalbierenden $\overline{CM_1}$ und $\overline{AM_2}$.

Überblick

Der Abstand von zwei Punkten

Ebene: Die Punkte $A(a_1|a_2)$ und $B(b_1|b_2)$ haben den Abstand
$d(A, B) = \sqrt{(b_1 - a_1)^2 + (b_2 - a_2)^2}$.

Raum: Die Punkte $A(a_1|a_2|a_3)$ und $B(b_1|b_2|b_3)$ haben den Abstand
$d(A, B) = \sqrt{(b_1 - a_1)^2 + (b_2 - a_2)^2 + (b_3 - a_3)^2}$.

Summe zweier Vektoren (Addition)

Um die Summe zweier Vektoren $\vec{a}$ und $\vec{b}$ zu bilden, legt man die Vektoren wie abgebildet aneinander.
Der Summenvektor $\vec{a} + \vec{b}$ führt vom Pfeilanfang von $\vec{a}$ zum Pfeilende von $\vec{b}$.

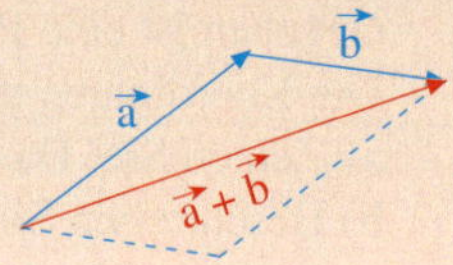

Differenz zweier Vektoren (Subtraktion)

Um die Differenz zweier Vektoren $\vec{a}$ und $\vec{b}$ zu bilden, legt man die Pfeile wie abgebildet aneinander.
Der Differenzvektor $\vec{a} - \vec{b}$ führt vom Pfeilende von $\vec{b}$ zum Pfeilende von $\vec{a}$.

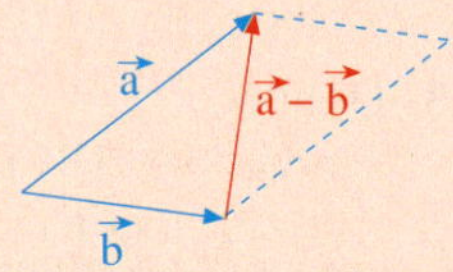

Skalarmultiplikation eines Vektors mit einer reellen Zahl

Der Vektor $\vec{a}$ wird mit der Zahl k multipliziert, indem seine Länge mit dem Faktor $|k|$ multipliziert wird. Die Richtung von $\vec{a}$ bleibt erhalten, wenn $k > 0$ gilt. Sie kehrt sich um, wenn $k < 0$ gilt.

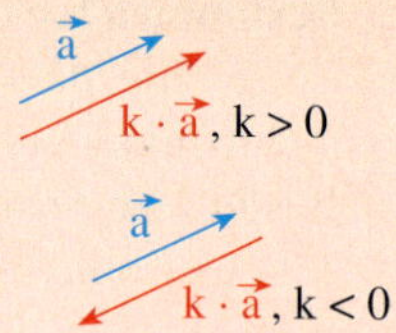

Linearkombination von Vektoren

Die Summe $r_1\vec{a}_1 + r_2\vec{a}_2 + \ldots r_n\vec{a}_n$ wird als Linearkombination der Vektoren $\vec{a}_1, \vec{a}_2, \ldots, \vec{a}_n$ bezeichnet.

Kollineare Vektoren

$\vec{a}$ und $\vec{b}$ heißen kollinear, wenn einer der beiden Vektoren ein Vielfaches des anderen Vektors ist:
$\vec{a} = r \cdot \vec{b}$ oder $\vec{b} = r \cdot \vec{a}$.
Kollineare Vektoren sind parallel.

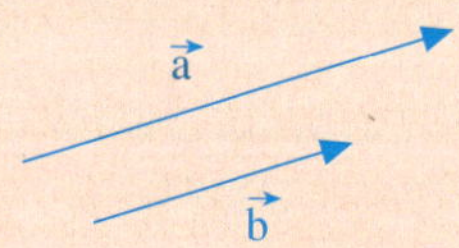

Komplanare Vektoren

$\vec{a}$, $\vec{b}$ und $\vec{c}$ heißen komplanar, wenn einer der drei Vektoren als Linearkombination der beiden anderen Vektoren dargestellt werden kann:
$\vec{a} = r \cdot \vec{b} + s \cdot \vec{c}$ oder $\vec{b} = r \cdot \vec{a} + s \cdot \vec{c}$ oder $\vec{c} = r \cdot \vec{a} + s \cdot \vec{b}$
Komplanare Vektoren liegen in einer Ebene.

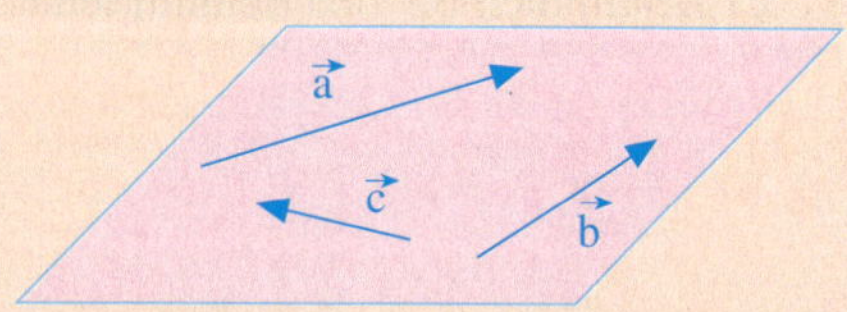

Kriterium zur linearen Abhängigkeit

Drei Vektoren $\vec{a}$, $\vec{b}$ und $\vec{c}$ sind genau dann linear abhängig, wenn es drei reelle Zahlen r, s und t (mit $(r|s|t) \neq (0|0|0)$) gibt, sodass gilt: $r \cdot \vec{a} + s \cdot \vec{b} + t \cdot \vec{c} = \vec{0}$.

Kriterium zur linearen Unabhängigkeit

Drei Vektoren $\vec{a}$, $\vec{b}$ und $\vec{c}$ sind genau dann linear unabhängig, wenn die Gleichung
$r \cdot \vec{a} + s \cdot \vec{b} + t \cdot \vec{c} = \vec{0}$ nur die triviale Lösung $r = s = t = 0$ hat.

Mittelpunkt einer Strecke

Die Strecke $\overline{AB}$ mit den Endpunkten $A(a_1|a_2|a_3)$ und $B(b_1|b_2|b_3)$ hat den Mittelpunkt M mit den Koordinaten $M\left(\frac{a_1 + b_1}{2}\middle|\frac{a_2 + b_2}{2}\middle|\frac{a_3 + b_3}{2}\right)$.

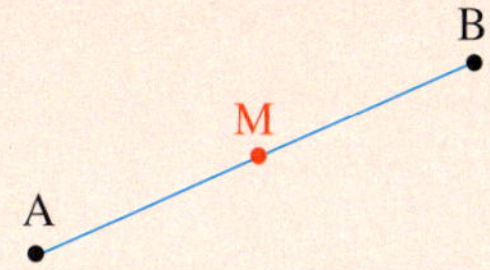

Dreiecksnachweis

Die Punkte A, B und C bilden ein Dreieck, wenn $\overrightarrow{AB}$ und $\overrightarrow{AC}$ nicht kollinear sind.

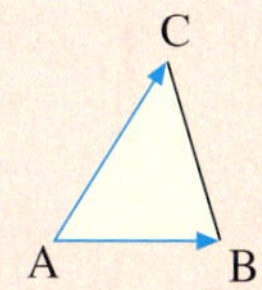

Parallelogrammnachweis

Das Viereck ABCD ist ein Parallelogramm, wenn gilt: $\overrightarrow{AB} = \overrightarrow{DC}$ oder $\overrightarrow{AD} = \overrightarrow{BC}$.

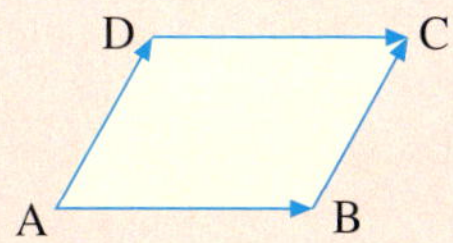

Trapeznachweis

Das Viereck ABCD ist ein Trapez, wenn zwei gegenüberliegende Seiten parallel sind, d.h. wenn gilt:

$\overrightarrow{AB} = \alpha \cdot \overrightarrow{DC}$ oder $\overrightarrow{AD} = \beta \cdot \overrightarrow{BC}$

($\alpha > 0$ bzw. $\beta > 0$)

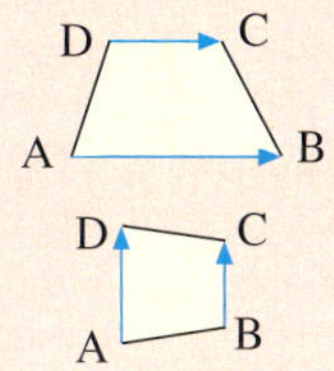

Gleichschenkligkeitsnachweis

Ein Dreieck ist gleichschenklig, wenn mindestens zwei seiner Seiten die gleiche Länge haben.

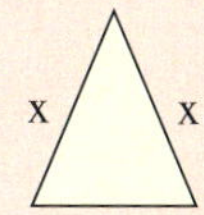

Rechtwinkligkeitsnachweis

Das Dreieck mit den Seiten a, b und c ist rechtwinklig bei C, wenn $c^2 = a^2 + b^2$ gilt (Umkehrung des Satzes von Pythagoras).

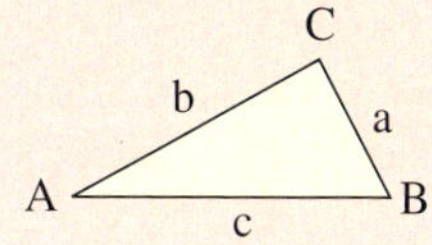

Teilverhältnis einer Strecke

Der Punkt T liege auf der Strecke $\overline{AB}$. Gilt $\overrightarrow{AT} = \alpha \cdot \overrightarrow{AB}$, so teilt der Punkt T die Strecke $\overline{AB}$ im Verhältnis $\alpha : (1 - \alpha)$.

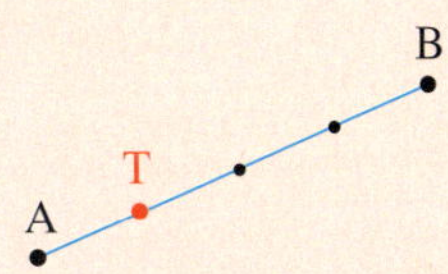

CAS-Anwendung

Die Notation weicht bei der Vektorrechnung teilweise von derjenigen ab, die beim Aufschreiben zu verwenden ist. Es ist sinnvoll, mit dem ersten Buchstaben eines Namens die Art des Objektes anzugeben, also p für einen Punkt, v für einen Vektor usw. Mehrere Eingaben können in einer Zeile durch einen Doppelpunkt getrennt werden; gerade bei Vektoren ist das übersichtlicher.

Möglichkeiten zur Eingabe von Vektoren:

1. Die Koordinaten werden in eckigen Klammern in mehreren Zeilen eingetragen. Dazu wird nach der linken Klammer und ersten Koordinate mit der Taste [↵] rechts unten auf der Nspire-Tastatur eine weitere Zeile erzeugt. In die neue Zeile gelangt man mit dem Cursor.
2. Im Katalog bei 5 die Vorlage für eine Matrix auswählen und den Vektor als Matrix mit der Zeilenzahl 3 und Spaltenzahl 1 vorgeben.
3. Den Vektor als Zeilenvektor eingeben, dann mit [menu] Matrix und Vektor ▶ Transponieren in einen Spaltenvektor umwandeln.

Beispiel: Eingabe von Vektoren und einfache Operationen

Gegeben sind die Punkte A (1|−2|−3) und B (−1|4|2).

a) Definieren Sie im CAS den Punkt A unter dem Namen pa und die Ortsvektoren $\vec{a} = \overrightarrow{OA}$ und $\vec{b} = \overrightarrow{OB}$ unter den Namen va und vb.
Bestimmen Sie die Länge des Ortsvektors $\vec{b}$ mithilfe der Funktion norm.

b) Bilden Sie die Summe $\vec{a} + \vec{b}$, die Differenz $\overrightarrow{AB} = \vec{b} - \vec{a}$ und die Linearkombination $\vec{a} + 4\vec{b}$.

Lösung zu a:
Punkte werden als Zeile, Vektoren als Spalte in eckigen Klammern geschrieben. Bei der Eingabe werden die Werte durch Kommata getrennt, in der Anzeige erscheinen stattdessen größere Zwischenräume. Durch Transponieren (Zeile wird zur Spalte) erhält man den zum Punkt gehörigen Ortsvektor. Mit der Eingabe norm(vb) erfolgt die Berechnung von $\sqrt{(-1)^2 + 4^2 + 2^2}$ mit dem Ergebnis $\sqrt{21}$.

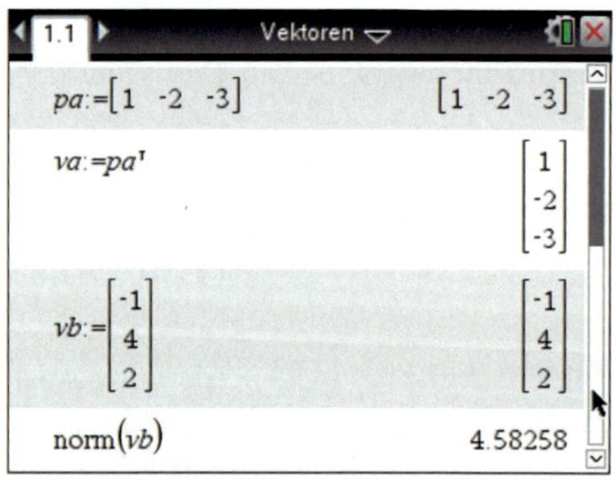

Lösung zu b:
Für die Vektoraddition wird die übliche Taste [+] verwendet.
Der Verbindungsvektor vom Punkt A zum Punkt B wird sinnvollerweise mit vab bezeichnet und durch die Eingabe vb [−] va berechnet.
Die Skalar-Multiplikation (Vielfaches des Vektors) erfolgt mit der Taste [×].

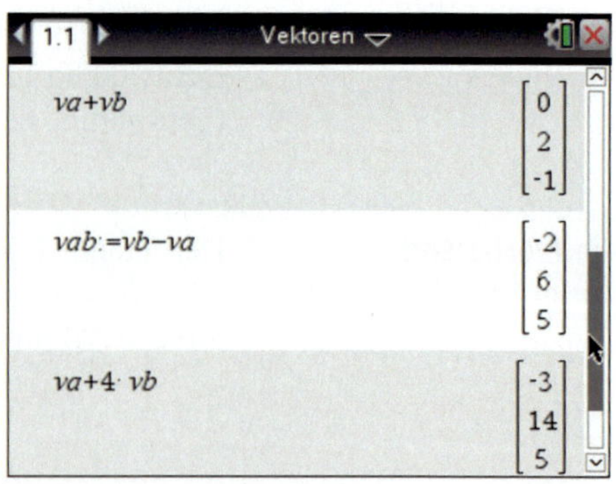

Übung 1

Geben Sie den Punkt C(3|−1|2) und den Ortsvektor zum Punkt D(−2|0|1) ein. Bestimmen Sie den Ortsvektor $\vec{c} = \overrightarrow{OC}$ und den Verbindungsvektor $\overrightarrow{CD}$ und vergleichen Sie die Beträge.

Beispiel: Lineare Unabhängigkeit von Vektoren

a) Gegeben sind die Punkte A(1|−2|−3), B(−1|4|2), C(3|−1|2) und D(−2|0|1). Überprüfen Sie, ob die Vektoren $\overrightarrow{AB}$, $\overrightarrow{AD}$ und $\overrightarrow{CD}$ linear unabhängig sind.

b) Zeigen Sie, dass sich jeder Punkt des $\mathbb{R}^3$ mithilfe dieser drei Vektoren darstellen lsst.

Lösung zu a):
Zunächst werden die Ortsvektoren unter den Namen va, vb, vc, vd eingegeben, dann bildet man vab, vad und vcd. Der Nullvektor wird als v0 gespeichert. Anschließend löst man die lineare Gleichung

k1 · vab + k2 · vad + k3 · vcd = v0

mithilfe des solve-Befehls und erhält mögliche Einsetzungen für k1, k2, k3. Die drei Vektoren sind linear unabhängig, da k1 = k2 = k3 = 0 die einzige Lösung ist.

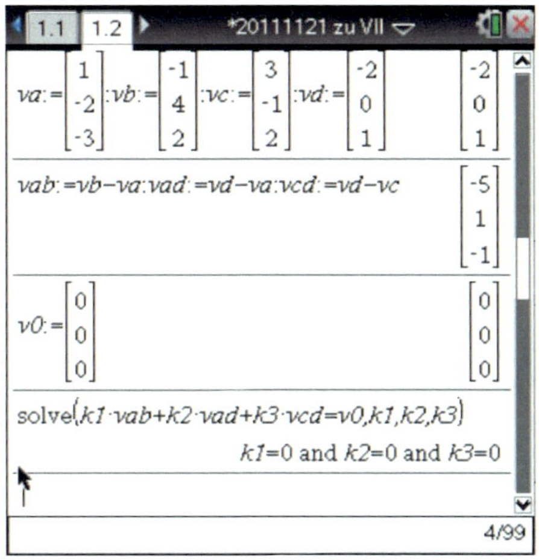

Lösung zu b):
Ein beliebiger Vektor des $\mathbb{R}^3$ wird als vx mit den Koordinaten x, y und z gespeichert. Dann löst man die lineare Gleichung

vx = k1 · vab + k2 · vad + k3 · vcd

nach k1, k2 und k3. Setzt man anschließend für x, y und z beliebige Werte ein, so ergeben sich eindeutig die Werte für k1, k2 und k3. Damit kann man jeden Vektor des $\mathbb{R}^3$ als Linearkombination der drei gegebenen Vektoren schreiben.

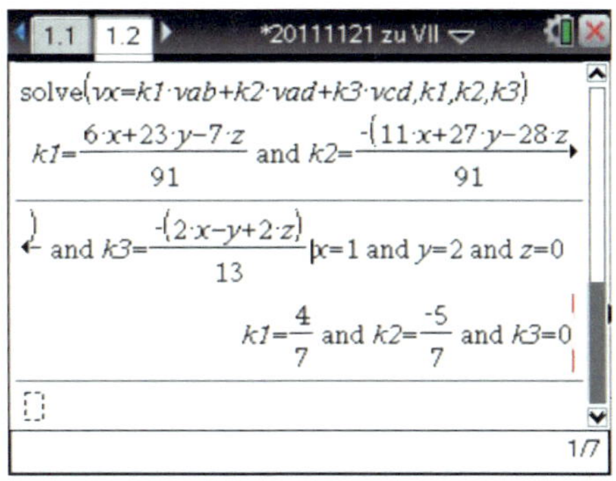

Hinweis: Parameter wie a und b sind ggf. aufzunehmen, also z. B.: solve(…,{k1,k2,k3,a,b}).

Übung 2

Für welche Werte von $a \in \mathbb{R}$ bilden die Vektoren $\begin{pmatrix} 2 \\ -2 \\ 1-a \end{pmatrix}, \begin{pmatrix} 2 \\ -3 \\ 0 \end{pmatrix}, \begin{pmatrix} 2 \\ a-6 \\ 1 \end{pmatrix}$ eine Basis des $\mathbb{R}^3$?

Übung 3

Welche Bedingungen müssen die reellen Zahlen a und b erfüllen, damit die Vektoren $\begin{pmatrix} a \\ 1 \\ 2 \end{pmatrix}, \begin{pmatrix} 1 \\ -1 \\ 1 \end{pmatrix}, \begin{pmatrix} 1 \\ b \\ 1 \end{pmatrix}$ linear abhängig sind?

Test

Vektoren

1. Gegeben ist der Quader ABCDEFGH.

a) Bestimmen Sie die Koordinaten der Punkte B, C, D, E, F, H und M.

b) Bestimmen Sie die Länge der Strecken $\overline{AF}$ und $\overline{DM}$.

c) Begründen Sie: Die Vektoren $\overrightarrow{HM}$, $\overrightarrow{EM}$ und $\overrightarrow{AM}$ sind linear unabhängig.

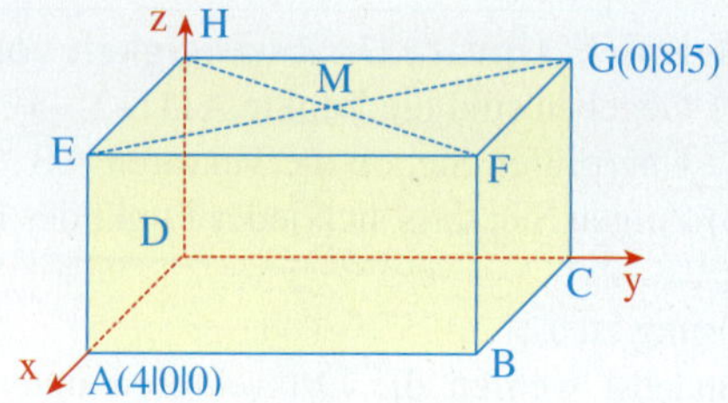

2. Ermitteln Sie, in welchem Verhältnis der Punkt T(1|8|5) die Strecke $\overline{AB}$ mit den Endpunkten A(3|4|3) und B(−2|14|8) teilt.

3. Stellen Sie die abgebildeten Vektoren als Spaltenvektoren in Koordinatenform dar. Bestimmen Sie anschließend das Ergebnis der folgenden Rechenausdrücke.

a) $\vec{a} + \vec{b} + \vec{d}$

b) $\frac{1}{2}\vec{a} - 2(\vec{b} - 2\vec{d})$

c) $\vec{a} + 2\vec{b} - 4\vec{c} + \vec{d}$

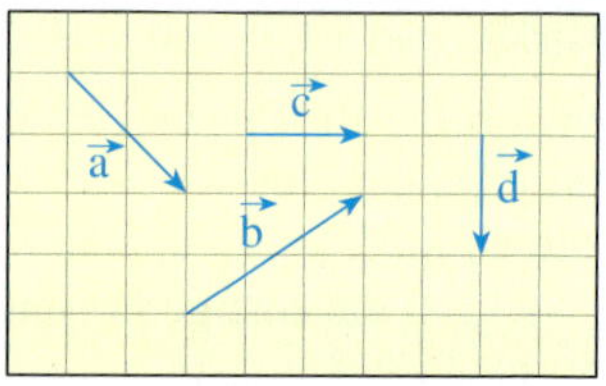

4. a) Stellen Sie den Vektor $\begin{pmatrix} 6 \\ -2 \\ -1 \end{pmatrix}$ als Linearkombination von $\begin{pmatrix} 3 \\ 1 \\ 2 \end{pmatrix}$ und $\begin{pmatrix} 2 \\ 2 \\ 3 \end{pmatrix}$ dar.

b) Untersuchen Sie, ob die Vektoren $\begin{pmatrix} 2 \\ 1 \\ -3 \end{pmatrix}$, $\begin{pmatrix} 1 \\ 2 \\ 4 \end{pmatrix}$ und $\begin{pmatrix} 5 \\ 4 \\ 1 \end{pmatrix}$ komplanar sind.

5. Gegeben ist das Dreieck ABC mit A(6|7|9), B(4|4|3) und C(2|10|6).

a) Zeigen Sie, dass das Dreieck gleichschenklig ist. Ist es sogar gleichseitig?

b) Fertigen Sie ein Schrägbild des Dreiecks an.

c) Gesucht ist ein weiterer Punkt D, so dass das Viereck ABCD ein Parallelogramm ist.

6. Auf der schwarzen Linie liegt eine Eisenkugel, an der vier Zugseile befestigt sind. Anton und Alfons bilden das α-Team, Benno und Bruno das β-Team. Gewonnen hat dasjenige Team, welches die Kugel über die Linie zieht. Die Zugkräfte sind maßstäblich eingezeichnet. Welches Team wird gewinnen?

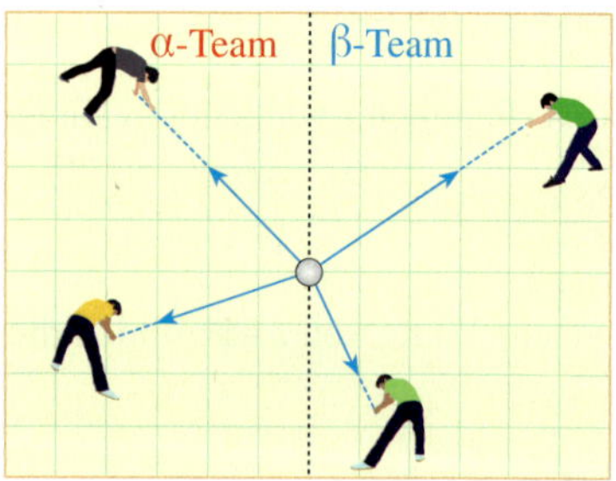

Lösungen: S. 361

II. Das Skalarprodukt

1. Die Definition des Skalarproduktes

A. Definition des Skalarproduktes

Ein Wagen wird gleichmäßig von einem Pferd über einen Sandweg gezogen. Dabei wird eine Kraft in Richtung der Deichsel aufgebracht, die sich durch den Kraftvektor $\vec{F}$ darstellen lässt.
Der zurückgelegte Weg lässt sich ebenfalls vektoriell durch den Wegvektor $\vec{s}$ darstellen. Beide seien im Winkel γ gegeneinander geneigt.

Die hierbei verrichtete Arbeit W errechnet sich als Produkt aus Kraft und Weg, genauer gesagt als Produkt aus Kraft in Wegrichtung F_s und Weglänge s.
F_s lässt sich im rechtwinkligen Dreieck mit Hilfe des Kosinus darstellen als $|\vec{F}| \cdot \cos\gamma$, und s lässt sich darstellen als Betrag des Vektors $\vec{s}$, d. h. als $|\vec{s}|$. Dies führt auf die Formel $W = |\vec{F}| \cdot |\vec{s}| \cdot \cos\gamma$, deren rechte Seite eine gewisse Art von Produkt der Vektoren $\vec{F}$ und $\vec{s}$ darstellt.

„Arbeit = Kraft · Weg"

Arbeit = $\underset{\text{Wegrichtung}}{\text{Kraft in}}$ · Weglänge

$$W = F_s \cdot s$$

$$W = |\vec{F}| \cdot \cos\gamma \cdot |\vec{s}|$$

$$W = |\vec{F}| \cdot |\vec{s}| \cdot \cos\gamma$$

Das Ergebnis dieses Produktes ist die Arbeit W, die kein Vektor, sondern eine reine Zahlengröße ist. In der Physik bezeichnet man eine Zahlengröße auch als Skalar und deshalb nennt man das Produkt $|\vec{F}| \cdot |\vec{s}| \cdot \cos\gamma$ auch ***Skalarprodukt*** der Vektoren $\vec{F}$ und $\vec{s}$. Man verwendet für den Term $|\vec{F}| \cdot |\vec{s}| \cdot \cos\gamma$ die symbolische Produktschreibweise $\vec{F} \cdot \vec{s}$.

Das Skalarprodukt (Kosinusform)

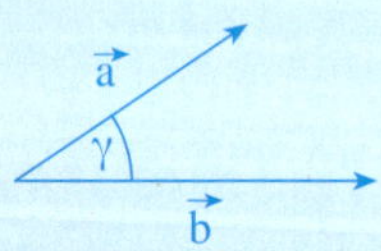

$\vec{a}$ und $\vec{b}$ seien zwei Vektoren und γ der Winkel zwischen diesen Vektoren ($0° \le \gamma \le 180°$).
Dann bezeichnet man den Ausdruck

$$\vec{a} \cdot \vec{b} = |\vec{a}| \cdot |\vec{b}| \cdot \cos\gamma$$

als ***Skalarprodukt*** von $\vec{a}$ und $\vec{b}$.

Übung 1 Skalarprodukt
Bestimmen Sie das Skalarprodukt der Vektoren $\vec{a}$ und $\vec{b}$. Messen Sie die benötigten Längen und Winkel aus.

a)
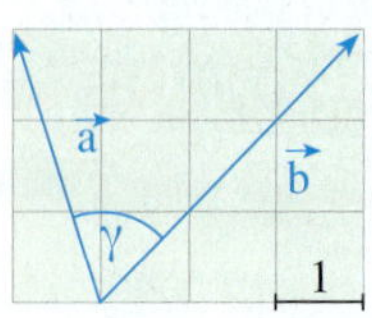

b)
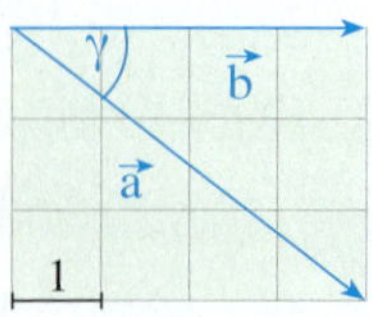

c) $\vec{a} = \begin{pmatrix} -3 \\ 5 \end{pmatrix}, \vec{b} = \begin{pmatrix} 5 \\ 6 \end{pmatrix}$

d) $\vec{a} = \begin{pmatrix} 4 \\ 2 \end{pmatrix}, \vec{b} = \begin{pmatrix} 4 \\ 6 \end{pmatrix}$

Ziel der folgenden Überlegungen ist die Gewinnung einer vektor- und winkelfreien Darstellung des Skalarproduktes von Spaltenvektoren.

Wir betrachten zwei Vektoren $\vec{a}$ und $\vec{b}$, die ein Dreieck aufspannen, wie abgebildet. In einem allgemeinen Dreieck gilt der Kosinussatz der Trigonometrie, von dem unsere Rechnung ausgeht:

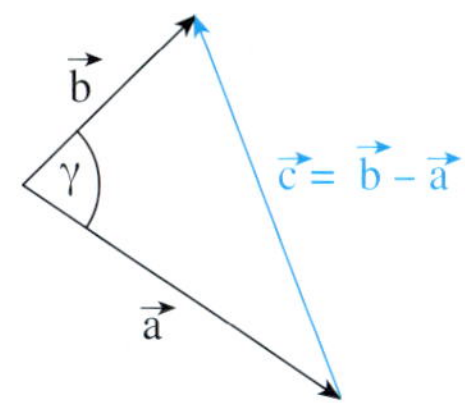

$c^2 = a^2 + b^2 - 2 \cdot a \cdot b \cdot \cos\gamma$ Kosinussatz

$|\vec{c}|^2 = |\vec{a}|^2 + |\vec{b}|^2 - 2 \cdot |\vec{a}| \cdot |\vec{b}| \cdot \cos\gamma$

$|\vec{c}|^2 = |\vec{a}|^2 + |\vec{b}|^2 - 2 \cdot \vec{a} \cdot \vec{b}$ Def. des Skalarproduktes

$2 \cdot \vec{a} \cdot \vec{b} = |\vec{a}|^2 + |\vec{b}|^2 - |\vec{c}|^2$ Umformung

$\vec{a} = \begin{pmatrix} a_1 \\ a_2 \end{pmatrix} \qquad |\vec{a}|^2 = a_1^2 + a_2^2$

$\vec{b} = \begin{pmatrix} b_1 \\ b_2 \end{pmatrix} \qquad |\vec{b}|^2 = b_1^2 + b_2^2$

$\vec{c} = \begin{pmatrix} b_1 - a_1 \\ b_2 - a_2 \end{pmatrix} \qquad |\vec{c}|^2 = (b_1 - a_1)^2 + (b_2 - a_2)^2$

Durch Einsetzen der rechts aufgeführten Darstellungen für die Beträge der Spaltenvektoren $\vec{a}$, $\vec{b}$ und $\vec{c}$ folgt:

$$2 \cdot \vec{a} \cdot \vec{b} = a_1^2 + a_2^2 + b_1^2 + b_2^2 - (b_1 - a_1)^2 - (b_2 - a_2)^2$$

$$2 \cdot \vec{a} \cdot \vec{b} = 2a_1b_1 + 2a_2b_2$$

$$\vec{a} \cdot \vec{b} = a_1b_1 + a_2b_2$$

Analog ergibt sich für dreidimensionale Spaltenvektoren die Formel

$$\vec{a} \cdot \vec{b} = a_1b_1 + a_2b_2 + a_3b_3.$$

Das Skalarprodukt von Spaltenvektoren lässt sich also als Produktsumme von Koordinaten darstellen.

Das Skalarprodukt (Koordinatenform)

$$\vec{a} \cdot \vec{b} = \begin{pmatrix} a_1 \\ a_2 \end{pmatrix} \cdot \begin{pmatrix} b_1 \\ b_2 \end{pmatrix} = a_1b_1 + a_2b_2$$

$$\vec{a} \cdot \vec{b} = \begin{pmatrix} a_1 \\ a_2 \\ a_3 \end{pmatrix} \cdot \begin{pmatrix} b_1 \\ b_2 \\ b_3 \end{pmatrix} = a_1b_1 + a_2b_2 + a_3b_3$$

Beispiele:

$$\begin{pmatrix} 1 \\ 2 \end{pmatrix} \cdot \begin{pmatrix} 3 \\ 2 \end{pmatrix} = 1 \cdot 3 + 2 \cdot 2 = 7$$

$$\begin{pmatrix} 1 \\ 2 \\ 1 \end{pmatrix} \cdot \begin{pmatrix} 2 \\ 3 \\ -4 \end{pmatrix} = 1 \cdot 2 + 2 \cdot 3 + 1 \cdot (-4) = 4$$

$$\begin{pmatrix} 2 \\ -1 \\ 4 \end{pmatrix} \cdot \begin{pmatrix} 3 \\ -2 \\ -2 \end{pmatrix} = 2 \cdot 3 + (-1) \cdot (-2) + 4 \cdot (-2) = 0$$

Übung 2 Koordinatenform

a) Berechnen Sie das Skalarprodukt von $\vec{a}$ und $\vec{b}$: $\vec{a} = \begin{pmatrix} 3 \\ -5 \\ 2 \end{pmatrix}$, $\vec{b} = \begin{pmatrix} -4 \\ -2 \\ 2 \end{pmatrix}$

b) Für welchen Wert von u ist das Skalarprodukt von $\vec{a}$ und $\vec{b}$ gleich null?

$\vec{a} = \begin{pmatrix} 4 \\ 2u \\ -1 \end{pmatrix}$, $\vec{b} = \begin{pmatrix} -u \\ 3 \\ 2 \end{pmatrix}$

Im Folgenden werden wir sehen, dass viele Probleme durch Anwendung des Skalarproduktes vereinfacht gelöst werden können. Oft benötigt man dabei beide Darstellungen des Skalarproduktes, die winkelbezogene Form $\vec{a} \cdot \vec{b} = |\vec{a}| \cdot |\vec{b}| \cdot \cos\gamma$ sowie die koordinatenbezogenen Formen $\vec{a} \cdot \vec{b} = a_1b_1 + a_2b_2$ bzw. $\vec{a} \cdot \vec{b} = a_1b_1 + a_2b_2 + a_3b_3$.

Übungen

3. Berechnen Sie in den abgebildeten Figuren das Skalarprodukt $\vec{a} \cdot \vec{b}$.
a) Verwenden Sie die Kosinusform des Skalarproduktes. Die benötigten Längen und Winkel können mit dem Geodreieck gemessen werden.
b) Verwenden Sie die Koordinatenform des Skalarproduktes.

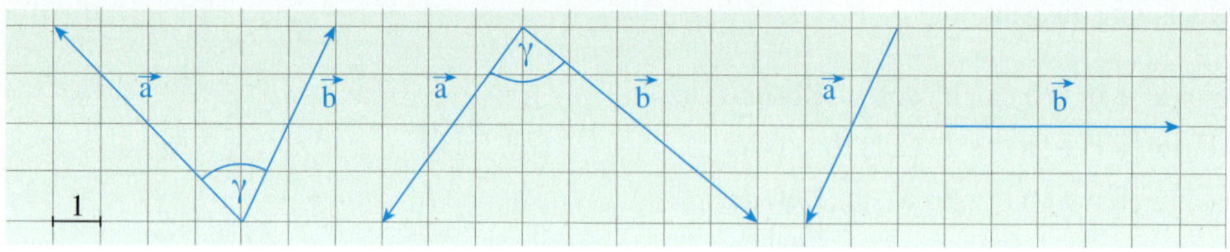

4. Berechnen Sie die angegebenen Skalarprodukte.

a)

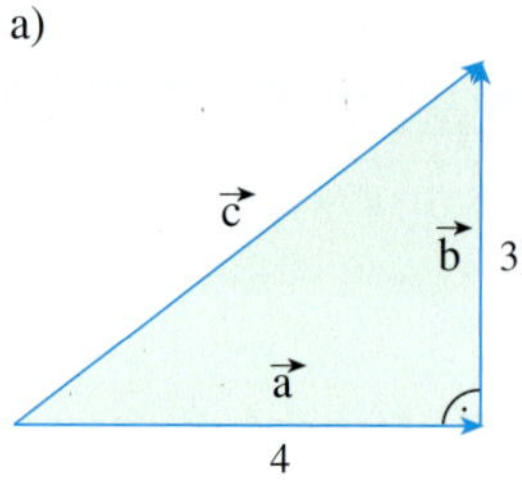

$\vec{a} \cdot \vec{b}$, $\vec{a} \cdot \vec{c}$, $\vec{b} \cdot \vec{c}$

b)

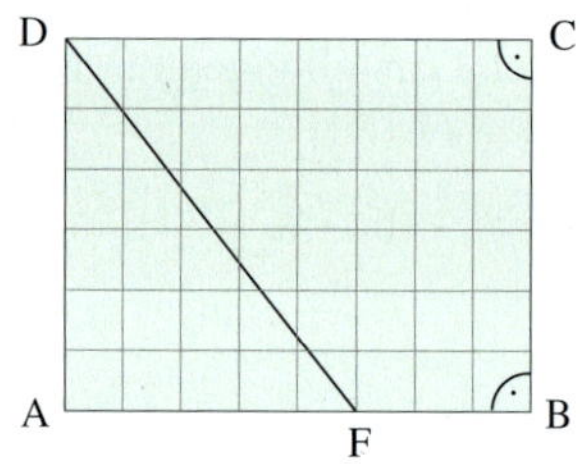

$\overrightarrow{DA} \cdot \overrightarrow{DF}$, $\overrightarrow{FB} \cdot \overrightarrow{FD}$,
$\overrightarrow{AF} \cdot \overrightarrow{AD}$, $\overrightarrow{DC} \cdot \overrightarrow{DF}$

c)

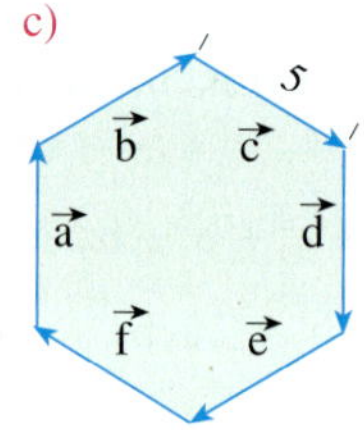

$\vec{a} \cdot \vec{b}$, $\vec{a} \cdot \vec{c}$, $\vec{a} \cdot \vec{d}$,
$(\vec{a} + \vec{b}) \cdot \vec{c}$,
$(\vec{a} + \vec{b} + \vec{c}) \cdot (\vec{d} + \vec{e} + \vec{f})$

5. Errechnen Sie die folgenden Skalarprodukte.

a) $\begin{pmatrix} 8 \\ -1 \\ 2 \end{pmatrix} \cdot \begin{pmatrix} 0 \\ 4 \\ 1 \end{pmatrix}$ b) $\begin{pmatrix} 2a \\ a \\ 1 \end{pmatrix} \cdot \begin{pmatrix} a \\ -a \\ a \end{pmatrix}$ c) $\begin{pmatrix} a \\ b \\ a \end{pmatrix} \cdot \begin{pmatrix} b \\ -a \\ 0 \end{pmatrix}$ d) $\begin{pmatrix} 4 \\ 2 \\ 1 \end{pmatrix} \cdot \begin{pmatrix} 8 \\ 3a \\ 3 \end{pmatrix} + \begin{pmatrix} 12 \\ -a \\ 2a \end{pmatrix} \cdot \begin{pmatrix} -3 \\ 2 \\ -2 \end{pmatrix}$

6. Wie muss a gewählt werden, wenn die folgenden Gleichungen gelten sollen?

a) $\begin{pmatrix} a \\ 2 \\ 4 \end{pmatrix} \cdot \begin{pmatrix} 2a \\ 1 \\ a \end{pmatrix} = 0$ b) $\begin{pmatrix} 1 \\ 2 \\ 1 \end{pmatrix} \cdot \begin{pmatrix} a \\ 2a \\ a \end{pmatrix} = 1$ c) $\begin{pmatrix} a-1 \\ 1 \\ 2 \end{pmatrix} \cdot \left(\begin{pmatrix} 1 \\ 1 \\ 2 \end{pmatrix} + \begin{pmatrix} 1 \\ 2 \\ a \end{pmatrix} \right) = 6$

7. Die Abbildung zeigt eine gerade quadratische Pyramide mit den Seitenlängen $|\overrightarrow{AB}| = 6$, $|\overrightarrow{BC}| = 6$ sowie der Höhe $h = 3$.
a) Berechnen Sie die Skalarprodukte $\overrightarrow{SB} \cdot \overrightarrow{SC}$, $\overrightarrow{AD} \cdot \overrightarrow{DC}$, $\overrightarrow{AC} \cdot \overrightarrow{BD}$, $\overrightarrow{BA} \cdot \overrightarrow{BS}$.
b) Errechnen Sie das Skalarprodukt $\overrightarrow{SA} \cdot \overrightarrow{SB}$. Errechnen Sie die Längen $|\overrightarrow{SA}|$ und $|\overrightarrow{SB}|$. Können Sie nun den Winkel $\alpha = \sphericalangle ASB$ bestimmen?

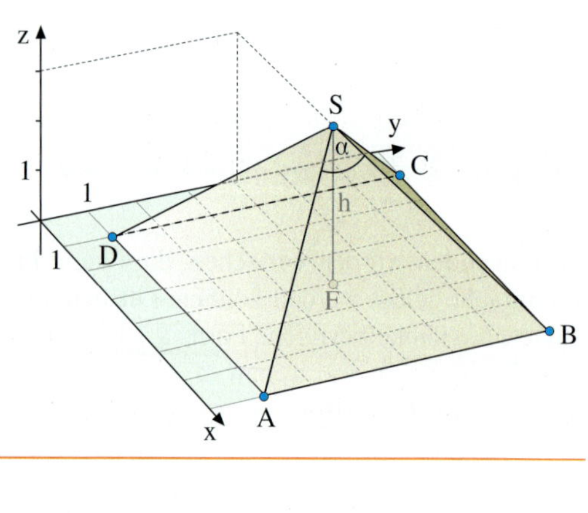

B. Skalarprodukt und orthogonale Projektion

Projiziert man den Vektor $\vec{b}$ orthogonal, d. h. senkrecht auf einen zweiten Vektor $\vec{a}$, so entsteht als Projektionsbild ein Vektor $\vec{b}_a$, der kollinear (parallel) zum Vektor $\vec{a}$ verläuft.

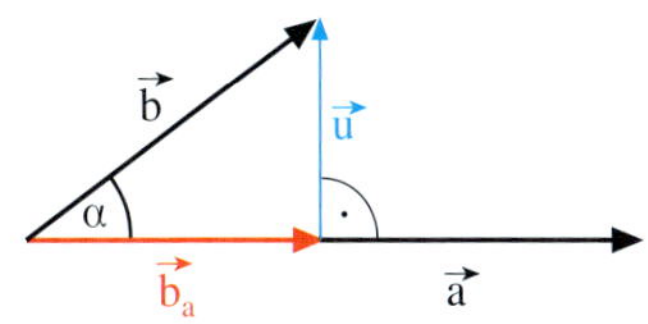

Berechnen wir nun das Skalarprodukt von $\vec{a} \cdot \vec{b}$, wobei wir $\vec{b}$ durch die Komponentensumme $\vec{b}_a + \vec{u}$ ersetzen (s. Abb.), so erhalten wir nach nebenstehender Rechnung die Formel (1): $\vec{a} \cdot \vec{b} = \vec{a} \cdot \vec{b}_a$.

Berechnung des Skalarprodukts $\vec{a} \cdot \vec{b}$:

$\vec{a} \cdot \vec{b} = \vec{a} \cdot (\vec{b}_a + \vec{u}) = \vec{a} \cdot \vec{b}_a + \vec{a} \cdot \vec{u} = \vec{a} \cdot \vec{b}_a$

denn $\vec{a} \cdot \vec{u} = |\vec{a}| \cdot |\vec{u}| \cdot \cos 90° = 0$

Diese Formel macht eine interessante anschauliche Aussage über das Skalarprodukt. Sie besagt nämlich, dass zum Skalarprodukt $\vec{a} \cdot \vec{b}$ nur die Komponente $\vec{b}_a$ in Richtung von $\vec{a}$ beiträgt, nicht aber die Komponente $\vec{u}$ senkrecht zu $\vec{a}$.

Skalarprodukt und orthogonale Projektion

$$\vec{a} \cdot \vec{b} = \vec{a} \cdot \vec{b}_a.$$

Als nächstes stellt sich die Frage, wie man den Vektor $\vec{b}_a$ berechnen kann.
Dazu verwendet man den Ansatz $\vec{b}_a = r \cdot \vec{a}$ ($r \in \mathbb{R}$), denn $\vec{b}_a$ ist kollinear zu $\vec{a}$.

Beispiel: Bestimmung der orthogonalen Projektion $\vec{b}_a$

Berechnen Sie die orthogonale Projektion $\vec{b}_a$ des Vektors $\vec{b} = \begin{pmatrix} -6 \\ -6 \\ 9 \end{pmatrix}$ auf den Vektor $\vec{a} = \begin{pmatrix} -8 \\ 8 \\ 4 \end{pmatrix}$.

Lösung:
Wir setzen den Ansatz $\vec{b}_a = r \cdot \vec{a}$ in Gleichung (1) $\vec{a} \cdot \vec{b} = \vec{a} \cdot \vec{b}_a$ ein, führen die Rechnung rechts durch und erhalten $\vec{b}_a$.
Im Bild unten ist die Projektion skizziert.

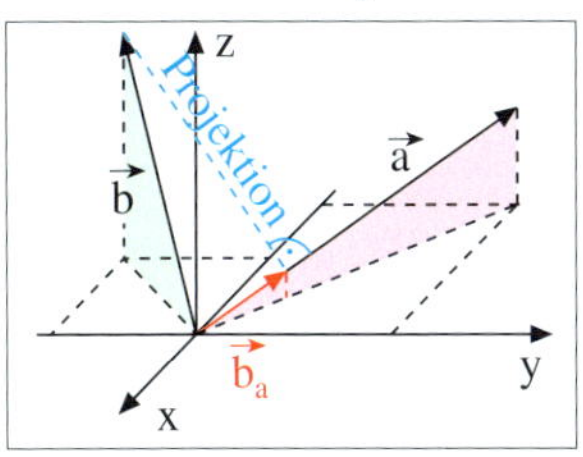

Berechnung von $\vec{b}_a$:

$$\vec{a} \cdot \vec{b} = \vec{a} \cdot \vec{b}_a$$
$$\Rightarrow \vec{a} \cdot \vec{b} = \vec{a} \cdot r\vec{a}$$
$$\Rightarrow \begin{pmatrix} -8 \\ 8 \\ 4 \end{pmatrix} \cdot \begin{pmatrix} -6 \\ -6 \\ 9 \end{pmatrix} = \begin{pmatrix} -8 \\ 8 \\ 4 \end{pmatrix} \cdot \begin{pmatrix} -8r \\ 8r \\ 4r \end{pmatrix}$$
$$\Rightarrow 36 = 144r$$
$$\Rightarrow r = \tfrac{1}{4}$$
$$\Rightarrow \vec{b}_a = \tfrac{1}{4}\begin{pmatrix} -8 \\ 8 \\ 4 \end{pmatrix} = \begin{pmatrix} -2 \\ 2 \\ 1 \end{pmatrix}$$

Übung 8 Orthogonale Projektion

Berechnen Sie die orthogonale Projektion $\vec{b}_a$ von $\vec{b}$ auf $\vec{a}$ und fertigen Sie eine Skizze an.

a) $\vec{b} = \begin{pmatrix} -2 \\ 4 \\ 6 \end{pmatrix}$ auf $\vec{a} = \begin{pmatrix} 8 \\ 6 \\ 0 \end{pmatrix}$ b) $\vec{b} = \begin{pmatrix} 2 \\ -4 \\ 5 \end{pmatrix}$ auf $\vec{a} = \begin{pmatrix} 12 \\ -6 \\ 3 \end{pmatrix}$ c) $\vec{b} = \begin{pmatrix} 1 \\ 3 \end{pmatrix}$ auf $\vec{a} = \begin{pmatrix} 6 \\ 3 \end{pmatrix}$

2. Winkel- und Flächenberechnungen

A. Der Winkel zwischen zwei Vektoren

Mit Hilfe des Skalarproduktes zweier Vektoren können sowohl ***Längen*** als auch ***Winkel*** auf vektorieller Basis gemessen werden. Die Grundlage bilden hierbei die beiden folgenden Sätze.

Bildet man das Skalarprodukt eines Vektors mit sich selbst, so erhält man das Quadrat des Betrages des Vektors:

$$\vec{a} \cdot \vec{a} = |\vec{a}| \cdot |\vec{a}| \cdot \cos 0° = |\vec{a}|^2.$$

Der Betrag eines Vektors

Für den Betrag (die Länge) eines Vektors $\vec{a}$ gilt die Formel

$$|\vec{a}|^2 = \vec{a} \cdot \vec{a} \text{ bzw. } |\vec{a}| = \sqrt{\vec{a} \cdot \vec{a}}.$$

Beispielsweise hat der Vektor $\vec{a} = \begin{pmatrix} 2 \\ 6 \\ -3 \end{pmatrix}$ die Länge 7, denn es gilt:

$$|\vec{a}|^2 = \vec{a} \cdot \vec{a} = \begin{pmatrix} 2 \\ 6 \\ -3 \end{pmatrix} \cdot \begin{pmatrix} 2 \\ 6 \\ -3 \end{pmatrix} = 4 + 36 + 9 = 49 \Rightarrow |\vec{a}| = \sqrt{49} = 7.$$

Zwei Vektoren $\vec{a}$ und $\vec{b}$ bilden stets zwei Winkel. Der kleinere der beiden Winkel wird als ***Winkel zwischen den Vektoren*** bezeichnet. Er kann mittels Skalarprodukt berechnet werden. Löst man die Skalarproduktgleichung $\vec{a} \cdot \vec{b} = |\vec{a}| \cdot |\vec{b}| \cdot \cos\gamma$ nach $\cos\gamma$ auf, so erhält man die sogenannte ***Kosinusformel***, die zur Winkelberechnung verwendet wird.

Die Kosinusformel

$\vec{a}$ und $\vec{b}$ seien vom Nullvektor verschiedene Vektoren und γ sei der Winkel zwischen ihnen. Dann gilt:

$$\cos\gamma = \frac{\vec{a} \cdot \vec{b}}{|\vec{a}| \cdot |\vec{b}|}.$$

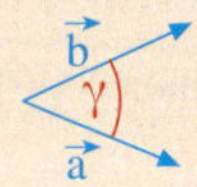

Beispiel: Winkel zwischen zwei Vektoren

Errechnen Sie den Winkel zwischen den Vektoren $\vec{a} = \begin{pmatrix} 4 \\ 5 \\ 3 \end{pmatrix}$ und $\vec{b} = \begin{pmatrix} 7 \\ 5 \\ 1 \end{pmatrix}$.

Lösung:

Wir errechnen zunächst die Beträge von $\vec{a}$ und $\vec{b}$: $|\vec{a}| = \sqrt{\vec{a} \cdot \vec{a}} = \sqrt{50}$, $|\vec{b}| = \sqrt{75}$.

Nun wenden wir die Kosinusformel an:

$$\cos\gamma = \frac{\vec{a} \cdot \vec{b}}{|\vec{a}| \cdot |\vec{b}|} = \frac{56}{\sqrt{50} \cdot \sqrt{75}} \approx 0{,}9145.$$

Mit dem Taschenrechner ($\cos^{-1}$-Taste) folgt $\gamma \approx 23{,}87°$.

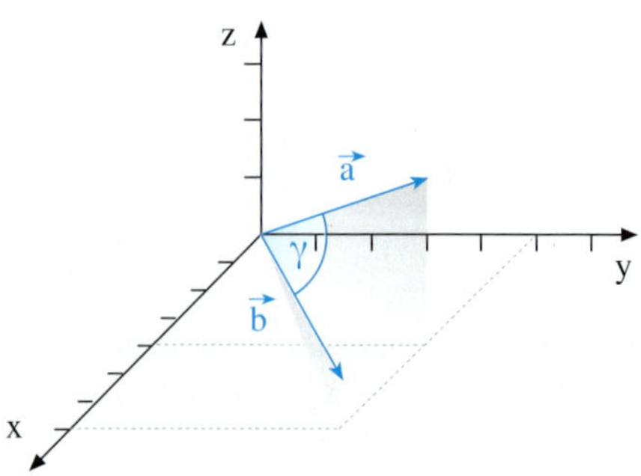

Beispiel: Winkel im Dreieck
Gegeben sei das Dreieck mit den Ecken P(5|5|1), Q(6|1|2), R(1|0|4). Bestimmen Sie die Größe des Innenwinkels γ am Punkt R des Dreiecks.

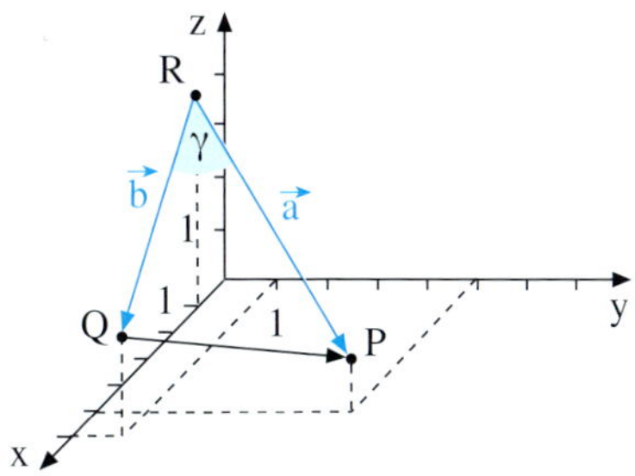

Lösung:
Wir stellen die beiden Dreiecksseiten, die am Winkel γ anliegen, zunächst durch die Vektoren $\vec{a} = \overrightarrow{RP}$ und $\vec{b} = \overrightarrow{RQ}$ dar.

$$\vec{a} = \overrightarrow{RP} = \overrightarrow{OP} - \overrightarrow{OR} = \begin{pmatrix}5\\5\\1\end{pmatrix} - \begin{pmatrix}1\\0\\4\end{pmatrix} = \begin{pmatrix}4\\5\\-3\end{pmatrix}$$

γ lässt sich als Winkel zwischen diesen Vektoren $\vec{a}$ und $\vec{b}$ auffassen.
Nun können wir mit Hilfe der Kosinusformel den Kosinus des Winkels γ bestimmen.
Wir erhalten $\cos\gamma \approx 0{,}8004$.

$$\vec{b} = \overrightarrow{RQ} = \overrightarrow{OQ} - \overrightarrow{OR} = \begin{pmatrix}6\\1\\2\end{pmatrix} - \begin{pmatrix}1\\0\\4\end{pmatrix} = \begin{pmatrix}5\\1\\-2\end{pmatrix}$$

$$\cos\gamma = \frac{\vec{a}\cdot\vec{b}}{|\vec{a}|\cdot|\vec{b}|} = \frac{20+5+6}{\sqrt{50}\cdot\sqrt{30}} \approx 0{,}8004$$

Hieraus folgt unmittelbar $\gamma \approx 36{,}83°$.

$$\gamma \approx 36{,}83°$$

Übung 1 Winkel zwischen Vektoren
Bestimmen Sie die Größe des Winkels zwischen den Vektoren $\vec{a}$ und $\vec{b}$.

a) $\vec{a} = \begin{pmatrix}3\\1\end{pmatrix}, \vec{b} = \begin{pmatrix}3\\-3\end{pmatrix}$ b) $\vec{a} = \begin{pmatrix}1\\2\\-3\end{pmatrix}, \vec{b} = \begin{pmatrix}-2\\-4\\0\end{pmatrix}$ c) $\vec{a} = \begin{pmatrix}4\\3\\4\end{pmatrix}, \vec{b} = \begin{pmatrix}2\\-4\\1\end{pmatrix}$

Übung 2 Winkel in Ebene und Raum
Bestimmen Sie die Größe des Winkels α mit Hilfe von Vektoren.

a)
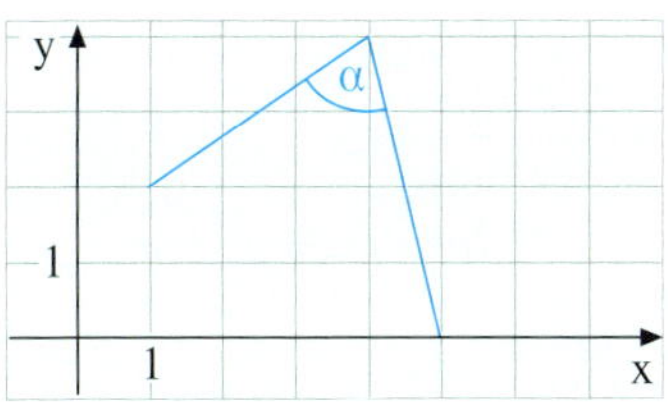

b)
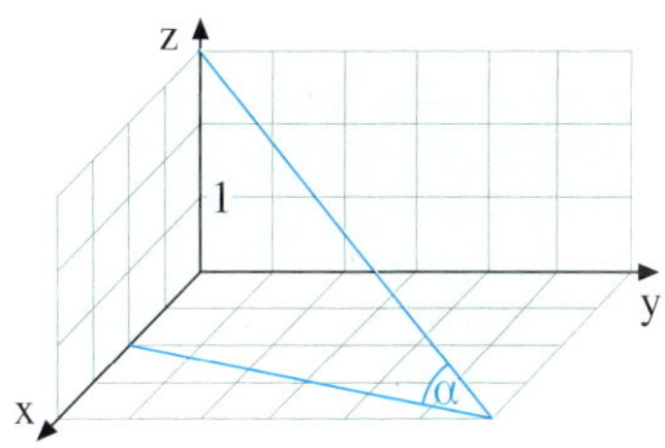

Übung 3 Winkel im Dreieck
Bestimmen Sie alle Winkel im Dreieck PQR.
a) P(3|4), Q(6|3), R(3|0)
b) P(3|4|1), Q(6|3|2), R(3|0|3)
c) P(6|3|8), Q(7|4|3), R(4|4|2)
d) P(1|2|2), Q(3|4|2), R(2|3|2 + $\sqrt{3}$)

Übung 4 Parameteraufgabe
Gegeben sind die Vektoren $\vec{a} = \begin{pmatrix}4\\4\\2\end{pmatrix}$ und $\vec{b} = \begin{pmatrix}6\\0\\z\end{pmatrix}$. Berechnen Sie diejenigen Werte der Koordinate z, damit der Winkel zwischen $\vec{a}$ und $\vec{b}$ eine Größe von 45° hat.

B. Orthogonale Vektoren

Zwei Vektoren $\vec{a}$ und $\vec{b}$ ($\vec{a}, \vec{b} \neq 0$) werden als zueinander ***orthogonale Vektoren*** bezeichnet, wenn sie senkrecht aufeinander stehen (symbolische Schreibweise $\vec{a} \perp \vec{b}$).
Mit Hilfe des Skalarproduktes kann man überprüfen, ob zwei Vektoren $\vec{a}, \vec{b} \neq \vec{0}$ orthogonal sind.
Ist $\vec{a} \cdot \vec{b} = \vec{0}$, also $|\vec{a}| \cdot |\vec{b}| \cdot \cos\gamma = \vec{0}$, so folgt wegen $|\vec{a}| \neq \vec{0}$, $|\vec{b}| \neq \vec{0}$ sofort $\cos\gamma = 0$, d. h. $\gamma = 90°$.
Dann sind $\vec{a}$ und $\vec{b}$ orthogonal.
Ist $\vec{a} \cdot \vec{b} \neq \vec{0}$, so ist $\cos\gamma \neq 0$, also $\gamma \neq 90°$.
Dann sind $\vec{a}$ und $\vec{b}$ nicht orthogonal.

Orthogonalitätskriterium

Zwei Vektoren $\vec{a}$ und $\vec{b}$ ($\vec{a}, \vec{b} \neq \vec{0}$) sind genau dann orthogonal (senkrecht), wenn ihr Skalarprodukt null ist.

$$\vec{a} \perp \vec{b} \Leftrightarrow \vec{a} \cdot \vec{b} = 0$$

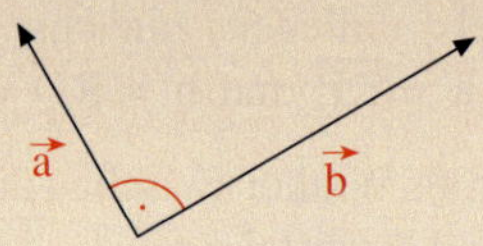

Beispiel: Orthogonale Vektoren
Prüfen Sie, ob zwei der drei Vektoren orthogonal sind.

$$\vec{a} = \begin{pmatrix} 1 \\ 2 \\ 4 \end{pmatrix}, \vec{b} = \begin{pmatrix} 1 \\ 2 \\ -1 \end{pmatrix}, \vec{c} = \begin{pmatrix} 8 \\ 2 \\ -3 \end{pmatrix}$$

Lösung:
$\vec{a} \cdot \vec{b} = 1 \Rightarrow \vec{a}, \vec{b}$ sind nicht orthogonal.
$\vec{a} \cdot \vec{c} = 0 \Rightarrow \vec{a}, \vec{c}$ sind orthogonal.
$\vec{b} \cdot \vec{c} = 15 \Rightarrow \vec{b}, \vec{c}$ sind nicht orthogonal.

Beispiel: Rechtwinkliges Dreieck
Prüfen Sie, ob das Dreieck mit den Eckpunkten A(0|0|4), B(2|2|2), C(0|3|1) rechtwinklig ist (Schrägbild anfertigen).

Lösung:
Im Schrägbild ist die Rechtwinkligkeit des Dreiecks nicht erkennbar.
Bilden wir jedoch rechnerisch die Seitenvektoren und berechnen dann deren Skalarprodukte, so stellt sich heraus, dass das Dreieck bei B rechtwinklig ist.

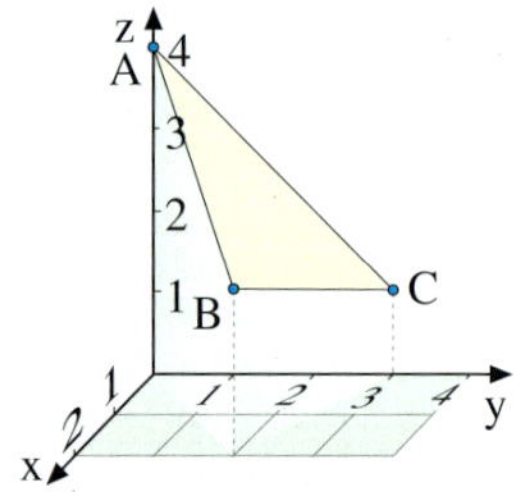

$$\overrightarrow{AB} = \begin{pmatrix} 2 \\ 2 \\ -2 \end{pmatrix}, \overrightarrow{AC} = \begin{pmatrix} 0 \\ 3 \\ -3 \end{pmatrix}, \overrightarrow{BC} = \begin{pmatrix} -2 \\ 1 \\ -1 \end{pmatrix}$$

$$\overrightarrow{AB} \cdot \overrightarrow{AC} = 12, \overrightarrow{BA} \cdot \overrightarrow{BC} = 0, \overrightarrow{CB} \cdot \overrightarrow{CA} = 6$$

Übung 5 Orthogonale Vektoren
Suchen Sie unter den gegebenen Vektoren alle Paare orthogonaler Vektoren.

$$\vec{a} = \begin{pmatrix} 3 \\ 2 \\ 0 \end{pmatrix}, \vec{b} = \begin{pmatrix} 0 \\ 4 \\ 2 \end{pmatrix}, \vec{c} = \begin{pmatrix} 2 \\ -3 \\ 6 \end{pmatrix}, \vec{d} = \begin{pmatrix} 4 \\ 1 \\ 1 \end{pmatrix}, \vec{e} = \begin{pmatrix} 1 \\ a \\ 1 \end{pmatrix}, \vec{f} = \begin{pmatrix} -a \\ 2a \\ 0 \end{pmatrix}$$

Übung 6 Rechtwinklige Dreiecke
Untersuchen Sie, ob das Dreieck ABC rechtwinklig ist.

a) A(2|2|0), B(1|4|2), C(3|2|5)
b) A(3|−1|2), B(4|2|1), C(−3|2|5)
c) A(2|5|3), B(6|7|−1), C(3|7|5)

C. Der Flächeninhalt eines Dreiecks

Flächeninhalt eines Dreiecks

Spannen die Vektoren $\vec{a}$ und $\vec{b}$ im Anschauungsraum ein Dreieck auf, so gilt für dessen Flächeninhalt A die Formel:

$$A = \frac{1}{2}\sqrt{\vec{a}^2 \cdot \vec{b}^2 - (\vec{a} \cdot \vec{b})^2}.$$

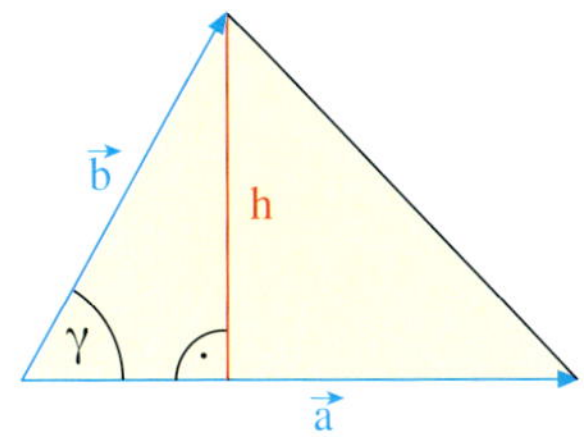

Beweis:
Ausgehend von der Standardformel für den Dreiecksinhalt

$$A = \frac{1}{2} g \cdot h = \frac{1}{2} |\vec{a}| \cdot h$$

ergibt sich die obige Formel nach nebenstehender Rechnung.
Dabei kommen die trigonometrische Beziehung $\sin\gamma = \frac{h}{|\vec{b}|}$ und die Kosinusformel $\vec{a} \cdot \vec{b} = |\vec{a}| \cdot |\vec{b}| \cdot \cos\gamma$ zur Anwendung.

Rechnung:

$$\begin{aligned} A &= \frac{1}{2} |\vec{a}| \cdot h = \frac{1}{2} |\vec{a}| \cdot |\vec{b}| \cdot \sin\gamma \\ &= \frac{1}{2}\sqrt{|\vec{a}|^2 \cdot |\vec{b}|^2 \cdot \sin^2\gamma} \\ &= \frac{1}{2}\sqrt{|\vec{a}|^2 \cdot |\vec{b}|^2 \cdot (1 - \cos^2\gamma)} \\ &= \frac{1}{2}\sqrt{|\vec{a}|^2 \cdot |\vec{b}|^2 - |\vec{a}|^2 \cdot |\vec{b}|^2 \cdot \cos^2\gamma} \\ &= \frac{1}{2}\sqrt{\vec{a}^2 \cdot \vec{b}^2 - (\vec{a} \cdot \vec{b})^2} \end{aligned}$$

Beispiel: Bestimmen Sie den Inhalt des Dreiecks mit den Eckpunkten A(1|2|5), B(4|5|1), C(−2|6|2).

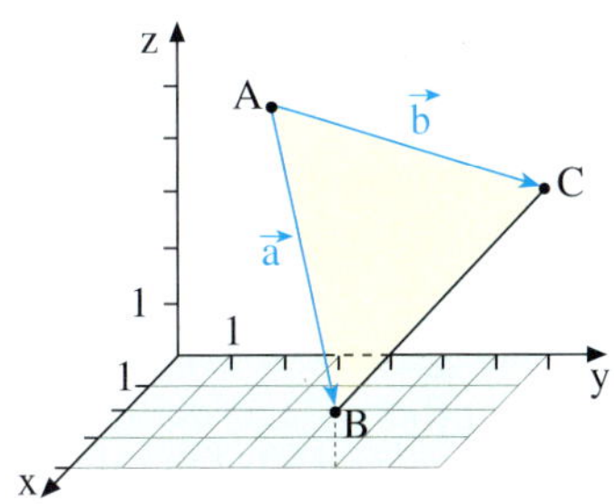

Lösung:
Das Dreieck wird von den beiden Vektoren

$$\vec{a} = \overrightarrow{AB} = \begin{pmatrix} 3 \\ 3 \\ -4 \end{pmatrix} \text{ und } \vec{b} = \overrightarrow{AC} = \begin{pmatrix} -3 \\ 4 \\ -3 \end{pmatrix}$$

aufgespannt. Der Flächeninhalt des von $\vec{a}$ und $\vec{b}$ aufgespannten Dreiecks wird mit der oben aufgeführten Formel berechnet.

Resultat: $A_{Dreieck} \approx 15{,}26$.

$$\begin{aligned} A_{Dreieck} &= \frac{1}{2} \cdot \sqrt{\vec{a}^2 \cdot \vec{b}^2 - (\vec{a} \cdot \vec{b})^2} \\ &= \frac{1}{2} \cdot \sqrt{34 \cdot 34 - 15^2} \approx 15{,}26 \end{aligned}$$

Übung 7 Oberfläche einer Pyramide

Bestimmen Sie den Oberflächeninhalt der Pyramide

a) mit den Eckpunkten A(3|3|0), B(1|1|4), C(6|0|2), D(4|4|3);

b) aus nebenstehendem Bild.

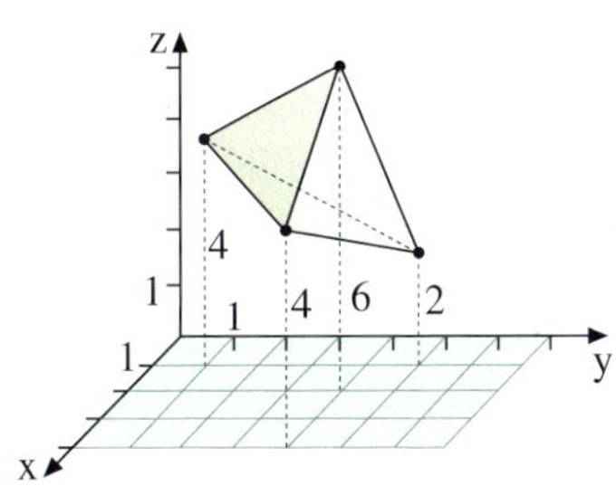

Übung 8 Inhalt eines Dreiecks

Wie muss z gewählt werden, damit das Dreieck ABC den Inhalt 15 besitzt?
A(1|1|2), B(1|−2|z), C(7|−2|6)

Übungen

9. Winkel und Fläche eines Dreiecks
Gegeben ist das Dreieck ABC mit A (6 | 1 | 2), B (5 | 5 | 1) und C (1 | 0 | 4).
a) Fertigen Sie ein Schrägbild des Dreiecks an und berechnen Sie seine Innenwinkel.
b) Welchen Flächeninhalt hat das Dreieck ABC?

10. Parallelogramm
Bestimmen Sie mit Hilfe des Skalarproduktes die Innenwinkel ε und φ im abgebildeten Parallelogramm. Berechnen Sie den Flächeninhalt des Parallelogramms konventionell und mittels Skalarprodukt (Hinweis: doppeltes Dreieck).

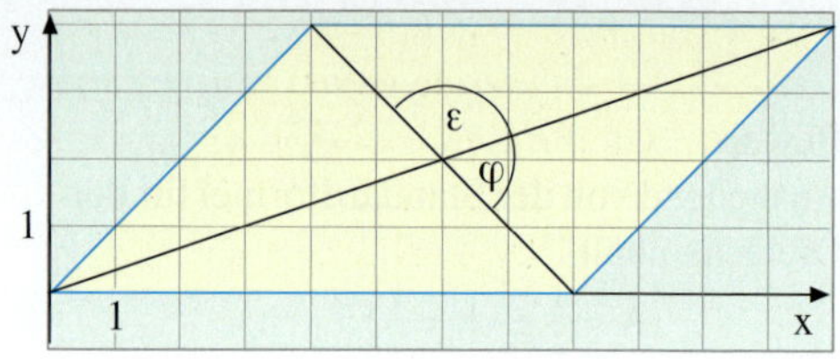

11. Rechtwinkliges Dreieck
Bestimmen Sie die Koordinaten eines Punktes C so, dass das Dreieck ABC mit A (1 | 1) und B (4 | 5) rechtwinklig und gleichschenklig ist.

12. Winkel im Quader
Ein Quader hat die Grundflächenmaße 4 × 3. Wie muss seine Höhe h gewählt werden, wenn seine Raumdiagonalen sich senkrecht schneiden sollen?

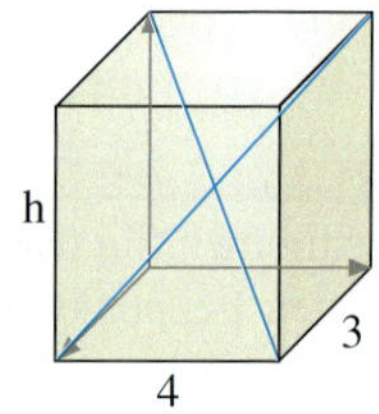

13. Doppelpyramide
Ein Edelstein hat die Form einer quadratischen Doppelpyramide mit den in der Zeichnung angegebenen Maßen (Abstände gegenüberliegender Ecken).
a) Welche Innenwinkel hat ein Seitendreieck der Pyramide?
b) Wie groß sind die Winkel ∢ASC bzw. ∢SBT?
c) Wie groß ist die Oberfläche des Körpers?

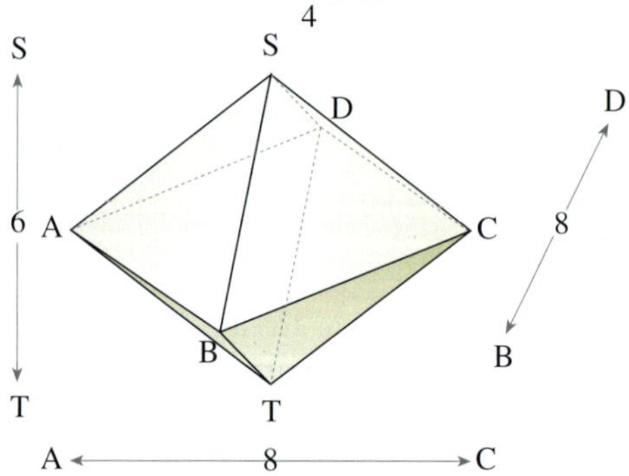

14. Pyramidenstumpf
Betrachtet wird ein regelmäßiger quadratischer Pyramidenstumpf.
a) Bestimmen Sie alle Eckpunktkoordinaten.
b) Errechnen Sie den Winkel ∢ABF.
c) Berechnen sie den Schnittpunkt der Diagonalen $\overline{BH}$ und $\overline{DF}$. Berechnen Sie gegebenenfalls den Schnittwinkel.
d) Welchen Oberflächeninhalt hat der Pyramidenstumpf?

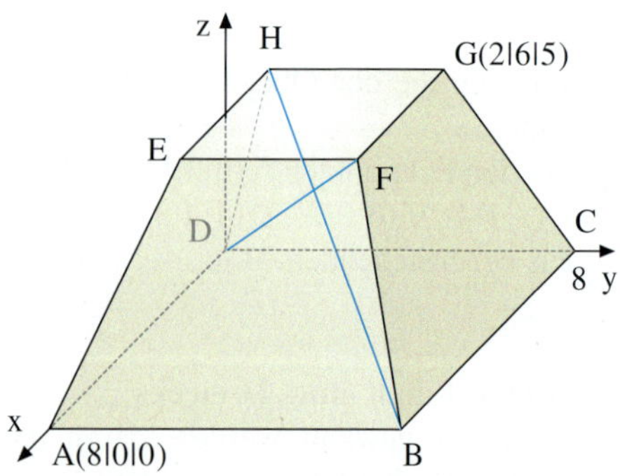

D. Die physikalische Arbeit

Abschließend wenden wir das Skalarprodukt zur Berechnung der physikalischen Arbeit entsprechend den Ausführungen zu dessen Einführung auf Seite 64 an.

Beispiel: Ein Wagen wird auf ebener Strecke 250 Meter weit gezogen, wobei die Deichsel in einem Winkel von 30° gegen die Horizontale geneigt ist.
In Richtung der Deichsel wird mit einer Kraft von 150 N gezogen.
Welche Arbeit wird dabei verrichtet?

Lösung:
Arbeit = Kraft · Weg
$W = \vec{F} \cdot \vec{s} = |\vec{F}| \cdot |\vec{s}| \cdot \cos 30° = 150\,\text{N} \cdot 250\,\text{m} \cdot \frac{\sqrt{3}}{2} \approx 32\,476\,\text{Nm}$

Beispiel: Ein UFO bewegt sich unter dem Einfluss seiner drei Antriebsdüsen und des Windes vom Punkt A(10|10|20) zum Punkt B(800|200|500).
Welche Arbeit wird dabei von den Düsen verrichtet, wenn diese Kräfte $\vec{F}_1 = \begin{pmatrix} 100 \\ 100 \\ 2000 \end{pmatrix}$, $\vec{F}_2 = \begin{pmatrix} 200 \\ 300 \\ 2000 \end{pmatrix}$, $\vec{F}_3 = \begin{pmatrix} 100 \\ 200 \\ 2000 \end{pmatrix}$ bewirken?

Lösung:
Wir bestimmen zunächst durch Addition von $\vec{F}_1$, $\vec{F}_2$ und $\vec{F}_3$ die resultierende Gesamtkraft $\vec{F}$ sowie durch Subtraktion der Ortsvektoren von B und A den Wegvektor $\vec{s}$: $\vec{F} = \begin{pmatrix} 400 \\ 600 \\ 6000 \end{pmatrix}$, $\vec{s} = \begin{pmatrix} 790 \\ 190 \\ 480 \end{pmatrix}$.

Nun bilden wir das Skalarprodukt und erhalten als Resultat: $W = \vec{F} \cdot \vec{s} = 3\,310\,000\,\text{Nm}$.

Übung 15

Ein Segelboot wird so gesteuert, dass der Wind mit einem Winkel von 40° zur Fahrtrichtung einfällt.
Der Wind übt auf das Segel eine Kraft von 2500 N aus.
Wie groß ist die vom Wind nach einer Fahrtstrecke von 10 km am Boot verrichtete Arbeit?

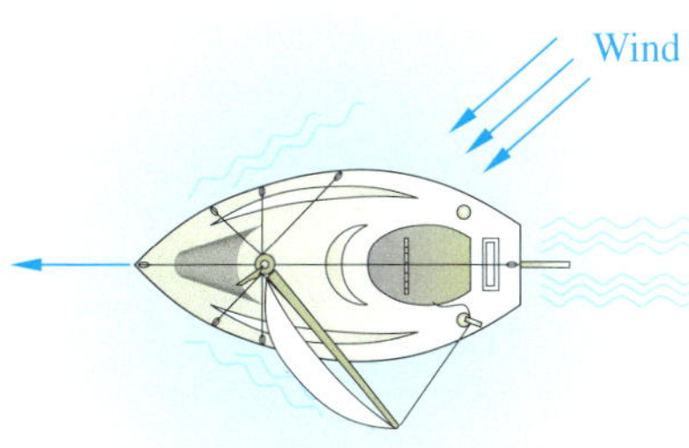

3. Untersuchung von Figuren und Körpern

In den folgenden Beispielen und Übungen werden einige Inhalte dieses Kapitels in zusammengefasster Form auf Figuren und Körper angewandt.

Beispiel: Parallelogramm

a) Zeichnen Sie in einem Koordinatensystem die Punkte A (6|3|1), B (5|6|2) und C (1|5|4).
b) Bestimmen Sie einen weiteren Punkt D so, dass das Viereck ABCD ein Parallelogramm ist. Zeichnen Sie das Parallelogramm ABCD im Koordinatensystem ein.
c) Bestimmen Sie die Größe des Innenwinkels α des Parallelogramms bei Punkt A.
d) Berechnen Sie den Umfang und den Flächeninhalt des Parallelogramms.

Lösung zu a:
Wir zeichnen ein kartesisches Koordinatensystem und tragen die Punkte A bis C ein.

Zeichnung zu a und b:

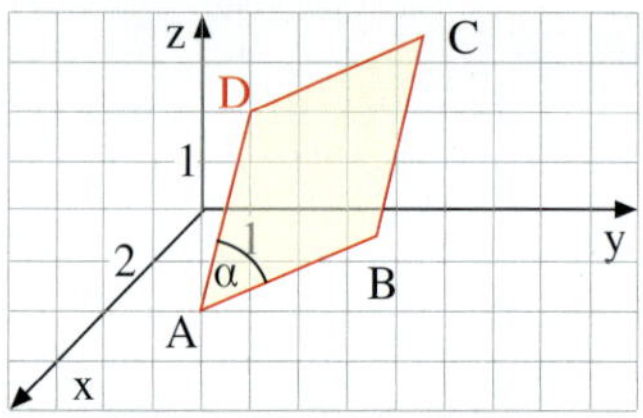

Lösung zu b:
Die Koordinaten des Punktes D erhalten wir durch Verschiebung des Punktes A mit dem Verschiebungsvektor $\overrightarrow{BC}$ (s. Abbildung)
Wir erhalten so den Punkt D (2|2|3).
Durch Einzeichnen der Verbindungsstrecken entsteht das Schrägbild des Parallelogramms.

Bestimmung des Punktes D:

$$\overrightarrow{OD} = \overrightarrow{OA} + \overrightarrow{BC} = \begin{pmatrix} 6 \\ 3 \\ 1 \end{pmatrix} + \begin{pmatrix} -4 \\ -1 \\ 2 \end{pmatrix} = \begin{pmatrix} 2 \\ 2 \\ 3 \end{pmatrix}$$

Lösung zu c:
Der Winkel α bei Punkt A ist der Winkel zwischen den Vektoren $\overrightarrow{AB}$ und $\overrightarrow{AD}$.
Er wird mit der Kosinusformel bestimmt:
Das Resultat lautet: $\alpha \approx 78{,}6°$.

Winkelberechnung:

$$\cos\alpha = \frac{\overrightarrow{AB} \cdot \overrightarrow{AD}}{|\overrightarrow{AB}| \cdot |\overrightarrow{AD}|} = \frac{\begin{pmatrix} -1 \\ 3 \\ 1 \end{pmatrix} \cdot \begin{pmatrix} -4 \\ -1 \\ 2 \end{pmatrix}}{\sqrt{11} \cdot \sqrt{21}} = \frac{3}{\sqrt{231}} \approx 0{,}1974$$

$$\Rightarrow \alpha = \arccos 0{,}1974 \approx 78{,}6°$$

Lösung zu d:
Der Umfang U des Parallelogramms ist gleich $U = 2 \cdot (|\overrightarrow{AB}| + |\overrightarrow{AD}|) \approx 15{,}8$.

Die Fläche des Parallelogrammms ABCD ist doppelt so groß wie die Fläche des Dreiecks ABD, welche mit der Flächeninhaltsformel für Dreiecke bestimmt werden kann.
Resultat: $A \approx 14{,}9$

Umfang und Fläche des Parallelogramms:

$$U = 2 \cdot (|\overrightarrow{AB}| + |\overrightarrow{AD}|) = 2 \cdot (\sqrt{11} + \sqrt{21}) \approx 15{,}8$$

$$A = 2 \cdot \left(\tfrac{1}{2}\sqrt{(\overrightarrow{AB})^2 \cdot (\overrightarrow{AD})^2 - (\overrightarrow{AB} \cdot \overrightarrow{AD})^2}\right)$$
$$= \sqrt{11 \cdot 21 - 9} = \sqrt{222} \approx 14{,}9$$

Übung 1 Trapez

a) Zeichnen Sie ein Schrägbild des Vierecks ABCD mit A (1|3|1), B (5|7|−3), C (−2|4|0), D (−4|2|2).
b) Weisen Sie nach, dass das Viereck ABCD ein Trapez ist.
c) Berechnen Sie den Umfang des Trapezes.
d) Wie groß ist der Innenwinkel des Trapezes bei Punkt B?

Beispiel: Längen und Winkel in einer Pyramide

Eine Pyramide ist im Lauf der Jahrtausende im Sand etwas abgekippt. Das Viereck ABCD mit A(13|0|0), B(13|12|5), C(0|12|5) und D(0|0|0) ist die Grundfläche der Pyramide. Die Spitze ist S(6,5|1|14,5), 1 LE = 10 m.

a) Zeigen Sie: Die Grundfläche ist ein Quadrat.

b) Wie lautet der Mittelpunkt M des Quadrats? Welche Höhe hat die Pyramide?

c) Welchen Winkel bildet die Kante $\overline{AS}$ mit der Grundfläche der Pyramide?

Lösung zu a:
Wir überprüfen die Seitenlängen und Diagonalen im Viereck ABCD, denn beim Quadrat sind typischerweise die vier Seiten gleich und die beiden Diagonalen ebenfalls. Wir bestimmen also die vier Seitenvektoren der Grundfläche und berechnen ihren Betrag. Sie sind alle gleich lang.
Das Gleiche gilt für die beiden Diagonalenvektoren. Damit ist klar: Die Grundfläche ABCD ist ein Quadrat.

Seitenlängen ders Grundfläche:

$$\overrightarrow{AB} = \begin{pmatrix} 0 \\ 12 \\ 5 \end{pmatrix} = \overrightarrow{DC},\ \overrightarrow{AD} = \begin{pmatrix} -13 \\ 0 \\ 0 \end{pmatrix} = \overrightarrow{BC}$$

$$|\overrightarrow{AB}| = |\overrightarrow{DC}| = \sqrt{0^2 + 12^2 + 5^2} = 13$$

$$|\overrightarrow{AD}| = |\overrightarrow{BC}| = \sqrt{13^2 + 0^2 + 0^2} = 13$$

Diagonalenlängen der Grundfläche:

$$\overrightarrow{AC} = \begin{pmatrix} -13 \\ 12 \\ 5 \end{pmatrix} \qquad \overrightarrow{BD} = \begin{pmatrix} -13 \\ -12 \\ -5 \end{pmatrix}$$

$$|AC| = |BD| = \sqrt{338}$$

Lösung zu b:
Den Ortsvektor des Punktes M erhält man, indem man zum Ortsvektor $\vec{O}$ des Ursprungs die Hälfte des Diagonalenvektors $\overrightarrow{DB}$ addiert.
Ergebnis: M(6,5|6|2,5).
Der Höhenvektor $\overrightarrow{MS}$ hat den Betrag $|\overrightarrow{MS}| = \sqrt{0^2 + (-5)^2 + 12^2} = 13$. Dies ist die Höhe der Pyramide.

Ortsvektor des Mittelpunktes M, Höhenvektor $\overrightarrow{MS}$:

$$\overrightarrow{OM} = \tfrac{1}{2}\overrightarrow{DB} = \tfrac{1}{2}\begin{pmatrix} 13 \\ 12 \\ 5 \end{pmatrix} = \begin{pmatrix} 6{,}5 \\ 6 \\ 2{,}5 \end{pmatrix}$$

$$\overrightarrow{MS} = \overrightarrow{OS} - \overrightarrow{OM} = \begin{pmatrix} 0 \\ -5 \\ 12 \end{pmatrix}$$

Lösung zu c:
Der Winkel α zwischen der Seitenkante $\overline{AS}$ und der Grundfläche ABCD entspricht dem Winkel zwischen der Seitenkante $\overline{AS}$ und der Strecke $\overline{AM}$.
Der Kantenvektor $\overrightarrow{AS}$ hat den Betrag $|\overrightarrow{AS}| = \sqrt{(-6{,}5)^2 + 1^2 + 14{,}5^2} \approx 15{,}92$.

Wir kennen nun die Längen von Gegenkathete $\overline{MS}$ und Hypotenuse $\overline{AS}$ im rechtwinkligen Dreieck AMS und können somit den Winkel α = 54,7° berechnen.

Winkel α:

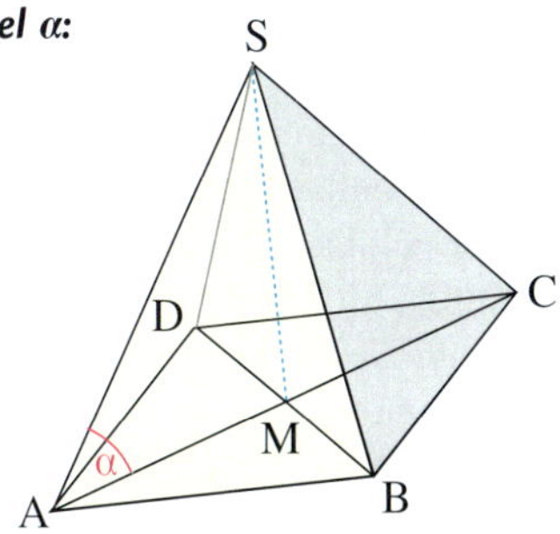

$$\sin\alpha = \frac{GK}{HYP} = \frac{|MS|}{|AS|} = \frac{13}{15{,}92} \approx 0{,}8166$$

$$\Rightarrow \alpha \approx 54{,}7°$$

Übungen

2. Vierecksuntersuchungen

a) Zeigen Sie: Das Viereck ABCD mit A (1|−2|4), B (5|2|0), C (9|3|0) und D (7|1|2) ist ein Trapez.
b) Zeigen Sie: ABCD mit A (−3|1|2), B (1|6|4), C (4|8|1) und D (0|3|−1) ist ein Parallelogramm.
c) Gegeben ist das Dreieck ABC mit A(−3|1|2), B (1|3|4) und C (3|5|8). Gesucht ist ein Punkt D, der das Dreieck zu einem Parallelogramm ergänzt.

3. Raute

a) Zeigen Sie, dass B (5|3|2) und D (4|6|4) von Punkt A (3|2|6) gleich weit entfernt sind.
b) Wie muss Punkt C gewählt werden, damit das Viereck ABCD eine Raute ist?
c) Ermitteln Sie die Innenwinkel sowie den Flächeninhalt der Raute ABCD.

4. Dreieck: Nachweis der Gleichschenkligkeit

a) Zeigen Sie: Das Dreieck ABC mit A (1|4|2), B (3|2|4) und C (6|5|1) ist gleichschenklig.
b) Bestimmen Sie den Mittelpunkt der Seite $\overline{AB}$ sowie die Innenwinkel des Dreiecks.

5. Dreieck/Viereck: Nachweis der Rechtwinkligkeit

a) Zeigen Sie: Das Dreieck ABC mit A (1|4|2), B (3|2|4) und C (5|6|6) ist rechtwinklig.
b) Zeigen Sie: Das Viereck ABCD mit A (1|4|2), B (3|2|4), C (9|5|1) und D (7|7|−1) ist ein Rechteck.

6. Dreiseitige Pyramide

a) Geben Sie die Koordinaten der Eckpunkte der Pyramide an.
b) Berechnen Sie die Seitenlängen $\overline{AB}$ und $\overline{AS}$ der Pyramide.
c) Welcher der beiden Winkel ∢BAS oder ∢CAS ist der größere?
d) Bestimmen Sie das Volumen und die Oberfläche der Pyramide.

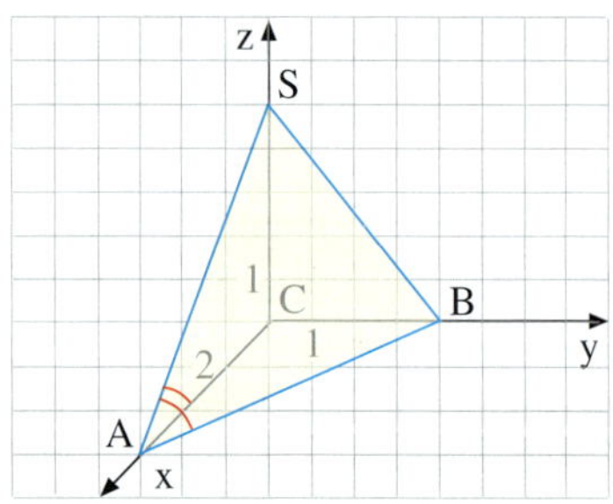

7. Pyramidenstumpf

ABCDEFGH sei ein Pyramidenstumpf.
Von der Grundfläche ABCD ist bekannt: A (12|0|0), B (12|12|0), C (0|12|0), D (0|0|0)
Von der Deckfläche EFGH ist nur der Punkt F bekannt: F (9|9|4)

a) Ermitteln Sie die Koordinaten der Deckflächeneckpunkte E, G und H.
b) Fertigen Sie ein Schrägbild des Pyramidenstumpfes an.
c) Berechnen Sie die Größe der Winkel ∢BAE und ∢AEF.
d) Berechnen Sie den Flächeninhalt der Trapezes ABFE.
e) Wie groß ist die Oberfläche des Pyramidenstumpfes?
f) Wie groß ist das Volumen des Pyramidenstumpfes?

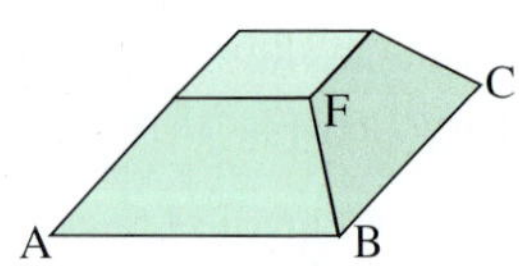

Übungen

Die folgenden Übungen sollen ohne Hilfsmittel gelöst werden.

1. Skalarprodukt

a) Geben Sie die Definitionsgleichung des Skalarproduktes an.

b) Berechnen Sie das Skalarprodukt der Vektoren $\vec{a} = \begin{pmatrix} 1 \\ -2 \\ 3 \end{pmatrix}$, $\vec{b} = \begin{pmatrix} 2 \\ 1{,}5 \\ 4 \end{pmatrix}$.

c) Gegeben ist das Trapez ABCD. Berechnen Sie mit Hilfe eines geeigneten Koordinatensystems die Skalarprodukte $\vec{a} \cdot \vec{b}$, $\vec{a} \cdot \vec{c}$, $\vec{b} \cdot \vec{c}$, $\vec{b} \cdot \vec{d}$.

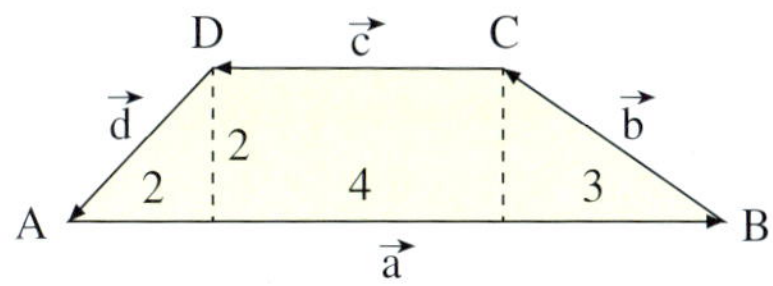

2. Orthogonalität

a) Formulieren Sie das Kriterium für die Orthogonalität zweier Vektoren $\vec{a}$ und $\vec{b}$.

b) Entscheiden Sie begründet, welche der folgenden Vektoren orthogonal zueinander sind.

$\vec{a} = \begin{pmatrix} 1 \\ 2 \\ -2 \end{pmatrix}$, $\vec{b} = \begin{pmatrix} -1 \\ -3 \\ 1 \end{pmatrix}$, $\vec{c} = \begin{pmatrix} 4 \\ -1 \\ 1 \end{pmatrix}$, $\vec{d} = \begin{pmatrix} 6 \\ 1 \\ -2 \end{pmatrix}$, $\vec{e} = \begin{pmatrix} 2 \\ 2 \\ -6 \end{pmatrix}$

c) Untersuchen Sie, für welche Werte von u die Vektoren $\begin{pmatrix} 1 \\ u \\ 3 \end{pmatrix}$ und $\begin{pmatrix} u \\ 2u \\ -1 \end{pmatrix}$ orthogonal sind.

d) Untersuchen Sie, ob das Dreieck ABC rechtwinklig ist.
(1) A (2|6|4), B (4|14|6), C (0|14|10) (2) A (6|4|2), B (8|8|6), C (4|9|7)

e) Bestimmen Sie die senkrechte Projektion $\vec{b}_a$ des Vektors $\vec{b} = \begin{pmatrix} -1 \\ 5 \\ 7 \end{pmatrix}$ auf den Vektor $\vec{a} = \begin{pmatrix} 4 \\ 12 \\ 6 \end{pmatrix}$.

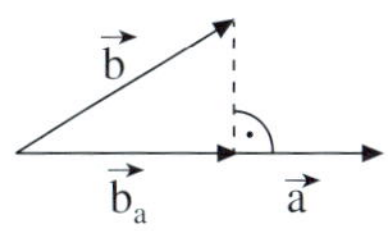

3. Flächeninhalt

Berechnen Sie den Flächeninhalt des Dreiecks ABC mit A (0|0|0), B (4|4|2) und C (−2|4|−4).

4. Winkel

Gegeben ist der abgebildete symmetrische Pyramidenstumpf, der eine rechteckige Grundfläche und eine rechteckige Deckfläche hat. Er hat die Höhe h = 6. Berechnen Sie die Winkel α, β und γ. Sie können folgende Information verwenden:
$\arccos\frac{3}{7} \approx 64{,}6°$, $\arccos\frac{2}{7} \approx 73{,}4°$.

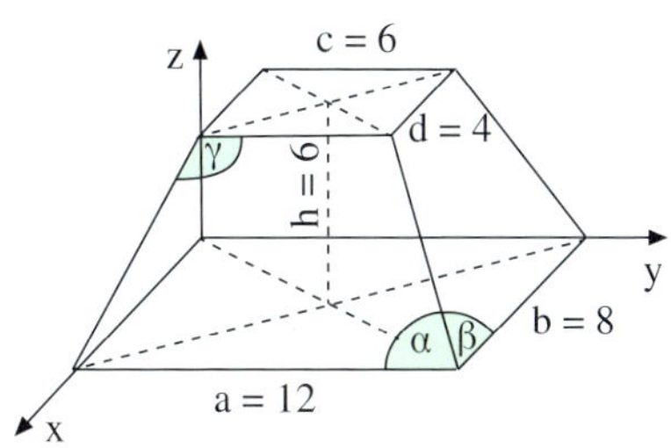

5. Skalarprodukt

Begründen Sie: Ist der Winkel γ zwischen den Vektoren $\vec{a}$ und $\vec{b}$ kleiner als 90°, so ist das Skalarprodukt $\vec{a} \cdot \vec{b}$ positiv. Ist der Winkel γ größer als 90°, so ist das Skalarprodukt $\vec{a} \cdot \vec{b}$ negativ.

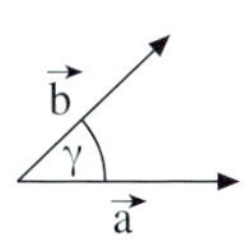

$\vec{a} \cdot \vec{b} > 0$

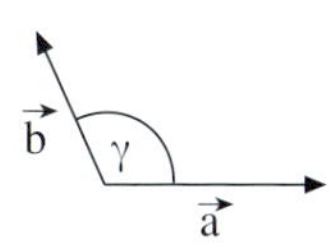

$\vec{a} \cdot \vec{b} < 0$

Elementargeometrische Beweise mit dem Skalarprodukt

Das Skalarprodukt wird häufig für Winkelberechnungen verwendet. Aber es kann auch zum Nachweis elementargeometrischer Eigenschaften und Sätze eingesetzt werden, die mit Orthogonalität zu tun haben, was im Folgenden angesprochen wird.

Beweis des Höhensatzes

Gegeben sei ein rechtwinkliges Dreieck ABC mit der Höhe h und den Hypotenusenabschnitten p und q.

Beweisen Sie: $h^2 = p \cdot q$.

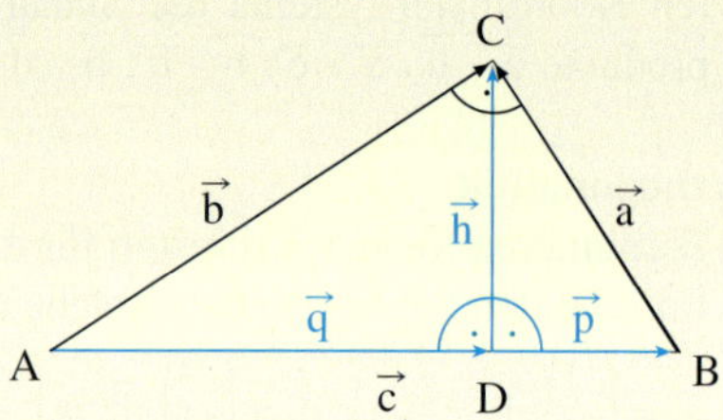

Lösung:
Wir belegen zunächst die Seiten, Höhe und die Hypotenusenabschnitte mit Vektoren, wie abgebildet. Dann nehmen wir alle Voraussetzungen in eine Sammlung auf zum Zweck des späteren Gebrauchs. Schließlich weisen wir durch eine Kettenrechnung $h^2 = p \cdot q$ nach.

Beweis:

$h^2 = \lvert\vec{h}\rvert^2 = \vec{h} \cdot \vec{h}$	Rechengesetz
$= (\vec{b} - \vec{q}) \cdot \vec{h}$	nach (3)
$= \vec{b} \cdot \vec{h} - \vec{q} \cdot \vec{h}$	Rechengesetz
$= \vec{b} \cdot \vec{h}$	nach (8)
$= \vec{b} \cdot (\vec{a} + \vec{p})$	nach (4)
$= \vec{b} \cdot \vec{a} + \vec{b} \cdot \vec{p}$	Rechengesetz
$= \vec{b} \cdot \vec{p}$	nach (5)
$= (\vec{q} + \vec{h}) \cdot \vec{p}$	nach (3)
$= \vec{q} \cdot \vec{p} + \vec{h} \cdot \vec{p}$	Rechengesetz
$= \vec{q} \cdot \vec{p}$	nach (7)
$= \lvert\vec{q}\rvert \cdot \lvert\vec{p}\rvert \cdot \cos 0°$	Definition des SP
$= \lvert\vec{q}\rvert \cdot \lvert\vec{p}\rvert$	da $\cos 0° = 1$ ist
$= p \cdot q$	

Vektorbelegungen:

$\vec{a} = \overrightarrow{BC}$, $\vec{b} = \overrightarrow{AC}$, $\vec{c} = \overrightarrow{AB}$, $\vec{h} = \overrightarrow{DC}$, $\vec{q} = \overrightarrow{AD}$, $\vec{p} = \overrightarrow{DB}$

Sammlung der Voraussetzungen:

(1) $\vec{c} = \vec{q} + \vec{p}$
(2) $\vec{c} = \vec{b} - \vec{a}$
(3) $\vec{h} = \vec{b} - \vec{q}$
(4) $\vec{h} = \vec{a} + \vec{p}$
(5) $\vec{a} \perp \vec{b}$, d. h. $\vec{a} \cdot \vec{b} = 0$
(6) $\vec{h} \perp \vec{c}$, d. h. $\vec{h} \cdot \vec{c} = 0$
(7) $\vec{h} \perp \vec{p}$, d. h. $\vec{h} \cdot \vec{p} = 0$
(8) $\vec{h} \perp \vec{q}$, d. h. $\vec{h} \cdot \vec{q} = 0$

Übungen

1. Kathetensatz
Im rechtwinkligen Dreieck gelten die Beziehungen $a^2 = p \cdot c$ und $b^2 = q \cdot c$. Beweisen Sie diese mit Hilfe des Skalarproduktes. Gehen Sie ähnlich vor wie im obigen Beispiel.

2. Alternativer Beweis des Höhensatzes
Erläutern Sie den folgenden Kurzbeweis des Höhensatzes schrittweise (siehe Zeichnung oben):

$$0 = \vec{a} \cdot \vec{b} = (\vec{h} - \vec{p}) \cdot (\vec{q} + \vec{h}) = \vec{h} \cdot \vec{q} + \vec{h} \cdot \vec{h} - \vec{p} \cdot \vec{q} - \vec{p} \cdot \vec{h} = \vec{h} \cdot \vec{h} - \vec{p} \cdot \vec{q} = h^2 - p \cdot q$$

3. Diagonalen einer Raute
Zeigen Sie mit Hilfe des Skalarproduktes, dass die Diagonalen einer Raute senkrecht aufeinander stehen.

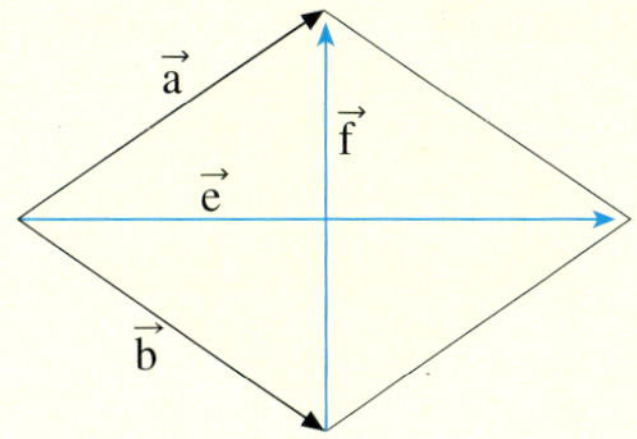

4. Beweisen Sie die Umkehrung der Aussage aus Übung 3:
Stehen in einem Parallelogramm die Diagonalen senkrecht aufeinander, ist es eine Raute.

5. Beweisen Sie:
Ein Rechteck ist genau dann ein Quadrat, wenn seine Diagonalen senkrecht aufeinander stehen.

6. Satz des Pythagoras
Beweisen Sie:

a) In einem rechtwinkligen Dreieck mit der Hypotenuse c und den Katheten a und b gilt: $a^2 + b^2 = c^2$.

b) Gilt in einem Dreieck mit den Seiten a, b und c die Gleichung $a^2 + b^2 = c^2$, so ist das Dreieck rechtwinklig.

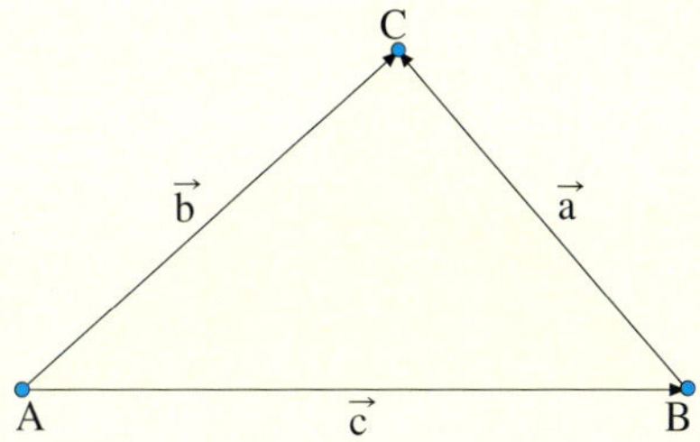

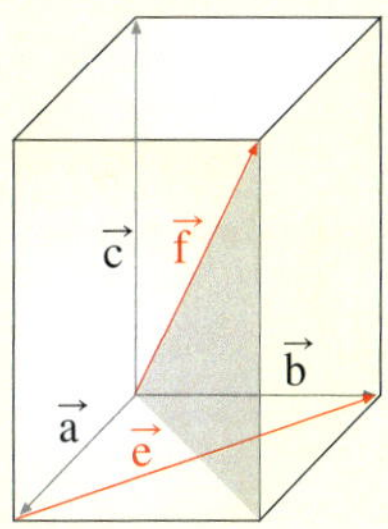

7. Senkrechte Strecken im Quader
Zeigen Sie, dass in einem Quader mit quadratischer Grundfläche die Grundflächendiagonale e und die Raumdiagonale f senkrecht zueinander stehen.

8. Quadrate im Parallelogramm
Beweisen Sie: In einem Parallelogramm ist die Summe der Diagonalenquadrate ebenso groß wie die Summe der Seitenquadrate (siehe Abbildung).

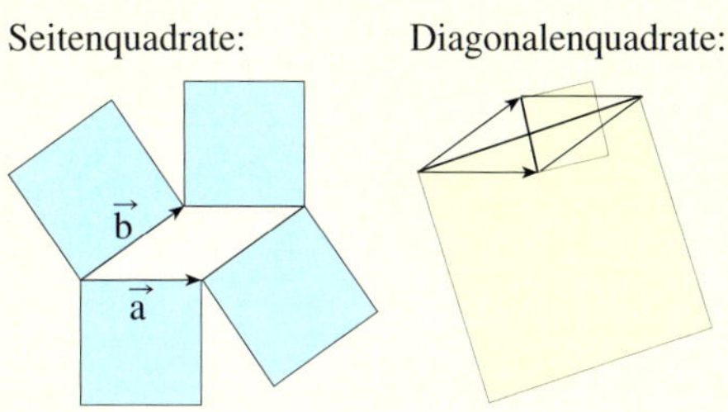

9. Satz des Thales
Der Satz des Thales besagt: Liegt ein Punkt C auf dem Kreis mit dem Durchmesser $\overline{AB}$, so hat das Dreieck ABC bei C einen rechten Winkel.
Beweisen Sie diese Aussage. Verwenden Sie die abgebildete Beweisfigur. Berechnen Sie dazu $\vec{a} \cdot \vec{b}$.

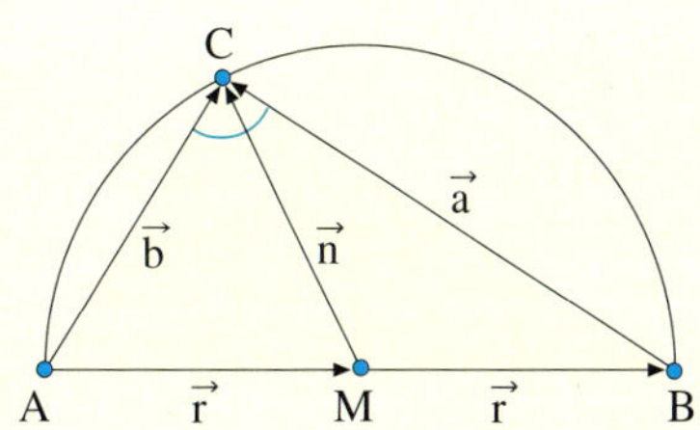

Überblick

Skalarprodukt:

Kosinusform: $\vec{a} \cdot \vec{b} = |\vec{a}| \cdot |\vec{b}| \cdot \cos\gamma \; (0° \le \gamma \le 180°)$

Koordinatenform: $\vec{a} \cdot \vec{b} = \begin{pmatrix} a_1 \\ a_2 \end{pmatrix} \cdot \begin{pmatrix} b_1 \\ b_2 \end{pmatrix} = a_1 b_1 + a_2 b_2$

$$\vec{a} \cdot \vec{b} = \begin{pmatrix} a_1 \\ a_2 \\ a_3 \end{pmatrix} \cdot \begin{pmatrix} b_1 \\ b_2 \\ b_3 \end{pmatrix} = a_1 b_1 + a_2 b_2 + a_3 b_3$$

Skalarprodukt und orthogonale Projektion:

Der Vektor $\vec{b_a}$ heißt **orthogonale Projektion** des Vektors $\vec{b}$ auf den Vektor $\vec{a}$:

- $\vec{b_a}$ und $\vec{a}$ sind kollinear.
- $\vec{b_a} + \vec{u} = \vec{b} \; (\vec{u} \perp \vec{a})$

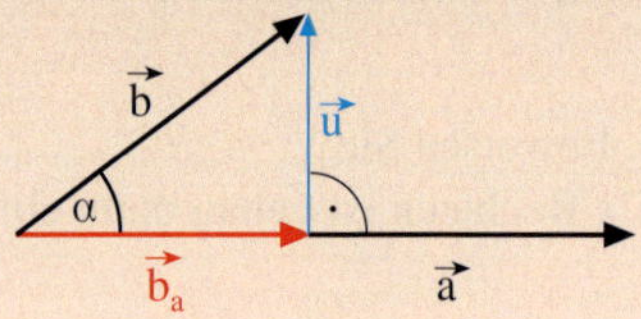

Für das Skalarprodukt $\vec{a} \cdot \vec{b}$ gilt: $\vec{a} \cdot \vec{b} = \vec{a} \cdot \vec{b_a}$

Betrag eines Vektors:

Der Betrag eines Vektors ist die Länge eines seiner Pfeile.

Ebene: $\vec{a} = \begin{pmatrix} a_1 \\ a_2 \end{pmatrix} \Rightarrow |\vec{a}| = \sqrt{a_1^2 + a_2^2} = \sqrt{\vec{a}^2} = \sqrt{\vec{a} \cdot \vec{a}}$

Raum: $\vec{a} = \begin{pmatrix} a_1 \\ a_2 \\ a_3 \end{pmatrix} \Rightarrow |\vec{a}| = \sqrt{a_1^2 + a_2^2 + a_3^2} = \sqrt{\vec{a}^2} = \sqrt{\vec{a} \cdot \vec{a}}$

Winkel zwischen Vektoren:

Kosinusformel: $\cos\gamma = \dfrac{\vec{a} \cdot \vec{b}}{|\vec{a}| \cdot |\vec{b}|}$

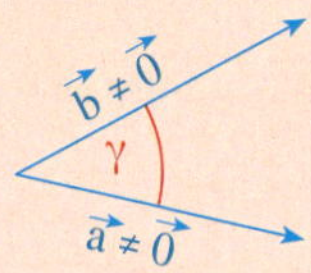

Orthogonale Vektoren:

$\vec{a} \perp \vec{b} \quad \Leftrightarrow \quad \vec{a} \cdot \vec{b} = 0$

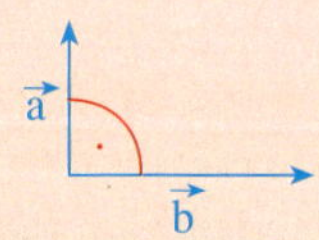

Rechtwinkliges Dreieck:

Das Dreieck ABC ist genau dann bei C rechtwinklig, wenn eine der folgenden Bedingungen gilt:

(1) $c^2 = a^2 + b^2$

(2) $\vec{a} \cdot \vec{b} = 0.$

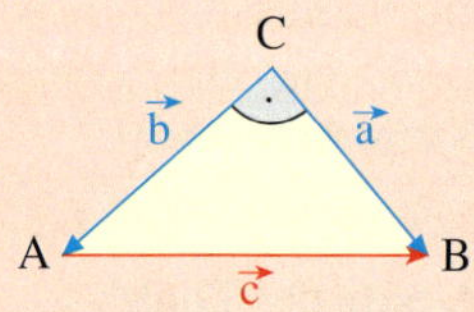

Flächeninhalt eines Dreiecks:

Das von $\vec{a}$ und $\vec{b}$ aufgespannte Dreieck hat den Flächeninhalt

$A = \frac{1}{2}\sqrt{\vec{a}^2 \cdot \vec{b}^2 - (\vec{a} \cdot \vec{b})^2}.$

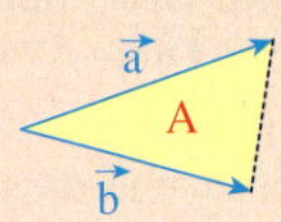

CAS-Anwendung

Winkelberechnungen, Orthogonalität von Vektoren

Zur Bestimmung von Winkel- und Flächengrößen dient das Skalarprodukt zweier Vektoren, das als Ergebnis eine reelle Zahl (einen Skalar) hat. Vor der Durchführung von Winkelberechnungen sollte man darauf achten, dass die Handheld-Einstellungen (Hauptmenü, Einstellungen, Einstellungen, Allgemein) geeignet gewählt sind (Grad statt Bogenmaß).
Dieselben Funktionen, die hier auf Notes-Seiten vorgestellt werden, können auch auf Calculator-Seiten verwendet werden. Notes-Seiten bieten den Vorteil, dass man sie speichern und mit anderen Werten wiederverwenden kann.

Beispiel: Skalarprodukt von Vektoren
Berechnen Sie das Skalarprodukt der Vektoren $\vec{a} = \begin{pmatrix} 1 \\ 2 \\ 1 \end{pmatrix}$ und $\vec{b} = \begin{pmatrix} 2 \\ 3 \\ -4 \end{pmatrix}$.

Lösung:
Die Vektoren werden zunächst mit den Bezeichnungen va und vb festgelegt.
Auf einer Calculator-Seite kann man das Skalarprodukt mithilfe der Funktion dotp berechnen. Bei der Arbeit in einer Math-Box findet man sie unter [menu] Berechnungen ► Matrix & Vektor ► Vektor ► Skalarprodukt.
Weniger zeitaufwändig ist es jedoch, dotP(va,vb) direkt hinzuschreiben.
Man erhält: $\vec{a} \cdot \vec{b} = 4$.

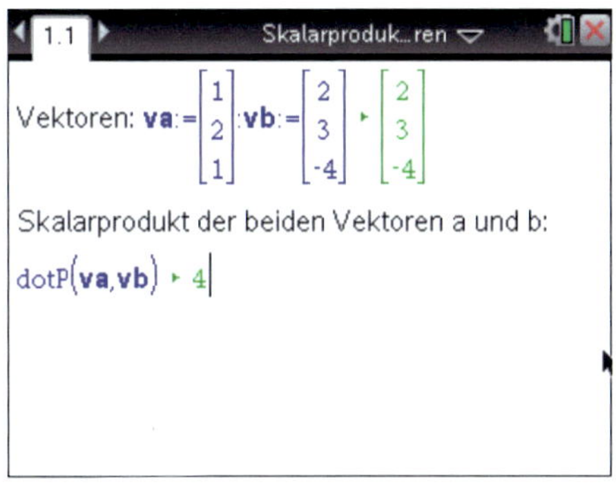

Beispiel: Orthogonalität von Vektoren mit Parameter
Prüfen Sie, ob es einen Wert für a gibt, sodass die Vektoren $\vec{a} = \begin{pmatrix} a \\ 2 \\ 4 \end{pmatrix}$ und $\vec{b} = \begin{pmatrix} 2a \\ 1 \\ a \end{pmatrix}$ orthogonal zueinander sind.

Lösung:
Zwei Vektoren sind genau dann orthogonal, wenn ihr Skalarprodukt null ist. Dies hängt hier vom Parameter a ab. Es ist also die Lösung a der Gleichung $\vec{a} \cdot \vec{b} = 0$ mit dem CAS zu bestimmen.
Dazu werden die Vektoren mit den Bezeichnungen va und vb festgelegt. Mit dem Befehl solve(dotP(va,vb)=0,a) ergibt sich die Lösung a = –1; die Vektoren sind also genau dann orthogonal, wenn der Parameter a den Wert –1 hat.

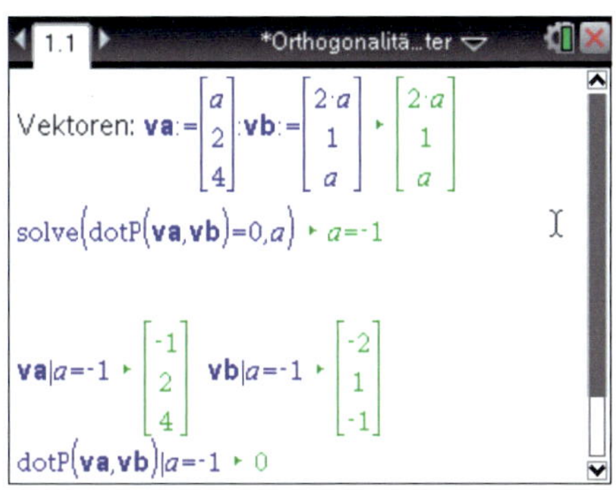

Beispiel: Winkelberechnung

Berechnen Sie auf einer Notes-Seite die Größe des Winkels (im Gradmaß) zwischen den Vektoren $\vec{a} = \begin{pmatrix} 4 \\ 1 \\ 2 \end{pmatrix}$ und $\vec{b} = \begin{pmatrix} 7 \\ 6 \\ -1 \end{pmatrix}$.

Lösung:
Es wird die Kosinusformel (vgl. S. 64) verwendet in folgender Form:

$\gamma = \cos^{-1}\left(\frac{|\vec{a} \cdot \vec{b}|}{|\vec{a}| \cdot |\vec{b}|}\right)$

Auf einer Notes-Seite gibt man die Vektoren va und vb ein; die Koordinaten können jeweils verändert werden. Bei den trigonometrischen Funktionen findet man $\cos^{-1}$, den Betrag erhält man mithilfe der Funktion norm und ctrl enter liefert schließlich den Näherungswert 41,1497°.

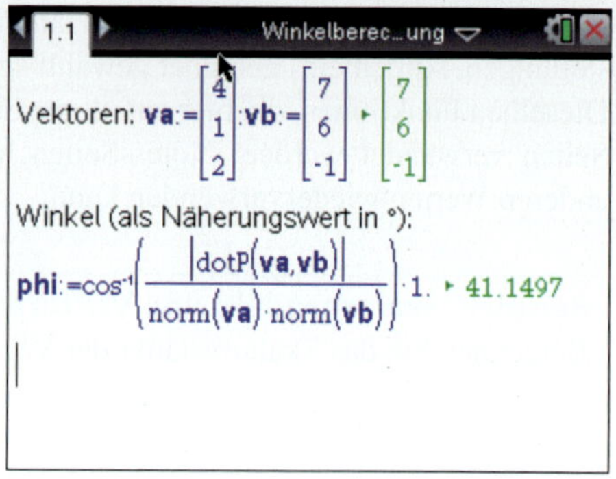

Beispiel: Betrag eines Vektors auf zwei Arten

Bestimmen Sie die Länge des Vektors $\vec{a} = \begin{pmatrix} 4 \\ 1 \\ 2 \end{pmatrix}$ auf zwei verschiedene Arten.

Lösung:
Die Länge eines Vektors lässt sich mithilfe des Skalarproduktes ebenso bestimmen wie mithilfe der Funktion norm. Auf beide Arten erhält man das Ergebnis $\sqrt{21}$.

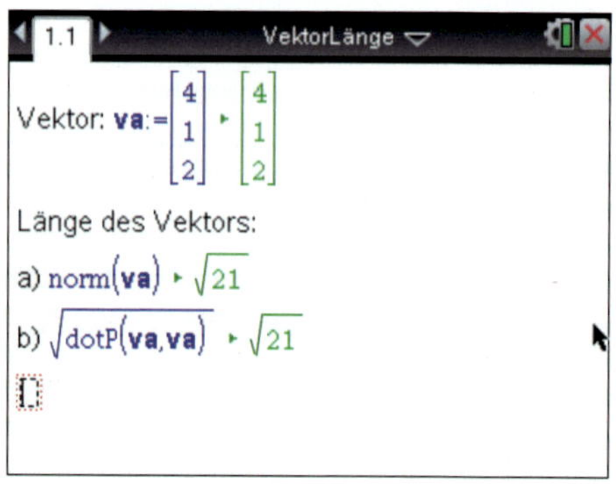

Übung 1

Betrachten Sie die vom Parameter $t \in \mathbb{R}$ abhängigen Vektoren $\vec{a} = \begin{pmatrix} t \\ 1 \\ -2 \end{pmatrix}$ und $\vec{b} = \begin{pmatrix} t+1 \\ 2 \\ 0 \end{pmatrix}$.

Ermitteln Sie experimentell einen Wert für t, so dass der Winkel zwischen den beiden Vektoren ca. 47° beträgt. Gibt es Werte des Parameters t, so dass der Vektor $\vec{a}$ die Länge 3 hat?

Übung 2

Die Vektoren $\vec{u}$ und $\vec{v}$ sind gegeben, der Vektor $\vec{w}$ hat die Koordinaten x, y, z. Was wird mit `solve(dotP(u,w)=0 and dotP(v,w)=0 and x^2+y^2+z^2=1,{x,y,z})` berechnet?

Flächenberechnungen mit dem Skalarprodukt

Auf Seite 71 findet man die Formel $A = \frac{1}{2}\sqrt{(\vec{a} \cdot \vec{a})(\vec{b} \cdot \vec{b}) - (\vec{a} \cdot \vec{b})^2}$ für den Flächeninhalt eines Dreiecks, das durch die Vektoren $\vec{a}$ und $\vec{b}$ aufgespannt wird. Das durch dieselben Vektoren aufgespannte Parallelogramm hat den Flächeninhalt $A = \sqrt{(\vec{a} \cdot \vec{a})(\vec{b} \cdot \vec{b}) - (\vec{a} \cdot \vec{b})^2}$.
Im Folgenden werden diese Formeln mit dem CAS für Flächenberechnungen angewendet.
Hinweis: Nach Einführung des Kreuzproduktes vereinfacht sich die Berechnung.

Beispiel: Flächeninhalt eines Dreiecks
Bestimmen Sie den Flächeninhalt des von den beiden Vektoren $\vec{a} = \begin{pmatrix}1\\2\\1\end{pmatrix}$ und $\vec{b} = \begin{pmatrix}3\\-1\\2\end{pmatrix}$ aufgespannten Dreiecks mithilfe eines CAS.

Lösung:
Zunächst werden die Vektoren mit den Bezeichnungen va und vb festgelegt. Die Berechnung kann dann auf einer Notes-Seite durch Eingabe der folgenden Zeile erfolgen:

$$A := \frac{\sqrt{\text{dotP}(a,a) \cdot \text{dot}(b,b) - (\text{dotP}(a,b))^2}}{2}$$

Ergebnis: $A = \frac{5}{2}\sqrt{3}$ FE

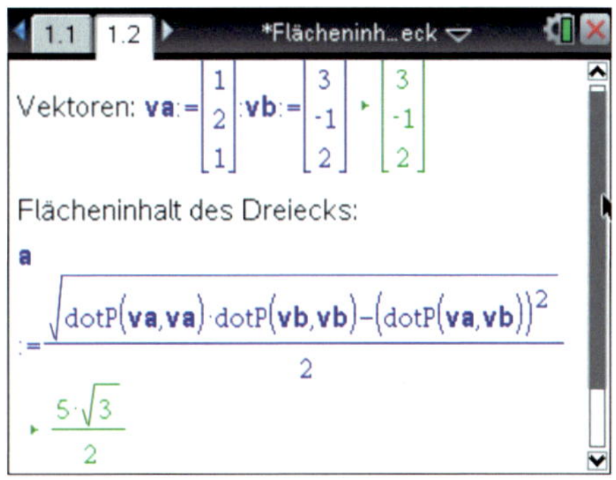

Übung 3

Das nebenstehende Bild zeigt ein unregelmäßiges Neuneck. Wählen Sie ein Koordinatensystem und beschreiben Sie das Neuneck durch einen Vektorzug. Wählen Sie weitere Vektoren so, dass eine Zerlegung des Neunecks in Dreiecke entsteht (Triangulation). Berechnen Sie dann den Inhalt des Neunecks mit dem CAS.

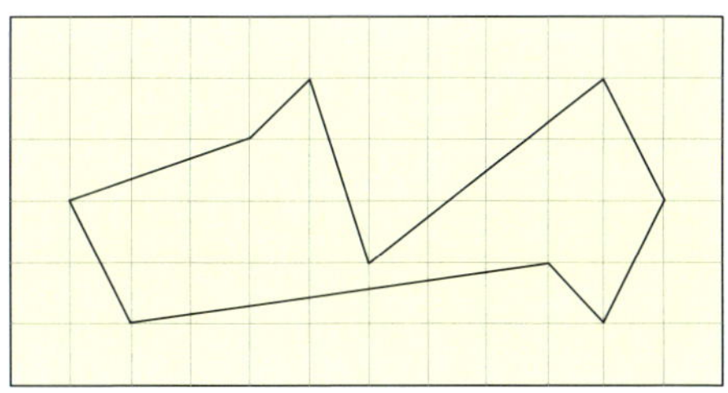

Übung 4

Durch die Punkte A(2|−3|−1), B(−1|4|1), C(−3|−5|−2) und D(−1|2|4) ist eine dreiseitige Pyramide gegeben. Berechnen Sie mit dem CAS ihren Oberflächeninhalt.

Übung 5

Durch die Punkte A(4|−3|1), B(4|3|1), C(4|0|5), D(−2|−3|−1), E(−2|3|−1) und F(−2|0|3) ist ein schiefes, dreiseitiges Prisma gegeben. Berechnen Sie mit dem CAS dessen Oberflächeninhalt. Beachten Sie dabei, dass es sich bei Teilen der Oberfläche um kongruente Figuren handelt.

Test

Das Skalarprodukt

1. Winkel zwischen Vektoren

Berechnen Sie den Winkel zwischen den Vektoren $\vec{a}$ und $\vec{b}$.

a) $\vec{a} = \begin{pmatrix} 3 \\ -1 \\ 5 \end{pmatrix}, \vec{b} = \begin{pmatrix} 4 \\ 2 \\ -1 \end{pmatrix}$ b) $\vec{a} = \begin{pmatrix} 2 \\ -1 \\ 3 \end{pmatrix}, \vec{b} = \begin{pmatrix} 4 \\ 2 \\ -2 \end{pmatrix}$ c) $\vec{a} = \begin{pmatrix} u \\ 0 \\ v \end{pmatrix}, \vec{b} = \begin{pmatrix} -v \\ u \\ u \end{pmatrix}$

2. Skalarprodukt

Ordnen Sie jeder Figur den passenden Wert für das Skalarprodukt der beiden dargestellten Vektoren zu. Eine Einheit entspricht einer Karolänge.

Werte für das Skalarprodukt:

−2 12 5 0 11 9

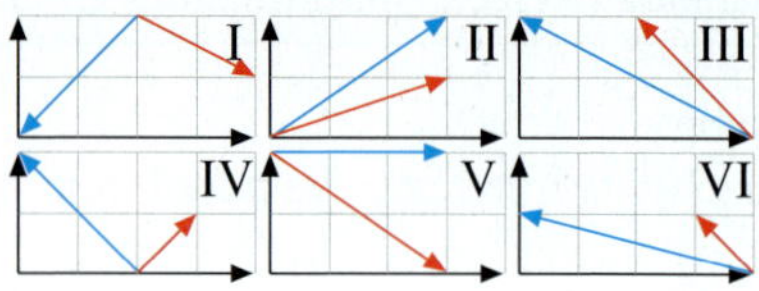

3. Parallelogramm

Ein Parallelogramm wird durch die beiden Vektoren $\vec{a}$ und $\vec{b}$ aufgespannt.

a) Ermitteln Sie die Winkelgröße α im Parallelogramm.

b) Wie lautet die senkrechte Projektion $\vec{b}_a$ des Vektors $\vec{b}$ auf den Vektor $\vec{a}$?

c) Berechnen Sie die Fläche des Parallelogramms.

$\vec{a} = \begin{pmatrix} -6 \\ 6 \\ 3 \end{pmatrix}, b = \begin{pmatrix} 2 \\ 6 \\ 10 \end{pmatrix}$

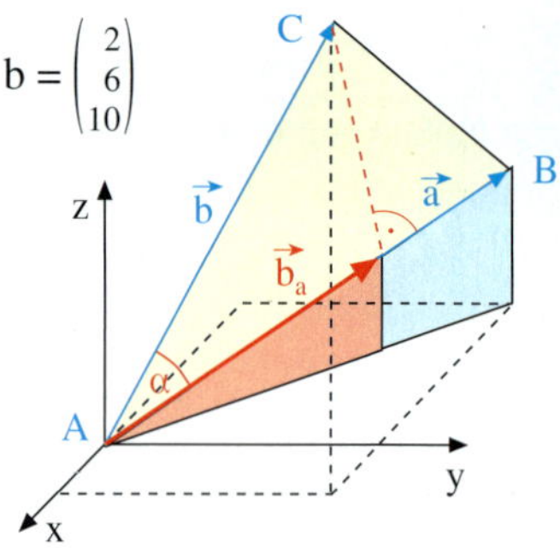

4. Pyramide

Die Grundfläche einer dreiseitigen Pyramide ABCS hat die drei Eckpunkte A(13|3|−1), B(9|5|−5) und C(7|9|−1) und die Spitze S(6|3|8).

a) Berechnen Sie die Größe des Winkels BSA. Welchen Winkel bilden die Kanten AB und AS?

b) Zeigen Sie, dass die Grundfläche der Pyramide ein gleichschenkliges und rechtwinkliges Dreieck ist.

c) Welcher Punkt D ergänzt die Grundfläche ABC zu einem Quadrat?

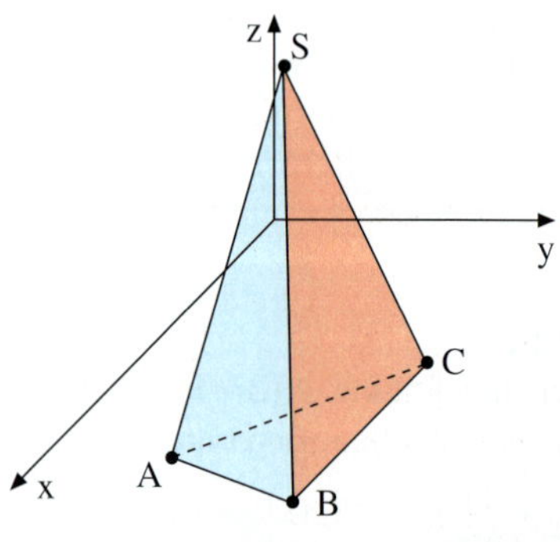

5. Flugroute

Ein Flugzeug passiert Punkt A(1|3|8) und zwei Minuten später den Punkt B(9|11|10) (Angaben im km). Im Punkt B geht das Flugzeug vom Steigflug in den waagerechten Streckenflug über. Geben Sie den Vektor an, der die neue Flugrichtung beschreibt. Wie groß ist der Winkel der Kursänderung?

Lösungen: S. 362

III. Geraden

1. Lineare Gleichungssysteme (Wiederholung)

Im Folgenden werden Verfahren zur Lösung linearer Gleichungssysteme wiederholt.

A. Das Additionsverfahren bei Gleichungssystemen mit zwei Variablen

Zunächst bringen wir uns ein elementares Verfahren zur Lösung linearer Gleichungssysteme anhand eines einfachen Beispiels (2 Gleichungen, 2 Variable) in Erinnerung.

Beispiel: Gleichungssystem
Lösen Sie das nebenstehende lineare Gleichungssystem.

$$\begin{array}{ll} \text{I} & 2x - 4y = 2 \\ \text{II} & 5x + 3y = 18 \end{array}$$

Lösung:
Wir verwenden das Additionsverfahren. Wir multiplizieren Gleichung I mit −5 und Gleichung II mit 2, sodass die Koeffizienten von x den gleichen Betrag, aber verschiedene Vorzeichen erhalten.

$$\begin{array}{lll} \text{I} & 2x - 4y = 2 & \rightarrow (-5) \cdot \text{I} \\ \text{II} & 5x + 3y = 18 & \rightarrow 2 \cdot \text{II} \end{array}$$

So entsteht ein neues Gleichungssystem. Es ist zum Ursprungssystem äquivalent.

$$\begin{array}{lll} \text{I} & -10x + 20y = -10 & \\ \text{II} & 10x + 6y = 36 & \rightarrow \text{I} + \text{II} \end{array}$$

Nun addieren wir Gleichung I zu Gleichung II. Bei diesem Additionsvorgang wird die Variable x eliminiert. Das neue Gleichungssystem ist äquivalent zum vorhergehenden.

$$\begin{array}{ll} \text{I} & -10x + 20y = -10 \\ \text{II} & 26y = 26 \end{array}$$

Gleichung II enthält nun nur noch eine Variable, nämlich y. Auflösen der Gleichung nach y liefert y = 1 als Lösungswert.

Aus II folgt $y = 1$.

Setzen wir dieses Teilresultat in Gleichung I ein, so folgt x = 3.

Einsetzen in I liefert: $x = 3$
Lösungsmenge: $L = \{(3;1)\}$

Die Lösungsverfahren für lineare Gleichungssysteme beruhen darauf, dass die Anzahl der Variablen pro Gleichung durch Umformungen schrittweise reduziert wird, bis nur noch eine Variable übrig bleibt.
Die verwendeten Umformungen dürfen die Lösungsmenge des Gleichungssystems nicht verändern. Umformungen mit dieser Eigenschaft werden als ***Äquivalenzumformungen*** bezeichnet.
Die drei wesentlichen Äquivalenzumformungen sind nebenstehend aufgeführt.

Äquivalenzumformungen eines Gleichungssystems

Die Lösungsmenge eines linearen Gleichungssystems ändert sich nicht, wenn

(1) 2 Gleichungen vertauscht werden,

(2) eine Gleichung mit einer reellen Zahl $k \neq 0$ multipliziert wird,

(3) eine Gleichung zu einer anderen Gleichung addiert wird.

Zur Pfeilschreibweise: A → B bedeutet: A wird durch B ersetzt.

B. Das Lösungsverfahren von Gauß

Carl Friedrich Gauß (1777–1855) war ein deutscher Mathematiker und Astronom, der sich bereits in frühester Jugend durch überragende Intelligenz auszeichnete. Fast 50 Jahre lang war er als Mathematikprofessor an der Uni Göttingen tätig. Neben der Mathematik beschäftigte er sich vor allem mit der Astronomie. Durch eine neue Berechnung der Umlaufbahnen von Himmelskörpern konnte der 1801 entdeckte und gleich wieder aus dem Blick verlorene Planet Ceres wieder aufgefunden werden. Hierbei entwickelte er auch das nach ihm benannte Lösungsverfahren für Gleichungssysteme, das er 1809 in seinem Buch „Theoria motus corporum coelestium" (Theorie der Bewegung der Himmelskörper) veröffentlichte.

B1. Dreieckssysteme

Beispiel: Dreieckssystem

Das gegebene Gleichungssystem hat eine besondere Gestalt, denn die von null verschiedenen Koeffizienten sind in Gestalt eines Dreiecks angeordnet.
Lösen Sie dieses Dreieckssystem.

Ein Dreieckssystem

$$\begin{array}{ll} \text{I} & 3x - 2y + 4z = 11 \\ \text{II} & \quad\;\; 4y + 2z = 14 \\ \text{III} & \qquad\quad\;\; 5z = 15 \end{array}$$

Lösung:
Dreieckssysteme sind wegen ihrer besonderen Gestalt sehr einfach zu lösen:

Lösen eines Dreieckssystems durch ***Rückeinsetzung***:

1. Wir lösen Gleichung III nach z auf und erhalten z = 3.

Auflösen von III nach z:
$$\begin{aligned} 5z &= 15 \\ z &= 3 \end{aligned}$$

2. Dieses Ergebnis setzen wir in Gleichung II ein, die sodann nach y aufgelöst werden kann. Wir erhalten y = 2.

Einsetzen in II:
Auflösen nach y:
$$\begin{aligned} 4y + 2z &= 14 \\ 4y + 6 &= 14 \\ 4y &= 8 \\ y &= 2 \end{aligned}$$

3. Nun setzen wir z = 3 und y = 2 in Gleichung I ein, die anschließend nach x aufgelöst werden kann: x = 1.

Einsetzen in I:
Auflösen nach x:
$$\begin{aligned} 3x - 2y + 4z &= 11 \\ 3x - 4 + 12 &= 11 \\ 3x &= 3 \\ x &= 1 \end{aligned}$$

Resultat: Das gegebene Dreieckssystem ist ***eindeutig lösbar***.
Die Lösung ist (1; 2; 3).

Lösungsmenge: $L = \{(1; 2; 3)\}$

B2. Der Gaußsche Algorithmus

Im Folgenden zeigen wir das besonders systematische Verfahren zur Lösung linearer Gleichungssysteme von Gauß, das als Gaußscher Algorithmus oder als Gaußsches Eliminationsverfahren bezeichnet wird. Wegen seiner algorithmischen Struktur ist es hervorragend für die numerische Bearbeitung mittels Computer geeignet.

Die Grundidee von Gauß war sehr einfach: Mit Hilfe von Äquivalenzumformungen (vgl. Abschnitt 1. A) wird das lineare Gleichungssystem in ein Dreieckssystem umgewandelt. Dieses wird anschließend durch „Rückeinsetzung" gelöst.

Beispiel: Dreieckssystem/ Rückeinsetzung

Formen Sie das lineare Gleichungssystem (LGS) in ein Dreieckssystem um und lösen Sie dieses.

$$\begin{array}{lrcl} \text{I} & 3x + 3y + 2z & = & 5 \\ \text{II} & 2x + 4y + 3z & = & 4 \\ \text{III} & -5x + 2y + 4z & = & -9 \end{array}$$

Lösung:

Die außerhalb des blauen Dreiecks stehenden Terme stören auf dem Weg zum Dreieckssystem. Sie sollen durch Äquivalenzumformungen schrittweise eliminiert werden.

Als Darstellungsmittel verwenden wir den Umformungspfeil, der angibt, wodurch die Gleichung ersetzt wird, von welcher dieser Pfeil ausgeht.

1. Wir eliminieren die Variable x aus den Gleichungen II und III.
   Wir erreichen dies, indem wir zu geeigneten Vielfachen dieser Gleichung geeignete Vielfache von Gleichung I addieren oder subtrahieren.
2. Wir eliminieren die Variable y aus der Gleichung III des neu entstandenen Systems in entsprechender Weise.
3. Es ist nun wieder ein Dreieckssystem entstanden, das wir leicht durch „Rückeinsetzung" lösen können.

Resultat: $L = \{(1;\ 2;\ -2)\}$

Umformen des LGS:

1. Elimination von x

$$\begin{array}{lrcll} \text{I} & 3x + 3y + 2z & = & 5 & \\ \text{II} & 2x + 4y + 3z & = & 4 & \rightarrow 3 \cdot \text{II} - 2 \cdot \text{I} \\ \text{III} & -5x + 2y + 4z & = & -9 & \rightarrow 3 \cdot \text{III} + 5 \cdot \text{I} \end{array}$$

2. Elimination von y

$$\begin{array}{lrcll} \text{I} & 3x + 3y + 2z & = & 5 & \\ \text{II} & 6y + 5z & = & 2 & \\ \text{III} & 21y + 22z & = & -2 & \rightarrow 2 \cdot \text{III} - 7 \cdot \text{II} \end{array}$$

Dreieckssystem

$$\begin{array}{lrcl} \text{I} & 3x + 3y + 2z & = & 5 \\ \text{II} & 6y + 5z & = & 2 \\ \text{III} & 9z & = & -18 \end{array}$$

3. Lösen durch Rückeinsetzung

Auflösen von III nach z:

$$9z = -18$$
$$z = -2$$

Einsetzen in II, Auflösen nach y:

$$6y + 5z = 2$$
$$6y - 10 = 2$$
$$y = 2$$

Einsetzen in I, Auflösen nach x:

$$3x + 3y + 2z = 5$$
$$3x + 6 - 4 = 5$$
$$x = 1$$

In entsprechender Weise lassen sich auch lineare Gleichungssysteme mit größerer Anzahl von Gleichungen und Variablen lösen. Es kommt darauf an, die störenden Terme in systematischer Weise, z. B. spaltenweise, zu eliminieren, sodass eine ***Dreiecksform*** bzw. ***Stufenform*** entsteht.

Übungen

1. Rechnerische Lösung

Lösen Sie die linearen Gleichungssysteme rechnerisch.

a) $\begin{aligned} 2x - 3y &= 5 \\ 3x + 4y &= 16 \end{aligned}$ b) $\begin{aligned} 6x - 4y &= -2 \\ 4x + 3y &= 10 \end{aligned}$ c) $\begin{aligned} \tfrac{1}{2}x - 2y &= 1 \\ 3x + 4y &= 14 \end{aligned}$ d) $\begin{aligned} 5x &= y - 3 \\ 2y &= 7 + 9x \end{aligned}$

2. Lösbarkeit

Untersuchen Sie das Gleichungssystem auf Lösbarkeit. Geben Sie die Lösungsmenge an.

a) $\begin{aligned} 8x - 3y &= 11 \\ 5x + 2y &= 34 \end{aligned}$ b) $\begin{aligned} 3x + 2y &= 13 \\ 2x - 5y &= -4 \end{aligned}$ c) $\begin{aligned} 8x - 6y &= 2 \\ 2x + 3y &= 2 \end{aligned}$ d) $\begin{aligned} -4x + 14y &= 6 \\ 6x - 21y &= 8 \end{aligned}$

3. Dreiecksform

Lösen Sie das LGS. Formen Sie das LGS ggf. zunächst in ein Dreieckssystem um.

a) $\begin{aligned} 2x + 4y - z &= -13 \\ 2y - 2z &= -12 \\ 3z &= 9 \end{aligned}$ b) $\begin{aligned} 2x + 4y - 3z &= 3 \\ -6y + 5z &= 7 \\ 2z &= 4 \end{aligned}$ c) $\begin{aligned} 3x - 2y + 2z &= 6 \\ 2x - z &= 2 \\ -3x &= -6 \end{aligned}$

d) $\begin{aligned} x - 3y + 5z &= -2 \\ y + 2z &= 8 \\ y + z &= 6 \end{aligned}$ e) $\begin{aligned} x + y + 4z &= 10 \\ 2y - 5z &= -14 \\ y + 3z &= 4 \end{aligned}$ f) $\begin{aligned} 2x + 2y - z &= 8 \\ -2x + y + 2z &= 3 \\ 4z &= 8 \end{aligned}$

4. Gaußscher Algorithmus

Lösen Sie das LGS mit Hilfe des Gaußschen Algorithmus.

a) $\begin{aligned} 4x - 2y + 2z &= 2 \\ -2x + 3y - 2z &= 0 \\ 3x - 5y + z &= -7 \end{aligned}$ b) $\begin{aligned} x + 2y - 2z &= -4 \\ 2x + y + z &= 3 \\ 3x + 2y + z &= 4 \end{aligned}$ c) $\begin{aligned} 2x + 2y - 3z &= -7 \\ -x - 2y - 2z &= 3 \\ 4x + y - 2z &= -1 \end{aligned}$

d) $\begin{aligned} 2x + y - z &= 6 \\ 5x - 5y + 2z &= 6 \\ 3x + 2y - 3z &= 0 \end{aligned}$ e) $\begin{aligned} x - 2y + z &= 0 \\ 3y + z &= 9 \\ 2x + y &= 4 \end{aligned}$ f) $\begin{aligned} 2x + 2y + 3z &= -2 \\ x + z &= -1 \\ y + 2z &= -3 \end{aligned}$

5. Gaußscher Algorithmus

Lösen Sie das LGS mit Hilfe des Gaußschen Algorithmus. Bringen Sie das LGS zunächst auf Normalform. (Erzeugen Sie zweckmäßigerweise auch ganzzahlige Koeffizienten.)

a) $\begin{aligned} 2y &= 4 - z \\ 3z &= x - 10 \\ 9 + z &= x + y \end{aligned}$ b) $\begin{aligned} 2y - 5 &= z + 2x \\ -2z &= x - 2y \\ 4x &= y - 10 \end{aligned}$ c) $\begin{aligned} 3z &= 2y + 7 \\ x - 4 &= y + z \\ 2x + 2y &= x - 1 \end{aligned}$

d) $\begin{aligned} \tfrac{1}{4}x - \tfrac{1}{2}y + \tfrac{3}{4}z &= 4 \\ \tfrac{3}{2}x - \tfrac{2}{3}y - \tfrac{1}{2}z &= -2 \\ y - \tfrac{1}{2}z &= 2 \end{aligned}$ e) $\begin{aligned} -0{,}2x + 1{,}5y + 0{,}4z &= -9 \\ 1{,}1x + 2{,}2z &= 8{,}8 \\ 0{,}8x - 0{,}2y &= 4{,}4 \end{aligned}$ f) $\begin{aligned} \tfrac{1}{2}x + \tfrac{1}{5}y + \tfrac{2}{3}z &= 7 \\ \tfrac{3}{8}x + \tfrac{1}{10}y + \tfrac{1}{12}z &= \tfrac{5}{2} \\ 4{,}5x - 0{,}5y + \tfrac{1}{3}z &= 17{,}5 \end{aligned}$

6. Zahlenrätsel

Eine dreistellige natürliche Zahl hat die Quersumme 14. Liest man die Zahl von hinten nach vorn und subtrahiert 22, so erhält man eine doppelt so große Zahl. Die mittlere Ziffer ist die Summe der beiden äußeren Ziffern. Berechnen Sie die gesuchte Zahl.

C. Lösung eines LGS mit einem Computerprogramm

Ein Taschenrechner mit erweiterter Funktionalität beherrscht nur lineare Gleichungssysteme mit der Ordnung 3 oder kleiner. Für größere LGS verwendet man ein Computerprogramm (Applet), einen graphischen Taschenrechner (GTR) oder ein Computeralgebrasystem (CAS).
Wir behandeln als Beispiel die Verwendung eines Programms in Gestalt eines Applets.

Beispiel: Lösung von LGS mit einem Computerprogramm

Lösen Sie die folgenden linearen Gleichungssysteme mit einem Computerprogramm.

a) $2x + 3y - 2z = 2$
$3x + 2y + z = 10$
$4x + y - z = 3$

b) $2x + y + 3z + t = 6$
$4x + 2y + 2z + 2t = 8$
$2x + 2y + 2z + 2t = 6$

Lösung:
Wir rufen das Applet auf der Internetseite* auf und wählen Gleichungssystem. Es erscheint eine rechteckige Maske zur Eingabe der Koeffizienten des LGS. Die Größe der Maske entspricht der Ordnung des LGS und kann eingegeben werden. In unserem Fall kann die Maske mit dem Feld [+] vergrößert und dem Feld [−] verkleinert werden.
Nicht benötigte Zeilen/Spalten bleiben einfach leer (siehe Teil b).
Die Berechnung der Lösung wird durch Anklicken des Feldes [Lösen] gestartet. Mit dem Feld [Löschen] wird alles gelöscht.

1. Appletoberfläche im Fall a:

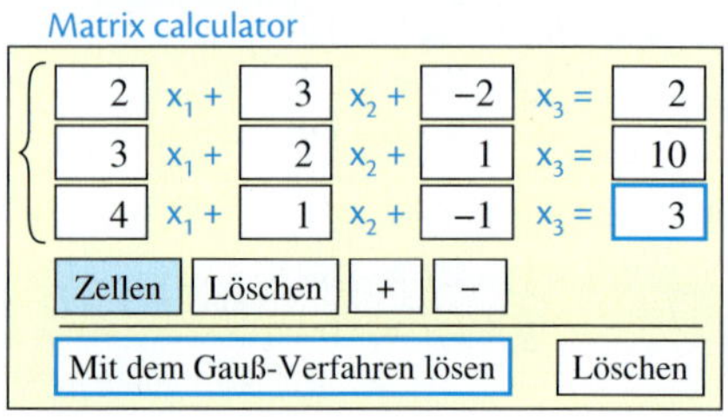

Ergebnis: ○ $x_1 = 1$
○ $x_2 = 2$
○ $x_3 = 3$

Lösung zu a:
Wir erhalten eine eindeutige Lösung:
$x = 1$, $y = 2$, $z = 3$.

Lösung zu b:
Dieses unterbestimmte LGS hat unendlich viele Lösungen, die vom Applet in parametrisierter Form angezeigt werden.
$L = \{(x; y; z; t) : x = 1, y = 1 - c, z = 1, t = c; c \in \mathbb{R}\}$

2. Appletoberfläche im Fall b:

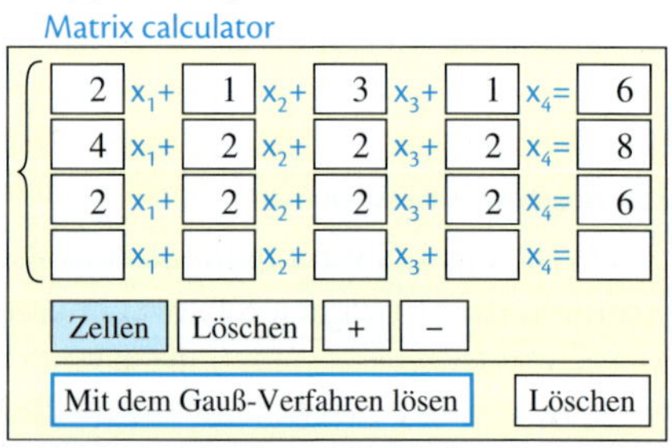

Ergebnis: ○ $x_1 = 1$
○ $x_2 = 1 - x_4$
○ $x_3 = 1$
○ $x_4 = x_4$

Übung 7 LGS mit einem Computerprogramm lösen

Lösen Sie das Gleichungssystem mit einem Computerprogramm, einem GTR oder einem CAS.

a) $2x + 3y - z = 9$
$3x + y - 2z = 8$
$-x + 2y + 3z = 9$
$2x - y - 2z = 1$

b) $2x + y + z - 3t = 4$
$4x - y + 4z - 6t = 8$
$3x + 2y - z + 2t = 6$

c) $2x + 3y - z = 6$
$x + y + 2z = 12$
$-x + 3y - z = 2$
$x + 2y - 3z = 2$

* Den **Matrix-Calculator** findet man auf: https://matrixcalc.org

D. Lösbarkeitsuntersuchungen

D1. Unlösbare und nicht eindeutig lösbare LGS

Wir untersuchen nun mit dem Gaußschen Algorithmus lineare Gleichungssysteme, die keine Lösung besitzen bzw. die unendlich viele Lösungen haben.

Beispiel: Untersuchen Sie das LGS mit Hilfe des Gaußschen Algorithmus auf Lösbarkeit.

a)
$$\begin{aligned} x + 2y - z &= 3 \\ 2x - y + 2z &= 8 \\ 3x + 11y - 7z &= 6 \end{aligned}$$

b)
$$\begin{aligned} 2x + y - 4z &= 1 \\ 3x + 2y - 7z &= 1 \\ 4x - 3y + 2z &= 7 \end{aligned}$$

Lösung zu a:

I	$x + 2y - z = 3$	
II	$2x - y + 2z = 8$	$\rightarrow$ II − 2 · I
III	$3x + 11y - 7z = 6$	$\rightarrow$ III − 3 · I
I	$x + 2y - z = 3$	
II	$-5y + 4z = 2$	
III	$5y - 4z = -3$	$\rightarrow$ III + II
I	$x + 2y - z = 3$	
II	$5y - 4z = -2$	
III	$0 = -1$ ↑ Widerspruchszeile	

Gleichung III des Dreieckssystems wird als ***Widerspruchszeile*** bezeichnet. Sie ist unlösbar ($0x + 0y + 0z = -1$ ist für **kein** Tripel (x; y; z) erfüllt).

Damit ist das Dreieckssystem als Ganzes unlösbar.
Es folgt: Das ursprüngliche LGS ist ebenfalls ***unlösbar***, die Lösungsmenge ist daher leer: $L = \{\}$.

Die Unlösbarkeit eines LGS wird nach Anwendung des Gaußschen Algorithmus stets auf diese Weise offenbar:

Wenigstens in einer Gleichung des resultierenden Dreieckssystems tritt ein offensichtlicher Widerspruch auf.

Lösung zu b:

I	$2x + y - 4z = 1$	
II	$3x + 2y - 7z = 1$	$\rightarrow$ 2 · II − 3 · I
III	$4x - 3y + 2z = 7$	$\rightarrow$ III − 2 · I
I	$2x + y - 4z = 1$	
II	$y - 2z = -1$	
III	$-5y + 10z = 5$	$\rightarrow$ III + 5 · II
I	$2x + y - 4z = 1$	
II	$y - 2z = -1$	
III	$0 = 0$ ↑ Nullzeile	

Gleichung III des Gleichungssystems wird als ***Nullzeile*** bezeichnet. Sie ist für jedes Tripel (x; y; z) erfüllt, stellt keine Einschränkung dar und kann daher auch weggelassen werden.

Es verbleiben 2 Gleichungen mit 3 Variablen, von denen daher eine Variable frei wählbar ist. Wir setzen für diese „überzählige" Variable einen Parameter ein.

Wählen wir $z = c \quad (c \in \mathbb{R})$,
so folgt aus II $y = 2c - 1$
und dann aus I $x = c + 1$.

Wir erhalten für jeden Wert des freien Parameters c genau ein Lösungstripel (x; y; z). Das Gleichungssystem hat eine ***einparametrige unendliche Lösungsmenge***:
$L = \{(c + 1; 2c - 1; c); c \in \mathbb{R}\}$.

Übung 8 Lösbarkeitsuntersuchung

Untersuchen Sie das LGS auf Lösbarkeit. Bestimmen Sie die Lösungsmenge.

a) $\begin{aligned} 2x + 2y + 2z &= 6 \\ 2x + y - z &= 2 \\ 4x + 3y + z &= 8 \end{aligned}$

b) $\begin{aligned} 3x + 5y - 2z &= 10 \\ 2x + 8y - 5z &= 6 \\ 4x + 2y + z &= 8 \end{aligned}$

c) $\begin{aligned} 4x - 3y - 5z &= 9 \\ 2x + 5y - 9z &= 11 \\ 6x - 11y - z &= 7 \end{aligned}$

D2. Unter- und überbestimmte LGS

Alle bisher durchgeführten Überlegungen zur Lösbarkeit bezogen sich auf den Sonderfall, dass die Anzahl der Gleichungen mit der Anzahl der Variablen übereinstimmt. Im Folgenden zeigen wir exemplarisch, dass sie jedoch sinngemäß für jedes beliebige LGS gelten.

Enthält ein LGS weniger Gleichungen als Variablen, so reichen die Informationen für eine eindeutige Lösung nicht aus, d.h., es ist ***unterbestimmt***. Enthält ein LGS hingegen mehr Gleichungen als Variablen, so würden für eine eindeutige Lösung bereits weniger Gleichungen genügen. In diesem Fall ist das LGS ***überbestimmt***. Wir zeigen die Vorgehensweisen bei derartigen LGS an zwei Beispielen.

Beispiel: Untersuchen Sie das LGS auf Lösbarkeit und bestimmen Sie die Lösungsmenge.

a) $\begin{aligned} \text{I} \quad x + 2y + 3z &= 8 \\ \text{II} \quad 2x + 3y + 2z &= 9 \end{aligned}$

b) $\begin{aligned} x + y &= 1 \\ 2x - y &= 8 \\ x - 2y &= 5 \end{aligned}$

Lösung zu a:

$\begin{aligned} \text{I} \quad x + 2y + 3z &= 8 \\ \text{II} \quad 2x + 3y + 2z &= 9 \quad \rightarrow 2 \cdot \text{I} - \text{II} \end{aligned}$

$\begin{aligned} \text{I} \quad x + 2y + 3z &= 8 \\ \text{II} \quad y + 4z &= 7 \end{aligned}$

Das LGS ist unterbestimmt. Da die Anwendung des Gaußschen Algorithmus auf keinen Widerspruch führt, besitzt das Gleichungssystem unendlich viele Lösungen. Da das LGS in Stufenform nur zwei Gleichungen enthält, aber drei Variable vorhanden sind, ersetzen wir die überzählige Variable z durch den Parameter c: $z = c$.

Aus II folgt dann: $y + 4c = 7$, $y = 7 - 4c$

Durch Einsetzen in I erhalten wir nun $x + 2(7 - 4c) + 3c = 8$, d.h. $x = -6 + 5c$.

Das LGS hat also die einparametrige unendliche Lösungsmenge:

$L = \{(-6 + 5c;\ 7 - 4c;\ c);\ c \in \mathbb{R}\}$

Lösung zu b:

$\begin{aligned} \text{I} \quad x + y &= 1 \\ \text{II} \quad 2x - y &= 8 \quad \rightarrow (-2) \cdot \text{I} + \text{II} \\ \text{III} \quad x - 2y &= 5 \quad \rightarrow \text{I} - \text{III} \end{aligned}$

$\begin{aligned} \text{I} \quad x + y &= 1 \\ \text{II} \quad -3y &= 6 \\ \text{III} \quad 3y &= -4 \quad \rightarrow \text{II} + \text{III} \end{aligned}$

$\begin{aligned} \text{I} \quad x + y &= 1 \\ \text{II} \quad -3y &= 6 \\ \text{III} \quad 0 &= 2 \quad \text{Widerspruch} \end{aligned}$

Wendet man den Gaußschen Algorithmus an, erhält man die obige ***Stufenform***. Da die Gleichung III einen Widerspruch enthält, ist das gesamte LGS unlösbar, obwohl das Teilsystem aus den ersten beiden Gleichungen eine eindeutige Lösung ($x = 3$; $y = -2$) besitzt. Diese erfüllt jedoch die Gleichung III nicht. Somit erhalten wir als Resultat: $L = \{\ \}$.

Übung 9 Lösbarkeitsuntersuchung/Lösungsmenge

Untersuchen Sie das LGS auf Lösbarkeit. Bestimmen Sie die Lösungsmenge.

a) $\begin{aligned} 3x - 3y &= 0 \\ 6x + 3y &= 18 \\ -2x + 4y &= 4 \end{aligned}$

b) $\begin{aligned} -2x + y &= -1 \\ 4x + 2y &= -10 \\ -6x + 3y &= -2 \end{aligned}$

c) $\begin{aligned} 2x - 2y &= 14 \\ 3x + 6y &= 3 \\ 4x - 12y &= 44 \end{aligned}$

d) $\begin{aligned} 3x - 4y + z &= 5 \\ 2x - y - z &= 0 \\ 4x - 2y - z &= 12 \\ x - y + z &= 10 \end{aligned}$

e) $\begin{aligned} x + z &= -1 \\ y + z &= 4 \\ x + y &= 5 \\ x + y + z &= 4 \end{aligned}$

f) $\begin{aligned} 4x + y - 2z + t &= 1 \\ 2x + y + 3z - 2t &= 3 \end{aligned}$

g) $\begin{aligned} 3x + 2y + z &= 5 \\ -6x - 4y - 2z &= 8 \end{aligned}$

h) $\begin{aligned} 2x + 3z + 2t &= 4 \\ y + 3z + 2t &= 4 \end{aligned}$

i) $\begin{aligned} 2x - 4y + 2z &= 6 \\ x - 8y + 4z &= 12 \\ -x + 2y - z &= -3 \end{aligned}$

Die Lösbarkeitsuntersuchungen haben gezeigt, dass Nullzeilen (triviale Zeilen) noch nichts über die Lösbarkeit des gesamten LGS aussagen, während aus einer Widerspruchszeile sofort die Unlösbarkeit des gesamten LGS folgt. Wir können zusammenfassend folgendes Lösungsschema zum Gaußschen Algorithmus angeben:

Lösungsschema des Gaußschen Algorithmus			
1.	LGS in die **Normalform** überführen, **ganzzahlige** Koeffizienten erzeugen, sofern möglich.		
2.	**Gaußschen Algorithmus** auf das LGS anwenden. Es entsteht eine **Dreiecks-** bzw. **Stufenform**.		
3.	Prüfen, welche der folgenden Eigenschaften das aus 2. resultierende LGS besitzt.		
	Widerspruch	Es existiert **kein Widerspruch.**	
	Wenigstens eine Gleichung stellt einen offensichtlichen **Widerspruch** dar.	Die **Anzahl der Variablen ist gleich der Anzahl der nichttrivialen Zeilen.**	Es gibt **mehr Variable als nichttriviale Zeilen.**
4.	Das LGS ist **unlösbar.**	Das LGS ist **eindeutig lösbar.**	Das LGS hat **unendlich viele Lösungen.**
		Die einzige Lösung wird durch **„Rückeinsetzung“ aus dem Stufenform-LGS bestimmt.**	Die freien Parameter werden festgelegt. Die Parameterdarstellung der Lösungsmenge wird bestimmt.

2. Geradengleichungen

Im dreidimensionalen Anschauungsraum können Geraden besonders einfach mit Hilfe von Vektoren dargestellt werden. Diese Darstellung ist auch in der zweidimensionalen Zeichenebene möglich, jedoch lassen sich Geraden in der Ebene auch z.B. durch die bekannte lineare Funktionsgleichung erfassen.

A. Ortsvektoren

Die Lage eines beliebigen Punktes in einem ebenen oder räumlichen Koordinatensystem kann eindeutig durch denjenigen Pfeil $\overrightarrow{OP}$ erfasst werden, der im Ursprung O des Koordinatensystems beginnt und im Punkt P endet.

Der Pfeil $\overrightarrow{OP}$ heißt ***Ortspfeil*** von P und der zugehörige Vektor $\vec{p} = \overrightarrow{OP}$ wird als der ***Ortsvektor*** von P bezeichnet.

Der Punkt $P(p_1|p_2|p_3)$ besitzt den Ortsvektor $\vec{p} = \overrightarrow{OP} = \begin{pmatrix} p_1 \\ p_2 \\ p_3 \end{pmatrix}$.

Entsprechendes gilt für Punkte in einem ebenen Koordinatensystem.

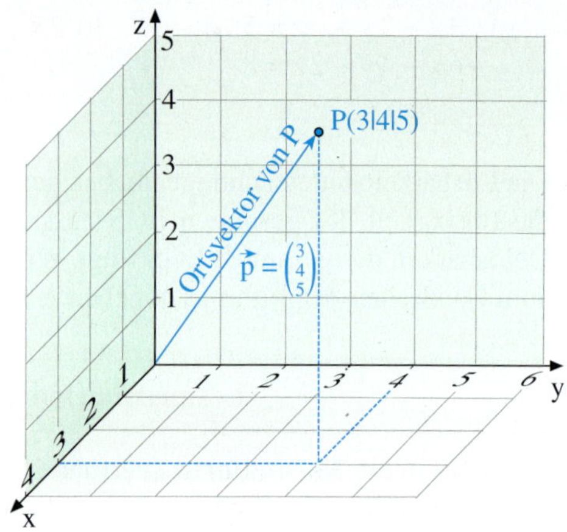

B. Die vektorielle Parametergleichung einer Geraden

Die Lage einer Geraden in der zweidimensionalen Zeichenebene oder im dreidimensionalen Anschauungsraum kann durch die Angabe eines Geradenpunktes A sowie der Richtung der Geraden eindeutig erfasst werden.

Die Lage des Punktes A kann durch seinen Ortsvektor $\vec{a} = \overrightarrow{OA}$ festgelegt werden, den man als ***Stützvektor*** der Geraden bezeichnet.

Die Richtung der Geraden lässt sich durch einen zur Geraden parallelen Vektor $\vec{m}$ erfassen, den man als ***Richtungsvektor*** der Geraden bezeichnet.

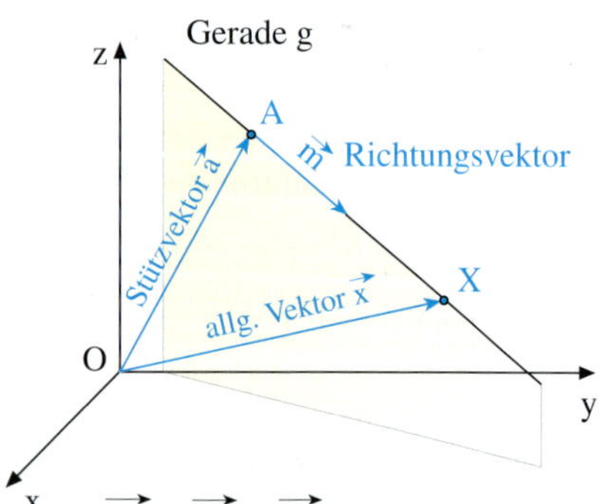

$\overrightarrow{OX} = \overrightarrow{OA} + \overrightarrow{AX}$

$\vec{x} = \vec{a} + r \cdot \vec{m}$

Jeder beliebige Geradenpunkt X lässt sich mit Hilfe des Stützvektors $\vec{a}$ und des Richtungsvektors $\vec{m}$ erfassen.
Für den Ortsvektor $\vec{x}$ von X gilt nämlich:

$$\begin{aligned}\vec{x} &= \overrightarrow{OX}\\ &= \overrightarrow{OA} + \overrightarrow{AX}\\ &= \vec{a} + r \cdot \vec{m} \quad (r \in \mathbb{R}),\end{aligned}$$

denn $\overrightarrow{AX}$ ist ein reelles Vielfaches von $\vec{m}$. Jedem Geradenpunkt X entspricht eindeutig ein Parameterwert r.

Die vektorielle Parametergleichung einer Geraden

Eine Gerade mit dem Stützvektor $\vec{a}$ und dem Richtungsvektor $\vec{m} \neq \vec{0}$ hat die Gleichung

$$g: \vec{x} = \vec{a} + r \cdot \vec{m} \quad (r \in \mathbb{R}).$$

r heißt ***Geradenparameter***.

Mit Hilfe der Parametergleichung einer Geraden kann man zahlreiche Problemstellungen relativ einfach lösen.

Beispiel: Schrägbild

Gegeben ist die Gerade g: $\vec{x} = \begin{pmatrix}1\\2\\3\end{pmatrix} + r\begin{pmatrix}2\\3\\-1\end{pmatrix}$.

Zeichnen Sie die Gerade als Schrägbild. Stellen Sie fest, welche Geradenpunkte den Parameterwerten r = 0, r = −0,5 und r = 1 entsprechen.

Lösung:
Wir zeichnen den Stützpunkt A (1|2|3) oder den Stützvektor $\vec{a}$ ein. Im Stützpunkt legen wir den Richtungsvektor $\vec{m}$ an.

Für r = 0 erhalten wir den Stützpunkt A(1|2|3). Für r = −0,5 erhalten wir den Geradenpunkt B (0|0,5|3,5), der „vor" dem Stützpunkt liegt. Für r = 1 erhalten wir den Punkt C(3|5|2), der am Ende des eingezeichneten Richtungspfeils liegt.

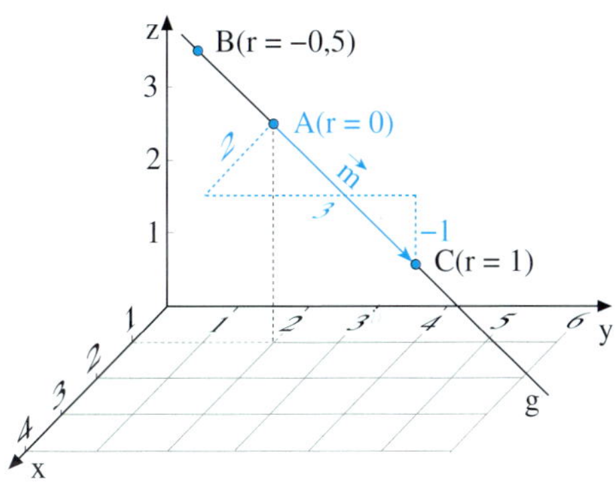

Beispiel: Geradenparameter

Gegeben ist die Gerade g: $\vec{x} = \begin{pmatrix}1\\2\\3\end{pmatrix} + r\begin{pmatrix}2\\3\\-1\end{pmatrix}$.

a) Welche Werte des Parameters r gehören zu den Geradenpunkten P(2|3,5|2,5) und Q(5|8|1)?
b) Begründen Sie, weshalb der Punkt R(3|5|1) nicht auf der Geraden liegt.

Lösung zu a:
Um r zu bestimmen, ersetzen wir $\vec{x}$ in der Gleichung durch den Ortsvektor von P bzw. von Q und berechnen r.
Für r = 0,5 ergibt sich der Geradenpunkt P(2|3,5|2,5). Für r = 2 ergibt sich der Geradenpunkt Q(5|8|1).

Lösung zu b:
Die x-Koordinate des Punktes R erfordert r = 1, ebenso die y-Koordinate.
Die z-Koordinate erfordert r = 2. Beides ist nicht vereinbar. Der Punkt R liegt nicht auf der Geraden g.

Übung 1 Punkt und Gerade

Zeichnen Sie die Gerade g: $\vec{x} = \begin{pmatrix} -2 \\ 3 \\ 1 \end{pmatrix} + r \begin{pmatrix} 3 \\ 3 \\ 1 \end{pmatrix}$ im Schrägbild.

Überprüfen Sie, ob die Punkte P(4|9|3), Q(1|6|4) und R(−5|0|0) auf der Geraden g liegen. Beschreiben Sie ggf. ihre Lage auf der Geraden anschaulich.

Übung 2 Lage einer Geraden

Zeichnen Sie die Geraden und beschreiben Sie die Lage der Geraden.

a) g_1: $\vec{x} = \begin{pmatrix} 1 \\ 1 \\ 2 \end{pmatrix} + r \begin{pmatrix} 0 \\ 1 \\ 0 \end{pmatrix}$ b) g_2: $\vec{x} = \begin{pmatrix} 0 \\ 2 \\ 0 \end{pmatrix} + r \begin{pmatrix} 0 \\ 0 \\ 1 \end{pmatrix}$ c) g_3: $\vec{x} = \begin{pmatrix} 4 \\ 4 \\ 4 \end{pmatrix} + r \begin{pmatrix} 1 \\ 1 \\ 0 \end{pmatrix}$

C. Die Zweipunktegleichung einer Geraden

In der Praxis ist eine Gerade meistens durch zwei feste Punkte A und B gegeben, deren Ortsvektoren $\vec{a}$ bzw. $\vec{b}$ sind.

In diesem Fall kann man die vektorielle Geradengleichung sehr einfach aufstellen. Als Stützvektor verwendet man den Ortsvektor eines der beiden Punkte, also z. B. $\vec{a}$. Der Verbindungsvektor $\vec{m} = \overrightarrow{AB}$ der beiden Punkte dient als Richtungsvektor.

Da $\vec{m} = \overrightarrow{AB}$ sich als Differenz $\vec{b} - \vec{a}$ der beiden Ortsvektoren von B und A darstellen lässt, erhält man die rechts aufgeführte vektorielle *Zweipunktegleichung* der Geraden.

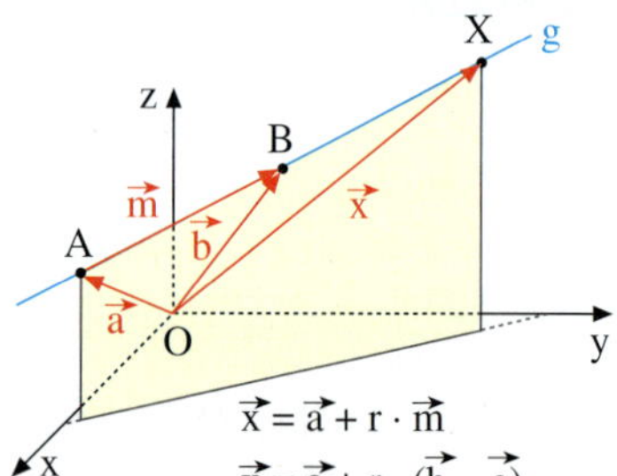

$\vec{x} = \vec{a} + r \cdot \vec{m}$

$\vec{x} = \vec{a} + r \cdot (\vec{b} - \vec{a})$

Die Zweipunktegleichung

Die Gerade g durch die Punkte A und B mit den Ortsvektoren $\vec{a}$ und $\vec{b}$ hat die Gleichung

$$g: \vec{x} = \vec{a} + r \cdot (\vec{b} - \vec{a}) \quad (r \in \mathbb{R}).$$

Beispielsweise hat die Gerade g durch die Punkte A(1|2|1) und B(3|4|3) die Zweipunktegleichung g: $\vec{x} = \begin{pmatrix} 1 \\ 2 \\ 1 \end{pmatrix} + r \left(\begin{pmatrix} 3 \\ 4 \\ 3 \end{pmatrix} - \begin{pmatrix} 1 \\ 2 \\ 1 \end{pmatrix} \right)$, die zur Parametergleichung g: $\vec{x} = \begin{pmatrix} 1 \\ 2 \\ 1 \end{pmatrix} + r \begin{pmatrix} 2 \\ 2 \\ 2 \end{pmatrix}$ vereinfacht werden kann.

Übung 3 Geradengleichung

Bestimmen Sie die Gleichung der Geraden g durch die Punkte A und B.

a) A(3|3), B(2|1) b) A(−3|1|0), B(4|0|2) c) A(−3|2|1), B(4|1|7)

Übung 4 Geradengleichung

a) Bestimmen Sie die Gleichung der Parallelen zur y-Achse durch den Punkt P(3|2|0).

b) Bestimmen Sie die Gleichung einer Ursprungsgeraden durch den Punkt P(a|2a|−a) (a ≠ 0).

Übungen

5. Schrägbild
Zeichnen Sie die Gerade g durch den Punkt A(2|6|4) mit dem Richtungsvektor $\vec{m} = \begin{pmatrix} 3 \\ -2 \\ 2 \end{pmatrix}$ in ein räumliches Koordinatensystem ein.

6. Geradengleichung
Gesucht ist eine vektorielle Gleichung der Geraden durch die Punkte A und B.

a) A(1|2|0), B(3|−4|0)
b) A(−3|2|1), B(3|1|2)
c) A(3|3|−4), B(2|1|3)
d) A(a_1|a_2|a_3), B(b_1|b_2|b_3)

7. Punkt und Gerade
Untersuchen Sie, ob der Punkt P auf der Geraden liegt, die durch A und B geht.

a) A(3|2|0), B(−1|4|0), P(1|3|0)
b) A(2|7|0), B(5|4|0), P(8|3|0)
c) A(1|4|3), B(3|2|4), P(7|−2|6)
d) A(1|1|1), B(3|4|1), P(0|0|0)

8. Zuordnung
Ordnen Sie den abgebildeten Geraden die zugehörigen vektoriellen Gleichungen zu.

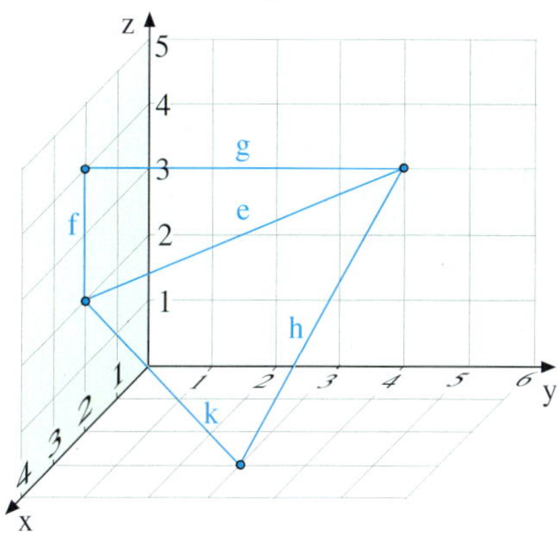

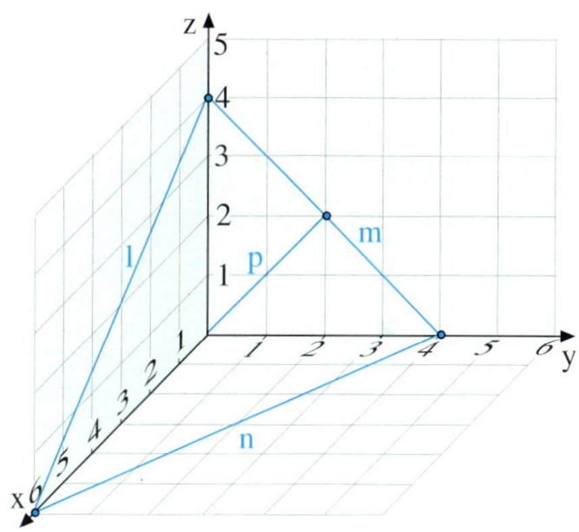

I: $\vec{x} = \begin{pmatrix} 0 \\ 0 \\ 4 \end{pmatrix} + r \begin{pmatrix} 6 \\ 0 \\ -4 \end{pmatrix}$

II: $\vec{x} = \begin{pmatrix} 2 \\ 0 \\ 2 \end{pmatrix} + r \begin{pmatrix} 1 \\ 3 \\ -2 \end{pmatrix}$

III: $\vec{x} = \begin{pmatrix} 6 \\ 0 \\ 0 \end{pmatrix} + r \begin{pmatrix} -6 \\ 4 \\ 0 \end{pmatrix}$

IV: $\vec{x} = \begin{pmatrix} 2 \\ 0 \\ 4 \end{pmatrix} + r \begin{pmatrix} -2 \\ 4 \\ -1 \end{pmatrix}$

V: $\vec{x} = \begin{pmatrix} 0 \\ 0 \\ 0 \end{pmatrix} + r \begin{pmatrix} 0 \\ 1 \\ 1 \end{pmatrix}$

VI: $\vec{x} = \begin{pmatrix} 3 \\ 3 \\ 0 \end{pmatrix} + r \begin{pmatrix} -3 \\ 1 \\ 3 \end{pmatrix}$

VII: $\vec{x} = \begin{pmatrix} 2 \\ 0 \\ 2 \end{pmatrix} + r \begin{pmatrix} 0 \\ 0 \\ 2 \end{pmatrix}$

VIII: $\vec{x} = \begin{pmatrix} 2 \\ 0 \\ 2 \end{pmatrix} + r \begin{pmatrix} -2 \\ 4 \\ 1 \end{pmatrix}$

IX: $\vec{x} = \begin{pmatrix} 0 \\ 4 \\ 0 \end{pmatrix} + r \begin{pmatrix} 0 \\ -4 \\ 4 \end{pmatrix}$

9. Geradengleichung

a) Gesucht ist die Gleichung einer zur y-Achse parallelen Geraden g, die durch den Punkt A(3|2|0) geht.
b) Gesucht ist die Gleichung einer Ursprungsgeraden durch den Punkt P(2|4|−2).
c) Gesucht ist die vektorielle Gleichung der Winkelhalbierenden der x-z-Ebene.

D. Geraden in der Ebene

Geraden im zweidimensionalen Anschauungsraum können sowohl mit einer vektorfreien ***Koordinatengleichung*** als auch mit einer vektoriellen ***Parametergleichung*** erfasst werden.

Beispiel: Koordinatengleichung einer Geraden im $\mathbb{R}^2$
Die Gerade g durch die Punkte A(2|4) und B(4|3) soll durch eine vektorfreie Koordinatengleichung der Gestalt $y = mx + n$ bzw. $ax + by = c$ erfasst werden.
Stellen Sie diese Gleichung auf.

Lösung:
Wir setzen die Koordinaten der Punkte A(2|4) und B(4|3) in den Ansatz $y = mx + n$ ein und erhalten folgende Gleichungen:
I: $2m + n = 4$
II: $4m + n = 3$
Durch die Subtraktion I – II eliminieren wir n und erhalten $-2m = 1$, d. h. $m = -\frac{1}{2}$.
Durch Rückeinsetzung in I folgt $n = 5$.
Die Geradengleichung lautet daher:
$y = -\frac{1}{2}x + 5$ bzw. $x + 2y = 10$.

Koordinatengleichung einer Geraden im $\mathbb{R}^2$

Eine Gerade im zweidimensionalen Anschauungsraum kann durch folgende Gleichungen erfasst werden:

Funktionsgleichung: $y = mx + n$
Koordinatengleichung: $ax + by = c$

Beispiel: Vektorielle Parametergleichung einer Geraden im $\mathbb{R}^2$
Die Gerade g durch die Punkte A(2|4) und B(4|3) soll durch eine vektorielle Parametergleichung dargestellt werden. Stellen Sie diese auf.

Lösung:
Ein Stützvektor von g ist der Ortsvektor des Punktes A, also $\vec{a} = \begin{pmatrix} 2 \\ 4 \end{pmatrix}$.
Ein Richtungsvektor von g ergibt sich als Differenz der Ortsvektoren von B und A:
$\vec{m} = \vec{b} - \vec{a} = \begin{pmatrix} 4 \\ 3 \end{pmatrix} - \begin{pmatrix} 2 \\ 4 \end{pmatrix} = \begin{pmatrix} 2 \\ -1 \end{pmatrix}$.
Als ***Punktrichtungsgleichung*** ergibt sich:
g: $\vec{x} = \begin{pmatrix} 2 \\ 4 \end{pmatrix} + r \cdot \begin{pmatrix} 2 \\ -1 \end{pmatrix}$.
Als ***Zweipunktegleichung*** sei notiert:
g: $\vec{x} = \begin{pmatrix} 2 \\ 4 \end{pmatrix} + r \cdot \left(\begin{pmatrix} 4 \\ 3 \end{pmatrix} - \begin{pmatrix} 2 \\ 4 \end{pmatrix}\right)$.

Vektorielle Parametergleichung einer Geraden im $\mathbb{R}^2$

g: $\vec{x} = \vec{a} + r \cdot \vec{m} \quad (r \in \mathbb{R})$
g: $\vec{x} = \vec{a} + r \cdot (\vec{b} - \vec{a}) \quad (r \in \mathbb{R})$

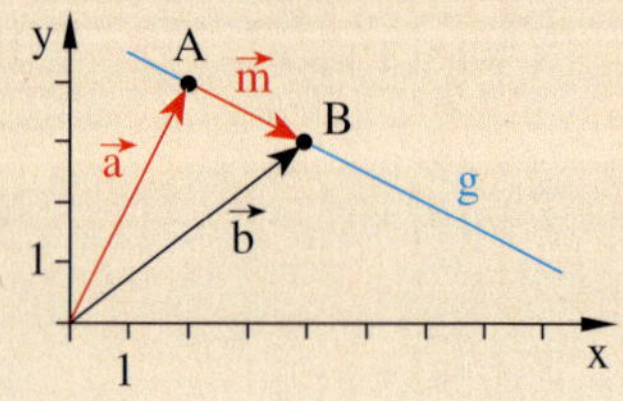

Übung 10 Geradengleichungen
Bestimmen Sie sowohl eine Koordinatengleichung als auch eine vektorielle Parametergleichung der Geraden g durch die Punkte A(−1|2) und B(5|5).

Die Koordinatengleichung einer Geraden im $\mathbb{R}^2$ kann man in einer speziellen Form darstellen, bei welcher die rechte Seite auf den Wert 1 normiert ist (vgl. rechts).
Die Nennerzahlen der linken Seite geben dann exakt die beiden Achsenabschnitte der Geraden an. Daher spricht man von der *Achsenabschnittsgleichung* der Geraden. Mit ihrer Hilfe kann man eine sehr übersichtliche Skizze der Geraden anfertigen.

Achsenabschnittsgleichung einer Geraden im $\mathbb{R}^2$

Eine Gerade im $\mathbb{R}^2$, die nicht achsenparallel verläuft, kann durch die sog. **Achsenabschnittsgleichung** $\frac{x}{a} + \frac{y}{b} = 1$ dargestellt werden. Dabei gilt:

a ist der x-Achsenabschnitt von g,
b ist der y-Achsenabschnitt von g.

Beispiel: Achsenabschnittsgleichung einer Geraden im $\mathbb{R}^2$
Stellen Sie die Achsenabschnittsgleichung der Geraden durch die Punkte A(2|2) und B(8|−1) auf und skizzieren Sie die Gerade.

Lösung:
Wir verwenden den Ansatz $y = mx + n$. Er führt analog zum Beispiel auf Seite 98 zu der Geradengleichung $y = -\frac{1}{2}x + 3$.
Diese formen wir um zur Koordinatenform $x + 2y = 6$ und normieren schließlich zur Achsenabschnittsform $\frac{x}{6} + \frac{y}{3} = 1$.
Dieser können wir sofort die Achsenabschnitte $a = 6$ und $b = 3$ entnehmen.

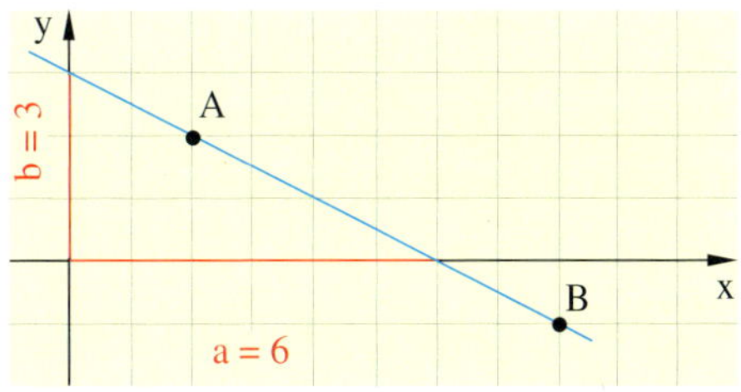

Übung 11 Koordinatengleichung
Bestimmen Sie eine Koordinatengleichung der Geraden g durch die Punkte A und B und skizzieren Sie die Gerade.
a) A(1|2), B(5|5) b) A(4|−5), B(−2|5) c) A(2|3), B(6|3)

Übung 12 Vektorielle Geradengleichung
Bestimmen Sie eine vektorielle Parametergleichung der Geraden g aus Übung 11.

Übung 13 Achsenabschnittsgleichung
Bestimmen Sie die Achsenabschnittsgleichung der Geraden $y = \frac{2}{5}x + 2$ und fertigen Sie eine Skizze an.

Übung 14 Lagebeziehung von Geraden
a) Stellen Sie eine vektorielle Parametergleichung von g_1 auf.
b) Zeigen Sie, dass die Punkte A(3|2) und B(−6|5) auf der Geraden g_1 liegen.
c) Bestimmen Sie Achsenabschnittsgleichungen von g_1 und g_2.
d) Wo liegt der Schnittpunkt der Geraden?

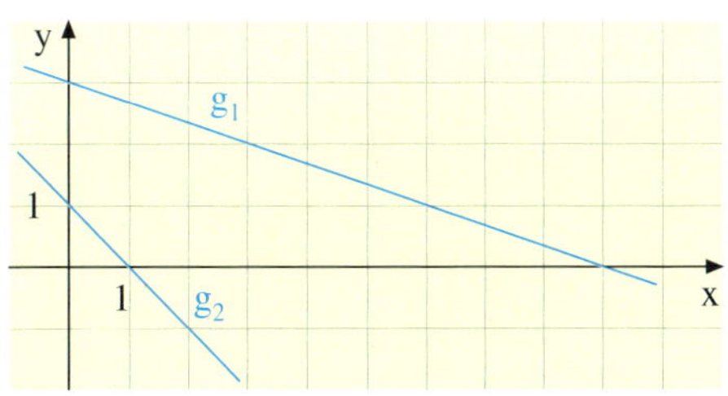

3. Lagebeziehungen

A. Gegenseitige Lage Punkt/Gerade und Punkt/Strecke

Mit Hilfe der Parametergleichung einer Geraden lässt sich einfach überprüfen, ob ein gegebener Punkt auf der Geraden liegt und an welcher Stelle der Geraden er gegebenenfalls liegt.

Beispiel: Gegeben sei die Gerade g durch A (3|2|3) und B (1|6|5). Weisen Sie nach, dass der Punkt P (2|4|4) auf der Geraden g liegt.

Prüfen Sie außerdem, ob der Punkt P auf der Strecke $\overline{AB}$ liegt.

Lösung:

Mit der Zweipunkteform erhalten wir die Parametergleichung von g.

Parametergleichung von g:

$$g: \vec{x} = \begin{pmatrix} 3 \\ 2 \\ 3 \end{pmatrix} + r \begin{pmatrix} -2 \\ 4 \\ 2 \end{pmatrix}, r \in \mathbb{R}$$

Wir führen die Punktprobe für den Punkt P durch, indem wir seinen Ortsvektor in die Geradengleichung einsetzen.
Sie ist erfüllt für den Parameterwert r = 0,5.
Also liegt der Punkt P auf der Geraden g.

Punktprobe für P:

$$\begin{pmatrix} 2 \\ 4 \\ 4 \end{pmatrix} = \begin{pmatrix} 3 \\ 2 \\ 3 \end{pmatrix} + r \begin{pmatrix} -2 \\ 4 \\ 2 \end{pmatrix} \text{ gilt für } r = 0{,}5$$

⇒ P liegt auf g.

Nun führen wir einen Parametervergleich durch. Die Streckenendpunkte A und B besitzen die Parameterwerte r = 0 und r = 1. Der Parameterwert von P (r = 0,5) liegt zwischen diesen Werten. Also liegt der Punkt P auf der Strecke $\overline{AB}$, und zwar genau auf der Mitte der Strecke.

Parametervergleich:

A: r = 0
B: r = 1
P: r = 0,5

⇒ P liegt auf $\overline{AB}$.

Rechts sind die Ergebnisse zeichnerisch dargestellt.
Das Bild macht deutlich, dass durch den Geradenparameter auf der Geraden ein *internes Koordinatensystem* festgelegt wird, anhand dessen man sich orientieren kann.

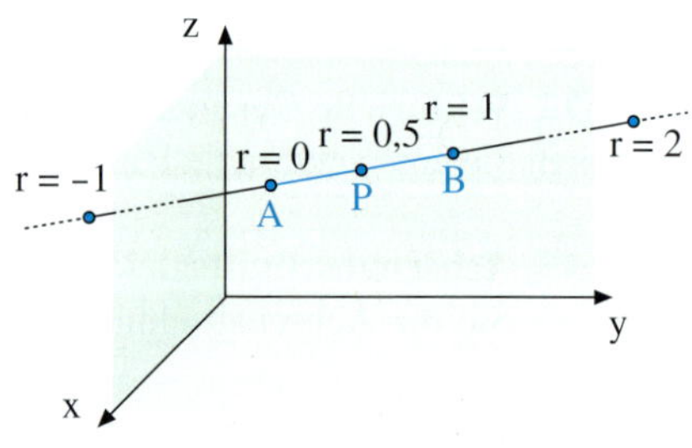

Übung 1 Punktprobe

a) Prüfen Sie, ob die Punkte P (0|0|6), Q (3|3|3), R (3|4|3) auf der Geraden g durch A (2|2|4) und B (4|4|2) oder sogar auf der Strecke $\overline{AB}$ liegen.

b) Berechnen Sie, für welchen Wert von t P (4+t|5t|t) auf der Geraden g durch A (2|2|4) und B (4|4|2) liegt.

B. Gegenseitige Lage von zwei Geraden im Raum

Zwischen zwei Geraden im Raum sind drei charakteristische Lagebeziehungen möglich. Sie können parallel sein (Unterfälle echt parallel bzw. identisch), sie können sich in einem Punkt schneiden oder sie sind windschief. Als ***windschief*** bezeichnet man zwei Geraden, die weder parallel sind noch sich schneiden.

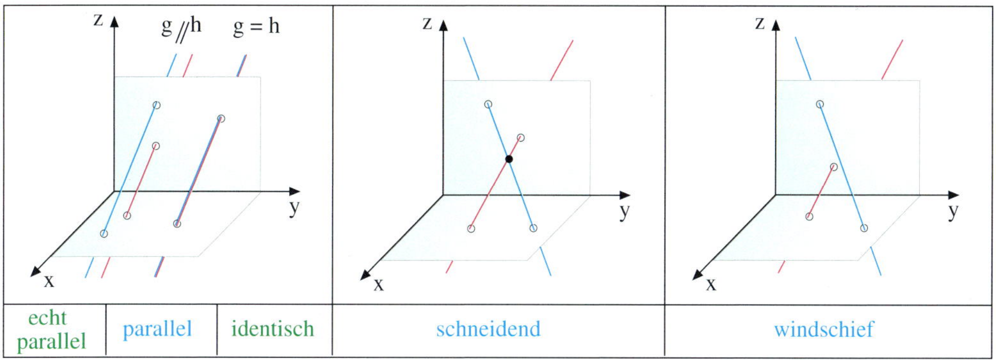

Zeichnerisch lässt sich die gegenseitige Lage von zwei Geraden im Raum oft nur schwer einschätzen, aber mit Hilfe der Geradengleichungen ist die rechnerische Überprüfung möglich.

Untersuchungsschema für die Lage von zwei Raumgeraden:

g: $\vec{x}_g = \vec{a} + r \cdot \vec{m}_g$ und h: $\vec{x}_h = \vec{b} + s \cdot \vec{m}_h$ seien die Gleichungen von zwei Raumgeraden. Anhand der beiden Richtungsvektoren kann man überprüfen, ob g und h parallel sind. Die Geraden g und h sind nämlich genau dann parallel, wenn ihre Richtungsvektoren kollinear sind. Ist dies nicht der Fall, dann setzt man die beiden Geradenvektoren $\vec{x}_g$ und $\vec{x}_h$ gleich. Ist das zugehörige Gleichungssystem eindeutig lösbar, schneiden sich g und h in einem Punkt S. Andernfalls sind g und h windschief.

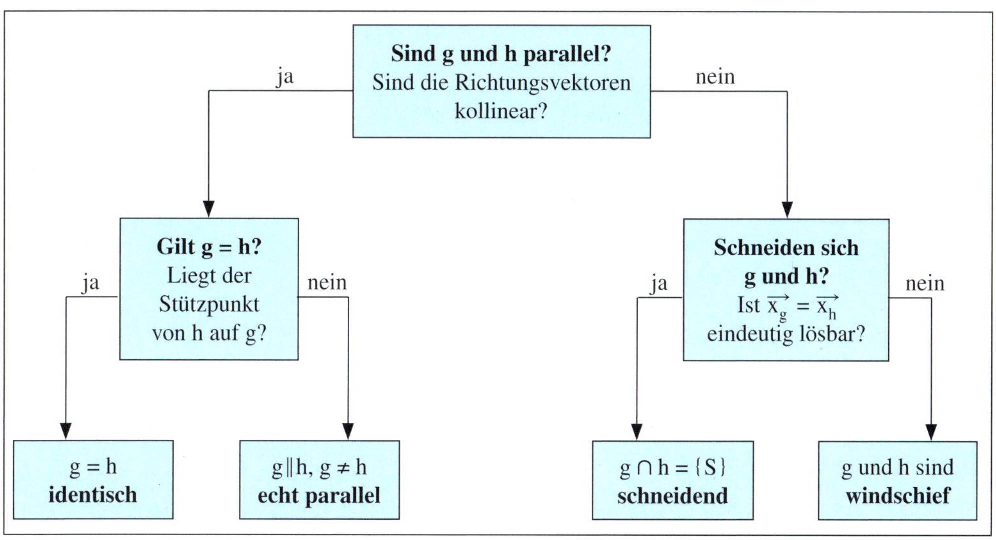

Beispiel: Parallele Geraden

Gegeben sind die Geraden g: $\vec{x} = \begin{pmatrix}3\\0\\1\end{pmatrix} + r\begin{pmatrix}-3\\6\\3\end{pmatrix}$ und h: $\vec{x} = \begin{pmatrix}0\\12\\4\end{pmatrix} + s\begin{pmatrix}4\\-8\\-4\end{pmatrix}$.

Welche relative Lage zueinander nehmen die Geraden g und h ein?

Lösung:
Die Richtungsvektoren $\vec{m}_g$ und $\vec{m}_h$ der Geraden sind kollinear. $\vec{m}_h$ ist ein Vielfaches von $\vec{m}_g$. Es gilt nämlich $\vec{m}_h = -\frac{4}{3} \cdot \vec{m}_g$. Die Geraden sind also parallel.
Eine Punktprobe zeigt, dass der Stützpunkt P(0|12|4) von h nicht auf g liegt. Also sind die Geraden nicht identisch, sondern echt parallel.

Parallelitätsuntersuchung:

$$\vec{m}_h = \begin{pmatrix}4\\-8\\-4\end{pmatrix} = -\frac{4}{3} \cdot \begin{pmatrix}-3\\6\\3\end{pmatrix} = -\frac{4}{3} \cdot \vec{m}_g$$

Punktprobe:

$$\begin{aligned} 0 &= 3 - 3r && r = 1 \\ 12 &= 0 + 6r \Rightarrow && r = 2 \Rightarrow \text{Wid.} \\ 4 &= 1 + 3r && r = 1 \end{aligned}$$

Beispiel: Schneidende Geraden

Die Gerade g geht durch die Punkte P(0|0|6) und Q(8|12|2). Die Gerade h geht durch A(4|0|2) und B(4|12|6). Untersuchen Sie die relative Lage von g und h. Skizzieren Sie die Situation.

Lösung:
Wir stellen zunächst die vektoriellen Parametergleichungen von g und h auf, indem wir die Zweipunkteform anwenden.

Nun betrachten wir die Richtungsvektoren. Man erkennt auf den ersten Blick ohne Rechnung, dass sie nicht kollinear sind. Daher sind g und h weder parallel noch identisch.

Wir setzen nun die allgemeinen Geradenvektoren von g und h gleich, d. h. $\vec{x}_g = \vec{x}_h$. Daraus ergibt sich ein Gleichungssystem mit drei Gleichungen und zwei Variablen r und s.

Das Gleichungssystem hat die eindeutige Lösung $r = \frac{1}{2}$, $s = \frac{1}{2}$. Daher schneiden sich die Geraden. Der Schnittpunkt lautet S(4|6|4).

Durch die Verwendung von stützenden Ebenen für die Geraden wird deren graphischer Verlauf besonders deutlich und die räumliche Übersicht erhöht.

Parametergleichungen:

$$g: \vec{x}_g = \begin{pmatrix}0\\0\\6\end{pmatrix} + r\begin{pmatrix}8\\12\\-4\end{pmatrix}$$

$$h: \vec{x}_h = \begin{pmatrix}4\\0\\2\end{pmatrix} + s\begin{pmatrix}0\\12\\4\end{pmatrix}$$

Schnittuntersuchung:

$$\begin{pmatrix}0\\0\\6\end{pmatrix} + r\begin{pmatrix}8\\12\\-4\end{pmatrix} = \begin{pmatrix}4\\0\\2\end{pmatrix} + s\begin{pmatrix}0\\12\\4\end{pmatrix}$$

$$\begin{aligned} &\text{I} && 8r = 4 \\ &\text{II} && 12r = 12s \\ &\text{III} && 6 - 4r = 2 + 4s \end{aligned}$$

aus I: $r = \frac{1}{2}$

in II: $s = \frac{1}{2} \Rightarrow S(4|6|4)$

in III: $4 = 4$

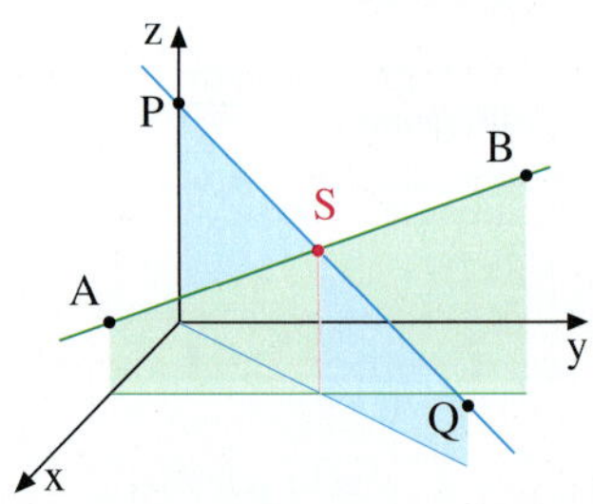

Beispiel: Windschiefe Geraden

Untersuchen Sie die relative Lage von g: $\vec{x} = \begin{pmatrix}2\\0\\0\end{pmatrix} + r\begin{pmatrix}1\\1\\-2\end{pmatrix}$ und h: $\vec{x} = \begin{pmatrix}1\\0\\0\end{pmatrix} + s\begin{pmatrix}2\\2\\-3\end{pmatrix}$.

Lösung:
g und h sind nicht parallel, da ihre Richtungsvektoren nicht kollinear sind, was man durch einfaches Hinsehen erkennen kann.

Wir führen durch Gleichsetzen der rechten Seiten der beiden Geradengleichungen eine Schnittuntersuchung durch, die auf einen Widerspruch führt. Das zugeordnete Gleichungssystem ist unlösbar. Die Geraden schneiden sich also nicht, es verbleibt nur noch eine Möglichkeit:
Die Geraden g und h sind windschief.

Schnittuntersuchung:

$$\begin{pmatrix}2\\0\\0\end{pmatrix} + r\begin{pmatrix}1\\1\\-2\end{pmatrix} = \begin{pmatrix}1\\0\\0\end{pmatrix} + s\begin{pmatrix}2\\2\\-3\end{pmatrix}$$

$$\begin{array}{ll} \text{I} & 2 + r = 1 + 2s \\ \text{II} & r = 2s \\ \text{III} & -2r = -3s \end{array}$$

I–II: $2 = 1$ Widerspruch

$\Rightarrow$ g und h sind windschief

Übung 2 Lagebeziehung

Gesucht ist die relative Lage von g und h.

a) g: $\vec{x} = \begin{pmatrix}0\\1\\2\end{pmatrix} + r\begin{pmatrix}2\\1\\-3\end{pmatrix}$, h: $\vec{x} = \begin{pmatrix}-2\\-2\\7\end{pmatrix} + s\begin{pmatrix}-2\\1\\1\end{pmatrix}$

b) g: $\vec{x} = \begin{pmatrix}1\\1\\2\end{pmatrix} + r\begin{pmatrix}1\\-2\\2\end{pmatrix}$, h: $\vec{x} = \begin{pmatrix}-1\\2\\1\end{pmatrix} + s\begin{pmatrix}-2\\4\\-4\end{pmatrix}$

c) g: $\vec{x} = \begin{pmatrix}3\\0\\1\end{pmatrix} + r\begin{pmatrix}1\\1\\-2\end{pmatrix}$, h: $\vec{x} = \begin{pmatrix}0\\2\\0\end{pmatrix} + s\begin{pmatrix}2\\1\\1\end{pmatrix}$

d) g: $\vec{x} = \begin{pmatrix}2\\0\\1\end{pmatrix} + r\begin{pmatrix}2\\1\\-1\end{pmatrix}$, h: $\vec{x} = \begin{pmatrix}0\\2\\-4\end{pmatrix} + s\begin{pmatrix}2\\0\\1\end{pmatrix}$

Übung 3 Parallele Geraden

Welche der Geraden sind parallel, welche schneiden sich?

g: $\vec{x} = \begin{pmatrix}1\\0\\2\end{pmatrix} + r\begin{pmatrix}2\\-1\\1\end{pmatrix}$

h: $\vec{x} = \begin{pmatrix}5\\-3\\2\end{pmatrix} + s\begin{pmatrix}-2\\3\\3\end{pmatrix}$

Gerade u durch C(2|−2|3) und D(−2|0|1),

Gerade v durch E(2|0|0) und F(0|3|3).

Übung 4 Raumgeraden

Ein Raum ist 8 m tief, 6 m breit und 4 m hoch.

a) Wie lauten die vektoriellen Geradengleichungen der Raumdiagonalen g_{AG} und g_{BH}?

b) Untersuchen Sie, welche relative Lage g_{AG} und g_{BH} zueinander einnehmen.

c) M ist der Mittelpunkt der rechten Wand BCGF.
Welche Lage nehmen die Geraden h_{AM} und g_{BH} zueinander ein?

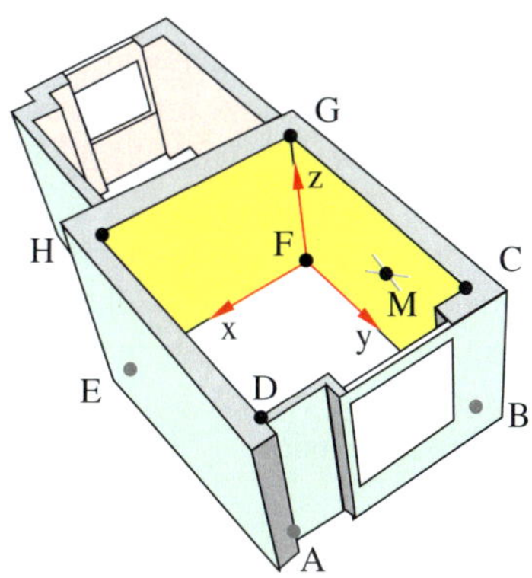

Mit Hilfe der Lagebeziehungsuntersuchung für Geraden im Raum können einfache Anwendungsprobleme modellhaft gelöst werden, z. B. Flugbahnprobleme.

Beispiel: Flugbahnen

Der Rettungshubschrauber Alpha startet um 10:00 Uhr vom Stützpunkt Amadinda A (10|6|0). Er fliegt geradlinig mit einer Geschwindigkeit von 300 km/h zum Gipfel des Mount Devil D (4|−3|3), wo sich der Unfall ereignet hat. Die Koordinaten sind in Kilometern angegeben. Zeitgleich hebt der Hubschrauber Beta von der Spitze des Bergs Tarawangsa T (7|−8|3) ab, um Touristen nach B (4|16|0) zurückzubringen. Seine Geschwindigkeit beträgt 350 km/h.

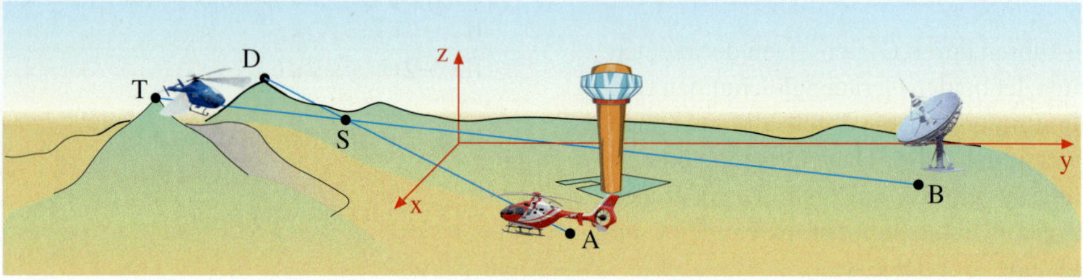

a) Zeigen Sie, dass sich die beiden Hubschrauber auf Kollisionskurs befinden.
b) Untersuchen Sie, ob die Hubschrauber tatsächlich kollidieren.

Lösung zu a:
Wir stellen die Flugbahngleichungen mit Hilfe der Zweipunkteform auf.
Anschließend untersuchen wir, ob die beiden Bahnen sich schneiden.
Wir erhalten einen Schnittpunkt S (6|0|2).
Die Hubschrauber befinden sich also auf Kollisionskurs.

Gleichungen der Flugbahnen:

$$\alpha: \vec{x} = \begin{pmatrix} 10 \\ 6 \\ 0 \end{pmatrix} + r \begin{pmatrix} -6 \\ -9 \\ 3 \end{pmatrix}$$

$$\beta: \vec{x} = \begin{pmatrix} 7 \\ -8 \\ 3 \end{pmatrix} + s \begin{pmatrix} -3 \\ 24 \\ -3 \end{pmatrix}$$

Schnittpunkt der Flugbahnen:

Für $r = \frac{2}{3}$ und $s = \frac{1}{3}$ ergibt sich der Schnittpunkt S (6|0|2).

Lösung zu b:
Wir errechnen zunächst die Länge der Flugstrecken der Hubschrauber bis zum Schnittpunkt, d. h. die Beträge der beiden Vektoren $\overrightarrow{AS}$ und $\overrightarrow{TS}$.
Dividieren wir diese Strecken durch die zugehörigen Hubschraubergeschwindigkeiten, so erhalten wir die Flugzeiten bis zum Schnittpunkt in Stunden, die wir in Minuten umrechnen.
Hubschrauber Alpha ist 0,11 Minuten später am möglichen Kollisionspunkt als Hubschrauber Beta. Dieser ist dann schon ca. 640 m weitergeflogen. Es kommt daher nicht zu einer Kollision.

Flugstrecken bis zum Schnittpunkt:

$$|\overrightarrow{AS}| = \left|\begin{pmatrix} -4 \\ -6 \\ 2 \end{pmatrix}\right| = \sqrt{56} \approx 7{,}48\,\text{km}$$

$$|\overrightarrow{TS}| = \left|\begin{pmatrix} -1 \\ 8 \\ -1 \end{pmatrix}\right| = \sqrt{66} \approx 8{,}12\,\text{km}$$

Flugzeiten bis zum Schnittpunkt:

$$t_{\text{Alpha}} = \frac{7{,}48}{300}\,\text{h} \approx 0{,}025\,\text{h} \approx 1{,}50\,\text{min}$$

$$t_{\text{Beta}} = \frac{8{,}12}{350}\,\text{h} \approx 0{,}023\,\text{h} \approx 1{,}39\,\text{min}$$

Übungen

5. Bogenschießen

Ein Bogenschütze zielt vom Punkt P(0|0|15) in Richtung des Vektors $\vec{v}$, um eine der drei im Bergland aufgestellten Scheiben zu treffen.

1 LE = 1 dm

a) Welche Scheibe trifft er? Wie lang ist die Flugbahn? Welche Geschwindigkeit hat der Pfeil, wenn der Flug eine Sekunde dauert?

b) In welche Richtung $\vec{w}$ muss der Schütze zielen, um die Elchscheibe zu treffen?

Bär(−155|465|85)
Wolf(−155|465|92,5)
Elch(−160|640|95)

$\vec{v} = \begin{pmatrix} -1 \\ 3 \\ 0{,}5 \end{pmatrix}$

6. Motorradstunt

Ein Drahtseilartist plant, mit einem Motorrad vom Startpunkt A(20|20|0) auf den Turm der Stadtkirche zum Punkt B(220|420|80) zu fahren (1 LE = 1 m). Das Fahrseil soll durch drei senkrechte Masten mit den Spitzen S_1(70|120|20), S_2(120|220|30) und S_3(170|300|60) gestützt werden.

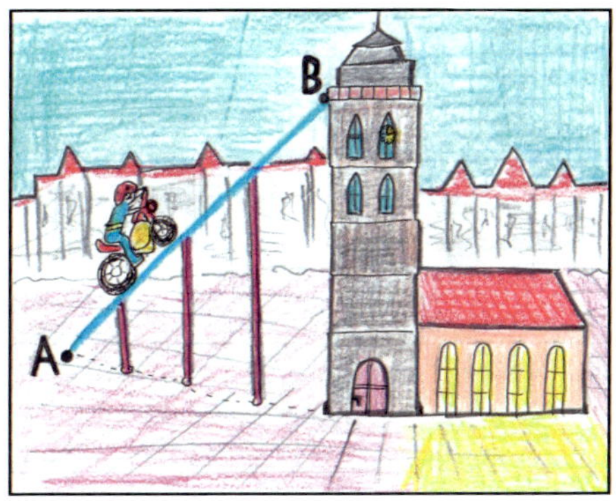

a) Sind die Masten als Stützen geeignet? Können Sie ggf. durch Kürzen oder Verlängern passend gemacht werden?

b) Wie lange dauert der Stunt, wenn das Motorrad mit 20 km/h fährt?

c) Unter welchem Winkel steigt das Fahrseil an?

7. Wasserspeicher

An den Positionen M und N befinden sich zwei Wasserspeicher. Ein Überlaufkanal k führt von M nach A. Vom Oberflächenpunkt T wird eine Belüftungsbohrung b in Richtung des Vektors $\vec{v}$ vorgetrieben. Außerdem ist eine Versorgungsleitung g vom Oberflächenpunkt E, der senkrecht über M liegt, zum Speicher N geplant.

1 LE = 100 m

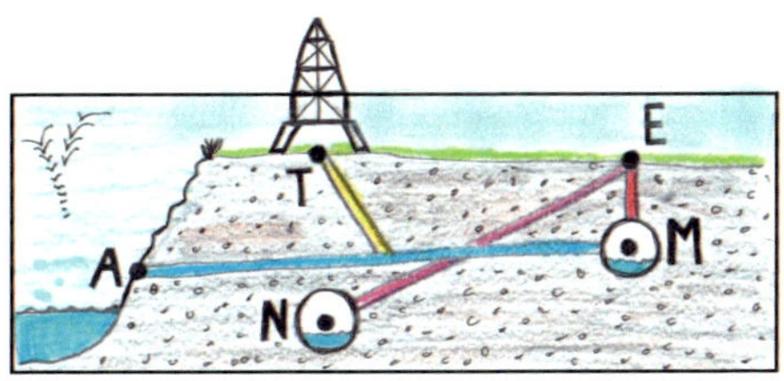

M(8|12|−6), N(14|2|−10)
A(11|0|−9), T(8|2|0), $\vec{v} = \begin{pmatrix} 1 \\ 1 \\ -4 \end{pmatrix}$

Trifft die Belüftungsbohrung b den Überlaufkanal k? Wie lang muss der Bohrer sein? Zeigen Sie, dass die Versorgungsleitung g weder k noch b trifft. Wie lange dauert das Bohren von g bei einem Vortrieb von 20 cm/min?

8. Punktprobe

Prüfen Sie, ob die Punkte P und Q auf der Geraden g durch A und B liegen.

a) A(0|0|5) P(3|6|2)
B(1|2|4) Q(4|8|0)

b) A(6|3|0) P(2|5|4)
B(0|6|6) Q(4|2|4)

9. Optische Täuschung

Das Schrägbild zeigt eine Gerade g durch die Punkte A und B sowie zwei weitere Punkte P und Q, die auf g zu liegen scheinen. Ist dies tatsächlich der Fall?

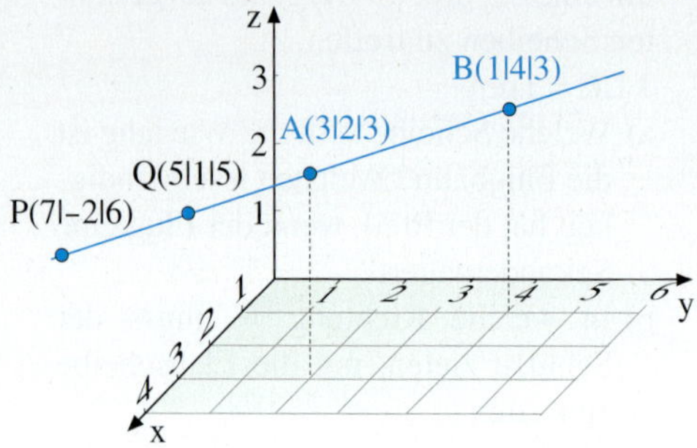

10. Punkt und Strecke

Untersuchen Sie, ob der Punkt P auf der Strecke $\overline{AB}$ liegt.

a) A(2|1|4) B(5|7|1) P(3|3|3)

b) A(−2|4|5) B(2|8|9) P(0|6|7)

c) A(3|0|7) B(4|1|6) P(7|4|3)

d) A(2|1|3) B(6|7|1) P(4|3|1)

11. Dreieck

Gegeben sei ein Dreieck ABC mit den Eckpunkten A(0|6|6), B(0|6|3) und C(3|3|0) sowie die Punkte P(2|2|2), Q(2|4|1) und R(2|5,5|4,5).

Fertigen Sie ein Schrägbild an und überprüfen Sie rechnerisch, welche der Punkte P, Q und R auf den Seiten des Dreiecks liegen.

12. Parallele Geraden

Welche der folgenden sechs Geraden sind parallel zueinander, welche sind sogar identisch?

g: $\vec{x} = \begin{pmatrix} 1 \\ 2 \\ -4 \end{pmatrix} + r \begin{pmatrix} 8 \\ -4 \\ 2 \end{pmatrix}$ h: $\vec{x} = \begin{pmatrix} 1 \\ 2 \\ -4 \end{pmatrix} + r \begin{pmatrix} 2 \\ -1 \\ 1 \end{pmatrix}$ k: $\vec{x} = \begin{pmatrix} 5 \\ 0 \\ -5 \end{pmatrix} + r \begin{pmatrix} 4 \\ -2 \\ 1 \end{pmatrix}$

u: Gerade durch A(1|2|−6) und B(9|−2|−4) v: $\vec{x} = \begin{pmatrix} -3 \\ 4 \\ -5 \end{pmatrix} + r \begin{pmatrix} -2 \\ 1 \\ -0{,}5 \end{pmatrix}$ w: Gerade durch A(6|−1|−1) und B(2|1|−3)

13. Schnittpunktberechnung

Gegeben sind die Gerade g durch A und B sowie die Gerade h durch C und D.
Zeigen Sie, dass die Geraden sich schneiden, und berechnen Sie den Schnittpunkt S.

a) A(3|1|2), B(5|3|4) C(2|1|1), D(3|3|2)

b) A(1|0|0), B(1|1|1) C(2|4|5), D(3|6|8)

c) A(4|1|5), B(6|0|6) C(1|2|3), D(−2|5|3)

14. Windschiefe Geraden
Zeigen Sie, dass die Geraden g und h windschief sind.

a) g: $\vec{x} = \begin{pmatrix}1\\0\\1\end{pmatrix} + r\begin{pmatrix}1\\-1\\0\end{pmatrix}$
h: $\vec{x} = \begin{pmatrix}0\\1\\0\end{pmatrix} + s\begin{pmatrix}0\\1\\1\end{pmatrix}$

b) g: $\vec{x} = \begin{pmatrix}1\\1\\-1\end{pmatrix} + r\begin{pmatrix}1\\2\\1\end{pmatrix}$
h: $\vec{x} = \begin{pmatrix}0\\1\\1\end{pmatrix} + s\begin{pmatrix}1\\1\\1\end{pmatrix}$

c) g: $\vec{x} = \begin{pmatrix}1\\-1\\2\end{pmatrix} + r\begin{pmatrix}2\\2\\1\end{pmatrix}$
h: $\vec{x} = \begin{pmatrix}3\\-3\\0\end{pmatrix} + s\begin{pmatrix}0\\3\\1\end{pmatrix}$

15. Lagebeziehung
Untersuchen Sie, welche Lagebeziehung zwischen der Geraden g durch A und B und der Geraden h durch C und D besteht. Berechnen Sie gegebenenfalls den Schnittpunkt.

a) A(−1|1|1), B(1|1|−1)
C(1|1|1), D(0|1|2)

b) A(4|2|1), B(0|4|3)
C(1|2|1), D(3|4|3)

c) A(2|0|4), B(4|2|3)
C(6|4|2), D(10|8|0)

16. Geraden im Raum
Überprüfen Sie, ob die eingezeichneten Geraden sich schneiden, und berechnen Sie gegebenenfalls den Schnittpunkt.

a)
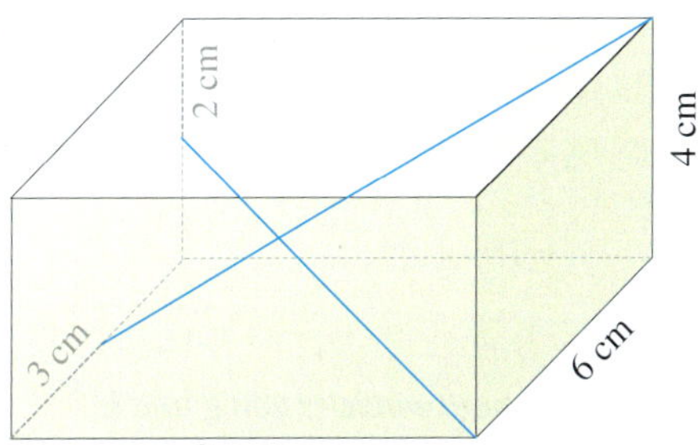

b)
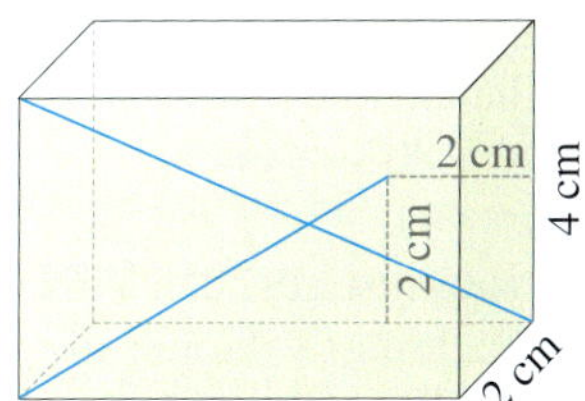

17. Ebenes Raumviereck
Vier Punkte bilden ein ebenes Raumviereck, wenn die Diagonalen $\overline{AC}$ und $\overline{BD}$ sich schneiden. Prüfen Sie, ob die Punkte A, B, C, D ein solches Viereck bilden.

a) A(3|1|2), B(6|2|2), C(5|9|4), D(1|4|3)
b) A(4|0|0), B(4|3|1), C(0|3|4), D(4|0|3)
c) A(5|2|0), B(1|2|6), C(1|6|0), D(6|7|−2)

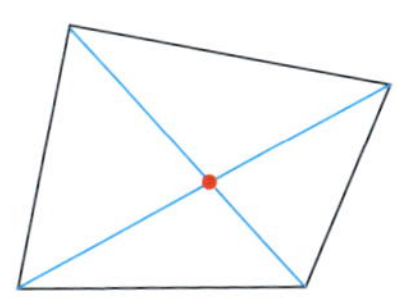
Die Diagonalen schneiden sich.

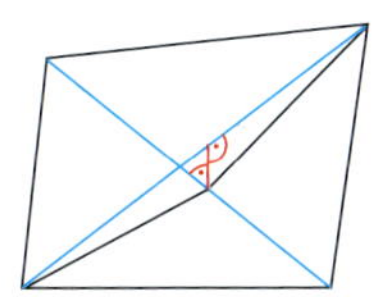
Die Diagonalen schneiden sich nicht.

18. Pyramide
Gegeben ist eine 6m hohe gerade quadratische Pyramide, deren Grundflächenseiten 6m lang sind.
Der Punkt M liegt in der Mitte der Seite $\overline{SC}$. Die Strecke $\overline{SA}$ ist dreimal so lang wie die Strecke $\overline{SN}$.
Wo schneiden sich die eingezeichneten Geraden?

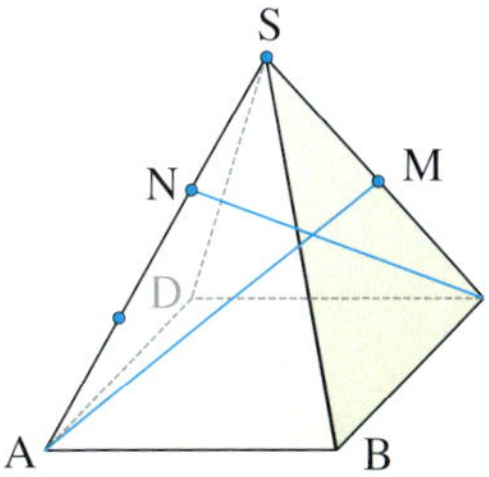

4. Der Winkel zwischen Geraden

Schneiden sich zwei Geraden in einem Punkt S, so bilden sie dort zwei Paare von Scheitelwinkeln. Einer der beiden Winkel überschreitet 90° nicht. Diesen Winkel bezeichnet man als ***Schnittwinkel der Geraden***. Dieser kann mit Hilfe der Richtungsvektoren der beiden Geraden berechnet werden. Dazu verwendet man das Skalarprodukt, genauer gesagt die Kosinusformel für den Winkel zwischen Vektoren auf Seite 68.

Beispiel: Die Geraden g: $\vec{x} = \begin{pmatrix}-2\\7\\6\end{pmatrix} + r\begin{pmatrix}-3\\4\\4\end{pmatrix}$ und h: $\vec{x} = \begin{pmatrix}1\\-4\\5\end{pmatrix} + s\begin{pmatrix}0\\-7\\3\end{pmatrix}$ schneiden sich im Punkt S(1|3|2). Bestimmen Sie den Schnittwinkel γ der Geraden.

Lösung:
Denken wir uns die Richtungsvektoren der beiden Geraden im Schnittpunkt S angesetzt, so schließen sie entweder den Schnittwinkel γ der Geraden oder dessen Ergänzungswinkel $\gamma' = 180° - \gamma$ ein.

Es reicht also zunächst aus, den Winkel δ zwischen den Richtungsvektoren $\vec{m}_1$ und $\vec{m}_2$ zu berechnen. Wir erhalten für den Winkel $\delta \approx 109{,}15°$. Dies bedeutet, dass wir γ' bestimmt haben. γ hat daher die Größe 70,85°.

1. Winkel zwischen $\vec{m}_1$ und $\vec{m}_2$:

$$\vec{m}_1 = \begin{pmatrix}-3\\4\\4\end{pmatrix}, \vec{m}_2 = \begin{pmatrix}0\\-7\\3\end{pmatrix}$$

$$\cos\delta = \frac{\vec{m}_1 \cdot \vec{m}_2}{|\vec{m}_1| \cdot |\vec{m}_2|} = \frac{-16}{\sqrt{41} \cdot \sqrt{58}} \approx -0{,}3281$$

$$\delta \approx 109{,}15°$$

2. Schnittwinkel γ von g und h:

$$\gamma \approx 180° - 109{,}15° = 70{,}85°$$

Noch einfacher ist es, die Kosinusformel leicht zu verändern durch Betragsbildung im Zähler. Dann erhält man sofort den Schnittwinkel γ. (Begründen Sie dies!)

Schnittwinkel von Geraden

g und h seien zwei Geraden mit den Richtungsvektoren $\vec{m}_1$ und $\vec{m}_2$. Dann gilt für ihren Schnittwinkel γ:

$$\cos\gamma = \frac{|\vec{m}_1 \cdot \vec{m}_2|}{|\vec{m}_1| \cdot |\vec{m}_2|}.$$

Es gilt $0° \le \gamma \le 90°$.

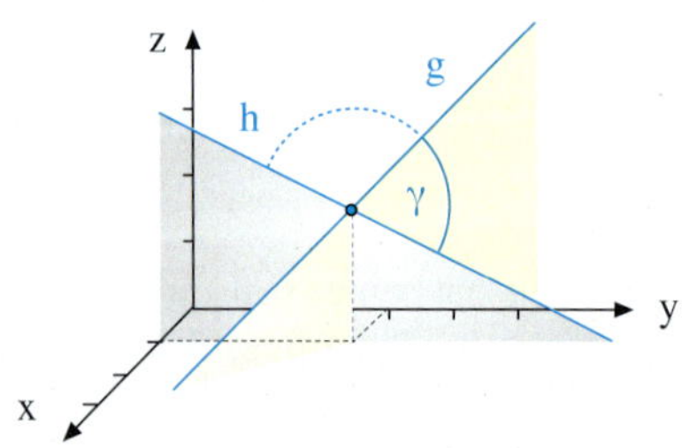

Übung 1 Schnittpunkt und Schnittwinkel

Bestimmen Sie den Schnittpunkt und den Schnittwinkel der Geraden g und h.

a) g: $\vec{x} = \begin{pmatrix}0\\2\\1\end{pmatrix} + r \cdot \begin{pmatrix}1\\1\\2\end{pmatrix}$, h: $\vec{x} = \begin{pmatrix}0\\1\\-4\end{pmatrix} + s \cdot \begin{pmatrix}2\\1\\-1\end{pmatrix}$

b) g: $\vec{x} = \begin{pmatrix}1\\-2\end{pmatrix} + r \cdot \begin{pmatrix}1\\2\end{pmatrix}$, h: $\vec{x} = \begin{pmatrix}0\\4\end{pmatrix} + s \cdot \begin{pmatrix}-1\\2\end{pmatrix}$

Stehen zwei Geraden orthogonal zueinander, so lässt sich dieses sofort anhand der Orthogonalität der Richtungsvektoren feststellen. Es gilt folgende ***Orthogonalitätsbedingung***:

Orthogonalitätsbedingung

Zwei Geraden, die sich schneiden, stehen senkrecht aufeinander, wenn ihre Richtungsvektoren orthogonal sind (d. h., wenn das Skalarprodukt der Richtungsvektoren null ergibt).

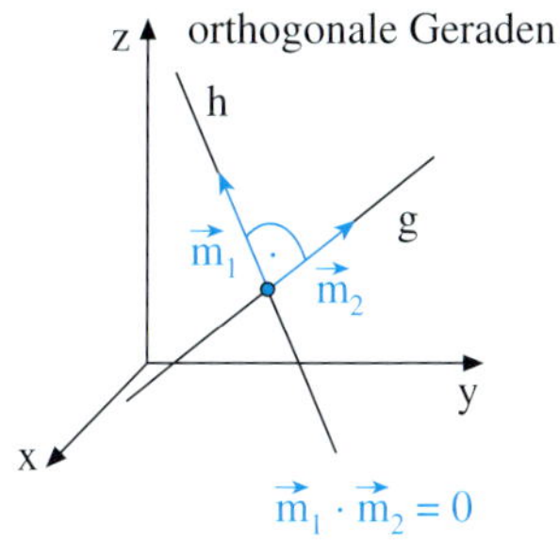

Übung 2 Orthogonale Geraden

Überprüfen Sie, ob g und h senkrecht stehen oder ob sie für einen Wert von a senkrecht stehen können.

a) g: $\vec{x} = \binom{2}{3} + r\binom{1}{1}$, h: $\vec{x} = \binom{2}{9} + s\binom{2}{1}$

b) g: $\vec{x} = \begin{pmatrix}1\\1\\2\end{pmatrix} + r\begin{pmatrix}3\\-2\\1\end{pmatrix}$, h: $\vec{x} = \begin{pmatrix}-2\\3\\1\end{pmatrix} + s\begin{pmatrix}2\\1\\-4\end{pmatrix}$

c) g: $\vec{x} = \binom{3}{3} + r\binom{3}{-1}$, h: $\vec{x} = \binom{4}{6} + s\binom{-1}{a}$

d) g: $\vec{x} = \begin{pmatrix}3\\0\\1\end{pmatrix} + r\begin{pmatrix}2\\1\\-4\end{pmatrix}$, h: $\vec{x} = \begin{pmatrix}2\\-0{,}5\\3\end{pmatrix} + s\begin{pmatrix}a\\2\\-1\end{pmatrix}$

Übung 3 Schnittpunkt und Schnittwinkel

Bestimmen Sie den Schnittpunkt und den Schnittwinkel der Geraden g und h.

a) g: $\vec{x} = \binom{1}{2} + r\binom{3}{1}$, h: $\vec{x} = \binom{4}{1} + s\binom{1}{1}$

b) g: $\vec{x} = \begin{pmatrix}3\\1\\4\end{pmatrix} + r\begin{pmatrix}2\\2\\-2\end{pmatrix}$, h: $\vec{x} = \begin{pmatrix}2\\3\\-1\end{pmatrix} + s\begin{pmatrix}1\\2\\-3\end{pmatrix}$

c) g durch A(2|1) und B(3|2),
h durch C(2|7) und D(4|5)

d) g durch A(3|2|5) und B(5|6|3),
h durch C(4|3|7) und D(−2|−6|4)

Übung 4 Ursprungsgerade

Unter welchen Winkeln schneidet die Ursprungsgerade g: $\vec{x} = r\begin{pmatrix}1\\2\\4\end{pmatrix}$ die Koordinatenachsen?

Übung 5 Parameteraufgabe

Bestimmen Sie t so, dass die Gerade durch P(6|4|t) die x-Achse bei x = 3 unter 60° schneidet.

Übung 6 Die Mittelsenkrechte auf einer Strecke im $\mathbb{R}^2$

Gegeben ist das Dreieck ABC mit A(1|2), B(9|0) und C(5|6).

a) Bestimmen Sie den Mittelpunkt M der Strecke $\overline{AB}$.

b) Bestimmen Sie einen Vektor $\vec{n} = \binom{x}{y}$, der senkrecht auf dem Streckenvektor $\overrightarrow{AB}$ steht.

c) Stellen Sie die Gleichung der Mittelsenkrechten g_{AB} der Strecke $\overline{AB}$ auf.

d) Berechnen Sie den Schnittpunkt S der Mittelsenkrechten von $\overline{AB}$ und $\overline{AC}$. Geben Sie die Bedeutung des Punktes S an.

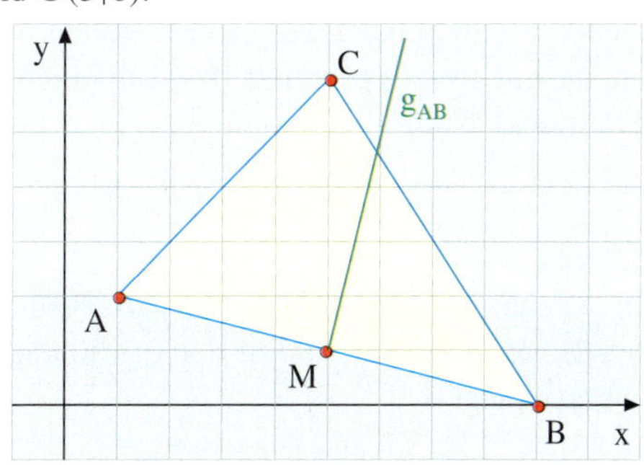

5. Spurpunkte mit Anwendungen

In diesem Abschnitt werden als exemplarische Anwendungsbeispiele für Geraden Spurpunktprobleme behandelt.

Die Schnittpunkte einer Geraden mit den Koordinatenebenen bezeichnet man als *Spurpunkte* der Geraden.

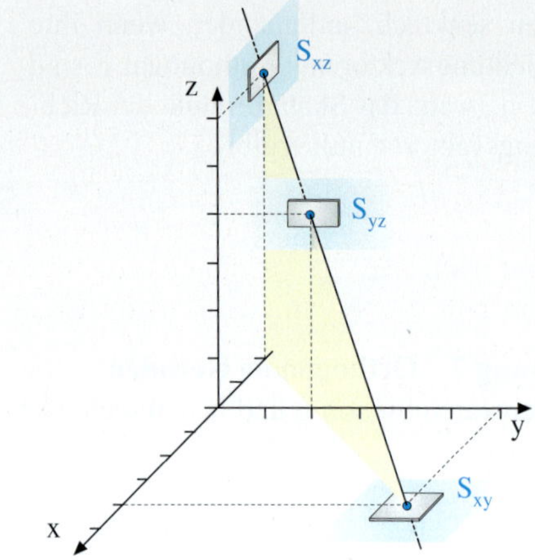

Beispiel: Spurpunkte

Gegeben sei g: $\vec{x} = \begin{pmatrix} 2 \\ 4 \\ 2 \end{pmatrix} + r \begin{pmatrix} 1 \\ 1 \\ -1 \end{pmatrix}$.

Bestimmen Sie die Spurpunkte der Geraden und fertigen Sie eine Skizze an.

Lösung:
Der Schnittpunkt der Geraden mit der x-y-Ebene wird als Spurpunkt S_{xy} bezeichnet.
Er hat die z-Koordinate $z = 0$.
Die z-Koordinate des allgemeinen Geradenpunktes beträgt $z = 2 - r$.
Setzen wir diese 0, so erhalten wir $r = 2$, was auf den Spurpunkt $S_{xy}(4|6|0)$ führt.

$$z = 0 \Leftrightarrow 2 - r = 0 \Leftrightarrow r = 2$$

$$\vec{x} = \begin{pmatrix} 2 \\ 4 \\ 2 \end{pmatrix} + 2 \cdot \begin{pmatrix} 1 \\ 1 \\ -1 \end{pmatrix} = \begin{pmatrix} 4 \\ 6 \\ 0 \end{pmatrix}$$

$S_{xy}(4|6|0)$

Analog errechnen wir die weiteren Spurpunkte, indem wir die x-Koordinate bzw. die y-Koordinate des allgemeinen Geradenpunktes null setzen.
Ergebnisse: $S_{yz}(0|2|4)$, $S_{xz}(-2|0|6)$

Übung 1

Berechnen Sie die Spurpunkte der Geraden g durch A und B. Fertigen Sie eine Skizze an.

a) $A(10|6|-1)$, $B(4|2|1)$
b) $A(-2|4|9)$, $B(4|-2|3)$
c) $A(4|1|1)$, $B(-2|1|7)$
d) $A(2|4|-2)$, $B(-1|-2|4)$

Übung 2

Geben Sie die Gleichung einer Geraden g an, die nur zwei Spurpunkte bzw. nur einen Spurpunkt besitzt.

Übung 3

In welchen Punkten durchdringen die Kanten der skizzierten Pyramide den 2 m hohen Wasserspiegel?

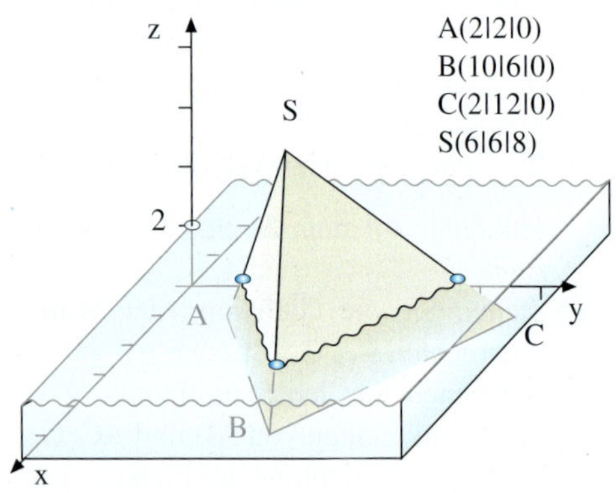

Im Folgenden werden Spurpunktberechnungen zur Lösung von Anwendungsaufgaben zur Lichtreflexion und zum Schattenwurf eingesetzt.

Beispiel: Lichtreflexion

Der Verlauf eines Lichtstrahls soll verfolgt werden. Der Strahl geht vom Punkt A(0|6|6) aus und läuft in Richtung des Vektors $\begin{pmatrix}1\\-1\\-2\end{pmatrix}$ auf die x-y-Ebene zu, an der er reflektiert wird.

Wo trifft der Strahl auf die x-y-Ebene? Wie lautet die Geradengleichung des dort reflektierten Strahles und wo trifft dieser auf die x-z-Ebene?

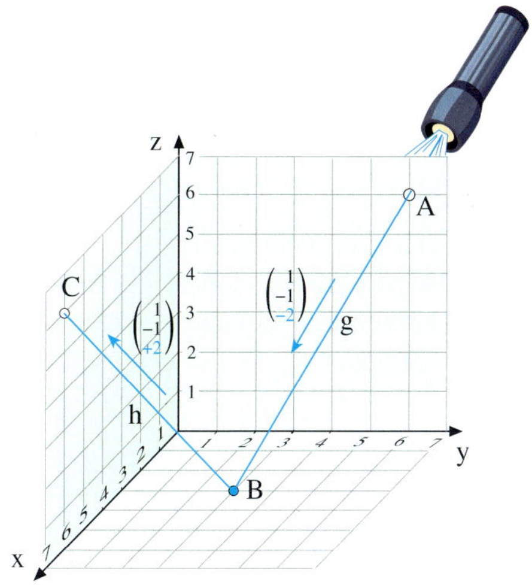

Lösung:

Wir bestimmen zunächst die Geradengleichung des von A ausgehenden Strahls g. Dessen Schnittpunkt B mit der x-y-Ebene erhalten wir durch Nullsetzen der z-Koordinate des allgemeinen Geradenpunktes von g.

Der reflektierte Strahl h geht von diesem Punkt B(3|3|0) aus. Bei der Reflexion ändert sich nur diejenige Koordinate des Richtungsvektors, die senkrecht auf der Reflexionsebene steht. Diese Koordinate wechselt ihr Vorzeichen, hier also die z-Koordinate. Der Richtungsvektor von h ist daher $\begin{pmatrix}1\\-1\\+2\end{pmatrix}$. Nun können wir die Geradengleichung des reflektierten Strahls h aufstellen und dessen Schnittpunkt mit der x-z-Ebene berechnen. Es ist der Punkt C(6|0|6).

Gleichung des Strahls g:

$$g: x = \begin{pmatrix}0\\6\\6\end{pmatrix} + r\begin{pmatrix}1\\-1\\-2\end{pmatrix}$$

Schnittpunkt mit der x-y-Ebene:

$$z=0 \Leftrightarrow 6-2r=0 \Leftrightarrow r=3 \Rightarrow B(3|3|0)$$

Gleichung des reflektierten Strahls h:

$$h: \vec{x} = \begin{pmatrix}3\\3\\0\end{pmatrix} + s\begin{pmatrix}1\\-1\\+2\end{pmatrix}$$

Schnittpunkt mit der x-z-Ebene:

$$y=0 \Leftrightarrow 3-s=0 \Leftrightarrow s=3 \Rightarrow C(6|0|6)$$

Übung 4 Billard

Auch beim Billardspiel kommt es zu Reflexionen der Kugel an der Bande. Auf dem abgebildeten Tisch liegt die Kugel in der Position P(6|4). Sie wird geradlinig in Richtung des Vektors $\binom{2}{3}$ gestoßen.

Entscheiden Sie, ob die Kugel ins Loch bei L(14|0) läuft.

Lösen Sie die Aufgabe zeichnerisch und rechnerisch.

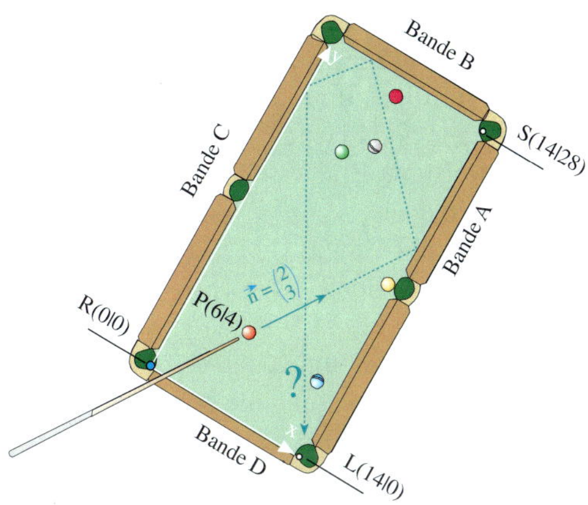

Spurpunktberechnungen können auch zur Konstruktion der Schattenbilder von Gegenständen im Raum auf die Koordinatenebenen verwendet werden.

Beispiel: Schattenwurf

Im 1. Oktanden des Koordinatensystems steht die senkrechte Strecke $\overline{PQ}$ mit P(4|3|0) und Q(4|3|6).

In Richtung des Vektors $\begin{pmatrix} -2 \\ 1 \\ -2 \end{pmatrix}$ fällt paralleles Licht auf die Strecke.

Konstruieren Sie rechnerisch ein Schattenbild der Strecke auf den Randflächen des 1. Oktanden.

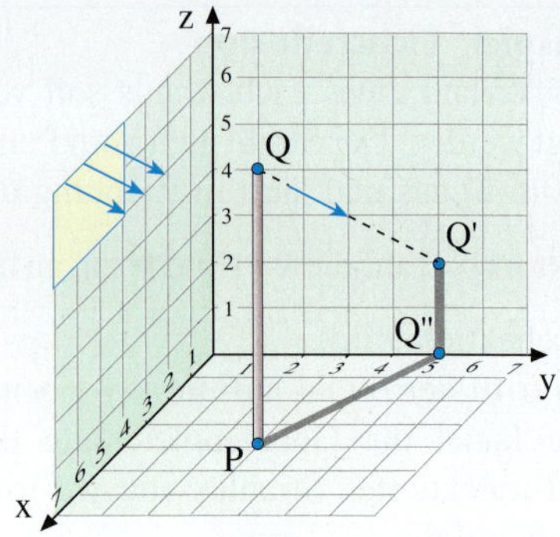

Lösung:

Das Ergebnis ist rechts abgebildet, ein abknickender Schatten. Es wurde durch Verfolgung desjenigen Lichtstrahls g konstruiert, der durch den Punkt Q führt.

Nach dem Aufstellen der Geradengleichung von g errechnen wir den Spurpunkt Q′ von g in der y-z-Ebene, denn wir vermuten, dass der Strahl g diese Ebene zuerst trifft.

Gleichung des Strahls g durch Q:

$$g: \vec{x} = \begin{pmatrix} 4 \\ 3 \\ 6 \end{pmatrix} + r \begin{pmatrix} -2 \\ 1 \\ -2 \end{pmatrix}$$

Durch Nullsetzen der x-Koordinate des allgemeinen Geradenpunktes erhalten wir r = 2, d. h. Q′(0|5|2).

Schnittpunkt von g mit der y-z-Ebene:

$$x = 0 \Leftrightarrow 4 - 2r = 0 \Leftrightarrow r = 2 \Rightarrow Q'(0|5|2)$$

Der Fußpunkt des senkrechten Lotes von Q′ auf die y-Achse ist Q″(0|5|0).

Fußpunkt des Lotes von Q' auf die y-Achse:

Q″(0|5|0)

Der Schatten der Strecke $\overline{PQ}$ ist der Streckenzug PQ″Q′, wie oben eingezeichnet. Es handelt sich um einen abknickenden Schatten.

Übung 5 Schatten

Im mathematischen Klassenraum steht ein Schrank für die Aufbewahrung von Punkten, Strecken und Flächen. Er hat die Höhe 4 und die Breite 2. Für seine Tiefe reicht bekanntlich 0 aus.

In Richtung des Vektors $\begin{pmatrix} -1 \\ 1 \\ -1 \end{pmatrix}$ fällt paralleles Licht auf den Schrank.

Konstruieren Sie das Schattenbild des Schrankes auf dem Boden und den Wänden rechnerisch und zeichnen Sie es auf.

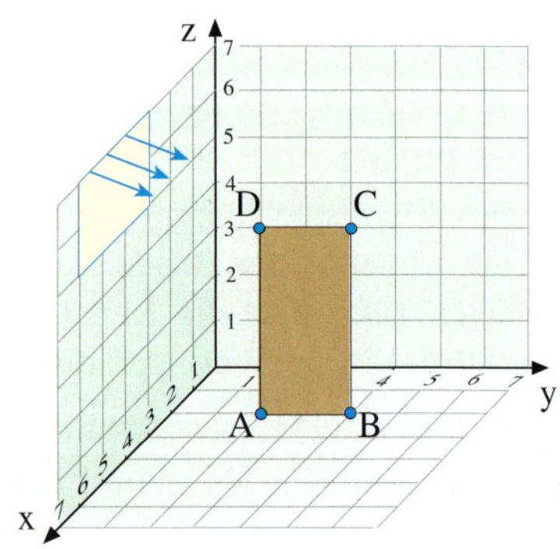

Übungen

6. Spurpunkte
Gegeben sind die Geraden g durch A (1|3|6) und B (2|4|3) sowie h: $\vec{x} = \begin{pmatrix} -1 \\ 4 \\ 6 \end{pmatrix} + s \begin{pmatrix} 2 \\ -2 \\ -2 \end{pmatrix}$

Bestimmen Sie die Spurpunkte der Geraden und zeichnen Sie ein Schrägbild.

7. Anzahl von Spurpunkten
Geraden können 1, 2, 3 oder unendlich viele unterschiedliche Spurpunkte besitzen. Erläutern Sie diese Tatsache und überprüfen Sie, welcher Fall bei den folgenden Geraden jeweils eintritt.

a) g: $\vec{x} = \begin{pmatrix} 3 \\ 2 \\ 2 \end{pmatrix} + r \begin{pmatrix} -1 \\ 0 \\ 2 \end{pmatrix}$
b) g: $\vec{x} = \begin{pmatrix} 1 \\ 1 \\ 4 \end{pmatrix} + r \begin{pmatrix} -1 \\ 1 \\ 2 \end{pmatrix}$
c) g: $\vec{x} = \begin{pmatrix} -3 \\ -2 \\ 2 \end{pmatrix} + r \begin{pmatrix} 1 \\ 2 \\ -2 \end{pmatrix}$

d) g: $\vec{x} = \begin{pmatrix} 2 \\ 0 \\ 1 \end{pmatrix} + r \begin{pmatrix} 1 \\ 0 \\ 2 \end{pmatrix}$
e) g: $\vec{x} = \begin{pmatrix} 2 \\ 2 \\ 3 \end{pmatrix} + r \begin{pmatrix} 0 \\ 0 \\ 2 \end{pmatrix}$
f) g: $\vec{x} = r \begin{pmatrix} 2 \\ 2 \\ 3 \end{pmatrix}$

8. Billard
In welchem Punkt trifft die vom Punkt P (2|4) in Richtung des Vektors $\begin{pmatrix} 3 \\ -1 \end{pmatrix}$ geradlinig gestoßene Billardkugel die Bande C erstmals?
Bestimmen Sie den gesuchten Punkt zeichnerisch und rechnerisch.

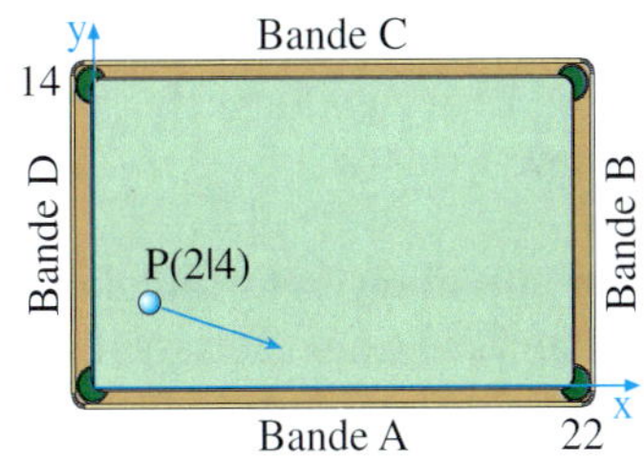

9. Schattenbilder
In Richtung des Vektors $\begin{pmatrix} -1 \\ -3 \\ 1 \end{pmatrix}$ fällt paralleles Licht.

a) Im 1. Oktanden des Koordinatensystems steht die zur x-y-Ebene senkrechte Strecke $\overline{PQ}$ mit P (4|6|0) und Q (4|6|3). Konstruieren Sie das Schattenbild der Strecke in der x-y-Ebene (zeichnerisch und rechnerisch).
b) Gegeben ist ein Rechteck ABCD mit A (4|3|0), B (2|3|0), C (2|3|3), D (4|3|3). Konstruieren Sie das Schattenbild des Rechtecks auf dem Boden und den Randflächen des 1. Oktanden (zeichnerisch und rechnerisch).

10. Dreiecksschatten
Im Koordinatenraum steht ein schräg nach oben geneigtes Dreieck ABC mit A (3|2|0), B (3|6|0), C (2|3|4). In Richtung des Vektors $\begin{pmatrix} -1 \\ -3 \\ -1 \end{pmatrix}$ fällt paralleles Licht auf dieses Dreieck.
Zeichnen Sie das Schattenbild des Dreiecks, wobei Sie sich an der (nicht maßstäblichen) Skizze orientieren. Berechnen Sie dann die Eckpunkte des Dreiecksschattens auf dem Boden und den Wänden des Raums.

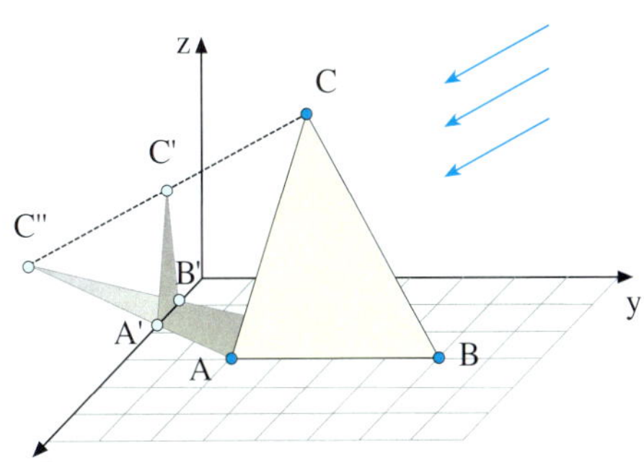

11. Flugbahnen

Flugzeug Alpha fliegt geradlinig durch die Punkte A(−8|3|2) und B(−4|−1|4). Eine Einheit im Koordinatensystem entspricht einem Kilometer. Der Flughafen F befindet sich in der x-y-Ebene.

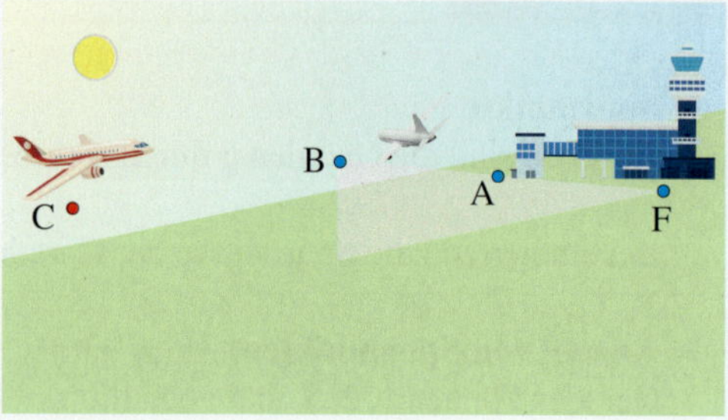

a) In welchem Punkt F ist das Flugzeug gestartet? In welchem Punkt T erreicht es seine Reiseflughöhe von 10 000 m?

b) Flugzeug Beta steuert Punkt C(10|−10|5) aus Richtung $\vec{v} = \begin{pmatrix} -2 \\ 2 \\ -1 \end{pmatrix}$ an. Zeigen Sie, dass die beiden Flugzeuge keinesfalls kollidieren können.

c) In dem Moment, an dem Flugzeug Alpha den Punkt B passiert, erreicht Flugzeug Beta den Punkt C. Wie groß ist die Entfernung der Flugzeuge zu diesem Zeitpunkt?

d) Beim Passieren von Punkt C wird Flugzeug Beta vom Tower aufgefordert, in Richtung $\vec{v} = \begin{pmatrix} -5 \\ 4 \\ -1 \end{pmatrix}$ weiterzufliegen. In 1000 m Höhe soll eine weitere Kursänderung erfolgen, die Flugzeug Beta zum Flughafen F bringt. In welche Richtung muss diese letzte Korrektur das Flugzeug führen?

12. Flugbahn und Fluggeschwindigkeit

Ein Sportflugzeug Gamma passiert um 10 Uhr den Punkt A(10|1|0,8) und 2 Minuten später den Punkt B(15|7|1). Eine Einheit im Koordinatensystem entspricht einem Kilometer. Das Flugzeug fliegt mit konstanter Geschwindigkeit.

a) Stellen Sie die Gleichung der Geraden g auf, auf der das Flugzeug Gamma fliegt. Erläutern Sie für Ihre Geradengleichung den Zusammenhang zwischen dem Geradenparameter und dem zugehörigen Zeitintervall.

b) Wo befindet sich das Flugzeug Gamma um 10:10 Uhr? Mit welcher Geschwindigkeit fliegt es? Wann erreicht das Flugzeug die Höhe von 4000 m?

c) Ein zweites Flugzeug Delta passiert um 10 Uhr den Punkt P(100|130|3,7) und eine Minute später den Punkt Q(95|121|3,6). Prüfen Sie, ob sich die beiden Flugbahnen schneiden, und untersuchen Sie, ob tatsächlich die Gefahr einer Kollision besteht.

13. Tauchfahrt

Ein U-Boot beginnt eine Tauchfahrt in P(100|200|0) mit 11,1 Knoten in Richtung des Peilziels Z(500|600|−80), bis es eine Tiefe von 80 m erreicht hat.

$\left(1 \text{ Knoten} = 1 \, \frac{\text{Seemeile}}{\text{Stunde}} \approx 1{,}852 \, \frac{\text{km}}{\text{h}}\right)$

Anschließend wechselt es ohne Kursveränderung in eine horizontale Schleichfahrt von 11 Knoten.

Enscheiden Sie, ob es zu einer Kollision mit der Tauchkugel T kommt, die zeitgleich vom Forschungsschiff S(700|800|0) mit einer Geschwindigkeit von 0,5 m/s senkrecht sinkt.

14. Bergwerksstollen

Vom Punkt A(−7|−3|−8) ausgehend soll durch den Punkt B(−2|0|−9) ein geradliniger Stollen namens Kuckucksloch in einen Berg getrieben werden. Ebenso soll ein Stollen namens Morgenstern von Punkt C(4|−6|−6) ausgehend über den Punkt D(7|−1|−8) geradlinig gebaut werden. Eine Einheit entspricht 100 m. Die Erdoberfläche liegt in der x-y-Ebene.

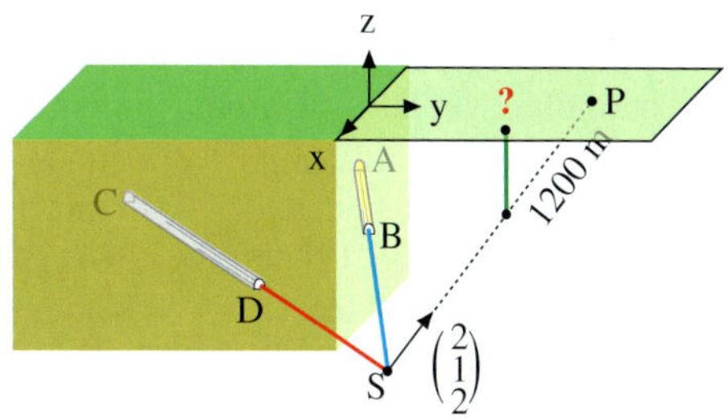

a) Prüfen Sie, ob die Ingenieure richtig gerechnet haben und die Stollen sich wie geplant in einem Punkt S treffen.

b) Im Stollen Kuckucksloch kann die Bohrung um 5 m pro Tag vorangetrieben werden. Wie hoch muss die Bohrleistung im Stollen Morgenstern durch C und D sein, damit beide Stollen am selben Tag den Vereinigungspunkt S erreichen?

c) Von Punkt S aus wird der Stollen Kuckucksloch weiter in Richtung $\begin{pmatrix}2\\1\\2\end{pmatrix}$ fortgesetzt. In welchem Punkt P erreicht der Stollen die Erdoberfläche?

d) In 1 200 m Entfernung von Punkt P auf der Strecke $\overline{SP}$ soll ein senkrechter Notausstieg gebohrt werden. An welchem Punkt der Erdoberfläche muss die Bohrung beginnen? Wie tief wird die Bohrung sein?

15. Pyramide

Gegeben sei eine gerade quadratische Pyramide, die 100 m breit und 50 m hoch ist.

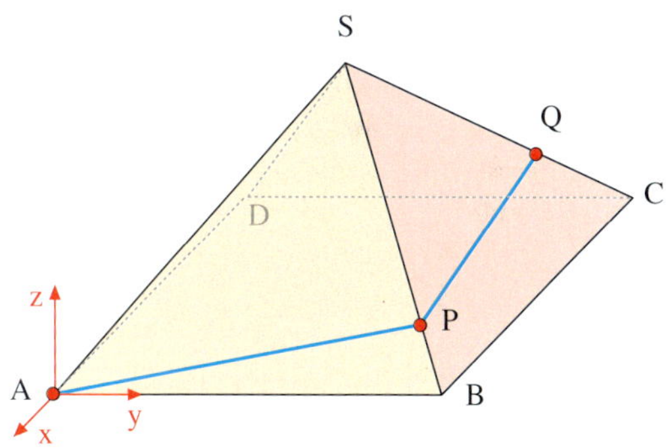

a) Bestimmen Sie die Gleichungen der Geraden, in denen die vier Pyramidenkanten verlaufen.

b) Forscher vermuten, dass das Baumaterial über riesige Rampen, die sich längs der eingezeichneten blauen Strecken an die Pyramide lehnten, transportiert wurde.
Die erste Rampe hat im Punkt P 10 m Höhen erreicht. Bestimmen Sie P.

c) Die anschließende Rampe soll den gleichen Steigungswinkel besitzen.
Bestimmen Sie die Gleichung der entsprechenden Geraden.
In welchem Punkt Q endet diese Rampe?
In welchem Punkt erreicht die Rampe die Höhe von 15 m?

d) In welchen Punkten durchstoßen die Pyramidenkanten eine Höhe von 20 m?
In welcher Höhe beträgt der horizontale Querschnitt der Pyramide 25 m²?

Vom Punkt T(50|−50|100) fällt Licht in Richtung $\begin{pmatrix}-1-a\\3-a\\a-2\end{pmatrix}$.

e) Zeigen Sie, dass vom Punkt T je ein Lichtstrahl auf die Punkte B und S fällt.

f) Zeigen Sie: Jeder Punkt der Kante $\overline{BS}$ wird angestrahlt.

g) Bestimmen Sie den Schattenwurf der Kante $\overline{BS}$ in der x-y-Ebene.

16. Kletterturm

Ein Kletterturm ist in der Form eines Pyramidenstumpfes geplant. Hierbei bilden die Ecken A(0|0|0), B(4|6|0), C(0|12|0) und D(−8|0|0) das Grundflächenviereck, während E(2|0|12), F(4|3|12), G(2|6|12) und H(−2|0|12) das Deckflächenviereck bilden.

a) Zeichnen Sie ein Schrägbild des Pyramidenstumpfes.
b) Zeichnen Sie die Grundfläche in der x-y-Ebene. Tragen Sie hierin auch die Projektion der Oberfläche ein. Klassifizieren Sie nun die vier Kletterflächen nach ihrem Schwierigkeitsgrad.
c) Zeigen Sie, dass es sich tatsächlich um eine Pyramide handelt. Überprüfen Sie hierzu die Pyramidenspitze S. Treffen sich die vier Kanten in S?
d) Bestimmen Sie zunächst das Volumen der Pyramide und dann das des Stumpfes.
e) Welche Koordinaten hat das Querschnittsviereck in halber Höhe des Stumpfes?
f) Zeigen Sie: Die Geradenschar durch S in Richtung $\begin{pmatrix} -2-2a \\ 3a \\ 12 \end{pmatrix}$ enthält die Geraden durch die Kanten $\overline{BF}$ und $\overline{CG}$.
g) Begründen Sie, dass die Richtungsvektoren der Schar aus f komplanar sind.

17. Pyramidenzelt

Ein Zelt hat die Form einer geraden quadratischen Pyramide mit 8 m Breite und 3 m Höhe. Den Eingang bildet das Trapez EFGH mit $|EF| = 4\,m$ und G bzw. H als Mitten der Strecken $\overline{ES}$ bzw. $\overline{FS}$.

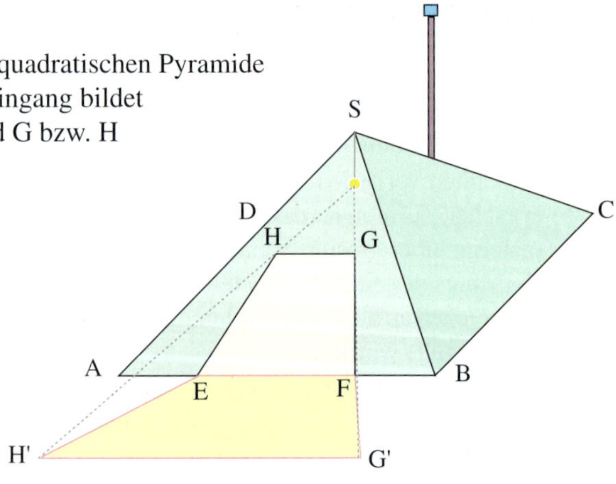

a) Wie groß ist der Eingang EFGH?
b) Ein Meter unter der Zeltspitze S befindet sich eine Lichtquelle. Durch den Eingang fällt Licht nach außen und begrenzt so eine beleuchtete Fläche. Wie groß ist sie?
c) Wie ändert sich die beleuchtete Fläche, wenn die Lichtquelle weiter nach oben bzw. weiter nach unten gebracht wird?
Welche Grenzflächen ergeben sich, wenn sich die Lichtquelle in S bzw. in 1,5 m Höhe befindet?
d) In der Mitte der hinteren Zeltkante $\overline{CD}$ ist auf einer senkrechten Stange eine Kamera angebracht. In welcher Höhe muss sie sich befinden, wenn sie die gesamte beleuchtete Fläche überwachen soll?

18. Pyramide

Eine gerade quadratische Pyramide ist 80 m breit und 70 m hoch. Das Quadrat ABCD ist die Grundfläche der Pyramide, S sei die Spitze der Pyramide.

a) Zeichnen Sie ein Schrägbild der Pyramide im Koordinatensystem.
b) Bestimmen Sie die Größe des Winkels, den die Kanten $\overline{AB}$ und $\overline{AS}$ bei Punkt A bilden.
c) Ermitteln Sie den Winkel zwischen den Kanten $\overline{AS}$ und $\overline{CS}$ der Pyramide.
d) Ermitteln Sie die Größe der Mantelfläche M der Pyramide sowie ihr Volumen V.

19. Dreiseitige Pyramide

a) Bestimmen Sie in der rechts dargestellten Pyramide die Winkel im Dreieck ABS sowie den Inhalt des Dreiecks.
b) Ermitteln Sie den Mittelpunkt M der Strecke $\overline{AB}$. Prüfen Sie, ob der Winkel $\sphericalangle$ BMS ein rechter Winkel ist.

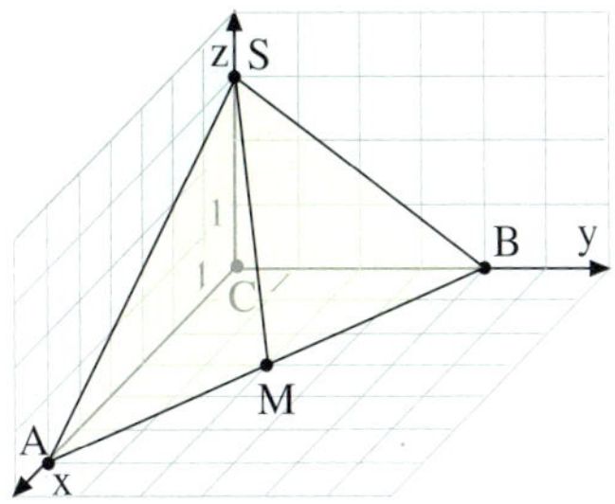

20. Reflexion

Ein Lichtstrahl g geht durch den Punkt P(3|3|0) und läuft in Richtung des Vektors $\vec{v} = \begin{pmatrix} -1 \\ 1 \\ 2 \end{pmatrix}$ auf die y-z-Ebene zu.

a) Berechnen Sie, in welchem Punkt Q der Strahl g die y-z-Ebene trifft.
b) Der Strahl g wird im Punkt Q nach dem Reflexionsgesetz reflektiert. Geben Sie die Geradengleichung des reflektierten Strahls h an.
c) Emitteln Sie die Größe des Winkels α zwischen einfallendem Lichtstrahl g und reflektiertem Lichtstrahl h.

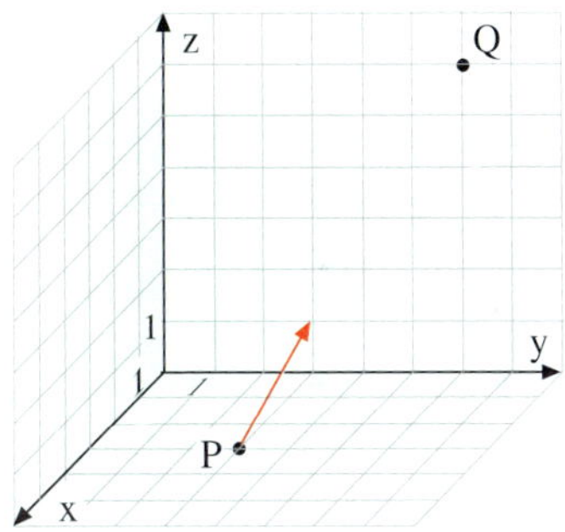

21. Senkrechte Gerade

Eine Ebene E enthält die Punkte A(2|3|1), B(4|5|2) und C(3|1|3). Bestimmen Sie eine Gleichung der Geraden g, welche die Ebene E im Punkt A senkrecht schneidet.

22. Flugbahnen

Flugzeug Alpha fliegt geradlinig durch die Punkte A(–4|4|3) und B(–2|3|2). Flugzeug Beta durchfliegt die Punkte C(–12|2|10) und D(–10|3|8) (1 LE = 1 km).

a) Weisen Sie nach, dass die Flugbahnen sich treffen.
b) Berechnen Sie, welchen Winkel die Flugbahnen im Schnittpunkt bilden.

23. U-Boot

Ein U-Boot passiert bei geradliniger Tauchfahrt die Positionen A(20|30|–20) und B(30|50|–40) im Abstand von einer Minute (Positionsangaben in Metern).

a) Ermitteln Sie die Geschwindigkeit des U-Bootes.
b) Berechnen Sie, nach wie vielen Minuten ab Position A das U-Boot 140 m Tiefe erreicht.
c) In 140 m Tiefe fährt das U-Boot unter Beibehaltung seiner x-y-Richtung horizontal weiter. Ermitteln Sie, um welchen Winkel der Kurs geändert werden muss.

Übungen

Die folgenden Übungen sollen ohne Hilfsmittel gelöst werden.

1. Punkt und Gerade
Prüfen Sie, ob die gegebenen Punkte auf der Geraden durch die beiden Punkte A(3|−2|4) und B(9|10|−14) liegen. Prüfen Sie weiter, ob die Punkte sogar auf der Strecke $\overline{AB}$ liegen.
a) P(1|−6|10) b) Q(−3|−14|15) c) R(6|4|−5)

2. Geradengleichung und Spurpunkte
Eine Gerade g enthält die Punkte A(2|−2|5) und B(6|2|3).
a) Stellen Sie die Gleichung der Geraden g auf.
b) Berechnen Sie, in welchem Punkt die Gerade g die y-z-Ebene, die x-z-Ebene und die x-y-Ebene schneidet (Spurpunkte der Geraden).
c) Zeichnen Sie unter Verwendung der Ergebnisse von b) die Gerade g im Schrägbild.

3. Parallele Geraden
Untersuchen Sie, welche der folgenden Geraden parallel sind.

$g_1: \vec{x} = \begin{pmatrix} 1 \\ -3 \\ 4 \end{pmatrix} + r \cdot \begin{pmatrix} 2 \\ -3 \\ -2 \end{pmatrix}$, $g_2: \vec{x} = \begin{pmatrix} 2 \\ 5 \\ -1 \end{pmatrix} + r \cdot \begin{pmatrix} 1 \\ 2 \\ -1 \end{pmatrix}$, $g_3: \vec{x} = \begin{pmatrix} 0 \\ 4 \\ -2 \end{pmatrix} + r \cdot \begin{pmatrix} -3 \\ -6 \\ 3 \end{pmatrix}$, $g_4: \vec{x} = \begin{pmatrix} 2 \\ 1 \\ -3 \end{pmatrix} + r \cdot \begin{pmatrix} 4 \\ -6 \\ -4 \end{pmatrix}$

4. Sich schneidende oder windschiefe Geraden
Untersuchen Sie, ob die Geraden g und h parallel sind, sich schneiden oder windschief sind.

a) $g: \vec{x} = \begin{pmatrix} 3 \\ 0 \\ 4 \end{pmatrix} + r \cdot \begin{pmatrix} 1 \\ 2 \\ -1 \end{pmatrix}$, $h: \vec{x} = \begin{pmatrix} 4 \\ 2 \\ 3 \end{pmatrix} + s \cdot \begin{pmatrix} -1 \\ 1 \\ 2 \end{pmatrix}$

b) g geht durch A(4|0|2) und B(2|2|4), h geht durch C(2|−2|9) und D(2|2|5).

5. Geradengleichungen
Im abgebildeten Quader sind vier Geraden eingezeichnet.

a) Stellen Sie die Gleichungen der abgebildeten Geraden auf.
b) Begründen Sie, dass nur eine der Geraden keinen Schnittpunkt mit einer der anderen Geraden hat.
Um welche Gerade handelt es sich?

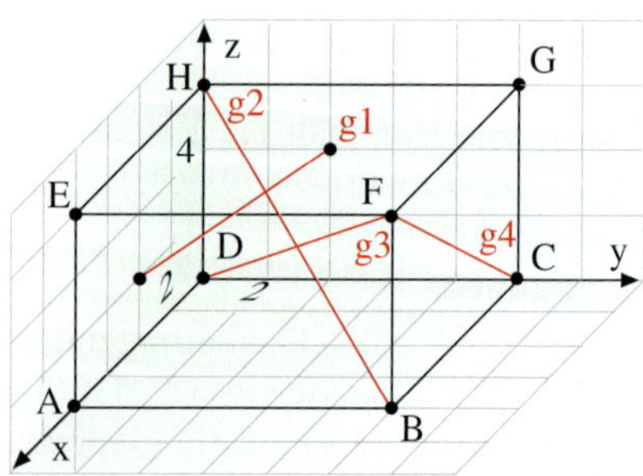

6. Schattenwurf
Im Punkt A(4|4|0) steht ein 6 m hoher senkrechter Stab. In Richtung des Vektors $\vec{v} = \begin{pmatrix} 3 \\ 4 \\ -3 \end{pmatrix}$ fällt Licht auf den Stab und erzeugt in der x-y-Ebene einen Schatten des Stabs.
Fertigen Sie eine Skizze an und berechnen Sie die Lage des Schattenbildes der Stabspitze S sowie die Länge l des Schattens des Stabes.

Überblick

Parametergleichung einer Geraden:

$g: \vec{x} = \vec{a} + r \cdot \vec{m} \quad (r \in \mathbb{R}, \vec{m} \neq \vec{0})$

Stützvektor ($\vec{a}$), Richtungsvektor ($\vec{m}$)

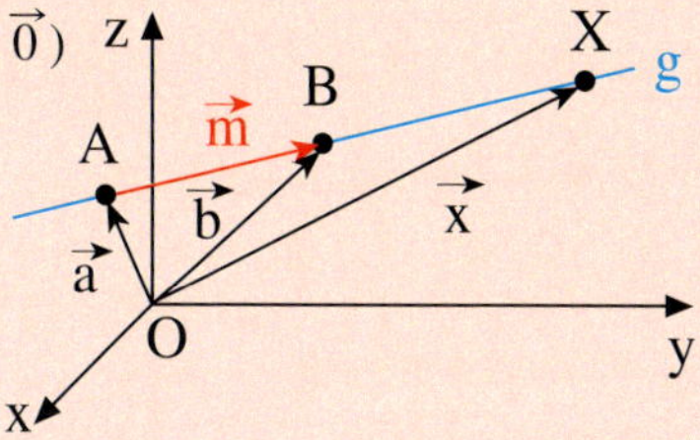

Zweipunktegleichung:

$g: \vec{x} = \vec{a} + r \cdot (\vec{b} - \vec{a}) \quad (r \in \mathbb{R})$

$\vec{a}, \vec{b}$ sind die Ortsvektoren zweier Geradenpunkte A und B.

Koordinatengleichung der Geraden in der Ebene:

$ax + by = c$ bzw. $y = mx + n \quad (a, b, c, m, n \in \mathbb{R}, b \neq 0)$

Lagebeziehung von zwei Geraden im Raum:

Die Geraden sind entweder parallel (oder sogar identisch) oder sie schneiden sich in genau einem Punkt oder sie sind windschief.

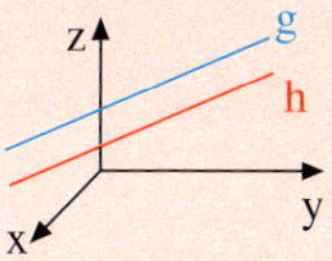

1. Fall: parallel (im Sonderfall: identisch)
Die Richtungsvektoren beider Geraden sind kollinear.
Liegt der Stützpunkt einer Geraden auch auf der anderen Geraden, sind die Geraden sogar identisch.

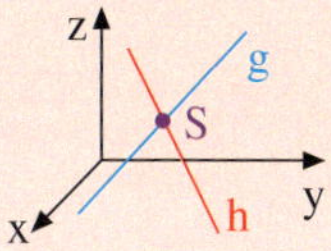

2. Fall: schneidend
Die Richtungsvektoren der Geraden sind nicht kollinear.
Man setzt die rechten Seiten der Parametergleichungen gleich und löst das entstehende eindeutig lösbare LGS.
Die Geraden schneiden sich in genau einem Punkt.

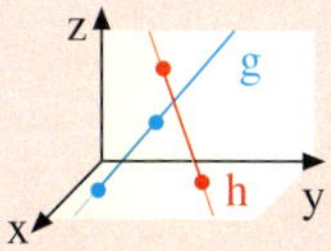

3. Fall: windschief
Die Richtungsvektoren der Geraden sind nicht kollinear.
Man setzt die rechten Seiten der Parametergleichungen gleich.
Das entstehende LGS ist unlösbar.

Winkel zwischen Geraden:

Der **Schnittwinkel** γ von zwei Geraden g und h wird mit folgender Formel berechnet:

$\cos\gamma = \frac{|\vec{m}_g \cdot \vec{m}_h|}{|\vec{m}_g| \cdot |\vec{m}_h|}$.

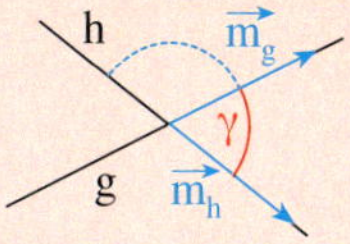

Spurpunkte einer Geraden:

Schnittpunkte der Geraden mit den Koordinatenebenen.
Bedingungen:
S_{xy}: $z = 0$
S_{xz}: $y = 0$
S_{yz}: $x = 0$

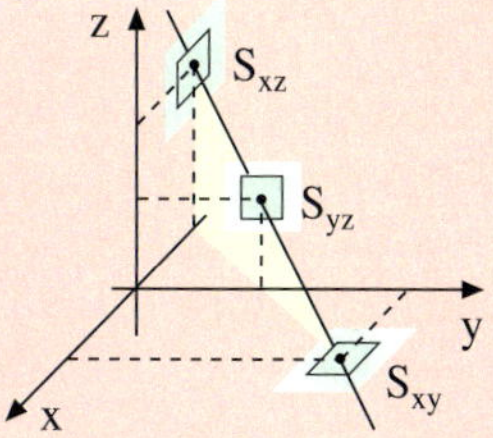

Flugbahnen

Flugbahnen können im Modell ganz oder teilweise durch Geraden dargestellt werden. Dabei können auch Fluggeschwindigkeiten eine Rolle spielen, vor allem wenn es darum geht, Kollisionen mehrerer Fluggeräte zu vermeiden.

Beispiel: Auf Kollisionskurs?

Um 12.00 Uhr startet ein Rettungshubschrauber vom Stützpunkt A(12|16|0) zu einem Bergungsflug zum Gipfel B(−12|0|8). Seine Geschwindigkeit beträgt $v_H = 180\,\text{km/h}$.
Zeitgleich leitet ein Segelflugzeug den ebenfalls geradlinigen Landeanflug ein. Es befindet sich zu diesem Zeitpunkt an der Position C(−4|16|8) und ist im Anflug auf den Landepunkt D(4|0|0). Seine Geschwindigkeit beträgt $v_F = 120\,\text{km/h}$. (Eine Einheit entspricht 1 km.)
Sind die Fluggeräte auf Kollisionskurs?
Kommt es tatsächlich zur Kollision?

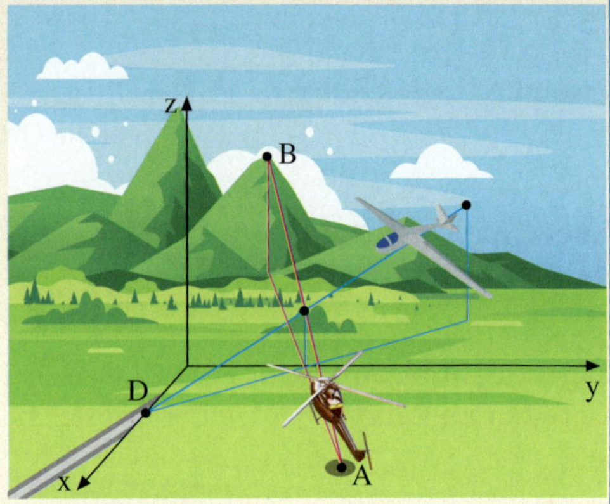

Lösung:
Wir stellen zunächst die Gleichungen der Flugbahnen h (Hubschrauber) und f (Flugzeug) auf. Danach können wir die Richtungsvektoren in diesen Gleichungen in einem weiteren Schritt noch vereinfachen.

Flugbahngeraden h und f:

$$h: \vec{x} = \begin{pmatrix}12\\16\\0\end{pmatrix} + r'\begin{pmatrix}-24\\-16\\8\end{pmatrix} = \begin{pmatrix}12\\16\\0\end{pmatrix} + r\begin{pmatrix}-3\\-2\\1\end{pmatrix}$$

$$f: \vec{x} = \begin{pmatrix}-4\\16\\8\end{pmatrix} + t'\begin{pmatrix}8\\-16\\-8\end{pmatrix} = \begin{pmatrix}-4\\16\\8\end{pmatrix} + t\begin{pmatrix}1\\-2\\-1\end{pmatrix}$$

Sodann setzen wir die rechten Seiten der beiden Flugbahngeraden gleich. Wir erhalten ein lineares Gleichunggssystem mit zwei Variablen und drei Gleichungen.

Schnittuntersuchung:

$$\begin{array}{llcll} \text{I:} & 12-3r=-4+t & & \text{I:} & -3r-t=-16 \\ \text{II:} & 16-2r=16-2t & \Rightarrow & \text{II:} & -2r+2t=0 \\ \text{III:} & r=8-t & & \text{III:} & r+t=8 \end{array}$$

Es hat die Lösungen r = 4 und t = 4, welche auf den Schnittpunkt S(0|8|4) führen.
Die Fluggeräte sind also auf direktem Kollisionskurs.

$$\left.\begin{array}{lll} \text{I + III:} & -2r=-8 & \Rightarrow r=4 \\ \text{in I:} & -12-t=-16 & \Rightarrow t=4 \end{array}\right\} \Rightarrow S(0|8|4)$$

Nun berechnen wir die Längen der Flugstrecken bis zum Schnittpunkt S. Sie lauten $|AS| \approx 14{,}97\,\text{km}$ und $|CS| \approx 9{,}80\,\text{km}$.

Länge der Flugstrecken bis zum Punkt S:

$$|\overrightarrow{AS}| = \left|\begin{pmatrix}-12\\-8\\4\end{pmatrix}\right| \approx 14{,}97,\ |\overrightarrow{CS}| = \left|\begin{pmatrix}4\\-8\\-4\end{pmatrix}\right| \approx 9{,}80$$

Schließlich können wir daraus nach der Formel v = s/t bzw t = s/v die Flugzeiten bis zum Kollisionspunkt S berechnen. Sie sind unterschiedlich. Also kommt es nicht zu einer Kollission, aber es ist sehr knapp.

Flugzeit bis zum Punkt S:

$$h: t = \frac{s}{v} = \frac{14{,}97\,\text{km}}{180\,\text{km/h}} \approx 0{,}083\,\text{h} \approx 299\,\text{s}$$

$$f: t = \frac{s}{v} = \frac{9{,}80\,\text{km}}{120\,\text{km/h}} \approx 0{,}082\,\text{h} \approx 294\,\text{s}$$

U-Boot auf Fahrt

Ein U-Boot befindet sich um 12 : 00 Uhr an der Position A (12|0|−6) und fährt mit einer Geschwindigkeit von $v_{U1} = 15\,\text{km/h}$ bei gleichbleibender Tiefe bis zur Position B (0|9|−6). Hier ändert es die Fahrt in Richtung des Vektors $\vec{v}$ (s. rechts) bei gleichbleibender Geschwindigkeit.
Zeitgleich um 12 : 00 Uhr befindet sich ein Versorgungsdampfer an der Ausgangsposition D (6|−4|0) auf geradliniger Fahrt in Richtung des Inselhafens I (−9|16|0). Seine Geschwindigkeit beträgt $v_D = 10\,\text{km/h}$.
Alle Längen sind in Kilometern angegeben.

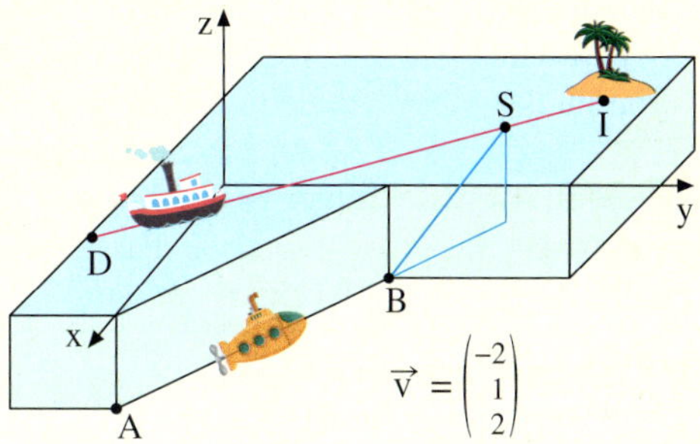

a) Berechnen Sie die Ankunftszeit des U-Bootes an der Position B.
b) Berechnen Sie den Winkel γ der Fahrtrichtungsänderung des U-Boots an der Position B.
c) An welcher Stelle S und um welche Uhrzeit erreicht das U-Boot die Oberfläche des Meeres?
d) Zeigen Sie, dass U-Boot und Dampfer auf Kurs zu einem gemeinsamen Treffpunkt S sind.
e) Prüfen Sie, ob die beiden Schiffe zum gleichen Zeitpunkt am Treffpunkt S eintreffen.
f) Untersuchen Sie, wie das Versorgungsschiff seine konstante Geschwindigkeit ändern müsste, wenn beide Schiffe den Treffpunkt gleichzeitig erreichen sollen.
g) Ermitteln Sie, zu welcher Uhrzeit sich das U-Boot nur noch 2 km unter der Oberfläche befindet. Ermitteln Sie, wie weit es zu diesem Zeitpunkt vom Versorgungsschiff entfernt ist.

Ballon und Drohne

Ein Heißluftballon befindet sich um 13 : 00 Uhr an der Position A (16|−2|4) und fliegt mit einer konstanten Geschwindigkeit von 14 km/h in Richtung des Vektors $\vec{v}$ (siehe rechts). Ebenfalls um 13 : 00 Uhr startet eine Drohne bei B (26|26|0) in Richtung des Zielpunktes C (6|6|10), um dort den exakt gleichen Rückweg zum Startpunkt anzutreten. Ihre Geschwindigkeit beträgt durchgehend 36 km/h. Für das Wenden wird keine Zeit berechnet.
Alle Längen sind in Kilometern angegeben.

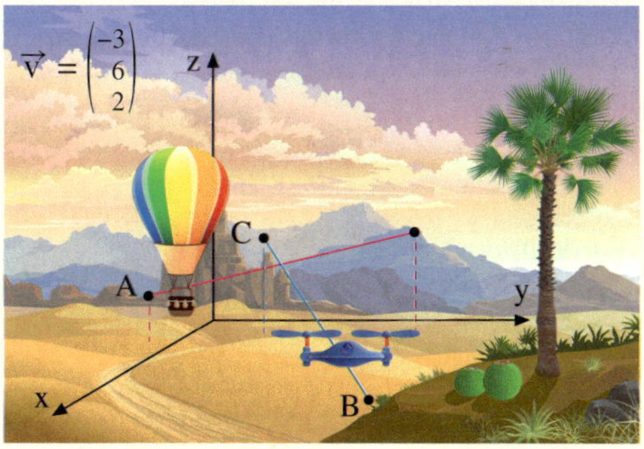

a) Nach welcher Zeit erreicht der Ballon bei störungsfreiem Flug eine Höhe von 10 km?
b) Berechnen Sie, in welcher Höhe sich der Ballon bei störungsfreiem Flug um 13 : 45 Uhr befindet.
c) Ermitteln Sie, wann die Drohne ihren höchsten Punkt erreicht.
d) Ist die Aussage richtig, dass der Abstand der Fluggeräte um 13.30 weniger als 10 km beträgt?
e) Untersuchen Sie, ob sich die Flugobjekte auf Kollisionskurs befinden.
f) Untersuchen Sie, ob es zur Kollision kommt.

CAS-Anwendung

Es werden folgende Grundaufgaben behandelt:
- Aufstellung einer Geradengleichung zu gegebenen Punkten A und B
- Punkt und Gerade
- Schnittpunkt von zwei Geraden
- Spurpunkte einer Geraden

Beispiel: Gerade durch zwei Punkte

Bestimmen Sie eine vektorielle Parametergleichung derjenigen Geraden g, die durch die Punkte A(3|2|3) und B(1|6|5) verläuft.

Lösung:
Zunächst werden die Ortsvektoren der Punkte A und B eingegeben: va := [3; 2; 3], vb := [1; 6; 5]. Anschließend wird die Gerade g definiert: g(r) := va + r · (vb – va).

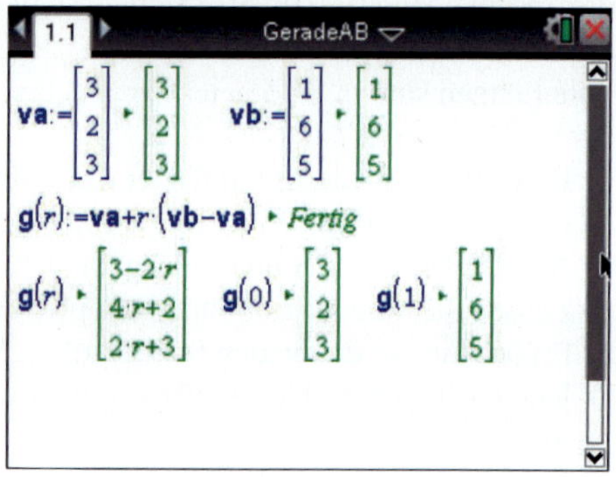

Der Aufruf g(r) ergibt den Vektor $\vec{x}$ zur Geraden g mit dem Parameter r:

g: $\vec{x} = \begin{pmatrix} 3-2\cdot r \\ 2+4\cdot r \\ 3+2\cdot r \end{pmatrix}$, also

g: $x = \begin{pmatrix} 3 \\ 2 \\ 3 \end{pmatrix} + r \cdot \begin{pmatrix} -2 \\ 4 \\ 2 \end{pmatrix}$.

Durch Einsetzen von r = 0 und r = 1 in g(r) wird bestätigt, dass A und B tatsächlich auf g liegen.

Beispiel: Punkt und Gerade

Gegeben ist die Gerade g durch die Parametergleichung $\vec{x} = \begin{pmatrix} 3 \\ 2 \\ 3 \end{pmatrix} + r \cdot \begin{pmatrix} -2 \\ 4 \\ 2 \end{pmatrix}$.

Weisen Sie nach, dass der Punkt P(2|4|4) auf der Geraden g liegt.

Lösung:
Wir definieren die Gerade g durch
g(r) := [3; 2; 3] + r · [–2; 4; 2]
und den Punkt P durch den Ortsvektor $\vec{p}$:
vp := [2; 4; 4].
Die Punktprobe besteht in der Untersuchung, ob eine Lösung der Gleichung p = g(r) für den Parameter r existiert:
solve(vp=g(r), r) liefert $r = \frac{1}{2}$.
Folglich liegt der Punkt P auf der gegebenen Geraden g.

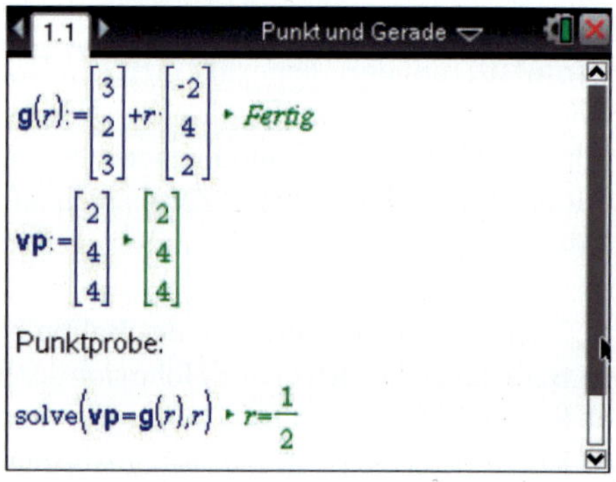

Beispiel: Schnittpunkt von zwei Geraden

Gegeben sind die Geraden g: $\vec{x} = \begin{pmatrix} 0 \\ 0 \\ 6 \end{pmatrix} + r \cdot \begin{pmatrix} 8 \\ 12 \\ -4 \end{pmatrix}$ und h: $\vec{x} = \begin{pmatrix} 4 \\ 0 \\ 2 \end{pmatrix} + s \cdot \begin{pmatrix} 0 \\ 12 \\ 4 \end{pmatrix}$.

Prüfen Sie, ob sich die Geraden schneiden, und berechnen Sie ggf. den Schnittpunkt.

Lösung:
Zunächst werden die Geraden definiert:
g(r) := [0; 0; 6] + r · [8; 12; −4],
h(s) := [4; 0; 2] + r · [0; 12; 4].

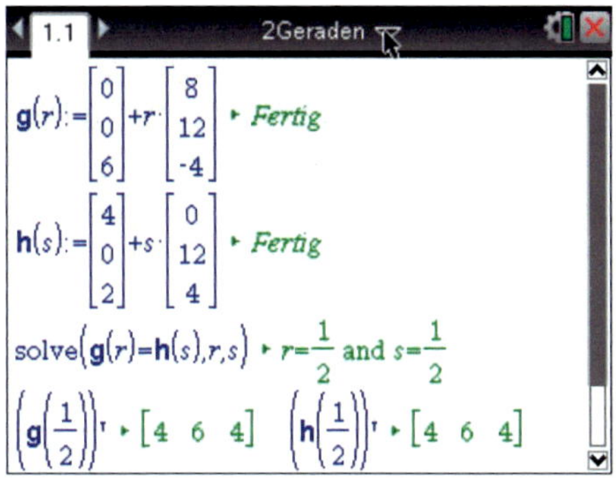

Der Befehl solve(g(r) = h(s), r, s) liefert die Lösung $r = \frac{1}{2}$ **und** $s = \frac{1}{2}$; folglich schneiden sich die beiden Geraden.

Setzt man jeweils den in der Lösung ermittelten Parameter in g(r) bzw. h(s) ein, so erhält man den Schnittpunkt S der beiden Geraden: S(4|6|4).

Hinweis: Die Darstellung als Zeilenvektor erhält man durch Transponieren.

Beispiel: Spurpunkte einer Geraden

Gegeben ist die Gerade g durch die Parametergleichung $\vec{x} = \begin{pmatrix} 2 \\ 4 \\ 2 \end{pmatrix} + r \cdot \begin{pmatrix} 1 \\ 1 \\ -1 \end{pmatrix}$.

Bestimmen Sie die Spurpunkte der Geraden, also die Schnittpunkte der Geraden g mit der x-y-Ebene, mit der y-z-Ebene und mit der x-z-Ebene.

Lösung:
Zunächst wird die Gerade g definiert: g(r) := [2; 4; 2] + r · [1; 1; −1]. Für ihren Spurpunkt in der x-y-Ebene muss gelten: $z = 2 - 1 \cdot r = 0$. Die Berechnung erfolgt mit solve(g(r)=[x;y;0],r); es ergibt sich: r = 2, x = 4, y = 6. Einsetzen in g(r) liefert die Spurpunktkoordinaten $S_{xy}(4|6|0)$. Entsprechend erhält man mit der Eingabe solve(g(r)=[x;0;z],r) den Spurpunkt $S_{xz}(-2|0|6)$, mit solve(g(r)=[0;y;z],r) ergibt sich der Spurpunkt $S_{yz}(0|2|4)$.

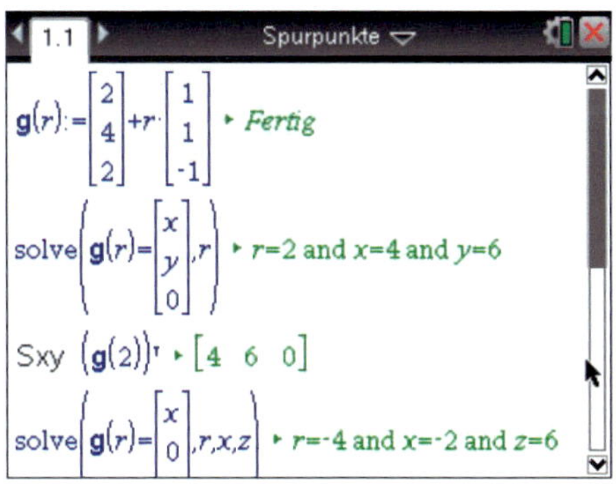

Übung 1

Liegt P(4|4|3) auf der Strecke $\overline{AB}$ mit A(3|2|4) und B(6|8|1)?

Übung 2

Sei A(3|2|4), B(6|8|1) und C(4|6|3). Bestimmen Sie D so, dass ABCD ein Parallelogramm ist.

Test

Geraden

1. Geradengleichung, Punkt und Strecke

Gegeben sind die Punkte P(1|4|3), A(3|0|1) und B(0|6|4).

a) Stellen Sie eine Parametergleichung der Geraden g durch A und B auf.

b) Überprüfen Sie, ob der Punkt P auf der Strecke $\overline{AB}$ liegt.

2. Geraden am Quader

Der dargestellte Quader wird von vier Geraden durchdrungen. Stellen Sie die vektoriellen Geradengleichungen auf, bezogen auf das eingezeichnete Koordinatensystem.

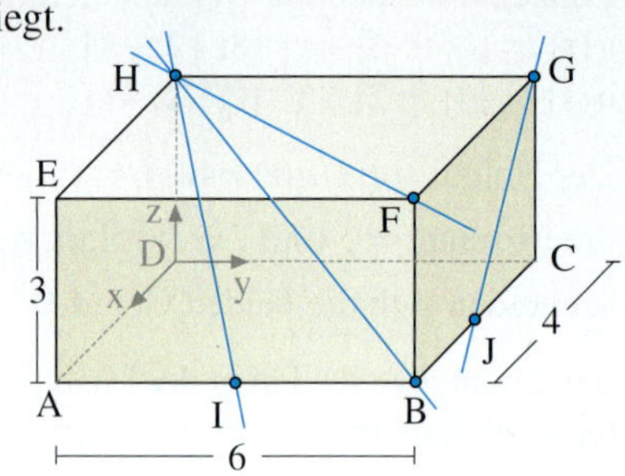

3. Relative Lage von Geraden, Spurpunkte

Gegeben sind die Geraden g und h.

$$g: \vec{x} = \begin{pmatrix}2\\2\\3\end{pmatrix} + r\begin{pmatrix}3\\6\\3\end{pmatrix}$$

$$h: \vec{x} = \begin{pmatrix}1\\2\\6\end{pmatrix} + s\begin{pmatrix}-1\\-1\\1\end{pmatrix}$$

a) Bestimmen Sie den Schnittpunkt und den Schnittwinkel der beiden Geraden.

b) Stellen Sie die Geraden räumlich dar.

c) Gesucht sind die Punkte, in denen die Gerade h die drei Grundebenen des Koordinatensystems durchdringt (Spurpunkte von h).

4. Flugbahnen

Ein Flugzeug befindet sich mit konstanter Geschwindigkeit im Anflug auf die Landebahn. Um 16.00 Uhr hat es die Position A(4|0|6) erreicht, eine Minute später ist es an der Position B(5|3|4,5) angelangt. (Längen- und Positionsangaben in der Einheit km).

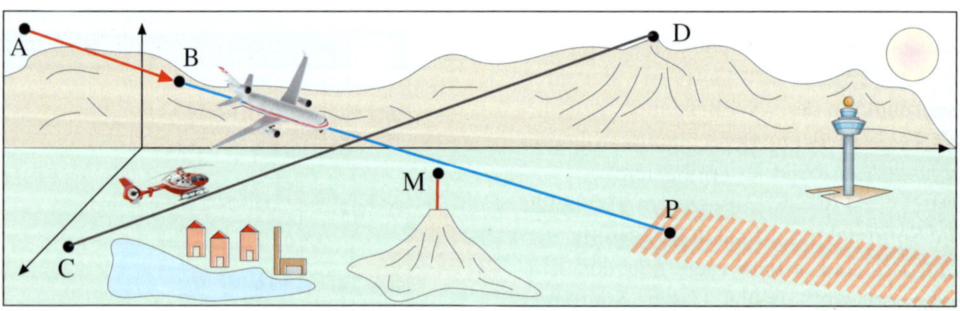

a) Wo liegt der theoretische Aufsetzpunkt P auf der Landebahn, die sich in Meereshöhe z = 0 befindet? Wie lange dauert der gesamte Anflug des Flugzeugs?

b) Das Flugzeug überfliegt den im Anflugbereich schwebenden Fesselballon mit dem Mittelpunkt M(6|6|2,9) und dem Durchmesser 20 m. Wie viel Sicherheitsabstand nach unten ist beim Überflug der Ballonposition noch vorhanden?

c) Zeitgleich mit dem Beginn des Landeanflugs in A startet ein Hubschrauber von der Ölplattform C(12|0|0) in Richtung der Bergstation D(−2|14|7). Für diesen Flug ist eine Flugzeit von exakt 5 Minuten vorgesehen. Befindet sich der Hubschrauber auf Kollisionskurs zur Bahn des Flugzeugs? Kommt es tatsächlich zur Kollision?

Lösungen: S. 363

IV. Ebenen

1. Parametergleichung

A. Die vektorielle Parametergleichung

Ähnlich wie Geraden lassen sich auch Ebenen im Raum durch Vektoren rechnerisch erfassen und bearbeiten. Eine Ebene wird durch einen Punkt und zwei nicht kollineare Vektoren eindeutig festgelegt.

Ist A ein bekannter Punkt der Ebene, ein sogenannter ***Stützpunkt***, und sind $\vec{u}$ und $\vec{v}$ zwei linear unabhängige Vektoren, sogenannte ***Richtungsvektoren***, so lässt sich der Ortsvektor $\vec{x} = \overrightarrow{OX}$ eines beliebigen Ebenenpunktes als Summe aus dem Stützvektor $\vec{a} = \overrightarrow{OA}$ und einer Linearkombination der beiden Richtungsvektoren darstellen:

$$\vec{x} = \vec{a} + r \cdot \vec{u} + s \cdot \vec{v}.$$

In der Abbildung wird dies für die durch den Rechteckausschnitt angedeutete Ebene veranschaulicht.

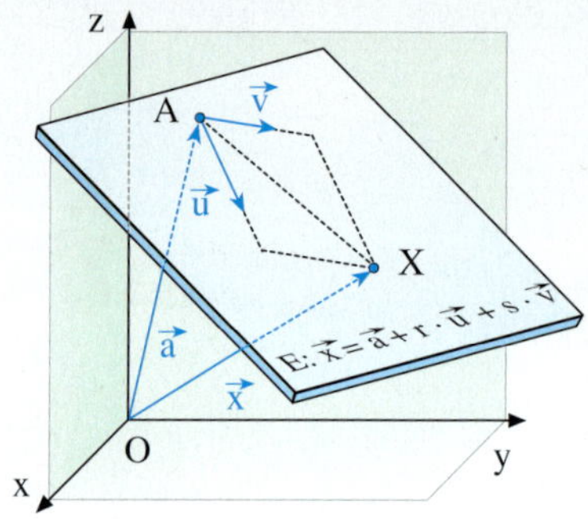

$$\overrightarrow{OX} = \overrightarrow{OA} + \overrightarrow{AX}$$
$$\vec{x} = \vec{a} \quad + r \cdot \vec{u} + s \cdot \vec{v}$$

Man bezeichnet diese Gleichung als ***Punktrichtungsgleichung*** der Ebene (1 Punkt, 2 Richtungsvektoren) oder als ***vektorielle Parametergleichung*** der Ebene und verwendet eine zu vektoriellen Geradengleichungen analoge Schreibweise.

Vektorielle Parametergleichung einer Ebene

E: $\boldsymbol{\vec{x} = \vec{a} + r \cdot \vec{u} + s \cdot \vec{v}}$ **(r, s ∈ ℝ)**

$\vec{x}$: allgemeiner Ebenenvektor

$\vec{a}$: Stützvektor

$\vec{u}, \vec{v}$: Richtungsvektoren

r, s: Ebenenparameter

Beispiel: Parametergleichung

Geben Sie für die rechts ausschnittsweise dargestellte Ebene E eine vektorielle Parametergleichung an.

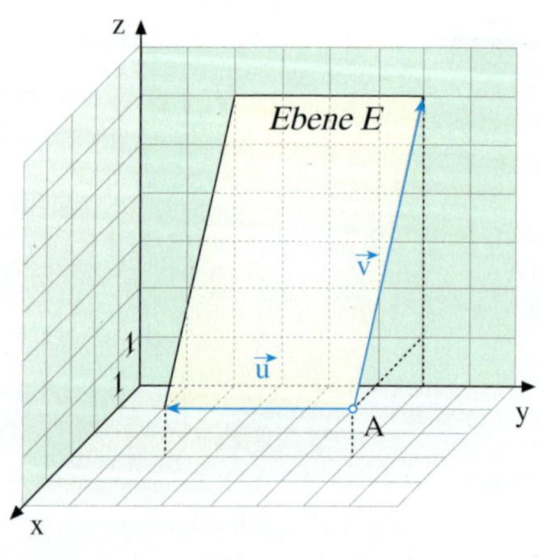

Lösung:

Wir können den Punkt A(3|6|1) als Stützpunkt und $\vec{u} = \begin{pmatrix} 0 \\ -4 \\ 0 \end{pmatrix}$ und $\vec{v} = \begin{pmatrix} -3 \\ 0 \\ 5 \end{pmatrix}$ als Richtungsvektoren wählen. Eine Parametergleichung der Ebene E lautet dann:

$$E: \vec{x} = \begin{pmatrix} 3 \\ 6 \\ 1 \end{pmatrix} + r \cdot \begin{pmatrix} 0 \\ -4 \\ 0 \end{pmatrix} + s \cdot \begin{pmatrix} -3 \\ 0 \\ 5 \end{pmatrix}.$$

B. Die Dreipunktegleichung einer Ebene

Besonders einfach lässt sich eine Ebenengleichung aufstellen, wenn die Ebene durch drei Punkte gegeben ist, die natürlich nicht auf einer Geraden liegen dürfen.

Beispiel: Zeichnen Sie einen Ausschnitt derjenigen Ebene E, welche die drei Punkte A (2|0|3), B (3|4|0) und C (0|3|3) enthält. Stellen Sie außerdem eine vektorielle Parametergleichung dieser Ebene auf.

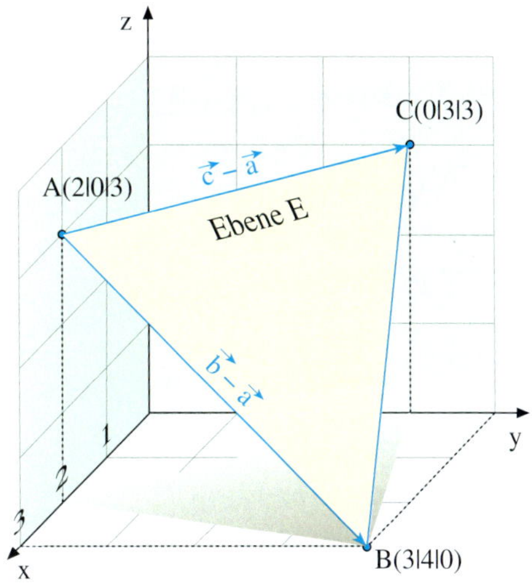

Lösung:
Der dreieckige Ebenenausschnitt ist rechts als Schrägbild dargestellt. Als Stützvektor verwenden wir den Ebenenpunkt A (2|0|3).
Als Richtungsvektoren verwenden wir die Differenzvektoren $\vec{b} - \vec{a}$ und $\vec{c} - \vec{a}$.
Damit ergibt sich die Gleichung

$$E: \vec{x} = \vec{a} + r \cdot (\vec{b} - \vec{a}) + s \cdot (\vec{c} - \vec{a}),$$

die man als ***Dreipunktegleichung*** der Ebene bezeichnet.

In unserem Beispiel ergibt sich hiermit als zugehörige Parametergleichung:

$$E: \vec{x} = \begin{pmatrix} 2 \\ 0 \\ 3 \end{pmatrix} + r \cdot \begin{pmatrix} 3-2 \\ 4-0 \\ 0-3 \end{pmatrix} + s \cdot \begin{pmatrix} 0-2 \\ 3-0 \\ 3-3 \end{pmatrix},$$

$$E: \vec{x} = \begin{pmatrix} 2 \\ 0 \\ 3 \end{pmatrix} + r \cdot \begin{pmatrix} 1 \\ 4 \\ -3 \end{pmatrix} + s \cdot \begin{pmatrix} -2 \\ 3 \\ 0 \end{pmatrix}.$$

Dreipunktegleichung der Ebene

A, B, C seien drei nicht auf einer Geraden liegende Punkte mit den Ortsvektoren $\vec{a}$, $\vec{b}$ und $\vec{c}$.
Dann hat die A, B und C enthaltende Ebene die Gleichung:

$$\mathbf{E: \vec{x} = \vec{a} + r \cdot (\vec{b} - \vec{a}) + s \cdot (\vec{c} - \vec{a}).}$$

Übung 1 Ebenengleichung
Wie lautet die Gleichung der Ebene E, welche die Punkte A, B und C enthält?
Fertigen Sie ein Schrägbild der Ebene an.

a) A (3|0|0)
B (0|4|0)
C (0|0|2)

b) A (2|0|1)
B (3|2|0)
C (0|3|2)

c) A (4|2|1)
B (3|5|1)
C (0|0|4)

Übung 2 Pyramide
Eine Pyramide hat als Grundfläche ein Dreieck ABC mit den Eckpunkten A (1|1|0), B (6|6|1) und C (3|6|1). Ihre Spitze ist S (2|4|4).
Zeichnen Sie ein Schrägbild der Pyramide und stellen Sie die Gleichungen der Ebenen E_1, E_2, E_3 auf, welche jeweils eine der drei Seitenflächen der Pyramide enthalten.

Übungen

3. Bildliche Darstellung von Ebenen

Geben Sie vektorielle Parametergleichungen der drei abgebildeten Ebenen an.

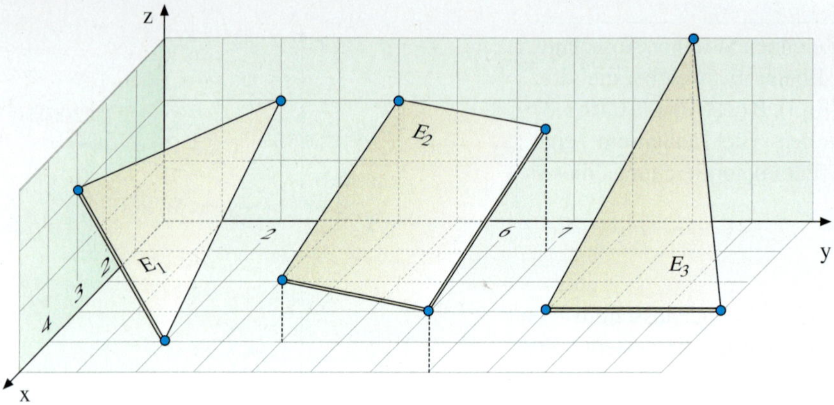

4. Beschreibung von Ebenen

Geben Sie eine vektorielle Parametergleichung folgender Ebenen im Raum an.

a) E_1 ist die x-y-Ebene, E_2 die y-z-Ebene und E_3 die x-z-Ebene.

b) E_4 enthält den Punkt P(2|3|0) und verläuft parallel zur x-z-Ebene.

c) E_5 enthält den Punkt P(−1|0|−1) und verläuft parallel zur x-y-Ebene.

d) E_6 enthält die Ursprungsgerade durch B(3|1|0) und steht senkrecht auf der x-y-Ebene.

e) E_7 enthält die Winkelhalbierende des 1. Quadranten der y-z-Ebene und steht senkrecht zur y-z-Ebene.

5. Ebene durch drei Punkte

Wie lautet eine Parametergleichung einer Ebene E, die die Punkte A, B und C enthält?

a)	b)	c)	d)
A(1|0|1)	A(1|0|0)	A(0|0|0)	A(2|−1|4)
B(2|−1|2)	B(0|1|0)	B(3|2|1)	B(6|5|12)
C(1|1|1)	C(0|0|1)	C(1|2|1)	C(8|8|16)

6. Würfel

Gegeben ist ein Würfel mit der Kantenlänge 5 in einem kartesischen Koordinatensystem.

a) Jede Seitenfläche des Würfels liegt in einer Ebene. Geben Sie für jede dieser Ebenen eine Parametergleichung an.

b) Die Ecken D, B, G, E bilden ein Tetraeder, dessen Seitendreiecke Ebenen aufspannen. Geben Sie für jede dieser Ebenen eine Parametergleichung an.

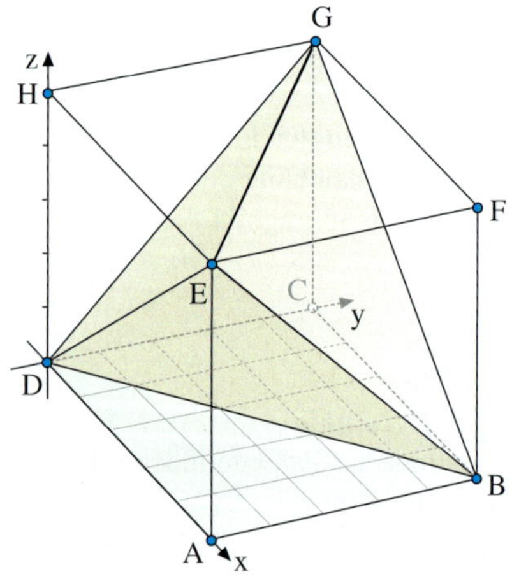

2. Normalen- und Koordinatengleichung der Ebene

A. Der Normalenvektor einer Ebene

Ein Vektor $\vec{n}$ wird als *Normalenvektor* der Ebene E bezeichnet, wenn er zu beiden Richtungsvektoren $\vec{u}$ und $\vec{v}$ der Ebene E senkrecht steht.
Das Skalarprodukt von $\vec{u}$ und $\vec{n}$ sowie das Skalarprodukt von $\vec{v}$ und $\vec{n}$ ist also gleich null.

Normalenvektor einer Ebene

E: $\vec{x} = \vec{a} + r \cdot \vec{u} + s \cdot \vec{v}$ sei die Gleichung einer Ebene. Ein Normalenvektor $\vec{n}$ der Ebene E steht auf E senkrecht.

Es gilt also: $\vec{u} \cdot \vec{n} = 0$ und $\vec{v} \cdot \vec{n} = 0$

Beispiel: Normalenvektor
Eine Ebene E hat die abgebildeten Richtungsvektoren $\vec{u}$ und $\vec{v}$. Bestimmen Sie einen Normalenvektor $\vec{n}$ der Ebene.

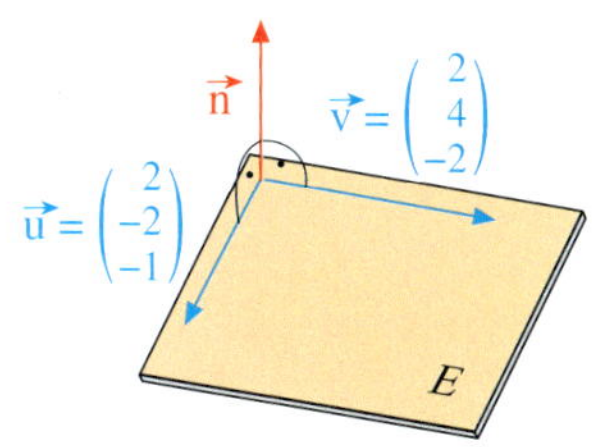

Lösung:
Wir verwenden den Ansatz $\vec{n} = \begin{pmatrix} x \\ y \\ z \end{pmatrix}$.

Da $\vec{u}$ und $\vec{v}$ orthogonal zu $\vec{n}$ sein sollen, müssen die Bedingungen $\vec{u} \cdot \vec{n} = 0$ und $\vec{v} \cdot \vec{n} = 0$ gelten.

Durch Einsetzen der Vektoren $\vec{u}$, $\vec{v}$ und $\vec{n}$ erhalten wir ein lineares Gleichungssystem mit zwei Gleichungen und drei Variablen.

Der Wert einer Variablen kann also frei gewählt werden. Wir wählen z. B. y = 1.

Daraus folgt durch Rückeinsetzung z = 6 und weiter x = 4.

Resultat: Ein Normalenvektor ist $\vec{n} = \begin{pmatrix} 4 \\ 1 \\ 6 \end{pmatrix}$

Orthogonalitätsbedingungen:

$\vec{u} \cdot \vec{n} = 0$: $\begin{pmatrix} 2 \\ -2 \\ -1 \end{pmatrix} \cdot \begin{pmatrix} x \\ y \\ z \end{pmatrix} = 0$

$\vec{v} \cdot \vec{n} = 0$: $\begin{pmatrix} 2 \\ 4 \\ -2 \end{pmatrix} \cdot \begin{pmatrix} x \\ y \\ z \end{pmatrix} = 0$

lineares Gleichungssystem:
I: $2x - 2y - z = 0$
II: $2x + 4y - 2z = 0$

Lösung des Gleichungssystems:
III = II − I: $6y - z = 0$
y = 1 (frei gewählt)
z = 6 (durch Rückeinsetzung in III)
x = 4 (durch Rückeinsetzung in I)

Übung 1 Normalenvektor überprüfen
Überprüfen Sie, ob $\vec{n}$ ein Normalenvektor der Ebene E ist.

a) E: $\vec{x} = \begin{pmatrix} 2 \\ 4 \\ 2 \end{pmatrix} + r \cdot \begin{pmatrix} -2 \\ 0 \\ 1 \end{pmatrix} + s \cdot \begin{pmatrix} 1 \\ 3 \\ 0 \end{pmatrix}$, $\vec{n} = \begin{pmatrix} -3 \\ 1 \\ -6 \end{pmatrix}$

b) E geht durch die drei Punkte A(4|4|4), B(4|7|7) und C(6|8|5), $\vec{n} = \begin{pmatrix} 3 \\ -1 \\ -1 \end{pmatrix}$

Übung 2 Normalenvektor bestimmen
Bestimmen Sie jeweils einen Normalenvektor $\vec{n}$ der Ebene E durch die Punkte A, B und C.

a) A(1|1|−2), B(1|4|1) und C(−2|1|2)
b) A(2|−1|1), B(1|2|−1) und C(0|1|1)
c) A(4|4|1), B(2|2|2) und C(1|5|3)
d) A(−1|2|2), B(1|0|1) und C(2|4|0)
e) A(2|5|2), B(1|4|−1) und C(0|1|1)
f) A(3|3|−1), B(1|4|1) und C(3|3|3)

Das Vektorprodukt / Normalenvektoren

Die Bestimmung des Normalenvektors einer Ebene aus den beiden Richtungsvektoren ist relativ aufwendig, denn dazu muss ein unterbestimmtes Gleichungssystem aufgestellt und gelöst werden. Es gibt aber eine einfachere Methode, bei der das sog. Vektorprodukt verwendet wird. Um dieses Verfahren – mit dem man viel Zeit einsparen kann – geht es im Folgenden.

Zunächst definieren wir eine neue Rechenoperation für Vektoren, das *Vektorprodukt*, welches auch als *Kreuzprodukt* bezeichnet wird. Es darf nicht mit dem Skalarprodukt verwechselt werden. Die folgende Definition ist nur für Vektoren des dreidimensionalen Raumes gültig.

Definition des Vektorproduktes

Für zwei Vektoren $\vec{u} = \begin{pmatrix} u_1 \\ u_2 \\ u_3 \end{pmatrix}$ und $\vec{v} = \begin{pmatrix} v_1 \\ v_2 \\ v_3 \end{pmatrix}$ wird der Vektor $\vec{u} \times \vec{v} = \begin{pmatrix} u_2v_3 - u_3v_2 \\ -(u_1v_3 - u_3v_1) \\ u_1v_2 - u_2v_1 \end{pmatrix}$

als ***Vektorprodukt*** oder ***Kreuzprodukt*** der Vektoren $\vec{u}$ und $\vec{v}$ bezeichnet.

Das Besondere am Vektor $\vec{u} \times \vec{v}$ ist, dass er orthogonal sowohl zu $\vec{u}$ als auch zu $\vec{v}$ ist.

Er bildet zusammen mit den Vektoren $\vec{u}$ und $\vec{v}$ ein sogenantes Rechtssystem, analog zu den drei Koordinatenachsen des dreidimensionalen Koordinatensystems.

Die abgebildete Rechte-Hand-Regel gibt uns an, in welche Richtung der Vektor $\vec{u} \times \vec{v}$ zeigt.

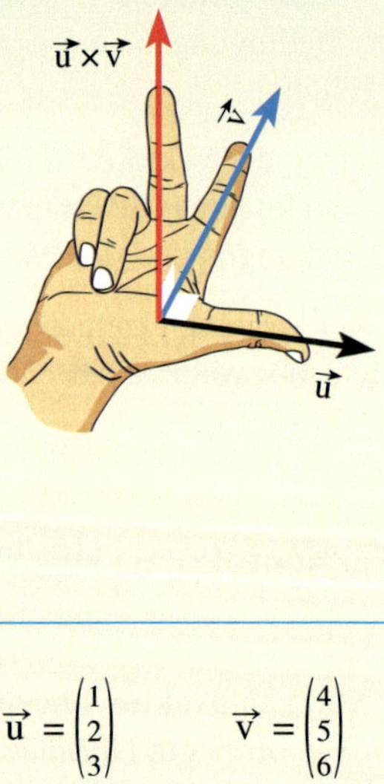

Beispiel: Vektorprodukt

Berechnen Sie das Vektorprodukt der Vektoren $\vec{u} \times \vec{v}$. Zeigen Sie, dass es senkrecht steht auf beiden Vektoren $\vec{u}$ und $\vec{v}$.

$$\vec{u} = \begin{pmatrix} 1 \\ 2 \\ 3 \end{pmatrix} \qquad \vec{v} = \begin{pmatrix} 4 \\ 5 \\ 6 \end{pmatrix}$$

Berechnung: $$\vec{u} \times \vec{v} = \begin{pmatrix} 1 \\ 2 \\ 3 \end{pmatrix} \cdot \begin{pmatrix} 4 \\ 5 \\ 6 \end{pmatrix} = \begin{pmatrix} u_2v_3 - u_3v_2 \\ -(u_1v_3 - u_3v_1) \\ u_1v_2 - u_2v_1 \end{pmatrix} = \begin{pmatrix} 2 \cdot 6 - 3 \cdot 5 \\ -(1 \cdot 6 - 3 \cdot 4) \\ 1 \cdot 5 - 2 \cdot 4 \end{pmatrix} = \begin{pmatrix} -3 \\ 6 \\ -3 \end{pmatrix}$$

Orthogonalität: $$\vec{u} \cdot (\vec{u} \times \vec{v}) = \begin{pmatrix} 1 \\ 2 \\ 3 \end{pmatrix} \cdot \begin{pmatrix} -3 \\ 6 \\ -3 \end{pmatrix} = -3 + 12 - 9 = 0 \qquad \vec{v} \cdot (\vec{u} \times \vec{v}) = \begin{pmatrix} 4 \\ 5 \\ 6 \end{pmatrix} \cdot \begin{pmatrix} -3 \\ 6 \\ -3 \end{pmatrix} = -12 + 30 - 18 = 0$$

Der berechnete Vektor $\vec{u} \times \vec{v}$ ist also auch ein Normalenvektor einer jeden Ebene mit den Richtungsvektoren $\vec{u}$ und $\vec{v}$, denn er steht auf beiden Vektoren senkrecht.

Man kann $\vec{u} \times \vec{v}$ mit der Formel aus der Definiton berechnen. Diese Formel hat aber einen Nachteil. Sie enthält zwölf Faktoren, die alle ähnlich aussehen. Sie ist furchtbar schwer zu merken.

Es gibt aber glücklicherweise ein Schema zur Bestimmung des Vektorproduktes, das aufgrund seiner bildlichen Anschaulichkeit leicht zu merken und anzuwenden ist. Wenn man es etwas übt, dann kann man z. B. sehr einfach und schnell Normalenvektoren von Ebenen bestimmen.
Es handelt sich dabei um ein Schema zum „Überkreuzmultiplizieren", das wir nun erklären:

Das Kreuzschema

Man schreibt die beiden Ausgangsvektoren nebeneinander.

Für die Berechnung der ersten Ergebniskoordinate streicht man die ersten Koordinaten der beiden Vektoren (schwarzer Strich).
Dann bildet man das Produkt der Koordinaten längs der blauen Linie und zieht das Produkt längs der roten Linie ab. Das Ergebnis ist die erste Koordinate des Vektorprodukts.

Analog geht man bei der zweiten und dritten Koordinate vor. Allerdings mus man bei der *zweiten* Koordinate nach der Kreuzberechnung noch das *Vorzeichen* ändern.

Berechnung von $\begin{pmatrix}1\\2\\3\end{pmatrix} \times \begin{pmatrix}4\\5\\6\end{pmatrix}$:

1. Koordinate: $\begin{pmatrix}1\\2\\3\end{pmatrix} \begin{pmatrix}4\\5\\6\end{pmatrix}$ $\quad 2 \cdot 6 - 5 \cdot 3 = -3$

2. Koordinate: $\begin{pmatrix}1\\2\\3\end{pmatrix} \begin{pmatrix}4\\5\\6\end{pmatrix}$ $\quad -(1 \cdot 6 - 4 \cdot 3) = 6$

3. Koordinate: $\begin{pmatrix}1\\2\\3\end{pmatrix} \begin{pmatrix}4\\5\\6\end{pmatrix}$ $\quad 1 \cdot 5 - 4 \cdot 2 = -3$

Resultat: $\begin{pmatrix}1\\2\\3\end{pmatrix} \times \begin{pmatrix}4\\5\\6\end{pmatrix} = \begin{pmatrix}-3\\6\\-3\end{pmatrix}$

Wir beenden diesen Streifzug mit Übungen zur Berechnung von Normalenvektoren mit Hilfe des Vektorproduktes. Man kann allerdings noch viele weitere Dinge sehr effektiv mit dem Vektorprodukt erledigen wie z. B. die Berechnung des Flächeninhalts von Dreiecken bzw. Parallelogrammen oder die Berechnung des Volumens von Dreieckspyramiden.

Übung 1 **Vektorprodukt**
Berechnen Sie das unten aufgeführte Vektorprodukt.

a) $\begin{pmatrix}2\\3\\1\end{pmatrix} \times \begin{pmatrix}3\\1\\6\end{pmatrix}$ b) $\begin{pmatrix}1\\-1\\2\end{pmatrix} \times \begin{pmatrix}2\\1\\-1\end{pmatrix}$

Übung 2 **Normalenvektor einer Ebene**
Bestimmen Sie einen Normalenvektor der Ebene E.

$E: \vec{x} = \begin{pmatrix}4\\1\\-2\end{pmatrix} + r \cdot \begin{pmatrix}1\\1\\-1\end{pmatrix} + s \cdot \begin{pmatrix}2\\-4\\2\end{pmatrix}$

B. Die Normalengleichung einer Ebene

Die Lage einer Ebene E im Raum ist durch die Angabe eines Ebenenpunktes A und eines zur Ebene senkrechten Vektors $\vec{n} \neq \vec{0}$, also eines ***Normalenvektors der Ebene***, eindeutig festgelegt.

Unter diesen Voraussetzungen liegt ein Punkt X (Ortsvektor: $\vec{x}$) genau dann in der Ebene E, wenn der Vektor $\overrightarrow{AX}$ senkrecht auf dem Normalenvektor $\vec{n}$ steht, d. h., wenn die Gleichung $\overrightarrow{AX} \cdot \vec{n} = 0$ bzw. $(\vec{x} - \vec{a}) \cdot \vec{n} = 0$ gilt.

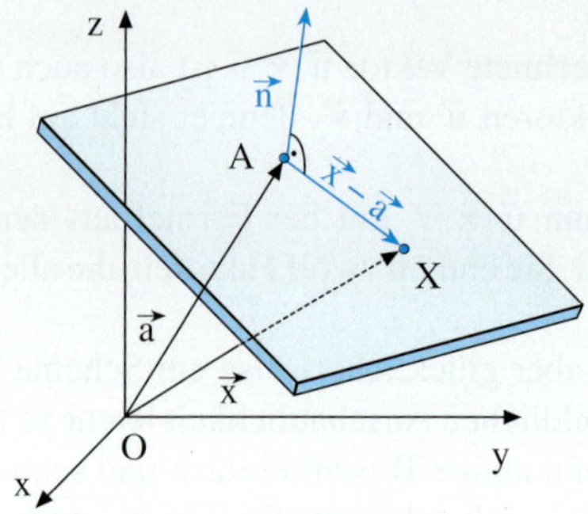

Man bezeichnet diese Art der parameterfreien Darstellung einer Ebene E unter Verwendung eines Stützvektors $\vec{a}$ und eines Normalenvektors $\vec{n}$ als ***Normalenform*** der Ebenengleichung oder kürzer als ***Normalengleichung*** der Ebene.*

Normalengleichung der Ebene E

$$\mathbf{E: (\vec{x} - \vec{a}) \cdot \vec{n} = 0}$$

↑ Stützvektor ↑ Normalenvektor

Im Folgenden zeigen wir, wie man die Normalengleichung einer Ebene E gewinnen kann, wenn eine Parametergleichung der Ebene bereits bekannt ist.

Beispiel: Parametergleichung → Normalengleichung

Bestimmen Sie einen Normalengleichung der Ebene E. $\quad E: \vec{x} = \begin{pmatrix} 2 \\ 0 \\ 3 \end{pmatrix} + r \cdot \begin{pmatrix} -2 \\ 2 \\ 3 \end{pmatrix} + s \cdot \begin{pmatrix} 1 \\ -2 \\ 0 \end{pmatrix}$

Lösung:
Wir verwenden den Ansatz aus dem roten Kasten oben: E: $(\vec{x} - \vec{a}) \cdot \vec{n} = 0$.

Wir bestimmen zunächst aus den beiden Richtungsvektoren $\vec{u}$ und $\vec{v}$ der Ebene E einen Normalenvektor $\vec{n}$ der Ebene.

Für den Stützvektor $\vec{a}$ der Normalenform verwenden wir den gegebenen Stützvektor der Parameterform.

Damit ergibt sich die rechts dargestellte Normalengleichung der Ebene E.

Normalenvektor von E:

$$\begin{pmatrix} -2 \\ 2 \\ 3 \end{pmatrix} \cdot \begin{pmatrix} x \\ y \\ z \end{pmatrix} = 0 \qquad \begin{pmatrix} 1 \\ -2 \\ 0 \end{pmatrix} \cdot \begin{pmatrix} x \\ y \\ z \end{pmatrix} = 0$$

$$-2x + 2y + 3z = 0$$
$$x - 2y = 0$$

$$x = 6 \quad y = 3 \quad z = 2 \quad \Rightarrow \quad \vec{n} = \begin{pmatrix} 6 \\ 3 \\ 2 \end{pmatrix}$$

Normalengleichung von E:

$$E: \left[\vec{x} - \begin{pmatrix} 2 \\ 0 \\ 3 \end{pmatrix}\right] \cdot \begin{pmatrix} 6 \\ 3 \\ 2 \end{pmatrix} = 0$$

* Beide Begriffe werden im Folgenden synonym verwendet.

C. Die Koordinatengleichung einer Ebene

$ax + by + cz = d$

Eine Ebene im dreidimensionalen Anschauungsraum lässt sich stets durch eine lineare Gleichung der Form $\mathbf{ax + by + cz = d}$ darstellen, die man als ***Koordinatengleichung*** bezeichnet. Diese Darstellung hat einige Vorteile, was wir im Verlauf des Kapitels sehen werden.
Die Koordinatengleichung ist eng verwandt mit der Normalengleichung. Daher zeigen wir zunächst, wie man diese Gleichungen rechnerisch ineinander überführt.

Beispiel: Normalengleichung → Koordinatengleichung

Bestimmen Sie eine Koordinatengleichung der Ebene E: $\left[\vec{x} - \begin{pmatrix}1\\3\\2\end{pmatrix}\right] \cdot \begin{pmatrix}2\\3\\4\end{pmatrix} = 0.$

Lösung:
Wir ersetzen den Vektor $\vec{x}$ durch seine Koordinatenform mit den Koordinaten x, y und z und multiplizieren die Normalengleichung dann aus.

$$\left[\begin{pmatrix}x\\y\\z\end{pmatrix} - \begin{pmatrix}1\\3\\2\end{pmatrix}\right] \cdot \begin{pmatrix}2\\3\\4\end{pmatrix} = 0 \Rightarrow \begin{pmatrix}x-1\\y-3\\z-2\end{pmatrix} \cdot \begin{pmatrix}2\\3\\4\end{pmatrix} = 0 \Rightarrow (x-1)\cdot 2 + (y-3)\cdot 3 + (z-2)\cdot 4 = 0 \Rightarrow 2x + 3y + 4z = 19$$

Normalenform — Koordinatenform

Dabei machen wir eine interessante Beobachtung über die Koordinatengleichung: Die Koeffizienten der linken Seite der Koordinatengleichung von E sind die Koordinaten eines Normalenvektors $\vec{n}$ der Ebene E. Die Koordinatengleichung ist nur eine andere Schreibweise der Normalengleichung.

Koordinatengleichung einer Ebene
Die Gleichung E: $ax + by + cz = d$ stellt eine Ebene E im Raum dar. Sie wird als Koordinatengleichung der Ebene E bezeichnet.
Dabei ist der Vektor $\vec{n} = \begin{pmatrix}a\\b\\c\end{pmatrix}$ ein Normalenvektor von E.

Beispiel: Koordinatengleichung → Normalengleichung
Bestimmen Sie eine Normalengleichung der Ebene E: $2x + 3y - z = 6$.

Lösung:
Die Normalengleichung hat die allgemeine Form E: $(\vec{x} - \vec{a}) \cdot \vec{n} = 0$, wobei $\vec{a}$ der Ortsvektor eines Ebenenpunktes und $\vec{n}$ ein Normalenvektor der Ebene ist.

Den Ortsvektor $\vec{a}$ können wir durch Einsetzen dreier passender Koordinaten aus der Koordinatengleichung gewinnen.
Den Normalenvektor $\vec{n}$ können wir direkt aus den drei linksseitigen Koeffizienten der Koordinatengleichung entnehmen.
Daraus ergibt sich die Normalengleichung.

Normalengleichung von E:
Ansatz: E: $(\vec{x} - \vec{a}) \cdot \vec{n} = 0$

Punkt A:
$2 \cdot x + 3 \cdot y - 1 \cdot z = 6$
$2 \cdot 3 + 3 \cdot 0 - 1 \cdot 0 = 6 \qquad \Rightarrow \vec{a} = \begin{pmatrix}3\\0\\0\end{pmatrix}$

Normalenvektor $\vec{n}$:
$2x + 3y - 1z = 6 \qquad \Rightarrow \vec{n} = \begin{pmatrix}2\\3\\-1\end{pmatrix}$

$$\Rightarrow E: \left[\vec{x} - \begin{pmatrix}3\\0\\0\end{pmatrix}\right] \cdot \begin{pmatrix}2\\3\\-1\end{pmatrix} = 0$$

Übung 3 Umwandlung Koordinatengleichung ⇔ Normalengleichung
Wandeln Sie die Koordinatengleichung in eine Normalengleichung um bzw. umgekehrt.

a) E: $2x + 3y + 4z = 12$ b) E: $\left[\vec{x} - \begin{pmatrix} 1 \\ 2 \\ -2 \end{pmatrix}\right] \cdot \begin{pmatrix} 2 \\ 3 \\ 1 \end{pmatrix} = 0$

Bevor wir uns weiteren Eigenschaften der wichtigen Koordinatengleichung zuwenden, zeigen wir, wie sie aus der Parametergleichung gewonnen wird und umgekehrt.

Beispiel: Parametergleichung → Koordinatengleichung
Bestimmen Sie eine Koordinatengleichung der folgenden Ebene: E: $\vec{x} = \begin{pmatrix} 3 \\ 2 \\ 4 \end{pmatrix} + r \cdot \begin{pmatrix} 2 \\ -1 \\ 2 \end{pmatrix} + s \cdot \begin{pmatrix} -2 \\ 2 \\ -1 \end{pmatrix}$

Lösung:
Zunächst bestimmen wir einen Normalenvektor $\vec{n}$ von E (vgl. Seite 129).

Da $\vec{n}$ senkrecht zu den Richtungsvektoren $\vec{u}$ und $\vec{v}$ der Ebene E steht, gelten die Gleichungen $\vec{u} \cdot \vec{n} = 0$ und $\vec{v} \cdot \vec{n} = 0$.

Dies führt auf nebenstehende Orthogonalitätsbedingungen.

Wir erhalten ein lineares Gleichungssystem mit zwei Gleichungen für die drei Variablen x, y und z. Es ist also unterbestimmt.

Daher können wir nach dem ersten Eliminationsschritt eine Variable frei wählen. Wir wählen $z = c$. Dann ergibt sich durch Rückeinsetzung $y = -c$ und $x = -1{,}5\,c$. Nun setzen wir $c = 2$, um einen Normalenvektor mit ganzen Koordinaten zu erhalten.

Nun können wir die Koordinatengleichung in der Form $ax + by + cz = d$ ansetzen, wobei wir für a, b und c die Koordinaten des Normalenvektors n einsetzen, so dass wir $-3x - 2y + 2z = d$ erhalten. Durch Einsetzen des Stützpunktes P(3|2|4) von E in diese Gleichung ergibt sich $d = -5$ und folglich E: $-3x - 2y + 2z = -5$ als die gesuchte Koordinatenform von E

Bestimmung eines Normalenvektors $\vec{n}$:

Orthogonalitätsbedingungen

$\vec{u} \cdot \vec{n} = 0$: $\begin{pmatrix} 2 \\ -1 \\ 2 \end{pmatrix} \cdot \begin{pmatrix} x \\ y \\ z \end{pmatrix} = 0$

$\vec{v} \cdot \vec{n} = 0$: $\begin{pmatrix} -2 \\ 2 \\ -1 \end{pmatrix} \cdot \begin{pmatrix} x \\ y \\ z \end{pmatrix} = 0$

Lineares Gleichungssystem

I: $2x - y + 2z = 0$
II: $-2x + 2y - z = 0$

Lösung des Gleichungssystems

III = I + II: $y + z = 0$
z wird frei gewählt: $z = c$
Aus III folgt dann: $y = -c$
Aus I folgt dann: $x = -1{,}5\,c$

Setzt man $c = 2$, so folgt $\vec{n} = \begin{pmatrix} -3 \\ -2 \\ 2 \end{pmatrix}$.

Bestimmung der Koordinatengleichung:

Ansatz: $ax + by + cz = d$
Normalenvektor: $-3x - 2y + 2z = d$

P(3|2|4) ∈ E ⇒ $-9 - 4 + 8 = d \Rightarrow d = -5$
⇒ E: $-3x - 2y + 2z = -5$
Koordinatengleichung

Übung 4 Umwandlung von Ebenengleichungen
Stellen Sie eine Koordinatengleichung der Ebene E auf. E: $\vec{x} = \begin{pmatrix} -1 \\ -4 \\ 4 \end{pmatrix} + r \cdot \begin{pmatrix} 2 \\ 2 \\ 2 \end{pmatrix} + s \cdot \begin{pmatrix} 1 \\ 4 \\ -2 \end{pmatrix}$

Wir behandeln nun die umgekehrte Fragestellung. Aus der Koordinatengleichung (bzw. aus der Normalengleichung) soll eine Parametergleichung gewonnen werden.

Beispiel: Koordinatengleichung → Parametergleichung
Bestimmen Sie eine Parametergleichung der Ebene E: $4x + y + 3z = 12$.

Lösung:
Zur Bestimmung eines Stützpunktes der Parameterform setzen wir für x, y und z in der Koordinatenform passende Werte ein. Wie erhalten so z. B. den Punkt P(3|0|0).

Bestimmung eine Stützpunktes:

$4 \cdot x + 3 \cdot y + 2 \cdot z = 12$

$4 \cdot 3 + 3 \cdot 0 + 2 \cdot 0 = 12$

⇒ Stützpunkt P(3|0|0)

Um zwei Richtungsvektoren $\vec{u}$ und $\vec{v}$ der Ebene E zu bestimmen, verwenden wir den Normalenvektor $\vec{n}$ von E, den wir aus den Koeffizienten der linken Seite der Koordinatenform direkt ablesen können.
Er steht senkrecht auf den Richtungsvektoren $\vec{u}$ und $\vec{v}$, so dass die Gleichungen $\vec{n} \cdot \vec{u} = 0$ und $\vec{n} \cdot \vec{v} = 0$ gelten.

$\vec{u}$ und $\vec{v}$ bestimmen wir, indem wir jeweils eine ihrer Koordinaten gleich 0 setzen und die beiden anderen – wie rechts farbig dargestellt – durch „Hinsehen" bestimmen.

Bestimmung der Richtungsvektoren:

$$\begin{pmatrix}4\\1\\3\end{pmatrix} \cdot \begin{pmatrix}\ \\ \ \\ \ \end{pmatrix} = 0 \qquad \begin{pmatrix}4\\1\\3\end{pmatrix} \cdot \begin{pmatrix}\ \\ \ \\ \ \end{pmatrix} = 0$$

$$\vec{n} \cdot \vec{u} = 0 \qquad \vec{n} \cdot \vec{v} = 0$$

$$\begin{pmatrix}4\\1\\3\end{pmatrix} \cdot \begin{pmatrix}1\\-4\\0\end{pmatrix} = 0 \qquad \begin{pmatrix}4\\1\\3\end{pmatrix} \cdot \begin{pmatrix}0\\3\\-1\end{pmatrix} = 0$$

Anschließend können wir die Parametergleichung problemlos aufstellen.

Parametergleichung von E:

$$E: \vec{x} = \begin{pmatrix}3\\0\\0\end{pmatrix} + r \cdot \begin{pmatrix}1\\-4\\0\end{pmatrix} + s \cdot \begin{pmatrix}0\\3\\-1\end{pmatrix}$$

Übung 5 Umwandlung von Ebenengleichungen
Stellen Sie eine Parametergleichung der Ebene E: $3x - 2y + 6z = 12$ auf.

Nun bieten sich noch einige weitere Übungen zum wichtigen Umwandeln der drei Arten von Ebenengleichungen (Parametergleichung, Normalengleichung, Koordinatengleichung) an.

Übung 6 Umwandlung von Ebenengleichungen
Es gibt für jede Ebene im Raum die drei Gleichungsformen: Parametergleichung, Normalengleichung und Koordinatengleichung. Wandeln Sie die gegebene Ebenengleichung jeweils in die beiden anderen Gleichungsformen um.

Koordinatengleichung: a) E: $2x - 5y + 2z = 10$ b) E: $-x + 2y + 3z = 6$

Normalengleichung: c) E: $\left[\vec{x} - \begin{pmatrix}2\\0\\4\end{pmatrix}\right] \cdot \begin{pmatrix}2\\-5\\4\end{pmatrix} = 0$ d) E: $\left[\vec{x} - \begin{pmatrix}6\\3\\2\end{pmatrix}\right] \cdot \begin{pmatrix}1\\-2\\2\end{pmatrix} = 0$

Parametergleichung: e) E: $\vec{x} = \begin{pmatrix}1\\1\\2\end{pmatrix} + r \cdot \begin{pmatrix}3\\1\\-1\end{pmatrix} + s \cdot \begin{pmatrix}2\\-2\\-2\end{pmatrix}$ f) E: $\vec{x} = \begin{pmatrix}1\\-2\\2\end{pmatrix} + r \cdot \begin{pmatrix}3\\2\\1\end{pmatrix} + s \cdot \begin{pmatrix}4\\0\\-2\end{pmatrix}$

3. Achsenabschnitte und Spurgeraden einer Ebene

A. Die Achsenabschnittspunkte einer Ebene

Besonders einfach lässt sich die Lage einer Ebene E im Raum beurteilen, wenn man diejenigen Punkte S_x, S_y und S_z der Ebene kennt, die auf den drei Koordinatenachsen liegen. Diese Punkte werden als ***Achsenabschnittspunkte*** bzw. ***Spurpunkte*** von E bezeichnet.
Rechts ist eine Ebene mit ihren Achsenabschnittspunkten dargestellt. Verbindet man diese Punkte, so erhält man einen dreieckigen Ebenenausschnitt, der auf sehr anschauliche Weise die Lage und die Neigung der Ebene vermittelt. Man bezeichnet das Dreieck ABC auch als ***Stützdreieck*** der Ebene.

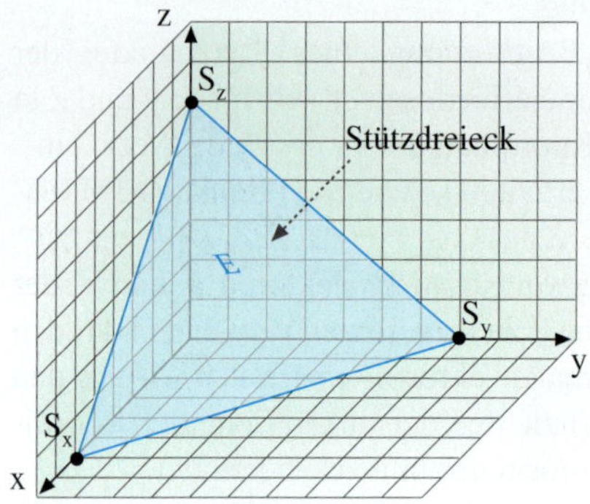

Achsenabschnittspunkte einer Ebene:
$S_x(A|0|0)$ $S_y(0|B|0)$ $S_z(0|0|C)$

Beispiel: Achsenabschnitte und Schrägbild
Gegeben sei die Ebene E mit der Koordinatengleichung E: $3x + 2y + 4z = 12$.
Bestimmen sie die Achsenabschnittspunkte der Ebene und zeichnen Sie anschließend mit Hilfe dieser Punkte ein Schrägbild der Ebene.

Lösung:
Der Achsenabschnittspunkt S_x auf der x-Achse hat die Form $S_x(A|0|0)$, denn seine y- und seine z-Koordinate sind beide 0.

Seine x-Koordinate erhalten wir, wenn wir in der Koordinatengleichung $y = 0$ und $z = 0$ setzen. Daraus folgt $x = 4$, d.h. $S_x(4|0|0)$.

Die Achsenabschnittspunkte Y auf der y-Achse und Z auf der z-Achse ermitteln wir entsprechend. Sie lauten $S_y(0|6|0)$ und $S_z(0|0|3)$.

Nun können wir das Schrägbild der Ebene zeichnen. Auf kariertem Papier – wie es in der Schule meistens verwendet wird – geht das am besten:
Wir zeichnen das Koordinatensystem (Verkürzung in x-Richtung beachten), tragen die Achsenabschnittspunkte ein und verbinden sie durch Strecken.

Achsenabschnittspunkte (Spurpunkte):
x-Achse: $S_x(A|0|0)$
$3 \cdot x + 2 \cdot 0 + 4 \cdot 0 = 12 \Rightarrow x = 4 \Rightarrow S_x(4|0|0)$

y-Achse: $S_y(0|B|0)$
$3 \cdot 0 + 2 \cdot y + 4 \cdot 0 = 12 \Rightarrow y = 6 \Rightarrow S_y(0|6|0)$

z-Achse: $S_z(0|0|C)$
$3 \cdot 0 + 2 \cdot 0 + 4 \cdot z = 12 \Rightarrow z = 3 \Rightarrow S_z(0|0|3)$

Schrägbild:

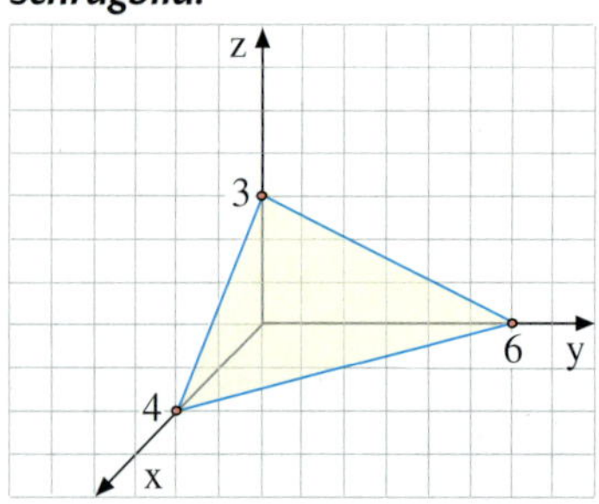

Fehlen in der Koordinatengleichung einer Ebene eine oder mehrere Variable, so nimmt die Ebene im Koordinatensystem eine besondere Lage ein. Sie hat dann auch weniger als drei Achsenabschnittspunkte.

Beispiel: Achsenabschnitte und Schrägbild

Gegeben seien zwei Ebenen mit den Koordinatengleichungen $E_1: 3x + 4y = 12$ und $E_2: 2y = 12$. Bestimmen sie die Achsenabschnittpunkte der Ebenen und zeichnen Sie anschließend mit Hilfe dieser Punkte Schrägbilder der Ebenen.

Lösung:

Die Ebene E_1 hat die Achsenabschnitts-Punkte $S_x(4|0|0)$ und $S_y(0|3|0)$, aber keinen z-Achsenabschnitt. Das bedeutet, dass sie die z-Achse nicht schneidet, sondern zu dieser parallel verläuft, also vertikal steht.

Die Ebene E_2 hat den Achsenabschnittspunkt $S_y(0|6|0)$, aber keine Achsenabschnittspunkte auf der x- und der z-Achse. Das bedeutet, dass sie parallel zu diesen beiden Achsen steht und damit parallel zur x-z-Ebene.

Schrägbilder von E_1 und E_2:

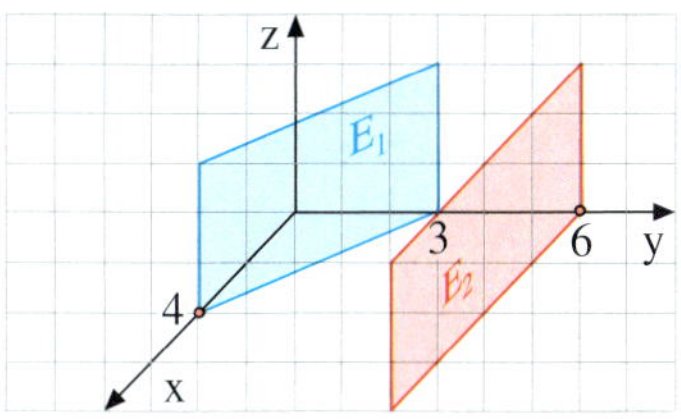

Übung 1 Achsenabschnitte und Schrägbilder

Bestimmen Sie die Achsenabschnittspunkte der Ebene E und zeichnen Sie dann auf kariertem Papier ein Schrägbild der Ebene.

a) $E: 2x + 4y + 3z = 12$
b) $E: 2x - 3z = 12$
c) $E: 2z = 8$

Interessant ist, dass man die Koordinatengleichung einer Ebene in der Regel so umformen kann, dass die Achsenabschnitte der Ebene direkt abgelesen werden konnen. Man bezeichnet diese Sonderform der Koordinatengleichung daher als Achsenabschnittsgleichung.

Die Achsenabschnittsgleichung

Eine Koordinatengleichung von der rechts dargestellten Form bezeichnet man als Achsenabschnittsgleichung.
Dabei sind die Zahlen A, B und C genau die drei Achsenabschnitte der Ebene.

$$\mathbf{E:}\ \frac{x}{A} + \frac{y}{B} + \frac{z}{C} = 1$$

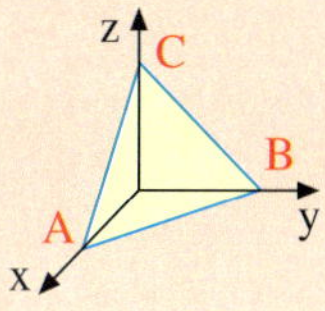

Übung 2 Achsenabschnittsgleichung

Stellen Sie die Achsenabschnittgleichung der Ebene E auf und fertigen sie ein Schrägbild von E auf kariertem Papier an.

a) $E: 3x + 4y + 2z = 12$
b) $E: 1{,}5x - 0{,}5y + 2z = 6$
c) $E: 0{,}5x + 2z = 4$

B. Die Spurgeraden einer Ebene

Die Schnittgeraden einer Ebene mit den drei Koordinatenebenen werden als Spurgeraden bezeichnet. Eine Ebene kann maximal drei Spurgeraden besitzen.

Die Schnittgerade mit der x-y-Ebene wird mit dem Symbol g_{xy} bezeichnet. Analog sind g_{xz} und g_{yz} die Schnittgeraden mit der x-z-Ebene bzw. der y-z-Ebene.

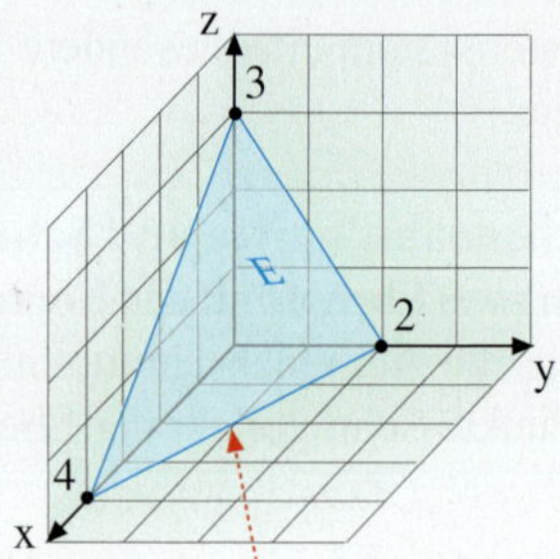

Spurgerade g_{xy} von E in der x-y-Ebene

Am einfachsten sind die Spurgeraden zu bestimmen, wenn die Ebenengleichung in Koordinatenform vorliegt. Man kann Spurgeraden auch aus der Parameterform gewinnen (s. Übung 4, unten).

Beispiel: Spurgeraden

Gegeben sei die Ebene E mit der Koordinatengleichung E: $3x + 4y + 6z = 12$.
Bestimmen sie die Gleichungen der Spurgeraden der Ebene E.

Lösung:
Wir bestimmen aus der Koordinatengleichung die Achsenabschnittspunkte S_x, S_y und S_z der Ebene, die auch als Spurpunkte bezeichnet werden.
Wir erhalten die Spurpunkte $S_x(4|0|0)$, $S_y(0|3|0)$ und $S_z(0|0|2)$.
Die Spurgerade g_{xy} geht durch die beiden Punkte S_x und S_y.
Sie hat folglich die Gleichung

$$g_{xy}: \vec{x} = \overrightarrow{OX} + r \cdot \overrightarrow{XY} = \begin{pmatrix} 4 \\ 0 \\ 0 \end{pmatrix} + r \cdot \begin{pmatrix} -4 \\ 3 \\ 0 \end{pmatrix}.$$

Analog ergeben sich g_{xz} und g_{yz}.

Achsenabschnittspunkte (Spurpunkte):
x-Achse: $S_x(x|0|0)$
$3 \cdot x + 4 \cdot 0 + 6 \cdot 0 = 12 \Rightarrow x = 4 \Rightarrow S_x(4|0|0)$

Analog: $S_y(0|3|0)$ und $S_z(0|0|2)$

Spurgeraden:

$$g_{xy}: \vec{x} = \begin{pmatrix} 4 \\ 0 \\ 0 \end{pmatrix} + r \cdot \begin{pmatrix} -4 \\ 3 \\ 0 \end{pmatrix} \qquad g_{xz}: \vec{x} = \begin{pmatrix} 4 \\ 0 \\ 0 \end{pmatrix} + r \cdot \begin{pmatrix} -4 \\ 0 \\ 2 \end{pmatrix}$$

$$g_{yz}: \vec{x} = \begin{pmatrix} 0 \\ 3 \\ 0 \end{pmatrix} + r \cdot \begin{pmatrix} 0 \\ -3 \\ 2 \end{pmatrix}$$

Abschließend ist noch zu bemerken, dass eine Ebene zwei oder drei Spurgeraden haben kann.

Übung 3 Spurgeraden/Koordinatenform

Bestimmen Sie die Spurgeraden der Ebene E und zeichnen Sie ein Schrägbild.

a) $2x + 3y + 2z = 12$
b) $x + 5y + 2z = 10$
c) $2x - 4y + 3z = 12$
d) $2x + 4z = 8$
e) $x - y = 0$

Übung 4 Spurgeraden/Parameterform

Bestimmen Sie die Spurgeraden der Ebene E aus ihrer Parametergleichung.
Hinweis: Beispielsweise gilt für die Spurgerade g_{xy} die Gleichung $z = 0$.

$$E: \vec{x} = \begin{pmatrix} 4 \\ 6 \\ 8 \end{pmatrix} + r \cdot \begin{pmatrix} 2 \\ -3 \\ 4 \end{pmatrix} + s \cdot \begin{pmatrix} 2 \\ -9 \\ 8 \end{pmatrix}$$

Übungen

5. Ebenengleichungen

Stellen Sie eine Gleichung der Ebene durch die Punkte A, B und C in Parameterform, in Normalenform und in Koordinatenform auf.

a) A(1|2|−2), B(0|5|0), C(5|0|−2)

b) A(2|1|1), B(4|2|2), C(3|3|4)

6. Aufstellen der Normalengleichung

Bestimmen Sie eine Normalengleichung der Ebene E.

a) E: $-4x + 5y + 3z = 12$

b) E: $x + 2z = 4$

c) E: $\vec{x} = \begin{pmatrix} 1 \\ 0 \\ 0 \end{pmatrix} + r\begin{pmatrix} 2 \\ 2 \\ -2 \end{pmatrix} + s\begin{pmatrix} 4 \\ 1 \\ -10 \end{pmatrix}$

d) E: $\vec{x} = \begin{pmatrix} 5 \\ 2 \\ 3 \end{pmatrix} + r\begin{pmatrix} 2 \\ 3 \\ -2 \end{pmatrix} + s\begin{pmatrix} 1 \\ -1 \\ 1 \end{pmatrix}$

e) E geht durch A(0|2|0), B(2|1|2), C(1|0|2).

f) E ist die x-y-Ebene.

g) E steht auf der Winkelhalbierenden der x-y-Ebene senkrecht.

h) E enthält die z-Achse, den Punkt P(1|1|0) und steht senkrecht auf der x-y-Ebene.

7. Aufstellen der Koordinatengleichung

Stellen Sie eine Koordinatengleichung der Ebene E auf. Ist die Ebene E eindeutig bestimmt?

a) E hat die Achsenabschnitte A = 3, B = 5 und C = 2.

b) E enthält die y-Achse sowie den Punkt P(4|0|4).

c) E geht durch A(0|0|3), B(−2|4|4), C(0|0|3).

d) E ist senkrecht zu F: $2x + 3y + 8z = 24$ und geht durch den Punkt P(2|2|3).

8. Aufstellen der Parametergleichung

Stellen Sie eine Parametergleichung der Ebene E auf.

a) E: $4x - 2y + 3z = 24$

b) E: $\left[\vec{x} - \begin{pmatrix} 1 \\ 0 \\ 3 \end{pmatrix}\right] \cdot \begin{pmatrix} 6 \\ 3 \\ 2 \end{pmatrix} = 12$

c) E enthält die x-Achse und ist orthogonal zu F: $2x - y + 2z = 4$.

9. Aufstellen der Ebenengleichung

Stellen Sie die Gleichung der beschriebenen oder dargestellten Ebene E auf. Die Wahl der Gleichungsart steht Ihnen frei.

a) Es handelt sich um die x-y-Ebene.

b) Die Ebene hat die Achsenabschnitte A = 4, B = 2, C = 6.

c) Die Ebene enthält den Punkt P(2|1|3) und ist zur y-z-Ebene parallel.

d) Die Ebene geht durch den Punkt P(4|4|0) und ist parallel zur z-Achse. Ihr y-Achsenabschnitt beträgt B = 12.

e) Die Ebene enthält die Punkte A(2|−1|5), B(−1|−3|9) und ist parallel zur z-Achse.

f)

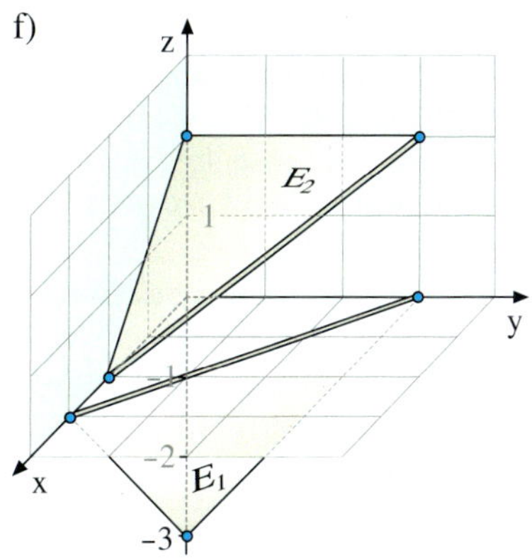

10. Aufstellen von Ebenengleichungen

Stellen Sie Gleichungen der folgenden Ebenen auf.

a) Ebene mit der Haustür
b) Ebene der rechten Hauswand
c) Ebene der frontalen Dachfläche
d) Ebene der hinteren Dachfläehe
e) Ebene der rechten Dachfläche

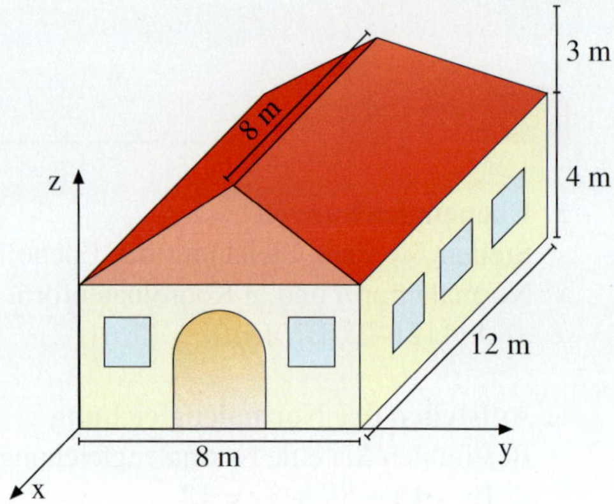

11. Koordinatengleichung

Bestimmen Sie eine Koordinatengleichung der abgebildeten Ebene E. Eine Karoeinheit hat auf jeder Achse die Länge 1.

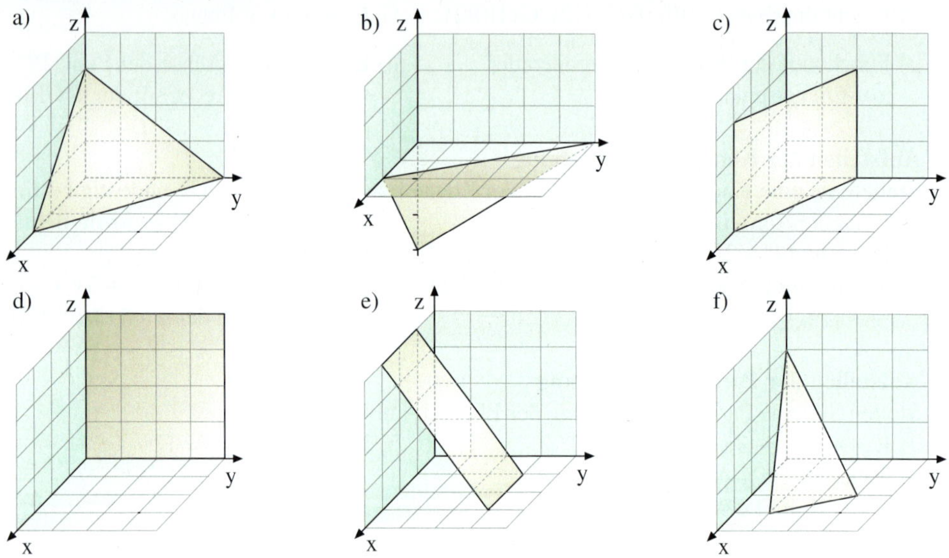

12. Achsenabschnitt einer Ebene

a) Bestimmen Sie die Achsenabschnittspunkte der Ebene E: $3x + 6y - 3z = 12$ und skizzieren Sie einen Ebenenausschnitt im Koordinatensystem.
b) Welche Achsenabschnitte hat die Ebene E: $2x + 5y = 10$?
Beschreiben Sie die Lage der Ebene im Koordinatensystem verbal und fertigen Sie anschließend ein Schrägbild an.
c) Beschreiben Sie die Lage der Ebene E: $2z = 8$ im Koordinatensystem (mit Schrägbild).

13. Spurpunkte und Ebenengleichung

Die Ebene E hat die Spurpunkte S_x, S_y und S_z bzw. die Spurgeraden g_{xy} und g_{yz}.
Zeichnen Sie ein Schrägbild der Ebene E und geben Sie eine Gleichung der Ebene an.

a) $S_x(6|0|0)$, $S_y(0|4|0)$, $S_z(0|0|8)$
b) kein Spurpunkt auf der x-Achse, $S_y(0|4|0)$, $S_z(0|0|6)$
c) $g_{xy}: \vec{x} = \begin{pmatrix}3\\0\\0\end{pmatrix} + r \cdot \begin{pmatrix}-1\\2\\0\end{pmatrix}$, $g_{yz}: \vec{x} = \begin{pmatrix}0\\6\\0\end{pmatrix} + r \cdot \begin{pmatrix}0\\3\\4\end{pmatrix}$

4. Lagebeziehungen

A. Die Lage von Punkt und Ebene

Die Lagebeziehung eines Punktes P zu einer Ebene E wird wie die Lagebeziehung von Punkt und Gerade durch Einsetzen des Ortsvektors $\vec{p}$ des Punktes in die Ebenengleichung geklärt.

Beispiel: Punktprobe mit der Parameterform

Liegen P(2|−2|−1) oder Q(2|1|1) in der Ebene E: $x = \begin{pmatrix} 1 \\ 0 \\ -1 \end{pmatrix} + r \cdot \begin{pmatrix} 2 \\ -1 \\ 1 \end{pmatrix} + s \cdot \begin{pmatrix} 1 \\ 1 \\ 1 \end{pmatrix}$?

Lösung:
Der Ortsvektor des Punktes wird in die Ebenengleichung eingesetzt:

$$\begin{pmatrix} 2 \\ -2 \\ -1 \end{pmatrix} = \begin{pmatrix} 1 \\ 0 \\ -1 \end{pmatrix} + r \cdot \begin{pmatrix} 2 \\ -1 \\ 1 \end{pmatrix} + s \cdot \begin{pmatrix} 1 \\ 1 \\ 1 \end{pmatrix} \qquad \Bigg| \qquad \begin{pmatrix} 2 \\ 1 \\ 1 \end{pmatrix} = \begin{pmatrix} 1 \\ 0 \\ -1 \end{pmatrix} + r \cdot \begin{pmatrix} 2 \\ -1 \\ 1 \end{pmatrix} + s \cdot \begin{pmatrix} 1 \\ 1 \\ 1 \end{pmatrix}$$

Durch Aufspalten der Vektorgleichung in drei Koordinaten erhalten wir ein Gleichungssystem:

I $\quad 2r + s = 1$	I $\quad 2r + s = 1$
II $\quad -r + s = -2$	II $\quad -r + s = 1$
III $\quad r + s = 0$	III $\quad r + s = 2$

Das Gleichungssystem mit 3 Gleichungen in 2 Variablen wird auf Lösbarkeit untersucht.

I + 2 · II: $\quad 3s = -3 \Rightarrow s = -1$	I + 2 · II: $\quad 3s = 3 \Rightarrow s = 1$
in I: $\quad 2r - 1 = 1 \Rightarrow r = 1$	in I: $\quad 2r + 1 = 1 \Rightarrow r = 0$
Probe in III:	Probe in III:
$1 + (-1) = 0$ wahr $\Rightarrow$ lösbar	$0 + 1 = 2$ falsch $\Rightarrow$ unlösbar
Folgerung: P(2|−2|−1) liegt in E.	Folgerung: Q(2|1|1) liegt nicht in E.

Noch einfacher geht die Punktprobe mit der Koordinatenform oder mit der Normalenform.

Beispiel: Punktprobe mit der Koordinatenform
Liegen P(2|−2|−1) oder Q(2|1|1) in E: $2x + y - 3z = 5$?

Lösung:

Der Punkt P(2|−2|−1) liegt in E, da Einsetzen von $x = 2$, $y = -2$ und $z = -1$ in die Koordinatengleichung auf eine wahre Aussage führt:
$2 \cdot 2 + (-2) - 3 \cdot (-1) = 5$, d.h. $5 = 5$.

Der Punkt Q(2|1|1) liegt nicht in E, da Einsetzen der Koordinaten $x = 2$, $y = 1$ und $z = 1$ auf eine falsche Aussage führt, nämlich auf:
$2 \cdot 2 + 1 - 3 \cdot 1 = 5$, d.h. $2 = 5$.

Beispiel: Punktprobe mit der Normalenform

Gegeben sei die Ebene E: $\left[\vec{x} - \begin{pmatrix}1\\3\\2\end{pmatrix}\right] \cdot \begin{pmatrix}1\\2\\1\end{pmatrix} = 0.$

a) Prüfen Sie, ob die Punkte A(1|4|0) und B(2|2|1) in der Ebene E liegen.
b) Für welchen Wert des Parameters t liegt der Punkt C(2|1|t) in der Ebene E?

Lösung zu a:
Wir setzen den Ortsvektor des Punktes A anstelle von $\vec{x}$ auf der linken Seite der Normalengleichung ein. Die linke Seite nimmt den Wert 0 an, wie die nebenstehende Rechnung zeigt. A liegt also in E.

$$\left[\begin{pmatrix}1\\4\\0\end{pmatrix} - \begin{pmatrix}1\\3\\2\end{pmatrix}\right] \cdot \begin{pmatrix}1\\2\\1\end{pmatrix} = \begin{pmatrix}0\\1\\-2\end{pmatrix} \cdot \begin{pmatrix}1\\2\\1\end{pmatrix} = 0$$

$$\Rightarrow A \in E$$

Setzen wir dagegen den Ortsvektor von B ein, so nimmt die linke Seite den Wert $-2 \neq 0$ an. B liegt nicht in E.

$$\left[\begin{pmatrix}2\\2\\1\end{pmatrix} - \begin{pmatrix}1\\3\\2\end{pmatrix}\right] \cdot \begin{pmatrix}1\\2\\1\end{pmatrix} = \begin{pmatrix}1\\-1\\-1\end{pmatrix} \cdot \begin{pmatrix}1\\2\\1\end{pmatrix} = -2$$

$$\Rightarrow B \notin E$$

Lösung zu b:
Setzen wir den Ortsvektor von C in die linke Seite der Normalengleichung ein, so nimmt diese den Wert $t - 5$ an.
Für $t = 5$ wird dieser Term gleich 0, liegt also der Punkt C in dieser Ebene E.

$$\left[\begin{pmatrix}2\\1\\t\end{pmatrix} - \begin{pmatrix}1\\3\\2\end{pmatrix}\right] \cdot \begin{pmatrix}1\\2\\1\end{pmatrix} = \begin{pmatrix}1\\-2\\t-2\end{pmatrix} \cdot \begin{pmatrix}1\\2\\1\end{pmatrix} = t - 5$$

$$C \in E \quad \Leftrightarrow \quad t - 5 = 0 \quad \Leftrightarrow \quad t = 5$$

Übung 1 Punktproben

Untersuchen Sie, ob die Punkte in der gegebenen Ebene liegen.

a) E_1: $\vec{x} = \begin{pmatrix}1\\3\\-2\end{pmatrix} + r \cdot \begin{pmatrix}-1\\2\\4\end{pmatrix} + s \cdot \begin{pmatrix}1\\-3\\-1\end{pmatrix}$; P(−2|10|7), Q(1|1|1)

b) E_2: $2x - y + z = 4$; P(2|1|1), Q(1|0|1)

Übung 2

Gegeben ist die Ebene E: $x - y + 2z = 5$.
a) Prüfen Sie, ob die Punkte A(4|3|2) und B(1|0|1) in E liegen.
b) Wie muss a gewählt werden, damit der Punkt P(3a|a + 1|2) in E liegt?
c) Kann der Punkt P(a|2a + 3|3 − 2a) in der Ebene E liegen?

Übung 3

Gegeben ist die Ebene E: $\left[\vec{x} - \begin{pmatrix}2\\1\\1\end{pmatrix}\right] \cdot \begin{pmatrix}1\\-1\\2\end{pmatrix} = 0.$

a) Prüfen Sie, ob die Punkte A(3|2|1), B(1|4|2) und C(−1|2|3) in E liegen.
b) Für welchen Wert des Parameters a liegen die Punkte D(a|a + 3|3) bzw. F(a|2a|3) in E?
c) Geben Sie eine Koordinatengleichung von E an.
d) Geben Sie eine Parametergleichung von E an.

B. Exkurs: Die Lage von Punkt und Dreieck

Man kann mit der Punktprobe auch anspruchsvollere Aufgabenstellungen lösen, z. B. die Frage, ob ein Punkt in einem Teilbereich einer Ebene liegt. Dies geht mit der Parametergleichung.

Beispiel: Lage von Punkt und Dreieck
Die Punkte A (4|4|1), B (1|4|1) und C (0|0|5) bilden ein Dreieck im Raum. Untersuchen Sie, ob der Punkt P (1|2|3) im Dreieck ABC liegt oder nicht.

Lösung:
Wir stellen zunächst eine Gleichung der Ebene E auf, in der das Dreieck ABC liegt. Nun prüfen wir mit der Punktprobe, ob der Punkt P in der Ebene E liegt, denn das ist notwendige Voraussetzung dafür, dass der Punkt im Dreieck ABC liegt.
Der Punkt liegt in der Ebene, da das Gleichungssystem lösbar ist mit den Parameterwerten $r = \frac{1}{3}$ und $s = \frac{1}{2}$.

Diese Zahlen zeigen auch, dass der Punkt P tatsächlich im Dreieck ABC liegt.

Gleichung der Trägerebene E:

$$E:\ \vec{x} = \overrightarrow{OA} + r \cdot \overrightarrow{AB} + s \cdot \overrightarrow{AC}$$

$$E:\ x = \begin{pmatrix} 4 \\ 4 \\ 1 \end{pmatrix} + r \cdot \begin{pmatrix} -3 \\ 0 \\ 0 \end{pmatrix} + s \cdot \begin{pmatrix} -4 \\ -4 \\ 4 \end{pmatrix}$$

Punktprobe:

$$\begin{aligned} 1 &= 4 - 3r - 4s \\ 2 &= 4 \quad\quad - 4s \\ 3 &= 1 \quad\quad + 4s \end{aligned}$$

Lösung:

$$s = \tfrac{1}{2}, \quad r = \tfrac{1}{3}$$

Interpretation:

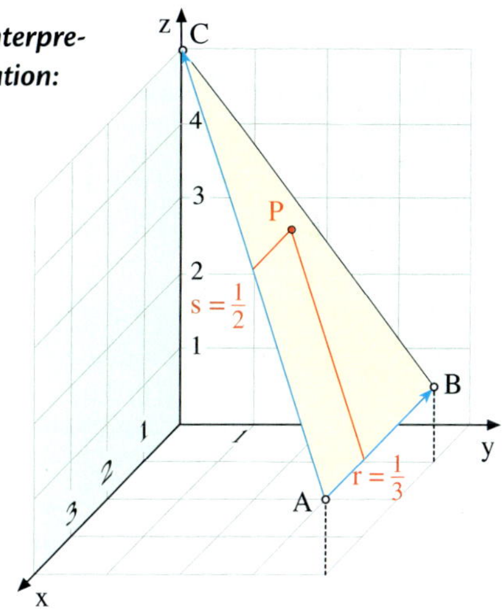

Lage Punkt/Dreieck

Ein Punkt P der Ebene

$$E:\ \vec{x} = \overrightarrow{OA} + r \cdot \overrightarrow{AB} + s \cdot \overrightarrow{AC}$$

liegt genau dann in dem durch die Vektoren $\overrightarrow{AB}$ und $\overrightarrow{AC}$ aufgespannten Dreieck, wenn die folgenden Bedingungen erfüllt sind:

(1) $0 \le r \le 1$,
(2) $0 \le s \le 1$,
(3) $0 \le r + s \le 1$.

Die Zeichnung verdeutlicht diese Interpretation der Parameterwerte.

Übung 4 Lage Punkt/Dreieck
Gegeben sind die Punkte A (6|3|1), B (6|9|1), C (0|3|3).
Prüfen Sie, ob die Punkte P (3|5|2), Q (3|7|2), R (4|5|1) im Dreieck ABC liegen.

Übung 5 Lage Punkt/Parallelogramm
Ein Punkt P der Ebene E: $\vec{x} = \overrightarrow{OA} + r \cdot \overrightarrow{AB} + s \cdot \overrightarrow{AD}$ liegt genau dann in dem durch die Vektoren $\overrightarrow{AB}$ und $\overrightarrow{AD}$ aufgespannten Parallelogramm, wenn für seine Parameterwerte gilt: $0 \le r \le 1$ und $0 \le s \le 1$.
Gegeben sind die Punkte A (4|1|0), B (2|3|2), C (−1|3|4), D (1|1|2).
a) Zeigen Sie, dass ABCD ein Parallelogramm ist.
b) Prüfen Sie, ob die Punkte P (2|1,5|1,5) und Q (−2|4|5) im Parallelogramm ABCD liegen.

C. Die Lage von Gerade und Ebene

Es gibt drei unterschiedliche gegenseitige Lagebeziehungen zwischen einer Geraden und einer Ebene:

(A) g und E schneiden sich im Punkt S,
(B) g verläuft echt parallel zu E,
(C) g liegt ganz in E.

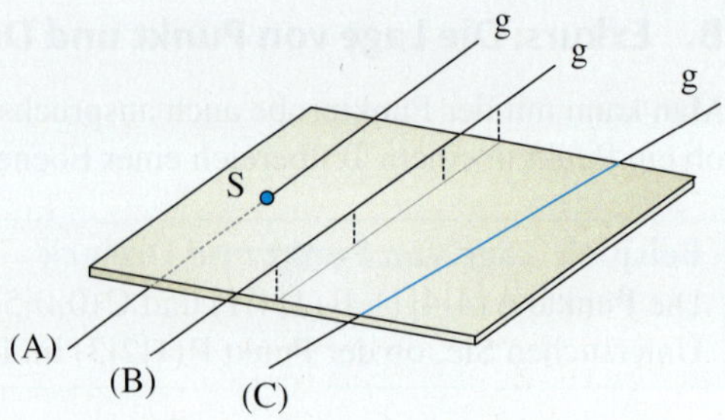

Die Überprüfung, welche Lagebeziehung im konkreten Fall vorliegt, gelingt am einfachsten, wenn man eine Parametergleichung der Geraden und eine Koordinatengleichung der Ebene verwendet.

Beispiel: Gerade und Ebene schneiden sich

Gegeben sind die Gerade g: $\vec{x} = \begin{pmatrix}2\\4\\2\end{pmatrix} + r \cdot \begin{pmatrix}0\\2\\1\end{pmatrix}$ und die Ebene E: $x + 2y + 3z = 9$.

Zeigen Sie, dass g und E sich schneiden. Bestimmen Sie den Schnittpunkt S. Stellen Sie anschließend Ihre Ergebnisse in einem Schrägbild dar.

Lösung:
Der allgemeine Geradenvektor hat die Koordinaten $x = 2$, $y = 4 + 2r$, $z = 2 + r$.
Durch Einsetzen dieser Terme in die Koordinatengleichung der Ebene erhalten wir eine Bestimmungsgleichung für den Geradenparameter r, deren Auflösung den Wert $r = -1$ liefert.

1. Lageuntersuchung:

$$\begin{aligned} x + 2y + 3z &= 9 \\ 2 + 2(4 + 2r) + 3(2 + r) &= 9 \\ 7r + 16 &= 9 \\ 7r &= -7 \\ r &= -1 \end{aligned}$$

$\Rightarrow$ g schneidet E für $r = -1$.

Durch Rückeinsetzung von $r = -1$ in die Parametergleichung der Geraden g erhalten wir den Ortsvektor des Schnittpunktes S(2|2|1).

2. Schnittpunktberechnung:

$$\vec{x} = \begin{pmatrix}2\\4\\2\end{pmatrix} + (-1) \cdot \begin{pmatrix}0\\2\\1\end{pmatrix} = \begin{pmatrix}2\\2\\1\end{pmatrix}$$

$\Rightarrow$ Schnittpunkt S(2|2|1)

Um die Ergebnisse graphisch darzustellen, errechnen wir zunächst die drei Achsenabschnitte der Ebene aus der Koordinatengleichung von E. Wir erhalten dann $x = 9$, $y = 4{,}5$ und $z = 3$.

Die Gerade g legen wir durch zwei ihrer Punkte fest. Hierfür bieten sich der Stützpunkt A(2|4|2) (Parameterwert $r = 0$) und der Schnittpunkt S(2|2|1) (Parameterwert $r = -1$) an.

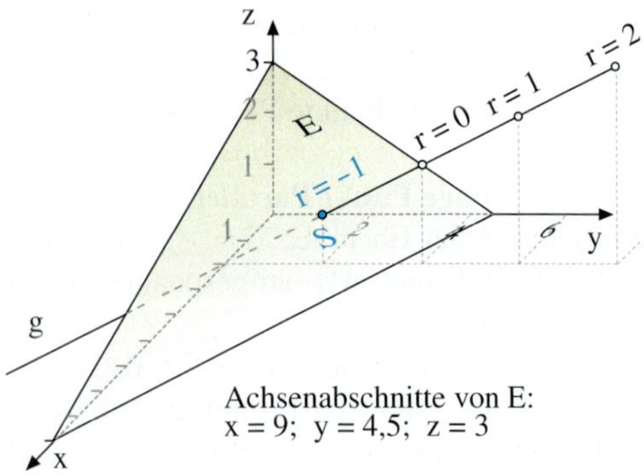

Achsenabschnitte von E:
$x = 9$; $y = 4{,}5$; $z = 3$

Beispiel: Gerade parallel zur Ebene/Gerade in der Ebene

Gegeben sind die Geraden g_1: $\vec{x} = \begin{pmatrix}2\\3\\1\end{pmatrix} + r \cdot \begin{pmatrix}1\\1\\-1\end{pmatrix}$, g_2: $\vec{x} = \begin{pmatrix}2\\2\\1\end{pmatrix} + r \cdot \begin{pmatrix}1\\1\\-1\end{pmatrix}$ sowie die Ebene

E: $x + 2y + 3z = 9$. Untersuchen Sie die gegenseitige Lage von g_1 und g_2 zu E.

Lösung:

1. *Lage von g_1 zu E:*

Koordinaten von g_1:

$x = 2 + r$
$y = 3 + r$
$z = 1 - r$

Einsetzen in die Gleichung von E:

$$\begin{aligned} x + 2y + 3z &= 9 \\ (2 + r) + 2(3 + r) + 3(1 - r) &= 9 \\ 11 &= 9 \end{aligned}$$

2. *Interpretation:*

Es gibt keinen Geradenpunkt, der die Punktprobe mit der Ebenengleichung erfüllt. g und E sind ***echt parallel***.

1. *Lage von g_2 zu E:*

Koordinaten von g_2:

$x = 2 + r$
$y = 2 + r$
$z = 1 - r$

Einsetzen in die Gleichung von E:

$$\begin{aligned} x + 2y + 3z &= 9 \\ (2 + r) + 2(2 + r) + 3(1 - r) &= 9 \\ 9 &= 9 \end{aligned}$$

2. *Interpretation:*

Jeder Geradenpunkt erfüllt die Punktprobe mit der Ebenengleichung. g liegt ***ganz in E***.

Man kann zur Untersuchung der Lagebeziehung einer Geraden und einer Ebene auch eine Normalengleichung der Ebene statt der Koordinatengleichung verwenden. Wir zeigen dies exemplarisch.

Beispiel: Lagebeziehung Gerade/Ebene (Ebene in Normalenform)

Welche gegenseitige Lage besitzen g: $\vec{x} = \begin{pmatrix}1\\2\\2\end{pmatrix} + r\begin{pmatrix}2\\-1\\1\end{pmatrix}$ und E: $\left[\vec{x} - \begin{pmatrix}2\\3\\-2\end{pmatrix}\right] \cdot \begin{pmatrix}1\\-2\\1\end{pmatrix} = 0$?

Lösung:

g ist nicht parallel zu E, da der Richtungsvektor von g und der Normalenvektor von E ein von null verschiedenes Skalarprodukt besitzen.

Den Schnittpunkt von g und E bestimmen wir durch Einsetzen des allgemeinen Ortsvektors der Geraden g (rot markiert) in die Normalengleichung von E. Durch Ausrechnen des Skalarproduktes erhalten wir eine Bestimmungsgleichung für den Geradenparameter r, welche die Lösung $r = -1$ hat. Einsetzen dieses Parameterwertes in die Geradengleichung liefert den Schnittpunkt von g und E: $S(-1|3|1)$.

1. *Untersuchung auf Parallelität:*

$$\begin{pmatrix}2\\-1\\1\end{pmatrix} \cdot \begin{pmatrix}1\\-2\\1\end{pmatrix} = 5 \neq 0 \quad \Rightarrow \quad g \nparallel E$$

2. *Berechnung des Schnittpunktes:*

$$\left[\begin{pmatrix}1\\2\\2\end{pmatrix} + r \cdot \begin{pmatrix}2\\-1\\1\end{pmatrix} - \begin{pmatrix}2\\3\\-2\end{pmatrix}\right] \cdot \begin{pmatrix}1\\-2\\1\end{pmatrix} = 0$$

$$\Rightarrow \begin{pmatrix}2r-1\\-r-1\\r+4\end{pmatrix} \cdot \begin{pmatrix}1\\-2\\1\end{pmatrix} = 0 \Rightarrow 5r + 5 = 0,\ r = -1$$

$$\vec{x} = \begin{pmatrix}1\\2\\2\end{pmatrix} + (-1) \cdot \begin{pmatrix}2\\-1\\1\end{pmatrix} = \begin{pmatrix}-1\\3\\1\end{pmatrix},\ S(-1|3|1)$$

Übung 6 Lagebeziehung Gerade/Ebene

Die Gerade g durch die Punkte A und B schneidet die Ebene E.
Bestimmen Sie den Schnittpunkt S. Zeichnen Sie ein Schrägbild.

a) $A(5|4|3)$, $B(7|7|5)$ E: $2x + 3y + 3z = 12$

b) $A(0|0|0)$, $B(4|6|4)$ E: $6x + 4y = 24$

c) $A(2|0|2)$, $B(6|4|0)$ E: $\vec{x} = \begin{pmatrix} 12 \\ 0 \\ 0 \end{pmatrix} + r \cdot \begin{pmatrix} -12 \\ 0 \\ 3 \end{pmatrix} + s \cdot \begin{pmatrix} -12 \\ 6 \\ 0 \end{pmatrix}$

Übung 7 Lagebeziehung Gerade/Ebene (Ebene in KF)

Untersuchen Sie die gegenseitige Lage der Geraden g und der Ebene E.

a) g: $\vec{x} = \begin{pmatrix} -1 \\ 0 \\ 0 \end{pmatrix} + r \cdot \begin{pmatrix} 2 \\ 6 \\ 2 \end{pmatrix}$ E: $2x + y + z = 4$

b) g: $\vec{x} = \begin{pmatrix} 0 \\ 3 \\ 2 \end{pmatrix} + r \cdot \begin{pmatrix} 1 \\ -2 \\ 2 \end{pmatrix}$ E: $4x + 4y + 2z = 8$

c) g: $\vec{x} = \begin{pmatrix} 1 \\ 2 \\ 0 \end{pmatrix} + r \cdot \begin{pmatrix} 2 \\ 1 \\ -2 \end{pmatrix}$ E: $2x + 2y + 3z = 6$

Übung 8 Lagebeziehung Gerade/Ebene (Ebene in NF)

Welche gegenseitige Lage besitzen g und E_1 bzw. g und E_2?

g: $\vec{x} = \begin{pmatrix} 1 \\ 2 \\ 2 \end{pmatrix} + r \begin{pmatrix} 2 \\ -1 \\ 1 \end{pmatrix}$, E_1: $\left[\vec{x} - \begin{pmatrix} 2 \\ 2 \\ 3 \end{pmatrix}\right] \cdot \begin{pmatrix} -1 \\ -1 \\ 1 \end{pmatrix} = 0$, E_2: $\left[\vec{x} - \begin{pmatrix} 2 \\ -3 \\ 2 \end{pmatrix}\right] \cdot \begin{pmatrix} 2 \\ 2 \\ -2 \end{pmatrix} = 0$

Übung 9 Würfel

Ein Würfel mit der Kantenlänge 8 liegt wie abgebildet im Koordinatensystem.

a) Ermitteln Sie die Koordinaten der Punkte A bis H.

b) Bestimmen Sie eine Gleichung der Ebene M durch die Punkte F, C und H in Parameter- und in Koordinatenform.

c) Berechnen Sie den Schnittpunkt der Geraden g durch A und G mit der Ebene M.

d) Prüfen Sie, ob die Gerade h durch die Punkte B und E die Ebene M schneidet.

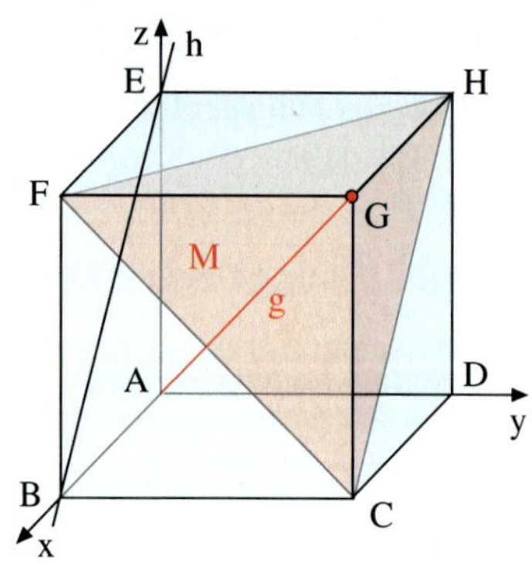

Übung 10 Pyramidenstumpf

Ein Glasgefäß (Wandstärke vernachlässigbar dünn) hat die Form eines Pyramidenstumpfes. Die Seitenlänge der Grundfläche beträgt 12 cm, diejenige der Deckfläche beträgt 6 cm, die Höhe beträgt 6 cm. Der Koordinatenursprung liegt im Mittelpunkt der Grundfläche.

Ein Lichtstrahl durch die Punkte $P(-10|22|8)$ und $Q(-14|31|10)$ durchdringt das Gefäß.

a) Bestimmen Sie eine Parameter- und eine Koordinatenform der Ebenen ADE und BCG.

b) Berechnen Sie den Ein- und Austrittspunkt des Lichtstahls.

c) Ermitteln Sie die Länge der Strecke zwischen Ein- und Austrittspunkt.

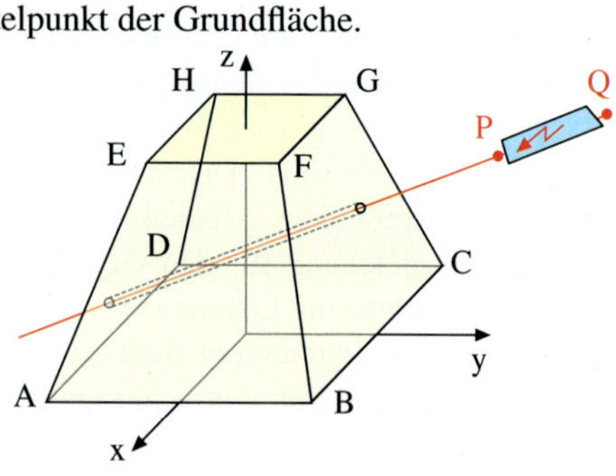

D. Exkurs: Die Lage von Gerade und Ebene mit dem Rechner ermitteln

Wird die relative Lage einer Geraden g zu einer Ebene E ermittelt, erhält man durch Gleichsetzen der Geraden- und Ebenengleichung in allen Fällen ein (3; 3)-LGS. Dieses kann mit dem Taschenrechner oder mit einem Computerprogramm gelöst werden.

Beispiel: Lagebestimmung mit TR und Computer

Untersuchen Sie die relative Lage von g_1 und E bzw. von g_2 und E.

$$g_1: \vec{x} = \begin{pmatrix} 10 \\ -4 \\ 0 \end{pmatrix} + t \cdot \begin{pmatrix} -2 \\ 2 \\ 1 \end{pmatrix}, \quad g_2: \vec{x} = \begin{pmatrix} 2 \\ 3 \\ 6 \end{pmatrix} + t \cdot \begin{pmatrix} 1 \\ 5 \\ 4 \end{pmatrix}, \quad E: \vec{x} = \begin{pmatrix} 1 \\ -1 \\ 3 \end{pmatrix} + r \cdot \begin{pmatrix} 1 \\ 2 \\ 1 \end{pmatrix} + s \cdot \begin{pmatrix} -1 \\ 1 \\ 2 \end{pmatrix}$$

Lösung:

Wir setzen die rechten Seiten der Ebenen- und der Geradengleichung gleich. Es entsteht jeweils ein LGS. Dieses muss zuerst in die Normalform überführt werden.

Erst danach kann das zur Verfügung stehende Hilfsmittel eingesetzt werden.

Normalform der Schnittgleichungen:

g_1 und E:

$$\begin{aligned} r - s + 2t &= 9 \\ 2r + s - 2t &= -3 \\ r + 2s - t &= -3 \end{aligned}$$

g_2 und E:

$$\begin{aligned} r - s - t &= 1 \\ 2r + s - 5t &= 4 \\ r + 2s - 4t &= 3 \end{aligned}$$

Wir untersuchen exemplarisch die Lagebeziehung von g_1 und E mit einem Computerprogramm. Die Lösung lautet: $r = 2, s = -1, t = 3$.

Da die Lösung des LGS eindeutig ist, schneiden sich g_1 und E in einem Punkt S. Die Koordinaten von S erhalten wir, indem wir $t = 3$ in die Gleichung von g_1 einsetzen. Resultat: g_1 und E schneiden sich in $S(4|2|3)$.

Lage von g_1 und E:

Matrix calculator

$$\begin{cases} 1\,x_1 + (-1)\,x_2 + 2\,x_3 = 9 \\ 2\,x_1 + 1\,x_2 + (-2)\,x_3 = -3 \\ 1\,x_1 + 2\,x_2 + (-1)\,x_3 = -3 \end{cases}$$

Zellen | Löschen | + | −

Lösen | Löschen

Ergebnis:

$x_1 = 2$

$x_2 = -1$

$x_3 = 3$

$\Rightarrow r = 2, s = -1, t = 3$

Aus $t = 3$ folgt $S(4|2|3)$

Nun wird die Lage von g_2 und E untersucht. Das Gleichungssystem hat nun unendlich viele Lösungen, da die Variable x_3 frei wählbar bleibt. Das ist nur möglich, wenn die Gerade g_2 in der Ebene E liegt.

Es könnte auch vorkommen, dass das Computerprogramm anzeigt, dass das LGS unlösbar ist. In diesem Fall würde die Gerade g_2 echt parallel zur Ebene E verlaufen.

Lage von g_2 und E:

Matrix calculator

$$\begin{cases} 1\,x_1 + (-1)\,x_2 + (-1)\,x_3 = 1 \\ 2\,x_1 + 1\,x_2 + (-5)\,x_3 = 4 \\ 1\,x_1 + 2\,x_2 + (-4)\,x_3 = 3 \end{cases}$$

$$\left.\begin{aligned} x_1 &= \tfrac{5}{3} + 2x_3 \\ x_2 &= \tfrac{2}{3} + x_3 \\ x_3 &= x_3 \end{aligned}\right\} \Rightarrow \text{Unendlich viele Lösungen}$$

Übung 11 Relative Lage von Gerade und Ebene

Untersuchen Sie die Lagebeziehung beider Geraden zu E mit dem Computer.

$$g_1: \vec{x} = \begin{pmatrix} -2 \\ 8 \\ 8 \end{pmatrix} + t \cdot \begin{pmatrix} 3 \\ 5 \\ 5 \end{pmatrix}, \quad g_2: \vec{x} = \begin{pmatrix} -4 \\ 1 \\ 1 \end{pmatrix} + t \cdot \begin{pmatrix} -10 \\ 3 \\ 3 \end{pmatrix}, \quad E: \vec{x} = \begin{pmatrix} 5 \\ 0 \\ 0 \end{pmatrix} + r \cdot \begin{pmatrix} -5 \\ 3 \\ 0 \end{pmatrix} + s \cdot \begin{pmatrix} -5 \\ 0 \\ 3 \end{pmatrix}$$

E. Parallelität, Orthogonalität und Spiegelung

Vorteile bringt die Verwendung einer Normalenform der Ebene, wenn man Parallelität und Orthogonalität untersucht.

Anhand von Richtungsvektoren und von Normalenvektoren lassen sich die besonderen Lagen der Parallelität und der Orthogonalität von Geraden und Ebenen leicht feststellen. Wir stellen zunächst in einer Übersicht die wichtigsten Kriterien zusammen.

Parallele Geraden:
Die Richtungsvektoren sind kollinear.
Die Überprüfung erfolgt durch *Hinsehen*.

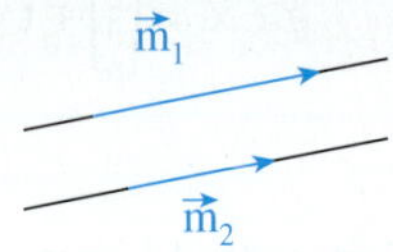

$\vec{m}_2 = r \cdot \vec{m}_1$

Orthogonale Geraden:
Die Richtungsvektoren sind orthogonal.
Die Überprüfung erfolgt mittels *Skalarprodukt*.

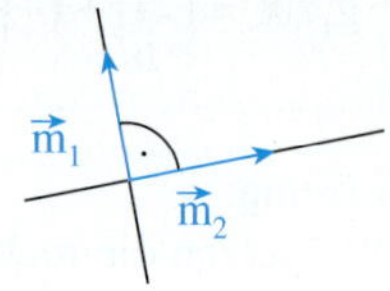

$\vec{m}_1 \cdot \vec{m}_2 = 0$

Parallelität Gerade/Ebene:
Der Richtungsvektor der Geraden und der Normalenvektor der Ebene sind orthogonal.

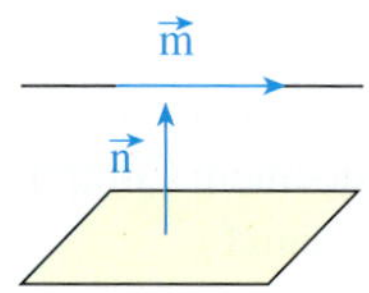

$\vec{n} \cdot \vec{m} = 0$

Orthogonalität Gerade/Ebene:
Der Richtungsvektor der Geraden und der Normalenvektor der Ebene sind kollinear.

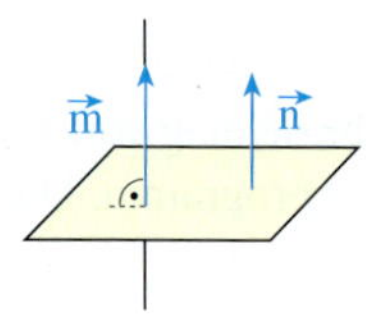

$\vec{m} = r \cdot \vec{n}$

Ähnlich zur Geradenspiegelung in der Ebene lässt sich im Raum eine ***Spiegelung an einer Ebene*** definieren. Spiegelt man einen Punkt A an einer Ebene E, so gilt für den Spiegelpunkt A′, dass die Gerade durch A und A′ orthogonal zur Ebene E ist und dass der Schnittpunkt F dieser Geraden mit der Ebene E die Verbindungsstrecke $\overline{AA'}$ halbiert.

Beispiel: Gerade/Ebene (Lotgerade)

Gegeben sind die Ebene E: $\left[\vec{x} - \begin{pmatrix}1\\1\\2\end{pmatrix}\right] \cdot \begin{pmatrix}1\\2\\3\end{pmatrix} = 0$ sowie der Punkt A(5|4|8).

a) Bestimmen Sie eine zu E orthogonale Gerade g, die den Punkt A enthält.
b) In welchem Punkt F schneidet g die Ebene E?
c) Der Punkt A wird an der Ebene E gespiegelt. Wie lauten die Koordinaten des Spiegelpunktes A′?

Lösung:
zu a: Als Stützpunkt der Geraden verwenden wir den Punkt A(5|4|8). Als Richtungsvektor $\vec{m}$ benötigen wir einen zum Normalenvektor $\vec{n}$ der Ebene kollinearen Vektor. Am einfachsten ist es, den Normalenvektor selbst als Richtungsvektor zu wählen, was auf die rechts dargestellte Geradengleichung führt. Die Gerade g wird als ***Lotgerade*** oder als ***Lot*** vom Punkt A auf die Ebene bezeichnet.

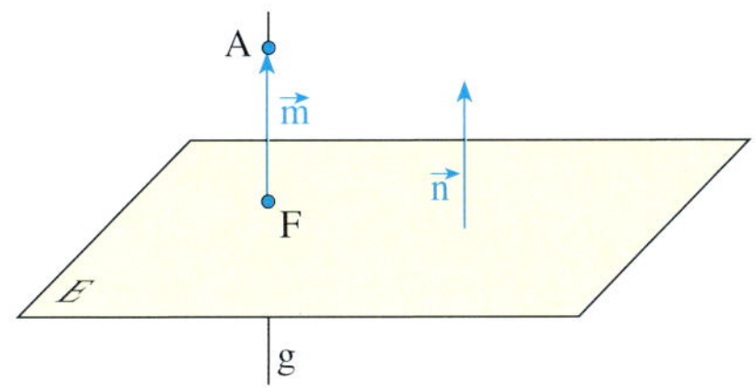

Geradengleichung der Lotgeraden:

$$g: \vec{x} = \begin{pmatrix}5\\4\\8\end{pmatrix} + r \cdot \begin{pmatrix}1\\2\\3\end{pmatrix}$$

zu b: Zur Schnittpunktberechnung setzen wir die rechte Seite der Geradengleichung für $\vec{x}$ in die Ebenengleichung ein. Durch Zusammenfassung von Vektoren und Ausmultiplizieren des Skalarproduktes erhält man r = −2 als Parameterwert des Schnittpunktes F.
Der Punkt F(3|0|2) heißt ***Lotfußpunkt*** des Lotes von A auf die Ebene E.

Schnittpunkt von g und E (Lotfußpunkt):

$$\left[\begin{pmatrix}5\\4\\8\end{pmatrix} + r\begin{pmatrix}1\\2\\3\end{pmatrix} - \begin{pmatrix}1\\1\\2\end{pmatrix}\right] \cdot \begin{pmatrix}1\\2\\3\end{pmatrix} = 0$$

$$\begin{pmatrix}4+r\\3+2r\\6+3r\end{pmatrix} \cdot \begin{pmatrix}1\\2\\3\end{pmatrix} = 0$$

$$28 + 14r = 0$$

$$r = -2 \Rightarrow F(3|0|2)$$

zu c: Da der Spiegelpunkt A′ auf der Lotgeraden g liegt und F die Strecke $\overline{AA'}$ halbiert, gilt für den Ortsvektor von A′ die rechts dargestellte Gleichung. Einsetzen der bereits errechneten Koordinaten liefert
▸ A′(1|−4|−4).

Koordinaten des Spiegelpunktes A′:

$$\overrightarrow{OA'} = \overrightarrow{OA} + 2 \cdot \overrightarrow{AF}$$

$$= \begin{pmatrix}5\\4\\8\end{pmatrix} + 2 \cdot \left[\begin{pmatrix}3\\0\\2\end{pmatrix} - \begin{pmatrix}5\\4\\8\end{pmatrix}\right] = \begin{pmatrix}1\\-4\\-4\end{pmatrix}$$

Übung 12 Orthogonale Geraden

Gegeben ist E: $\vec{x} = \begin{pmatrix}2\\2\\0\end{pmatrix} + r\begin{pmatrix}-1\\-1\\1\end{pmatrix} + s\begin{pmatrix}-2\\2\\1\end{pmatrix}$. Gesucht ist eine Gleichung der Geraden g, welche E im Stützpunkt der Ebene senkrecht schneidet.

Übung 13 Spiegelung eines Punktes

Gegeben sind die Ebene E: $\left[\vec{x} - \begin{pmatrix}2\\2\\1\end{pmatrix}\right] \cdot \begin{pmatrix}4\\-1\\-1\end{pmatrix} = 0$ sowie der Punkt A(5|−5|1).

a) Bestimmen Sie eine zu E orthogonale Gerade g, die den Punkt A enthält.
b) Bestimmen Sie den Schnittpunkt F der Geraden g mit der Ebene E.
c) A wird an der Ebene E gespiegelt. Wie lauten die Koordinaten des Spiegelpunktes A′?

Übung 14 Bestimmung der Spiegelebene

Der Punkt A(1|5|4) wurde durch Spiegelung an einer Ebene E auf den Punkt A′(3|2|1) abgebildet. Bestimmen Sie eine Gleichung der Ebene E.

Übungen

15. Lage von Punkt und Ebene

Prüfen Sie, ob die Punkte P und Q auf der Ebene E liegen.

a) E: $\vec{x} = \begin{pmatrix}1\\1\\2\end{pmatrix} + r\begin{pmatrix}1\\1\\-1\end{pmatrix} + s\begin{pmatrix}2\\-1\\1\end{pmatrix}$; P(1|4|−1), Q(8|−1|4)

b) E: $-4x + 2y + 2z = 8$; P(2|1|5), Q(−1|1|1)

c) E: Ebene parallel zur z-Achse durch die Punkte A(3|3|0) und B(0|6|2); P(4|2|4), Q(0|7|3)

d) P(3|1|2) Q(2|2,5|0)

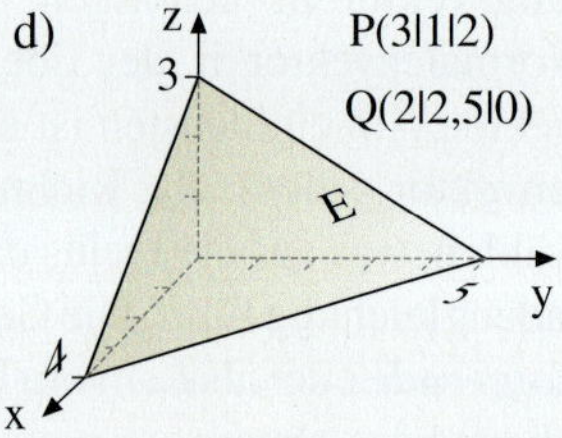

16. Lage von Gerade und Ebene

Untersuchen Sie die gegenseitige Lage von g und E.

a) g: $\vec{x} = \begin{pmatrix}10\\4\\8\end{pmatrix} + r\begin{pmatrix}3\\2\\-1\end{pmatrix}$
E: $5x - 2y + z = 10$

b) g: $\vec{x} = \begin{pmatrix}-1\\2\\-6\end{pmatrix} + r\begin{pmatrix}2\\2\\3\end{pmatrix}$
E: A(1|0|1), B(3|1|1), C(3|−1|3)

c) g enthält P(1|1|1) und Q(5|3|−1), E geht durch A(3|3|3), B(3|0|−6), C(0|−3|−6).

d) g ist parallel zur z-Achse und enthält P(3|4|0), E hat die Achsenabschnitte x = 3, y = 3, z = 9.

e) g: $\vec{x} = \begin{pmatrix}4\\1\\1\end{pmatrix} + r\begin{pmatrix}2\\1\\-2\end{pmatrix}$
E: $2x - 2y + z = 8$

f) g: $\vec{x} = \begin{pmatrix}0\\-1\\8\end{pmatrix} + r\begin{pmatrix}1\\2\\-2\end{pmatrix}$
E: $3x + 2z = 12$

g) g: $\vec{x} = \begin{pmatrix}-2\\0\\6\end{pmatrix} + r\begin{pmatrix}-1\\1\\3\end{pmatrix}$
E: $3x - 3y + 2z = 6$

h) g: $\vec{x} = \begin{pmatrix}10\\5\\14\end{pmatrix} + r\begin{pmatrix}2\\1\\3\end{pmatrix}$
E: $y = 2$

i) g: $\vec{x} = \begin{pmatrix}1\\3\\1\end{pmatrix} + r\begin{pmatrix}2\\2\\-1\end{pmatrix}$
E: $x + 2z = 3$

j) g: $\vec{x} = r\begin{pmatrix}1\\-1\\0\end{pmatrix}$
E: $5x - 3y - 4z = 4$

17. Gerade und Ebene

Gegeben sind die Gerade g: $\vec{x} = \begin{pmatrix}2\\3\\3\end{pmatrix} + r \cdot \begin{pmatrix}-1\\2\\2\end{pmatrix}$ und die Ebene E: $3x + 2y - 4z = 6$.

a) Bestimmen Sie den Schnittpunkt S der Geraden g mit der Ebene E.

b) Welcher Punkt Q auf der Geraden g ist vom Punkt S genau so weit entfernt wie der Stützpunkt P(2|3|3)?

18. Theaterbühne

Die Punkte A(4|3|0), B(4|6|0), C(2|6|4) und D(2|3|4) sind die Eckpunkte eines schräg stehenden Spiegels auf einer Theaterbühne.
Im Punkt P(8|2|0) befindet sich ein Scheinwerfer.

a) Zeichnen Sie ein Schrägbild.

b) Ermitteln Sie eine Parameter- und eine Koordinatengleichung der Spiegelebene E.

c) Zeigen Sie, dass der Punkt Q(3|4|2) in der Spiegelebene E liegt.

d) Ein vom Punkt P ausgehender Lichtstrahl streift den oberen Rand des Spiegels. Ermitteln Sie, in welcher Höhe der Lichtstrahl die y-z-Ebene erreicht.

19. Lagebeziehungen in einer Pyramide

Gegeben ist die quadratische Pyramide mit der Seitenlänge 12 und der Höhe 9. M(0|0|0) sei der Mittelpunkt der Grundfläche. S sei die Pyramidenspitze, die senkrecht über M liegt. Der Punkt U teilt die Strecke $\overline{BS}$ im Verhältnis 1 : 2. V teilt die Strecke $\overline{CS}$ im Verhältnis 2 : 1.

a) Geben Sie die Koordinaten aller gekennzeichneten Punkte an.

b) Ermitteln Sie eine Gleichung der Ebene E durch A, U und V in Parameter- und in Koordinatenform.

c) Bestimmen Sie den Punkt P, in dem sich die Ebene E und die Gerade g durch S und M schneiden.

d) Prüfen Sie, ob der Punkt P auf dem Dreieck AUV liegt.

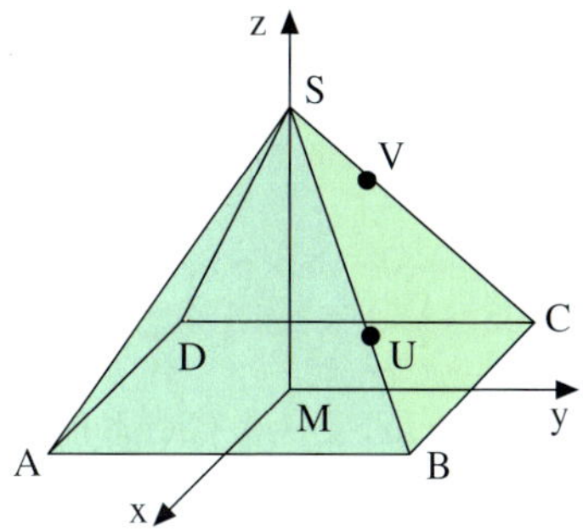

20. Lage von Pyramide und Gerade

Gegeben ist die Pyramide mit den Ecken A(12|−3|−3), B(9|9|0), C(9|0|9) und der Spitze S(15|3|3).

a) Bestimmen Sie die Kantenlängen.

b) Zeigen Sie, dass sich die Kanten in der Spitze senkrecht treffen.

c) Untersuchen Sie die Lage der Geraden g durch P(8|7|7) und Q(4|14|11) zur Pyramide. Welche Länge schneidet die Pyramide aus der Geraden g heraus?

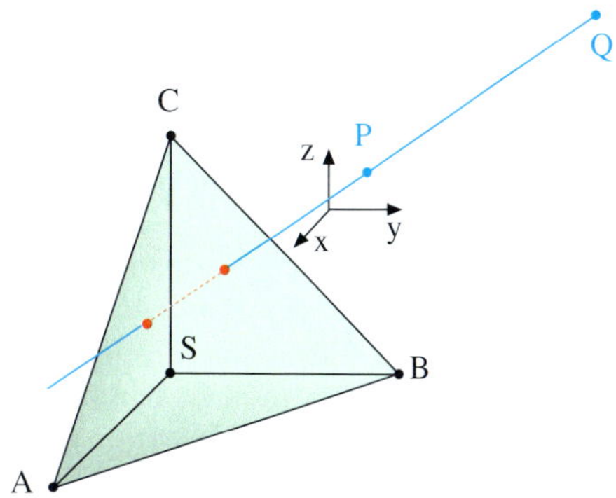

21. Orthogonalität/Parallelität von Gerade und Ebene

Untersuchen Sie die Gerade g und Ebene E auf Orthogonalität bzw. Parallelität.

a) g: $\vec{x} = \begin{pmatrix}2\\0\\0\end{pmatrix} + r\begin{pmatrix}1\\-2\\3\end{pmatrix}$ E: $\left[\vec{x} - \begin{pmatrix}0\\4\\0\end{pmatrix}\right] \cdot \begin{pmatrix}-3\\6\\5\end{pmatrix} = 0$

b) g: $\vec{x} = \begin{pmatrix}5\\1\\6\end{pmatrix} + r\begin{pmatrix}-2\\1\\3\end{pmatrix}$ E: $4x - 2y - 6z = -18$

c) g: $\vec{x} = \begin{pmatrix}-4\\-5\\3\end{pmatrix} + r\begin{pmatrix}5\\6\\-2\end{pmatrix}$ E: $4x - 3y + z = 5$

22. Orthogonale Gerade und Spiegelpunkt

Bestimmen Sie eine Gleichung einer Geraden g, die zur Ebene E orthogonal ist und den Punkt A enthält. Berechnen Sie sodann den Schnittpunkt F von g und E (Lotfußpunkt). A wird an der Ebene E gespiegelt. Bestimmen Sie die Koordinaten des Spiegelpunktes A′.

a) E: $\vec{x} \cdot \begin{pmatrix}3\\1\\4\end{pmatrix} = 0$ A(3|2|−6)

b) E: $\left[\vec{x} - \begin{pmatrix}1\\1\\3\end{pmatrix}\right] \cdot \begin{pmatrix}2\\-1\\1\end{pmatrix} = 0$ A(4|0|8)

c) E: $\vec{x} = \begin{pmatrix}0\\2\\0\end{pmatrix} + r\begin{pmatrix}3\\-1\\0\end{pmatrix} + s\begin{pmatrix}1\\0\\1\end{pmatrix}$ A(3|7|−4)

23. Bestimmung einer Spiegelebene

Der Punkt A wurde durch Spiegelung an einer Ebene auf den Punkt A′ abgebildet. Bestimmen Sie eine Gleichung der Ebene E.

a) $A(1|0|3), A'(5|8|1)$ b) $A(2|1|-4), A'(3|3|0)$ c) $A(2|5|6), A'(0|3|1)$

24. Spiegelung einer Geraden

Gegeben sind die Gerade g: $\vec{x} = \begin{pmatrix} 2 \\ 0 \\ 1 \end{pmatrix} + r \begin{pmatrix} 1 \\ -2 \\ -1 \end{pmatrix}$ und die Ebene E: $\left[\vec{x} - \begin{pmatrix} 1 \\ -2 \\ 1 \end{pmatrix}\right] \cdot \begin{pmatrix} 3 \\ 2 \\ -1 \end{pmatrix} = 0$.

a) Zeigen Sie, dass g echt parallel zu E verläuft.
b) Die Gerade g wird an der Ebene E gespiegelt. Bestimmen Sie eine Gleichung der gespiegelten Geraden g′.
c) Ermitteln Sie eine Gleichung der Ebene F, die zu E parallel ist und die Gerade g enthält.

25. Ballonflug

Ein Heißluftballon steigt, vom Winde getrieben, längs der Geraden g auf, wobei er nur in der Höhe gesteuert werden kann. Die Erdoberfläche liegt in der x-y-Ebene. Eine Längeneinheit entspricht 100 m.

$$g: \vec{x} = \begin{pmatrix} 6 \\ 3 \\ 3 \end{pmatrix} + r \cdot \begin{pmatrix} -2 \\ 1 \\ 1 \end{pmatrix}$$

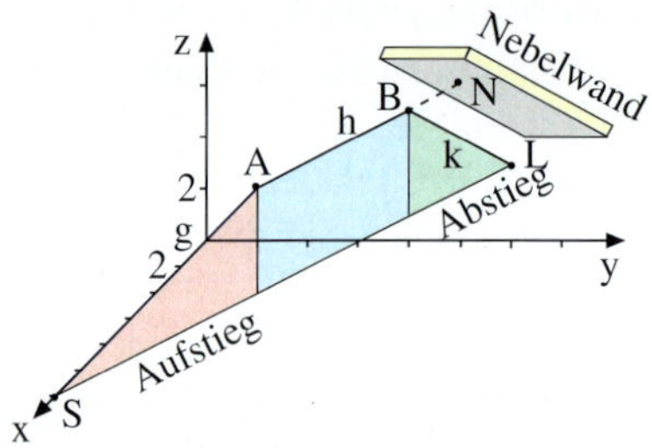

a) Ermitteln Sie den Startpunkt S des Ballons sowie den Punkt A, in dem der Ballon 400 m Höhe erreicht.
b) Ab dem Punkt A fliegt der Ballon gleichbleibend in 400 m Höhe weiter. Ermitteln Sie eine Gleichung der Geraden h für die neue Flugbahn sowie den Winkel α der Kursänderung.
c) Die Vorderseite einer Nebelwand wird durch die Ebene E: $4x - 2y - 5z = -52$ beschrieben. Berechnen Sie, in welchem Punkt N der Ballon beim Weiterflug längs der Geraden h auf die Nebelwand treffen würde.
d) Im Punkt $B(-2|7|4)$ geht der Ballonkapitän in einen Sinkflug über, der nur die Höhe ändert und parallel zur Nebelwand verläuft. Ermitteln Sie die Geradengleichung k der neuen Flugbahn und den Landeplatz L des Ballons.
e) Berechnen Sie die direkte Entfernung zwischen Startplatz S und Landeplatz L sowie die tatsächliche Länge der Flugroute

Knobelaufgabe III

Man denke sich alle natürlichen Zahlen von 1 bis 1 000 000 fortlaufend hintereinander geschrieben. Dann entsteht die Zahl mit der Ziffernfolge 123456789101112131415 …
Welche Ziffer steht an der 300 003. Stelle?
Hinweis: Überlegen Sie, wie viele 1-stellige, 2-stellige, 3-stellige, usw. Zahlen es gibt.

F. Die relative Lage von zwei Ebenen

Zwei Ebenen E und F können folgende Lagen zueinander einnehmen: Sie können sich in einer Geraden g schneiden, echt parallel zueinander verlaufen oder identisch sein.

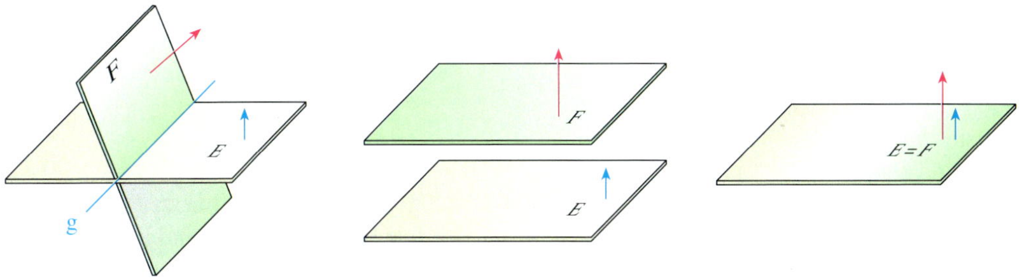

Lageuntersuchung mit Normalenvektoren (keine Schnittgeraden)

Sehr einfach lässt sich die Lage von zwei Ebenen bestimmen, wenn man von beiden Ebenen einen Normalenvektor kennt.

Das obige Bild zeigt, dass zwei Ebenen sich bei nicht-kollinearen Normalenvektoren in einer Geraden schneiden und bei kollinearen Normalenvektoren echt parallel oder identisch sind.
Im Fall kollinearer Normalenvektoren prüft man zusätzlich, ob ein Punkt der einen Ebene auch auf der anderen Ebene liegt. Ist die Antwort ja, sind die Ebenen identisch, andernfalls sind sie *echt* parallel.

Lagebestimmung von Ebenen mit Hilfe von Normalenvektoren

Sind die Normalenvektoren zweier Ebenen nicht kollinear, so schneiden die Ebenen sich in einer Geraden (Bild links).

Sind die Normalenvektoren kollinear, so sind die Ebenen echt parallel (Bild Mitte) oder sogar identisch (Bild rechts).

Beispiel: Lageuntersuchung mit Normalenvektoren (schneidende Ebenen)

Bestimmen Sie die relative Lage von E: $4x + 3y + 6z = 36$ und F: $8x + 4y + 12z = 24$.

Lösung:
Wir bestimmen von beiden Ebenen jeweils einen Normalenvektor.

Normalenvektor der Ebenen E und F:

$$\vec{n}_e = \begin{pmatrix} 4 \\ 3 \\ 6 \end{pmatrix}, \quad \vec{n}_f = \begin{pmatrix} 8 \\ 4 \\ 12 \end{pmatrix}$$

Diese Vektoren lassen sich direkt aus den Koeffizienten der Koordinatengleichung der Ebenen ablesen.

Man erkennt ohne Rechnung auf einen Blick, dass die beiden Normalenvektoren nicht kollinear sind. Daher sind die Ebenen nicht parallel, sondern sie stehen schräg zueinander. Sie schneiden sich daher.

Relative Lage der Ebenen E und F:

$\vec{n}_e$ und $\vec{n}_f$ sind nicht kollinear.

$\Rightarrow$ Die Ebenen E und F schneiden sich.

Beispiel: Lageuntersuchung mit Normalenvektoren (parallele/identische Ebenen)

Bestimmen Sie die relative Lage der Ebene $E: 4x + 6y + 8z = 24$

a) zur Ebene $F: 2x + 3y + 4z = 12$.

b) zur Ebene $F: 2x + 3y + 4z = 8$.

Lösung:
Wir vergleichen in beiden Teilaufgaben a) und b) die Normalenvektoren von E und F. Sie sind ganz offensichtlich – ohne Rechnung erkennbar – kollinear.
Die Ebenen E und F sind also in beiden Teilaufgaben parallel.

Normalenvektor der Ebenen E und F:

$\vec{n}_E = \begin{pmatrix} 4 \\ 6 \\ 8 \end{pmatrix}, \quad \vec{n}_F = \begin{pmatrix} 2 \\ 3 \\ 4 \end{pmatrix}$

$\vec{n}_E$ und $\vec{n}_F$ sind kollinear.
$\Rightarrow$ Die Ebenen E und F sind parallel.

a) Wir wählen einen Punkt von E, z. B. den Punkt $P(6|0|0)$ und setzen ihn in die Gleichung von F ein. Es ergibt sich die Allgemeingültigkeit $12 = 12$. Also liegt P auch auf F. Die Ebenen sind identisch.

Relative Lage von E und F im Fall a):

$4 \cdot 6 + 6 \cdot 0 + 8 \cdot 0 = 24 \Rightarrow P(6|0|0) \in E$
$2 \cdot 6 + 3 \cdot 0 + 4 \cdot 0 = 12 \Rightarrow P(6|0|0) \in F$
$\Rightarrow$ E und F sind identisch.

b) Wir wählen wieder den Punkt $P(6|0|0)$, der auf E liegt, und setzen seine Koordinaten in die Gleichung von F ein. Es ergibt sich der Widerspruch $12 = 8$.
Also liegt P nicht auf F. Die Ebenen sind echt parallel, d.h. nicht identisch.

Relative Lage von E und F im Fall b):

$4 \cdot 6 + 6 \cdot 0 + 8 \cdot 0 = 24 \Rightarrow P(6|0|0) \in E$
$2 \cdot 6 + 3 \cdot 0 + 4 \cdot 0 \neq 12 \Rightarrow P(6|0|0) \notin F$
$\Rightarrow$ E und F sind echt parallel, d. h. nicht identisch.

Wir fassen das oben angewendete Untersuchungsverfahren zur Lageuntersuchung von Ebenen mit Hilfe von Normalenvektoren im folgenden Merksatz noch einmal übersichtlich zusammen.

Lageuntersuchung von Ebenen mit Hilfe von Normalenvektoren

E und F seien zwei Ebenen mit den Normalenvektoren $\vec{n}_E$ und $\vec{n}_F$. Dann gilt:
Sind $\vec{n}_E$ und $\vec{n}_F$ nicht kollinear, so schneiden sich die Ebenen E und F.
Sind $\vec{n}_E$ und $\vec{n}_F$ kollinear und liegt ein Punkt von E nicht auf F, so sind E und F echt parallel.
Sind $\vec{n}_E$ und $\vec{n}_F$ kollinear und liegt ein Punkt von E auf F, so sind E und F identisch.

Übung 26 Lageuntersuchungen mit Normalenvektoren

Untersuchen Sie die relative Lage der Ebenen E und F mit Hilfe von Normalenvektoren.

a) $E: 4x - 2y + 6z = 12, \quad F: -6x + 3y - 9z = -18$

b) $E: 2x - 4y + 3z = 12, \quad F: 4x + 2y = 24$

c) $E: 6x + 2y - 36z = 36, \quad F: 0{,}5x + 2y - 3z = 2$

d) $E: 2x - 4y + 6z = 6, \quad F: \left[\vec{x} - \begin{pmatrix} 2 \\ -2 \\ 2 \end{pmatrix}\right] \cdot \begin{pmatrix} -5 \\ 10 \\ 15 \end{pmatrix} = 0$

Ist von einer Ebene ein Normalenvektor bekannt und die zweite Ebene in Parameterform gegeben, so kann man die relative Lage der Ebenen ebenfalls leicht bestimmen.

Beispiel: Lageuntersuchung bei der Kombination Koordinatenform/Parameterform

Bestimmen Sie die relative Lage von E: $2x - 3y + 5z = 30$ und F: $\vec{x} = \begin{pmatrix}0\\0\\3\end{pmatrix} + r\begin{pmatrix}3\\2\\0\end{pmatrix} + s\begin{pmatrix}1\\4\\2\end{pmatrix}$.

Lösung:
Wir untersuchen, ob der Normalenvektor $\vec{n}_E$ der Ebene E auf den beiden Richtungsvektoren $\vec{u}$ und $\vec{v}$ der Ebene F senkrecht steht, d.h. ob die Skalarprodukte $\vec{n}_E \cdot \vec{u}$ und $\vec{n}_E \cdot \vec{v}$ beide gleich null sind.
Ist dies der Fall, so sind E und F parallel.

Ist dies nicht der Fall, ist also mindestens eines der beiden Skalarprodukte nicht null, so schneiden sich die beiden Ebenen.

Hier sind beide Skalarprodukte null: Die Ebenen sind also wirklich parallel.

Nun ist noch zu prüfen, ob der Punkt P(0|0|3) von F auch auf der Ebene E liegt. Dazu setzen wir seine Koordinaten in die Koordinatengleichung von E ein.
Es ergibt sich ein Widerspruch.

Die Ebenen E und F sind daher echt parallel, d.h. nicht identisch.

Untersuchung auf Parallelität:

$\vec{n}_E = \begin{pmatrix}2\\-3\\5\end{pmatrix}$, Normalenvektor von E

$\vec{u} = \begin{pmatrix}3\\2\\0\end{pmatrix}$, $\vec{v} = \begin{pmatrix}1\\4\\2\end{pmatrix}$ Richtungsvektoren von F

$\vec{n}_E \cdot \vec{u} = 2 \cdot 3 + (-3) \cdot (2) + 5 \cdot 0 = 0$

$\vec{n}_F \cdot \vec{v} = 2 \cdot 1 + (-3) \cdot 4 + 5 \cdot 2 \quad = 0$

$\Rightarrow \vec{n}_F$ senkrecht auf $\vec{u}$ und $\vec{v}$.
$\Rightarrow$ E und F sind parallel.

Punktprobe : Liegt P(0|0|3) auf E?

$2 \cdot 0 + (-3) \cdot 0 + 5 \cdot 3 = 30$

$\Rightarrow 15 = 30 \Rightarrow$ WID. $\Rightarrow P \notin E$

$\Rightarrow$ E und F sind nicht identisch.
$\Rightarrow$ E und F sind echt parallel.

Lage von Ebenen bei der Kombination Koordinatenform/Parameterform

Gegeben sind eine Ebene E mit dem Normalenvektor $\vec{n}_E$ und eine zweite Ebene F durch den Punkt P mit den Richtungsvektoren $\vec{u}$ und $\vec{v}$.

① Steht der Normalenvektor $\vec{n}_E$ senkrecht auf den beiden Richtungsvektoren $\vec{u}$ und $\vec{v}$, so sind die Ebenen E und F identisch, wenn der Punkt P auch auf E liegt, und sie sind echt parallel, aber nicht identisch, wenn der Punkt P nicht auf E liegt.

② Steht der Normalenvektor $\vec{n}_E$ nicht auf beiden Richtungsvektoren $\vec{u}$ und $\vec{v}$ senkrecht, so schneiden sich die Ebenen E und F.

Übung 27 Relative Lage von Ebenen

Untersuchen Sie die relative Lage der Ebenen E_1, E_2, und E_3 zu der Ebene F.

E_1: $6x + 4y + 3z = 24$
E_2: $-18x + 4y + 3z = 0$
E_3: $9x - 2y + 1{,}5z = 10$

a) F: $\vec{x} = \begin{pmatrix}1\\1{,}5\\4\end{pmatrix} + r\begin{pmatrix}2\\3\\8\end{pmatrix} + s\begin{pmatrix}1\\3\\2\end{pmatrix}$

b) F: $\vec{x} = \begin{pmatrix}1\\1\\2\end{pmatrix} + r\begin{pmatrix}1\\6\\2\end{pmatrix} + s\begin{pmatrix}0\\3\\4\end{pmatrix}$

Lageuntersuchung von Ebenen mit Schnittgeradenbestimmung

Die folgende Methode liefert im Gegensatz zu den beiden oben besprochenen Methoden neben der Lagebeziehung auch gleich die Schnittgerade mit, falls sich die Ebenen schneiden. Dieses Verfahren ist daher insgesamt als optimal anzusehen.

Beispiel: Lageuntersuchung mit Koordinaten- und Parameterform (schneidende Ebenen)

Bestimmen Sie die relative Lage von E: $4x + 3y + 6z = 36$ und F: $\vec{x} = \begin{pmatrix}0\\0\\3\end{pmatrix} + r\begin{pmatrix}3\\2\\-1\end{pmatrix} + s\begin{pmatrix}3\\0\\-1\end{pmatrix}$.

Lösung:

Wir setzen die Koordinaten der durch ihre Parametergleichung gegebenen Ebene F in die Koordinatengleichung der Ebene E ein.

Koordinaten von F:

$x = 3r + 3s$
$y = 2r$
$z = 3 - r - s$

Wir erhalten eine Gleichung mit den Parametern r und s. Diese Gleichung lösen wir nach einem Parameter auf, z.B. nach s.

Einsetzen in die Koordinatengleichung:

$$4 \cdot (3r + 3s) + 3 \cdot 2r + 6 \cdot (3 - r - s) = 36$$
$$12r + 12s + 6r + 18 - 6r - 6s = 36$$
$$6s = 18 - 12r$$
$$s = 3 - 2r$$

Das Ergebnis $s = 3 - 2r$ setzen wir in die Parameterform von F ein, die dann nur noch den Parameter r enthält.
Durch Ausmultiplizieren und Zusammenfassen ergibt sich eine Geradengleichung. Es handelt sich um die Gleichung der Schnittgeraden g der Ebenen E und F.

Bestimmung der Schnittgeraden g:

$$g:\ \vec{x} = \begin{pmatrix}0\\0\\3\end{pmatrix} + r\begin{pmatrix}3\\2\\-1\end{pmatrix} + (3 - 2r)\begin{pmatrix}3\\0\\-1\end{pmatrix}$$
$$= \begin{pmatrix}9\\0\\0\end{pmatrix} + r\begin{pmatrix}-3\\2\\1\end{pmatrix}$$

Das Verfahren funktioniert auch bei *echt parallelen* und *identischen* Ebenen.

Beispiel: Lageuntersuchung mit Koordinaten- und Parameterform (echt parallele Ebenen)

Bestimmen Sie die relative Lage von E: $2x + 6z = 36$ und F: $\vec{x} = \begin{pmatrix}0\\0\\3\end{pmatrix} + r\begin{pmatrix}3\\2\\-1\end{pmatrix} + s\begin{pmatrix}3\\0\\-1\end{pmatrix}$.

Lösung:

Wir setzen wieder die Koordinaten von F in die Koordinatengleichung von E ein.
Die Parameter r und s fallen weg. Es ergibt sich ein Widerspruch (hier: 18 = 36), d.h., dass E und F keine gemeinsamen Punkte besitzen. Die Ebene sind also echt parallel.

Einsetzen der Koordinaten von F in E:

$$2 \cdot (3r + 3s) + 0 \cdot 2r + 6 \cdot (3 - r - s)) = 36$$
$$18 = 36$$

⇒ Widerspruch!
⇒ E und F sind echt parallel

Bei **identischen Ebenen** funktioniert dieses Verfahren der Lageuntersuchung ganz genau so wie bei echt parallelen Ebenen. Nur ergibt sich dann kein Widerspruch, sondern eine Allgemeingültigkeit wie z.B. 12 = 12 (vgl. Beispiel S. 154).

Orthogonale Ebenen

Für die Untersuchung von Ebenen auf Parallelität und Orthogonalität eignen sich besonders deren Normalen- und Koordinatengleichungen. Dann gelten nämlich folgende Kriterien:

Kriterium 1: Parallelität von Ebenen
Die Normalenvektoren sind kollinear.

Kriterium 2: Parallelität von Ebenen
Der Normalenvektor der ersten Ebene ist orthogonal zu den beiden Richtungsvektoren der zweiten Ebene.

Kriterium 3: Orthogonalität von Ebenen
Die Normalenvektoren sind orthogonal.

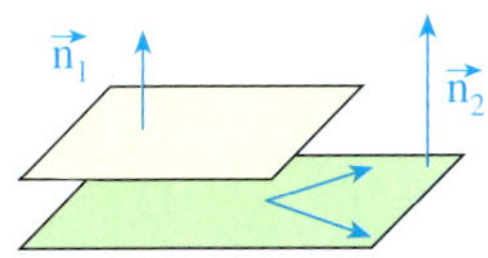

$\vec{n}_2 = r \cdot \vec{n}_1$

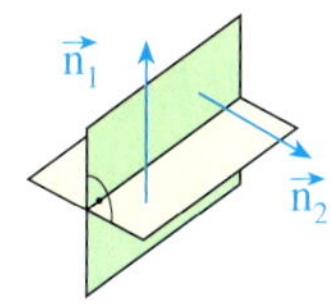

$\vec{n}_1 \cdot \vec{n}_2 = 0$

Wegen der Einfachheit der Kriterien verzichten wir auf die ganz elementare Anwendung, sondern behandel ein etwas komplexeres Beispiel.

Beispiel: Konstruktion einer orthogonalen Ebene
Gegeben ist die Ebene E_1: $2x - y - z = -1$. Gesucht ist eine Ebene E_2, die den Punkt A(3|1|2) enthält und orthogonal ist zur Ebene E_1. Bestimmen Sie außerdem eine Parametergleichung von E_2.

Lösung:
Den Normalenvektor $\vec{n}_1$ von E_1 entnehmen wir der gegebenen Koordinatenform von E_1. Der Normalenvektor $\vec{n}_2$ von E_2 steht auf $\vec{n}_1$ senkrecht. Also gilt $\vec{n}_1 \cdot \vec{n}_2 = 0$. Daher lässt sich ein Normalenvektor $\vec{n}_2$ von E_2 ohne Rechnung „nach Sicht" bestimmen.

Normalenvektoren von E_1 und E_2:

$$\vec{n}_1 = \begin{pmatrix} 2 \\ -1 \\ -1 \end{pmatrix}, \quad \vec{n}_1 \cdot \vec{n}_2 = 0 \quad \Rightarrow \quad \vec{n}_2 = \begin{pmatrix} 1 \\ 2 \\ 0 \end{pmatrix}$$

Aus den Koordinaten von $\vec{n}_2$ folgt für die Koordinatengleichung von E_2 der Ansatz E_2: $x + 2y = c$.
Durch Einsetzen des gegebenen Punktes A(3|1|2) in diesen Ansatz ergibt sich $c = 5$ und damit E_2: $x + 2y = 5$.

Koordinatengleichung von E_2:

Ansatz: E_2: $x + 2y = c$

$A(3|1|2) \in E_2 \Rightarrow 3 + 2 \cdot 1 = c \Rightarrow c = 5$

$\Rightarrow E_2$: $x + 2y = 5$

Nun bestimmen wir per Sicht zwei zu $\vec{n}_2$ orthogonale Richtungsvektoren $\vec{u}$ und $\vec{v}$ von E_2, die zusammen mit Punkt A die Parametergleichung von E_2 liefern.

Parametergleichung von E_2:

$$E_2: \vec{x} = \underbrace{\begin{pmatrix} 3 \\ 1 \\ 2 \end{pmatrix}}_{\vec{a}} + r \underbrace{\begin{pmatrix} 2 \\ -1 \\ 0 \end{pmatrix}}_{\vec{u}} + s \underbrace{\begin{pmatrix} 2 \\ -1 \\ 1 \end{pmatrix}}_{\vec{v}}$$

Übung 28 Orthogonale Ebenen
Bestimmen Sie eine zu E_1 orthogonale Ebene E_2 durch den Punkt A in Koordinaten- und Parameterform.

a) E_1: $3x + 2z = 6$, A(2|0|4)
b) E_1: $2x - 4y + z = 8$, A(2|3|1)

Übungen

29. Relative Lage von Ebenen

Untersuchen Sie die relative Lage der Ebenen E_1 und E_2.

a) $E_1: 4x + 2y + 6z = 12,\qquad E_2: \vec{x} = \begin{pmatrix}0\\6\\2\end{pmatrix} + r\begin{pmatrix}5\\-4\\-2\end{pmatrix} + s\begin{pmatrix}1\\-5\\-2\end{pmatrix}$

b) $E_1: 2x + 3y + 4z = 12,\qquad E_2: 4x + 6y + 8z = 48$

c) $E_1: 2x + 3y + 4z = 12,\qquad E_2: 6x + 3y + 4z = 24$

d) $E_1: 5x + 10y + 15z = 30,\qquad E_2: 2x + 4y + 6z = 12$

e) $E_1: \left[\vec{x} - \begin{pmatrix}2\\2\\0\end{pmatrix}\right] \cdot \begin{pmatrix}2\\2\\4\end{pmatrix} = 0,\qquad E_2: \left[\vec{x} - \begin{pmatrix}0\\2\\2\end{pmatrix}\right] \cdot \begin{pmatrix}1\\1\\1\end{pmatrix} = 0$

30. Schnittgeraden von Ebenen

Die Ebenen E_1 und E_2 schneiden sich in einer Geraden g. Bestimmen Sie die Schnittgerade g.

a) $E_1: 4x + 3y + 6z = 24,\qquad E_2: \vec{x} = \begin{pmatrix}0\\4\\3\end{pmatrix} + r\begin{pmatrix}3\\-4\\-6\end{pmatrix} + s\begin{pmatrix}3\\0\\-3\end{pmatrix}$

b) $E_1: x + 2y + z = 8,\qquad E_2: -2x + 6y + 3z = 24$

c) $E_1: 2x + 3y + 4z = 0,\qquad E_2: 6x + 3y + 4z = 4$

d) $E_1: \left[\vec{x} - \begin{pmatrix}7\\0\\-4\end{pmatrix}\right] \cdot \begin{pmatrix}2\\1\\1\end{pmatrix} = 0,\qquad E_2: \left[\vec{x} - \begin{pmatrix}-4\\5\\0\end{pmatrix}\right] \cdot \begin{pmatrix}-5\\4\\4\end{pmatrix} = 0$

31. Relative Lage von Ebenen

E_1 enthält die Geraden $g_1: \vec{x} = \begin{pmatrix}2\\0\\3\end{pmatrix} + r\begin{pmatrix}1\\-1\\3\end{pmatrix}$ und $g_2: \vec{x} = \begin{pmatrix}0\\2\\3\end{pmatrix} + s\begin{pmatrix}-1\\1\\3\end{pmatrix}$, die sich schneiden.

E_2 geht durch die Punkte $A(2|2|0)$, $B(0|4|6)$ und $C(-3|7|0)$.

E_3 hat die Achsenabschnitte $x = 4$, $y = 4$ und $z = 6$.

a) Untersuchen Sie die gegenseitige Lage von E_1 und E_2 bzw. von E_1 und E_3.

b) Zeichnen Sie ein Schrägbild der drei Ebenen sowie der Schnittgeraden.

32. Ebenengleichungen

Bestimmen Sie eine Normalengleichung der zu E parallelen Ebene F, die den Punkt A enthält.

a) $E: 2x - 3y + 2z = 12,\ A(1|2|4)$

b) $E: \vec{x} = \begin{pmatrix}1\\2\\0\end{pmatrix} + r\begin{pmatrix}0\\2\\3\end{pmatrix} + s\begin{pmatrix}-3\\4\\6\end{pmatrix},\ A(-2|6|-2)$

33. Relative Lage von Ebenen

Die Abbildung zeigt Ausschnitte der Ebenen E_1 und E_2.

a) Bestimmen Sie die Gleichung der Schnittgeraden g der Ebenen.

b) Fertigen Sie auf kariertem Papier eine Zeichnung der Ebenen an, in der nun auch der Teil der Schnittgeraden g eingetragen ist, der auf dem rechts abgebildeten Ausschnitt von E_1 liegt.

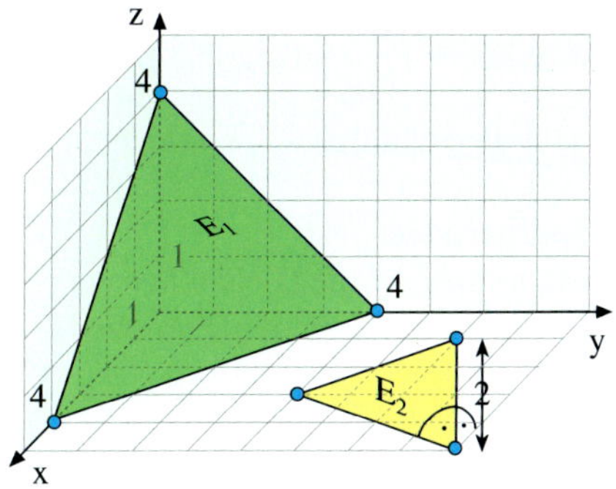

34. Ebenen im Würfel

Auf dem abgebildeten Würfel sind zwei Ebenenausschnitte dargestellt. Zeigen Sie, dass die zugehörigen Ebenen sich schneiden. Geben Sie eine Gleichung der Schnittgeraden g an.

a)

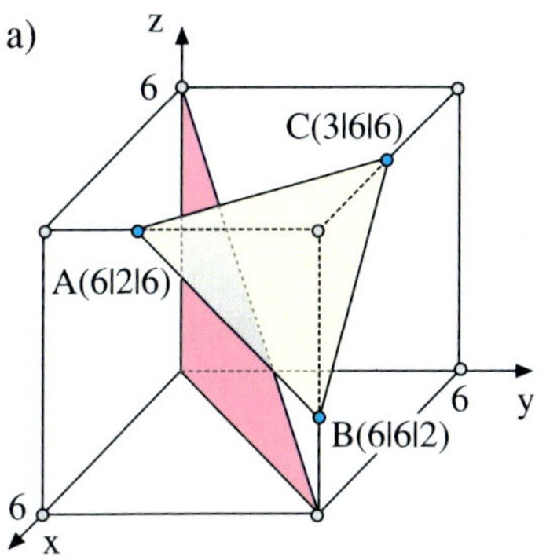

b)

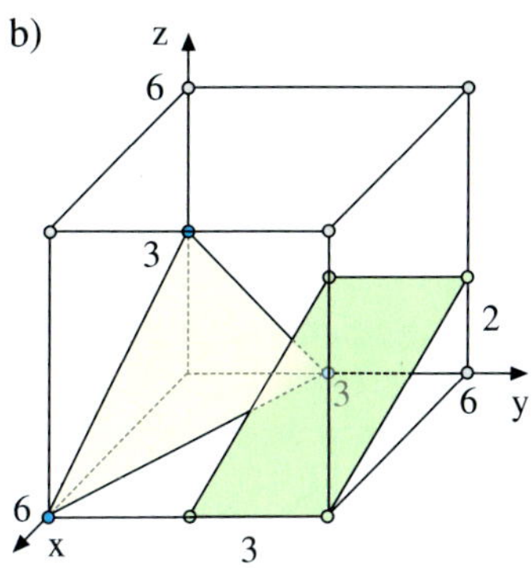

35. Orthogonale Ebenen

Finden Sie heraus, ob unter den Ebenen E_1, E_2 und E_3 Orthogonalitäten auftreten.

a) $E_1: \left[\vec{x} - \begin{pmatrix}1\\0\\0\end{pmatrix}\right] \cdot \begin{pmatrix}1\\4\\2\end{pmatrix} = 0$ $\quad E_2: \left[\vec{x} - \begin{pmatrix}0\\1\\0\end{pmatrix}\right] \cdot \begin{pmatrix}4\\-1\\0\end{pmatrix} = 0$ $\quad E_3: \left[\vec{x} - \begin{pmatrix}0\\0\\1\end{pmatrix}\right] \cdot \begin{pmatrix}8\\-3\\2\end{pmatrix} = 0$

b) $E_1: \left[\vec{x} - \begin{pmatrix}0\\1\\2\end{pmatrix}\right] \cdot \begin{pmatrix}-1\\2\\-2\end{pmatrix} = 0$ $\quad E_2: \vec{x} = \begin{pmatrix}1\\1\\2\end{pmatrix} + r\begin{pmatrix}3\\1\\2\end{pmatrix} + s\begin{pmatrix}3\\3\\3\end{pmatrix}$ $\quad E_3: 2x + 2y - 4z = 0$

36. Parameterwert gesucht

Ermitteln Sie denjenigen Parameterwert a, für den die Ebenen E_1 und E_a orthogonal sind.

a) $E_1: 2x - y + z = 6$

$E_a: ax + 4y - 2z = 4$

b) $E_1: \vec{x} = \begin{pmatrix}1\\0\\2\end{pmatrix} + r\begin{pmatrix}1\\2\\3\end{pmatrix} + s\begin{pmatrix}3\\1\\-1\end{pmatrix}$

$E_a: x - ay + z = 3$

c) $E_1: \left[\vec{x} - \begin{pmatrix}3\\1\\2\end{pmatrix}\right] \cdot \begin{pmatrix}1\\1\\-1\end{pmatrix} = 0$

$E_a: ax + 2ay - 6z = 0$

37. Orthogonale Ebenen

Eine Ebene E ist orthogonal zur Ebene F: $2x - 4z = 6$. Die Gleichung g: $\vec{x} = \begin{pmatrix} 3 \\ -1 \\ 0 \end{pmatrix} + r \begin{pmatrix} -4 \\ 3 \\ -2 \end{pmatrix}$ stellt die Schnittgerade von E und F dar. Stellen Sie eine Normalengleichung von E auf.

38. Spurgeraden

Bestimmen Sie die Gleichungen der Spurgeraden der Ebene E und skizzieren Sie auf kariertem Papier ein Schrägbild von E.

a) E: $\vec{x} = \begin{pmatrix} 3 \\ 0 \\ 2 \end{pmatrix} + r \begin{pmatrix} 3 \\ 4 \\ 2 \end{pmatrix} + s \begin{pmatrix} -3 \\ 0 \\ 1 \end{pmatrix}$

b) E: $\vec{x} = \begin{pmatrix} 4 \\ 3 \\ 2 \end{pmatrix} + r \begin{pmatrix} 2 \\ -1 \\ 1 \end{pmatrix} + s \begin{pmatrix} 1 \\ 2 \\ 2 \end{pmatrix}$

c) E: $3x + 5y + 6z = 15$

d) E: $3y + 2z = 12$

39. Spurgeraden

Eine Ebene E besitzt die Spurgeraden g_1: $\vec{x} = \begin{pmatrix} 8 \\ 0 \\ 0 \end{pmatrix} + r \cdot \begin{pmatrix} -4 \\ 3 \\ 0 \end{pmatrix}$ und g_2: $\vec{x} = \begin{pmatrix} 4 \\ 0 \\ 2 \end{pmatrix} + s \cdot \begin{pmatrix} -2 \\ 0 \\ 1 \end{pmatrix}$.

a) Bestimmen Sie eine Koordinatengleichung von E.
b) Gesucht ist die Gleichung der dritten Spurgeraden von E.
c) Skizzieren Sie auf kariertem Papier ein Schrägbild von E.

40. Kohleflöz

Ein keilförmiges Kohleflöz hat nach oben und unten ebene Begrenzungsflächen E und E′ zu den angrenzenden Gesteinsschichten. Bei drei Probebohrungen werden jeweils der Eintrittspunkt und der Austrittspunkt festgestellt: A (–20|30|–200), A′(–20|30|–236), B (120|180|–80), B′(120|180|–120), C (80|120|–120), C′(80|120|–160).

a) Wie lauten die Gleichungen der Begrenzungsebenen E und E′?
b) Wie lautet die Gleichung der Geraden g, in der das Kohleflöz endet?
c) Vom Punkt T (–200|200|0) wird ein Tunnel in Richtung des Vektors $\begin{pmatrix} 2 \\ -2 \\ -1 \end{pmatrix}$ vorangetrieben. Wo trifft er die Kohleschicht, wo verlässt er sie wieder, wie weit ist es vom Tunneleingang bis zur Kohleschicht?
d) Trifft eine senkrechte Bohrung, die im Punkt T (–100|450|0) beginnt, die Kohleschicht?

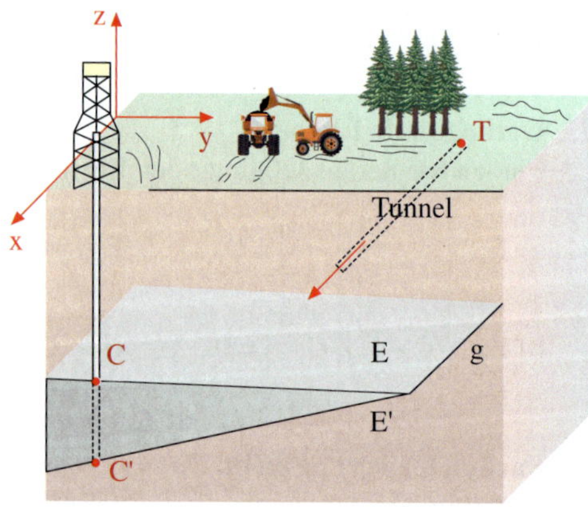

Übungen

1. Parametergleichung einer Ebene

a) Gegeben sind die Punkte A (6|8|4), B (−2|2|4) und C (0|10|6).
Bestimmen Sie eine Parametergleichung der Ebene E_1 durch die Punkte A, B und C.

b) Stellen Sie eine Parametergleichung der Ebene E_2 auf, die den Punkt P (4|2|2) enthält und parallel zur x-z-Ebene verläuft.

c) Skizzieren Sie die Ebenen E_1 und E_2 im Koordinatensystem.

2. Normalen- und Koordinatengleichung einer Ebene

Gegeben ist die Ebene E: $\vec{x} = \begin{pmatrix} 2 \\ 2 \\ 2 \end{pmatrix} + r \begin{pmatrix} -2 \\ -2 \\ 2 \end{pmatrix} + s \begin{pmatrix} 2 \\ 0 \\ -1 \end{pmatrix}$.

a) Bestimmen Sie eine Normalengleichung von E.

b) Bestimmen Sie eine Koordinatengleichung von E.

3. Achsenabschnitte und Spurgeraden einer Ebene

Gegeben ist die Ebene E: $3x + 6y + 4z = 24$.

a) Berechnen Sie die Achsenabschnitte von E.

b) Skizzieren Sie die Ebene im Koordinatensystem.

c) Bestimmen Sie die Gleichungen der drei Spurgeraden von E.

4. Lagebeziehungen Punkt/Ebene und Gerade/Ebene

Gegeben ist die Ebene E mit der Normalengleichung E: $\left[\vec{x} - \begin{pmatrix} 0 \\ 0 \\ 4 \end{pmatrix}\right] \cdot \begin{pmatrix} 2 \\ 2 \\ 3 \end{pmatrix} = 0$.

a) Bestimmen Sie eine Koordinatengleichung von E.

b) Untersuchen Sie, ob die Punkte P (1|2|2) bzw. Q (3|1|1) auf E liegen.

c) Zeigen Sie, dass die Gerade g: $\vec{x} = \begin{pmatrix} 6 \\ 2 \\ 2 \end{pmatrix} + r \begin{pmatrix} -6 \\ 3 \\ 2 \end{pmatrix}$ parallel zu E verläuft.

d) Untersuchen Sie die relative Lage der Geraden g durch die Punkte A (5|4|8) und B (6|5|10) und der Ebene E.

5. Lagebeziehung Ebene/Ebene

Gegeben sind die Ebenen E_1: $\vec{x} = \begin{pmatrix} 6 \\ 0 \\ 0 \end{pmatrix} + r \begin{pmatrix} -2 \\ 1 \\ 0 \end{pmatrix} + s \begin{pmatrix} 0 \\ -3 \\ 2 \end{pmatrix}$, E_2: $x + 2y + 3z = 12$ und E_3: $x + 2y + 2z = 10$.

a) Zeigen Sie, dass E_1 und E_2 parallel verlaufen.

b) Untersuchen Sie die relative Lage von E_2 und E_3.

6. Lotfußpunkt und Spiegelung

Gegeben ist die Ebene E: $\left[\vec{x} - \begin{pmatrix} 2 \\ 2 \\ 0 \end{pmatrix}\right] \cdot \begin{pmatrix} -3 \\ 3 \\ -2 \end{pmatrix} = 0$.

a) Bestimmen Sie eine zu E orthogonale Gerade g, die den Punkt A (7|3|5) enthält.

b) Berechnen Sie den Fußpunkt F des Lotes von A auf E.

c) Berechnen Sie den Punkt A′, der durch orthogonale Spiegelung von A an E entsteht.

Übungen

Die folgenden Übungen sollten ohne die Verwendung von Hilfsmitteln gelöst werden

1. Normalenvektor und Ebenengleichung

Gegeben sei die die Parametergleichung einer Ebene. E: $\vec{x} = \begin{pmatrix} -3 \\ -1 \\ 2 \end{pmatrix} + r \cdot \begin{pmatrix} -3 \\ -1 \\ 1 \end{pmatrix} + s \cdot \begin{pmatrix} 6 \\ 0 \\ -1 \end{pmatrix}$

a) Bestimmen Sie einen Normalenvektor $\vec{n}$ von E und anschließend eine Normalengleichung von E.

b) Beschreiben Sie ein Verfahren, mit dem man – ausgehend von einer Normalengleichung – zu einer Koordinatengleichung kommt. Wenden Sie das Verfahren an, um eine Koordinatengleichung der Ebene E aus Aufgabenteil 1 aufzustellen.

2. Von der Normalengleichung zur Parametergleichung

Gegeben ist die Ebene E: $2x + 2y + z = 3$.

a) Bestimmen Sie einen Normalenvektor und eine Normalengleichung der Ebene E.

b) Bestimmen Sie zwei Richtungsvektoren $\vec{m}_1$ und $\vec{m}_2$ der Ebene E, die nicht kollinear sind. Stellen Sie anschließend eine vektorielle Parametergleichung von E auf.

3. Achsenabschnitte einer Ebene

a) Bestimmen Sie alle Achsenabschnittspunkte der Ebene E: $2x + 3y + 4z = 12$ und skizzieren Sie die Ebene im Koordinatensystem.

b) Bestimmen Sie den Achsenabschnitt der Ebene F: $\vec{x} = \begin{pmatrix} 1 \\ 3 \\ 2 \end{pmatrix} + r \cdot \begin{pmatrix} 1 \\ 3 \\ -6 \end{pmatrix} + s \cdot \begin{pmatrix} -1 \\ 0 \\ 2 \end{pmatrix}$ mit der z-Achse.

4. Die relative Lage von Gerade und Ebene

a) Gegeben sind die Ebene E: $x + 4y + 2z = 12$ und die Gerade g: $\vec{x} = \begin{pmatrix} 5 \\ 5 \\ 4 \end{pmatrix} + r \cdot \begin{pmatrix} 1 \\ 4 \\ 2 \end{pmatrix}$.

Untersuchen Sie die relative Lage von g und E und ermitteln sie ggf. den Schnittpunkt.

b) Verändern Sie die y-Koordinate des Richtungsvektors der Geraden g so, dass die entstandene Gerade h parallel zur Ebene E verläuft.

5. Die relative Lage zweier Ebenen

Gegeben sind die Ebenen E: $x + 2y + 2z = 8$ und F: $\vec{x} = \begin{pmatrix} 2 \\ 0 \\ 0 \end{pmatrix} + r \cdot \begin{pmatrix} 0 \\ 0 \\ 3 \end{pmatrix} + s \cdot \begin{pmatrix} 2 \\ 2 \\ 0 \end{pmatrix}$.

a) Geben Sie an, welche Lage zwei Ebenen E und F zueinander einnehmen können. Begründen Sie anhand des Normalenvektors von E und der Richtungsvektoren von F, dass die Ebenen E und F sich schneiden. Bestimmen Sie die Gleichung der Schnittgeraden.

b) Untersuchen Sie die relative Lage von E: $4x + 4y + 3z = 24$ und F: $x + 4y + 3z = 12$. Bestimmen Sie ggf. die Schnittgerade von E und F und zeichnen Sie ein Schrägbild.

6. Spurgeraden

a) Ermitteln Sie die drei Spurgeraden der Ebene E: $\vec{x} = \begin{pmatrix}2\\4\\2\end{pmatrix} + r \cdot \begin{pmatrix}-4\\0\\2\end{pmatrix} + s \cdot \begin{pmatrix}-4\\8\\0\end{pmatrix}$.

b) Die Geraden g_{xz}: $\vec{x} = \begin{pmatrix}4\\0\\0\end{pmatrix} + r \cdot \begin{pmatrix}0\\0\\1\end{pmatrix}$, g_{yz}: $\vec{x} = \begin{pmatrix}0\\8\\0\end{pmatrix} + s \cdot \begin{pmatrix}0\\0\\1\end{pmatrix}$ und g_{xy}: $\vec{x} = \begin{pmatrix}4\\0\\0\end{pmatrix} + t \cdot \begin{pmatrix}-1\\2\\0\end{pmatrix}$ sind die Spurgeraden der Ebene F. Skizzieren Sie ein Schrägbild von F.

7. Schnittpunkte mit Koordinatenachsen

a) Bestimmen Sie die Schnittpunkte der Ebene E: $\vec{x} = \begin{pmatrix}1\\2\\1\end{pmatrix} + r \cdot \begin{pmatrix}1\\3\\-6\end{pmatrix} + s \cdot \begin{pmatrix}-1\\0\\2\end{pmatrix}$ mit den Koordinatenachsen. Zeichnen Sie ein Schrägbild der Ebene.

b) Beschreiben Sie ein Verfahren, mit dem man die Spurgeraden einer Ebene bestimmen kann. Normalerweise besitzt eine Ebene drei Spurgeraden. Kann eine Ebene auch nur zwei oder nur eine Spurgerade haben?

8. Ebenengleichung und orthogonale Gerade

a) Geben Sie die Gleichung der rechts dargestellten Ebene E an:
I: in Parameterform,
II: in Koordinatenform,
III: in Normalenform.

b) Geben Sie eine Gleichung der Geraden g durch den Punkt P(7|7|5) an, welche die Ebene E senkrecht schneidet. Berechnen Sie dann den Schnittpunkt S der Geraden g und der Ebene E.

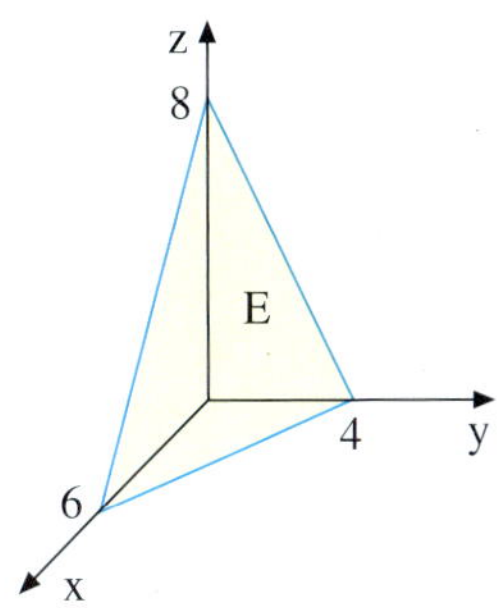

9. Schattenwurf

Eine Schräge E ist 5 m lang, 2 m hoch und 6 m tief.

a) Ermitteln Sie eine Parameter- und eine Koordinatengleichung der Ebene E.

b) Im Punkt P(6|3|0) befindet sich ein 2 m hoher senkrechter Stab, der von einer Lichtquelle in Richtung des Vektors $\vec{v}$ (siehe rechts) angestrahlt wird. Ermitteln Sie die Länge des Stabschattens auf E.

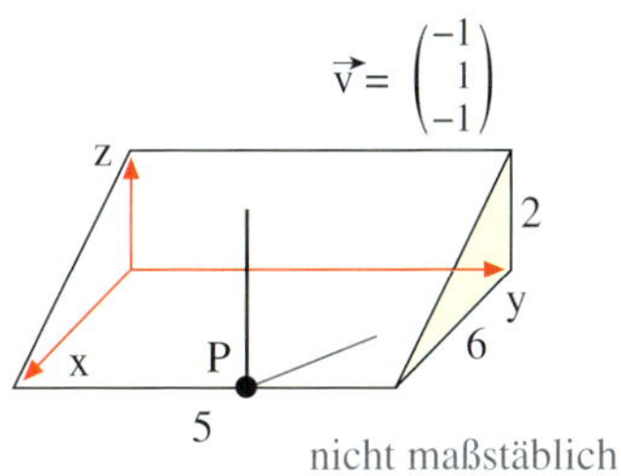

10. Spiegelpunkt

Gegeben ist die Ebene E durch die Punkte A(8|0|0), B(2|2|3) und C(0|0|6).

a) Ermitteln Sie eine Koordinatengleichung von E und untersuchen Sie, ob die Punkte P(5|5|7) bzw. Q(4|4|0) auf E liegen.

b) Bestimmen Sie einen Normalenvektor $\vec{n}$ von E. Bestimmen Sie außerdem die Gleichung einer Geraden g, die durch P geht und senkrecht steht auf E. Bestimmen Sie anschließend das Spiegelbild P' von P, das entsteht, wenn der Punkt P senkrecht an der Ebene E gespiegelt wird.

Die Lage von Gerade und Dreieck

Auf S. 144 f. wurde demonstriert, wie man die relative Lage einer Geraden g zu einer Ebene E untersucht. Gelegentlich stellt sich die weitergehende Frage, ob eine Gerade eine bestimmte, fest umschreibbare Teilfläche einer Ebene trifft, z. B. ein auf der Ebene liegendes Dreieck.
Im Folgenden lernen wir ein Verfahren zur Lösung dieser Problemstellung kennen.

Sichtlinien

Die Grundfläche einer Pyramide hat die Ecken A(−12|6|0), B(−6|18|0), C(−18|24|0) und D(−24|12|0). Ihre Spitze hat die Koordinaten S(−15|15|9) (1 LE = ca. 20 m).
In einiger Entfernung steht eine Pyramide mit der Spitze T(−20|30|6). Kann man die Spitze T der zweiten Pyramide von einer Beobachtungsplattform aus sehen, die an der Position P(0|0|0) steht?

Lösung:
Die Frage ist, ob die Sichtlinie $\overline{PT}$ an der im Vordergrund stehenden Pyramide vorbeigeht, so dass man die Spitze T von P aus sehen kann, oder ob dies nicht zutrifft und die Sichtlinie die vordere Pyramide trifft.

Aus dem Schrägbild ist dies in der Regel nicht sicher zu entscheiden.
Daher zeichnet man auf Karopapier zunächst einen Grundriss.
Dieser lässt erkennen, dass die Sichtlinie im Prinzip nur von den Pyramidenseitenfläche ABS und BCS unterbrochen werden könnte.

Grundriss der Situation:

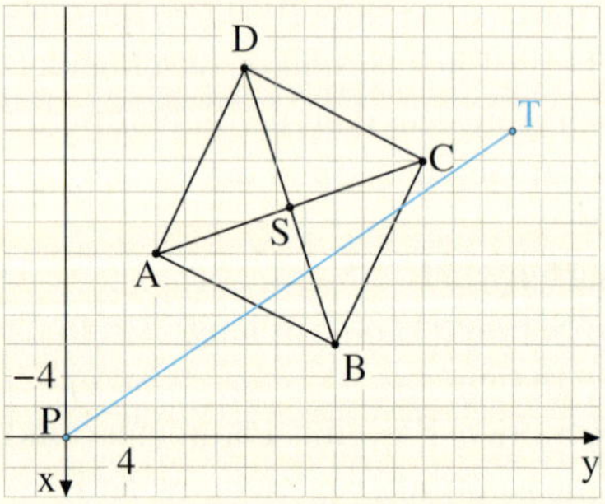

Im Grundriss kann man erkennen:
$\overline{PT}$ geht durch ABS oder geht über ABS.

Wir prüfen zunächst, ob die Sichtlinie $\overline{PT}$ die Fläche ABS trifft und so unterbrochen wird oder ob sie darüber geht.
Dazu stellen wir die Parametergleichungen der Geraden $\overline{PT}$ und der Dreiecksebene E_{ABS} auf.
Dabei ist es wichtig, dass wir als Richtungsvektoren der Ebene zwei Seitenvektoren des Dreiecks ABS verwenden, z. B. die Vektoren $\overrightarrow{AB}$ und $\overrightarrow{AS}$.

Schnittuntersuchung Gerade / Dreieck:
Gleichungen von g_{PT} und E_{ABS}:

$$g_{PT}: \quad \vec{x} = \begin{pmatrix} 0 \\ 0 \\ 0 \end{pmatrix} + r \begin{pmatrix} -20 \\ 30 \\ 6 \end{pmatrix}$$

$$E_{ABS}: \quad \vec{x} = \begin{pmatrix} -12 \\ 6 \\ 0 \end{pmatrix} + s \begin{pmatrix} 6 \\ 12 \\ 0 \end{pmatrix} + t \begin{pmatrix} -3 \\ 9 \\ 9 \end{pmatrix}$$

Durch Gleichsetzen von g_{PT} und E_{ABS} entsteht ein LGS, welches wir zunächst in die Normalform bringen und anschließend manuell oder mittels Rechner – z. B. mit dem Onlineprogramm MatrixCalc – lösen.

Die Lösungen sind $r = \frac{1}{2}$, $s = \frac{1}{2}$, $t = \frac{1}{3}$.

Der Punkt V (−10 | 15 | 3) ist also der Schnittpunkt von Gerade g_{PT} und der Ebene E_{ABS}.

Da die beiden Ebenenparameter s und t zwischen 0 und 1 liegen und zugleich ihre Summe s + t kleiner als 1 ist, trifft die Gerade g_{PT} die Ebene E_{ABS}, innerhalb des Dreiecks ABS (vgl. S. 143).

Das Dreiecks ABS fängt also den Strahl g_{PT} von P nach T ab.

Daher ist die Pyramidenspitze T vom Punkt P aus nicht sichtbar.

Lineares Gleichungssystem

$$g_{PT} = E_{ABS}$$

$$\begin{array}{lrcl} \text{I} & -20r &=& -12 + 6s - 3t \\ \text{II} & 30r &=& 6 + 12s + 9t \\ \text{III} & 6r &=& 9t \end{array}$$

$$\begin{array}{lrcl} \text{I} & 20r + 6s - 3t &=& 12 \\ \text{II} & 30r - 12s - 9t &=& 6 \\ \text{III} & 6r - 9t &=& 0 \end{array}$$

Aus III: $t = \frac{2}{3}r$

In I: $\Rightarrow$ I′: $18r + 6s = 12$

In II: $\Rightarrow$ II′: $24r - 12s = 6$

$2 \cdot$ I′ + II′: $\Rightarrow 60r = 30 \Rightarrow r = \frac{1}{2}$

In I′: $\Rightarrow 9 + 6s = 12 \Rightarrow s = \frac{1}{2}$

In III: $\Rightarrow 3 - 9t = 0 \Rightarrow t = \frac{1}{3}$

Lösung: $r = \frac{1}{2}$, $s = \frac{1}{2}$, $t = \frac{1}{3}$

$\Rightarrow$ g_{PT} trifft das Dreieck ABS im Punkt V (−10 | 15 | 3).

Flugbahn

Ein Flugzeug steuert auf die Cheops-Pyramide zu. Auf dem Radarschirm im Kontrollpunkt ist die Flugbahn durch die abgebildeten Punkte F_1 (56 | −44 | 15) und F_2 (48 | −36 | 14) erkennbar. Die Eckpunkte der Cheops-Pyramide sind ebenfalls auf dem Radarbild zu sehen. Kollidiert das Flugzeug bei gleichbleibendem Kurs mit der Cheops-Pyramide?
(Maßstab: 1 Einheit ≙ 10 m)

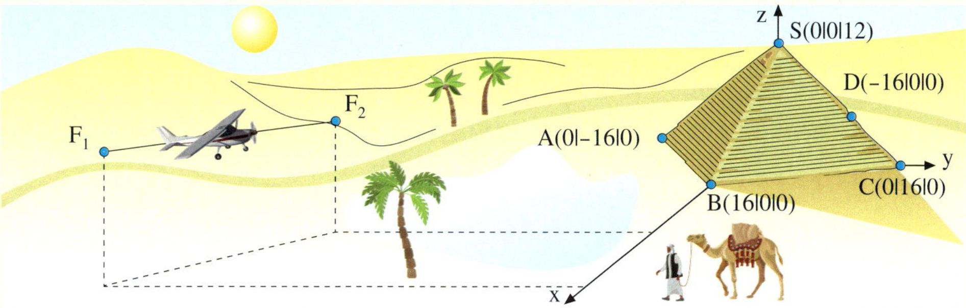

Überblick

Parametergleichung einer Ebene:

E: $\vec{x} = \vec{a} + r \cdot \vec{u} + s \cdot \vec{v}$

$\vec{a}$: Stützvektor der Ebene

$\vec{u}, \vec{v}$: Richtungsvektoren der Ebene

r, s: Ebenenparameter

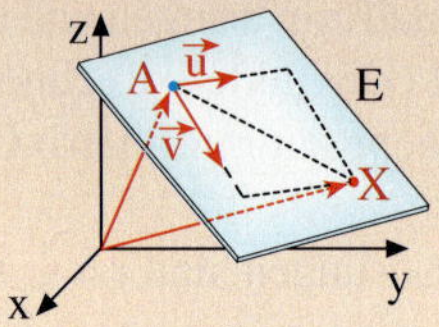

Dreipunktegleichung einer Ebene:

E: $\vec{x} = \vec{a} + r \cdot (\vec{b} - \vec{a}) + s \cdot (\vec{c} - \vec{a})$

$\vec{a}, \vec{b}, \vec{c}$: Ortsvektoren von drei Ebenenpunkten A, B und C, die nicht auf einer Geraden liegen

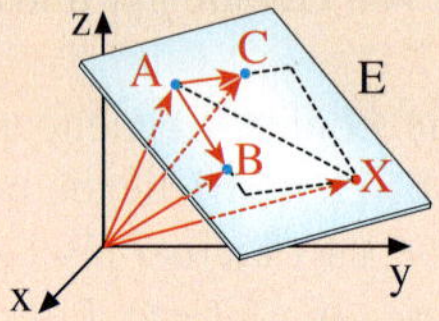

Normalenvektor:

Ein Normalenvektor $\vec{n}$ steht senkrecht auf zwei gegebenen Vektoren $\vec{a}$ und $\vec{b}$. Man errechnet seine Koordinaten x, y und z als Lösungen des linearen Gleichungssystems

I $a_1 x + a_2 y + a_3 z = 0$

II $b_1 x + b_2 y + b_3 z = 0$.

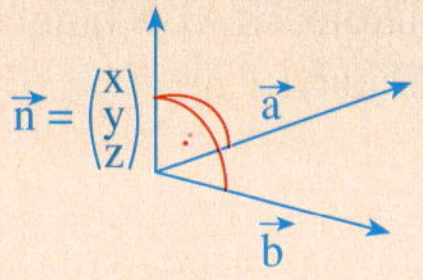

Normalengleichung einer Ebene:

E: $(\vec{x} - \vec{a}) \cdot \vec{n} = 0$

$\vec{a}$: Stützvektor der Ebene

$\vec{n}$: Normalenvektor der Ebene

Der Normalenvektor $\vec{n}$ einer Ebene steht senkrecht auf den beiden Richtungsvektoren $\vec{u}$ und $\vec{v}$ der Ebene. Daher gilt: $\vec{n} \cdot \vec{u} = 0, \vec{n} \cdot \vec{v} = 0$

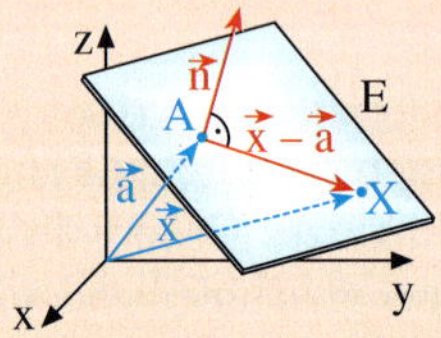

Koordinatengleichung einer Ebene:

E: $ax + by + cz = d$ $(a, b, c, d \in \mathbb{R};\ a^2 + b^2 + c^2 > 0)$

$\begin{pmatrix} a \\ b \\ c \end{pmatrix}$ ist ein Normalenvektor von E.

Achsenabschnittsgleichung einer Ebene:

E: $\frac{x}{A} + \frac{y}{B} + \frac{z}{C} = 1$ $(A \neq 0, B \neq 0, C \neq 0)$

A, B und C sind die Achsenabschnitte von E.

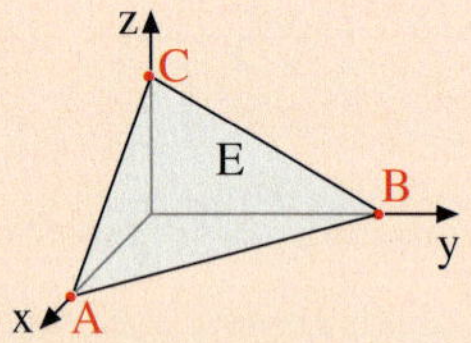

Spurpunkte einer Ebene:

Die Schnittpunkte einer Ebene E mit den Koordinatenachsen werden als Spurpunkte bzw. Achsenabschnittspunkte der Ebene bezeichnet.
Sie haben die Gestalt
$S_x(A|0|0)$, $S_y(0|B|0)$, $S_z(0|0|C)$.
Bestimmungsmethode: s. S. 136 f.

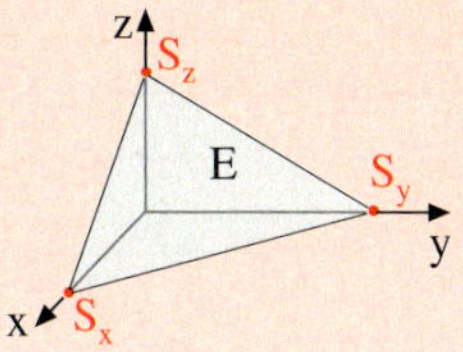

Spurgeraden einer Ebene:

Die Schnittgeraden einer Ebene E mit den Koordinatenebenen werden als Spurgeraden der Ebene bezeichnet.
Bestimmungsmethode: s. S. 138.

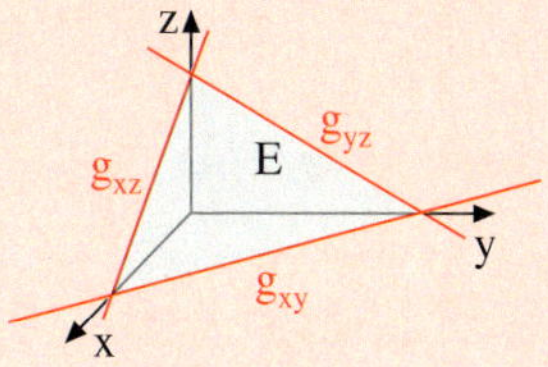

Relative Lage von Punkt und Ebene:

Ein Punkt P im Raum kann auf einer gegebenen Ebene E liegen oder außerhalb der Ebene.

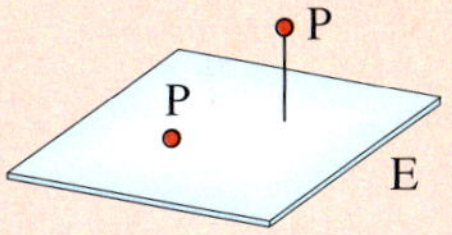

Mit der **Punktprobe**, bei der man die Koordinaten des Punktes in die Ebenengleichung einsetzt, stellt man fest, ob ein Punkt auf einer Ebene liegt oder nicht.
Die Punktprobe ist am einfachsten mit der Koordinatengleichung der Ebene durchzuführen (s. S. 141 f.).

Relative Lage von Punkt und Dreieck:

Ein Punkt P liegt im Dreieck ABC, wenn er folgende Bedingungen erfüllt:

1. P liegt auf der Ebene E: $\vec{x} = \vec{a} + r \cdot (\vec{b} - \vec{a}) + s \cdot (\vec{c} - \vec{a})$.
2. Für seine Parameterwerte r und s gilt
   $0 \leq r \leq 1$, $0 \leq s \leq 1$, $0 \leq r + s \leq 1$.

Relative Lage von Gerade und Ebene:

Eine Gerade g und eine Ebene E im Raum können drei Lagebeziehungen zueinander haben:

1. g und E schneiden sich im Punkt S.
2. g und E verlaufen echt parallel.
3. g liegt in E.

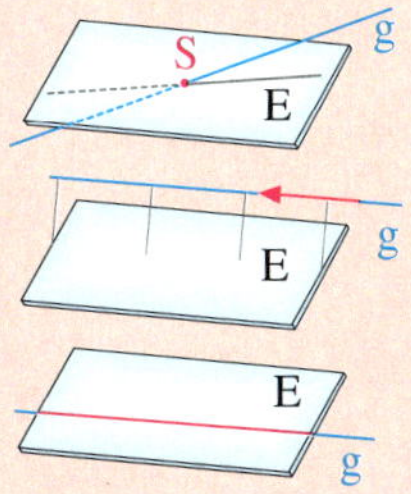

Relative Lage von Gerade und Ebene:

Untersuchung der relativen Lage von Gerade g und Ebene E

Gerade in Parameterform | Ebene in Koordinatenform

$$g: \vec{x} = \begin{pmatrix} p_1 \\ p_2 \\ p_3 \end{pmatrix} + r \cdot \begin{pmatrix} m_1 \\ m_2 \\ m_3 \end{pmatrix} \qquad E: ax + by + cz = d$$

Einsetzen der Koordinaten von g in die Gleichung von E liefert eine Gleichung für den Geradenparameter r.

$$a \cdot (p_1 + r \cdot m_1) + b \cdot (p_2 + r \cdot m_2) + c \cdot (p_3 + r \cdot m_3) = d$$

Hat diese Gleichung eine eindeutige Lösung, so schneiden sich g und E. Die Lösung für r liefert den Schnittpunkt S.
Hat die Gleichung keine Lösung, so sind g und E echt parallel.
Ist die Gleichung allgemeingültig, so liegt g in E.

Relative Lage von zwei Ebenen:

Untersuchung der relativen Lage der Ebenen E_1 und E_2

1. Sind die Normalenvektoren von E_1 und E_2 kollinear, so sind E_1 und E_2 echt parallel oder identisch.
   Das gilt auch, wenn der Normalenvektor von E_1 senkrecht auf beiden Richtungsvektoren von E_2 steht.
2. Liegt zusätzlich zu 1. ein Punkt von E_1 auch auf E_2, so sind E_1 und E_2 identisch.
3. Trifft 1. nicht zu, so schneiden sich E_1 und E_2 in einer Schnittgeraden g.

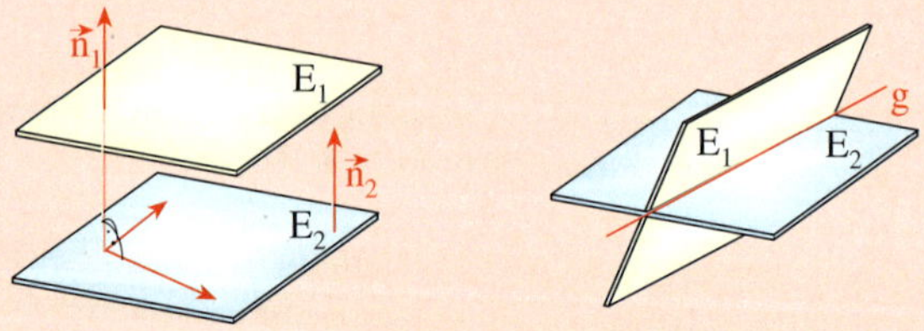

Bestimmung der Schnittgeraden zweier Ebenen:

Bestimmung der Schnittgeraden von Ebenen

Gegeben sind die Ebene E_1: $ax + by + cz = d$ in Koordinatenform sowie die Ebene E_2: $\vec{x} = \vec{a} + r \cdot \vec{u} + s \cdot \vec{v}$ in Parameterform.

1. Man setzt die Koordinaten der Ebene E_2 in die Koordinatengleichung oder die Normalengleichung der Ebene E_1 ein.
2. Liefert die enstehende Gleichung eine Beziehung zwischen r und s oder einen festen Wert für r oder s, so schneiden sich E_1 und E_2 in einer Schnittgeraden g. Die Gleichung der Schnittgeraden g erhält man, wenn man die gefundene Beziehung in die Gleichung von E_2 einsetzt.

Orthogonalität von Geraden:

Geraden sind orthogonal, wenn ihre Richtungsvektoren orthogonal sind, unabhängig davon, ob die Geraden sich schneiden oder nicht.

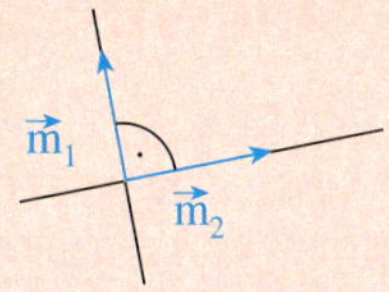

$\vec{m}_1 \cdot \vec{m}_2 = 0$

Orthogonalität von Gerade und Ebene:

Eine Gerade ist orthogonal zu einer Ebene, wenn der Richtungsvektor der Geraden und der Normalenvektor der Ebene kollinear sind.

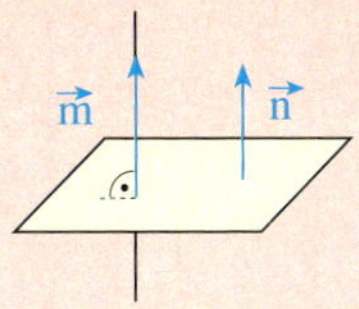

$\vec{m} = r \cdot \vec{n}$

Orthogonalität von Ebenen:

Ebenen sind orthogonal, wenn ihre Normalenvektoren orthogonal sind. Ihr Skalarprodukt ist also null.

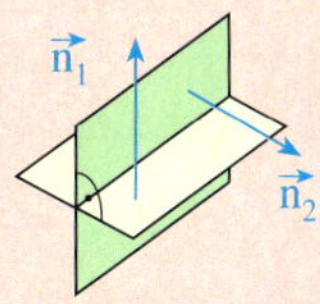

$\vec{n}_1 \cdot \vec{n}_2 = 0$

Das Vektorprodukt:

$$\begin{pmatrix} u_1 \\ u_2 \\ u_3 \end{pmatrix} \times \begin{pmatrix} v_1 \\ v_2 \\ v_3 \end{pmatrix} = \begin{pmatrix} u_2v_3 - u_3v_2 \\ -(u_1v_3 - u_3v_1) \\ u_1v_2 - u_2v_1 \end{pmatrix}$$

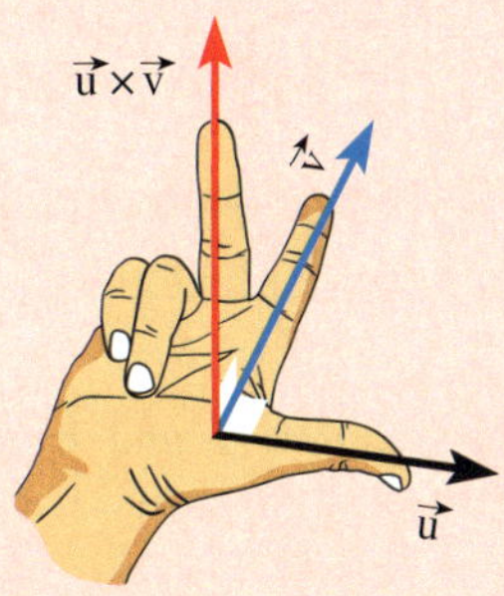

Bestimmung des Vektorprodukts mit dem Kreuzschema:

Berechnung von $\begin{pmatrix} 1 \\ 2 \\ 3 \end{pmatrix} \times \begin{pmatrix} 4 \\ 5 \\ 6 \end{pmatrix}$

1. Koordinate: 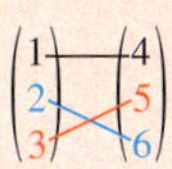 $2 \cdot 6 - 5 \cdot 3 = -3$

2. Koordinate: 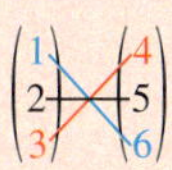 $-(1 \cdot 6 - 4 \cdot 3) = 6$

3. Koordinate: 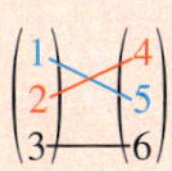 $1 \cdot 5 - 4 \cdot 2 = -3$

CAS-Anwendung

Es werden folgende Grundaufgaben im $\mathbb{R}^3$ behandelt:
- Aufstellung einer Ebenengleichung zu gegebenen Punkten A, B und C
- Bestimmung eines Normalenvektors zu zwei gegebenen Vektoren
- Lagebeziehung Punkt und Ebene sowie Gerade und Ebene
- Schnittgerade zweier Ebenen

Beispiel: Ebene durch drei Punkte

Bestimmen Sie eine vektorielle Parametergleichung derjenigen Ebene E, die durch die Punkte A(3|2|4), B(5|1|6) und C(1|4|3) verläuft.

Lösung:
Zunächst werden die Punkte A, B und C durch ihre Ortsvektoren definiert:
va := [3; 2; 4], vb := [5; 1; 6], vc := [1; 4; 3].
Die Ebene E wird festgelegt durch
e(r, s) := va + r · (vb − va) + s · (vc − va).
e(r, s) [enter] liefert die Ebenengleichung:

$$\vec{x} = \begin{pmatrix} 2r - 2s + 3 \\ -r + 2s + 2 \\ 2r - s + 4 \end{pmatrix}$$

$$= \begin{pmatrix} 3 \\ 2 \\ 4 \end{pmatrix} + r \cdot \begin{pmatrix} 2 \\ -1 \\ 2 \end{pmatrix} + s \cdot \begin{pmatrix} -2 \\ 1 \\ -2 \end{pmatrix}.$$

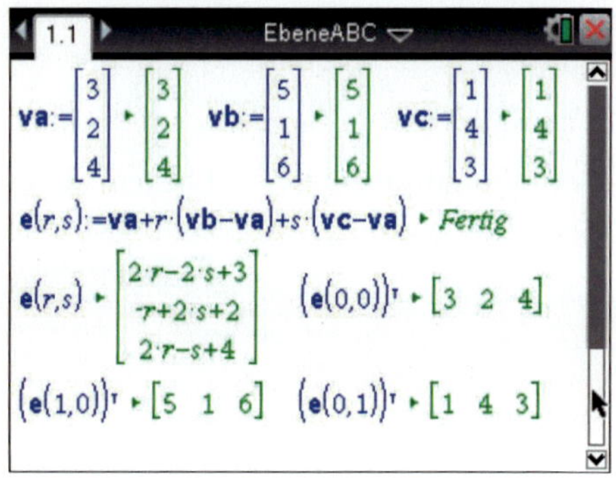

Beispiel: Normalenvektor

Bestimmen Sie einen Normalenvektor zu den Vektoren $\vec{a} = \begin{pmatrix} 2 \\ -1 \\ 2 \end{pmatrix}$ und $\vec{b} = \begin{pmatrix} -2 \\ 2 \\ -1 \end{pmatrix}$.

Lösung:
Die Vektoren $\vec{a}$ und $\vec{b}$ werden definiert durch die Eingaben va := [2; −1; 2] und vb := [−2; 2; −1]. Das Gleichungssystem

$$\begin{pmatrix} x \\ y \\ z \end{pmatrix} \cdot \vec{a} = 0 \quad \textbf{und} \quad \begin{pmatrix} x \\ y \\ z \end{pmatrix} \cdot \vec{b} = 0$$

ist unterbestimmt und besitzt eine einparametrige Lösung.
Wird für den Parameter der Wert 2 eingesetzt, so ergibt sich der Normalenvektor

$$\vec{n} = \begin{pmatrix} -3 \\ -2 \\ 2 \end{pmatrix}.$$

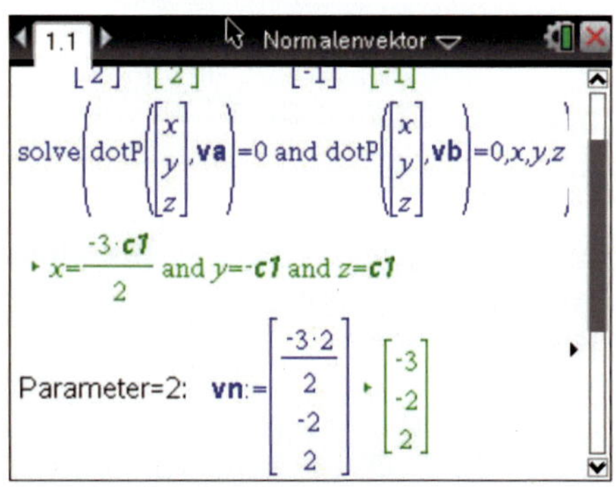

Übung 1

Ermitteln Sie eine Normalengleichung der Ebene E durch A(1|1|−3), B(0|2|2), C(2|1|−5).

Beispiel: Punkt und Ebene, Gerade und Ebene

Gegeben ist die Ebene E: $\vec{x} = \begin{pmatrix} 1 \\ 0 \\ -1 \end{pmatrix} + r \cdot \begin{pmatrix} 2 \\ -1 \\ 1 \end{pmatrix} + s \cdot \begin{pmatrix} 1 \\ 1 \\ 1 \end{pmatrix}$, die Gerade g: $\vec{x} = \begin{pmatrix} 2 \\ 4 \\ 2 \end{pmatrix} + t \begin{pmatrix} 0 \\ 2 \\ 1 \end{pmatrix}$ und der Punkt P(2|1|1). Untersuchen Sie die Lagebeziehung von P und E sowie von g und E.

Lösung:
Nach Festlegung der Ebene E, des Punktes P und der Geraden g wird der solve-Befehl zur Lösung der entsprechenden Gleichung vp = e(r, s) bzw. g(t) = e(r, s) angewendet.

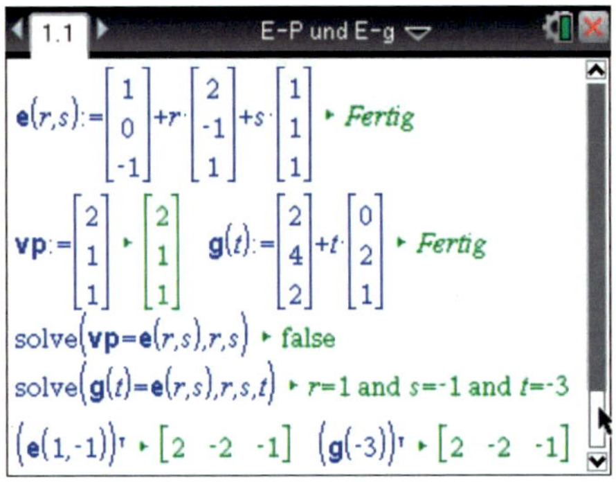

Man erhält folgende Ergebnisse:

Der Punkt P liegt nicht in der Ebene E.

Die Gerade g hat mit der Ebene E genau einen Punkt gemeinsam; g schneidet E im Punkt S(2|−2|−1).

Beispiel: Zwei Ebenen

Untersuchen Sie die Lagebeziehung der durch Parametergleichungen gegebenen Ebenen

E: $\vec{x} = \begin{pmatrix} 9 \\ 0 \\ 0 \end{pmatrix} + p \cdot \begin{pmatrix} 3 \\ -4 \\ 0 \end{pmatrix} + q \cdot \begin{pmatrix} 0 \\ 6 \\ -3 \end{pmatrix}$, F: $\vec{x} = \begin{pmatrix} 0 \\ 0 \\ 3 \end{pmatrix} + r \cdot \begin{pmatrix} 3 \\ 2 \\ -1 \end{pmatrix} + s \cdot \begin{pmatrix} 3 \\ 0 \\ -1 \end{pmatrix}$.

Lösung:
Nach Festlegung der Ebenen E und F durch e(p, q) und f(r, s) wird mit dem solve-Befehl die Gleichung e(p, q) = f(r, s) gelöst.

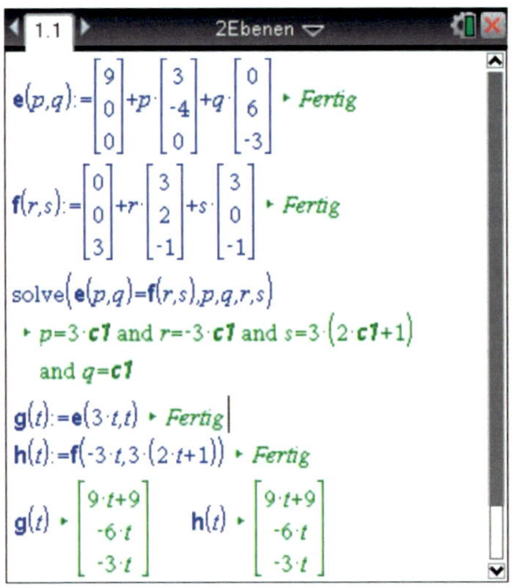

Es ergibt sich eine einparametrige Lösung, was auf die Existenz einer Schnittgeraden g hinweist; man erhält die Parametergleichung

$$g: \vec{x} = \begin{pmatrix} 9 \\ 0 \\ 0 \end{pmatrix} + t \cdot \begin{pmatrix} 9 \\ -6 \\ -3 \end{pmatrix} = \begin{pmatrix} 9 \\ 0 \\ 0 \end{pmatrix} + (-3t) \cdot \begin{pmatrix} -3 \\ 2 \\ 1 \end{pmatrix} = \begin{pmatrix} 9 \\ 0 \\ 0 \end{pmatrix} + u \cdot \begin{pmatrix} -3 \\ 2 \\ 1 \end{pmatrix}.$$

Übung 2

Ermitteln Sie die Spurgerade g_{xy} der Ebene E: $\vec{x} = \begin{pmatrix} 5 \\ -4 \\ 3 \end{pmatrix} + r \cdot \begin{pmatrix} 5 \\ 12 \\ -12 \end{pmatrix} + q \cdot \begin{pmatrix} -10 \\ 16 \\ -6 \end{pmatrix}$.

Test

Ebenen

1. Punkt/Gerade/Ebene

Gegeben sind in einem kartesischen Koordinatensystem die Punkte A(2|2|−1), B(0|3|1) und C(4|1|1). Die Ebene E enthält die Punkte A, B und C.

a) Stellen Sie eine Parametergleichung der Ebene E auf.
b) Bestimmen Sie eine Koordinatengleichung der Ebene E.
c) Für welches $a \in \mathbb{R}$ liegt der Punkt P(−a|2a|1) in der Ebene E?
d) Bestimmen Sie die Achsenschnittpunkte von E. Fertigen Sie ein Schrägbild von E an.
e) Bestimmen Sie eine zu E orthogonale Gerade g, die den Punkt Q(4|6|3) enthält. In welchem Punkt F schneidet g die Ebene E?

2. Zwei Ebenen

Gegeben sind die Ebenen E_1: $\vec{x} = \begin{pmatrix}1\\1\\2\end{pmatrix} + r\begin{pmatrix}-4\\1\\3\end{pmatrix} + s\begin{pmatrix}4\\2\\-3\end{pmatrix}$ und E_2: $x - 2y + z = 4$.

a) Zeigen Sie, dass sich die beiden Ebenen E_1 und E_2 schneiden.
b) Bestimmen Sie die Schnittgerade der beiden Ebenen E_1 und E_2.
c) Ermitteln Sie eine Normalengleichung der Ebene E_1.
d) Wie lautet die Koordinatengleichung der zu E_1 parallelen Ebene durch den Punkt P(6|3|7)?

3. Spiegelung einer Geraden

Gegeben sind die Ebene E: $x + 2y - z = 10$ sowie die Gerade g: $\vec{x} = \begin{pmatrix}1\\2\\1\end{pmatrix} + r \cdot \begin{pmatrix}1\\2\\2\end{pmatrix}$.

a) Ermitteln Sie den Schnittpunkt S von g und E.
b) Weisen Sie nach, dass der Punkt P(5|10|9) auf der Geraden g liegt.
c) Stellen Sie eine Gleichung der Geraden h auf, die orthogonal zur Ebene E durch den Punkt P geht. Berechnen Sie den Schnittpunkt T von h und E.
d) Fertigen Sie eine Übersichtsskizze mit der Ebene E sowie den Geraden g und h an. Erläutern Sie, wie aus den bisherigen Ergebnissen die Gleichung der Gerade g′ hergeleitet werden kann, die durch Spiegelung der Geraden g an der Ebene E entsteht. Geben Sie eine Gleichung der Geraden g′ an.

4. Haus

a) Geben Sie die Koordinaten der Eckpunkte A bis E des Hauses an.
b) Entwickeln Sie einen Ansatz zur Berechnung des Winkels zwischen den zwei Dachflächen am First. Führen Sie mit diesem Ansatz die Berechnung durch.
c) Wie hoch ragt der Schornstein aus der sichtbaren Dachfläche heraus? Höhe der Spitze S: 6 m.
d) Wie lang ist der Schatten des Schornsteins, den das Sonnenlicht in Richtung des Vektors $\vec{v}$ auf dem Dach erzeugt?

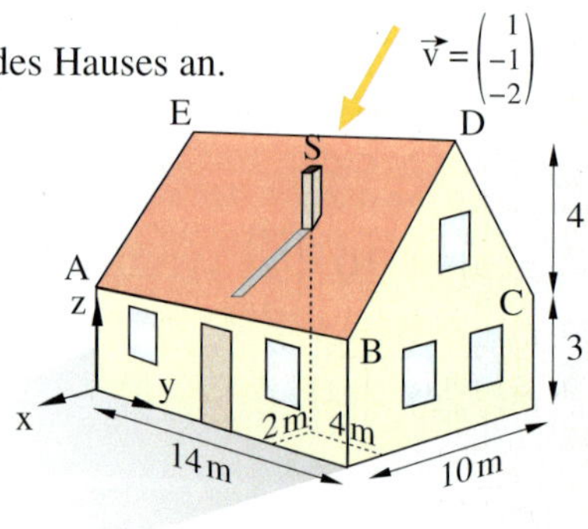

Lösungen: S. 364

V. Winkel und Abstände

1. Schnittwinkel

Im Anschluss an die Einführung des Skalarprodukts wurde die Kosinusformel zur Bestimmung des Winkels zwischen zwei Vektoren hergeleitet (s. S. 68).
Hiervon ausgehend lassen sich vergleichbare Formeln für den Schnittwinkel zweier Geraden bzw. einer Geraden und einer Ebene bzw. zweier Ebenen entwickeln.

A. Der Schnittwinkel von zwei Geraden

Der Schnittwinkel γ von Geraden wurde bereits behandelt (s. S. 108), wird aber hier zur Vervollständigung noch einmal kurz angesprochen. Er wird mit der rechts dargestellten Formel errechnet. Das Betragszeichen im Zähler sichert, dass der Winkel stets zwischen 0° und 90° liegt.

Schnittwinkel Gerade/Gerade

Schneiden sich zwei Geraden g und h mit den Richtungsvektoren $\vec{m}_1$ und $\vec{m}_2$, dann gilt für ihren Schnittwinkel γ:

$$\cos\gamma = \frac{|\vec{m}_1 \cdot \vec{m}_2|}{|\vec{m}_1| \cdot |\vec{m}_2|}.$$

Übung 1

Errechnen Sie den Schnittpunkt und den Schnittwinkel der Geraden g und h.

$$g\colon \vec{x} = \begin{pmatrix} 0 \\ 0 \\ 1 \end{pmatrix} + r\begin{pmatrix} 1 \\ 2 \\ 2 \end{pmatrix}, \quad h\colon \vec{x} = \begin{pmatrix} 2 \\ 0 \\ 2 \end{pmatrix} + s\begin{pmatrix} -1 \\ 2 \\ 1 \end{pmatrix}$$

Übung 2

Bestimmen Sie den Schnittwinkel γ der rechts dargestellten Geraden g und h.

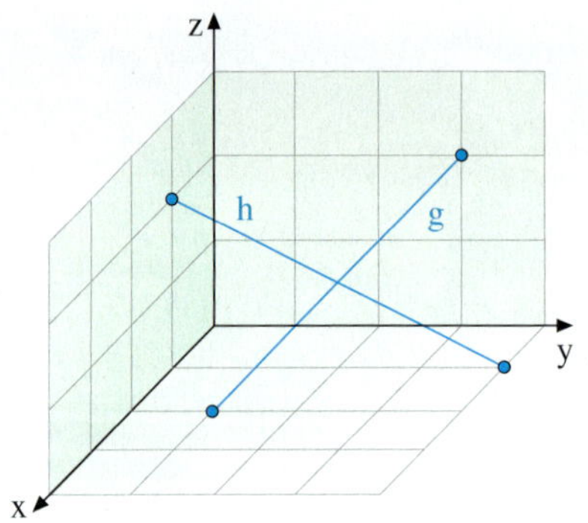

B. Der Schnittwinkel von Gerade und Ebene

Unter dem Schnittwinkel γ einer Geraden g und einer Ebene E versteht man den Winkel zwischen der Geraden g und der Geraden s, welche durch senkrechte Projektion der Geraden g auf die Ebene E entsteht. Er liegt zwischen 0° und 90°.

Winkel zwischen g und E

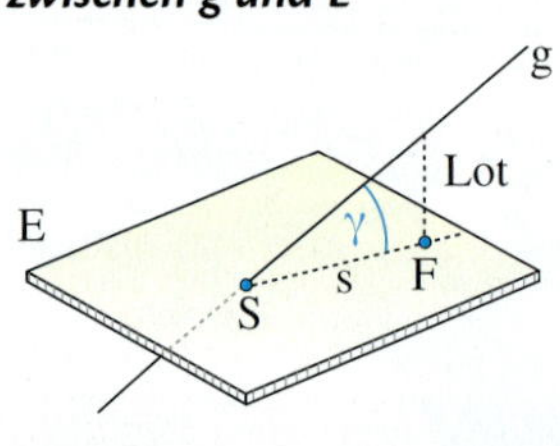

Man kann den Winkel γ bestimmen, indem man zunächst die Gleichung der Projektionsgeraden s ermittelt und anschließend den Winkel zwischen g und s errechnet. Es geht aber noch einfacher, wenn man einen Normalenvektor der Ebene verwendet, wie im Folgenden dargestellt.

Wir denken uns wie rechts abgebildet eine Hilfsebene H errichtet, die g enthält und senkrecht auf E steht. Sie schneidet E in der Geraden s.
Der Schnittwinkel γ von g und E ist der Winkel zwischen g und s.
Der Winkel $90° - \gamma$ lässt sich mit der Kosinusformel als Winkel zwischen dem Richtungsvektor $\vec{m}$ von g und dem Normalenvektor $\vec{n}$ von E errechnen, da beide Vektoren ebenfalls in der Hilfsebene liegen und $\vec{n}$ senkrecht auf s steht:

$$\cos(90° - \gamma) = \frac{|\vec{m} \cdot \vec{n}|}{|\vec{m}| \cdot |\vec{n}|}.$$

Da $\cos(90° - \gamma) = \sin\gamma$ gilt, erhalten wir die rechts dargestellte Formel für den Schnittwinkel von Gerade und Ebene.

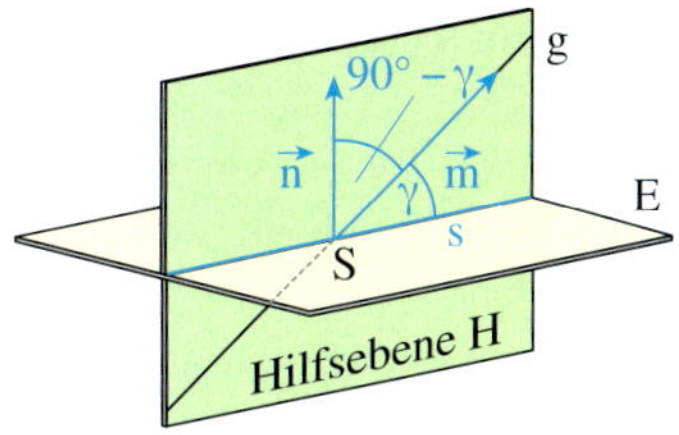

Schnittwinkel Gerade/Ebene

Die Gerade g: $\vec{x} = \vec{a} + r \cdot \vec{m}$ schneidet die Ebene E: $(\vec{x} - \vec{a}) \cdot \vec{n} = 0$.
Dann gilt für den Schnittwinkel γ von g und E die Formel

$$\sin\gamma = \frac{|\vec{m} \cdot \vec{n}|}{|\vec{m}| \cdot |\vec{n}|}.$$

Beispiel: Schnittwinkel Gerade/Ebene

Die Gerade g durch A(2|1|3) und B(4|2|1) schneidet die Ebene E: $\left[\vec{x} - \begin{pmatrix}3\\5\\1\end{pmatrix}\right] \cdot \begin{pmatrix}3\\1\\2\end{pmatrix} = 0$.

Bestimmen Sie den Schnittpunkt S und den Schnittwinkel γ von g und E.

Lösung:
Wir bestimmen zunächst eine Parametergleichung von g und berechnen den Schnittpunkt S von g und E durch Einsetzung des allgemeinen Vektors von g in die Gleichung von E.
Resultat: S(4|2|1)

Parametergleichung von g:

$$g: \vec{x} = \begin{pmatrix}2\\1\\3\end{pmatrix} + r \cdot \begin{pmatrix}2\\1\\-2\end{pmatrix}$$

Schnittpunkt von g und E: S(4|2|1)

Anschließend setzen wir den Richtungsvektor $\vec{m}$ von g und den Normalenvektor $\vec{n}$ von E in die Sinusformel für den Winkel zwischen Gerade und Ebene ein.
Wir erhalten $\sin\gamma \approx 0{,}2673$, woraus wir mit Hilfe des Taschenrechners das Resultat $\gamma \approx 15{,}50°$ erhalten.

Schnittwinkel von g und E:

$$\sin\gamma = \frac{|\vec{m} \cdot \vec{n}|}{|\vec{m}| \cdot |\vec{n}|} = \frac{\left|\begin{pmatrix}2\\1\\-2\end{pmatrix} \cdot \begin{pmatrix}3\\1\\2\end{pmatrix}\right|}{\left|\begin{pmatrix}2\\1\\-2\end{pmatrix}\right| \cdot \left|\begin{pmatrix}3\\1\\2\end{pmatrix}\right|} = \frac{3}{\sqrt{9} \cdot \sqrt{14}}$$

$$\sin\gamma \approx 0{,}2673 \Rightarrow \gamma \approx 15{,}50°$$

Übung 3 Schnittwinkel Gerade/Ebene

Bestimmen Sie den Schnittwinkel der Geraden g durch A(1|0|−2) und B(−2|3|1) mit der Ebene E.

a) E: $\left[\vec{x} - \begin{pmatrix}1\\0\\1\end{pmatrix}\right] \cdot \begin{pmatrix}3\\-2\\2\end{pmatrix} = 0$

b) $x + 2y + 2z = 6$

c) E: $\vec{x} = \begin{pmatrix}1\\2\\1\end{pmatrix} + s \cdot \begin{pmatrix}2\\-1\\-3\end{pmatrix} + t \cdot \begin{pmatrix}1\\-4\\-3\end{pmatrix}$

d) E ist die x-y-Ebene.

e) E ist die x-z-Ebene.

f) E ist die y-z-Ebene.

C. Der Schnittwinkel von zwei Ebenen

Wir untersuchen zwei Ebenen E_1 und E_2, die sich in einer Geraden s schneiden.

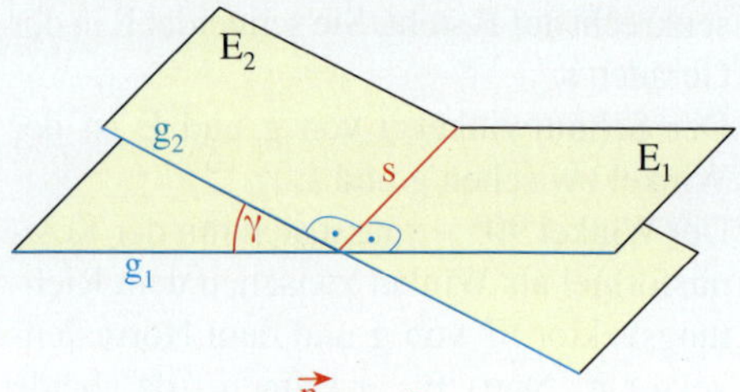

Dann bilden zwei Geraden g_1 und g_2, die senkrecht auf s stehen und sich wie abgebildet schneiden, den Winkel $\gamma \leq 90°$.

Man bezeichnet diesen Winkel als ***Schnittwinkel der Ebenen*** E_1 und E_2.

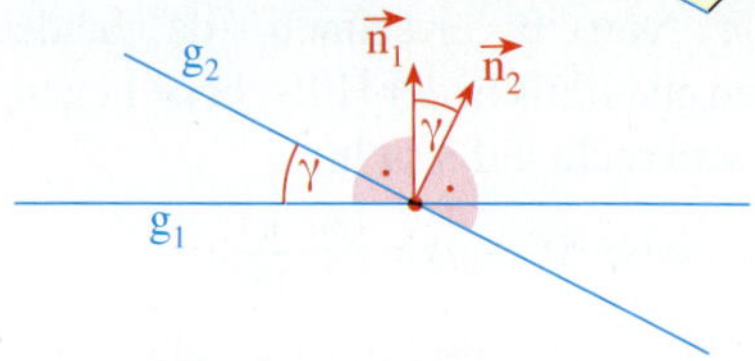

Die Normalenvektoren $\vec{n}_1$ und $\vec{n}_2$ der Ebenen E_1 und E_2 bilden miteinander exakt den gleichen Winkel, denn sie stehen jeweils senkrecht auf den Geraden g_1 und g_2, so dass sich der Winkel γ überträgt.

Daher lässt sich der Schnittwinkel γ zweier Ebenen nach der rechts aufgeführten Kosinusformel mit Hilfe der Normalenvektoren der beiden Ebenen berechnen.

Schnittwinkel Ebene/Ebene

Schneiden sich zwei Ebenen E_1 und E_2 mit den Normalenvektoren $\vec{n}_1$ und $\vec{n}_2$, so gilt für ihren Schnittwinkel γ:

$$\cos\gamma = \frac{|\vec{n}_1 \cdot \vec{n}_2|}{|\vec{n}_1| \cdot |\vec{n}_2|}.$$

Beispiel: Schnittwinkel Ebene/Ebene

Die Ebenen E_1: $4x + 3y + 2z = 12$ und E_2: $\left[\vec{x} - \begin{pmatrix}0\\0\\6\end{pmatrix}\right] \cdot \begin{pmatrix}0\\3\\2\end{pmatrix} = 0$ schneiden sich. Berechnen Sie den Schnittwinkel γ.

Lösung:

Wir bestimmen zunächst Normalenvektoren von E_1 und E_2.
Die Koeffizienten in der Koordinatengleichung von E_1 (4, 3 und 2) sind die Koordinaten eines Normalenvektors von E_1. Ein Normalenvektor von E_2 kann aus der gegebenen Normalenform ebenfalls direkt entnommen werden.

Normalenvektoren:

$$\vec{n}_1 = \begin{pmatrix}4\\3\\2\end{pmatrix},\ \vec{n}_2 = \begin{pmatrix}0\\3\\2\end{pmatrix}$$

Mit Hilfe der Schnittwinkelformel erhalten wir $\cos\gamma \approx 0{,}6695$ und daher $\gamma \approx 47{,}97°$.

Schnittwinkel:

$$\cos\gamma = \frac{|\vec{n}_1 \cdot \vec{n}_2|}{|\vec{n}_1| \cdot |\vec{n}_2|} = \frac{\left|\begin{pmatrix}4\\3\\2\end{pmatrix} \cdot \begin{pmatrix}0\\3\\2\end{pmatrix}\right|}{\left|\begin{pmatrix}4\\3\\2\end{pmatrix}\right| \cdot \left|\begin{pmatrix}0\\3\\2\end{pmatrix}\right|} = \frac{13}{\sqrt{29} \cdot \sqrt{13}}$$

$$\cos\gamma \approx 0{,}6695 \Rightarrow \gamma \approx 47{,}97°$$

Übung 4 Schnittwinkel Ebene/Ebene

Bestimmen Sie den Schnittwinkel der Ebenen E_1 und E_2 sowie die Gleichung der Schnittgeraden.

a) E_1: $\left[\vec{x} - \begin{pmatrix}1\\0\\1\end{pmatrix}\right] \cdot \begin{pmatrix}3\\-2\\2\end{pmatrix} = 0$

E_2 ist die x-y-Ebene.

b) E_1: $x + 2y + 2z = 6$

E_2: $x - y = 0$

c) E_1: $\vec{x} = \begin{pmatrix}1\\2\\1\end{pmatrix} + s \cdot \begin{pmatrix}2\\-1\\-3\end{pmatrix} + t \cdot \begin{pmatrix}1\\-4\\-3\end{pmatrix}$

E_2: $x + 3z = 4$

Übungen

5. Schnittwinkel Gerade/Gerade

Zeigen Sie, dass die Raumgeraden g und h sich schneiden, und berechnen Sie den Schnittpunkt S und den Schnittwinkel γ.

a) g: $\vec{x} = \begin{pmatrix}2\\2\\2\end{pmatrix} + r \cdot \begin{pmatrix}1\\1\\-1\end{pmatrix}$, h: $\vec{x} = \begin{pmatrix}3\\1\\2\end{pmatrix} + s \cdot \begin{pmatrix}2\\0\\-1\end{pmatrix}$

b) g: $\vec{x} = \begin{pmatrix}2\\2\\2\end{pmatrix} + r \cdot \begin{pmatrix}1\\1\\1\end{pmatrix}$, h: $\vec{x} = \begin{pmatrix}2\\5\\2\end{pmatrix} + s \cdot \begin{pmatrix}2\\-1\\2\end{pmatrix}$

c) g: $\vec{x} = \begin{pmatrix}4\\4\\1\end{pmatrix} + r \cdot \begin{pmatrix}2\\2\\-1\end{pmatrix}$, h: $\vec{x} = \begin{pmatrix}10\\10\\2\end{pmatrix} + s \cdot \begin{pmatrix}2\\2\\1\end{pmatrix}$

d) g durch A(0|6|0), B(0|0|3)
h durch C(4|2|0), D(2|2|1)

6. Schnittwinkel Gerade/Ebene

Die Gerade g schneidet die Ebene E. Berechnen Sie den Schnittpunkt S und den Schnittwinkel γ:

a) g: $\vec{x} = \begin{pmatrix}0\\0\\2\end{pmatrix} + r \cdot \begin{pmatrix}1\\1\\1\end{pmatrix}$, E: $\left[\vec{x} - \begin{pmatrix}2\\0\\3\end{pmatrix}\right] \cdot \begin{pmatrix}3\\3\\2\end{pmatrix} = 0$

b) g: $\vec{x} = \begin{pmatrix}0\\2\\4\end{pmatrix} + r \cdot \begin{pmatrix}1\\1\\2\end{pmatrix}$, E: $-x + y + 2z = 6$

c) g: $\vec{x} = \begin{pmatrix}2\\2\\1\end{pmatrix} + r \cdot \begin{pmatrix}1\\1\\1\end{pmatrix}$, E: $\vec{x} = \begin{pmatrix}1\\0\\2\end{pmatrix} + s\begin{pmatrix}2\\0\\-4\end{pmatrix} + t\begin{pmatrix}0\\-1\\2\end{pmatrix}$

7. Schnittwinkel Gerade/Koordinatenebene

In welchen Punkten und unter welchen Winkeln durchdringt die Gerade g die angegebenen Koordinatenebenen? Fertigen Sie ein Schrägbild an.

a) g: $\vec{x} = \begin{pmatrix}4\\1\\2\end{pmatrix} + r \cdot \begin{pmatrix}0\\1\\-1\end{pmatrix}$
E: x-y-Ebene
F: x-z-Ebene

b) g: $\vec{x} = \begin{pmatrix}2\\3\\2\end{pmatrix} + r \cdot \begin{pmatrix}-2\\1\\2\end{pmatrix}$
E: x-y-Ebene
F: y-z-Ebene

c) g: $\vec{x} = \begin{pmatrix}2\\2\\3\end{pmatrix} + r \cdot \begin{pmatrix}-2\\1\\-1\end{pmatrix}$
E: x-z-Ebene
F: y-z-Ebene

8. Schnittwinkel Ebene/Ebene

Die Ebenen E_1 und E_2 schneiden sich. Bestimmen Sie den Schnittwinkel γ.

a) E_1: $2x - y + 3z = 6$
E_2: $x - y - z = 3$

b) E_1: $x + y = 3$
E_2: $y = 1$

c) E_1: $2x + z = 1$
E_2: $x - z = 0$

9. Hausdach

Exakt in der Mitte der rechten Dachfläche der abgebildeten Halle tritt eine 12 m hohe Antenne aus, die durch einen Stahlstab fixiert wird, der 4 m unterhalb der Antennenspitze sowie in der Mitte am Dachfirst verschraubt ist.

a) Welchen Winkel bildet die Antenne mit der Dachfläche?

b) Welchen Winkel bildet der Stahlstab mit der Antenne bzw. mit der Dachfläche?

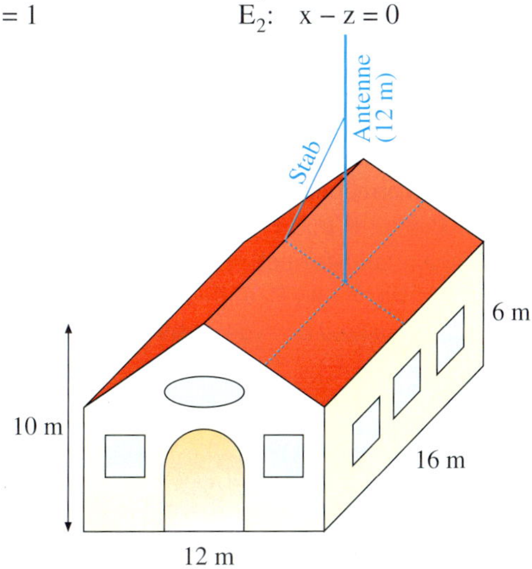

2. Abstandsberechnungen

Im Folgenden werden Verfahren zur Bestimmung von Abständen behandelt. Es geht dabei um den Abstand von Punkten, Ebenen und Geraden.

A. Der Abstand Punkt/Ebene (Lotfußpunktverfahren)

Unter dem Abstand eines Punktes P von einer Ebene E versteht man die Länge d der Lotstrecke $\overline{PF}$, die senkrecht auf der Ebene steht.
Der Punkt F heißt ***Lotfußpunkt***.

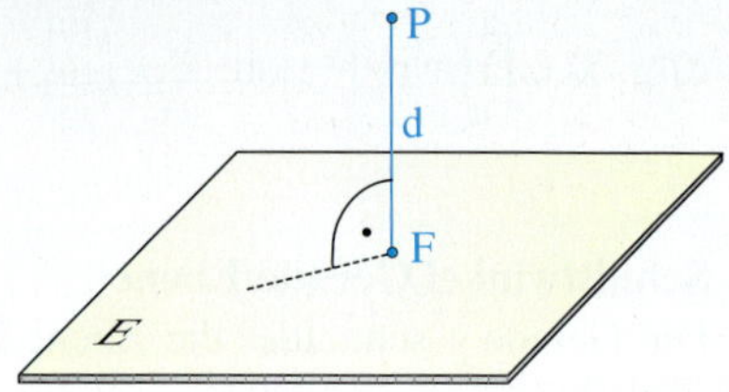

Zur Abstandsberechnung kann man das sogenannte ***Lotfußpunktverfahren*** verwenden. Dabei stellt man eine Lotgerade g auf, die senkrecht zur Ebene E steht und den Punkt P enthält. Man errechnet ihren Schnittpunkt F mit der Ebene E, den sogenannten Lotfußpunkt F. Der gesuchte Abstand d von Punkt und Ebene ergibt sich dann als Abstand der beiden Punkte P und F.

Beispiel: Lotfußpunktverfahren
Gesucht ist der Abstand d des Punktes P(4|4|5) von der Ebene E: $x + y + 2z = 6$.

Lösung:
Wir bestimmen zunächst die Gleichung der Lotgeraden g. Als Stützpunkt verwenden wir den Punkt P und als Richtungsvektor dient der Normalenvektor von E, denn die Gerade g soll senkrecht zu E verlaufen. Die Koordinaten $x = 1$, $y = 1$, $z = 2$ des Normalenvektors können hier direkt aus der Koordinatenform von E abgelesen werden.

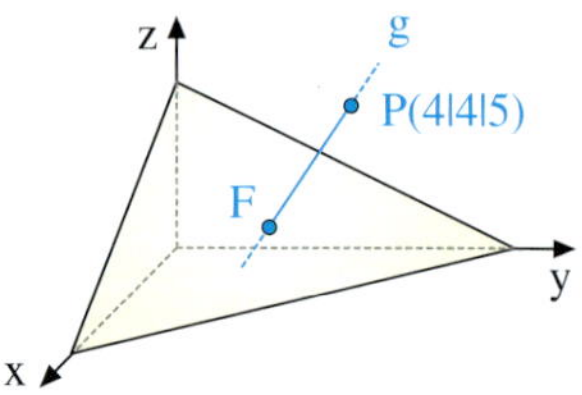

1. Lotgerade g: g: $\vec{x} = \begin{pmatrix} 4 \\ 4 \\ 5 \end{pmatrix} + r\begin{pmatrix} 1 \\ 1 \\ 2 \end{pmatrix}$

Nun wird durch Einsetzen der Koordinaten von g in die Gleichung von E der Schnittpunkt F berechnet.
Resultat: F(2|2|1)

2. Schnittpunkt von g und E:

$(4 + r) + (4 + r) + 2(5 + 2r) = 6$

$18 + 6r = 6$

$r = -2$, F(2|2|1)

Schließlich errechnen wir den Abstand der beiden Punkte P und F nach der wohlbekannten Abstandsformel.
Resultat: Der Punkt P und die Ebene E haben den Abstand $d = \sqrt{24} \approx 4{,}90$.

3. Abstand von P und F:

$d = |\overline{PF}| = \sqrt{(2-4)^2 + (2-4)^2 + (1-5)^2}$

$d = \sqrt{24} \approx 4{,}90$

Übung 1
Bestimmen Sie den Abstand des Punktes P von der Ebene E.
a) E: $4x - 4y + 2z = 16$, P(5|−5|6)
b) E: $-4x + 5y + z = 10$, P(−3|7|5)

B. Anwendungen zum Abstand Punkt/Ebene

Es gibt zahlreiche Situationen, in denen die Berechnung des Abstandes Punkt/Ebene erforderlich ist. Ein Beispiel ist die Berechnung der Höhe einer Pyramide, die man z. B. dann durchführen muss, wenn das Volumen der Pyramide gesucht ist.

Beispiel: Die Höhe einer Pyramide

Die Abbildung zeigt eine Pyramide mit der rechteckigen Grundfläche ABCD und der Spitze S. Dabei gilt: A(4|0|2), B(4|4|0), C(0|4|0), D(0|0|2) und S(2|4|5).
E sei die Ebene, in der die Punkte A bis C liegen. g sei eine Gerade durch S, die senkrecht steht zur Ebene E. F sei der Schnittpunkt von g und E (Lotfußpunkt).

a) Bestimmen Sie eine Koordinatengleichung der Ebene E.
b) Bestimmen Sie eine Parametergleichung der Lotgeraden g.
c) Bestimmen Sie den Lotfußpunkt F.
d) Berechnen Sie die Höhe der Pyramide.
e) Wie groß ist das Volumen der Pyramide?

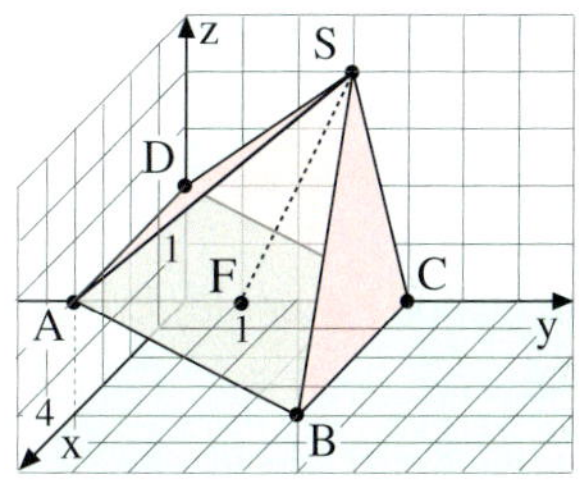

Lösung zu a:
Wir fassen die Detailrechnungen knapp, da sie alle schon in vorhergehenden Aufgabenstellungen vorkamen.
Im ersten Schritt stellen wir mit der Dreipunkteform die Parametergleichung von E auf.
Dann bestimmen wir einen Normalenvektor $\vec{n}$ von E, der senkrecht auf den beiden Richtungsvektoren von E steht.
Wir verwenden das Verfahren von S. 132.
Resultat: $\vec{n} = \begin{pmatrix} 0 \\ 1 \\ 2 \end{pmatrix}$

Als nächstes wird die Normalenform von E aufgestellt (s. S. 132).
Resultat: E: $\left[\vec{x} - \begin{pmatrix} 4 \\ 0 \\ 2 \end{pmatrix}\right] \cdot \begin{pmatrix} 0 \\ 1 \\ 2 \end{pmatrix} = 0$

Diese kann ausmultipliziert werden und führt so auf die Koordinatenform von E.
Resultat: E: $y + 2z = 4$

Lösung zu b:
Die Lotgerade hat den Stützpunkt S(2|4|5). Als Richtungsvektor verwenden wir den Normalenvektor $\vec{n}$ von E. Dann ergibt sich die rechts dargestellte Lotgerade.

1. Parametergleichung der Ebene E:

E: $\vec{x} = \vec{a} + r(\vec{b} - \vec{a}) + s(\vec{c} - \vec{a})$

E: $\vec{x} = \begin{pmatrix} 4 \\ 0 \\ 2 \end{pmatrix} + r\begin{pmatrix} 0 \\ 4 \\ -2 \end{pmatrix} + s\begin{pmatrix} -4 \\ 4 \\ -2 \end{pmatrix}$

2. Normalenvektor von E:

$\vec{n} = \begin{pmatrix} x \\ y \\ z \end{pmatrix}, \quad \vec{n} \perp \begin{pmatrix} 0 \\ 4 \\ -2 \end{pmatrix}, \quad \vec{n} \perp \begin{pmatrix} -4 \\ 4 \\ -2 \end{pmatrix}$

$$\begin{array}{ll} \text{I.} & 4y - 2z = 0 \\ \text{II.} & -4x + 4y - 2z = 0 \end{array} \Rightarrow \begin{array}{l} z = 2 \\ y = 1 \\ x = 0 \end{array} \Rightarrow \vec{n} = \begin{pmatrix} 0 \\ 1 \\ 2 \end{pmatrix}$$

3. Normalenform und Koordinatenform:

E: $\left[\vec{x} - \begin{pmatrix} 4 \\ 0 \\ 2 \end{pmatrix}\right] \cdot \begin{pmatrix} 0 \\ 1 \\ 2 \end{pmatrix} = 0$ (Normalenform)

E: $\begin{pmatrix} x-4 \\ y-0 \\ z-2 \end{pmatrix} \cdot \begin{pmatrix} 0 \\ 1 \\ 2 \end{pmatrix} = 0$

E: $1 \cdot y + 2 \cdot (z - 2) = 0$
E: $y + 2z = 4$ (Koordinatenform)

4. Lotgerade g:

g: $\vec{x} = \begin{pmatrix} 2 \\ 4 \\ 5 \end{pmatrix} + r\begin{pmatrix} 0 \\ 1 \\ 2 \end{pmatrix}$

Lösung zu c:
Der Lotfußpunkt F ist der Schnittpunkt von Lotgerade g und Ebene E.
Um ihn zu berechnen, setzen wir die Koordinaten der Geradengleichung von g in die Koordinatenform der Ebene E ein.
Resultat: F(2|2|1)

5. Lotfußpunkt F:

E: $y + 2z = 4$, g: $\vec{x} = \begin{pmatrix}2\\4\\5\end{pmatrix} + r\begin{pmatrix}0\\1\\2\end{pmatrix}$

g in E: $4 + r + 2(5 + 2r) = 4 \Rightarrow r = -2$
$\Rightarrow F(2|2|1)$

Lösung zu d:
Die Höhe h der Pyramide ist gleich dem Betrag des Vektors $\overrightarrow{FS}$ bzw. gleich der Länge der Strecke $\overline{FS}$.
Wir erhalten $h = \sqrt{20} \approx 4{,}47$.

6. Höhe der Pyramide:

$$h = |\overrightarrow{FS}| = \left|\begin{pmatrix}0\\2\\4\end{pmatrix}\right| = \sqrt{0^2 + 2^2 + 4^4} = \sqrt{20} \approx 4{,}47$$

Lösung zu e:
Das Volumen der Pyramide berechnen wir mit Hilfe der Formel $V = \frac{1}{3} \cdot G \cdot h$.
Die Grundfläche ist ein Rechteck mit den Seitenlängen $|\overrightarrow{AB}| = \sqrt{20}$ und $|\overrightarrow{AD}| = 4$.
▶ Resultat: $V = \frac{80}{3} \approx 26{,}67$

7. Volumen der Pyramide:

$$V = \frac{1}{3} \cdot G \cdot h = \frac{1}{3} \cdot |\overrightarrow{AB}| \cdot |\overrightarrow{AD}| \cdot h = \frac{1}{3} \cdot \sqrt{20} \cdot 4 \cdot \sqrt{20} = \frac{80}{3} \approx 26{,}67$$

Übung 2 Pyramide im Würfel

M, N und P seien wie abgebildet die Mittelpunkte von drei Seitenkanten eines Würfels mit der Seitenlänge 8. S ist die vordere, rechte, obere Ecke des Würfels.

a) Bestimmen Sie den Flächeninhalt des Dreiecks MNP.
b) Das Dreieck MNP ist die Grundfläche einer Pyramide mit der Spitze S. Berechnen Sie das Volumen der Pyramide.

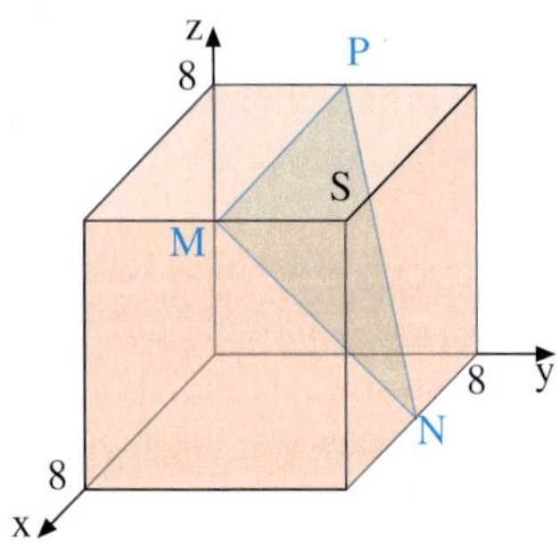

Übung 3

Auf dem Hang E, der durch die Punkte A(12|0|5), B(12|10|0), C(0|10|0) und D(0|0|5) definiert wird, steht im Punkt P(4|8|1) eine Antenne. Im Punkt S(4|8|6) soll ein Stützstab angebracht werden, der senkrecht im Punkt F auf den Hang trifft. Berechnen Sie die Länge des Stützstabes.

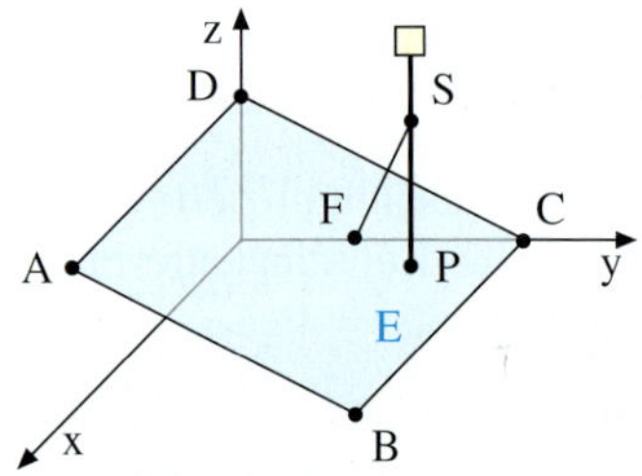

Übungen

4. Abstand Punkt/Ebene

Bestimmen Sie den Abstand der Punkte P und Q zur Ebene E mit dem Lotfußpunktverfahren.

a) E: $3x + 4y + 12z = 48$, P(7|7|14), Q(−1|4|13) b) E: $2x+3y+6z=36$, P(6,5|6|9), Q(−2|1|−2)

c) E: $\left[\vec{x} - \begin{pmatrix}4\\1\\3\end{pmatrix}\right] \cdot \begin{pmatrix}1\\4\\8\end{pmatrix} = 0$, P(9|6|10), Q(16|2|1)

d) E: $\vec{x} = \begin{pmatrix}4\\4\\3\end{pmatrix} + r \cdot \begin{pmatrix}-7\\0\\1\end{pmatrix} + s \cdot \begin{pmatrix}0\\-14\\5\end{pmatrix}$, P(8|11|16), Q(4|1|−12)

5. Abstand Punkt/Ebene

Gesucht ist der Abstand d des Punktes P(4|5,5|5) von der Ebene E.

a) Stellen Sie eine Gleichung der Ebene E auf und bestimmen Sie einen Normalenvektor $\vec{n}$ von E.

b) Bestimmen Sie die Gleichung einer Lotgeraden g, die durch P geht und senkrecht auf E steht.

c) Bestimmen Sie den Lotfußpunkt F (Schnittpunkt von g und E) und berechnen Sie den Abstand d = d(P, E).

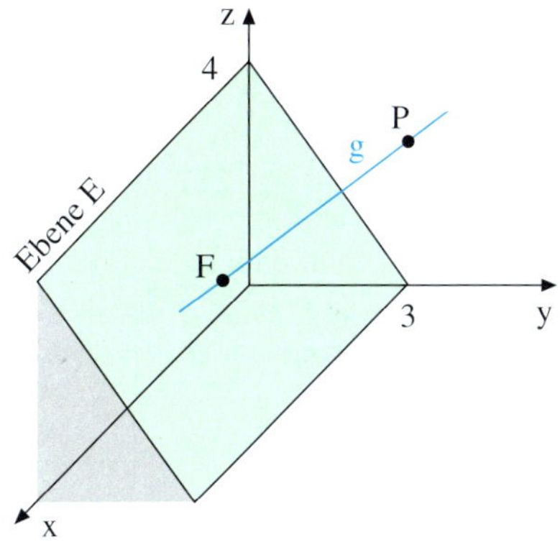

6. Lampe

An der Position L(13|19|9) hängt eine Lampe, welche die abgebildete abgeschrägte Wand E beleuchtet.

a) Stellen Sie eine Normalengleichung oder eine Koordinatengleichung der Ebene E auf.

b) Ermitteln Sie, an welcher Stelle T der Wand E es am hellsten ist, da der Abstand zur Lampe am geringsten ist.

c) Bestimmen Sie den Abstand der Lampe von der Wand E.

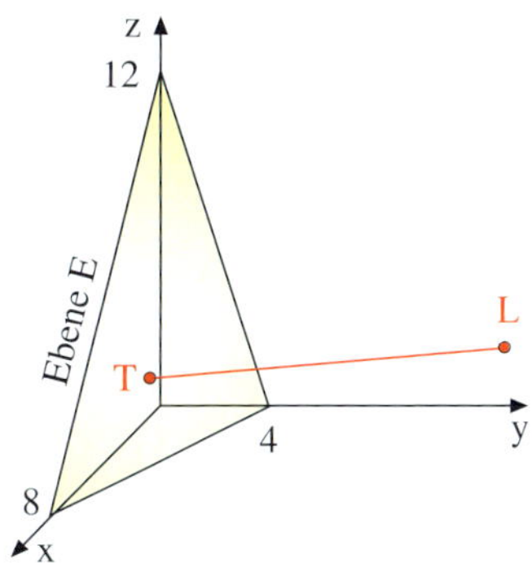

7. Hallenfenster

Das riesige Frontfenster E einer Halle kann nach oben hochgeklappt werden. In der Hochstellung werden drei seiner Ecken durch die Punkte A(4|6|4), B(8|14|4) und C(10|13|6,5) dargestellt. Das Fenster soll durch eine senkrecht zum Fenster stehende Stahlstange abgestützt werden, deren Fußpunkt der Punkt P(11|7,5|1,25) ist.

a) Stellen Sie eine Normalengleichung oder eine Koordinatengleichung der Ebene E auf.

b) An welcher Stelle F muss die Stahlstange am Fenster befestigt werden?

c) Wie lang ist die Stahlstange?

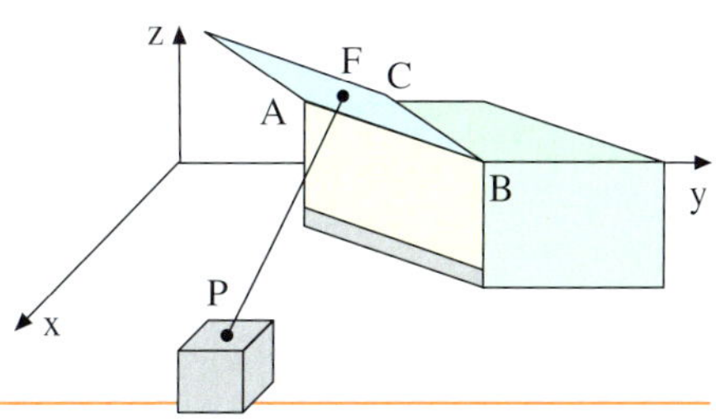

C. Hessesche Normalengleichung einer Ebene

Neben dem Lotfußpunktverfahren gibt es ein weiteres Verfahren zur Berechnung des Abstandes Punkt/Ebene, welches letztendlich schneller geht.*
Dabei wird eine besondere Form der Ebenengleichung verwendet, die man nach dem deutschen Mathematiker *Ludwig Otto Hesse* (1811–1874) als ***Hessesche Normalenform*** der Ebenengleichung bezeichnet.

Es handelt sich hierbei um eine Normalengleichung der Ebene, in der ein Normalenvektor $\vec{n}_0$ verwendet wird, der normiert ist, d. h. die Länge $|\vec{n}_0| = 1$ besitzt.
Man spricht von einem ***Normaleneinheitsvektor***.

Die Hessesche Normalengleichung

$$E: (\vec{x} - \vec{a}) \cdot \vec{n}_0 = 0$$

$\vec{x}$: allg. Ortsvektor der Ebene
$\vec{a}$: Ortsvektor eines Ebenenpunktes
$\vec{n}_0$: Normalenvektor mit $|\vec{n}_0| = 1$

Beispiel: Hessesche Normalenform (HNF)
Bestimmen Sie eine Hessesche Normalenform der Ebene E: $\left[\vec{x} - \begin{pmatrix}1\\0\\2\end{pmatrix}\right] \cdot \begin{pmatrix}1\\2\\3\end{pmatrix} = 0$.

Lösung:
Die Ebene ist schon in Normalenform gegeben. Wir müssen also lediglich ihren Normalenvektor $\vec{n}$ normieren.
Hierzu dividieren wir den Vektor $\vec{n}$ durch seinen Betrag $|\vec{n}| = \sqrt{14}$.
Wir erhalten den rechts aufgeführten Normaleneinheitsvektor $\vec{n}_0$.

Ersetzen wir nun in der gewöhnlichen Normalenform der Ebenengleichung den Vektor $\vec{n}$ durch $\vec{n}_0$, so erhalten wir die Hessesche Normalenform.

Betrag des Normalenvektors:

$$\vec{n} = \begin{pmatrix}1\\2\\3\end{pmatrix} \Rightarrow |\vec{n}| = \sqrt{1^2 + 2^2 + 3^2} = \sqrt{14}$$

Normaleneinheitsvektor:

$$\vec{n}_0 = \frac{\vec{n}}{|\vec{n}|} = \begin{pmatrix}1/\sqrt{14}\\2/\sqrt{14}\\3/\sqrt{14}\end{pmatrix} = \frac{1}{\sqrt{14}}\begin{pmatrix}1\\2\\3\end{pmatrix}$$

Hessesche Normalenform von E:

$$E: \left[\vec{x} - \begin{pmatrix}1\\0\\2\end{pmatrix}\right] \cdot \begin{pmatrix}1/\sqrt{14}\\2/\sqrt{14}\\3/\sqrt{14}\end{pmatrix} = 0$$

Übung 8 Die Hessesche Normalengleichung
Bestimmen Sie eine Hessesche Normalenform der Ebene E.

a) E: $\left[\vec{x} - \begin{pmatrix}1\\0\\3\end{pmatrix}\right] \cdot \begin{pmatrix}1\\2\\2\end{pmatrix} = 0$ b) E: $2x + y - z = 6$ c) E: $\vec{x} = \begin{pmatrix}1\\4\\3\end{pmatrix} + r\begin{pmatrix}-3\\3\\4\end{pmatrix} + s\begin{pmatrix}12\\5\\1\end{pmatrix}$

* Der Abstand Punkt/Ebene kann mit diesem Verfahren anhand einer Formel bestimmt werden.

D. Die Formel zur Berechnung des Abstands Punkt/Ebene

Mit der Hesseschen Normalengleichung kann man den Abstand Punkt/Ebene vereinfacht formelhaft berechnen.
Ersetzt man den allgemeinen Ortsvektor $\vec{x}$ auf der linken Seite einer Hesseschen Normalengleichung der Ebene E durch den Ortsvektor $\vec{p}$ eines Punktes P, so erhält man, abgesehen vom Vorzeichen, den Abstand des Punktes P von der Ebene E.

Abstand Punkt/Ebene

E: $(\vec{x} - \vec{a}) \cdot \vec{n}_0 = 0$ sei eine Hessesche Normalengleichung der Ebene E.
Dann gilt für den Abstand d eines beliebigen Punktes P mit dem Ortsvektor $\vec{p}$ von der Ebene E folgende Formel:

$$d = d(P, E) = |(\vec{p} - \vec{a}) \cdot \vec{n}_0|.$$

Beispiel: Abstand Punkt/Ebene

Gesucht ist der Abstand des Punktes P(4|4|5) von der Ebene: $\left[\vec{x} - \begin{pmatrix}2\\2\\1\end{pmatrix}\right] \cdot \begin{pmatrix}2\\3\\6\end{pmatrix} = 0.$

Lösung:
Wir stellen zunächst eine Hessesche Normalengleichung von E auf, indem wir einen Normaleneinheitsvektor errechnen.

Hessesche Normalenform von E:

$$E: \left[\vec{x} - \begin{pmatrix}2\\2\\1\end{pmatrix}\right] \cdot \begin{pmatrix}2/7\\3/7\\6/7\end{pmatrix} = 0$$

Anschließend ersetzen wir im linksseitigen Term der Gleichung $\vec{x}$ durch den Ortsvektor von P(4|4|5).
Wir errechnen das sich ergebende Skalarprodukt und bilden hiervon den Betrag.
Das Resultat 4,86 ist der gesuchte Abstand von P und E.

Abstand von P und E:

$$d = \left|\left[\begin{pmatrix}4\\4\\5\end{pmatrix} - \begin{pmatrix}2\\2\\1\end{pmatrix}\right] \cdot \begin{pmatrix}2/7\\3/7\\6/7\end{pmatrix}\right|$$

$$= \left|\begin{pmatrix}2\\2\\4\end{pmatrix} \cdot \begin{pmatrix}2/7\\3/7\\6/7\end{pmatrix}\right| = \frac{34}{7} \approx 4{,}86$$

Begründung der Abstandsformel:
P sei ein Punkt, der auf derjenigen Seite der Ebene E liegt, nach der $\vec{n}_0$ zeigt.
Dann gilt folgende Rechnung:

$$(\vec{p} - \vec{a}) \cdot \vec{n}_0 = \overrightarrow{AP} \cdot \vec{n}_0 = (\overrightarrow{AF} + \overrightarrow{FP}) \cdot \vec{n}_0$$
$$= \overrightarrow{AF} \cdot \vec{n}_0 + \overrightarrow{FP} \cdot \vec{n}_0$$
$$= |\overrightarrow{AF}| \cdot |\vec{n}_0| \cdot \cos 90° + |\overrightarrow{FP}| \cdot |\vec{n}_0| \cdot \cos 0°$$
$$= |\overrightarrow{FP}| = d$$

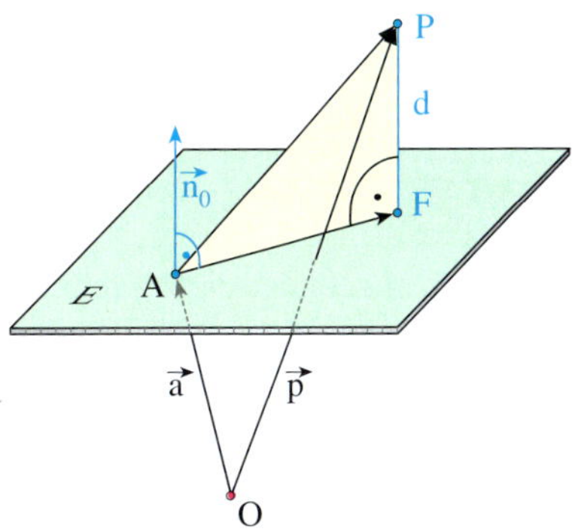

Liegt P auf der anderen Seite von E, so ergibt sich $(\vec{p} - \vec{a}) \cdot \vec{n}_0 = -d$.
Insgesamt: $d = |(\vec{p} - \vec{a}) \cdot \vec{n}_0|$.

Anwendungen der Abstandsformel Punkt/Ebene

Beispiel: Höhe einer Pyramide

Welche Höhe hat die abgebildete Pyramide mit der Grundfläche ABC und der Spitze S?
Welches Volumen hat die Pyramide?

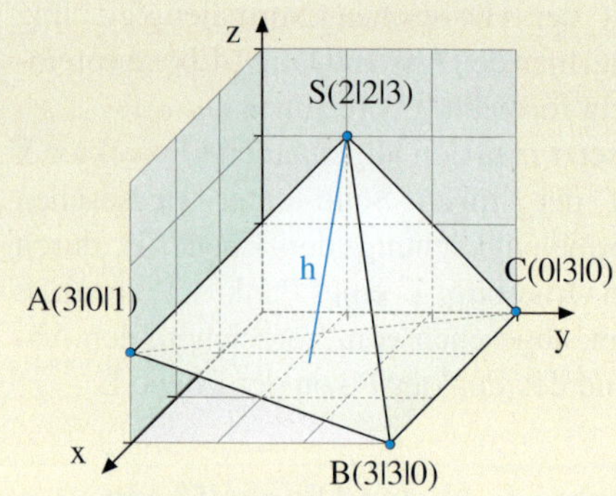

Lösung:
Die Höhe h ist der Abstand des Punktes S zu derjenigen Ebene E, welche A, B und C enthält.
Wir bestimmen zunächst eine Parametergleichung von E, wandeln diese in eine Normalengleichung um und stellen durch Normierung von $\vec{n}$ schließlich deren Hessesche Normalengleichung auf.

Parametergleichung von E:

$$E: \vec{x} = \begin{pmatrix}3\\0\\1\end{pmatrix} + r\begin{pmatrix}0\\3\\-1\end{pmatrix} + s\begin{pmatrix}-3\\3\\-1\end{pmatrix}$$

Hessesche Normalengleichung:

$$E: \left[\vec{x} - \begin{pmatrix}3\\0\\1\end{pmatrix}\right] \cdot \begin{pmatrix}0\\1/\sqrt{10}\\3/\sqrt{10}\end{pmatrix} = 0$$

Durch Einsetzung des Ortsvektors der Pyramidenspitze S in die linke Seite der Hesseschen Normalengleichung errechnen wir den Abstand h von S und E.
Resultat: h ≈ 2,53 LE

Abstand von S und E:

$$h = \left|\left[\begin{pmatrix}2\\2\\3\end{pmatrix} - \begin{pmatrix}3\\0\\1\end{pmatrix}\right] \cdot \begin{pmatrix}0\\1/\sqrt{10}\\3/\sqrt{10}\end{pmatrix}\right| = \frac{8}{\sqrt{10}} \approx 2{,}53$$

Zur Berechnung des Pyramidenvolumens benötigen wir den Flächeninhalt A des Grundflächendreiecks ABC. Wir wenden die Formel für den Flächeninhalt des Dreiecks an (vgl. S. 71). Dabei können wir die Richtungsvektoren der Parametergleichung von E als aufspannende Vektoren des Dreiecks verwenden.
Der Flächeninhalt beträgt A ≈ 4,74 FE.
Das Volumen der Pyramide ist V = 4 VE.

Flächeninhalt von ABC:

$$A = \frac{1}{2} \cdot \sqrt{\begin{pmatrix}0\\3\\-1\end{pmatrix}^2 \cdot \begin{pmatrix}-3\\3\\-1\end{pmatrix}^2 - \left(\begin{pmatrix}0\\3\\-1\end{pmatrix} \cdot \begin{pmatrix}-3\\3\\-1\end{pmatrix}\right)^2}$$

$$= \frac{1}{2} \cdot \sqrt{10 \cdot 19 - 10^2} = \frac{1}{2} \cdot \sqrt{90} \approx 4{,}74$$

Volumen der Pyramide:

$$V = \frac{1}{3} \cdot A \cdot h = \frac{1}{3} \cdot \frac{1}{2}\sqrt{90} \cdot \frac{8}{\sqrt{10}} = 4$$

Übung

M, N seien wie abgebildet die Mittelpunkte von zwei Seitenkanten eines Würfels mit der Seitenlänge 10. P ist der Mittelpunkt der Grundfläche des Würfels. S ist die vordere, rechte, obere Ecke des Würfels.

a) Bestimmen Sie den Flächeninhalt des Dreiecks MNP.
b) Das Dreieck MNP ist die Grundfläche einer Pyramide mit der Spitze S. Berechnen Sie das Volumen der Pyramide.

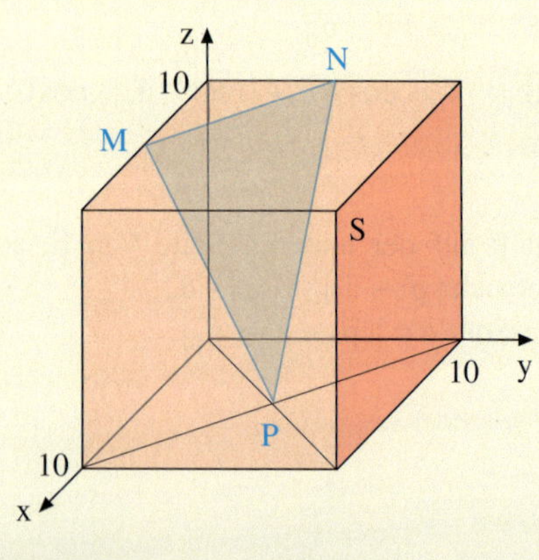

Übungen

9. Hessesche Normalengleichung

Gegeben ist die Ebene E mit der Normalengleichung E: $\left[\vec{x} - \begin{pmatrix}1\\1\\0\end{pmatrix}\right] \cdot \begin{pmatrix}1\\2\\2\end{pmatrix} = 0$.

a) Stellen Sie die Hessesche Normalengleichung der Ebene E auf.

b) Berechnen Sie den Abstand der Punkte $P(2|3|2)$, $Q(0|4|5)$ und $R(3|-2|2)$ von der Ebene E.

10. Abstand Punkt/Ebene

Bestimmen Sie den Abstand des Punktes P von der Ebene E.

a) E: $\left[\vec{x} - \begin{pmatrix}0\\0\\8\end{pmatrix}\right] \cdot \begin{pmatrix}-4\\4\\7\end{pmatrix} = 0$, $P(-7{,}5|7{,}5|11)$

b) E: $\left[\vec{x} - \begin{pmatrix}4\\8\\3\end{pmatrix}\right] \cdot \begin{pmatrix}3\\0\\4\end{pmatrix} = 0$, $P(7|8|7)$

c) E: $6x + 8y = 48$, $P(10|11|5)$

d) E: $2x + 6y + 9z = 54$, $P(2|6|15)$

e) E: $\vec{x} = \begin{pmatrix}7\\0\\6\end{pmatrix} + r \cdot \begin{pmatrix}-7\\0\\6\end{pmatrix} + s \cdot \begin{pmatrix}1\\-1\\0\end{pmatrix}$, $P(9{,}5|9{,}5|13)$

f) E: $\vec{x} = \begin{pmatrix}9\\0\\3\end{pmatrix} + r \cdot \begin{pmatrix}-3\\0\\1\end{pmatrix} + s \cdot \begin{pmatrix}-6\\2\\1\end{pmatrix}$, $P(6{,}5|6|9)$

11. Abstände im Würfel

Im abgebildeten Würfel sind zwei Ebenen E_1 (blau) und E_2 (grün) markiert.
Die Seitenlänge des Würfels beträgt 12. M und N und K und L sind Seitenmitten.

a) Stellen Sie Hessesche Normalengleichungen der beiden Ebenen auf.

b) Berechnen Sie die folgenden Abstände:
- b_1: Abstand von F zu E_1.
- b_2: Abstand von M zu E_1.
- b_3: Abstand von B zu E_2.
- b_4: Abstand von F zu E_2.

c) Berechnen Sie das Volumen der folgenden Pyramiden:
- c_1: Grundfläche MNK, Spitze L
- c_2: Grundfläche BGE, Spitze F

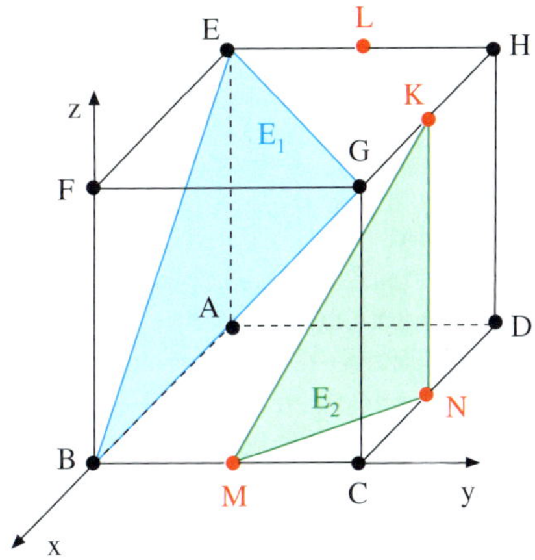

12. Fragen

a) Hans behauptet: Der Abstand des Punktes $P(6|15|12)$ von der Ebene E durch die Punkte $A(6|0|0)$, $B(0|12|0)$ und $C(0|0|6)$ beträgt 7 Längeneinheiten. Jasmin meint: Nein, der Abstand beträgt 9 Längeneinheiten. Wer hat recht?

b) Fällt man das Lot vom Punkt $P(7|7|14)$ auf die Ebene E: $3x + 4y + 12z = 48$, so ergibt sich als Lotfußpunkt der Punkt $F(4|3|2)$. Ist das richtig?

c) Der Punkt $P(a|b|c)$ hat von der Ebene E: $2x + 3y + 6z = 48$ den Abstand 14. Fällt man das Lot von P auf E, so erhält man den Lotfußpunkt $F(6|4|4)$. Um welchen Punkt P handelt es sich? Hinweis: Es gibt zwei Lösungen.

13. Abstandsberechnung Punkt/Ebene

Gegeben ist die Ebene E. Berechnen Sie den Abstand der Punkte P, Q und R zur Ebene E.

a) E: $2x - 6y + 9z = 22$, P(24|1|–1), Q(0|3|–9), R(–1|–1|2)

b) E: $\vec{x} = \begin{pmatrix} 4 \\ 2 \\ 1 \end{pmatrix} + r\begin{pmatrix} 4 \\ 0 \\ -1 \end{pmatrix} + s\begin{pmatrix} 0 \\ -3 \\ 1 \end{pmatrix}$, P(4|8|12), Q(10|10|25), R(8|–1|1)

14. Pyramide: Höhe und Volumen

Auf einem abgeschrägten Hang steht eine Pyramide mit der Grundfläche ABCD und der Spitze S.
Es gilt A(0|8|0), B(–10|8|0), C(–10|0|6), D(0|0|6) und S(–5|10|11).

a) Zeigen Sie: Die Grundfläche der Pyramide ist ein Quadrat.
b) Bestimmen Sie die Pyramidenhöhe.
c) Ermitteln Sie das Pyramidenvolumen.

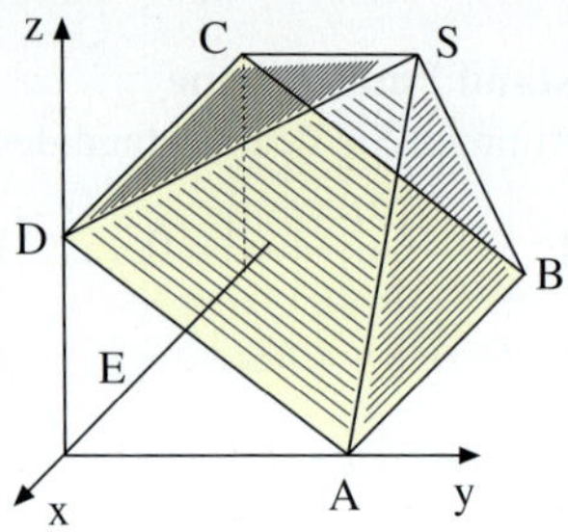

15. Parallelflach

Der Punkt S(–6|2|6) und das Rechteck ABCD bestimmen ein sogenanntes Parallelflach. Grund- und Deckfläche sind deckungsgleich. Berechnen Sie das Volumen des rechts dargestellten Parallelflachs.

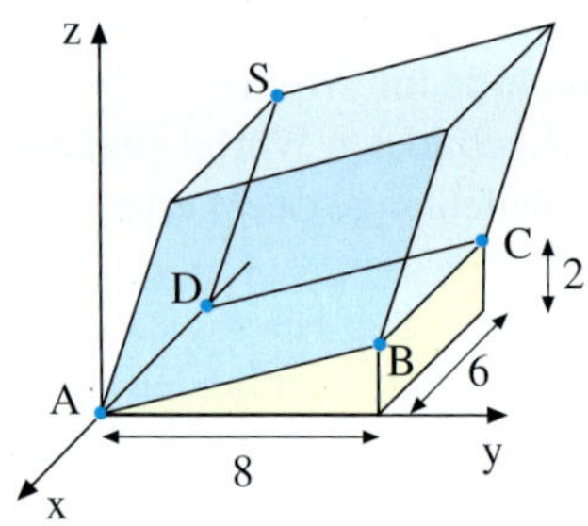

16. Antenne

An der östlichen Außenwand des Funkhauses ist eine senkrechte Antenne mit der Spitze S(–8|8|12) befestigt. Diese soll durch einen Stab $\overline{PQ}$ stabilisiert werden, der senkrecht auf der Dachfläche in Q endet und dort befestigt ist. An der Antenne ist der Stab im Punkt P befestigt, der sich in 9,25 m Höhe befindet.
Wie lang ist der Stab?

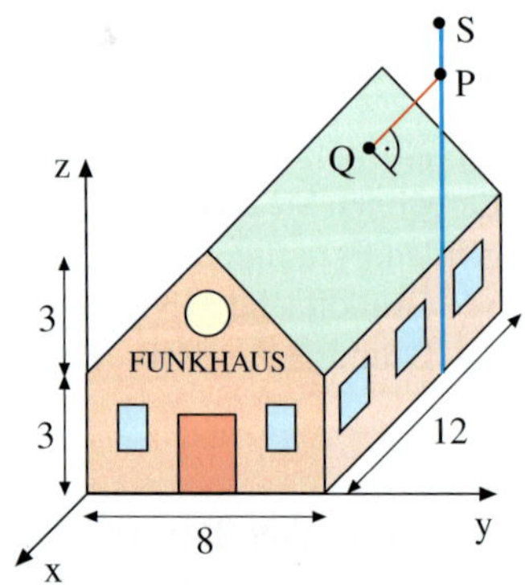

Knobelaufgabe

Anne, Berta und Cora erhalten erhalten von Tante Lisa zu Weihnachten zusammen 100 €. Da sich das Geld nicht gleichmäßig aufteilen lässt, will Tante Lisa ihnen am nächsten Tag 1 € geben, am übernächsten Tag 2 € und an jedem folgenden Tag einen Euro mehr, bis die gerechte Aufteilung möglich ist. Wie lange müssen die drei Schwestern warten?

E. Abstand einer Geraden bzw. Ebene zu einer parallelen Ebene

Verläuft eine Ebene G parallel zur Ebene E, so kann man den Abstand d(G, E) errechnen, indem man den Abstand irgendeines Punktes der Ebene G zur Ebene E errechnet, z. B. mit der Hesseschen Normalengleichung der Ebene oder dem Lotfußpunktverfahren.
Völlig analog kann der Abstand d(g, E) einer Geraden g von einer parallelen Ebene E als Abstand irgendeines Geradenpunktes zur Ebene E gedeutet werden.

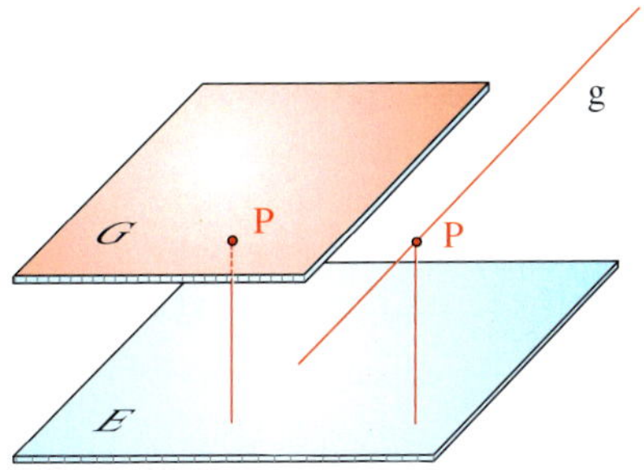

Beispiel: Abstand Gerade/Ebene

Bestimmen Sie den Abstand der Geraden g: $\vec{x} = \begin{pmatrix} 3 \\ 3 \\ 4 \end{pmatrix} + r\begin{pmatrix} -2 \\ -1 \\ 2 \end{pmatrix}$ von der Ebene E: $x + 2y + 2z = 8$.

Lösung:
Wir prüfen zunächst die Parallelität von der Geraden und der Ebene nach, indem wir das Skalarprodukt aus dem Richtungsvektor von g und dem Normalenvektor von E bilden. Es ist null.

Parallelitätsprüfung:

$$\begin{pmatrix} -2 \\ -1 \\ 2 \end{pmatrix} \cdot \begin{pmatrix} 1 \\ 2 \\ 2 \end{pmatrix} = -2 - 2 + 4 = 0$$

Anschließend bestimmen wir die Hessesche Normalengleichung von E.
Dazu entnehmen wir der Koordinatengleichung einen Punkt von E, z. B. den Punkt P(8|0|0) und lesen aus ihr den Normalenvektor $\vec{n}$ von E ab.

Punkt und Normalenvektor von E

$$E: \underset{8}{x} + 2\underset{0}{y} + 2\underset{0}{z} = 8 \quad \Rightarrow P(8|0|0)$$

$$E: \underset{\uparrow n_1}{1} \cdot x + \underset{\uparrow n_2}{2}y + \underset{\uparrow n_3}{2}z = 8 \Rightarrow \vec{n} = \begin{pmatrix} 1 \\ 2 \\ 2 \end{pmatrix}$$

Nun können wir die Hessesche Normalengleichung von E aufstellen, indem wir den Normalenvektor $\vec{n}$ normieren.

Hessesche Normalengleichung

$$E: \left[\vec{x} - \begin{pmatrix} 8 \\ 0 \\ 0 \end{pmatrix}\right] \cdot \begin{pmatrix} 1 \\ 2 \\ 2 \end{pmatrix} \cdot \frac{1}{3} = 0$$

Schließlich setzen wir für den Vektor $\vec{x}$ in der Hesseschen Normalengleichung den Stützpunkt P(3|3|4) der Geraden g ein und erhalten den Abstand d = 3.

Abstand von g und E

$$d = \left[\begin{pmatrix} 3 \\ 3 \\ 4 \end{pmatrix} - \begin{pmatrix} 8 \\ 0 \\ 0 \end{pmatrix}\right] \cdot \begin{pmatrix} 1 \\ 2 \\ 2 \end{pmatrix} \cdot \frac{1}{3} = 9 \cdot \frac{1}{3} = 3$$

Übung 17 Abstand Ebene/Ebene und Gerade/Ebene

Berechnen Sie den Abstand von g und E bzw. von E und G. Weisen Sie zunächst die Parallelität nach.

a) E: $4x + 2y - 4z = 16$
G: $-2x - y + 2z = -26$

b) g: $\vec{x} = \begin{pmatrix} 7 \\ -1 \\ 4 \end{pmatrix} + r\begin{pmatrix} 1 \\ 6 \\ 2 \end{pmatrix}$
E: $6x - 2y + 3z = 7$

c) g: $\vec{x} = \begin{pmatrix} 5 \\ 2 \\ 0 \end{pmatrix} + r\begin{pmatrix} -4 \\ 3 \\ 2 \end{pmatrix}$
E: $\vec{x} = \begin{pmatrix} 0 \\ 0 \\ 5 \end{pmatrix} + s\begin{pmatrix} 1 \\ 1 \\ -4 \end{pmatrix} + t\begin{pmatrix} -1 \\ 0 \\ 2 \end{pmatrix}$

Übungen

18. Parallele Ebenen

Die Ebene E enthält die Punkte A(5|11|5), B(11|1|8) und C(11|5|6). Die Ebene F besitzt die Koordinatengleichung F: $2x + 3y + 6z = 24$.

a) Ermitteln Sie eine Parametergleichung der Ebene E.

b) Zeigen Sie, dass die Ebenen E und F parallel sind. Bestimmen Sie außerdem ihren Abstand.

c) Die Ebene E wird an der Ebene F gespiegelt. Ermitteln Sie eine Gleichung der Spiegelebene E'.

19. Segeln parallel zum Berghang

Ein schräger, aber ebener Berghang E enthält die Punkte A(12|0|0), B(0|6|0) und C(0|0|6) und D(12|−6|6). Ein Segelflugzeug fliegt auf geradlinigem Kurs und passiert dabei die Positionen P(16|0|7) und Q(4|6|7). Eine Längeneinheit beträgt 100 m.

a) Ermitteln Sie eine Gleichung von E in Parameter- und in Normalenform. Bestimmen Sie außerdem die Gleichung der Flugbahngeraden g.

b) Weisen Sie nach, dass das Flugzeug sich parallel zum Berghang bewegt und bestimmen Sie seinen Abstand vom Hang.

c) Zeichnen Sie auf kariertem Papier ein Schrägbild der Hangebene und der Flugbahn.

20. Quadratische Pyramide

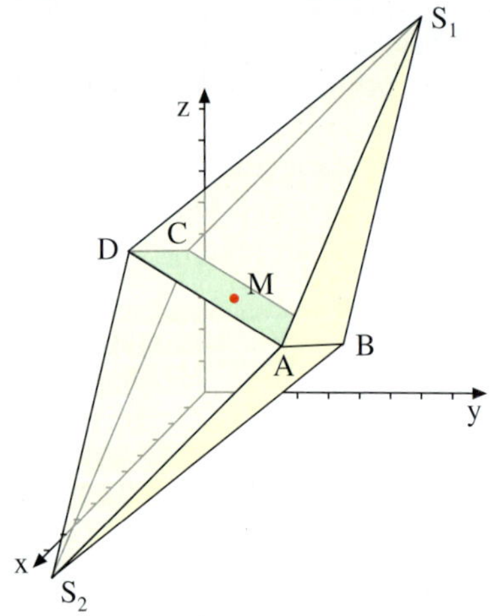

a) Ergänzen Sie die Punkte A(1|3|2), B(5|7|4), D(3|−1|6) durch einen Punkt C so, dass ein Quadrat ABCD entsteht. Weisen Sie nach, dass das Viereck ABCD ein Quadrat ist.

b) Bestimmen Sie den Mittelpunkt M des Quadrates.

c) Ermitteln Sie eine Koordinatenform der Ebene E, welche das Quadrat ABCD enthält.

d) ABCD sei die Grundfläche einer Pyramide mit einer Spitze S_1 bzw. S_2. S_1 und S_2 liegen senkrecht zur Ebene E über bzw. unter dem Punkt M (vgl. nebenstehende Skizze) und haben von diesem den Abstand 9. Berechnen Sie die Koordinaten der Punkte S_1 und S_2.

e) Weisen Sie nach, dass die Ebene F durch die Punkte A, B und S_2 und die Ebene G durch die Punkte D, C und S_1 parallel sind.

f) Begründen Sie, dass der Abstand der Ebenen F und G **nicht** gleich dem Abstand der Punkte A und D ist.

21. Parallele Geraden

Die Gerade g enthält die Punkte A(3|−3|3) und B(−5|5|−1), die Gerade h geht durch die Punkte C(0|9|6) und D(6|3|9). Weiter ist die Ebene E: $2x - 2y + z = 6$ gegeben.

a) Weisen Sie nach, dass die Geraden g und h parallel sind.

b) Weisen Sie nach, dass die Geraden g und h die Ebene E senkrecht schneiden. Ermitteln Sie die Schnittpunkte der beiden Geraden mit der Ebene.

c) Erläutern Sie, wie man nun den Abstand der Geraden g und h berechnen könnte.

3. Untersuchung geometrischer Objekte im Raum

A. Würfel, Pyramiden und Quader

In den beiden folgenden Beispielen werden Probeme mit Ebenen, Geraden, Winkeln und Abständen in einem Würfel behandelt. Dabei liegt die im Beispiel dargestellte Abbildung zugrunde.

Beispiel: Ebenen und Geraden in einem Würfel

Auf einem Würfel der Kantenlänge 6 liegen die Punkte P(6|0|4), Q(6|4|0), R(0|2|6) sowie A(0|0|0) und B(6|6|6).

a) Ermitteln Sie die Parameter- und die Koordinatengleichung der Ebene E durch die Punkte P, Q und R.

b) Ermitteln Sie die Gleichung der diagonalen Geraden g durch A und B.

c) Bestimmen Sie den Schnittpunkt S von g und E.

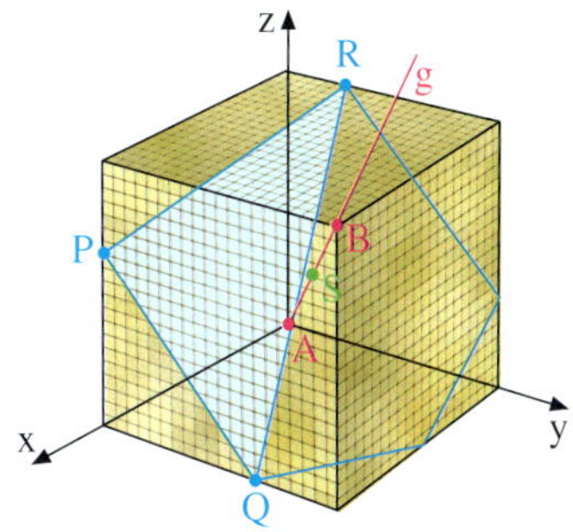

Lösung zu a:

Die Parametergleichung von E ergibt sich, indem wir den Ortsvektor $\overrightarrow{OP}$ von P als Stützvektor und die Vektoren $\overrightarrow{PQ}$ und $\overrightarrow{PR}$ als Richtungsvektoren verwenden.

Parametergleichung von E:

$$E: \vec{x} = \begin{pmatrix} 6 \\ 0 \\ 4 \end{pmatrix} + r \cdot \begin{pmatrix} 0 \\ 4 \\ -4 \end{pmatrix} + s \cdot \begin{pmatrix} -6 \\ 2 \\ 2 \end{pmatrix}$$

Die Koordinatengleichung von E bestimmen wir nach dem Verfahren von Seite 134. Zuerst bestimmen wir einen Normalenvektor $\vec{n}$ von E.

Wir erhalten den Vektor $\vec{n} = \begin{pmatrix} 2 \\ 3 \\ 3 \end{pmatrix}$.

Der Normalenvektor liefert die Koeffizienten der linken Seite der Koordinatengleichung, so dass wir für diese den Ansatz E: $2x + 3y + 3z = d$ erhalten. Die rechtsseitige Konstante d können wir nun durch Einsetzen des Stützpunktes P(6|0|4) errechnen. Resultat: E: $2x + 3y + 3z = 24$.

Koordinatengleichung der Ebene E:

1. Bestimmung eines Normalenvektors

$$\begin{pmatrix} x \\ y \\ z \end{pmatrix} \cdot \begin{pmatrix} 0 \\ 4 \\ -4 \end{pmatrix} = 0, \quad \begin{pmatrix} x \\ y \\ z \end{pmatrix} \cdot \begin{pmatrix} -6 \\ 2 \\ 2 \end{pmatrix} = 0$$

$$\Rightarrow \begin{array}{ll} \text{I:} & 4y - 4z = 0 \\ \text{II:} & -6x + 2y + 2z = 0 \end{array}$$

$$\begin{array}{ll} & z = 3 \quad \text{(frei gew.)} \\ \text{in I:} & y = 3 \\ \text{in II:} & x = 2 \end{array} \qquad \Rightarrow \vec{n} = \begin{pmatrix} 2 \\ 3 \\ 3 \end{pmatrix}$$

2. Koordinatengleichung:

$$E: 2x + 3y + 3z = 24$$

Punkt P: 6 0 4

Lösung zu b:

Die Parametergleichung der Geraden g ermitteln wir mit Hilfe der Zweipunkteform. Sie ist rechts dargestellt. Den Geradenparameter bezeichnen wir mit t, da die Parameternamen r und s bereits verbraucht sind.

Parametergleichung der Geraden g:

$$g: \vec{x} = \begin{pmatrix} 0 \\ 0 \\ 0 \end{pmatrix} + t \cdot \begin{pmatrix} 6 \\ 6 \\ 6 \end{pmatrix}$$

Lösung zu c:
Zur Berechnung des Schnittpunktes S von g und E setzen wir die Koordinaten der Gerade, d. h. $x = 6t$, $y = 6t$ und $z = 6t$, in die Koordinatengleichung der Ebene E ein. Wir erhalten eine Gleichung, die den Parameterwert $t = \frac{1}{2}$ liefert, der zum Schnittpunkt $S(3|3|3)$ führt.

Schnittpunkt S von g und E:

$$E: 2x + 3y + 3z = 24$$
$$2 \cdot 6t + 3 \cdot 6t + 3 \cdot 6t = 24$$
$$48t = 24$$
$$t = \frac{1}{2}$$
$$\Rightarrow S(3|3|3)$$

Nun untersuchen wir zwei weitere Fragestellungen zur Situation am Würfel aus dem vorhergehenden Beispiel. Diesmal geht es um eine Abstandsberechnung.

Beispiel: Abstand Punkt/Ebene (Fortsetzung des Beispiels von Seite 189)
Bestimmen Sie den Abstand des Punktes B (6|6|6) von der Ebene E durch die Punkte P, Q und R.

Lösung:
Zur Bestimmung des gesuchten Abstandes verwenden wir die Hessesche Normalengleichung von E.
Da uns die Koordinatengleichung von E, d. h. E: $2x + 3y + 3z = 24$, bereits bekannt ist, ist es einfach, die Normalengleichung von E aufzustellen und diese durch Normierung zur Hesseschen Normalengleichung zu ergänzen.
Nun müssen wir hier nur noch den allgemeinen Ortsvektor in der linken Seite dieser Gleichung durch den Ortsvektor des Punktes B (6|6|6) ersetzen.
Der gesuchte Abstand beträgt ca. 5,12 LE.

Hessesche Normalengleichung von E:

Koordinatengleichung von E:
$$E: 2x + 3y + 3z = 24$$

Hessesche Normalengleichung von E:
$$E: \vec{x} = \left[\begin{pmatrix} x \\ y \\ z \end{pmatrix} - \begin{pmatrix} 6 \\ 0 \\ 4 \end{pmatrix}\right] \cdot \begin{pmatrix} 2 \\ 3 \\ 3 \end{pmatrix} \cdot \frac{1}{\sqrt{22}} = 0$$

Abstand von B zu E:
$$d = \left[\begin{pmatrix} 6 \\ 6 \\ 6 \end{pmatrix} - \begin{pmatrix} 6 \\ 0 \\ 4 \end{pmatrix}\right] \cdot \begin{pmatrix} 2 \\ 3 \\ 3 \end{pmatrix} \cdot \frac{1}{\sqrt{22}} = \frac{24}{\sqrt{22}} \approx 5{,}12$$

Beispiel: Pyramidenvolumen (Fortsetzung des Beispiels von Seite 189)
Gesucht ist das Volumen der Pyramide mit der Grundfläche PQR und der Spitze B.

Lösung:
Wir verwenden die Formel $V = \frac{1}{3} \cdot G \cdot h$ für das Volumen einer Pyramide.
Wir berechnen zunächst die Grundfläche der Pyramide. Das ist die Fläche des Dreiecks PQR. Da wir nicht wissen, ob das Dreieck rechtwinklig ist, verwenden wir die allgemeine „Skalarproduktformel" für die Dreiecksfläche (s. S. 71). Sie beträgt nach nebenstehender Rechnung ca. 18,76 FE.

Pyramidenvolumen:
Grundfläche: Fläche des Dreiecks PQR

$$G = \frac{1}{2}\sqrt{\vec{a}^{\,2} \cdot \vec{b}^{\,2} - (\vec{a} \cdot \vec{b})^2}$$
$$= \frac{1}{2}\sqrt{\overrightarrow{PQ}^{\,2} \cdot \overrightarrow{PR}^{\,2} - (\overrightarrow{PQ} \cdot \overrightarrow{PR})^2}$$
$$= \frac{1}{2}\sqrt{\begin{pmatrix} 0 \\ 4 \\ -4 \end{pmatrix}^2 \cdot \begin{pmatrix} -6 \\ 2 \\ 2 \end{pmatrix}^2 - \left(\begin{pmatrix} 0 \\ 4 \\ -4 \end{pmatrix} \cdot \begin{pmatrix} -6 \\ 2 \\ 2 \end{pmatrix}\right)^2}$$
$$= \frac{1}{2}\sqrt{32 \cdot 44 - 0^2} \approx 18{,}76$$

Nun benötigen wir noch die Höhe der Pyramide. Das ist der Abstand d der Pyramidenspitze B von der Ebene E des Grundflächendreiecks PQR. Diesen Abstand haben wir bereits im vorhergehenden Beispiel berechnet. Er lautete $d \approx 5{,}12$.
Damit ergibt sich für das Pyramidenvolumen der Wert 32,02 VE.

Höhe der Pyramide:
d = Abstand von B zu E
$\approx 5{,}12$ (s. Beispiel oben)

Volumen der Pyramide:
$V = \frac{1}{3} \cdot G \cdot h \approx \frac{1}{3} \cdot 18{,}76 \cdot 5{,}12 \approx 32{,}02$

Übung 1 Ebenen im Quader
Der abgebildete Quader hat die Maße $6 \times 4 \times 5$.
Gegeben: R(6|0|2), S(6|4|4), T(2|0|5) und C(0|4|0).

a) Bestimmen Sie eine Parametergleichung und eine Normalengleichung der Ebene E durch R, S und T.
b) Berechnen Sie den Winkel $\gamma = \sphericalangle RST$.
c) Gesucht ist der Abstand von C zu E.
d) Berechnen Sie das Volumen der Pyramide mit der Grundfläche RST und der Spitze C.

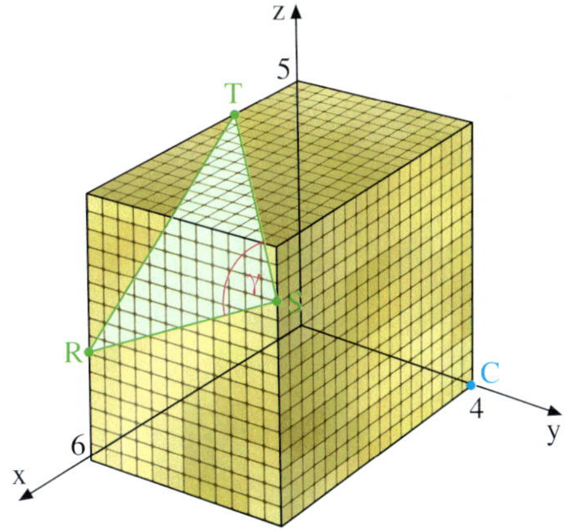

Wir behandeln nun zwei Beispiele, bei dem die räumliche Struktur des Problems durch eine Pyramide bestimmt wird. Die Fragestellungen ähneln denen aus den vorhergehenden Beispielen.

Beispiel: Schräge Pyramide
Die Punkte A(0|0|0), B(8|0|0), C(8|8|0) und D(0|8|0) sind die Eckpunkte der Grundfläche einer quadratischen Pyramide, deren Spitze im Punkt S(2|2|6) liegt. E sei die Ebene, in der das Dreieck CDS liegt.

a) Bestimmen Sie eine Parametergleichung von E. Zeigen Sie: E: $y + z = 8$ ist eine Koordinatengleichung von E.
b) Berechnen Sie den Winkel $\gamma = \sphericalangle CSD$.

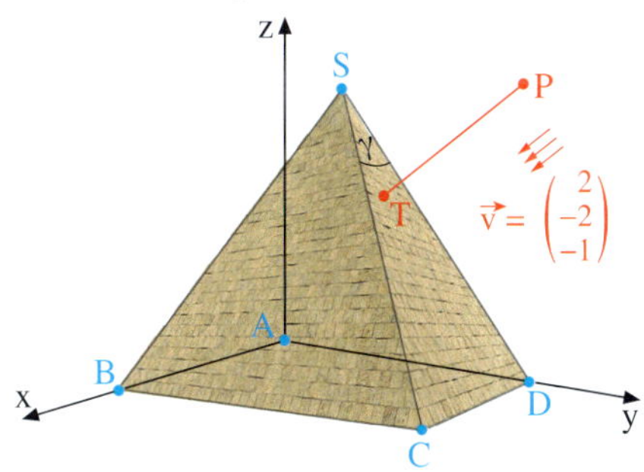

Lösung zu a:
Wir verwenden den Punkt C als Stützpunkt und die Vektoren $\overrightarrow{CD}$ und $\overrightarrow{CS}$ als Richtungsvektoren der Ebene E. Dann ergibt sich die nebenstehend dargestellte Parametergleichung von E.
Den Nachweis der Richtigkeit der Koordinatengleichung $y + z = 8$ erbringen wir, indem wir für die drei Punkte C, D und S die Punktprobe durchführen. Sie geht jeweils positiv aus.

Parametergleichung von E:

$$E: \vec{x} = \begin{pmatrix} 8 \\ 8 \\ 0 \end{pmatrix} + r \cdot \begin{pmatrix} -8 \\ 0 \\ 0 \end{pmatrix} + s \cdot \begin{pmatrix} -6 \\ -6 \\ 6 \end{pmatrix}$$

Nachweis zur Koordinatengleichung:
C(8|8|0): $0 \cdot 8 + 1 \cdot 8 + 1 \cdot 0 = 8$ ist erfüllt
D(0|8|0): $0 \cdot 0 + 1 \cdot 8 + 1 \cdot 0 = 8$ ist erfüllt
S(2|2|6): $0 \cdot 2 + 1 \cdot 2 + 1 \cdot 6 = 8$ ist erfüllt

Lösung zu b:
Den gesuchten Winkel $\gamma = \sphericalangle CSD$ berechnen wir mit der Kosinusformel zur Berechnung des Winkels zwischen zwei Vektoren.
▶ Wir erhalten als Resultat $\gamma \approx 27{,}79°$.

Berechnung des Winkels $\gamma = \sphericalangle CSD$:

$$\cos\gamma = \frac{\overrightarrow{SC} \cdot \overrightarrow{SD}}{|\overrightarrow{SC}| \cdot |\overrightarrow{SD}|} = \frac{60}{\sqrt{108} \cdot \sqrt{76}} \approx 0{,}6623$$

$$\Rightarrow \gamma = \arccos 0{,}6623 \approx 48{,}53°$$

Nun folgen zwei weitere Fragestellungen zur Pyramide aus dem vorherigen Beispiel.

▶ **Beispiel: Schräge Pyramide (Fortsetzung des vorhergehenden Beispiels)**
Ein Lichtstrahl g passiert den Punkt P(–2|11|6). Er fällt in Richtung des Vektors $\vec{v} = \begin{pmatrix} 2 \\ -2 \\ -1 \end{pmatrix}$ auf die Seitenfläche CDS der Pyramide und trifft diese im Punkt T.
a) Ermitteln Sie die Koordinaten von T.
b) Berechnen Sie den Winkel α, in welchem der Lichtstrahl auf die Seitenfläche CDS trifft.

Lösung zu a:
Die Seitenfläche CDS liegt in der bereits im vorhergehenden Beispiel ermittelten Ebene E: $y + z = 8$.
Gesucht ist also der Schnittpunkt T der Lichtstrahlgeraden g mit der Ebene E.
Wir bestimmen zunächst die Gleichung der Geraden g und setzen deren Koordinaten in die Koordinatengleichung der Ebene E ein. Dies liefert den Parameterwert $r = 3$, der zum Schnittpunkt T(4|5|3) führt.

Schnittpunkt T von g und E:
Gleichungen von g und E:
E: $y + z = 8$

$$g: \vec{x} = \begin{pmatrix} -2 \\ 11 \\ 6 \end{pmatrix} + r \cdot \begin{pmatrix} 2 \\ -2 \\ -1 \end{pmatrix}$$

Schnittpunkt von g:

$$\begin{aligned} (11 - 2r) + (6 - r) &= 8 \\ 17 - 3r &= 8 \\ r &= 3 \end{aligned}$$

$\Rightarrow$ T(4|5|3)

Lösung zu b:
Den Winkel α zwischen der Geraden g und der Ebene E bestimmen wir mit der Sinusformel für den Winkel zwischen Gerade und Ebene. Dabei ist $\vec{m}$ der Richtungsvektor der Geraden und $\vec{n}$ der Normalenvektor
▶ der Ebene. Resultat: $\alpha = 45°$.

Winkel α zwischen g und E:

$$\vec{m} = \begin{pmatrix} 2 \\ -2 \\ -1 \end{pmatrix}, \quad \vec{n} = \begin{pmatrix} 0 \\ 1 \\ 1 \end{pmatrix}$$

$$\sin\alpha = \frac{|\vec{m} \cdot \vec{n}|}{|\vec{m}| \cdot |\vec{n}|} = \frac{|-3|}{3 \cdot \sqrt{2}} \approx 0{,}7071$$

$$\Rightarrow \alpha = \arcsin 0{,}7071 \approx 45°$$

Übung 2 Haus mit Funkantenne
a) Bestimmen Sie Gleichungen der Ebene E_1 der sichtbaren und die Ebene E_2 der nicht sichtbaren Dachfläche.
b) Wie lang ragt die Funkantenne mit der Spitze S(10|6|10) aus dem Hausdach heraus?
c) Unter welchem Winkel α treffen sich die beiden Dachflächen am Giebel?
d) Licht in Richtung des Vektors $\vec{v}$ erzeugt auf dem Dach einen Schatten der Antenne. Wie lang ist dieser Schatten?

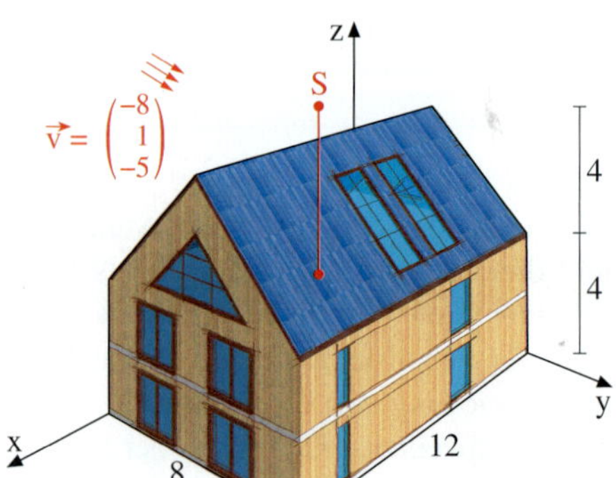

Übungen

3. Ebenen im Würfel

Ein Würfel hat die Seitenlänge 10.
Die abgebildeten Ebenen E_1 durch B, E und G sowie E_2 durch F, C und H schneiden sich in einer Geraden g.

a) Bestimmen Sie die Gleichung von g.
b) Bestimmen Sie den Schnittwinkel γ von E_1 und E_2.
c) Welche Länge hat die Schnittstrecke $\overline{UV}$ von E_1 und E_2?
d) Bestimmen Sie das Volumen der Pyramide mit der Grundfläche BEG und der Spitze F.

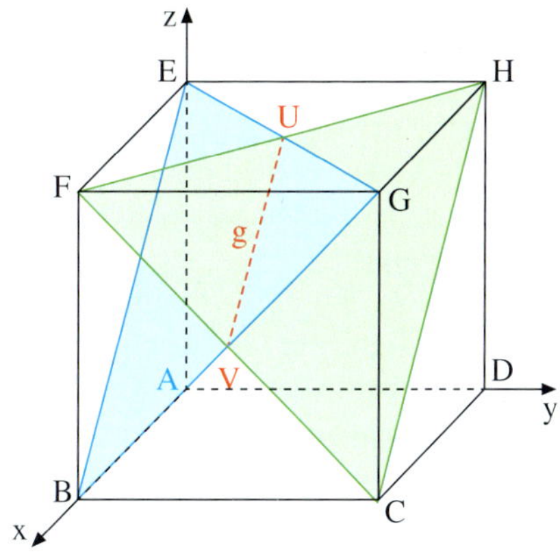

4. Ebene und Gerade im Würfel

Ein Würfel mit der Seitenlänge 8 hat die Eckpunkte A (0|0|0) und G (8|8|8).

a) Bestimmen Sie die weiteren Eckpunkte.
b) Bestimmen Sie den Schnittpunkt S und den Schnittwinkel γ der Geraden g durch F und D mit der Ebene E_1 durch A, C und H.
c) E_2 sei eine Ebene durch die Punkte E, B und G. Untersuchen Sie die relative Lage der Ebenen E_1 und E_2.
d) Berechnen Sie den Flächeninhalt des Dreiecks ACH.

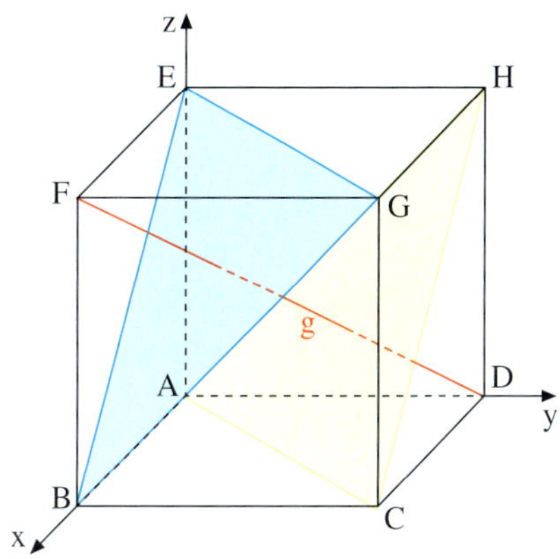

5. Hausdach

Ein Haus ist 10 m lang, 8 m breit und 7 m hoch. Mittig besitzt es eine Gaube, die seitlich 2 m hoch aus dem Dach ragt und 4 m breit ist. Oben schließt sie bündig mit dem Dachgiebel ab.

a) Berechnen Sie den Winkel γ zwischen Hauptdach und Gaubendach.
b) Eine Antenne hat die Spitze S (−2|6|7). Wo verlässt die Antenne das Dach?
c) Berechnen Sie den Abstand der Antennenspitze von der Dachfläche.
d) Wie lang ist die Dachkehle $\overline{PQ}$?
e) Sonnenlicht fällt in Richtung des Vektors $\vec{v}$ auf das Dach. Wie lang ist der Schatten der Antenne?

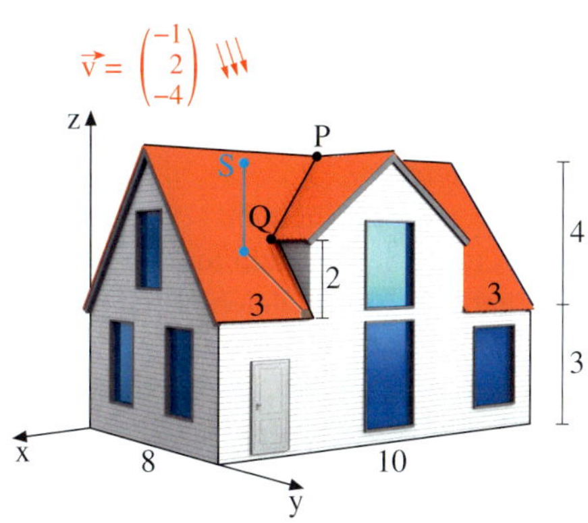

6. Schiefe Pyramide mit rechteckiger Grundfläche

Die Punkte A (−4|−3|0), B (3|−3|0), C (3|3|0), D (−4|3|0) sind die Eckpunkte der Grundfläche einer Pyramide, deren Spitze der Punkt S (0|0|6) ist.

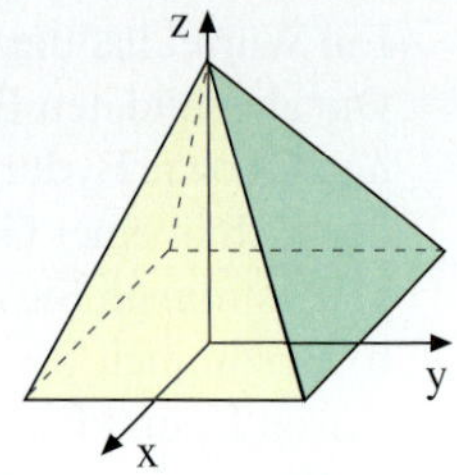

a) Zeichnen Sie auf kariertem Papier ein Schrägbild der Pyramide.
b) Weisen Sie nach, dass der Punkt P (1|1|4) auf der Kante CS liegt. Ergänzen Sie die Zeichnung um den Punkt P.
c) Die Ebene E enthält die Kante AB sowie den Punkt P. Wie lautet die Gleichung der Ebene E in Parameter- und in Koordinatenform?
d) Ermitteln Sie den Schnittpunkt Q und den Schnittwinkel γ der Ebene E mit der Geraden h durch die Punkte D und S.
e) Ermitteln Sie den Abstand des Punktes D von der Ebene E.
f) Begründen Sie, dass das Viereck ABPQ ein Trapez ist.

7. Pyramide

Die Punkte A (12|0|0), B (12|12|0), C (0|12|0), D (0|0|0) sind die Eckpunkte der Grundfläche einer Pyramide mit der Ecke S (0|0|12) als Spitze. Die Ebene E enthält die Punkte F (6|0|6), G (8|8|4) und H (0|6|6)

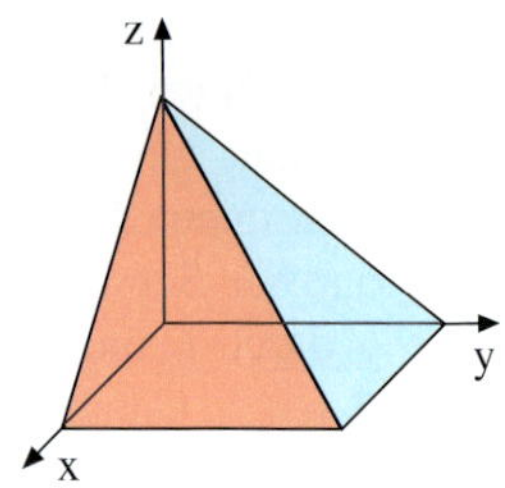

a) Zeichnen Sie auf kariertem Papier ein Schrägbild der Pyramide sowie der Ebene E.
b) Bestimmen Sie die Gleichungen der Ebene E in Parameter- und in Koordinatenform sowie der Geraden g durch D und S.
c) In welchem Punkt T schneiden sich die Ebene E und die Gerade g? Wie groß ist der Schnittwinkel γ?
d) Bestimmen Sie den Abstand des Punktes S von der Ebene E.
e) Berechnen Sie den Inhalt des Dreiecks FGH.
f) Welches Volumen hat die Pyramide mit der Grundfläche FGH und der Spitze S?

8. Quader mit aufgesetzter Pyramide

Die Punkte A (4|−4|4), B (4|4|4), C (0|4|4) und D (0|−4|4) bilden die Deckfläche eines Quaders, dessen Grundfläche in der x-y-Ebene liegt. Die Deckfläche des Quaders ist gleichzeitig die Grundfläche einer Pyramide mit der Spitze im Punkt S (2|0|10).

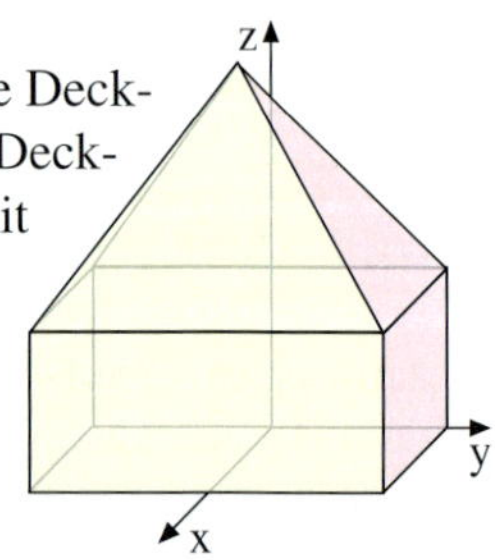

a) Zeichnen Sie ein Schrägbild des Quaders mit der aufgesetzten Pyramide.
b) M_1 sei der Mittelpunkt der Kante $\overline{AS}$, M_2 der Mittelpunkt der Kante $\overline{CS}$. Ermitteln Sie die Koordinaten von M_1 und M_2 und geben Sie eine Gleichung der Ebene E_1 an, welche die Punkte M_1, M_2 und B enthält. Zeichnen Sie die Ebene E_1 in das Schrägbild ein.
c) Gerade g enthält die Pyramidenkante DS. Ermitteln Sie den Schnittpunkt von E_1 und g.
d) Ebene E_2 enthält die Punkte A, B und S. Ermitteln Sie eine Koordinatengleichung von E_2. Zeigen Sie, dass der Punkt P(3|1|7) in E_2 liegt.
e) Weisen Sie nach, dass das Dreieck ABS gleichschenklig ist. Wie groß ist der Winkel α bei A im Dreieck ABS?

9. Pyramidenvolumen

Gegeben ist die abgebildete Pyramide mit der Grundfläche ABCD und der Spitze S.

a) Zeigen Sie: Die Grundfläche der Pyramide ist ein Parallelogramm.

b) Bestimmen Sie den Inhalt der Grundfläche.

c) Welches Volumen hat die Pyramide?

d) Bestimmen Sie den Fußpunkt F der Pyramidenhöhe.

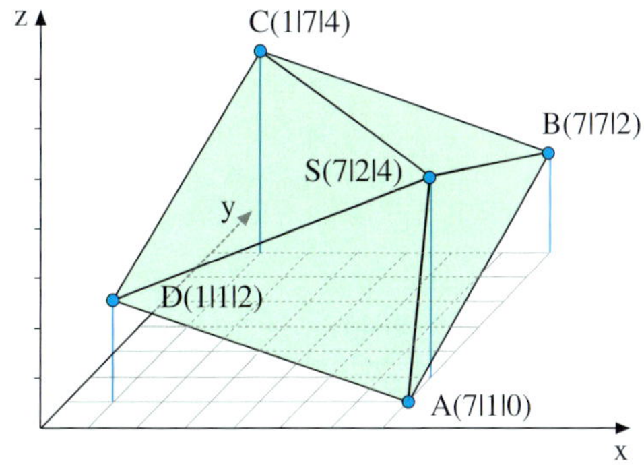

10. Pyramide im Würfel

ABCDEFGH sei ein Würfel mit der Seitenlänge 8, der wie abgebildet im Koordinatensystem liegt. M sei der Mittelpunkt des Quadrates EFGH. U und V seien die Mitten der Seiten $\overline{CG}$ bzw $\overline{DH}$.

a) Das Rechteck ABUV bildet mit der Spitze M eine Pyramide. Berechnen Sie den Inhalt der Grundfläche der Pyramide.

b) Unter welchem Winkel γ treffen die Seitenflächen BUM und UVM der Pyramide aufeinander?

c) Wie lang ist die Teilstrecke der Würfeldiagonalen $\overline{FD}$, die innerhalb der Pyramide verläuft?

d) Ermitteln Sie das Volumen der Pyramide.

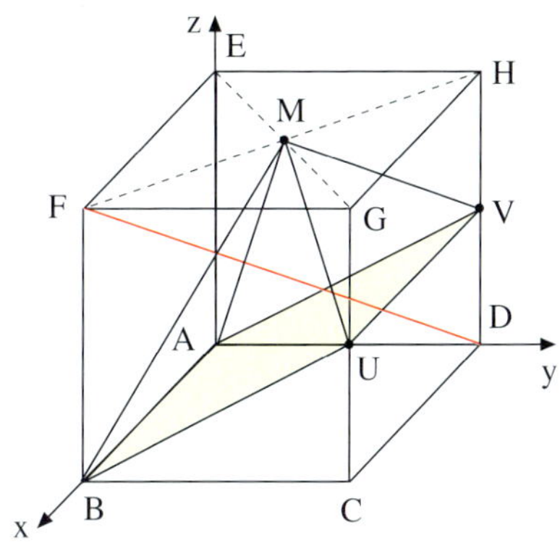

11. Haus mit Walmdach

Das rechts dargestellte Haus mit Walmdach soll bezüglich einiger Eigenschaften untersucht werden. Einige seine Eckpunkte sind in der Zeichnung angegeben.

a) Ermitteln Sie die Koordinaten der nicht angegebenen Eckpunkte B, D, E, G und H.

b) Geben Sie eine Gleichung der sichtbaren Dachebene E_1 durch die Punkte F, G, S und T an.

c) Wie groß sind die Innenwinkel der dreieckigen Walmebene E_2 durch die Punkte E, F und S ?

d) Bestimmen Sie den Mittelpunkt M der Strecke $\overline{EF}$. Weisen Sie nach, dass die Strecken $\overline{EF}$ und $\overline{MS}$ orthogonal sind. Welchen Flächeninhalt hat das Dreieck EFS?

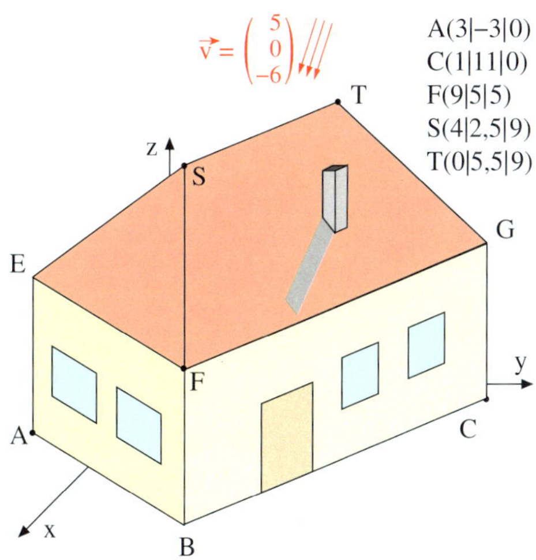

e) Der 9 m hohe Schornstein hat seinen Fußpunkt in P(3|7|0). Er wird von Licht in Richtung des Vektors $\vec{v}$ getroffen. Berechnen Sie die Länge seines Schattens auf der Dachfläche.

B. Bewegte Objekte

Nun werden Aufgabenstellungen angesprochen, bei denen vektorgeometrische Methoden im Zusammenhang mit bewegten Objekten wie z. B. Flugbahnen zum Einsatz kommen.
Die folgenden drei Beispiele sprechen typische Problemstellungen an.

Beispiel: Steigflug

Das Flugzeug F befindet sich im Steigflug, als es vom Kontrollturm T(−10|10|0) um 13.58 Uhr in A(12|4|2) und noch einmal um 14.02 Uhr in B(4|12|6) gesichtet wird. Später verschwindet es in der horizontalen Wolkenschicht, die in 9 km Höhe beginnt und in 10 km Höhe endet. Direkt beim Austritt aus der Wolkenschicht geht das Flugzeug vom Steigflug in den Horizontalflug über, ohne weitere Richtungsänderungen vorzunehmen (Angaben in km).
Es wird angenommen, dass die Ebene, in der gestartet wird, auf der Höhe null befindet.

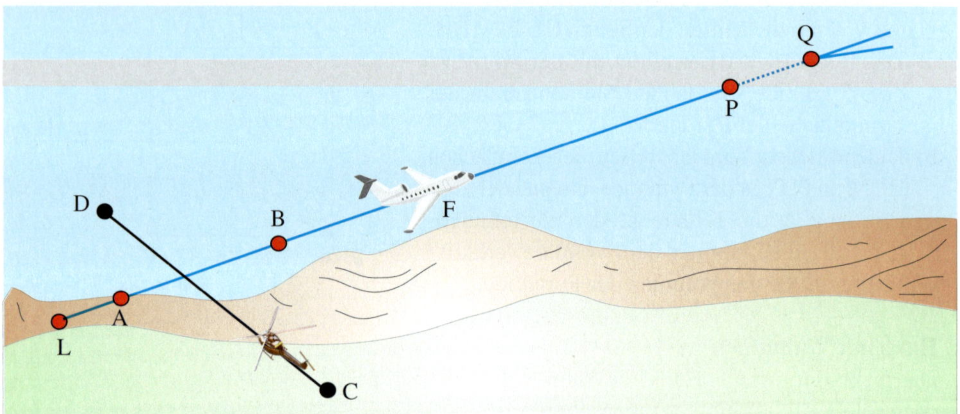

a) Bestimmen Sie eine Parametergleichung der Flugbahn f des Flugzeuges.
b) In welchem Punkt L ist das Flugzeug gestartet (Höhe 0)?
c) Berechnen Sie die Fluggeschwindigkeit in km/min und in km/h.
d) In welcher Positionen P und Q wird die Wolkendecke erreicht und wieder verlassen?

Lösung zu a:
Die Geradengleichung von f erhalten wir mit Hilfe der Zweipunkteform.

1. Gleichung von f

$$f: \vec{x} = \begin{pmatrix} 12 \\ 4 \\ 2 \end{pmatrix} + r \begin{pmatrix} -4 \\ 4 \\ 2 \end{pmatrix}$$

Lösung zu b:
Das Flugzeug ist offensichtlich auf der Nullhöhe z = 0 gestartet. Wir setzen daher die z-Koordinate in der Geradengleichung von f gleich 0, d.h. 2 + 2r = 0. Daraus folgt r = −1, woraus sich der Startpunkt L(16|0|0) ergibt.

2. Startpunkt

z = 0
2 + 2r = 0
r = −1
L(16|0|0)

Lösung zu c:
Die Strecke von A nach B hat die Länge $|AB| = 12\,km$, Diese Strecke wird in zwei Minuten zurückgelegt. Die Geschwindigkeit beträgt also 3 km/min, d. h. 180 km/h.

3. Fluggeschwindigkeit

$$|\overrightarrow{AB}| = \left|\begin{pmatrix}-8\\8\\4\end{pmatrix}\right| = \sqrt{144} = 12$$

$$v = \frac{s}{t} = \frac{12\,km}{4\,min} = 3\,\frac{km}{min} = 180\,\frac{km}{h}$$

Lösung zu d:
Die Wolkendecke wird erreicht in der Höhe $z = 9$. Setzen wir die z-Koordinate der Geradengleichung gleich 9, so erhalten wir den unteren Durchstoßungspunkt $P(-2|18|9)$. Setzen wir sie gleich 10, so erhalten wir den oberen Durchstoßungspunkt $Q(-4|20|10)$.

4. Durchstoßung der Wolkendecke

$z = 9$	$z = 10$
$2 + 2r = 9$	$2 + 2r = 10$
$r = 3{,}5$	$r = 4$
$P(-2\|18\|9)$	$Q(-4\|20\|10)$

Beispiel: Auf Kollisionskurs? (Fortsetzung des vorherigen Beispiels)
Im Bild auf Seite 196 ist die Flugbahn eines Hubschraubers H eingezeichnet.
Er startet um 13.59 Uhr in $C(8|11|0)$ mit Kurs auf das Ziel $D(8|2|12)$. Seine Geschwindigkeit beträgt durchschnittlich 150 km/h.
Kann es zu einer Kollision mit dem Flugzeug F kommen, das um 13.58 in $A(12|4|2)$ erwartet wird und um 14.02 Punkt $B(4|12|6)$ erreicht haben soll?

Lösung:
Wir bestimmen zunächst die Gleichungen der Flugbahnen f und h (siehe rechts).
Dann untersuchen wir, ob diese sich schneiden, indem wir die rechten Seiten der beiden Bahnen f und h gleichsetzen.
Wir erhalten so ein relativ einfaches lineares Gleichungssystem, das wir manuell oder mit einem Rechner lösen.
Die Lösung $r = 1$ bzw. $s = \frac{1}{3}$ führt auf den Schnittpunkt $S(8|8|4)$. Es gibt also einen theoretischen Kollisionspunkt. Es ist der Punkt A, an dem sich Flugzeug F um 14.00 Uhr befinden soll.

1. Schnittpunkt von f und h
Gleichungen von f und h:

$$f\colon \vec{x} = \begin{pmatrix}12\\4\\2\end{pmatrix} + r\begin{pmatrix}-4\\4\\2\end{pmatrix};\ h\colon \vec{x} = \begin{pmatrix}8\\11\\0\end{pmatrix} + s\begin{pmatrix}0\\-9\\12\end{pmatrix}$$

Schnittuntersuchung:

$$\begin{aligned} &\text{I:} && 12 - 4r = 8 \\ &\text{II:} && 4 + 4r = 11 - 9s \\ &\text{III:} && 2 + 2r = 12s \end{aligned}$$

Aus I: $r = 1$
In II: $8 = 11 - 9s \Rightarrow s = \frac{1}{3}$
Probe in III: $4 = 4$

$\Rightarrow$ Schnittpunkt $S(8|8|4)$

Ob tatsächlich Kollisionsgefahr besteht, hängt nun noch davon ab, wann der Hubschrauber H den Punkt S erreicht.
Seine Entfernung von S ist gleich dem Abstand $|\overrightarrow{CS}|$. Wir errechnen mit der Abstandsformel 5 km.

2. Entfernung von C nach S

$$d = |\overrightarrow{CS}| = \left|\begin{pmatrix}0\\-3\\4\end{pmatrix}\right| = \sqrt{25} = 5\,km$$

Da der Hubschrauber mit einer Geschwindigkeit von 150 km/h fliegt, d. h. mit exakt 2,5 km/min, benötigt er 2 Minuten bis zum Punkt S. Er kommt also um 14.01 Uhr dort an. Da Flugzeug F den Punkt S bereits um 14.00 Uhr erreicht hat, kommt es nicht zur Kollision.

3. Flugzeit von C nach S

$v = \frac{s}{t} \Rightarrow t = \frac{s}{v} = \frac{5\,\text{km}}{150\,\text{km/h}} = \frac{1}{30}\,\text{h} = 2\,\text{min}$

Übung 12 Flugbahnen

Ein Düsenjet wird an der Position A(16|0|2) und eine Minute später an der Position B(8|4|3) geortet. Zeitgleich registriert die Flugaufsicht ein Segelflugzeug an den Positionen C(−6|2|7) und D(−4|4|6). Beide Flugbahnen sind geradlinig. Die Koordinaten sind in Kilometern angegeben.

a) Bestimmen Sie die Gleichungen der Flugbahngeraden f und g der Flugzeuge.

b) Zeigen Sie, dass die Flugbahnen sich schneiden. Berechnen Sie den Bahnschnittpunkt S.

c) Bestimmen Sie die Geschwindigkeiten der Flugzeuge und die Flugzeiten bis zum Bahnschnittpunkt S. Berechnen Sie den Abstand der Flugzeuge in dem Moment, in dem der Düsenjet den Punkt S erreicht. Erläutern Sie, welche Schlussfolgerung aus den Ergebnissen zu ziehen ist.

d) Skizzieren Sie den Flugverlauf im Schrägbild auf kariertem Papier.

Übung 13 Hubschrauber

Ein Hubschrauber f startet um 12.30 Uhr auf dem Stützpunkt A(8|16|0) in Richtung des Zielpunktes B(−8|0|8). Seine Geschwindigkeit beträgt konstant 180 km/h. Zeitgleich um 12.30 Uhr befindet sich ein Segelflugzeug g an der Position C(−12|14|8) mit einer Geschwindigkeit von 210 km/h im Landeanflug auf den Flugplatz bei D(12|2|0). Die Koordinaten sind in Kilometern angegeben. Untersuchen Sie, ob eine erhebliche Kollisionsgefahr besteht.

Übung 14 U-Boot

Ein U-Boot befindet sich an der Position A(2|4|−2) und fährt in Richtung des Vektors $\vec{v} = \begin{pmatrix} 2 \\ 2 \\ -1 \end{pmatrix}$. 1 LE entspricht 100 m in der Realität. Die Geschwindigkeit beträgt 100 m/min.

a) Berechnen Sie, nach welcher Zeit das Boot eine Tiefe von 500 m erreicht hat.

b) Der Grund der See wird in dieser Gegend durch die Ebene E: $x - 4y + 8z = -169$ erfasst. Ermitteln Sie den Abstand des U-Bootes vom Grund, wenn es die Position B(10|12|−6) erreicht.

c) Das U-Boot ändert beim Erreichen der Position B(10|12|−6) seinen Kurs. Von nun an taucht es nur noch senkrecht nach unten ab, wobei die Sinkgeschwindigkeit 5 m/s beträgt. Untersuchen Sie, nach welcher Zeit und an welcher Position es nun den Grund der See erreicht.

Übung 15 Ballon

Ein Heißluftballon fliegt auf einer geradlinigen Bahn mit einer Geschwindigkeit von 18 km/h. Zu Beginn wird er in A(16|4|2) und später noch einmal in B(14|6|3) gesichtet. 1 LE entspricht 1 km in der Realität.

a) Ermitteln Sie, an welcher Position sich der Ballon nach 30 Minuten befindet.

b) Ermitteln Sie, wo und nach welcher Zeit der Ballon eine Zielhöhe von 8 km erreicht.

c) Östlich vom Ballon ragt ein Felsmassiv in die Höhe, dessen Hang durch die Ebene mit der Gleichung E: $-8y + 6z = -110$ erfasst wird. Ermitteln Sie den Abstand des Ballons von der Felswand, wenn der Ballon die Position C(8|12|6) erreicht hat.

Übungen

16. Flugbahnen

Ein Flugzeug f befindet sich um 13.00 Uhr an der Position A(−4|4|4) im geradlinigen Landeanflug auf den Flugplatz bei B(4|−4|0). Seine Geschwindigkeit beträgt 360 km/h (1 LE = 1 km).

Ein Hubschrauber h befindet sich zur gleichen Zeit an der Position C(0|11|2) im Horizontalflug zum Ziel D(0|−7|2). Auch seine Geschwindigkeit beträgt 360 km/h.

a) Berechnen Sie, wie lange der Flug von Flugzeug f bis zur Landung voraussichtlich dauert.

b) Untersuchen Sie, ob Kollisionsgefahr besteht und ob es zur Kollision kommt.

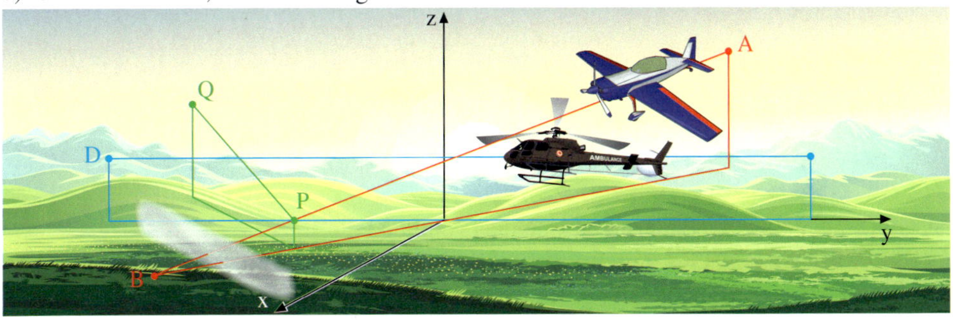

Wegen einer Nebelwand, welche durch die Ebene E: $2x - 2y = 12$ dargestellt wird, muss Flugzeug f nach einer Flugzeit von 1,5 Minuten seinen Kurs in Richtung der Position Q(−2|−6|3) ändern, wobei es nur noch mit halber Geschwindigkeit von 180 km/h fliegt.

c) Bestimmen Sie die Position P, an welcher sich das Flugzeug f beim Kurswechsel befindet.

d) Prüfen Sie, ob das Flugzeug nach dem Kurswechsel exakt parallel zur Nebelwand fliegt.

e) Ermitteln Sie, welchen Abstand d zur Nebelwand es an der Position P(2|−2|1) hat.

f) Untersuchen Sie, ob nach der Kursänderung Kollisionsgefahr besteht.

17. Ballonaufstieg

Ein Heißluftballon startet um 12.30 Uhr an der Position A(8|−2|0) und erreicht um 12.42 Uhr die Position B(4|2|2) (Längenangaben in km). Danach setzt er seinen Flug geradlinig fort.

a) Wann und an welcher Position C wird die Zielhöhe von 10 km erreicht?

b) Mit welcher Geschwindigkeit fliegt der Ballon?

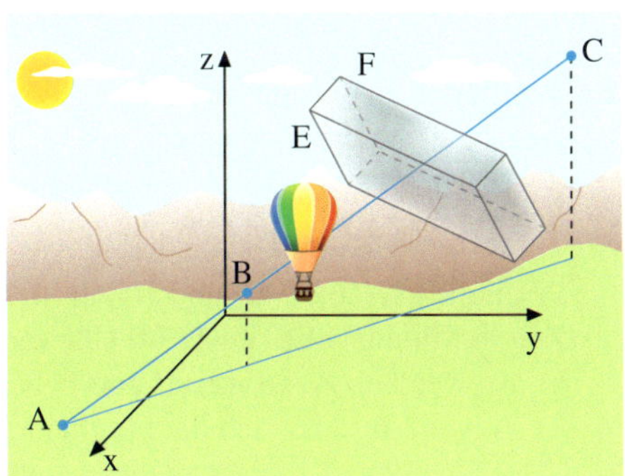

Die Ebenen E und F begrenzen eine Nebelschicht nach vorne und hinten, die von dem Ballon durchflogen wird.

E: $-2x + 2y + z = 34$

F: $\vec{x} = \begin{pmatrix} 0 \\ 12 \\ 19 \end{pmatrix} + r \cdot \begin{pmatrix} 1 \\ 2 \\ -2 \end{pmatrix} + s \cdot \begin{pmatrix} 1 \\ -2 \\ 6 \end{pmatrix}$

c) Wie lange dauert der Flug durch die Nebelschicht?

d) Zeigen Sie, dass die Ebenen E und F parallel sind. Berechnen Sie die Dicke d der Nebelschicht.

18. Flugzeuge auf Kollisionskurs

Flugzeug f wird um 14.00 Uhr an der Position A(0|−14|6) und eine Minute später an der Position B(0|−10|6) geortet. Flugzeug g befindet sich um 14.00 Uhr an der Position C(−6|14|9) im Landeanflug in Richtung des Flughafens bei D(12|−4|0). Seine Geschwindigkeit beträgt 360 km/h.Die Ebene E: $-2x + 2y + z = -5$ beschreibt eine Nebelwand in der Einflugschneise (1 LE = 1 km).

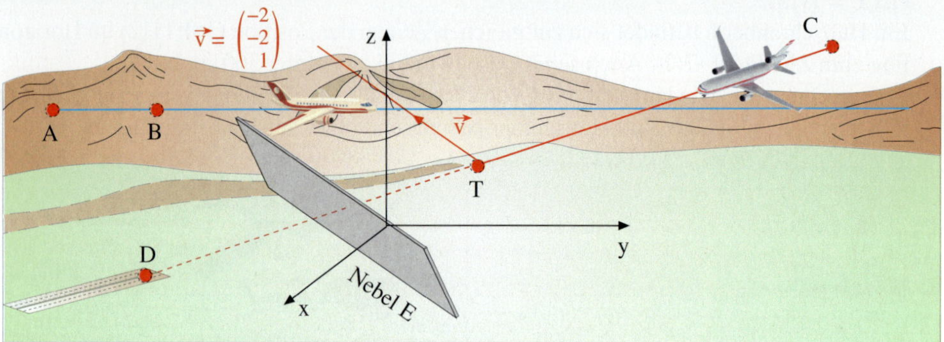

a) Ermitteln Sie die Flugbahngleichungen von f und g.
b) Zeigen Sie, dass die Flugzeuge sich zwar auf einem Kollisionskurs befinden, aber dennoch nicht zusammenstoßen werden, wenn sie den Kurs beibehalten.

Flugzeug g ändert nun seinen Kurs nach einer Flugzeit 2,5 Minuten wegen der noch immer bestehenden Nebelwand E an der Position T in Richtung des Vektors $\vec{v}$ (s. Abb.).

c) Bestimmen Sie den Punkt T (Kontrollergebnis T(4|4|4)).
Stellen Sie nun fest, ob die Flugzeuge nach der Kursänderung kollidieren könnten.
d) Das Flugzeug g hat seinen Kurs vor dem Erreichen der Nebelwand E im Punkt T geändert. Berechnen Sie seinen Abstand zur Nebelwand im Moment der Kursänderung.

19. Positionen bei Flugmanövern

Gegeben sind die Flugbahnen zweier Flugzeuge f und g durch die Parametergleichungen

f: $\vec{x} = \begin{pmatrix} 16 \\ -3 \\ 6 \end{pmatrix} + t_1 \cdot \begin{pmatrix} -4 \\ 3 \\ 0 \end{pmatrix}$ und g: $\vec{x} = \begin{pmatrix} 12 \\ 14 \\ 2 \end{pmatrix} + t_2 \cdot \begin{pmatrix} -2 \\ -2 \\ 1 \end{pmatrix}$. Um 12.00 Uhr haben die Flugzeuge die Positionen A(16|−3|6) und B(12|14|2). Die Parameter t_1 und t_2 stehen dabei dabei für die Zeit in Minuten, die seit 12.00 Uhr vergangen ist. Längen sind in Kilometern angegeben.

a) An welchen Positionen C und D befinden sich die Flugzeuge um 12.05 Uhr?
b) Zeigen Sie, dass sich die Flugbahnen von f und g zwar in einem Punkt S schneiden, dass es aber dennoch nicht zu einer Kollision kommen kann.
c) Es gibt eine Position T(u|v|0) auf der Bodenebene (x-y-Ebene), von der aus beide Flugzeuge für einen Beobachter um 12.02 Uhr am gleichen Ort zu sein scheinen, obwohl sie es nicht sind. Bestimmen Sie u und v und erklären Sie das Phänomen.
d) Zeichnen Sie auf kariertem Papier ein Schrägbild der beiden Flugbahnen und tragen Sie alle relevante Punkte (Stützpunkte von f und g, Punkte C, D, S, T) und Linien (Flugbahnen f und g; Sichtlinie von T aus) ein.

20. U-Boot

Ein Forschungs-U-Boot wird vermisst. Zwei Suchschiffe orten das Boot zeitgleich. Schiff 1 ortet das Boot in Richtung des Vektors $\vec{v}_1$. Schiff 2 ortet das Boot gleichzeitig in Richtung des Vektors $\vec{v}_2$. Schiff 1 befindet sich dabei an der Position P(6|2|0), während Schiff 2 an der Position Q(−4|4|0) vor Anker liegt. Vier Minuten später nehmen die Schiffe noch eine Peilung vor. Ihre Auswertung ergibt, dass sich das U-Boot nun an der Position B(6|10|−1) befindet (1 LE = 100 m).

$$\vec{v}_1 = \begin{pmatrix} -1 \\ 3 \\ -1 \end{pmatrix}, \quad \vec{v}_2 = \begin{pmatrix} 4 \\ 2 \\ -1 \end{pmatrix}$$

a) Bestimmen Sie die Position A, an der das U-Boot zuerst geortet wird.

b) Berechnen Sie seine Geschwindigkeit während der vierminütigen Fahrt von A nach B.

c) Wie groß ist die Steiggeschwindigkeit des U-Bootes während der Fahrt von A nach B?

d) Das U-Boot setzt die Fahrt von A nach B geradlinig fort. Bestimmen Sie die Position W, an der es schließlich die Wasseroberfläche (Höhe z = 0) erreicht. Berechnen Sie außerdem die Dauer der Fahrt von der zweiten Ortungsposition B bis nach W.

e) Zum Zeitpunkt der zweiten Peilung steigt ein Hubschrauber von Schiff 1 senkrecht in 1100 m Höhe auf (Position R) und fliegt dann in Richtung der errechneten Auftauchposition W des U-Boots. Seine Geschwindigkeit beträgt dabei 20 m/s, und zwar sowohl beim reinen Steigflug als auch beim anschließenden Zielanflug. Nach welcher Flugzeit erreicht er die Auftauchposition W des U-Bootes?

f) Eine Schlechtwetterfront E wird durch die Gleichung E: x + 2y = 21 erfasst. Untersuchen Sie, ob die Front vom Hubschrauber noch vor dem Erreichen der Auftauchposition W passiert wird.

21. Flugverkehr

Ein Flugzeug wird vom Radar um 12.30 Uhr an der Position A(0|0|10) geortet (1 LE = 1 km). Als Flugbahn wird die Gerade g errechnet, wobei der Parameter t die Zeit in Minuten darstellt.

$$g: \vec{x} = \begin{pmatrix} 0 \\ 0 \\ 10 \end{pmatrix} + t\begin{pmatrix} 0{,}8 \\ 3{,}2 \\ -0{,}1 \end{pmatrix}$$

a) Begründen Sie: Das Flugzeug befindet sich im Sinkflug.

b) Wie groß ist die Geschwindigkeit des Flugzeugs? Wie groß ist seine Sinkgeschwindigkeit in km/min?

c) An welcher Position P war das Flugzeug um 12.15 Uhr?

d) Bestimmen Sie die Position L, an der das Flugzeug den Boden erreichen wird, wenn es der Flugbahn g weiter folgt.

e) Wie groß ist der Winkel der Flugbahn g gegen die Horizontale im Sinkflug (Sinkwinkel)?

f) Das Flugzeug geht ohne weitere Richtungsänderung in den Horizontalflug über, sobald es eine Höhe von 1000 m erreicht. Berechnen Sie, wann diese Höhe erreicht wird. Geben Sie die Gleichung h der neuen Flugbahn an.

g) Ein zweites Flugzeug wird um 12.21 Uhr an der Position Q_1(32|8|7) geortet und um 12.31 Uhr an der Position Q_2(20|20|8). Stellen Sie die Flugbahngerade h des zweiten Flugzeugs auf.
Untersuchen Sie, ob die Gefahr einer Kollision beider Flugzeuge besteht.

Übungen

Die folgenden Übungen können ohne Hilfsmittel gelöst werden.

1. Pyramide

Die Pyramide hat die rechteckige Grundfläche ABCD und die Spitze S. F liegt in der Mitte der Grundfläche der Pyramide. Alle Koordinaten kann man der Grafik entnehmen.

a) Zeigen Sie: Der Vektor $\overrightarrow{FS}$ steht senkrecht auf der Grundfläche ABCD.

b) Berechnen Sie das Volumen der Pyramide.

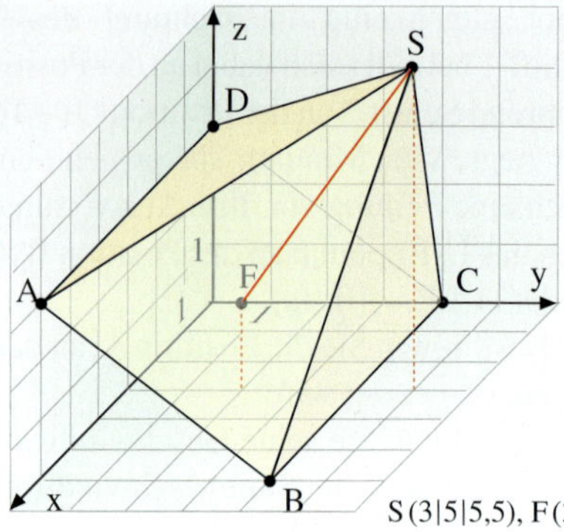

S(3|5|5,5), F(3|2|1,5)

2. Abstand Punkt/Ebene

Gegeben sind die Ebene E: $9x - 6y + 2z = 7$ und der Punkt $P(-8|7|0)$.

a) Zeigen Sie, dass $F(1|1|2)$ der Fußpunkt des Lotes vom Punkt P auf die Ebene E ist.

b) Berechnen Sie den Abstand des Punktes P von der Ebene E. Beschreiben Sie die Menge aller Punkte, die von E den gleichen Abstand haben wie der Punkt P.

3. Der Abstand von Punkt und Ebene

Gegeben ist die Ebene E: $2x + y + 2z = 8$.

a) Zeigen Sie, dass der Punkt $P(8|5|7)$ nicht auf der Ebene E liegt.

b) Bestimmen Sie den Fußpunkt F des Lotes vom Punkt P auf die Ebene E. Berechnen Sie anschließend den Abstand von P von der Ebene E.

c) Bestimmen Sie den Abstand des Punktes $Q(3|2|0)$ von der Ebene E.

d) Bestimmen Sie einen Punkt R, welcher von der Ebene E den Abstand 15 hat.

4. Abstand Gerade/Ebene

Gegeben sind die Ebene E: $x + 2y + 2z = 4$ und die Gerade g: $\vec{x} = \begin{pmatrix} 5 \\ 0 \\ -5 \end{pmatrix} + r\begin{pmatrix} 4 \\ -3 \\ 1 \end{pmatrix}$.

a) Zeigen Sie, dass g echt parallel zu E verläuft. Geben Sie die Gleichung einer Geraden h an, die in E liegt und echt parallel zu g ist.

b) Berechnen Sie den Abstand der Geraden g von der Ebene E.

5. Ebene und senkrechte Gerade

Gegeben sind die Gerade g: $\vec{x} = \begin{pmatrix} 5 \\ 5 \\ 8 \end{pmatrix} + r \cdot \begin{pmatrix} 2 \\ 3 \\ 6 \end{pmatrix}$ und die Ebene E: $2x + 3y + 6z = 24$.

a) Zeigen Sie, dass die Gerade g senkrecht auf der Ebene E steht, und berechnen Sie den Schnittpunkt S von Gerade und Ebene.

b) Geben Sie die Gleichung einer Geraden h an, die durch $P(5|5|8)$ geht und echt parallel zur Ebene E verläuft. Welchen Abstand hat h zu E?

6. Pyramide

Gegeben ist eine Pyramide mit der Grundfläche ABC und der Spitze S. Die Koordinaten der Eckpunkte lauten A (0|0|2), B (2|15|6), C (−4|0|4) und S (4|5,5|10).

a) Zeichnen Sie auf kariertem Papier ein Schrägbild der Pyramide. Weisen Sie nach, dass die Grundfläche ABC ein rechtwinkliges Dreieck ist, und berechnen Sie dessen Flächeninhalt.

b) Berechnen Sie den Abstand der Spitze S von der Grundflächenebene E und anschließend das Volumen der Pyramide.

7. Gerade und Ebene: Schnittpunkt und Schnittwinkel

Die Ebene E enthält die Punkte A (1|0|5), B (3|1|3) und C (0|0|6).

Zwei Geraden haben die Gleichungen g_1: $\vec{x} = \begin{pmatrix} 7 \\ -2 \\ 8 \end{pmatrix} + r \cdot \begin{pmatrix} 2 \\ -2 \\ 1 \end{pmatrix}$ und g_2: $\vec{x} = \begin{pmatrix} 1 \\ 4 \\ 5 \end{pmatrix} + s \cdot \begin{pmatrix} 2 \\ 3 \\ 6 \end{pmatrix}$.

a) Bestimmen Sie eine Parameter- und eine Koordinatengleichung der Ebene E.

b) Berechnen Sie die Schnittpunkte S_1 und S_2 der Geraden g_1 und g_2 mit der Ebene E.

c) Welche der beiden Geraden g_1 und g_2 hat den größeren Schnittwinkel mit der Ebene E?

8. Dreieckskörper

Gegeben sind die Punkte A (1|1|−1), B (−1|1|1), C (1|−1|1), D (2|3|−1), E (0|3|1) und F (2|1|1). Die Dreiecke ABC und DEF sowie die Vierecke ABED, ADFC und BCFE begrenzen einen Körper.

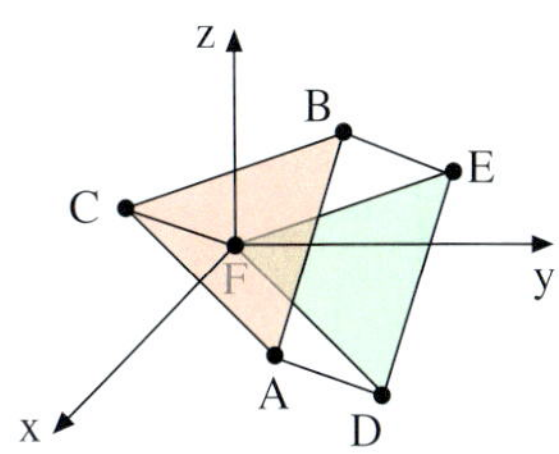

a) Untersuchen Sie, ob das Dreieck DEF durch eine Parallelverschiebung aus ABC hervorgeht. Geben Sie ggf. den Verschiebungsvektor an.

b) Zeigen Sie, dass die Innenwinkel des Dreiecks ABC gleich groß sind. Untersuchen Sie, ob diese Eigenschaft auch für die Schnittwinkel der Seitenflächen ABED, ADFC und BCFE gilt.

9. Ebene und parallele Gerade

Gegeben sind die Ebene E: $2x + 3y + 6z = 22$ und die Gerade g: $\vec{x} = \begin{pmatrix} 7 \\ 5 \\ 7 \end{pmatrix} + r \cdot \begin{pmatrix} 3 \\ -4 \\ 1 \end{pmatrix}$.

a) Zeigen Sie, dass die Gerade g echt parallel zur Ebene E ist.
Bestimmen Sie den Abstand der Geraden g von der Ebene E.

b) Geben Sie einen Punkt P an, der von g und E gleich weit entfernt ist.

10. Spiegelung

Gegeben ist die Ebene E: $-x + y = 4$ und der Punkt P (2|4|2), der nicht in der Ebene E liegt.

a) Der Punkt P (2|4|2) soll an der Ebene E gespiegelt werden.
Berechnen Sie den Spiegelpunkt P′.

b) Bestimmen Sie die Achsenabschnittspunkte von E. Beschreiben Sie die besondere Lage der Ebene E im Koordinatensystem.
Fertigen Sie unter Verwendung der Achsenabschnittspunkte auf kariertem Papier ein Schrägbild der Ebene und der Punkte P und P′ an.

Überblick

Hessesche Normalengleichung einer Ebene:

E: $(\vec{x} - \vec{a}) \cdot \vec{n}_0 = 0$
$\vec{x}$: allgemeiner Ortsvektor der Ebene E
$\vec{a}$: Stützvektor der Ebene E
$\vec{n}_0$: Normalenvektor der Ebene E mit $|\vec{n}_0| = 1$.

Abstand Punkt-Ebene:

Man verwendet das **Lotfußpunktverfahren**.

1. Man stellt die Gleichung der Geraden g auf, die senkrecht zur Ebene E durch den Punkt P verläuft.
2. Man berechnet den Schnittpunkt F der Geraden g und der Ebene E, den sogenannten **Lotfußpunkt**.
3. Der Abstand des Punktes P zur Ebene E ist gleich $|\overrightarrow{PF}|$.

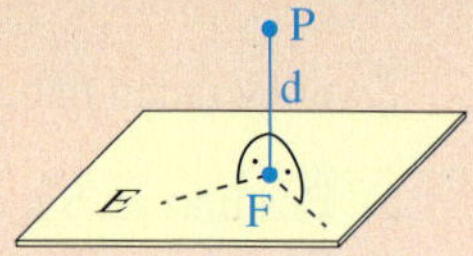

Abstandsformel Punkt-Ebene:

Man verwendet die **Hessesche Normalenform**.
Der Punkt P mit dem Ortsvektor $\vec{p}$ hat von der Ebene E mit der Hesseschen Normalenform E: $(\vec{x} - \vec{a}) \cdot \vec{n}_0 = 0$ den Abstand $d = |(\vec{p} - \vec{a}) \cdot \vec{n}_0|$.

Abstand Gerade-Ebene und Ebene-Ebene:

Der Abstand einer Geraden g zu einer parallelen Ebene E ist gleich dem Abstand eines beliebigen Geradenpunktes P (z. B. des Stützpunktes) zur Ebene E.

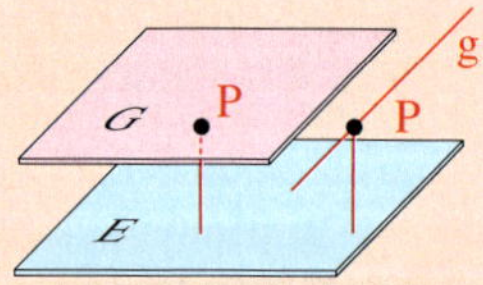

Der Abstand einer Ebene G zu einer parallelen Ebene E ist gleich dem Abstand eines beliebigen Punktes P der Ebene G (z. B. des Stützpunktes) zur Ebene E.

Schnittwinkel zweier Geraden:

Schneiden sich die beiden Geraden mit den Richtungsvektoren $\vec{m}_1$ und $\vec{m}_2$, so gilt für den Schnittwinkel γ der Geraden:

$$\cos\gamma = \frac{|\vec{m}_1 \cdot \vec{m}_2|}{|\vec{m}_1| \cdot |\vec{m}_2|}$$

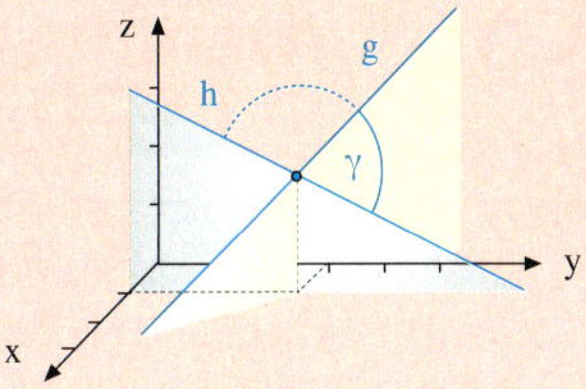

Schnittwinkel von Gerade und Ebene:

Schneidet die Gerade mit dem Richtungsvektor $\vec{m}$ die Ebene mit dem Normalenvektor $\vec{n}$, so gilt für den Schnittwinkel γ von Gerade und Ebene:

$$\sin\gamma = \frac{|\vec{m} \cdot \vec{n}|}{|\vec{m}| \cdot |\vec{n}|} \quad \text{bzw.}$$

$$\cos(90° - \gamma) = \frac{|\vec{m} \cdot \vec{n}|}{|\vec{m}| \cdot |\vec{n}|}$$

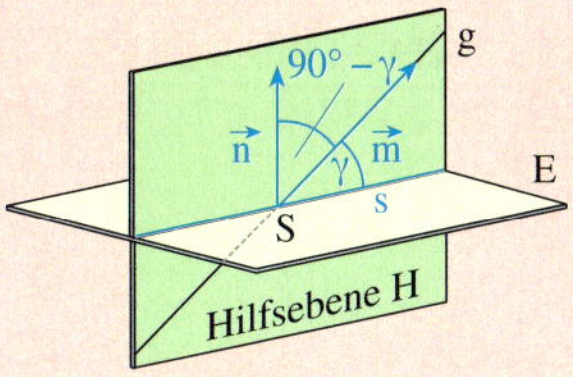

Schnittwinkel zweier Ebenen:

Schneiden sich die beiden Ebenen mit den Normalenvektoren $\vec{n}_1$ und $\vec{n}_2$, so gilt für den Schnittwinkel γ der Ebenen:

$$\cos\gamma = \frac{|\vec{n}_1 \cdot \vec{n}_2|}{|\vec{n}_1| \cdot |\vec{n}_2|}$$

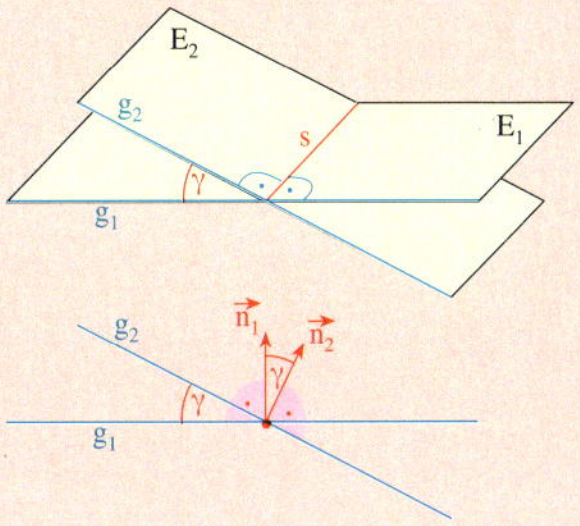

CAS-Anwendungen

Es werden folgende Grundaufgaben behandelt:
- Abstand eines Punktes von einer Ebene mit dem Lotfußpunktverfahren
- Winkel zwischen Gerade und Ebene (zwei Beispiele)
- Winkel zwischen zwei Ebenen

Beispiel: Abstand eines Punktes von einer Ebene
Gesucht ist der Abstand des Punktes P(4|4|5) von der Ebene E: $x + y + 2z = 6$.

Lösung:
Mit dem Ortsvektor vp := [4; 4; 5] von P und dem Normalenvektor vn := [1; 1; 2] von E wird das Lot g(r) := vp + r · vn von P auf E definiert. Der Parameterwert r für den Lotfußpunkt F ergibt sich durch solve(dotP(g(r),vn)=6,r) mit $r = -2$.

Der Ortsvektor von F wird folglich festgelegt durch vf := g(−2). Der gesuchte Abstand ist damit d := norm(vp − vf). Er beträgt ungefähr 4,90 LE.

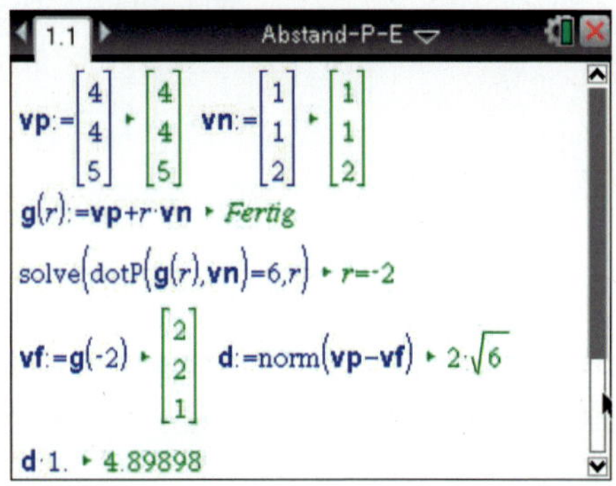

Beispiel: Winkel zwischen einer Ebene und einer diese Ebene schneidenden Geraden

Gegeben sind die Ebene E: $\vec{x} = \begin{pmatrix} 1 \\ 0 \\ -1 \end{pmatrix} + r\begin{pmatrix} 2 \\ -1 \\ 1 \end{pmatrix} + s\begin{pmatrix} 1 \\ 1 \\ 1 \end{pmatrix}$ und die Gerade g: $\vec{x} = \begin{pmatrix} 2 \\ 4 \\ 2 \end{pmatrix} + t\begin{pmatrix} 0 \\ 2 \\ 1 \end{pmatrix}$.

Berechnen Sie die Größe des Winkels, unter dem sich E und g schneiden (vgl S. 171 oben).

Lösung:
Auf Seite 171 wurde nachgewiesen, dass sich E und g im Punkt S(2|−2|−1) schneiden.

Es ist $\vec{m} = \begin{pmatrix} 0 \\ 2 \\ 1 \end{pmatrix}$. Der Normalenvektor $\vec{n} = \begin{pmatrix} a \\ b \\ c \end{pmatrix}$ der Ebene E steht senkrecht auf den beiden Richtungsvektoren von E. Das daraus resultierende unterbestimmte Gleichungssystem hat die Lösungen:
$a = -\frac{2}{3}c_1$, $b = -\frac{1}{3}c_1$ und $c = c_1$ mit $c_1 \in \mathbb{R}$, $c_1 \neq 0$.

Für $c_1 = 3$ ergibt sich $\vec{n_1} = \begin{pmatrix} -2 \\ -1 \\ 3 \end{pmatrix}$.

Einsetzen der Vektoren $\vec{n_1}$ und $\vec{m}$ in die Formel $\sin(\gamma) = \frac{|\vec{m} \cdot \vec{n_1}|}{|\vec{n_1}| \cdot |\vec{n_1}|}$ und Division durch 1° ergibt als Größe des Schnittwinkels $\gamma \approx 6{,}9$.

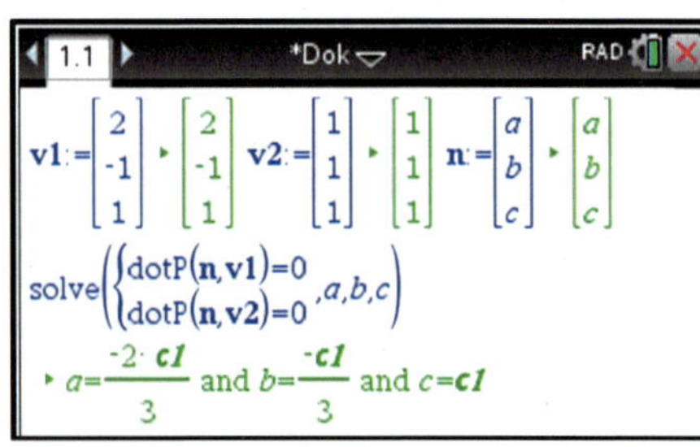

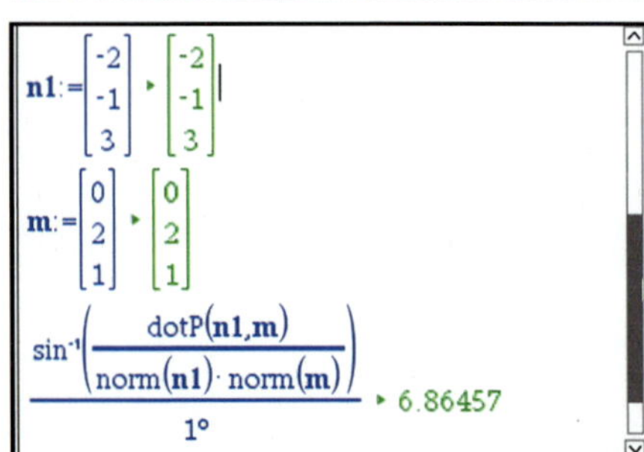

Beispiel: Winkel zwischen Gerade und Ebene

Bestimmen Sie den Schnittwinkel γ der Geraden g mit der Ebene E.

$$g: \vec{x} = \begin{pmatrix} 2 \\ 1 \\ 3 \end{pmatrix} + t \begin{pmatrix} 2 \\ 1 \\ -2 \end{pmatrix} \qquad E: \left[\vec{x} - \begin{pmatrix} 3 \\ 5 \\ 1 \end{pmatrix}\right] \cdot \begin{pmatrix} 3 \\ 1 \\ 2 \end{pmatrix} = 0$$

Lösung:
Wir verwenden den Ansatz von Seite 175, benötigen also nur den Richtungsvektor $\vec{m}$ von g und den Normalenvektor $\vec{n}$ von E:

vm := [2; 1; –2]; vn := [3; 1; 2].

Der Schnittwinkel wird berechnet durch $\sin^{-1}$(|dotp(vm,vn)|/(norm(vm) · norm(vn))).
Man erhält: $\gamma \approx 15{,}50°$.

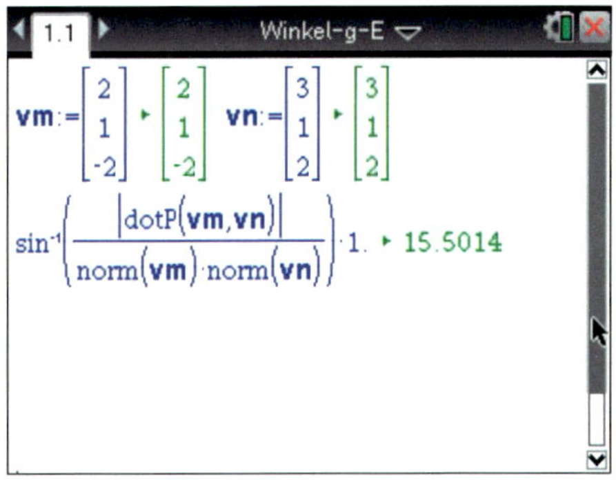

Beispiel: Winkel zwischen Ebenen

Bestimmen Sie den Schnittwinkel g der Ebenen E_1 und E_2.

$$E_1: 4x + 3y + 2z = 12 \qquad E_2: \left[\vec{x} - \begin{pmatrix} 0 \\ 0 \\ 6 \end{pmatrix}\right] \cdot \begin{pmatrix} 0 \\ 3 \\ 2 \end{pmatrix} = 0$$

Lösung:
Wir verwenden den Ansatz von Seite 176; die beiden Normalenvektor sind:

vn1 := [4; 3; 2], vn2 := [0; 3; 2].

Der Schnittwinkel wird berechnet durch $\cos^{-1}$(|dotp(vn1,vn2)|/(norm(vn1)·norm(vn2))).
Man erhält: $\gamma \approx 47{,}97°$.

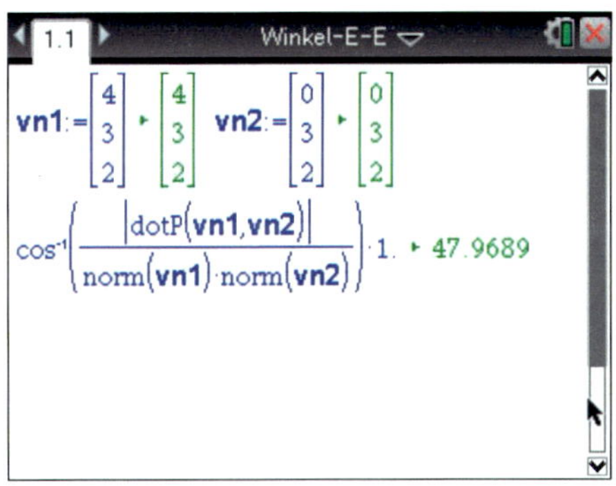

Übung 1

Die Punkte A (6|1|1), B (4|5|2), C (1|1|2), D (4|3|5) bilden eine dreiseitige Pyramide, ein sogenanntes „unregelmäßiges Tetraeder". Berechnen Sie die Winkel zwischen der Fläche ABC und der Kante AD sowie zwischen den Flächen ABC und ABD. Berechnen Sie den Abstand des Punktes D zur Ebene ABC.

Übung 2

Bearbeiten Sie das Beispiel zur Abstandsberechnung durch CAS-Anwendung der Hesse-Form.

Test

Winkel und Abstände

1. Ebenen, Geraden und Punkte

Die Ebene E geht durch die Punkte A (8|0|0), B (0|4|0) und C(0|0|4). Die Gerade g geht durch die Punkte U(10|13|7) und V(8|9|5).

a) Stellen Sie eine Parametergleichung von g und eine Normalengleichung von E auf.

b) Bestimmen Sie den Abstand des Punktes P(7|7|7) von der Ebene E.

c) Ermitteln Sie den Schnittpunkt S und den Schnittwinkel γ der Geraden g und der Ebene E.

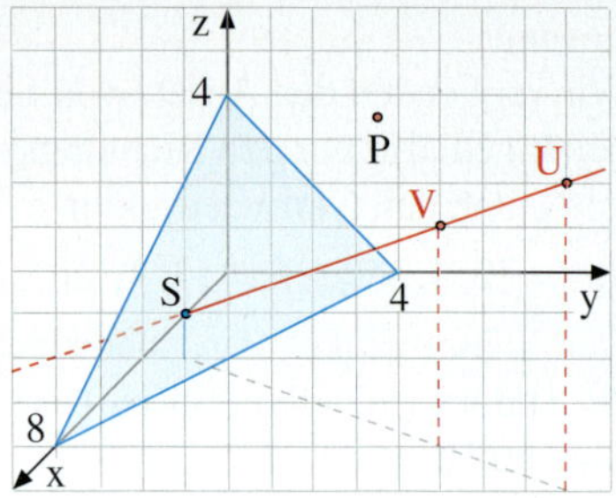

2. Pyramide

Eine Pyramide hat die Grundfläche ABCD mit den Eckpunkten A(0|0|5), B(12|0|5), C(12|12|0) und D(0|12|0). Ihre Spitze liegt bei S(6|11|14,5).

a) Stellen Sie eine Koordinatengleichung der Grundflächenebene E auf.

b) Zeigen Sie, dass die Grundfläche ein Rechteck ist. Berechnen Sie ihren Flächeninhalt.

c) Gesucht ist das Volumen der Pyramide.

d) Bestimmen Sie den Winkel $\gamma = \sphericalangle BSC$.

e) Berechnen Sie den Inhalt der Seitenfläche BSC.

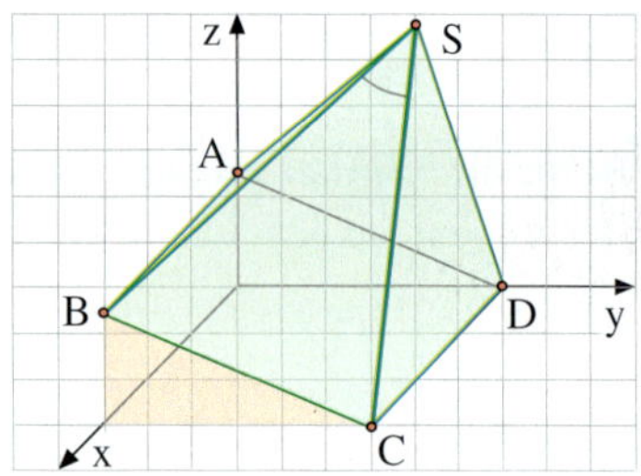

3. Flugbahnen

Ein Hubschrauber h startet um 12.00 Uhr auf einer Hochebene an der Position A(6|−3|2) und wird 30 Sekunden später bei B(4|−1|3) geortet). Ebenfalls um 12.00 Uhr durchfliegt ein Motorflugzeug f die Position C(−8|−7|10) mit einer Geschwindigkeit von 420 km/h in Richtung des Vektors $\vec{v}$ (s. rechts). Beide Fluggeräte fliegen geradlinig mit konstanter Geschwindigkeit. 1 LE entspricht 1 km.

$$\vec{v} = \begin{pmatrix} 3 \\ 6 \\ -2 \end{pmatrix}$$

a) Stellen Sie die Flugbahngleichungen von h und f auf.

b) Zeigen Sie, dass die Flugbahnen sich schneiden. Wie groß ist der Schnittwinkel γ?

c) Bestimmen Sie die Geschwindigkeit des Hubschraubers sowie die Flugzeiten der beiden Fluggeräte bis zum Bahnschnittpunkt S. Droht eine Kollision?

d) Skizzieren Sie auf kariertem Papier ein Schrägbild der Flugbahnen.

4. Abstand zweier Ebenen

Berechnen Sie den Abstand der parallelen Ebenen E: $x + 4y + 8z = 46$ und F: $x + 4y + 8z = 127$. Untersuchen Sie, wie die rechte Seite der Ebene F verändert werden muss, wenn der Abstand der Ebenen den Wert 18 annehmen soll.

Lösungen: S. 365

VI. Prognose- und Konfidenzintervalle

1. Die Binomialverteilung im Überblick

Im Folgenden sollen stochastische Schätzungen vorgenommen werden. Dabei wird als Wahrscheinlichkeitsverteilung die ***Binomialverteilung*** verwendet, die bereits im ersten Band behandelt wurde. Wir stellen in diesem ersten Abschnitt alle benötigten Grundbegriffe und Formeln in kompakter Weise zusammen, um ein Reaktivieren der Kenntnisse und bei Bedarf ein unkompliziertes Nachlesen zu ermöglichen.

A. Die Binomialverteilung B (n; p; k)

Ein Zufallsversuch wird als Bernoulli-Experiment oder ***Bernoulli-Versuch*** bezeichnet, wenn er nur zwei Ausgänge besitzt:

E (Treffer, Erfolg), $\overline{E}$ (Niete, Misserfolg).

Bernoulli-Versuch:
Zufallsversuch mit genau zwei Ausgängen E und $\overline{E}$

Wiederholt man einen Bernoulli-Versuch n-mal, so erhält man eine ***Bernoulli-Kette*** der Länge n.

Bernoulli-Kette der Länge n:
n-fache Wiederholung eines Bernoulli-Versuchs

Die Zufallsgröße X sei die Trefferzahl in einer Bernoulli-Kette der Länge n mit der Trefferwahrscheinlichkeit p.

Dann nimmt X einen ganzzahligen Wert k aus dem Bereich $0 \leq k \leq n$ an.

Die Wahrscheinlichkeit $P(X = k)$ kann mit der ***Formel von Bernoulli***, die rechts aufgeführt ist, manuell berechnet werden.

Die Formel von Bernoulli

X sei die Trefferzahl in einer Bernoulli-Kette der Länge n mit der Trefferwahrscheinlichkeit p.
Dann gilt für die Wahrscheinlichkeit des Auftretens von genau k Treffern die folgende Formel:

$$\mathbf{P(X = k) = \binom{n}{k} \cdot p^k \cdot (1 - p)^{n-k}}$$

Berechnet man $P(X = k)$ für alle k von 0 bis n, so erhält man eine Verteilungstabelle, die man als ***Binomialverteilung B (n; p; k)*** mit den Parametern n und p bezeichnet.

X wird daher auch als binomialverteilte Zufallsvariable bezeichnet.

Rechts ist die Verteilungstabelle für n = 5 und p = 0,4 abgebildet, also B (5; 0,4; k).

Man kann die Werte mit der Formel von Bernoulli manuell oder vereinfacht mit dem Taschenrechner errechnen (s. S. 212).

Binomialverteilung B (n; p; k):
Verteilungstabelle für n = 5 und p = 0,4

B (5; 0,4; k)

k	P(X = k)
0	0,0778
1	0,2592
2	0,3456
3	0,2304
4	0,0768
5	0,0102

Man kann die Binomialverteilung B (n; p; k) auch in graphischer Form als Säulendiagramm (Histogramm) darstellen.

Am Histogramm kann man die besonderen Eigenschaften einer Binomialverteilung gut erkennen.

Rechts ist als Beispiel das Histogramm von B (5; 0,4; k) dargestellt.

Histogramm von B (5; 0,4; k):

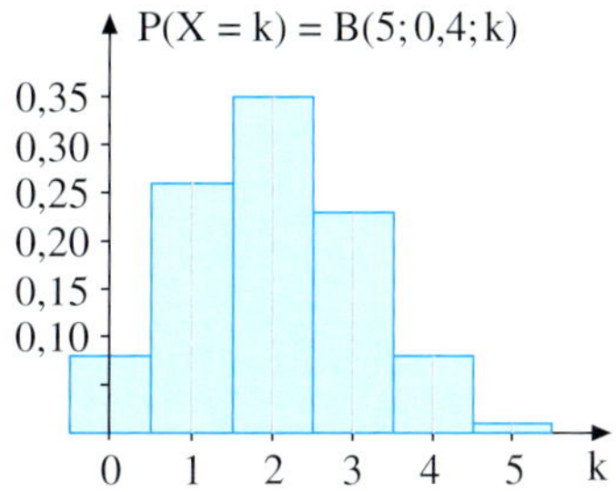

B. Die kumulierte Binomialverteilung F(n, p, k)

Oben ging es um die Fragestellung, dass die Zufallsvariable X genau einen Wert k annimmt, d. h. dass X = k gilt. Die Wahrscheinlichkeit dafür ist P (X = k) = B (n; p; k).

Häufig interessiert man sich aber dafür, dass die Zufallsvariable X einen bestimmten Wert k nicht überschreitet, d. h., dass $X \leq k$ gilt. Die Wahrscheinlichkeit hierfür bezeichnet man mit $P(X \leq k) = F(n; p; k)$.

Die Intervallwahrscheinlichkeit $P(X \leq k)$ erhält man durch Aufsummieren der Punktwahrscheinlichkeiten P (X = 0) bis P (X = k).

Daher bezeichnet man $P(X \leq k) = F(n; p; k)$ auch als ***kumulierte Binomialverteilung***.

Kumulierte Binomialverteilung F (n; p; k):

$$P(X \leq k) = P(X = 0) + \ldots + P(X = k)$$

$$F(n; p; k) = B(n; p; 0) + \ldots + B(n; p; k)$$

Als Beispiel sind rechts Tabelle und Histogramm der kumulierten Binomialverteilung für den Fall n = 5 und p = 0,4 dargestellt, also für die Verteilung F (5; 0,4; k).

Die Werte dieser Verteilung können ebenfalls mit dem Taschenrechner bestimmt werden (s. Seite 213).

Tabelle und Histogramm der kumulierten Binomialverteilung F (5; 0,4; k)

k	$P(X \leq k)$
0	0,0778
1	0,3370
2	0,6826
3	0,9130
4	0,9898
5	1,0000

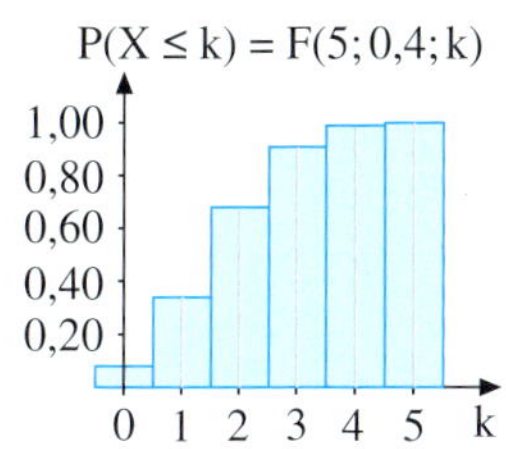

Übung 1

a) Bei einem gefälschten Würfel beträgt die Wahrscheinlichkeit für eine Sechs 40 %. Wie groß ist die Wahrscheinlichkeit, dass bei fünf Würfen genau dreimal die Sechs kommt?

b) Wie groß ist die Wahrscheinlichkeit, dass bei dem Würfel aus a) bei fünf Würfen höchstens dreimal die Sechs kommt bzw. dass mindestens zweimal die Sechs kommt?

c) Erstellen Sie mit Hilfe der Bernoulliformel die Tabelle der Binomialverteilung B (4; 0,5; k) und stellen Sie das zugehörige Histogramm graphisch dar.

d) Erstellen Sie mit Hilfe der Tabellenergebnisse aus c) die Tabelle zur kumulierten Binomialverteilung F (4; 0,5; k) sowie das zugehörige Histogramm.

C. Berechnung von B (n; p; k) mit dem Taschenrechner

Wahrscheinlichkeiten bei einer Bernoulli-Kette können mit der Formel von Bernoulli berechnet werden. Das kann aber rechenaufwendig werden, wenn es sich um ein Ereignis handelt, zu dem viele Pfade der Kette gehören. Hier hilft der Taschenrechner, da er die Möglichkeit bietet, die Wahrscheinlichkeiten B (n; p; k) und F (n; p; k) mit wenigen Tastendrucken zu bestimmen.

Beispiel: Glücksrad: Binomialverteilung B (n; p; k)

Das dargestellte Glücksrad wird neunmal gedreht.
Mit welcher Wahrscheinlichkeit fällt dabei genau siebenmal eine Primzahl (2, 3, 5)?

Lösung mit dem TI-Taschenrechner:

X sei die Anzahl der beim neunmaligen Drehen erhaltenen Primzahlen.
Da die Wahrscheinlichkeit für eine Primzahl $p = \frac{3}{5} = 0{,}6$ beträgt, suchen wir also den Wert $P(X = 7) = B(9; 0{,}6; 7)$.

Mit den Tasten [2ND] [DATA] (stat-reg/distr) kommen wir in das Statistik-Menü.
Mit dem Cursor gehen wir nach rechts auf DISTR, worauf uns sieben Verteilungen angezeigt werden.
Wir wählen Option 4: BinomialPdf (die einfache Binomialverteilung).
Nun werden uns die Optionen SINGLE, LIST und ALL* angezeigt. Wir wählen SINGLE.
Dann können wir unter TRIALS die Anzahl n = 9 der Versuche eingeben.
Unter p(SUCCESS) geben wir die Erfolgswahrscheinlichkeit p = 0,6 ein.
Unter χ geben wir die gewünschte Anzahl von Erfolgen ein: k = 7.
Mit CALC starten wir die Berechnung.
Das Ergebnis lautet: Value = 0,161243136.
Resultat: Die gesuchte Wahrscheinlichkeit beträgt $P(X = 7) = B(9; 0{,}6; 7) \approx 16{,}12\,\%$.

Das Verteilungsmenü:

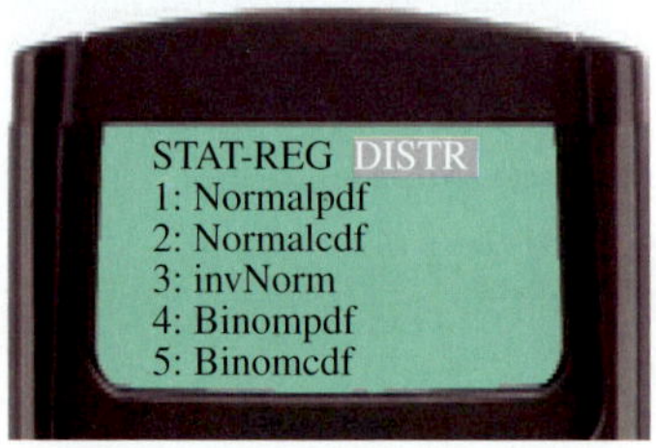

Berechnung von B (9; 0,6; 7):

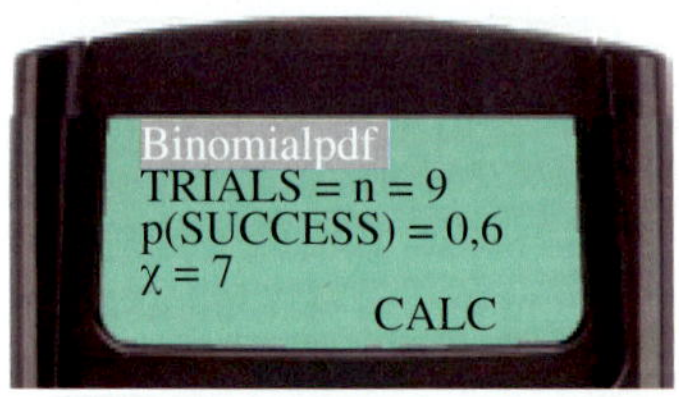

Resultat:

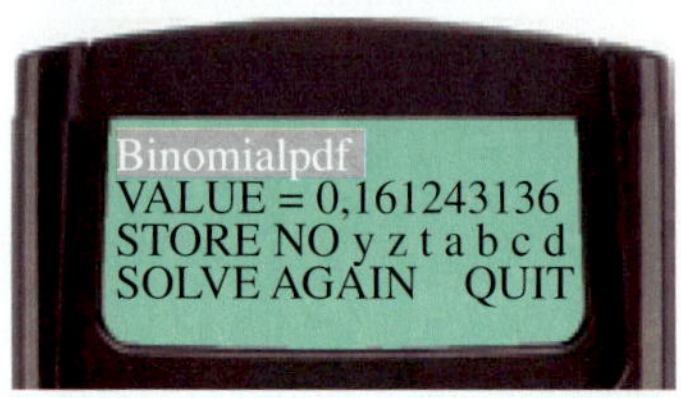

Übung 2 Taschenrechner

Ermitteln Sie, welche der Punktwahrscheinlichkeiten exakt gleich sind. Nutzen Sie zunächst den Taschenrechner und rechnen Sie anschließend manuell mit Brüchen.

A: B (2; 1/3; 0) B: B (2; 1/4; 2) C: B (3; 1/3; 1) D: B (3; 1/3; 3) E: B (4; 1/2; 0)

---

* SINGLE berechnet einen Wert, LIST eine Liste von Werten und ALL alle Werte der Verteilung.

Lösung mit dem CASIO-Taschenrechner:
X sei die Anzahl der beim neunmaligen Drehen erhaltenen Primzahlen.
Da die Wahrscheinlichkeit für eine Primzahl $p = \frac{3}{5} = 0{,}6$ beträgt, suchen wir den Wert $P(X = 7) = B(9; 0{,}6; 7)$.

Wir wechseln zunächst ins [Menu] und wählen dort die Anwendung 7: Verteilungsfunktionen.

Dort werden mehrere Verteilungsfunktionen angeboten. Wir wählen die Option 4: Binomial-Dichte.

Nun wird die Möglichkeit angeboten, mehrere Werte (1: Liste) oder einen Einzelwert (2: Variable) berechnen zu lassen.
Wir wählen die Eingabe 2: Variable.

Anschließend können die Werte für die Parameter k, n und p eingegeben werden.
Wir geben $k = 7$, $n = 9$ und $p = 0{,}6$ ein.

Nun kann die Berechnung mit der =-Taste gestartet werden.

Als Ergebnis wird $P = 0{,}161243136$ angezeigt.

Resultat: Die gesuchte Wahrscheinlichkeit beträgt $P(X = 7) = B(9; 7; 0{,}6) \approx 16{,}12\,\%$.

Auswahl der Verteilung:

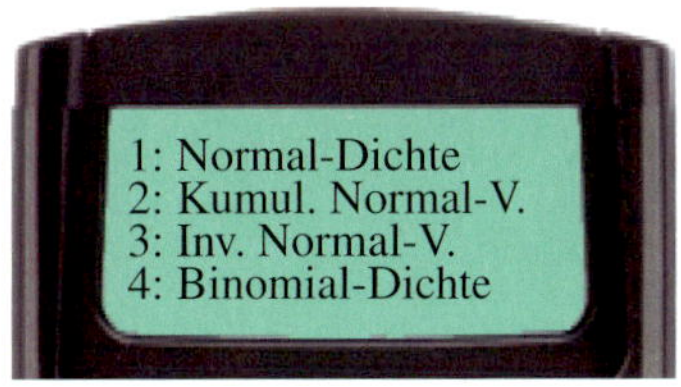

Berechnung eines Einzelwertes:

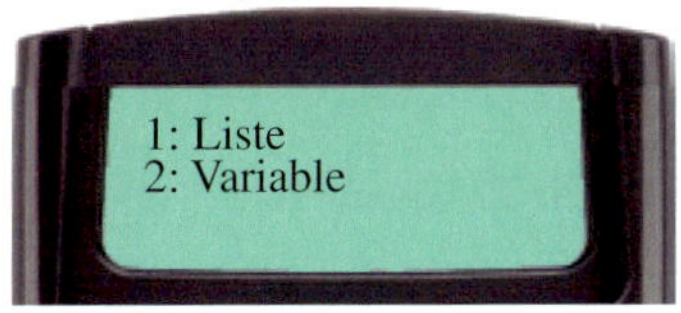

Eingabe der Parameter n, p und k:

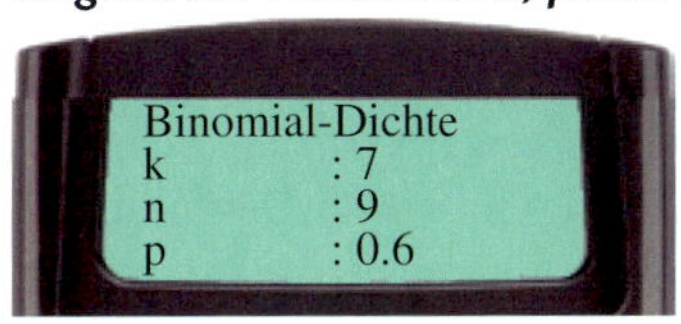

Resultat:

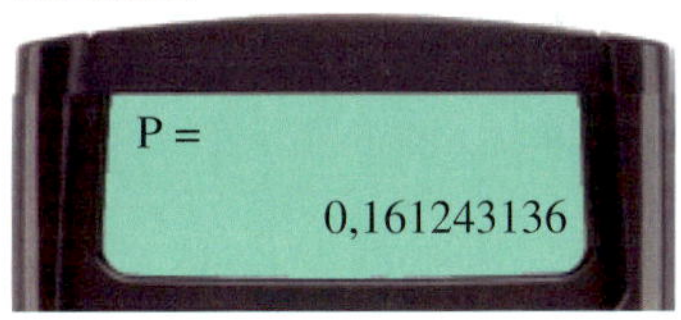

Übung 3 Taschenrechner
Berechnen Sie folgende Werte der einfachen Binomialverteilung $B(n; p; k)$.
a) $B(10; 0{,}5; 6)$ b) $B(10; 0{,}75; 3)$
c) $B(20; 0{,}25; 7)$ d) $B(8; 0{,}1; 2)$

Übung 5 Wahrscheinlichkeitsverteilung
Bestimmen Sie mit dem Taschenrechner alle Werte der Binomialverteilung mit $n = 10$ und $p = 0{,}6$. Wählen Sie dazu die aus dem Angebot SINGLE LIST ALL die Option ALL aus.

Übung 4 Punktwahrscheinlichkeit
Es wird achtmal gewürfelt. Bestimmen Sie die Wahrscheinlichkeit, dass dabei genau drei Sechsen fallen.

Übung 6 Fester Faktor
Die Werte $B(5; 0{,}2; 4)$, $B(3; 0{,}4; 3)$ und $B(2; 0{,}2; 0)$ unterscheiden sich nur durch einen festen Faktor. Bestimmen Sie diesen Faktor. Nutzen Sie zunächst den Taschenrechner. Rechnen Sie dann manuell.

D. Die kumulierte Binomialverteilung F (n; p; k) mit dem Taschenrechner

Die kumulierte Binomialverteilung F (n; p; k) kann mit dem Taschenrechner in völliger Analogie zur einfachen Binomialverteilung B (n; p; k) berechnet werden. Man muss lediglich an einer Stelle in der sonst gleichen Berechnung statt der einfachen Verteilung die kumulierte Verteilung wählen.

Beispiel: Münzwurf – Kumulierte Binomialverteilung F (n; p; k)
100 Münzen werden geworfen.
Bestimmen Sie die Wahrscheinlichkeit für das Ereignis „maximal 45-mal Kopf".

Lösung mit dem TI-Taschenrechner

Es ist n = 100, p = 0,5 und k = 45. Gesucht ist der Wert $P(X \leq 45) = F(100; 0{,}5; 45)$.

Mit den Tasten 2ND DATA (stat-reg/distr) gehen wir wieder in das Statistik-Menü. Mit dem Cursor gehen wir nach rechts auf DISTR, worauf uns sieben Verteilungen angezeigt werden.
Wir wählen nun Option 5: BinomialCdf (die kumulierte Binomialverteilung).

Nun werden uns die Optionen SINGLE, LIST und ALL angezeigt. Wir wählen SINGLE zur Berechnung eines Einzelwertes.

Dann können wir unter TRIAL die Anzahl n = 100 der Versuche eingeben.
Unter p (SUCCESS) geben wir die Erfolgswahrscheinlichkeit p = 0,5 ein.
Unter χ geben wir die gewünschte maximale Anzahl von Erfolgen ein: k = 45.

Mit CALC starten wir die Berechnung.
Das Ergebnis lautet: Value = 0,18410080

Resultat: Die gesuchte Wahrscheinlichkeit lautet
$P(X \leq 45) = F(100; 0{,}5; 45) \approx 18{,}41\,\%$.

Lösung mit dem CASIO-Taschenrechner

Es ist n = 100, p = 0,5 und k = 45. Gesucht ist der Wert $P(X \leq 45) = F(100; 0{,}5; 45)$.

Wir wechseln zunächst ins Menü und wählen dort wieder die Anwendung 7: Verteilungsfunktionen.
Dort werden mehrere Verteilungsfunktionen angeboten. Wir wählen die fünfte Option: Kumul. Binom.-V. (die kumulierte Binomialverteilung).

Nun wird die Möglichkeit angeboten, mehrere Werte (1: Liste) oder einen Einzelwert (2: Variable) berechnen zu lassen.
Wir wählen die Eingabe 2: Variable.

Anschließend können die Werte für die Parameter k, n und p eingegeben werden.
Wir geben k = 45, n = 100 und p = 0,5 ein.

Nun kann die Berechnung mit der =-Taste gestartet werden. Als Ergebnis wird der Wert P = 0,18410080 angezeigt.

Resultat: Die gesuchte Wahrscheinlichkeit lautet
$P(X \leq 45) = F(100; 0{,}5; 45) \approx 18{,}41\,\%$.

Übung 7 Berechnung von F (n; p; k) mit dem Taschenrechner
Berechnen Sie folgende Werte der kumulierten Binomialverteilung F (n; p; k).
a) F(10; 0,5; 6) b) F(20; 0,25; 7) c) F(8; 0,1; 2) d) F(10; 0,75; 3)

E. Erwartungswert und Standardabweichung der Binomialverteilung

Im Folgenden befassen wir uns mit den beiden wichtigsten statistischen Kenngrößen einer Binomialverteilung, mit ihrem ***Erwartungswert μ*** und ihrer ***Standardabweichung σ***. Diese Kenngrößen benötigen wir später, um statistische Schätzungen durchführen zu können.

Wie erläutern die beiden Kenngrößen μ und σ nun anhand eines konkreten Beispiels.

I. Der Erwartungswert

Beispiel: Der Erwartungswert

Das abgebildete Glücksrad wird 10-mal gedreht. Als Treffer zählt ROT. Die Trefferwahrscheinlichkeit ist daher 0,4.

Welche Trefferzahl ist bei dieser Bernoulli-kette im Mittel zu erwarten?

Drehen eines Glücksrades:

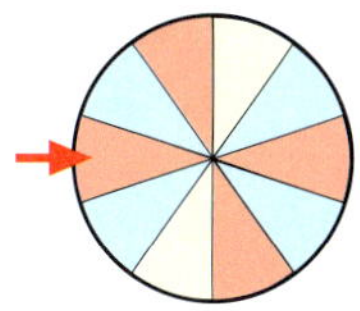

Treffer: Es kommt ROT
Versuchszahl : $n = 10$
Trefferwahrsch.: $p = 0{,}4$

X sei die in einem Durchgang erzielte Trefferzahl. X variiert zwischen 0 und 10.

Da die Wahrscheinlichkeit für ROT 0,4 beträgt, wird man bei 10 Versuchen im Mittel mit 4 Treffern rechnen können.

Diesen Mittelwert bezeichnet man als Erwartungswert der Zufallsvariablen X.
Man verwendet für den Erwartungswert einer Zufallsvariablen X die Schreibweise E(X) oder kurz das Symbol μ.
Für den Erwartungswert gilt offensichtlich die Formel $\mu = n \cdot p$.

Fertigt man das Histogramm der Binomialverteilung B(n; p; k) an, also in unserem Fall das Histogramm von B(10; 0,4; k), so erkennt man, dass der Erwartungswert μ im Zentrum der Verteilung liegt.

Der Erwartungswert einer binomialverteilten Zufallsgröße

X sei die Trefferzahl in einer Bernoulli-Kette der Länge n mit der Trefferwahlscheinlichkeit p.
Dann gilt für den Erwartungswert μ der Zufallsgröße X die Formel:

$$\mu = E(X) = n \cdot p.$$

Der Erwartungswert μ im Histogramm

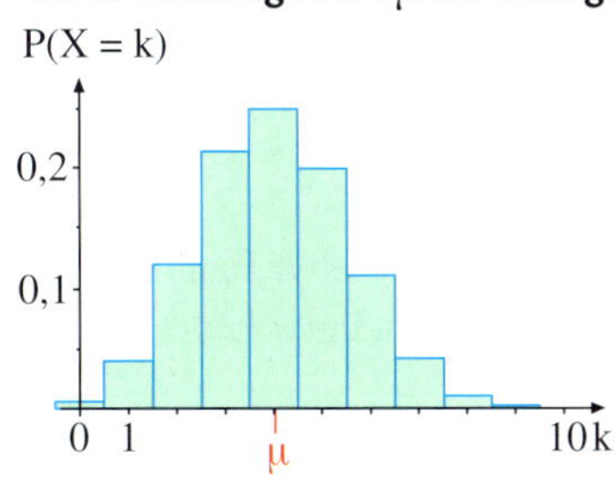

Übung 8 Erwartungswert

a) Ein fairer Würfel wird 12-mal geworfen. X sei die Anzahl der Sechsen bei diesem Zufallsexperiment. Ermitteln Sie den Erwartungswert von X.

b) Ein Glücksrad hat fünf unterschiedlich gefärbte, aber jeweils gleich große Sektoren. Einer davon ist rot. Das Glücksrad wird 70-mal gedreht. Ermitteln Sie den Erwartungswert der Zufallsgröße X = Anzahl der Würfe, in denen ROT kommt.

II. Die Standardabweichung

Der im vorigen Abschnitt behandelte Erwartungswert $\mu = E(X)$ einer Zufallsgröße X ist ein Mittelwert, um den die Werte der Zufallsgröße bei der Durchführung des Zufallsexperiments streuen.

Die Stärke der Streuung kann durch eine weitere Kenngröße erfasst werden, die sogenannte Standardabweichung $\sigma(X)$ der Zufallsgröße X. Sie gibt im Prinzip die mittlere Abweichung vom Erwartungswert μ an. Wir verzichten hier auf die Begründung dieser Aussage. Man findet hierzu Näheres in Band 1 auf Seite 497. Wir berechnen die Standardabweichung für das Beispiel des Glücksrades oben.

Beispiel: Die Standardabweichung
Das abgebildete Glücksrad wird 10-mal gedreht. Als Treffer zählt ROT. Die Trefferwahrscheinlichkeit ist daher 0,4.
Die Trefferzahl X hat den Erwartungswert $\mu = n \cdot p = 10 \cdot 0{,}4 = 4$.
Wie groß ist die mittlere Streuung von X um diesen Erwartungswert, d.h. die Standardabweichung $\sigma(X)$?

Drehen eines Glücksrades:

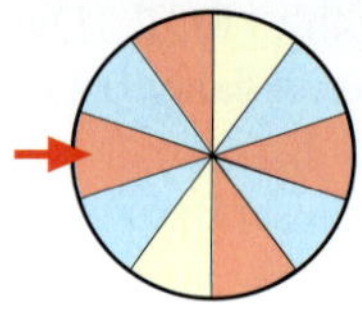

Treffer: Es kommt ROT
Versuchszahl : $n = 10$
Trefferwahrsch.: $p = 0{,}4$

Lösung:
Für die Standarbabweichung $\sigma(X)$ einer binomialverteilten Zufallsgröße X gibt es eine einfache Formel.
Sie lautet $\sigma(X) = \sqrt{n \cdot p \cdot (1-p)}$.
Leider können wir diese Formel hier nicht herleiten, sondern nur zur Kenntnis nehmen und anwenden. Auch ihre genaue Bedeutung wird erst später im Abschnitt über Sigma-Umgebungen deutlich.
Die Formel liefert hier den Wert $\sigma \approx 1{,}55$.
$\sigma(X) = \sqrt{10 \cdot 0{,}4 \cdot (1-0{,}4)} = \sqrt{2{,}4} \approx 1{,}55$

Die Standardabweichung einer binomialverteilten Zufallsgröße

X sei die Trefferzahl in einer Bernoulli-Kette der Länge n mit der Trefferwahrscheinlichkeit p.
Dann gilt für die Standardabweichung σ der Zufallsgröße X die Formel

$$\boldsymbol{\sigma = \sigma(X) = \sqrt{n \cdot p \cdot (1-p)}}.$$

Wir können die Standardabweichung in das Histogramm von B (10; 0,4; k) einzeichnen (s. rechts).
Im Intervall $[\mu - \sigma, \mu + \sigma]$ liegt dann der größte Teil aller Ergebnisse des Experiments.

Die Standardabweichung σ im Histogramm

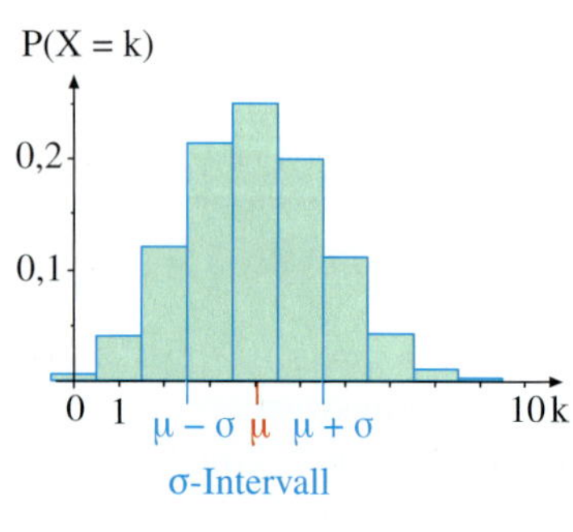

Übung 9 Standardabweichung
Bestimmen Sie für die Aufgaben aus Übung 8 jeweils die Standardabweichung der Zufallsgröße X.

Übungen

10. Formel von Bernoulli
Eine faire Münze wird 4-mal geworfen.
Berechnen Sie mit Hilfe der Formel von Bernoulli manuell, mit welcher Wahrscheinlichkeit genau 3-mal Kopf kommt. Welche Zahl von Kopfwürfen ist am wahrscheinlichsten?

11. Binomialverteilung/Taschenrechner
Berechnen Sie mit Hilfe des Taschenrechners folgende Wahrscheinlichkeiten:
a) B(6; 0,5; 3), B(6; 0,5; 6), B(100; 0,4; 40); B(100; 0,4; 100); B(1000; 0,4; 400).
b) F(6; 0,5 ;3), F(6; 0,5; 6), F(100; 0,4; 40); F(100; 0,4; 100), F(1000; 0,4; 400).

12. Binomialverteilung
Bei einem gefälschten Würfel beträgt die Wahrscheinlichkeit für eine Sechs 30%.
Der Würfel wird 7-mal geworfen.
a) Ermitteln Sie die Wahrscheinlichkeit dafür, dass genau viermal die Sechs kommt.
b) Ermitteln Sie die Wahrscheinlichkeit dafür, dass genau dreimal die Sechs kommt.
c) Mit welcher Wahrscheinlichkeit kommen mindestens 4 Sechsen?
d) Mit welcher Wahrscheinlichkeit kommen zwischen 3 und 5 Sechsen?

13. Histogramme
Die Abbildungen zeigen Histogramme der Binomialverteilung B(n; 0,3; k). Beschreiben Sie, wie sich Lage, Gestalt und Höhe der Histogramme in Abhängigkeit von n ändern.

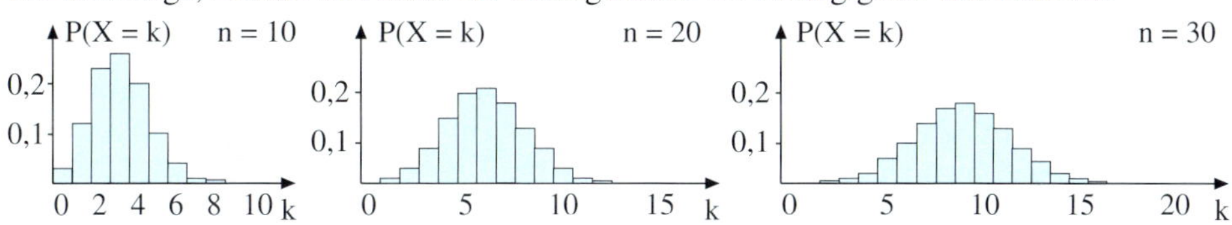

14. Histogramme
a) Erstellen Sie mit Hilfe der Bernoulliformel die Tabelle der Binomialverteilung B(6; 0,4; k) und stellen Sie das zugehörige Histogramm graphisch dar.
b) Erstellen Sie mit Hilfe der Tabellenergebnisse aus a) die Tabelle zur kumulierten Binomialverteilung F(6; 0,4; k) sowie das zugehörige Histogramm.

15. Erwartungswert und Standardabweichung
Ein fairer Würfel wird 20-mal geworfen. X sei die Anzahl der dabei geworfenen Sechsen.
a) Berechnen Sie den Erwartungswert μ von X.
b) Berechnen Sie die Standardabweichung σ von X.
c) Wie oft muss man den Würfel werfen, damit sich die Standardabweichung verdoppelt?

16. Würfelspiel
Bei einem Würfelspiel mit einem fairen Würfel spielt der Spieler gegen die Bank.
Ein Spiel besteht aus 54 Würfen. Der Einsatz, den der Spieler zahlen muss, beträgt 10 €.
Der Spieler erhält für jede geworfene Sechs eine Auszahlung von 1 €.
a) Ermitteln Sie, mit wie vielen Sechsen der Spieler im Mittel rechnen kann.
b) Mit welcher Wahrscheinlichkeit wirft der Spieler genau 8 bzw. höchstens 8 Sechsen?
c) Entscheiden Sie begründet, ob das Spiel fair ist oder den Spieler bzw. die Bank bevorteilt.
d) Untersuchen Sie, wie der Einsatz geändert werden muss, wenn das Spiel fair werden soll.

2. Die Sigma-Regeln

Bernoulli-Ketten bestehen oft aus einer großen Anzahl n von Versuchen. Dann kann die Trefferzahl X sehr viele Werte annehmen. Ein Einzelwert hat in diesem Fall zwangsläufig nur noch eine kleine Wahrscheinlichkeit. Er tritt also sehr selten auf und wird so als Ergebnis uninteressant.

Man interessiert sich dann eher dafür, mit welcher Wahrscheinlichkeit die Treffezahl X in bestimmte Intervalle um den Erwartungswert μ fällt.

Mit Hilfe der Standardabweichung σ kann man Intervalle (Umgebungen) um den Erwartungswert μ finden, in welchen die Trefferzahl X mit festen Wahrscheinlichkeiten liegt.

A. Sigma-Umgebungen des Erwartungswertes

Beispiel: Sigma-Umgebung

Das abgebildete Glücksrad wird 50-mal gedreht (n = 50).
Das Ereignis ROT zählt als Treffer. Die Trefferwahrscheinlichkeit beträgt p = 0,4.
X sei die Anzahl der erzielten Treffer.

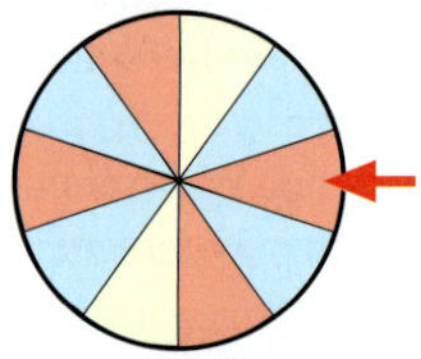

a) Berechnen Sie den Erwartungswert μ und die Standardabweichung σ von X.
b) Mit welcher Wahrscheinlichkeit fällt die Trefferzahl X in das Intervall $[\mu - \sigma, \mu + \sigma]$?

Lösung zu a:
Wir wenden die Formeln für μ und σ an.
Der Erwartungswert beträgt $\mu = 20$.
Die Standardabweichung lautet $\sigma \approx 3{,}46$.

Erwartungswert/Standardabweichung:

$$\mu = n \cdot p = 50 \cdot 0{,}4 = 20$$
$$\sigma = \sqrt{n \cdot p \cdot (1-p)} = \sqrt{50 \cdot 0{,}4 \cdot 0{,}6} \approx 3{,}46$$

Lösung zu b:
Das Intervall $[\mu - \sigma, \mu + \sigma]$, welches als sog. 1σ-Intervall bezeichnet wird, lautet hier $[16{,}54; 23{,}46]$ bzw. $16{,}54 \le X \le 23{,}46$.
Gesucht ist also die Wahrscheinlichkeit $P(16{,}54 \le X \le 23{,}46)$.
Da X ganzzahlig ist, ist das die Wahrscheinlichkeit $P(17 \le X \le 23)$, die wir mit Hilfe der kumulierten Binomialverteilung (Taschenrechner) berechnen können. Sie beträgt ca. 68,77 %.

1σ-Intervall von μ:

$$[\mu - \sigma, \mu + \sigma] = [20 - 3{,}46; 20 + 3{,}46] = [16{,}54; 23{,}46]$$

Wahrscheinlichkeit des 1σ-Intervalls

$$\begin{aligned} P(16{,}54 \le X \le 23{,}46) &= P(17 \le X \le 23) \\ &= P(X \le 23) - P(X \le 16) \\ &= F(50; 0{,}4; 23) - F(50; 0{,}4; 16) \\ &\approx 0{,}8438 - 0{,}1561 = 0{,}6877 \end{aligned}$$

Wiederholt man die Aufgabenstellung des Beispiels für n = 100, n = 1000 und n = 10000, so erhält man die Tabelle rechts.
Vermutung: Ein 1σ-Intervall hat für große n eine Wahrscheinlichkeit von ca. 68 %.

n	$P(\mu - \sigma \le X \le \mu + \sigma)$
50	0,6877
100	0,6416
1000	0,6829
10000	0,6778

Übung 1 1σ-Intervalle

Ein Bernoulli-Versuch mit der Trefferwahrscheinlichkeit p wird n-mal wiederholt. Berechnen Sie mit Hilfe des Taschenrechners und der kumulierten Binomialverteilung F die Wahrscheinlichkeit, dass die Trefferzahl X in eine 1σ-Umgebung des Erwartungswertes μ fällt.

a) $n = 10,\ p = 0{,}5$ b) $n = 100,\ p = 0{,}5$ c) $n = 100,\ p = 0{,}8$ d) $n = 1000,\ p = 0{,}8$

Nachdem sich auch durch die obige Übung bestätigt hat, dass bei einer nicht zu kurzen Bernoulli-Kette ca. 68,3 % der Treffer in einer ***1σ-Umgebung*** des Erwartungswertes liegen, kann man die gleiche Untersuchung für ***2σ-Umgebungen*** und ***3σ-Umgebungen*** wiederholen. Man erhält dann mit steigendem n Intervallwahrscheinlichkeiten von ca. 95,5 % bzw. von 99,7 %.
Diese Gesetzmäßigkeiten bezeichnet man als (ganzzahlige) ***σ-Regeln***.

Allerdings gelten diese Regeln uneingeschränkt nur dann, wenn die sogenannte ***Laplace-Bedingung*** erfüllt ist.
Diese besagt, dass σ > 3 gelten sollte.
Sie sichert z. B., dass n genügend groß ist.

Laplace-Bedingung

$$\sigma = \sqrt{n \cdot p \cdot (1 - p)} > 3$$

Wir formulieren die ganzzahligen σ-Regeln nun zusammenfassend in einem Merksatz, der sehr nützlich ist und den wir in der Folge häufig anwenden werden.

Die σ-Regeln
für ganzzahlige σ-Umgebungen (1σ, 2σ, 3σ)

X sei eine binomialverteilte Zufallsgröße mit der Kettenlänge n und der Trefferwahrscheinlichkeit p. $\mu = n \cdot p$ sei der Erwartungswert und $\sigma = \sqrt{n \cdot p \cdot (1 - p)}$ die Standardabweichung von X.

Ist dann die Laplace-Bedingung σ > 3 erfüllt, so gelten die im Folgenden aufgeführten Wahrscheinlichkeiten dafür, dass die Trefferzahl X in den angegebenen Intervallen liegt.

σ-Regeln

σ-Umgebung	Wahrscheinlichkeit
$[\mu - \sigma, \mu + \sigma]$	68,3 %
$[\mu - 2\sigma, \mu + 2\sigma]$	95,5 %
$[\mu - 3\sigma, \mu + 3\sigma]$	99,7 %

Veranschaulichung im Histogramm

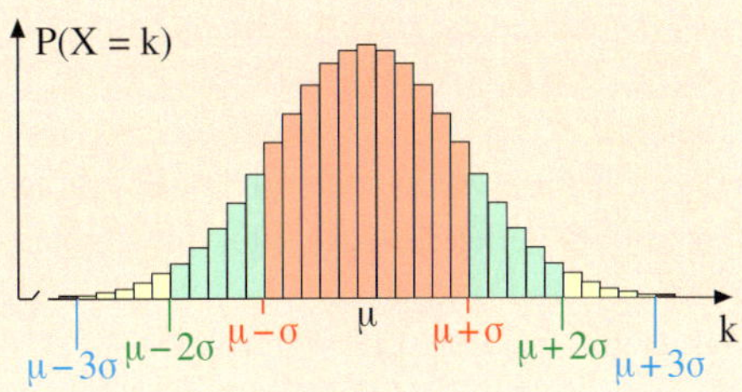

Beispiel: Anwendung der σ-Regeln

Ein Würfel wird 180-mal geworfen. Ermitteln Sie ein Intervall, in dem die Zahl X der geworfenen Sechsen mit einer Wahrscheinlichkeit von 95,5 % liegt.

Lösung

Geeignet ist das 2σ-Intervall mit seiner Wahrscheinlichkeit von 95,5 %. Wegen $n = 180$ und $p = \frac{1}{6}$ gilt $\mu = 30$ und $\sigma = 5$. Daraus ergibt sich für das 2σ-Intervall: $20 \le X \le 40$.
Mit einer Wahrscheinlichkeit von ca. 95,5 % werden also zwischen 20 und 40 Sechsen geworfen.

Bei den ganzzahligen Sigma-Regeln (1σ-, 2σ- und 3σ-Regel) mit ihren krummen Sicherheitswahrscheinlichkeiten (68,3 %, 95,5 % und 99,7 %) stört, dass die 1σ-Umgebung eine für praktische Zwecke viel zu kleine Sicherheitswahrscheinlichkeit von nur 68,3 % hat und dass die 3σ-Umgebung gar zu dicht an 100 % Sicherheit liegt und in der Praxis daher schlecht realisierbar ist.

Daher verwendet man in der Praxis meistens die folgenden Sigma-Regeln mit ganzzahligen Sicherheitswahrscheinlichkeiten von 90 %, 95 % und 99 %, welche die obigen Nachteile nicht aufweisen.

Die σ-Regeln mit den Sicherheitswahrscheinlichkeiten 90 %, 95 %, 99 %

X sei eine binomialverteilte Zufallsgröße mit der Kettenlänge n und der Trefferwahrscheinlichkeit p. $\mu = n \cdot p$ sei der Erwartungswert und $\sigma = \sqrt{n \cdot p \cdot (1-p)}$ die Standardabweichung von X.

Ist dann die Laplace-Bedingung $\sigma > 3$ erfüllt, so gelten die im Folgenden aufgeführten Wahrscheinlichkeiten dafür, dass die Trefferzahl X in den angegebenen Intervallen liegt.

σ-Regeln

σ-Umgebung	Wahrscheinlichkeit
$[\mu - 1{,}64\,\sigma, \mu + 1{,}64\,\sigma]$	90 %
$[\mu - 1{,}96\,\sigma, \mu + 1{,}96\,\sigma]$	95 %
$[\mu - 2{,}58\,\sigma, \mu + 2{,}58\,\sigma]$	99 %

Veranschaulichung im Histogramm

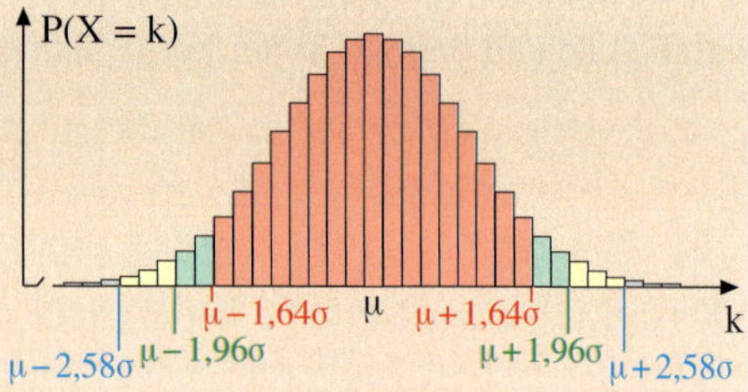

Beispiel: Überprüfung/Bestätigung der 1,64σ-Regel (90 %-Regel)

Gegeben ist eine Bernoulli-Kette der Länge n = 10 000 mit der Trefferwahrscheinlichkeit p = 0,5. Zeigen Sie: Die Wahrscheinlichkeit, dass die Trefferzahl X im Intervall $[\mu - 1{,}64\sigma; \mu + 1{,}64\sigma]$ um den Erwartungswert μ liegt, beträgt ca. 90 %.

Lösung:
Wir berechnen zunächst μ und σ und anschließend die beiden Intervallgrenzen $\mu - 1{,}64\sigma$ und $\mu + 1{,}64\sigma$.
Wir erhalten so das Intervall [4918; 5082], dessen Wahrscheinlichkeit wir mit der kumulierten Binomialverteilung berechnen. Dabei verwenden wir den Taschenrechner.

Das Ergebnis ist eine Sicherheitswahrscheinlichkeit von 90,1 %, was den obigen Satz über die Sigma-Regeln eindrucksvoll bekräftigt.

Berechnung von μ und σ:

$\mu = n \cdot p = 10\,000 \cdot 0{,}5 = 5000$

$\sigma = \sqrt{n \cdot p \cdot (1-p)} = \sqrt{10\,000 \cdot 0{,}5 \cdot 0{,}5} = 50$

Berechnung der Intervallgrenzen:

$\mu - 1{,}64\sigma = 5000 - 1{,}64 \cdot 50 = 4918$

$\mu + 1{,}64\sigma = 5000 + 1{,}64 \cdot 50 = 5082$

Intervallwahrscheinlichkeit:

$P(4918 \leq X \leq 5082)$
$= P(X \leq 5082) - P(X \leq 4917)$
$= F(10\,000; 0{,}5; 5082) - F(10\,000; 0{,}5; 4917)$
$= 0{,}9505 - 0{,}0495 = 0{,}901 = 90{,}1\,\%$

Übungen

2. Sigma-Umgebungen

X sei eine Zufallsvariable mit der Wahrscheinlichkeitsverteilung B (n; p; k).

a) Berechnen Sie für I.–IV. den Erwartungswert μ und die Standardabweichung σ von X.

b) Geben Sie an, ob die Laplace-Bedingung erfüllt ist.

c) Bestimmen Sie die angegebene σ-Umgebung des Erwartungswertes μ und benennen Sie deren Wahrscheinlichkeit.

I. n = 100, p = 0,6: 1σ-Umgebung	II. n = 50, p = 0,5: 2σ-Umgebung
III. n = 100, p = 0,1: 3σ-Umgebung	IV. n = 1000, p = 0,4: 1,64σ-Umgebung

3. Überprüfung der σ-Regeln

X sei eine Zufallsgröße mit der Binomialverteilung B (n; p; k).
Die 2σ-Regel lautet: Die Zufallsgröße X liegt mit einer Wahrscheinlichkeit von ca. 95,5 % in einer 2σ-Umgebung des Erwartungswertes μ.
Überprüfen Sie die Richtigkeit dieser Regel für den Fall n = 100, p = 0,3, indem Sie die Wahrscheinlichkeit des 2σ-Intervalls mit Hilfe der kumulierten Binomialverteilung F bestimmen.

4. Die Laplace-Bedingung

Die Sigma-Regeln gelten nur dann mit hinreichend großer Genauigkeit, wenn die Laplace-Bedingung $\sigma > 3$ erfüllt ist. Im Folgenden sei X eine Zufallsgröße mit der Wahrscheinlichkeitsverteilung B (n; p; k).

a) Zeigen Sie: Für n = 8 und p = 0,25 ist die Laplace-Bedingung $\sigma > 3$ nicht erfüllt.

b) Zeigen Sie: Für n = 8 und p = 0,3 gilt die 1σ-Regel nicht hinreichend genau.
Berechnen Sie dazu die Wahrscheinlichkeit des 1σ-Intervalls mit Hilfe der kumulierten Binomialverteilung F exakt.

c) Geben Sie für n = 100 ein p an, so dass die Laplace-Bedingung verletzt ist.

5. Spiel

Das abgebildete Glücksrad wird 100-mal gedreht. Kommt ROT, so hat jeweils der Spieler gewonnen. Andernfalls hat die Bank gewonnen. X sei die Anzahl der vom Spieler gewonnenen Spiele.

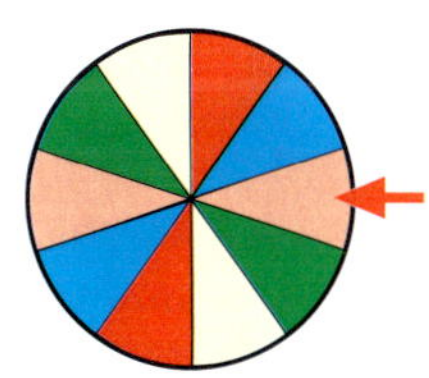

a) Ermitteln Sie, mit wie vielen Gewinnspielen der Spieler im Durchschnitt rechnen kann.

b) Bestimmen Sie ein zum Erwartungswert μ symmetrisches Intervall, in dem X mit einer Wahrscheinlichkeit von 90 % liegt.

c) Ein Zuschauer wettet, dass X zwischen 17 und 23 liegt. Ist das eine für den Zuschauer günstige Wette?

6. 50 %-Intervall

X sei eine binomialverteilte Zufallsgröße mit den Parametern n = 200 und p = 0,5.

a) Berechnen Sie den Erwartungswert μ und die Standardabweichung σ von X.

b) Überprüfen Sie, ob die Laplace-Bedingung erfüllt ist.

c) Bestimmen Sie das 1σ-Intervall um den Erwartungswert μ, das eine Wahrscheinlichkeit von 68,3 % besitzt.

d) Bestimmen Sie nun ein zum Erwartungswert μ symmetrisches Intervall, dessen Wahrscheinlichkeit 50 % beträgt.

7. Sigma-Regeln und exakte Wahrscheinlichkeit

Die Zufallsgröße X sei binomialverteilt mit $n = 400$ und $p = 0{,}5$.

a) Berechnen Sie den Erwartungswert μ und die Standardabweichung σ von X.

b) Bestimmen Sie die 1σ-, 2σ- und 3σ-Umgebung von μ und berechnen Sie anschließend jeweils mit der kumulierten Binomialverteilung F (Taschenrechner) die exakte Wahrscheinlichkeit dafür, dass X in der Umgebung liegt.

c) Bestimmen Sie Umgebungen des Erwartunsgwertes μ, die symmetrisch zu μ liegen und Wahrscheinlichkeiten von 90 %, 95 % bzw. 99 % besitzen.

d) Die $1{,}64\sigma$-Umgebung des Erwartungswertes besitzt eine Wahrscheinlichkeit von 90 %. Berechnen Sie zur Überprüfung dieser Aussage die Wahrscheinlichkeit, dass X in diese Umgebung fällt, mit Hilfe der kumulierten Binomialverteilung F exakt.

8. Trefferzahl beim Würfelwurf

Ein fairer Würfel wird 300-mal geworfen. X sei die Anzahl der geworfenen Sechsen.

a) Bestimmen Sie den Erwartungswert μ und die Standardabweichung σ von X. Ist die Laplace-Bedingung nicht erfüllt, knapp erfüllt oder gut erfüllt?

b) Bestimmen Sie ein symmetrisch zum Erwartungswert μ liegendes Intervall, in welchem die Zufallsgröße X mit einer Wahrscheinlichkeit von 95 % liegt.

9. Laplace-Bedingung

Die Zufallsgröße X sei binomialverteilt mit den Parametern n und p.

a) Es sei $n = 25$ und $p = 0{,}2$. Ist die Laplace-Bedingung erfüllt?

b) Es sei $p = 0{,}2$. Wie groß muss n sein, damit die Laplace-Bedingung erfüllt ist?

c) Es sei $p = 0{,}01$. Wie groß muss n nun sein, damit die Laplace-Bedingung erfüllt ist?

d) Begründen Sie: Für $p = 0{,}5$ ist die Laplace-Bedingung am leichtesten zu erfüllen. Wie groß muss n in diesem Fall mindestens sein?

10. Hühnerhof

Ein Landwirt hält 200 Legehennen in Freilandhaltung und 1500 in einem Stall. Unabhängig von der Haltung legen im Durchschnitt 80 % der Hühner täglich ein Ei.

a) Bestimmen Sie die Erwartungswerte der Anzahl X der Freilandeier und der Anzahl Y der Stalleier pro Tag.

b) Mit welcher Mindestzahl von Eiern kann der Landwirt pro Tag für jede Haltungsart mit 90 % Wahrscheinlichkeit rechnen?

c) Der Landwirt bekommt vom Abnehmer 0,15 € pro Ei aus der Freilandhaltung und 0,09 € pro Ei aus der Stallhaltung. Mit welcher Mindesteinnahme pro Tag kann der Landwirt mit 90 % Sicherheitswahrscheinlichkeit kalkulieren?

3. Prognoseintervalle

Im Folgenden wollen wir statistische Schätzungen in Form von Prognosen durchführen. Dazu benötigen wir zunächst einige Begriffe.

A. Grundgesamtheit und Stichprobe

Statistische Erhebungen beziehen sich stets auf eine ***Grundgesamtheit*** von Personen oder Objekten. Daraus kann eine Auswahl getroffen werden. Das nennt man dann eine ***Stichprobe***. Stichproben können gezielt oder – was häufiger der Fall ist – zufällig ausgewählt werden. Im zweiten Fall spricht man von einer ***Zufallsstichprobe***.

Beispiele

Grundgesamtheit	**Stichprobe**
Alle Schüler der Schule	Die Klasse 8A
Lieferung mit Glühbirnen	5 zufällig herausgenommene Glühbirnen
Alle Wahlberechtigten Deutschlands	1000 repräsentativ ausgewählte Personen

Es gibt zwei Problemstellungen im Bezug auf Grundgesamtheiten und Stichproben, mit denen wir uns in der Folge beschäftigen werden.

1. Schluss von der Grundgesamtheit auf die Stichprobe: Kennt man die Häufigkeit eines Merkmals in der Grundgesamtheit, so kann man eine Prognose machen, mit welcher Häufigkeit das Merkmal in einer zukünftigen Zufallsstichprobe bestimmter Größe auftreten wird.

2. Schluss von der Stichprobe auf die Grundgesamtheit: Kennt man die Häufigkeit eines Merkmals in der Grundgesamtheit nicht, so kann man durch Ziehen und Auszählen einer Zufallsstichprobe Rückschlüsse auf die unbekannte Häufigkeit des Merkmals in der Grundgesamtheit ziehen.

Für Stichproben **mit Zurücklegen** eignet sich das Modell der Bernoulli-Kette. In sehr vielen praktischen Anwendungen (z. B. Umfragen und Qualitätskontrollen) sind Stichproben mit Zurücklegen schwer durchführbar. Ist die Grundgesamtheit im Vergleich zur Stichprobe sehr groß, dann ist die Bernoulli-Kette angenähert auch für Stichproben **ohne Zurücklegen** geeignet. Somit liegt den Betrachtungen im Folgenden stets das Modell der Bernoulli-Kette zugrunde.

B. Prognoseintervalle (Schluss von der Gesamtheit auf die Stichprobe)

Wir gehen davon aus, dass die Wahrscheinlichkeit eines Merkmals in der Grundgesamtheit, also die Trefferwahrscheinlichkeit p, bekannt ist.

Man interessiert sich nun für die Anzahl X der Treffer in einer zukünftig zu erhebenden Stichprobe, die nicht zu klein sein darf.

Es ist klar, dass man diese Trefferzahl X nicht exakt vorhersagen kann. Man kann jedoch ein Intervall angeben, innerhalb dessen X mit einer gewissen Wahrscheinlichkeit liegt.
Ein solches Intervall bezeichnet man als ***Prognoseintervall***, seine Wahrscheinlichkeit als ***Sicherheitswahrscheinlichkeit***.

Als Intervall verwenden wir σ-Umgebungen des Erwartungswertes μ von X, und zwar bevorzugt die σ-Umgebungen mit den Sicherheitswahrscheinlichkeiten von 90%, 95% und 99%.
Man kann allerdings auch die ganzzahligen σ-Umgebungen mit den Sicherheitswahrscheinlichkeiten von 68,3%, 95,5% und 99,7% verwenden.

I. Bestimmung von Prognoseintervallen

Beispiel: Klavierschüler

In der Stadt Heringen wird eine Musikschule für 600 Schüler geplant. Wegen der Anschaffung von Instrumenten wünscht der Bürgermeister eine Prognose über die zu erwartende Zahl von Klavierschülern, damit er die erforderliche Anzahl von Klavieren beschaffen kann.

Deutschlandweit nehmen 40% der Schüler der Musikschulen Klavierunterricht.

Mit wie vielen Klavierschülern muss der Bürgermeister rechnen?

Geben Sie ein Prognoseintervall mit einer Sicherheitswahrscheinlichkeit von 90% an.

Lösung:
Bundesweit beträgt die Wahrscheinlichkeit, dass ein Musikschulenschüler Klavierunterricht erhält, $p = 40\% = 0{,}40$.

X sei die Anzahl der Klavierschüler in der Stichprobe vom Umfang $n = 600$.

Wir bestimmen zunächst Erwartungswert μ und Standardabweichung σ von X.
Wir erhalten $\mu = 240$ und $\sigma = 12$.

Gegebene Daten:
X = Anzahl der Treffer (Klavierschüler) in der Stichprobe.
n = Umfang der Stichprobe = 600
p = Trefferwahrscheinlichkeit = 0,40

Erwartungswert und Standardabweichung:

$\mu = n \cdot p = 600 \cdot 0{,}4 = 240$

$\sigma = \sqrt{n \cdot p \cdot (1-p)} = \sqrt{600 \cdot 0{,}6 \cdot 0{,}4} = 12$

Nun prüfen wir die Laplace-Bedingung. Sie ist mit $\sigma = 12 > 3$ gut erfüllt.

Laplace-Bedingung:
$\sigma = 12 > 3 \Rightarrow$ Laplace-Bedingung erfüllt

Das gewünschte Prognoseintervall mit einer Sicherheitswahrscheinlichkeit von 90% ist die $1{,}64\sigma$-Umgebung des Erwartungswertes μ, also das Intervall $\mu - 1{,}64\sigma \le X \le \mu + 1{,}64\sigma$.
Durch Einsetzen von μ und σ erhalten wir das Intervall $220{,}32 \le X \le 259{,}68$.

Prognoseintervall mit 90 % Sicherheit:

$$\mu - 1{,}64\sigma \le X \le \mu + 1{,}64\sigma$$
$$240 - 1{,}64 \cdot 12 \le X \le 240 + 1{,}64 \cdot 12$$
$$220{,}32 \le X \le 259{,}68$$

Nun können wir noch runden, da X als Trefferzahl eine ganze Zahl ist.
Wir müssen nach ***außen runden*** und nicht nach innen, damit die geforderte Sicherheitswahrscheinlichkeit nicht unterschritten wird.
Also erhalten wir $220 \le X \le 260$.

Rundung des Intervalls nach außen:

$$220{,}32 \le X \le 259{,}68$$
$$220 \le X \le 260$$

Rundungsregel für Prognoseintervalle

Prognoseintervalle sollten stets nach **außen** gerundet werden.
Damit wird verhindert, dass die vorgegebene Sicherheitswahrscheinlichkeit unterschritten wird.

Der Bürgermeister kann also mit 90%-iger Sicherheit von 220 bis 260 Klavierschülern ausgehen und damit die Instrumentenausstattung planen. Zu empfehlen wäre die Anschaffung von Klavieren für 260 Schüler.

Übung 1 Prognoseintervalle (Fortsetzung des obigen Beispiels)
Berechnen Sie das 95%- und das 99%-Prognoseintervall für die erwartete Zahl X von Klavierschülern im obigen Beispiel. Führen Sie dabei auch die Rundung des Intervalls durch. Interpretieren Sie die Resultate im Vergleich.

Übung 2 Prognoseintervall für Pflanzensamen
Eine Großgärtnerei vertreibt Samen einer wertvollen Orchideenart. Vom Gesamtvorrat an Samen kennt man die Keimfähigkeit. Sie beträgt 20%. Ein Gärtner bestellt 400 Samen. Um kalkulieren zu können, möchte er vom Lieferanten eine Prognose über die Anzahl der keimfähigen Samen in seiner Lieferung. Er verlangt eine Sicherheitswahrscheinlichkeit von mindestens 90%.
Bestimmen Sie ein geeignetes Prognoseintervall.

Übung 3 Prognoseintervall beim Ziehen aus einer Urne
In einer Urne liegen 48 rote und 24 blaue Kugeln. Nun wird 72-mal mit Zurücklegen eine Kugel gezogen. X sei die Anzahl der dabei gezogenen blauen Kugeln. Bestimmen Sie ein Prognoseintervall, in welchem der beobachtete Wert von X mit einer Wahrscheinlichkeit von 95% liegt.

Man kann für Prognoseintervalle auch die ganzzahligen $k\sigma$-Umgebungen verwenden.

Beispiel: Kinobesucher
Ein Kino mit 400 Sitzplätzen hat in der Hauptvorstellung im Durchschnitt eine Auslastung von 80 %.
Der Besitzer hätte gern ein Prognoseintervall, in dem die Anzahl der Besucher einer Vorstellung hochwahrscheinlich liegt.
Bestimmen Sie ein solches Intervall und interpretieren Sie das Ergebnis.

Lösung:
Wir notieren zunächst die gegebenen Größen, d. h. die Kettenlänge $n = 400$ und die Trefferwahrscheinlichkeit $p = 0{,}8$.

Gegebene Größen:
X = Anzahl der Besucher der Vorstellung
Kettenlänge: $n = 400$,
Trefferwahrsch.: $p = 80\,\% = 0{,}80$

Dann errechnen wir den Erwartungswert μ für die Trefferzahl X, also die Anzahl der Besucher sowie die Standardabweichung σ. Wir erhalten $\mu = 320$ und $\sigma = 8$.

Erwartungswert und Standardabweichung:
$\mu = n \cdot p = 400 \cdot 0{,}8 = 320$
$\sigma = \sqrt{n \cdot p \cdot (1 - p)} = \sqrt{400 \cdot 0{,}8 \cdot 0{,}2} = 8$

Wir berechnen nun die σ-Umgebungen des Erwartungswertes.

Wir erhalten die 1σ-Umgebung [312; 328], die 2σ-Umgebung [304; 336] und schließlich die 3σ-Umgebung [296; 344].

σ-Umgebungen:
1σ-Umgebung: $[\mu-\sigma; \mu+\sigma]$
$= [320-8; 320+8] = [312; 328]$
2σ-Umgebung: $[\mu-2\sigma; \mu+2\sigma]$
$= [320-16; 320+16] = [304; 336]$
3σ-Umgebung: $[\mu-3\sigma; \mu+3\sigma]$
$= [320-24; 320+24] = [296; 344]$

Da der Kinobesitzer eine hohe Sicherheitswahrscheinlichkeit verlangt, können wir ihm die 1σ-Umgebung mit nur 68,3 % Sicherheit nicht empfehlen. Also schlagen wir ihm die 2σ-Umgebung vor (s. rechts).
Die 3σ-Umgebung wäre zwar noch sicherer, aber auch größer und damit ungenauer.

Resultat und Empfehlung:
Der Kinobesitzer sollte die 2σ-Umgebung wählen. Sie bietet eine hohe Sicherheit von 95,5 % und ist immer noch relativ klein.
Mit einer Wahrscheinlichkeit von 95,5 % kommen 304 bis 336 Besucher zur Vorstellung.

Übung 4 Würfelwurf
Sie möchten 180-mal mit einem fairen Würfel würfeln und eine sehr sichere Vorhersage für die Anzahl X der erzielten Sechsen machen.
a) Verwenden Sie die 1σ-Regel.
b) Verwenden Sie die 2σ-Regel.
c) Verwenden Sie die 3σ-Regel.
d) Interpretieren Sie die Resultate und wählen Sie begründet eine Umgebung aus.

Übung 5 Radfahrer
Im Mittel kommen 900 der 1200 Schüler des Werratal-Gymnasiums mit dem Fahrrad zur Schule. Direktorin Dr. Anita beauftragt den Mathematiklehrer Rudi von Berg, die 2σ-Umgebung für die Anzahl X der Schüler zu berechnen, die am 1. April mit dem Fahrrad kommen werden. Dieser nennt ihr das Intervall $870 \leq X \leq 920$. Ist das richtig?

II. Gewinnkalkulation mit Hilfe von Prognoseintervallen

Mit Prognoseintervallen kann man wirtschaftliche Kalkulationen mit gegebenen Sicherheitswahrscheinlichkeiten durchführen, um Kaufentscheidungen zu optimieren.

Beispiel: Gewinnkalkulation

Eine Baumschule bietet exotische Bäume an, die von Großgärtnereien gekauft werden. 90 % der Bäume entwickeln sich nach dem Kauf im Verlauf von fünf Jahren gut und werden dann vom Gärtner mit einem Gewinn von 500 € an den Endkunden verkauft. Die restlichen Bäume verkümmern und verursachen 1000 € Verlust pro Baum. Ein Großgärtner will 1600 Bäume kaufen. Vorher möchte er seinen Mindestgewinn kalkulieren.
Er hätte gern eine Aussagesicherheit von 95 %.
Verwenden Sie für die Kalkulation ein Prognoseintervall.

Lösung:
Wir führen die benötigten Bezeichnungen ein und berechnen den Erwartungswert μ und die Standardabweichung σ von X.

Dann überprüfen wir die Laplace-Bedingung. Sie ist wegen $\sigma = 12 > 3$ klar erfüllt.

Anschließend bestimmen wir das 95 %-Prognoseintervall $\mu - 1{,}96\sigma \le X \le \mu + 1{,}96\sigma$.
Wir erhalten $1416{,}48 \le X \le 1463{,}52$.
Die nötige Rundung nach außen ergibt:
$1416 \le X \le 1463$.

Nun kommen wir zur Kalkulation. Wir gehen dabei vom ungünstigsten Fall aus, dass nur 1416 „gute" Bäume in der Lieferung von 1600 Bäumen sind und 184 Bäume verkümmern.

Die Bilanzierung rechts ergibt damit einen Mindestgewinn von 524 000 €, der mit 95 % Wahrscheinlichkeit eintritt. Das Geschäft erscheint damit sehr vielversprechend.

1. Bezeichnungen

X: Anzahl der Bäume in der Lieferung
$n = 1600$: Umfang der Lieferung
$p = 0{,}90$: Wahrscheinlichkeit, dass ein Baum sich gut entwickelt.

2. Berechnung von μ und σ

$\mu = n \cdot p = 1600 \cdot 0{,}9 = 1440$
$\sigma = \sqrt{n \cdot p \cdot (1-p)} = \sqrt{1600 \cdot 0{,}9 \cdot 0{,}1} = 12$

3. Grenzen der 2σ-Umgebung

$\mu - 1{,}96\sigma = 1440 - 1{,}96 \cdot 12 = 1416{,}48$
$\mu + 1{,}96\sigma = 1440 + 1{,}96 \cdot 12 = 1463{,}52$
$\Rightarrow 1416{,}48 \le X \le 1463{,}52$
$\Rightarrow 1416 \le X \le 1464$ (Rundung nach außen)

4. Kalkulation des Gewinns

Ungünstigster Fall: $X = 1416$
Gewinn: $1416 \cdot 500$ € = 708 000 €
Verlust: $184 \cdot 1000$ € · 184 000 €
Bilanz: 524 000 €

Übung 6 Kalkulation einer Losbude

Ein Losbudenbesitzer hat einen großen Vorrat an Losen. Jedes zehnte Los ist ein Gewinnlos. Die restlichen Lose sind Nieten. Zwei Lose kosten 1 €. Wird ein Gewinnlos gezogen, so wird ein Gewinn mit einem durchschnittlichen Wert von 2 € ausgegeben. Die Standmiete kostet täglich 200 € und das Personal kostet 600 € pro Tag.
An einem Sonntag sollen laut Plan 10 000 Lose verkauft werden. Prognostizieren Sie den Mindestgewinn des Losbudenbesitzers an diesem Tag auf einem Sicherheitsniveau von 99 %.

$1\sigma = 68{,}3\,\%$
$2\sigma = 95{,}5\,\%$
$3\sigma = 99{,}7\,\%$
$1{,}64\sigma = 90\,\%$
$1{,}96\sigma = 95\,\%$
$2{,}58\sigma = 99\,\%$

7. Prognoseintervalle

Bestimmen Sie ein Prognoseintervall für die absolute Trefferzahl X in der Stichprobe. Beachten Sie hierbei, dass bei der Rundung auf *ganzzahlige* Intervallgrenzen stets nach außen gerundet wird.

a) Ein Würfel wird 120-mal geworfen. X sei die Anzahl der Würfe, bei denen eine Eins oder eine Sechs fällt. Die Sicherheitswahrscheinlichkeit soll 95 % betragen.

b) Eine Lieferung von 200 000 Schrauben soll eine Ausschusswahrscheinlichkeit von maximal 4 % aufweisen. Der Lieferung wird zur Überprüfung eine Stichprobe von 300 Schrauben entnommen. Bestimmen Sie ein Prognoseintervall für die Anzahl der ausschüssigen Schrauben in der Stichprobe. Das Sicherheitsniveau soll 95 % betragen.

8. Tulpenzwiebeln

Tulpenzwiebeln der Sorte Morgenstern lassen sich zu 80 % erfolgreich anpflanzen.

a) Eine Gärtnerei bezieht 10 000 Tulpenzwiebeln. Wie viele einwandfreie Tulpen können mit einer Sicherheitswahrscheinlichkeit von 95 % garantiert werden?

b) An Privatkunden werden die Zwiebeln in Packungen zu 100 Stück abgegeben. Berechnen Sie die Mindestzahl erfolgreich anpflanzbarer Zwiebeln auf einem Sicherheitsniveau von 68,3 %.

c) Überprüfen Sie, ob es sinnvoll ist, für Baumarkt-Packungen mit 10 Zwiebeln ein Prognoseintervall auf einem Sicherheitsniveau von 99 % abzugeben.

9. Meinungsumfrage

Bei einer Meinungsumfrage zur Beliebtheit von Politikern wird eine repräsentative Stichprobe der Bevölkerung befragt. Aus Erfahrung ist bekannt, dass nur ca. 35 % der Befragten antworten. Es werden 3 000 Personen angeschrieben.

a) Schätzen Sie die Zahl der antwortenden Personen auf einem Sicherheitsniveau von 90 %.

b) Nehmen Sie nun eine Schätzung auf einem Sicherheitsniveau von 99 % vor.

c) Der Politiker, der die Umfrage in Auftrag gibt, möchte unbedingt vermeiden, dass bei der Umfrage weniger Personen antworten als angenommen. Welches der beiden Sicherheitsniveaus aus a) bzw. b) sollte er wählen?

10. Kaufentscheidung

Ein Großbauer möchte 300 Jungschweine kaufen, um sie aufzuziehen und später zu verkaufen. Sein Lieferant gibt an, dass im Durchschnitt 80 % der Jungschweine komplikationslos aufwachsen und verkauft werden können, während 20 % im Laufe der Aufzucht durch diverse Erkrankungen Zusatzkosten verursachen. An einem Tier verdient der Bauer 80 Euro. Bei einem komplikativen Schwein fallen allerdings Zusatzkosten von 40 € für ärztliche Behandlungen an. Außerdem kommt es wegen des Mindergewichts zu einem Preisabschlag von 45 €. Der Bauer geht in seiner Gesamtkalkulation von einem Gesamtgewinn in Höhe von 20 000 € aus.

a) Untersuchen Sie mit Hilfe eines Prognoseintervalls auf einem Sicherheitsniveau von 68,3 %, ob er richtig kalkuliert hat.

b) Lösen Sie die Aufgabenstellung aus a) mit einem Sicherheitsniveau von 99,7 %. Diskutieren Sie die Ergebnisse aus a) und b) im Vergleich.

C. Prognoseintervalle für relative Trefferhäufigkeiten

I. Die $\frac{\sigma}{n}$-Regeln für relative Häufigkeiten

Im vorigen Abschnitt wurden absolute Häufigkeiten geschätzt. Es wurden Abweichungen der absoluten Trefferzahl X in einer Bernoulli-Kette der Länge n vom Erwartungswert μ untersucht. Wir werden uns nun mit dem Schätzen von relativen Häufigkeiten befassen. Es geht um Abweichungen der relativen Trefferhäufigkeit $\frac{X}{n}$ von der Trefferwahrscheinlichkeit p.

Die Äquivalenzbetrachtung rechts zeigt, dass die relative Trefferhäufigkeit $\frac{X}{n}$ genau dann in einer $\frac{\sigma}{n}$-Umgebung der Trefferwahrscheinlichkeit p liegt, wenn die absolute Trefferzahl X in einer σ-Umgebung des Erwartungswertes μ liegt.

X liegt in einer σ-Umgebung von μ
$\Leftrightarrow \mu - \sigma \le X \le \mu + \sigma$
$\Leftrightarrow n \cdot p - \sigma \le X \le n \cdot p + \sigma$
$\Leftrightarrow p - \frac{\sigma}{n} \le \frac{X}{n} \le p + \frac{\sigma}{n}$
$\frac{X}{n}$ liegt in einer $\frac{\sigma}{n}$-Umgebung von p

Daher können die σ-Umgebungen des Erwartungswertes μ aus dem vorigen Abschnitt direkt in Regeln für $\frac{\sigma}{n}$-Umgebungen der relativen Trefferwahrscheinlichkeit p transformiert werden. Diese können wie schon dort sowohl für 68,3%-, 95,5%- und 99,7%-Sicherheitswahrscheinlichkeiten als auch für 90%-, 95%- und 99%-Sicherheitswahrscheinlichkeiten aufgestellt werden.

Die Wahrscheinlichkeiten von $\frac{\sigma}{n}$-Umgebungen von p

X sei die Anzahl der Treffer in einer Bernoulli-Kette der Länge n mit der Trefferwahrscheinlichkeit p. σ sei die Standardabweichung von X. Es gelte die Laplace-Bedingung $\sigma = \sqrt{n \cdot p \cdot (1-p)} > 3$.
Dann fallen die Werte der relativen Trefferhäufigkeit $\frac{X}{n}$ zu etwa

68,3% ins Intervall $\left[p - 1 \cdot \frac{\sigma}{n}, p + 1 \cdot \frac{\sigma}{n}\right]$, 90% in das Intervall $\left[p - 1{,}64 \cdot \frac{\sigma}{n}, p + 1{,}64 \cdot \frac{\sigma}{n}\right]$,
95,5% ins Intervall $\left[p - 2 \cdot \frac{\sigma}{n}, p + 2 \cdot \frac{\sigma}{n}\right]$, 95% in das Intervall $\left[p - 1{,}96 \cdot \frac{\sigma}{n}, p + 1{,}96 \cdot \frac{\sigma}{n}\right]$,
99,7% ins Intervall $\left[p - 3 \cdot \frac{\sigma}{n}, p + 3 \cdot \frac{\sigma}{n}\right]$. 99% in das Intervall $\left[p - 2{,}58 \cdot \frac{\sigma}{n}, p + 2{,}58 \cdot \frac{\sigma}{n}\right]$.

II. Prognoseintervalle

Beispiel: Prognoseintervall für die relative Trefferhäufigkeit
Eine Münze wird 1 000-mal geworfen. Bestimmen Sie ein Prognoseintervall um die Trefferwahrscheinlichkeit p = 0,5, in das die relative Trefferhäufigkeit für Kopf mit einer Sicherheitswahrscheinlichkeit von 90% fallen wird.

Lösung:
Wir verwenden die $1{,}64\frac{\sigma}{n}$-Umgebung mit der Sicherheitswahrscheinlichkeit 90%. Es gilt p = 0,5 und σ ≈ 15,8 > 3.
Damit ergibt sich als Prognoseintervall:
$0{,}474 \le \frac{X}{n} \le 0{,}526$.
Die relative Häufigkeit von Kopf liegt mit 90%-iger Wahrscheinlichkeit zwischen 47,4% und 52,6%.

Standardabweichung σ:
$\sigma = \sqrt{n \cdot p \cdot (1-p)} = \sqrt{1\,000 \cdot 0{,}5 \cdot 0{,}5} \approx 15{,}8 > 3$

Intervallgrenzen:
$p - 1{,}64\frac{\sigma}{n} \approx 0{,}5 - 1{,}64 \cdot \frac{15{,}8}{1\,000} = 0{,}474$

$p + 1{,}64\frac{\sigma}{n} \approx 0{,}5 + 1{,}64 \cdot \frac{15{,}8}{1\,000} = 0{,}526$

Übungen

11. Gutverdiener

20 % der deutschen Haushalte haben ein monatliches Einkommen von mehr als 100 000 €. Der Bürgermeister einer Stadt erwägt, seine 13 500 Haushalte befragen zu lassen, ob sie zu diesen Vielverdienern gehören. Da ihm der Aufwand aber dann doch zu hoch erscheint, beschließt er, die relative Häufigkeit h_n der Haushalte mit hohem Einkommen in seiner Stadt nur schätzen zu lassen, und zwar auf einem Sicherheitsniveau von 95 %.

a) Wie groß ist h_n laut Schätzung mindestens?

b) Beurteilen Sie, ob dieses Vorgehen statistisch völlig korrekt (Stichprobenerzeugung) ist.

12. Wahlen

Der Präsident des Fußballclubs hat bei der letzten Wahl einen Stimmenanteil von 55 % erhalten. Einige Zeit später will er ein Meinungsbild gewinnen, wie gut seine Aussichten bei der nächsten Wahl sind. Da er nicht alle 10 000 Mitglieder befragen kann, plant er eine Probeabstimmung vom Umfang n = 300. Schätzen Sie den Stimmenanteil, den der Präsident bei der Probeabstimmung erwarten kann, wenn ihm ein Sicherheitsniveau von 99 % vorschwebt und sich die Verhältnisse in der Mitgliedschaft nicht verändert haben.

13. Hexenbesen

Bei der Fertigung von Hexenbesen beträgt die vom Besenmeister angegebene Ausschussquote im Durchschnitt 15 %.
Eine Hexenschule hat 500 neue Schüler aufgenommen, die Besen benötigen. Die Schule hat 600 neue Besen bestellt. Ist die Versorgung der Schüler auf einem Sicherheitsniveau von 95 % gewährleistet? Arbeiten Sie mit einem Prognoseintervall und überprüfen sie die Laplace-Bedingung.

14. Doppelter Oktaederwurf

Zwei Oktaederwürfel mit den Augenzahlen 1 bis 8 werden gleichzeitig geworfen. Man gewinnt, wenn die Augensumme größer als 13 ist.

a) Geben Sie die Ergebnismenge Ω an.

b) Welche Teilmenge G von Ω steht für das Ereignis Gewinn?

c) Geben Sie die Gewinnwahrscheinlichkeit p an.

d) Es wird geplant, das Spiel auf einem Turnier 2 000-mal zu spielen. Ermitteln Sie ein Prognoseintervall für die relative Gewinnhäufigkeit in dieser Serie.
Die Sicherheitswahrscheinlichkeit des Intervalls soll 95 % betragen.

e) Wird das Prognoseintervall größer oder kleiner, wenn nur 500 Spiele durchgeführt werden? Begründen Sie Ihre Antwort plausibel oder führen Sie eine Rechnung durch.

f) Welches ist die kleinste noch akzeptable Zahl an Spielen? Hinweis: Laplace-Bedingung

4. Verträglichkeit mit einer Stichprobe

Mit einem Prognoseintervall schließt man von der bekannten Wahrscheinlichkeit eines Merkmals in der Grundgesamtheit auf die Trefferzahl für das Merkmal in einer zukünftigen Stichprobe.

Im späteren Abschnitt über Konfidenzintervalle ist es umgekehrt. Dort wird von der Stichprobe auf die unbekannte Wahrscheinlichkeit eines Merkmals in der Grundgesamtheit geschlossen.

Eine dritte Möglichkeit: Wenn man die Wahrscheinlichkeit p eines Merkmals in der Grundgesamtheit zwar nicht kennt, aber dafür eine begründete Vermutung hat, so kann man eine Stichprobe ziehen und überprüfen, ob die Vermutung für p ***mit der Stichprobe verträglich*** ist oder nicht.

Verträglichkeit der Wahrscheinlichkeit p mit einer Stichprobe

p sei die vermutete Wahrscheinlichkeit eines Merkmals in einer Grundgesamtheit.
Dann bezeichnet man den Wert p als **verträglich** mit einer Stichprobe, wenn die Trefferzahl X für das Merkmal in der Stichprobe in einem sog. **Verträglichkeitsintervall** um den vermuteten Erwartungswert μ liegt, d. h. wenn $\mu - r \leq X \leq \mu + r$ gilt mit $r > 0$.

Hinweise

(1) Entscheidungsregel: Liegt Verträglichkeit vor, so erkennt man die Vermutung p an, andernfalls lehnt man sie ab.
(2) Je kleiner der Intervalldurchmesser r ist, umso höher ist der Grad der Verträglichkeit des vermuteten Wertes p mit der Stichprobe.
(3) Als Verträglichkeitsintervall verwendet man in der Regel eine $k\sigma$-Umgebung von μ.

Beispiel: Hausbesitzer

2015 wohnten 35 % der Deutschen im eigenen Haus. Es wird vermutet, dass sich dieser Anteil bis zum Jahr 2020 nicht wesentlich verändert hat.
Da aus Kostengründen keine vollständige Zählung durchgeführt werden kann, soll durch eine Stichprobe festgestellt werden, ob diese Vermutung glaubhaft ist.
Die Stichprobe ergibt unter 200 Befragten $X = 63$ Hausbesitzer.
Überprüfen Sie, ob dieses Stichprobenergebnis mit der Vermutung $p = 0{,}35$ auf der Grundlage einer 2σ-Umgebung als Verträglichkeitsintervall verträglich ist.
Treffen Sie darauf basierend eine Entscheidung.

Lösung:
Unter der Annahme, dass in der Grundgesamtheit auch 2020 noch für den Anteil der Hausbesitzer $p = 0{,}35$ gilt, berechnen wir zunächst den sich aus der Vermutung $p = 0{,}35$ ergebenden Erwartungswert $\mu = 70$ sowie die Standardabweichung $\sigma \approx 6{,}75$.

Erwartungswert und Standardabweichung:
Vermutetes p : $p = 0{,}35$

$\mu = n \cdot p = 200 \cdot 0{,}35 = 70$

$\sigma = \sqrt{n \cdot p \cdot (1 - p)} = \sqrt{200 \cdot 0{,}35 \cdot 0{,}65} \approx 6{,}75$

Wegen $\sigma > 3$ ist die Laplace-Bedingung erfüllt. Der Umfang $n = 200$ der Stichprobe ist also hinreichend groß.

Laplace-Bedingung:
$\sigma \approx 6{,}75 > 3 \Rightarrow$ Laplace-Bedingung erfüllt

Nun berechnen wir die 2σ-Umgebung um den Erwartungswert μ. Es ergibt sich das Intervall $[\mu - 2\sigma, \mu + 2\sigma] = [56{,}5; 83{,}5]$.

Das 2σ-Verträglichkeitsintervall:
$\mu - 2\sigma = 70 - 2 \cdot 6{,}75 = 56{,}5$
$\mu + 2\sigma = 70 + 2 \cdot 6{,}75 = 83{,}5$
$\Rightarrow 2\sigma$-Intervall $[56{,}5; 83{,}5]$

Das Stichprobenergebnis von 63 Hausbesitzern liegt deutlich innerhalb dieses Verträglichkeitsintervalls.

Verträglichkeit:
$X = 63$ liegt im Intervall $[56{,}5; 83{,}5]$ und ist mit der Vermutung $p = 0{,}35$ verträglich.

Daher fällt die Entscheidung, dass der Vermutung $p = 0{,}35$ vertraut werden soll.
Der Anteil der Hausbesitzer von $p = 0{,}35$ wird also als nach wie vor gültig eingestuft.

Entscheidung:
Der Anteil der Hausbesitzer beträgt nach wie vor 35 %.

Wir rechnen nun noch ein weiteres typisches Beispiel, bei dem es um Stimmanteile geht.

Beispiel: Wahlumfrage
Bei der Kommunalwahl in Cottbus hat die SPD 20,9 % der Stimmen erreicht. Eine Umfrage im Jahr 2018 mit 200 Teilnehmern ergab, dass 31 Personen beabsichtigten, bei der nächsten Kommunalwahl die SPD zu wählen. Ist das Stichprobenergebnis verträglich mit dem Wahlergebnis von 2014? Verwenden Sie als Verträglichkeitsintervall eine $1{,}64\sigma$-Umgebung von μ.

Lösung:
Unter der Vermutung, dass in der Grundgesamtheit noch immer $p = 0{,}209$ gilt, erhalten wir $\mu = 41{,}8$ und $\sigma = 5{,}75$.

Erwartungswert und Standardabweichung:
$\mu = n \cdot p = 200 \cdot 0{,}209 = 41{,}8$
$\sigma = \sqrt{n \cdot p \cdot (1-p)} = \sqrt{100 \cdot 0{,}209 \cdot 0{,}791} = 5{,}75$

Wegen $\sigma > 3$ ist die Laplace-Bedingung erfüllt. Der Umfang $n = 200$ der Stichprobe ist also hinreichend groß.

Laplace-Bedingung:
$\sigma = 5{,}75 > 3 \Rightarrow$ Laplace-Bedingung erfüllt

Nun bestimmen wir das $1{,}64\sigma$-Verträglichkeitsintervall. Es lautet $[32{,}37; 51{,}23]$.

Das 1,64σ-Verträglichkeitsintervall:
$\mu - 1{,}64\sigma = 41{,}8 - 1{,}64 \cdot 5{,}75 = 32{,}37$
$\mu + 1{,}64\sigma = 41{,}8 + 1{,}64 \cdot 5{,}75 = 51{,}23$
$\Rightarrow 1{,}64\sigma$-Intervall $[32{,}37; 51{,}23]$

Das Stichprobenergebnis von $X = 31$ Wählern liegt nicht in diesem Intervall. Es liegt keine Verträglichkeit vor.

Verträglichkeit:
$X = 31$ liegt nicht im Intervall $[32{,}37; 51{,}23]$. Es liegt keine Verträglichkeit vor.

Daher erfolgt folgende Entscheidung:
Die Vermutung, dass der Wähleranteil von 20,9 % nach wie vor gilt, wird verworfen. Wir müssen annehmen, dass der Wähleranteil der Partei gesunken ist.

Entscheidung:
Der Anteil der Partei in der Gesamtwählerschaft ist unter 20,9 % gesunken.

Bemerkung zur Zuverlässigkeit der Verträglichkeitsmethode:

Die Verträglichkeit hängt sehr stark von der mehr oder weniger willkürlichen Wahl des Verträglichkeitsintervalls ab. Wir verdeutlichen das an einem Vergleich:
Im vorigen Beispiel „Wahlumfrage“ lag das Stichprobenergebnis $X = 31$ nicht im $1{,}64\sigma$-Verträglichkeitsintervall $[32{,}37; 51{,}23]$ und es lag daher keine Verträglichkeit vor.
Wählt man dagegen die etwas größere 2σ-Umgebung $[30{,}3; 53{,}3]$ als Verträglichkeitsintervall, so liegt das Stichprobenergebnis $X = 31$ nun innerhalb des Intervalls und es liegt Verträglichkeit vor.

Dies zeigt, dass wir es bei der ***Verträglichkeitsprüfung*** mit einer recht unsicheren Methode zu tun haben. Denn es gibt keine Sicherheitswahrscheinlichkeiten und keine klare Regel, welches Intervall man für die Verträglichkeitsprüfung nehmen sollte.

Übung 1 Losbude

An einer Losbude wird angegeben, dass jedes 3. Los gewinnt.
Eine Kontrollzählung ergibt, dass unter 288 Losen 84 Gewinnlose waren.
Überprüfen Sie, ob dieses Ergebnis mit der Werbeangabe der Losbude verträglich ist.
Verwenden Sie als Verträglichkeitsintervall eine 2σ-Umgebung von μ.

Übung 2 Münze

Es wird vermutet, dass die bei einem Glücksspiel verwendete Münze fair ist.
Dies soll überprüft werden, wobei ein strenger Maßstab angelegt werden soll.
Die Münze wird n-mal geworfen und die Anzahl der Kopfwürfe wird gezählt.
Hanna führt das Experiment 100-mal durch und erzielt 47 Kopfwürfe.
Jonas führt das Experiment 576-mal durch und erzielt 271 Kopfwürfe.
Beide, Hanna und Jonas, verwenden als Verträglichkeitsintervall eine 1σ-Umgebung von μ.

a) Welche Entscheidung treffen Hanna bzw. Jonas?
b) Welche relativen Häufigkeiten erzielen Hanna bzw. Jonas? Kommentieren Sie!

Übung 3 Linkshänder

Es wird vermutet, dass der Linkshänderanteil in kreativen Berufen bei 20% liegt.
In einer Untersuchung wurden 64 Architekten befragt, von denen 20 angaben, Linkshänder zu sein. Ist die Vermutung anzunehmen oder zu verwerfen?

a) Berechnen Sie den Erwartungswert μ und die Standardabweichung σ.
b) Untersuchen Sie, ob die Stichprobe hinreichend groß gewählt wurde.
c) Max verwendet als Verträglichkeitsintervall eine 1σ-Umgebung von μ. Zu welcher Entscheidung kommt er?
d) Moritz verwendet als Verträglichkeitsintervall eine 3σ-Umgebung von μ. Wie entscheidet Moritz?
e) Kommentieren Sie die Ergebnisse aus c) und d).

5. Konfidenzintervalle

A. Aufgabenstellung

Im Abschnitt 3 wurden ***Prognoseintervalle*** bestimmt. Dabei war die Wahrscheinlichkeit eines Merkmals in der Grundgesamtheit bekannt und es wurde auf die absolute oder relative Häufigkeit des Merkmals in einer zukünftigen Stichprobe geschlossen. Man spricht dabei vom ***Schluss von der Grundgesamtheit auf die Stichprobe***.

Im Folgenden ist es genau umgekehrt. Die Wahrscheinlichkeit p eines Merkmals in der Grundgesamtheit ist nun nicht bekannt. Man zieht eine Stichprobe und schließt von der relativen Häufigkeit des Merkmals in der Stichprobe auf die Wahrscheinlichkeit p in der Grundgesamtheit, indem man p in ein sog. ***Vertrauensintervall*** oder ***Konfidenzintervall*** eingrenzt. Man spricht hier vom ***Schluss von der Stichprobe auf die Grundgesamtheit***.

B. Verwendete Bezeichnungen

Wir stellen zunächst einige Bezeichnungen zusammen, die im Folgenden häufig Verwendung finden. Außerdem geben wir an, welche Art von Sicherheitsintervallen wir verwenden wollen.

Bezeichnungen:

p: Unbekannte Wahrscheinlichkeit des Merkmals in der Grundgesamtheit
n: Umfang der entnommenen Stichprobe
X: Absolute Häufigkeit des Merkmals in der Stichprobe
$\frac{X}{n}$: Relative Häufigkeit des Merkmals in der Stichprobe

Verwendete Sicherheitsintervalle

Wir verwenden bevorzugt die folgenden $z \cdot \frac{\sigma}{n}$-Umgebungen mit ihren Sicherheitswahrscheinlichkeiten:

z = 1,64: 90 % Sicherheit
z = 1,96: 95 % Sicherheit
z = 2,58: 99 % Sicherheit

C. Von den $\frac{\sigma}{n}$-Umgebungen zum Konfidenzintervall

Nun zeigen wir, auf welche Weise wir von den $z \cdot \frac{\sigma}{n}$-Umgebungen der relativen Häufigkeit $h_n = \frac{X}{n}$ in der Stichprobe zu den Konfidenzintervallen für die unbekannte Wahrscheinlichkeit p in der Grundgesamtheit kommen.

Eine $z \cdot \frac{\sigma}{n}$-Umgebung hat in ihrer Grundform stets die Gestalt $p - z \cdot \frac{\sigma}{n} \leq \frac{X}{n} \leq p + z \cdot \frac{\sigma}{n}$.
Die Grundidee ist: Wir müssen diese Ungleichung nun so umformen, dass in der Mitte nicht mehr das bekannte $\frac{X}{n}$ der Stichprobe, sondern das unbekannte p der Grundgesamtheit steht.
So erhalten wir dann eine Einschachtelung für p, also ein sog. ***Konfidenzintervall***.

Wir gehen von der $z \cdot \frac{\sigma}{n}$-Umgebung der relativen Häufigkeit $\frac{X}{n}$ aus und ersetzen $\frac{X}{n}$ durch h_n. Dann addieren wir zur gesamten Doppelungleichung den Term $-p-h_n$, so dass in der Mitte $-p$ steht. Nun multiplizieren wir die Doppelungleichung mit (-1), so dass in der Mitte p steht. Schließlich schreiben wir die Doppelungleichung in umgekehrter Reihenfolge auf und erhalten ein Intervall für p.

Umformung zum Konfidenzintervall:

$$\begin{aligned}
p - z \cdot \tfrac{\sigma}{n} \le \ & \tfrac{X}{n} \le p + z \cdot \tfrac{\sigma}{n} && \left|\ \tfrac{X}{n} = h_n\right. \\
p - z \cdot \tfrac{\sigma}{n} \le \ & h_n \le p + z \cdot \tfrac{\sigma}{n} && \left|\ -p-h_n\right. \\
-h_n - z \cdot \tfrac{\sigma}{n} \le \ & -p \le -h_n + z \cdot \tfrac{\sigma}{n} && \left|\ \cdot(-1)\right. \\
h_n + z \cdot \tfrac{\sigma}{n} \ge \ & p \ge h_n - z \cdot \tfrac{\sigma}{n} \\
h_n - z \cdot \tfrac{\sigma}{n} \le \ & p \le h_n + z \cdot \tfrac{\sigma}{n}
\end{aligned}$$

In dieser Ungleichung ist h_n aus der Stichprobe bekannt und z frei wählbar je nach gewünschter Sicherheitswahrscheinlichkeit. Unbekannt ist aber noch der Term $\frac{\sigma}{n}$. Diesen müssen wir ebenfalls auf den aus der Stichprobe bekannten Term h_n zurückführen, was rechts dargestellt ist.

Näherung für $\frac{\sigma}{n}$:

$$\sigma = \sqrt{n \cdot p \cdot (1-p)}$$

$$\sigma \approx \sqrt{n \cdot h_n \cdot (1-h_n)}$$

$$\frac{\sigma}{n} \approx \frac{\sqrt{n \cdot h_n \cdot (1-h_n)}}{n}$$

$$\frac{\sigma}{n} \approx \sqrt{\frac{h_n \cdot (1-h_n)}{n}}$$

Durch Einsetzen des Resultats ergibt sich die Endform des ***Konfidenzintervalls***, die im roten Kasten rechts aufgeführt ist.

Konfidenzintervall für p

$$h_n - z \cdot \sqrt{\frac{h_n \cdot (1-h_n)}{n}} \le p \le h_n + z \cdot \sqrt{\frac{h_n \cdot (1-h_n)}{n}}$$

D. Schätzen von Wahrscheinlichkeiten mit Hilfe von Konfidenzintervallen

Wir werden nun Konfidenzintervalle anwenden, um unbekannte Wahrscheinlichkeiten mit Hilfe von Stichproben zu schätzen. Vorher fassen wir unsere oben gewonnenen Ergebnisse noch einmal in kompakter Form zusammen.

Konfidenzintervalle

Ein binomialverteiltes Merkmal besitze die unbekannte Wahrscheinlichkeit p. In einer Stichprobe vom Umfang n kommt das Merkmal mit der absoluten Häufigkeit X, d. h. mit der relativen Häufigkeit $h_n = \frac{X}{n}$ vor. Dann kann p mit Hilfe eines Konfidenzintervalls mit vorgegegebener Sichherheitswahrscheinlichkeit abgeschätzt werden. Übliche Konfidenzintervalle sind:

(1) 90%-Sicherheit: $h_n - 1{,}64 \cdot \sqrt{\frac{h_n \cdot (1-h_n)}{n}} \le p \le h_n + 1{,}64 \cdot \sqrt{\frac{h_n \cdot (1-h_n)}{n}}$

(2) 95%-Sicherheit: $h_n - 1{,}96 \cdot \sqrt{\frac{h_n \cdot (1-h_n)}{n}} \le p \le h_n + 1{,}96 \cdot \sqrt{\frac{h_n \cdot (1-h_n)}{n}}$

(3) 99%-Sicherheit: $h_n - 2{,}58 \cdot \sqrt{\frac{h_n \cdot (1-h_n)}{n}} \le p \le h_n + 2{,}58 \cdot \sqrt{\frac{h_n \cdot (1-h_n)}{n}}$

Bevor wir Konfidenzintervalle anwenden, müssen wir noch auf die Voraussetzung hinweisen, unter denen wir sie anwenden dürfen, denn es muss wie stets in der Stochastik gesichert sein, dass das Gesetz der großen Zahl gilt. Das ist aber nichts Neues. Wir müssen lediglich beachten, dass die Laplace-Bedingung $\sigma > 3$ gilt.

Allerdings müssen wir in der Formel für σ die unbekannte Wahrscheinlichkeit p des Merkmals in der Grundgesamtheit durch die bekannte relative Häufigkeit h_n des Merkmals der Stichprobe ersetzen. Dabei bezeichnen wir die Näherung für σ mit dem Symbol σ^*.

Laplace-Bedingung für Konfidenzintervalle

$$\sigma^* = \sqrt{n \cdot h_n \cdot (1 - h_n)} > 3$$

Oft werden Marktanteile von Unternehmen oder Stimmanteile von Parteien durch Zufallsstichproben erhoben. Die Sicherheit der Umfragen wird durch Konfidenzintervalle beschrieben.

Beispiel: Schätzung eines Marktanteils p

Ein Verlag möchte den unbekannten Marktanteil p seiner Wochenzeitschrift mit einer Sicherheitswahrscheinlichkeit von 95 % schätzen lassen. Das beauftragte Marktforschungsinstitut befragt eine Zufallsstichprobe von 1200 Personen. 540 Personen geben an, Leser der Zeitschrift zu sein. Bestimmen Sie ein Konfidenzintervall für p.

Lösung:

Wir bestimmen zunächst die in der Stichprobe beobachtete relative Häufigkeit. Sie beträgt $h_n = 0{,}45$.

Relative Häufigkeit h_n:

$$h_n = \frac{X}{n} = \frac{540}{1200} = 0{,}45$$

Anschließend überprüfen wir, ob die Laplace-Bedingung für Konfidenzintervalle erfüllt ist. Wegen $\sigma^* = 17{,}23 > 3$ ist sie deutlich erfüllt.

Laplace-Bedingung:

$$\sigma^* = \sqrt{n \cdot h_n \cdot (1 - h_n)} = \sqrt{1200 \cdot 0{,}45 \cdot 0{,}55} \approx 17{,}23 > 3$$

Nun berechnen wir nacheinander linke Grenze p_1 und rechte Grenze p_2 des Konfidenzintervalls. Dabei verwenden wir wegen der geforderten Sicherheit von 95 % das Konfidenzintervall mit $z = 1{,}96$ aus dem roten Kasten von Seite 235.

Wir erhalten $0{,}4219 \le p \le 0{,}4781$.

Daher liegt der Marktanteil des Verlags mit 95 % Sicherheit zwischen 42,2 % und 47,8 %.

Grenzen des Konfidenzintervalls:

$$p_1 = h_n - 1{,}96 \cdot \sqrt{\frac{h_n \cdot (1 - h_n)}{n}} = 0{,}45 - 1{,}96 \cdot \sqrt{\frac{0{,}45 \cdot 0{,}55}{1200}} \approx 0{,}4219$$

$$p_2 = h_n + 1{,}96 \cdot \sqrt{\frac{h_n \cdot (1 - h_n)}{n}} = 0{,}45 + 1{,}96 \cdot \sqrt{\frac{0{,}45 \cdot 0{,}55}{1200}} \approx 0{,}4781$$

Übung 1 Sonntagsfrage
Bei der Sonntagsfrage wurde eine Zufallsstichprobe von 1000 Wahlberechtigten befragt. Als Sicherheitswahrscheinlichkeit wurde vom Auftraggeber 99% vorgegeben. Die Partei A würden 500 Personen wählen und die Partei B 50 Personen. Bestimmen Sie Konfidenzintervalle für den Anteil der Anhänger der beiden Parteien in der Gesamtheit aller Wahlberechtigten des Landes.

Übung 2 Vergrößerung des Umfangs n der Stichprobe
Im obigen Beispiel über die Marktanteile einer Zeitschrift wird der Umfang der Stichprobe von 1200 auf 2400 Befragte verdoppelt. Statt 540 Lesern finden sich nun 1080 Leser in der Stichprobe. Welche Folgen hat die Vergößerung für σ^* sowie für die Grenzen des Konfidenzintervalls?

Auch Bernoulli-Ketten können mit Konfidenzintervallen untersucht werden. Dabei gibt es keine Grundgesamtheit, sondern es geht um die Schätzung einer unbekannten Trefferwahrscheinlichkeit bei einem Bernoulli-Experiment, z. B. bei einem Würfel.

Beispiel: Manipulierter Würfel?
Ralf kommt beim Spiel in den Verdacht, einen manipulierten Würfel zu verwenden, der einen erhöhten Anteil p von Sechsen produziert. Seine Mitspieler prüfen den Würfel durch 240-maliges Werfen. Es fallen 60 Sechsen.
Bestimmen Sie ein Konfidenzintervall für p auf einem Sicherheitsniveau von 90% und interpretieren Sie das Resultat.

Lösung:
Wir bestimmen zunächst wieder die in der Stichprobe beobachtete relative Häufigkeit. Sie beträgt $h_n = 0{,}25$.
Anschließend überprüfen wir die Laplace-Bedingung für Konfidenzintervalle.
Sie ist erfüllt, denn es gilt $\sigma^* = 6{,}71 > 3$.

Nun berechnen wir die Grenzen eines 90%-Konfidenzintervalls mit $z = 1{,}64$.

Wir erhalten $0{,}2042 \le p \le 0{,}2958$.

Es ist also ziemlich sicher, dass der Würfel von Ralf manipuliert ist.
Allerdings ist das Konfidenzintervall relativ breit, so dass der genaue Wert von p immer noch unsicher ist. Dies liegt an der kleinen Stichprobe, deren Umfang nur n = 240 beträgt. Eine größere Stichprobe würde ein kleineres Intervall liefern bei gleicher Sicherheit.

Relative Häufigkeit h_n:

$$h_n = \frac{X}{n} = \frac{60}{240} = 0{,}25$$

Laplace-Bedingung:

$$\sigma^* = \sqrt{n \cdot h_n \cdot (1 - h_n)} = \sqrt{240 \cdot 0{,}25 \cdot 0{,}75} \approx 6{,}71 > 3$$

Grenzen des Konfidenzintervalls:

$$p_1 = h_n - 1{,}64 \cdot \sqrt{\frac{h_n \cdot (1 - h_n)}{n}} = 0{,}25 - 1{,}64 \cdot \sqrt{\frac{0{,}25 \cdot 0{,}75}{240}} \approx 0{,}2042$$

$$p_2 = h_n + 1{,}64 \cdot \sqrt{\frac{h_n \cdot (1 - h_n)}{n}} = 0{,}25 + 1{,}64 \cdot \sqrt{\frac{0{,}25 \cdot 0{,}75}{240}} \approx 0{,}2958$$

Übungen

3. Wurf von Reißnägeln

Beim Wurf von Reißnägeln sind aufgrund der komplizierten und variantenreichen Bauart die Wahrscheinlichkeiten für Kopflage und Seitenlage nicht theoretisch berechenbar, im Gegensatz zu den Wahrscheinlichkeiten bei einer Münze oder einem Würfel. Sie müssen daher im Experiment bestimmt werden. Bei 500 Würfen einer speziellen Reißnagelart fällt der Nagel 210-mal in Kopflage (Kopf unten). Bestimmen Sie ein Konfidenzintervall für die unbekannte Wahrscheinlichkeit der Kopflage.

a) Das Konfidenzniveau soll 90% betragen.
b) Das Konfidenzniveau soll 99% betragen.
c) Diskutieren Sie die Resultate aus a) und b) im Vergleich.

4. Werbekampagne

Ein Autohersteller beauftragt ein Prognoseinstitut, den noch unbekannten Bekanntheitsgrad p seines neuesten Modells mit einer Sicherheitswahrscheinlichkeit von 90% zu schätzen. Ist der Bekanntheitsgrad geringer als 20%, soll eine weitere Werbekampagne gestartet werden.
Das Institut befragt 1500 Personen im fahrfähigen Alter. 330 Personen kennen das neue Modell.

a) Überprüfen Sie, ob die Laplace-Bedingung für Konfidenzintervalle erfüllt ist.
b) Bestimmen Sie ein Konfidenzintervall für p.
c) Diskutieren Sie, ob die Werbekampagne erforderlich ist.

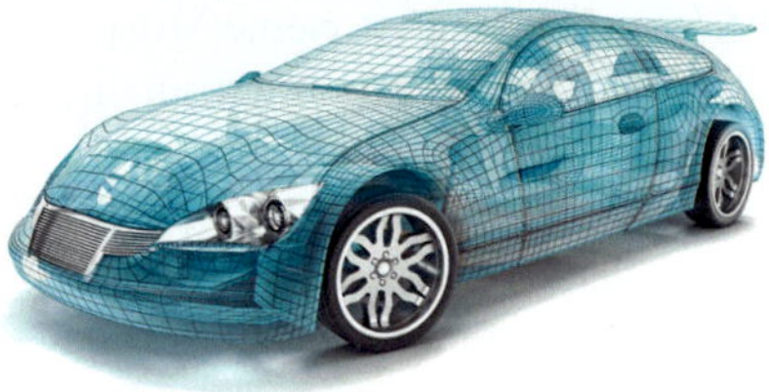

5. Internetausbau

Die Telekom möchte prüfen, ob sich der Ausbau der Internetversorgung in einem dünn besiedelten Gebiet lohnt. Dazu dürfen nicht zu viele Haushalte schon mit Internet versorgt sein. Der versorgte Anteil sollte unter 65% liegen.
Eine Umfrage in 200 zufällig ausgewählten Haushalten ergibt 120 Nutzer.

a) Prüfen Sie, ob die Laplace-Bedingung für Konfidenzintervalle erfüllt ist.
b) Schätzen Sie den Anteil p der Nutzer in der Grundgesamtheit der Region mittels Konfidenzintervall auf einem Sicherheitsniveau von 90% ab. Interpretieren Sie das Ergebnis.

6. Kundenzufriedenheit

Ein Unternehmen möchte durch eine Kampagne erreichen, dass 75% der Kunden mit dem Kundenservice zufrieden sind. Eine darauf folgende Umfrage unter 200 zufällig ausgewählten Kunden ergibt, dass hiervon 160 zufrieden sind.

a) Kann man mit 90% Sicherheit sagen, dass die Firma ihr Ziel erreicht hat?
b) Kann man mit 95% Sicherheit sagen, dass die Firma ihr Ziel erreicht hat?
c) Erläutern Sie den Unterschied in den Ergebnissen bei a) und b).

E. Exkurs: Konfidenzintervalle mit ganzzahligen z-Werten

In den vorhergehenden Abschnitten wurden $z \cdot \frac{\sigma}{n}$-Konfidenzintervalle behandelt, welche ganzzahlige Sicherheitswahrscheinlichkeiten, aber nichtganzzahlige z-Werte hatten. Es handelte sich um folgende Kombinationen: 90% und $z = 1{,}64$ bzw. 95% und $z = 1{,}96$ bzw. 99% und $z = 2{,}58$. Alternativ kann man mit $z \cdot \frac{\sigma}{n}$-Konfidenzintervallen arbeiten, die ganzzahlige z-Werte, aber nichtganzzahlige Sicherheitswahrscheinlichkeiten aufweisen. Hier handelt es sich um die Kombinationen $z = 1$ und 68,3% bzw. $z = 2$ und 95,5% bzw. $z = 3$ und 99,7%.

Konfidenzintervalle mit ganzzahligen z-Werten

(1) 68,3%-Konfidenzintervall: $h_n - 1 \cdot \sqrt{\frac{h_n \cdot (1-h_n)}{n}} \le p \le h_n + 1 \cdot \sqrt{\frac{h_n \cdot (1-h_n)}{n}}$

(2) 95,5%-Konfidenzintervall: $h_n - 2 \cdot \sqrt{\frac{h_n \cdot (1-h_n)}{n}} \le p \le h_n + 2 \cdot \sqrt{\frac{h_n \cdot (1-h_n)}{n}}$

(3) 99,7%-Konfidenzintervall: $h_n - 3 \cdot \sqrt{\frac{h_n \cdot (1-h_n)}{n}} \le p \le h_n + 3 \cdot \sqrt{\frac{h_n \cdot (1-h_n)}{n}}$

Beide Arten von Konfidenzintervallen stimmen in den Aufgaben und in den Berechnungsverfahren überein. Wir zeigen beide Möglichkeiten, um eine Schwerpunktsetzung zu ermöglichen.

Beispiel: Anteil in einer Urne schätzen

In einer Urne befindet sich eine große Zahl von weißen und roten Kugeln. Um den Rotanteil p zu schätzen, wird 100-mal eine Kugel mit Zurücklegen gezogen. Davon sind 25 Kugeln rot. Schätzen Sie den Rotanteil p auf einem Konfidenzniveau von 68,3%. Kommentieren Sie das Ergebnis.

Lösung:
Die Berechnung der relativen Häufigkeit für rote Kugeln in der Stichprobe ergibt $h_n = 0{,}25$.

Berechnung der relativen Häufigkeit h_n:

$$h_n = \frac{X}{n} = \frac{25}{100} = 0{,}25$$

Anschließend berechnen wir die beiden Intervallgrenzen, indem wir $z = 1$, $n = 100$ und $h_n = 0{,}25$ in die Formeln für die Intervallgrenzen (s. Kasten oben) einsetzen.
Wir erhalten folgendes Konfidenzintervall:

$$0{,}2067 \le p \le 0{,}2933.$$

Berechnung der Intervallgrenzen:

$$p_{1/2} = h_n \mp z \cdot \sqrt{\frac{h_n \cdot (1-h_n)}{n}}$$
$$= 0{,}25 \mp 1 \cdot \sqrt{\frac{0{,}25 \cdot 0{,}75}{100}}$$
$$p_1 \approx 0{,}2067, \quad p_2 \approx 0{,}2933$$

Kommentar: Das Konfidenzintervall ist trotz der kleinen Sicherheitswahrscheinlichkeit relativ breit, was am kleinen Stichprobenumfang $n = 100$ liegen dürfte.

Übung 7 Anteil guter Zensuren schätzen

Eine Zufallsstichprobe von 50 Schülern einer Schule hat folgendes Ergebnis: 20 Schüler haben eine gute oder sehr gute Note in Mathematik. Berechnen Sie das 68,3%-Konfidenzintervall und das 99,7%-Konfidenzintervall für den Anteil p der Schüler in der Schülerschaft der Schule, welche eine gute oder sehr gute Mathematiknote haben. Vergleichen Sie die Ergebnisse.

G. Die Interpretation von Konfidenzintervallen

Konfidenzintervalle werden häufig falsch interpretiert. Das hat zwar in der Regel keine gravierenden Folgen, soll aber dennoch Anlass geben, das Interpretationsproblem hier am Ende dieses Abschnitts – d. h. in der Rückschau – anzusprechen und aufzulösen.

Hierzu gehen wir von einer Münze aus, bei der die unbekannte Wahrscheinlichkeit p für einen Kopfwurf abzuschätzen ist. (Wir nehmen zur besseren Veranschaulichung einmal an, dass die Münze gefälscht ist und p = 0,6 gilt.)
Die Münze wird nun einer Stichprobe unterzogen, indem sie 50-mal geworfen wird. Wir nehmen nun an, dass bei dieser Stichprobe 28-mal das Ergebnis Kopf kommt.
Hieraus können wir in der bekannten Art und Weise das 90%-Konfidenzintervall I berechnen. Es lautet I = [0,4449; 0,6751].

Wie ist dieses Konfidenzintervall nun zu interpretieren?
Eine übliche Interpretation lautet: Der unbekannte Kopfwurfanteil p liegt mit einer Wahrscheinlichkeit von 90% im Intervall I und mit einer Wahrscheinlichkeit von 10% außerhalb des Intervalls I.
Das ist aber eigentlich falsch, denn p ist ja kein durch den Zufall bestimmter Wert, sondern ein fester Wert, der nur vom Bau der Münze abhängt, in unserem Fall der Wert p = 0,6.
Vom Zufall hängt dagegen das Konfidenzintervall ab, denn dies ist das Ergebnis einer Zufallsstichprobe. Die Stichprobe hätte ja zufällig ebenso mit einem Ergebnis von 37 Kopfwürfen enden können, was ein 90%-Konfidenzintervall J = [0,6383; 0,8417] zur Folge gehabt hätte. Nun kann aber p kaum mit der Wahrscheinlichkeit von 90% sowohl in I als auch in J liegen. Das geht mit Sicherheit nicht. Vielmehr liegt p garantiert in I und garantiert nicht in J.

Die Interpretation muss also ganz anders lauten, und zwar folgendermaßen:
Wenn man die Stichprobe oft wiederholt, z. B. 30-mal, dann werden die Stichprobenergebnisse auch zu 30 Konfidenzintervallen führen, die alle unterschiedlich sein können. Im Mittel werden 90% dieser Intervalle den wahren Wert von p ***überdecken****, also hier 27 Intervalle. 10% der Intervalle – also hier 3 Intervalle – werden den wahren Wert von p nicht überdecken, sondern daneben liegen. Dieses Überdeckungsargument ist die richtige Interpretation des Konfidenzintervalls.*

Wir veranschaulichen die Überdeckungsinterpretation noch einmal anhand von 30 Konfidenzintervallen zum obigen Problem, die mit Hilfe einer Computersimulation von 30 Stichproben vom Umfang n = 50 für eine Münze mit p = 0,6 bestimmt wurden. 27 Intervalle (90%) überdecken p, und 3 Intervalle (10%) überdecken p nicht.

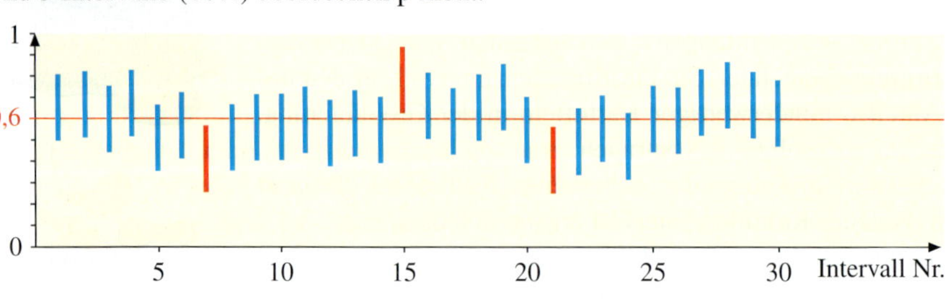

Übungen

10. Fahrradbesitz
Von 400 zufällig ausgewählten 18–29-jährigen Deutschen geben 290 an, ein Fahrrad zu besitzen. Bestimmen Sie ein 90%-Konfidenzintervall für den unbekannten Anteil p der Fahrradbesitzer in der Gruppe der 18–29-jährigen Deutschen. Kann auf diesem Konfidenzniveau die Vermutung bestätigt werden, dass der unbekannte Anteil größer als 80% ist?

11. Heilungsrate
Durch eine neue Therapie werden von 80 Patienten einer Stichprobe 35 Patienten geheilt. Bestimmen Sie ein Konfidenzintervall für die unbekannte Heilungswahrscheinlichkeit der Therapie. Überprüfen Sie außerdem, ob die von der Arzneimittelfirma angegebene Heilungsrate von 40% durch das Intervall überdeckt wird. Lösen Sie die Aufgabe sowohl für ein Sicherheitsniveau von 90% als auch von 99%. Vergleichen Sie die Ergebnisse.

12. ADAC-Mitglieder
Zwei Schüler der Otto-von-Hahn-Oberschule erhalten den Auftrag, den Anteil p der Mitglieder des ADAC unter den Personen mit Führerschein abzuschätzen. Also stellen Sie sich in die Königsstraße und befragen 60 Personen, von denen 21 angeben, dem ADAC anzugehören.
a) Bestimmen Sie ein Konfidenzintervall für p. Das Konfidenzniveau soll 90% betragen.
b) Beurteilen Sie das Vorgehen der Schüler in Bezug auf statistisch korrektes Handeln.

13. Tim und Klara
Tim und Klara gehen oft Kaffee trinken. Stets wirft Klara eine Münze. Bei Kopf muss Tim bezahlen, sonst Klara. Bei 120 Treffen hat Tim 72-mal bezahlt. Geht das mit rechten Dingen zu?
a) Bestimmen Sie ein Konfidenzintervall für den Anteil p der Gewinne von Klara. Das Konfidenzniveau soll 90% betragen.
b) Interpretieren Sie das Resultat.

14. Zu spät gekommen
Eine Schule zieht aus der Schülerdatei 150 der 1200 Schüler. 45 dieser Schüler sind im letzten Monat zu spät zum Unterricht erschienen. Der Anteil p der Zuspätkommer an der gesamten Schülerschaft soll geschätzt werden. Bestimmen Sie ein Konfidenzintervall für den Anteil p. Das Sicherheitsniveau soll 90% betragen. Welche Einnahmen hat die Schule mindestens, wenn Zuspätkommer 1 € pro Monat in die Schulkasse zahlen müssen?

15. Verträglichkeit von Anteilen
Laut einer von der Europäischen Kommission im Jahr 2010 in Auftrag gegebenen Studie betrug der Anteil der Raucher an der über 15-jährigen Wohnbevölkerung in Deutschland 25%. Mit einer Zufallsstichprobe soll überprüft werden, ob es dabei geblieben ist. Von 800 befragten Personen gaben 190 an, zu rauchen.
a) Bestimmen Sie Konfidenzintervalle mit einem Konfidenzniveau von 90% und von 99%.
b) Sind die Konfidenzintervalle aus a) mit dem 25%-Anteil von 2010 verträglich? (Ein Konfidenzintervall ist ***mit einem vorgegebenen Wert verträglich,*** wenn das Intervall diesen vorgegebenen Wert überdeckt.)

6. Stichprobenumfänge bei Konfidenzintervallen

A. Durchmesser eines Konfidenzintervalls und Sicherheitswahrscheinlichkeit

Wir klären nun, wie sich eine Erhöhung der Sicherheitswahrscheinlichkeit auf die Genauigkeit des Konfidenzintervalls auswirkt, wenn der Stichprobenumfang nicht verändert wird.

Beispiel: Konfidenzintervall für eine unbekannte Wahrscheinlichkeit p

Ein Meinungsforschungsinstitut sollte bei der Weltmeisterschaft 2014 feststellen, welcher Prozentanteil p der Studenten in Deutschland das Spiel Deutschland–Brasilien sehen wollte. Dazu wurde kurz vor dem Spiel eine Umfrage in einer Stichprobe von 1000 Studenten vorgenommen. 650 Studenten gaben an, das Spiel sehen zu wollen.

a) Bestimmen Sie das 90%-Konfidenzintervall.
b) Bestimmen Sie das 99%-Konfidenzintervall.
c) Vergleichen Sie die Ergebnisse aus a) und b).

Lösung zu a:

Wir wählen das 90%-Konfidenzintervall mit z = 1,64 (vgl. Kasten Seite 235).
Wir berechnen dessen Intervallgrenzen p_1 und p_2 (s. rechts). Das Konfidenzintervall lautet:

$$0{,}6253 \le p \le 0{,}6747$$

Der Anteil p der Studenten, die das Spiel sehen wollten, liegt also mit einer Sicherheitswahrscheinlichkeit von 90% zwischen 62,5% und 67,5%.

Relative Häufigkeit h_n:

$$h_n = \frac{X}{n} = \frac{650}{1000} = 0{,}65$$

Grenzen des 90%-Konfidenzintervalls:

$$p_1 = h_n - z \cdot \sqrt{\frac{h_n \cdot (1 - h_n)}{n}} = 0{,}65 - 1{,}64 \cdot \sqrt{\frac{0{,}65 \cdot 0{,}35}{1000}} \approx 0{,}6253$$

$$p_2 = h_n + z \cdot \sqrt{\frac{h_n \cdot (1 - h_n)}{n}} = 0{,}65 + 1{,}64 \cdot \sqrt{\frac{0{,}65 \cdot 0{,}35}{1000}} \approx 0{,}6747$$

Lösung zu b:
Nun wählen wir das 99%-Konfidenzintervall mit z = 2,58 (vgl. Kasten Seite 235).
Wir berechnen die Intervallgrenzen.

$$0{,}6111 \le p \le 0{,}6889$$

Grenzen des 99%-Konfidenzintervalls:

$$p_1 = 0{,}65 - 2{,}58 \cdot \sqrt{\frac{0{,}65 \cdot 0{,}35}{1000}} \approx 0{,}6111$$

$$p_2 = 0{,}65 + 2{,}58 \cdot \sqrt{\frac{0{,}65 \cdot 0{,}35}{1000}} \approx 0{,}6889$$

Lösung zu c)
Das Konfidenzintervall mit der höheren Sicherheit von 99% hat einen größeren Durchmesser als das Konfidenzintervall mit der geringeren Sicherheit von 90%.

Sicherheit und Intervalldurchmesser:

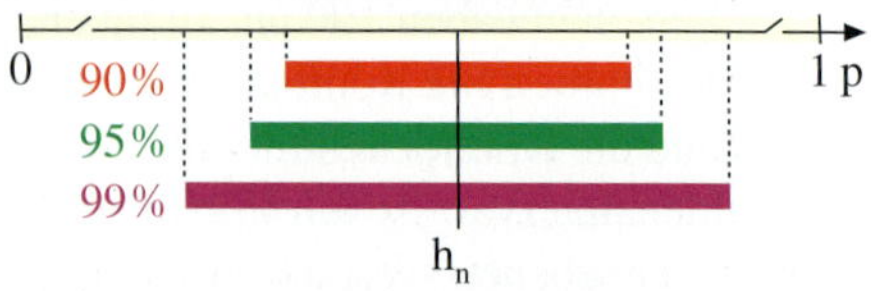

Je größer die Sicherheitswahrscheinlichkeit eines Konfidenzintervalls ist, umso breiter ist das Intervall und umso geringer ist bei gleichem Stichprobenumfang dessen Aussagegenauigkeit.

B. Durchmesser eines Konfidenzintervalls und Stichprobenumfang

Ein kleines Konfidenzintervall bietet eine genauere Abschätzung der Trefferwahrscheinlichkeit p als ein großes Konfidenzintervall. Was kann man tun, um ein Konfidenzintervall zu verkleinern, ohne die Sicherheitswahrscheinlichkeit des Intervalls zu verändern? Man hat nur eine Chance, nämlich die Vergrößerung des Stichprobenumfangs n. Wir untersuchen nun, wie sich eine solche Vergrößerung auf den Durchmesser des Konfidenzintervalls auswirkt.

Beispiel: Halbierung eines Konfidenzintervalls

Ein Meinungsforschungsinstitut hat in einer Umfrage unter n = 500 Studenten festgestellt, dass 300 von ihnen mit dem Fahrrad zur Hochschule kommen. Daraus hat man errechnet, dass der Anteil p aller deutschen Studenten, die mit dem Rad kommen, mit 90%-iger Sicherheit zwischen 56,4% und 63,6% liegt.

a) Bestätigen Sie das Konfidenzintervall des Instituts durch eine eigene Rechnung.
b) Um welchen Faktor muss der Umfang n der Stichprobe erhöht werden, um das Konfidenzintervall zu halbieren? Die Sicherheitswahrscheinlichkeit von 90% soll bleiben.

Lösung zu a:
Wir berechnen zunächst die relative Häufigkeit $h_n = 0{,}60$.

Anschließend berechnen wir die Grenzen des 90%-Konfidenzintervalls mit z = 1,64. Sie lauten $p_1 \approx 0{,}5641$ und $p_2 \approx 0{,}6359$. Das Institutsergebnis wird also bestätigt.

Lösung zu b:
Der Radius des Konfidenzintervalls wird durch den Term $r = z \cdot \sqrt{\frac{h_n \cdot (1 - h_n)}{n}}$ erfasst. Da z beibehalten wird (gleiche Sicherheit) und h_n sich kaum ändern wird, da auch die „alte“ Stichprobe schon groß war, kann nur der Stichprobenumfang n den Radius verändern. Da n unter einer Quadratwurzel im Nenner steht, muss n sich vervierfachen, um den Radius zu halbieren.
Also muss n = 2000 sein. Die Kontrollrechnung rechts bestätigt dies.

Relative Häufigkeit h_n:

$$h_n = \frac{X}{n} = \frac{300}{500} = 0{,}60$$

Grenzen des Konfidenzintervalls (n = 500):

$$p_1 = h_n - z \cdot \sqrt{\frac{h_n \cdot (1 - h_n)}{n}} = 0{,}60 - 1{,}64 \cdot \sqrt{\frac{0{,}60 \cdot 0{,}40}{500}} \approx 0{,}5641$$

$$p_2 = h_n + z \cdot \sqrt{\frac{h_n \cdot (1 - h_n)}{n}} = 0{,}60 + 1{,}64 \cdot \sqrt{\frac{0{,}60 \cdot 0{,}40}{500}} \approx 0{,}6359$$

Durchmesser: $d \approx 0{,}6359 - 0{,}5641 \approx 0{,}0718$

Grenzen des Konfidenzintervalls (n = 2000):

$$p_1 = 0{,}60 - 1{,}64 \cdot \sqrt{\frac{0{,}60 \cdot 0{,}40}{2000}} \approx 0{,}5820$$

$$p_2 = 0{,}60 + 1{,}64 \cdot \sqrt{\frac{0{,}60 \cdot 0{,}40}{2000}} \approx 0{,}6180$$

Durchmesser: $d \approx 0{,}6180 - 0{,}5820 = 0{,}0360$

Durchmesser eines Konfidenzintervalls und Stichprobenlänge $\left(\frac{1}{\sqrt{n}}\text{-Gesetz}\right)$

Ist n der Stichprobenumfang, so ist der Durchmesser d des Konfidenzintervalls proportional zu $\frac{1}{\sqrt{n}}$, d.h. d ist ein Term der Form $d = \frac{c}{\sqrt{n}}$. Vervierfacht man n, so halbiert sich d, verneunfacht man n, so drittelt sich d, usw.

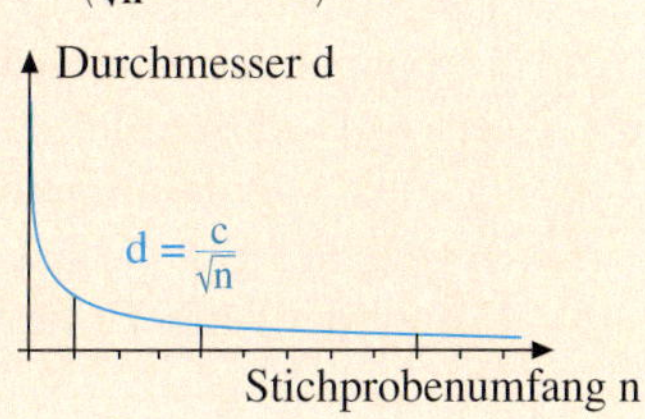

Übungen

1. Sicherheitswahrscheinlichkeit und Durchmesser eines Konfidenzintervalls
Bei der Produktion von Tischtennisbällen wird eine Stichprobe von 100 Bällen entnommen. Dabei weicht der Durchmesser von 10 Bällen zu stark vom Normwert ab. Bestimmen Sie ein Konfidenzintervall für den unbekannten Anteil p der abweichenden Bälle in der Produktion.
a) Die Sicherheitswahrscheinlichkeit soll 90% betragen.
b) Die Sicherheitswahrscheinlichkeit soll 99% betragen.
c) Vergleichen Sie die Intervalle aus a) und b). Wie erklärt sich der Unterschied?

2. Vergleich dreier Konfidenzintervalle
In einer Stichprobe vom Umfang n = 100 wird das beobachtete Merkmal 30-mal registriert. Untersucht werden sollen die folgenden Konfidenzintervalle für die Wahrscheinlichkeit p.
A: $1 \cdot \frac{\sigma}{n}$-Intervall B: $2 \cdot \frac{\sigma}{n}$-Intervall C: $3 \cdot \frac{\sigma}{n}$-Intervall
a) Begründen Sie anschaulich, dass das Intervall A eine kleinere Sicherheitswahrscheinlichkeit hat als die Intervalle B und C.
b) Geben Sie die Sicherheitswahrscheinlichkeiten von A, B und C an.
c) Bestimmen Sie die Grenzen der Konfidenzintervalle A, B und C.
d) Welche Vorteile/Nachteile hat ein kleines Konfidenzintervall?

3. Münze (Durchmesser des Konfidenzintervalls und Stichprobenumfang)
Eine Münze wird n-mal geworfen. Dabei wird X-mal Kopf registriert. Bestimmen Sie den Durchmesser des Konfidenzintervalls für die Wahrscheinlichkeit p, dass ein Münzwurf Kopf ergibt. Das Sicherheitsniveau betrage 99%. Vergleichen Sie die drei Ergebnisse.
a) n = 100, X = 52 b) n = 400, X = 208 c) n = 900, X = 468

4. Mindestumfang einer Stichprobe
Beim 120-maligen Werfen mit einem unregelmäßigen Würfel ergab sich 12-mal das Ergebnis A und 15-mal das Ergebnis B. p und q seien die unbekannten Wahrscheinlichkeiten von A und B.
a) Bestimmen sie jeweils ein 90%-Konfidenzintervall für p und für q.
b) Stellen Sie fest, ob sich die Konfidenzintervalle aus a) überlappen oder nicht. Kann man aus dem Ergebnis schließen, dass q größer als p ist?
c) Ermitteln Sie, bei welchem Mindestumfang n der Stichprobe man bei gleichen relativen Trefferhäufigkeiten $h_n = 0{,}10$ für A und $h_n = 0{,}125$ für B mit 90% Sicherheitswahrscheinlichkeit die Aussage treffen kann, dass das Ergebnis B wahrscheinlicher ist als das Ergebnis A.

5. Das Problem der kleinen Partei
Vor einer Wahl wurden 400 Personen befragt. Die große Partei C wollten 220 Personen wählen, die kleine Partei F dagegen nur 22 Personen.
a) Bestimmen Sie Konfidenzintervalle für die unbekannten Anteile p_F und p_C in der Bevölkerung. Die Intervalle sollen jeweils für Sicherheitswahrscheinlichkeiten von 68,3%, 90%, 95% und 99% bestimmt werden.
b) Beurteilen Sie die Chance der Partei C, die absolute Mehrheit (50%) zu erreichen und die Chance der Partei F, die 5%-Hürde zu erreichen. Vergleichen Sie die Ergebnisse.

Übungen

Die folgenden Übungen können ohne die Verwendung von Hilfsmitteln bearbeitet werden.

1. Sigmaregeln

Die Tabellen enthalten die sog. Sigmaregeln. Der Wert z gibt an, wie viele Standardabweichungen den Radius der Sigma-Umgebung ergeben. p gibt die Sicherheitswahrscheinlichkeit der Sigma-Umgebung an. Geben Sie die fehlenden Werte für z und p an.

z	p
	90%
1,96	
2,58	

z	p
1	68,3%
2	
	99,7%

2. Bestimmung eines Prognoseintervalls

Ein Reißnagel ist so gebaut, dass er beim Werfen mit der Wahrscheinlichkeit $p = \frac{1}{4}$ in Kopflage liegenbleibt. Bei einem Spiel werden 192 Reißnägel geworfen. X sei die Anzahl der dabei auftretenden Kopfwürfe.

a) Zeigen Sie: X besitzt den Erwartungswert $\mu = 48$ und die Standardabweichung $\sigma = 6$.

b) Bestimmen Sie ein Prognoseintervall für X auf einem Sicherheitsniveau von 68,3%.

c) Hans wettet, dass er mehr als 48 Kopfwürfe erzielt. Geben Sie an, wie groß die Wahrscheinlichkeit hierfür ungefähr ist. Entscheiden Sie begründet, ob das Spiel sich für Hans lohnt, wenn er bei einem Einsatz von 1 € im Gewinnfall 4 € erhält.

3. Prognoseintervall: Richtig oder falsch

A: Eine binomialverteilte Zufallsgröße (n: Länge der Bernoulli-Kette; p: Trefferwahrscheinlichkeit) hat den Erwartungswert $\mu = n \cdot p$ und die Standardabweichung $\sigma = \sqrt{n \cdot p \cdot (p-1)}$.

B: Mit einem Prognoseintervall schließt man von der Stichprobe auf die Grundgesamtheit.

C: Mit einem Prognoseintervall schließt man von der Grundgesamtheit auf die Stichprobe.

D: Ein Prognoseintervall bezeichnet man auch als Vertrauensintervall.

E: Je größer die Sicherheitswahrscheinlichkeit ist, umso kleiner ist das Prognoseintervall.

F: Je größer der Stichprobenumfang ist, umso kleiner ist das Prognoseintervall.

4. Konfidenzintervall: Richtig oder falsch

A: Ein Konfidenzintervall wird auch als Vertrauensintervall bezeichnet.

B: Mit einem Konfidenzintervall schließt man von der Stichprobe auf die Grundgesamtheit.

C: Mit einem Konfidenzintervall schließt man von der Grundgesamtheit auf die Stichprobe.

D: Je größer der Umfang n der Stichprobe ist, umso genauer wird die Schätzung des Merkmalsanteils p in der Grundgesamtheit mit Hilfe eines Konfidenzintervalls.

E: Je größer der Stichprobenumfang n ist, umso kleiner ist bei gleicher Sicherheitswahrscheinlichkeit der Durchmesser eines Konfidenzintervalls.

F: Wird die Sicherheitswahrscheinlichkeit eines Konfidenzintervalls erhöht, so wird das Konfidenzintervall kleiner.

5. Veränderung des Durchmessers eines Konfidenzintervalls

Der Durchmesser eines Konfidenzintervalls hängt unter anderem von der Sicherheitswahrscheinlichkeit und vom Umfang n der Stichprobe ab. Geben Sie an, in welcher Weise man eine dieser beiden Größen verändern muss, um zu erreichen, dass der Durchmesser des Konfidenzintervalls kleiner wird.

Überblick

Bernoulli-Versuch Bernoulli-Experiment
Ein **Bernoulli-Versuch** (Bernoulli-Experiment) ist ein Zufallsversuch mit genau zwei Ausgängen E und $\overline{E}$.

Bernoulli-Kette der Länge n
Als **Bernoulli-Kette** der Länge n bezeichnet man die n-fache Wiederholung eines Bernoulli-Versuchs.

Binomialverteilung $P(X = k) = B(n; p; k)$
Als **Binomialverteilung** $P(X = k) = B(n; p; k)$ bezeichnet man die Wahrscheinlichkeitsverteilung einer Zufallsgröße X, welche die Trefferzahl k in einer Bernoulli-Kette der Länge n mit der Trefferwahrscheinlichkeit p darstellt.

Formel von Bernoulli
$\mathbf{P(X = k) = B(n; p; k) = \binom{n}{k} \cdot p^k \cdot (1-p)^{n-k}}$

Kumulierte Binomialverteilung $P(X \le k) = F(n; p; k)$
Als **kumulierte Binomialverteilung** $P(X \le k) = F(n; p; k)$ bezeichnet man die Summe der Wahrscheinlichkeiten der Trefferzahlen von 0 bis k in einer Bernoulli-Kette der Länge n mit der Trefferwahrscheinlichkeit p.
$\mathbf{P(X \le k) = F(n; p; k) = B(n; p; 0) + \ldots + B(n; p; k)}$

Erwartungswert, Standardabweichung binomialverteilter Zufallsgrößen
Für den **Erwartungswert** μ und die **Standardabweichung** σ einer binomialverteilten Zufallsgröße X gelten folgende Formeln:
Erwartungswert: $\boldsymbol{\mu = n \cdot p}$
Standardabweichung: $\boldsymbol{\sigma = \sqrt{n \cdot p \cdot (1-p)}}$

Laplace-Bedingung
$\sigma = \sqrt{n \cdot p \cdot (1-p)} > 3$

σ: Standardabweichung
n: Länge der Bernoulli-Kette
p: Trefferwahrscheinlichkeit

Wenn die Laplace-Bedingung erfüllt ist, gelten die folgenden Sigma-Intervalle zum Bestimmen von Prognose- und Konfidenzintervallen.

$z \cdot \sigma$-Umgebungen des Erwartungswertes μ
X sei die Anzahl der Treffer in einer Bernoulli-Kette der Länge n mit der Trefferwahrscheinlichkeit p. Die Laplace-Bedingung sei erfüllt. μ sei der Erwartungswert und σ die Standardabweichung von X. Dann fallen die Werte der absoluten Trefferhäufigkeit X zu etwa

90% ins Int. $[\mu - 1{,}64 \cdot \sigma, \mu + 1{,}64 \cdot \sigma]$ 95% ins Int. $[\mu - 1{,}96 \cdot \sigma, \mu + 1{,}96 \cdot \sigma]$ 99% ins Int. $[\mu - 2{,}58 \cdot \sigma, \mu + 2{,}58 \cdot \sigma]$	68,3% ins Int. $[\mu - 1 \cdot \sigma, \mu + 1 \cdot \sigma]$ 95,5% ins Int. $[\mu - 2 \cdot \sigma, \mu + 2 \cdot \sigma]$ 99,7% ins Int. $[\mu - 3 \cdot \sigma, \mu + 3 \cdot \sigma]$
z nicht ganzzahlig	z ganzzahlig

$z \cdot \frac{\sigma}{n}$-Umgebungen der Wahrscheinlichkeit p
X sei die Anzahl der Treffer in einer Bernoulli-Kette der Länge n mit der Trefferwahrscheinlichkeit p. Die Laplace-Bedingung sei erfüllt. σ sei die Standardabweichung von X.
Dann fallen die Werte der relativen Trefferhäufigkeit $\frac{X}{n}$ zu etwa

90% ins Int. $\left[p - 1{,}64 \cdot \frac{\sigma}{n}, p + 1{,}64 \cdot \frac{\sigma}{n}\right]$ 95% ins Int. $\left[p - 1{,}96 \cdot \frac{\sigma}{n}, p + 1{,}96 \cdot \frac{\sigma}{n}\right]$ 99% ins Int. $\left[p - 2{,}58 \cdot \frac{\sigma}{n}, p + 2{,}58 \cdot \frac{\sigma}{n}\right]$	68,3% ins Int. $\left[p - 1 \cdot \frac{\sigma}{n}, p + 1 \cdot \frac{\sigma}{n}\right]$ 95,5% ins Int. $\left[p - 2 \cdot \frac{\sigma}{n}, p + 2 \cdot \frac{\sigma}{n}\right]$ 99,7% ins Int. $\left[p - 3 \cdot \frac{\sigma}{n}, p + 3 \cdot \frac{\sigma}{n}\right]$
z nicht ganzzahlig	z ganzzahlig

Prognoseintervall

p sei die bekannte Wahrscheinlichkeit eines Merkmals in der Grundgesamtheit (Trefferwahrscheinlichkeit). X sei die unbekannte Trefferzahl in einer noch zu erhebenden Stichprobe vom Umfang n.
Man berechnet den Erwartungswert $\mu = n \cdot p$, die Standardabweichung $\sigma = \sqrt{n \cdot p \cdot (1-p)}$ und überprüft die erforderliche Gültigkeit der Laplace-Bedingung $\sigma = \sqrt{n \cdot p \cdot (1-p)} > 3$.

Als **Prognoseintervall** für den Wert von X in der Stichprobe verwendet man dann $z \cdot \sigma$-Umgebungen des Erwartungswertes μ.

$z = 1{,}64$: 90% Sicherheit	$z = 1$: 68,3% Sicherheit
$z = 1{,}96$: 95% Sicherheit	$z = 2$: 95,5% Sicherheit
$z = 2{,}58$: 99% Sicherheit	$z = 3$: 99,7% Sicherheit

Verträglichkeits-intervall

p sei die vermutete, aber nicht sichere Wahrscheinlichkeit eines Merkmals in einer Grundgesamtheit.
Dann bezeichnet man den Wert p als **verträglich** mit einer Stichprobe, wenn die Trefferzahl X für das Merkmal in der Stichprobe in einem sog. **Verträglichkeitsintervall** um den vermuteten Erwartungswert μ liegt, d.h. wenn $\mu - r \le X \le \mu + r$ gilt mit $r > 0$.
Normalerweise wählt man $r = z \cdot \sigma$ mit $z = 1$; 2; 3; 1,64; 1,96 oder 2,58.

Konfidenzintervall für die unbekannte Wahrscheinlichkeit p

p sei die unbekannte Wahrscheinlichkeit eines Merkmals in der Grundgesamtheit. $\frac{X}{n} = h_n$ sei die bekannte relative Häufigkeit des Merkmals in einer erhobenen Stichprobe.
Ein Konfidenzintervall gibt ein Intervall um die relative Häufigkeit $\frac{X}{n} = h_n$ an, in der die unbekannte Wahrscheinlichkeit p mit einer vorgegebenen Sicherheitswahrscheinlichkeit (Sicherheitsniveau, Konfidenzniveau) liegt.
Es handelt sich in der Regel um eine $z \cdot \frac{\sigma}{n}$-Umgebung von $\frac{X}{n}$.

Methode zur Bestimmung des Konfidenzintervalls für die unbekannte Wahrscheinlichkeit p

Größen:
- n: Stichprobenumfang
- p: Wahrscheinlichkeit des Merkmals
- X: Absolute Merkmalshäufigkeit in der Stichprobe
- $h_n = \frac{X}{n}$: Relative Merkmalshäufigkeit in der Stichprobe
- z: z-Wert der Sicherheitswahrscheinlichkeit

Formel: Das Konfidenzintervall für p lautet dann:

$$h_n - z \cdot \sqrt{\frac{h_n \cdot (1-h_n)}{n}} \le p \le h_n + z \cdot \sqrt{\frac{h_n \cdot (1-h_n)}{n}}$$

Dabei muss die Laplace-Bedingung für Konfidenzintervalle gelten: $\sigma^* = \sqrt{n \cdot h_n \cdot (1-h_n)} > 3$

CAS-Anwendung

Prognoseintervalle

Beispiel: Prognoseintervall für absolute Häufigkeit

Eine Münze werde 50-mal geworfen. X sei die Anzahl der Kopfwürfe. Bestimmen Sie, wie wahrscheinlich es ist, dass X einen Wert annimmt, der höchstens um 2σ (1σ oder um 3σ) vom Erwartungswert μ abweicht.

Lösung:
Wir verwenden eine Notes-Seite.
Nach Eingabe des Stichprobenumfangs n und der Trefferwahrscheinlichkeit p wird auch eine Math-Box für den Faktor c bereitgestellt, für den zunächst der Wert 2, später dann 1 bzw. 3 oder ein anderer Wert gewählt werden kann.
Nach Berechnung von μ und σ werden die untere und die obere Grenze der Intervalle $[\mu - c \cdot \sigma;\ \mu + c \cdot \sigma]$ und schließlich $P(\mu - c \cdot \sigma \leq X \leq \mu + c \cdot \sigma)$ bestimmt.
(Rundung nach außen!)

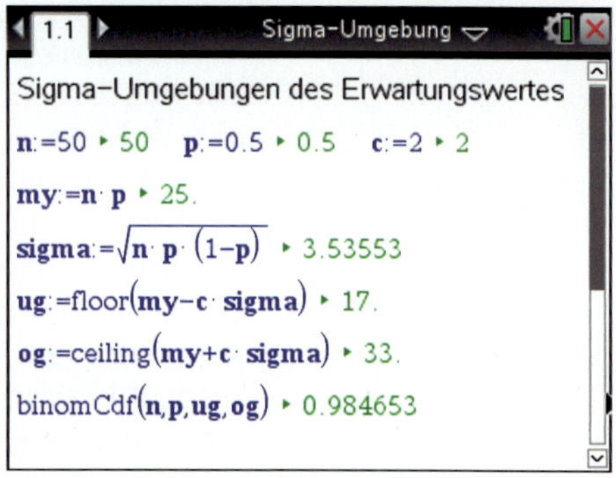

Übung 1

Ergänzen Sie die tns-Datei des Beispiels zur σ-Umgebung des Erwartungswertes durch eine Visualisierung (vgl. Histogramm Seite 219).

Beispiel: Prognoseintervall für relative Häufigkeit

Eine Münze wird 1000-mal geworfen. Prognostizieren Sie mit einer Sicherheitswahrscheinlichkeit von 95,5 %, in welches Intervall um den erwarteten Wert $p = 0{,}5$ die relative Häufigkeit für „Kopf“ fallen wird.

Lösung:
X sei die Anzahl der Kopfwürfe bei $n = 1000$ Münzwürfen. Die Standardabweichung von X beträgt rund 15,8 (damit ist die Laplace-Bedingung erfüllt). Die relative Häufigkeit für die Anzahl der Kopfwürfe bei $n = 1000$ Münzwürfen liegt mit einer Wahrscheinlichkeit von 95,5 % in einer 2σ-Umgebung um die Trefferwahrscheinlichkeit $p = 0{,}5$, also im Intervall $[0{,}4684;\ 0{,}5316]$.

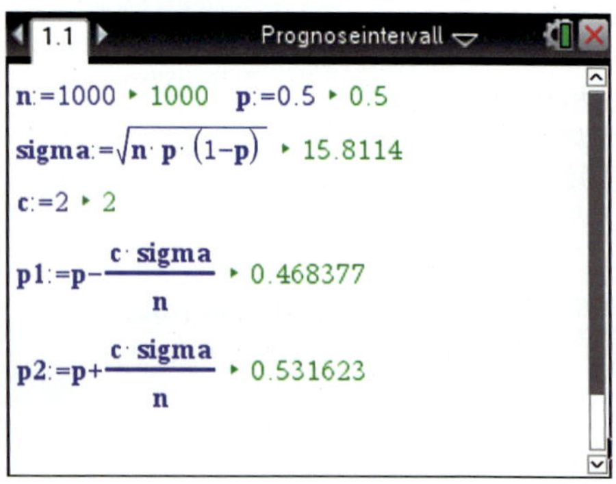

Übung 2

Bestimmen Sie wie oben das Prognoseintervall zur gegebenen Sicherheitswahrscheinlichkeit.

a) 68,3 % ($c = 1$) b) 90 % ($c = 1{,}64$) c) 95 % ($c = 1{,}96$) d) 99 % ($c = 2{,}58$)

Konfidenzintervall

Beispiel: Konfidenzintervall (mit graphischer Veranschaulichung)
Der Anteil p aller Schüler in der gymnasialen Oberstufe besucht regelmäßig ein bestimmtes Internetportal. Eine Stichprobe soll nähere Auskunft über den Wert von p geben.
Dazu wird eine Umfrage unter 50 Schülern durchgeführt, wobei 40 Schüler angeben, dass sie des Öfteren diese Internetseiten aufrufen. Ermitteln Sie ein Konfidenzintervall für p zur Sicherheitswahrscheinlichkeit 95,5 %.

Lösung:
Als Schätzwert für p liefert die Umfrage die relative Häufigkeit 0,8, also 80 %.
Zur Bestimmung des Konfidenzintervalls für p ist folgende Ungleichung zu lösen:

$$|h - p| \le c \cdot \frac{\sqrt{p \cdot (1-p)}}{\sqrt{n}}$$

Dabei ist n = 50 und h = 0,8 einzusetzen sowie c = 2 aufgrund der Sicherheitswahrscheinlichkeit von 95,5 %. Der solve-Befehl liefert das Konfidenzintervall.

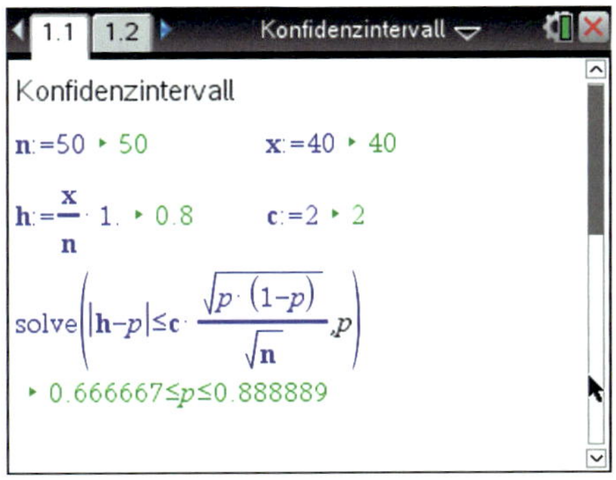

Wir haben damit das folgende Ergebnis: Mit einer Sicherheitswahrscheinlichkeit von 95,5 % liegt der wahre Anteil der Schüler, die regelmäßig das gewisse Internetportal besuchen, zwischen ca. 67 % und ca. 89 %.
Nun soll das Konfidenzintervall graphisch veranschaulicht werden. Dazu wird die Notes-Seite fortgesetzt mit den Definitionen o(p) und u(p) für die obere und die untere Schranke von h.

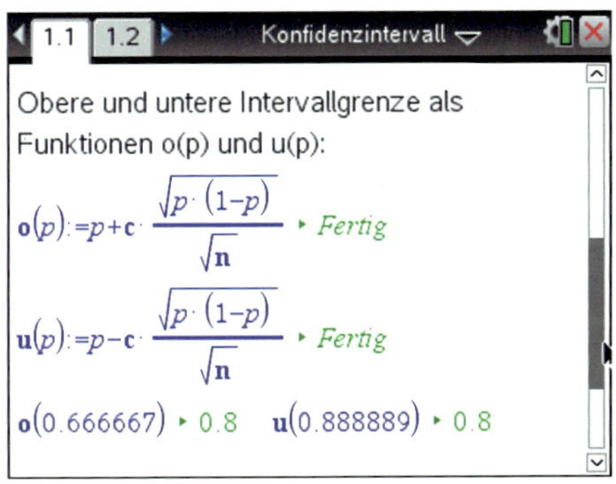

Stellt man die Graphen der Funktionen f1 (x) = o (x) und f2 (x) = u (x) auf einer Graphs-Seite dar, so ergibt sich das nebenstehende Bild. Trägt man zusätzlich die Gerade zu f3 (x) = h ein, so wird aus dieser Geraden zu h = 0,8 durch die Graphen von f1 und f2 genau die Strecke des oben berechneten Konfidenzintervalls herausgeschnitten.

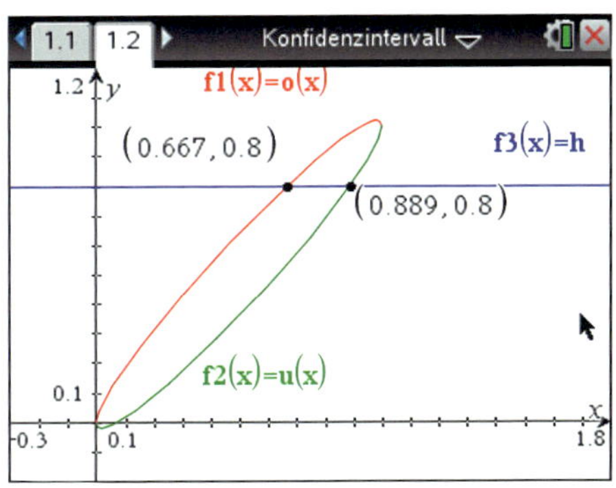

Test

1. Sigma-Umgebungen/Glücksrad

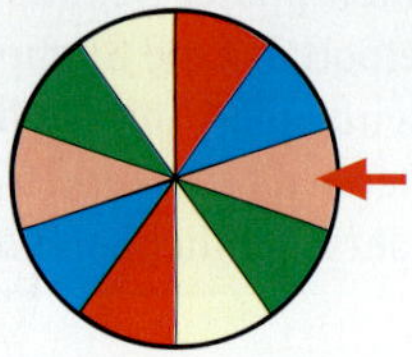

Das abgebildete Glücksrad wird von einer Mannschaft insgesamt 60-mal gedreht.
Kommt GRÜN, so erhält die Mannschaft einen Punkt.
X sei die Anzahl der insgesamt erzielten Punkte.

a) Berechnen Sie den Erwartungswert μ und die Standardabweichung σ von X.

b) Prüfen Sie, ob die Laplace-Bedingung erfüllt ist.

c) Bestimmen Sie die $z\sigma$-Umgebung des Erwartungswertes μ, in der die Punktzahl X mit einer Wahrscheinlichkeit von 90% liegt.

d) Der Trainer der Mannschaft wettet, dass die Punktzahl X zwischen 11 und 15 liegen wird. Untersuchen Sie, ob die Chance des Trainers, recht zu behalten, über 50% liegt.

2. Prognoseintervall/Weihnachtsbäume

Ein Forstbetrieb erzeugt Weihnachtsbäume. Erfahrungsgemäß sind 80% der Bäume mängelfrei. Ein Händler nimmt dem Forstbetrieb jährlich um die Weihnachtszeit 600 Bäume ab. Er möchte den zu erwartenden Gewinn kalkulieren. An einem mängelfreien Baum verdient er 18€, an einem mit Mängeln behafteten Baum jedoch nur 6€.

a) Bestimmen Sie ein Prognoseintervall für die noch unbekannte Anzahl X der mängelfreien Bäume in der nächsten Lieferung an den Händler. Sicherheitsniveau: 90%.

b) Berechnen Sie mit dem Ergebnis von a) den zu erwartenden Mindestgewinn der Händlers.

c) Bäume mit Mängeln werden den Endkunden vom Händler auf einer separaten Teilfläche der Verkaufshalle angeboten. Ermitteln Sie, welcher Prozentanteil der Verkaufshalle mindestens für diese Teilfläche eingeplant werden muss, damit die Teilfläche ausreichend groß ist. Hier wird ein Sicherheitsniveau von 95% gefordert.

3. Konfidenzintervall/Hütchenwurf

Ein kegelförmiges Hütchen wird mit einem Katapult in die Luft geschleudert. Entweder landet es aufrecht oder aber in Schräglage. Der Anteil p der aufrechten Landungen soll abgeschätzt werden. Dazu wird das Hütchen 100-mal geschleudert. Dabei landet es 30-mal aufrecht. Bestimmen Sie auf einem Sicherheitsniveau von 90% ein Konfidenzintervall für die unbekannte Wahrscheinlichkeit p, dass das Hütchen aufrecht landet.

4. Konfidenzintervall/Kaffeebohnen

Ein Lieferant von Kaffeebohnen bietet die Rücknahme einer Großlieferung an, wenn diese mehr als 5% Bohnen enthalten sollte, die einen zu niedrigen Koffeingehalt aufweisen. Der Kunde, ein Hersteller von Filterkaffee, kontrolliert die Großlieferung durch Entnahme einer Stichprobe im Umfang von $n = 600$ Bohnen, die auf ihren Koffeingehalt untersucht werden. In der Stichprobe befinden sich 45 Bohnen mit zu niedrigem Koffeingehalt.

a) Bestimmen Sie ein Konfidenzintervall für den unbekannten Anteil p von Bohnen mit zu wenig Koffein in der Großlieferung. Das Sicherheitsniveau soll 90% betragen. Entscheiden Sie begründet, ob die Lieferung angenommen werden sollte.

b) Bestimmen Sie nun ein Konfidenzintervall für p auf einem Sicherheitsniveau von 99%. Vergleichen Sie das Ergebnis mit dem Ergebnis aus Teil a).

Lösungen: S. 366

VII. Grundstrategien in der Oberstufe

1. Grundstrategien in der Analysis

Beim Problemlösen, aber auch im Abitur, ist es von Vorteil, grundlegende Lösungsstrategien mit einem aussagekräftigen Schlagwort zu versehen und jederzeit ohne große Überlegung abrufen zu können. Im Folgenden tabellieren wir wichtige Grundstrategien aus der Analysis und lösen damit ausgewählte Problemstellungen. Auf Variationen von Strategien und eher selten angewandte und schwierige Strategien wird aus Effizienzgründen verzichtet.

Die Übungen sind knapp gehalten, da sie durch das Rechnen von *komplexen Aufgaben* aus Kapitel VIII in erheblichem Umfang ergänzt werden können.

1. Ableitungsregeln

Die Untersuchung von Funktionen und das Lösen von Extremalproblemen erfordern die Verwendung von Ableitungsregeln. Die wichtigsten Regeln werden nun noch einmal aufgeführt.

Die Ableitungsregeln

Allgemeine Regeln:		**Spezielle Regeln:**	
Summenregel:	$(u+v)' = u' + v'$	Potenzregel:	$(x^r)' = r \cdot x^{r-1}$
Faktorregel:	$(c \cdot u)' = c \cdot u'$	Spez. Reziprokenregel:	$\left(\frac{1}{x}\right)' = -\frac{1}{x^2}$
Produktregel:	$(u \cdot v)' = u' \cdot v + u \cdot v'$	Wurzelregel:	$(\sqrt{x})' = \frac{1}{2\sqrt{x}}$
Quotientenregel:	$\left(\frac{u}{v}\right)' = \frac{u' \cdot v - u \cdot v'}{v^2}$	Exponentialregel:	$(e^x)' = e^x$
Allg. Reziprokenregel:	$\left(\frac{1}{v}\right)' = -\frac{v'}{v^2}$	Logarithmusregel:	$(\ln x)' = \frac{1}{x}$
Lineare Kettenregel:	$[f(ax+b)]' = a \cdot f'(ax+b)$	Sinusregel:	$(\sin x)' = \cos x$
Kettenregel:	$[f(g(x))]' = f'(g(x)) \cdot g'(x)$	Kosinusregel:	$(\cos x)' = -\sin x$

Beispiel: Kombination von Ableitungsregeln

Berechnen Sie die Ableitung der Funktion f.

a) $f(x) = x^2 \cdot e^{1-2x}$

b) $f(x) = \frac{1}{2x+5}$

Lösung zu a:
Wir benötigen hier die Produktregel, die lineare Kettenregel und die Potenzregel.

$$f'(x) = [x^2 \cdot e^{1-2x}]' = 2x \cdot e^{1-2x} + x^2 \cdot (-2) \cdot e^{1-2x} = (-2x^2 + 2x) \cdot e^{1-2x}$$

Lösung zu b:
Wir benötigen hier die spezielle Reziprokenregel und die lineare Kettenregel.

$$f'(x) = \left[\frac{1}{2x+5}\right]' = -\frac{2}{(2x+5)^2}$$

Übung 1 Ableitungen bestimmen

Bestimmen Sie die Ableitung der Funktion f.

a) $f(x) = x \cdot \sin x$

b) $f(x) = 1 + \frac{3}{x-1}$

c) $f(x) = \frac{1}{x^2} \cdot e^x$

d) $f(x) = x \cdot \ln x$

e) $f(x) = x \cdot \sqrt{x}$

Übung 2 Richtig oder falsch?

Prüfen Sie auf Richtigkeit.

a) $(x \cdot \sqrt{x})' = \sqrt{x} + \frac{1}{2}\sqrt{x}$

b) $(x \cdot e^{2x})' = (1+x) \cdot e^{2x}$

c) $(x^2 \cdot \sin x)' = 2x \cdot \sin x - x^2 \cdot \cos x$

d) $\left((1-x) \cdot \frac{1}{x}\right)' = -\frac{1}{x} + x - \frac{1}{x^2}$

e) $(e^x \cdot e^{2x})' = 3e^{3x}$

f) $(\sin x \cdot \cos x)' = 2\cos^2 x - 1$

2. Extrema und Wendepunkte

Wichtige Teile einer Funktionsuntersuchung sind die Bestimmung von Extrema und von Wendepunkten. Dies geschieht in der Regel mit Hilfe der folgenden Kriterien, wenn die Funktion f zweimal bzw. dreimal differenzierbar ist.

Kriterien für Extrema und Wendepunkte

Notwendige Bedingung für Extrema:
Ist x_E eine Extremstelle von f, so gilt die Bedingung $f'(x_E) = 0$.

Hinreichende Bedingung für Extrema:
Ist $f'(x_E) = 0$ und $f''(x_E) > 0$, so liegt bei x_E ein lokales Minimum von f.

Ist $f'(x_E) = 0$ und $f''(x_E) < 0$, so liegt bei x_E ein lokales Maximum von f.

Notwendige Bedingung für Wendepunkte:
Ist x_W eine Wendestelle von f, so gilt die Bedingung $f''(x_W) = 0$.

Hinreichende Bedingung für Wendepunkte:
Ist $f''(x_W) = 0$ und $f'''(x_W) > 0$, so liegt bei x_W ein Rechts-Links-Wendepunkt von f.

Ist $f''(x_W) = 0$ und $f'''(x_W) < 0$, so liegt bei x_W ein Links-Rechts-Wendepunkt von f.

Beispiel: Extrema
Die Funktion $f(x) = 2x \cdot e^{-0,5x}$ soll auf Extrema untersucht werden.

Lösung:
Notwendige Bedingung für Extrema:
$f'(x) = (2 - x) \cdot e^{-0,5x}$
$f'(x) = 0 \Rightarrow (2 - x) \cdot e^{-0,5x} = 0$
$\Rightarrow 2 - x = 0$
$\Rightarrow x = 2, \quad y = f(2) = 4e^{-1} \approx 1,47$

Hinreichende Bedingung für Extrema:
$f''(x) = (0,5x - 2) \cdot e^{-0,5x}$
$f''(2) = -e^{-1} < 0 \Rightarrow$ Maximum
$\Rightarrow$ Hochpunkt $H(2|4e^{-1})$

Beispiel: Wendepunkte
Die Funktion $f(x) = 2x \cdot e^{-0,5x}$ soll auf Wendepunkte untersucht werden.

Lösung:
Notwendige Bedingung für Wendepunkte:
$f''(x) = (0,5x - 2) \cdot e^{-0,5x}$
$f''(x) = 0 \Rightarrow (0,5x - 2) \cdot e^{-0,5x} = 0$
$\Rightarrow 0,5x - 2 = 0$
$\Rightarrow x = 4, \quad y = f(4) = 8e^{-2} \approx 1,08$

Hinreichende Bedingung für Wendepunkte:
$f'''(x) = (1,5 - 0,25x) \cdot e^{-0,5x}$
$f'''(4) = 0,5e^{-2} > 0 \Rightarrow$ R-L-Wendepunkt
$\Rightarrow$ Rechts-Links-Wp $W(4|8e^{-2})$

Übung 3 Untersuchung auf Extrema
Untersuchen Sie f auf Extrema.
a) $f(x) = x^3 - 3x$
b) $f(x) = x \cdot e^{-x}$
c) $f(x) = x^2 \cdot e^x$
d) $f(x) = x + 5 - 4 \cdot \sqrt{x}$
e) $f(x) = \frac{1}{2}x^2 + \frac{4}{x}$
f) $f(x) = \sin(0,5x),\ 0 \le x \le 2\pi$

Übung 4 Untersuchung auf Wendepunkte
Untersuchen Sie auf Wendepunkte.
a) $f(x) = x \cdot e^{-x}$
b) $f(x) = x^2 \cdot \ln x$
c) $f(x) = e^x - e^{-x}$
d) $f(x) = x + 5 - 4 \cdot \sqrt{x}$
e) $f(x) = \frac{1}{2}x^2 + \frac{4}{x}$
f) $f(x) = \cos(2x),\ 0 \le x \le \frac{\pi}{2}$

3. Funktionsuntersuchungen

Funktionsuntersuchungen werden in der Regel mit Hilfe der Differentialrechnung vorgenommen. Ableitungen, Nullstellen, Extrema und Wendepunkte werden bestimmt, das Verhalten für $x \to \pm\infty$ wird untersucht, ein Graph wird angefertigt. Möglicherweise dient die Untersuchung der Lösung eines Anwendungsproblems oder einer Modellierung.

Beispiel: Funktionsuntersuchung: Charakteristische Punkte und Verhalten für $x \to \pm\infty$
Untersucht werden soll die Funktion $f(x) = 2x \cdot e^{-0,5x}$. Ableitungen, Nullstellen, Extrema, Wendepunkte, Verhalten für $x \to \pm\infty$ und Graph von f sind die Untersuchungspunkte. Außerdem soll diskutiert werden, was der Graph von f aussagt, wenn f die Entwicklung einer Elefantenpopulation darstellt (x: Zeit in Jahrzehnten, y: Populationsgröße in Tausend).

Lösung:
Die benötigten Ableitungen f′, f″ und f‴ werden mit der Produkt-, der Ketten- und der Exponentialregel berechnet (s. S. 85).

Ableitungen:
$f(x) = 2x \cdot e^{-0,5x}$
$f'(x) = (2 - x) \cdot e^{-0,5x}$
$f''(x) = (0,5x - 2) \cdot e^{-0,5x}$
$f'''(x) = (1,5 - 0,25x) \cdot e^{-0,5x}$

Die einzige Nullstelle der Funktion liegt offensichtlich bei $x = 0$, denn nur der Faktor $2x$ im Funktionsterm kann null werden.

Die Extrema und Wendepunkte wurden schon auf Seite 86 bestimmt.

Charakteristische Punkte:
Nullstellen: $x = 0$, $N(0|0)$
Extrema: Hochpunkt $H(2|4e^{-1})$
Wendepunkte: Recht-Links-Wp $W(4|8e^{-2})$

Für $x \to -\infty$ streben die Funktionswerte gegen $-\infty$, weil der Faktor $2x$ gegen $-\infty$ und der Faktor $e^{-0,5x}$ gegen ∞ strebt.

Für $x \to \infty$ streben die Funktionswerte gegen 0. Zwar strebt der Faktor $2x$ linear gegen ∞, aber der Faktor $e^{-0,5x}$ strebt exponentiell und damit stärker gegen 0 und setzt sich somit durch.

Verhalten für $x \to \pm\infty$ (Tabellen):

x	0	−1	−2	−5	$\to -\infty$
y	0	−3,3	−10,9	−121,8	$\to -\infty$

x	0	1	10	20	$\to \infty$
y	0	1,21	0,13	0,002	$\to 0$

Der Graph von f ist rechts abgebildet. Er wird auf der Basis der charakteristischen Punkte und einer Wertetabelle erstellt.

Graph von f:

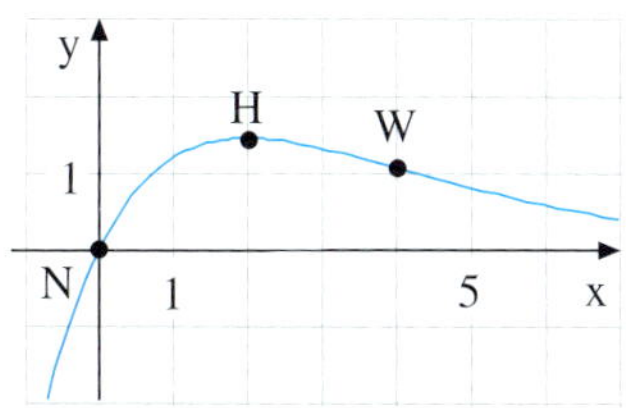

Der Graph besagt, dass die Elefantenpopulation zur Zeit $x = 0$ gegründet wird und dann mit abnehmender Dynamik nach 20 Jahren ein Maximum von ca. 1470 Tieren erreicht, um danach zunehmend schneller abzufallen, bis sich ab dem Jahr 40 die Abnahmetendenz wieder verlangsamt.

Weitere Untersuchungspunkte können Tangenten und Normalen sein.

Beispiel: Tangente und Normale

Gegeben ist wieder die Funktion $f(x) = 2x \cdot e^{-0,5x}$.
Gesucht sind die Gleichungen von Tangente und Normale an den Graphen von f im Punkt $P(1 | 2e^{-0,5})$ (s. Abb. rechts).

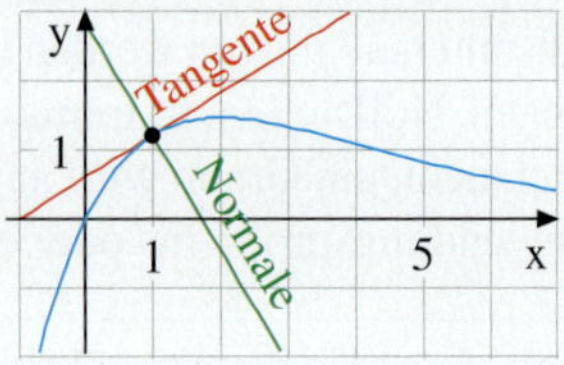

Lösung:
Wir benötigen hier die Funktionsgleichung $f(x) = 2x \cdot e^{-0,5x}$ und die 1. Ableitung $f'(x) = (2 - x) \cdot e^{-0,5x}$. Außerdem verwenden wir für die Tangente und Normale die allgemeinen Ansatzformeln (s. rechts).

Gleichung der Tangente:

$t(x) = f'(x_0) \cdot (x - x_0) + f(x_0)$

$t(x) = f'(1) \cdot (x - 1) + f(1)$

$t(x) = e^{-0,5} \cdot (x - 1) + 2e^{-0,5}$

$t(x) = e^{-0,5} \cdot x + e^{-0,5}$

$t(x) \approx 0,61 \cdot x + 0,61$

Die Bestimmung der Gleichung der Normalen ist rechts aufgeführt.

Gleichung der Normalen:

$n(x) = -\frac{1}{f'(x_0)} \cdot (x - x_0) + f(x_0)$

$n(x) = -\frac{1}{f'(1)} \cdot (x - 1) + f(1)$

$n(x) = -\frac{1}{e^{-0,5}} \cdot (x - 1) + 2e^{-0,5}$

$n(x) = -e^{-0,5} \cdot (x - 1) + 2e^{-0,5}$

$n(x) = -e^{-0,5} \cdot x + e^{0,5} + 2e^{-0,5}$

$n(x) \approx -1,65 \cdot x + 2,86$

Übung 5 Funktionsuntersuchungen

Untersuchen Sie die Funktion f auf Nullstellen, Extrema und Wendepunkte (bei Aufgabenteil d) nur Nullstellen und Extrema). Zeichnen Sie den Graphen von f im angegebenen Intervall. Bestimmen Sie außerdem die Gleichung der angegebenen Gerade. Überprüfen Sie in den Teilaufgaben a)–e) das Verhalten von f an der Rändern der maximalen Definitionsmenge.

a) $f(x) = \frac{1}{8}x^3 - \frac{3}{4}x^2$, $-2 \le x \le 6$, Wendenormale
b) $f(x) = \frac{1}{4} \cdot (e^x - e^{-x})$, $-3 \le x \le 3$, Normale im Ursprung
c) $f(x) = 3x \cdot e^{-x}$ $-\frac{1}{2} \le x \le 3$, Tangente bei $x = 2$
d) $f(x) = \sqrt{2x - 4} - 2$, $2 \le x \le 6$, Nullstellentangente
e) $f(x) = \ln\left(\frac{1}{2}x - 1\right)$, $2 \le x \le 6$, Nullstellentangente
f) $f(x) = 2\sin\left(\frac{\pi}{2}x - \frac{\pi}{2}\right)$, $0 \le x \le 4$, Wendenormale bei $x = 1$

Übung 6 Wurzelfunktion

Gegeben ist die Funktion $f(x) = \sqrt{x} + \frac{4}{x}$, $x > 0$.
a) Bestimmen Sie die Ableitungen f′, f″ und f‴.
b) Untersuchen Sie f auf Nullstellen, Extrema und Wendepunkte.
c) Skizzieren Sie den Graphen von f für $0 < x \le 6$.
d) Geben Sie, ausgehend von obigen Ergebnissen, die Wertemenge von f an.
e) Untersuchen Sie tabellarisch, wie sich f für $x \to \infty$ bzw. $x \to 0$, $x > 0$ verhält.
f) Ermitteln Sie, unter welchem Winkel die Tangente an f im Punkt $P(1 | 5)$ die y-Achse schneidet.

Übungen

7. Ableitungen

Bestimmen Sie die Ableitung der Funktion f.

a) $f(x) = 3\sin 2x$ b) $f(x) = (x^2 - x) \cdot e^{3x}$ c) $f(x) = \sqrt{x} \cdot e^{-x}$

d) $f(x) = 2 + \frac{1}{x-1}$ e) $f(x) = 4x^2 + \frac{1}{x^2}$ f) $f(x) = x^2 \cdot e^x \cdot (1 - x^2)$

8. Extrema

Untersuchen Sie f auf Extrema.

a) $f(x) = x^3 - 12x$ b) $f(x) = \frac{1}{12}x^4 - 3x^2$ c) $f(x) = \frac{1}{4}x + \frac{1}{x}$ d) $f(x) = (x - 2) \cdot e^{-x}$

e) $f(x) = e^x + e^{1-x}$ f) $f(x) = -2x^2 - \frac{32}{x^2}$ g) $f_a(x) = x - a^2x^3,\ a > 0$

9. Wendepunkte

Untersuchen Sie f auf Wendepunkte.

a) $f(x) = x^3 - 12x$ b) $f(x) = \frac{1}{12}x^4 - 3x^2$ c) $f(x) = \frac{1}{8}x^2 + \frac{1}{x}$ d) $f(x) = (x - 2) \cdot e^{-x}$

e) $f(x) = e^{2x} - 8e^x$ f) $f(x) = 2x + a \cdot e^{-x}$ g) $f(x) = (x^2 - 1) \cdot e^{-0,5x}$

10. Funktionsuntersuchung

Untersuchen Sie die Funktion f auf Nullstellen, Extrema, Wendepunkte. Untersuchen Sie das Verhalten von f an den Rändern der Definitionsmenge. Zeichnen Sie dann den Graphen von f. Bestimmen Sie außerdem die Gleichung der angegebenen Geraden.

a) $f(x) = 2e^{-0,5x} + 1$, $D_f = \mathbb{R}$, Tangente bei $x = 0$

b) $f(x) = x \cdot e^{1-x}$, $D_f = \mathbb{R}$, Normale bei $x = 2$

c) $f(x) = (x - 1) \cdot e^x$, $D_f = \mathbb{R}$, Tangente und Normale bei $x = 1$

d) $f(x) = x + \frac{1}{x}$ $D_f = \{x \in \mathbb{R}, x \neq 0\}$, Tangente bei $x = 2$

e) $f(x) = \cos x - \sin x$, $D_f = [0; 2\pi]$, Tangente bei $x = \frac{\pi}{4}$

11. Identifizierung von Funktion und Ableitung

In den Abbildungen I-IV sind die Graphen der Funktionen $f(x) = x \cdot e^{-x}$, $g(x) = e^{1-x}$, $h(x) = x \cdot e^x$ und $k(x) = x + e^x$ abgebildet.

Ordnen Sie jedem der vier Graphen eine der Funktionen zu.

Die Abbildungen V–VIII zeigen die Graphen der Ableitungen der Funktionen, also f′, g′, h′ und k′. Ordnen Sie auch hier jedem der vier Graphen die zugehörige Ableitung zu.

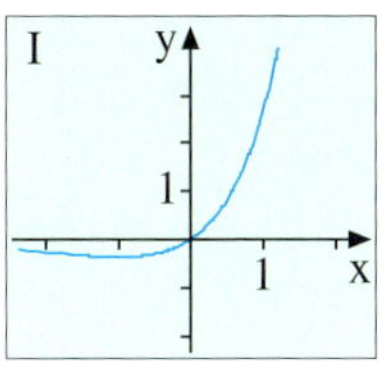

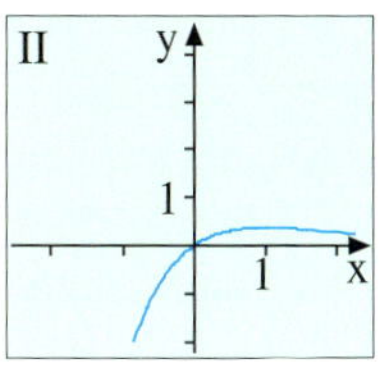

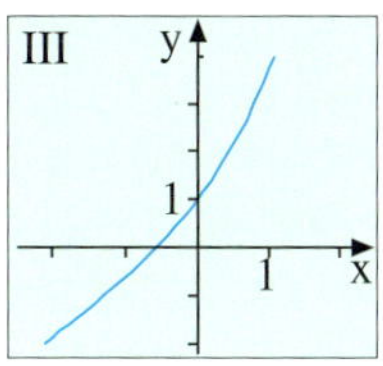

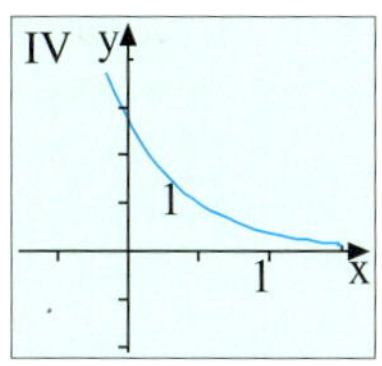

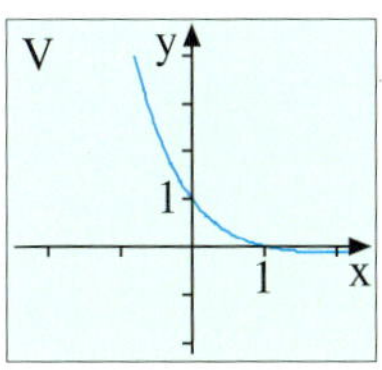

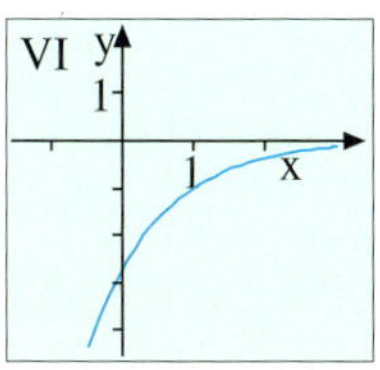

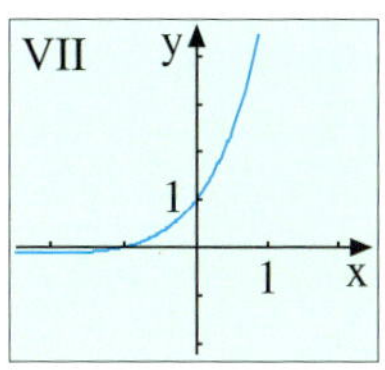

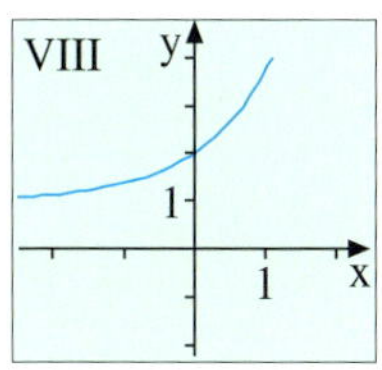

12. Ableitungen

Bestimmen Sie die erste Ableitung der Funktion f.

a) $f(x) = 8x^3 - 6x^2 + 2x$ b) $f(x) = x \cdot \sin(0{,}5x)$ c) $f(x) = x \cdot e^{1{,}5x}$

d) $f(x) = (1 - x^2) \cdot e^{2-x}$ e) $f(x) = \sin(2x + 1)$ f) $f(x) = x - \frac{1}{x} + \frac{1}{x^2}$

13. Nachweis besonderer Punkte

Untersuchen Sie, ob an der Stelle x ein Hoch-, Tief-, Wende- oder Sattelpunkt vorliegt.

a) $f(x) = x^2$, $x = 0$ b) $f(x) = x^3$, $x = 0$ c) $f(x) = x^4$, $x = 0$

d) $f(x) = 2x^3 - 6x^2$, $x = 1, x = 2$ e) $f(x) = 12x - x^3$, $x = 0, x = \pm 2$ f) $f(x) = \frac{1}{12}x^4 - 2x^2$, $x = 0, x = 2, x = \pm\sqrt{12}$

g) $f(x) = 2\sin(0{,}5x)$, $x = \pi, x = 2\pi$ h) $f(x) = x + \frac{1}{x}$, $x = -1$ i) $f(x) = x^2 \cdot e^{-x}$, $x = 0, x = 2$

14. Funktion f und Ableitung f′

Jede der folgenden Abbildungen zeigt die Graphen einer Funktion f und ihrer Ableitung f′. Begründen Sie, welcher Graph zu f bzw. f′ gehört.

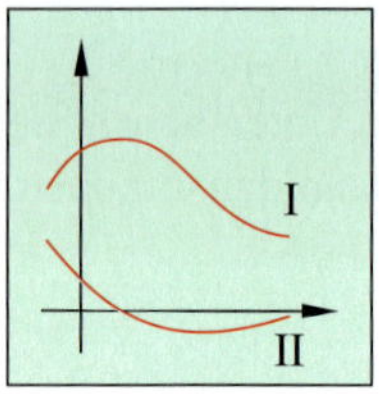

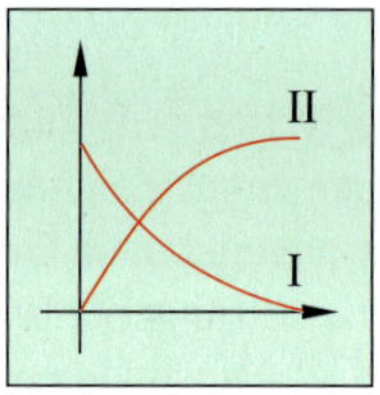

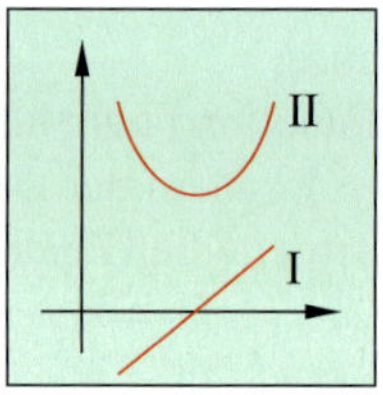

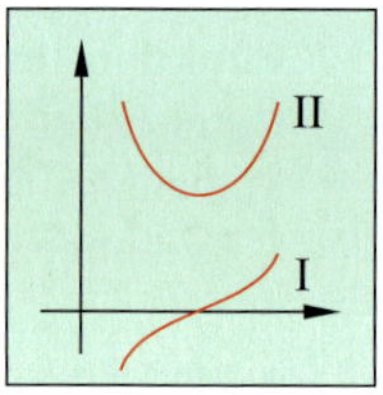

15. Funktionsuntersuchung

Untersuchen Sie die Funktion f auf Nullstellen, Extrema, Wendepunkte und Verhalten für $x \to \pm\infty$. Fertigen Sie auf dieser Grundlage eine Skizze des Graphen von f an.

a) $f(x) = x^4 - 2x^2$ b) $f(x) = \frac{1}{3}x^3 - \frac{3}{2}x^2$ c) $f(x) = \frac{1}{4}x + \frac{1}{x}$

d) $f(x) = (x - 1) \cdot e^x$ e) $f(x) = x \cdot e^{x+1}$ f) $f(x) = (x^2 - 2x) \cdot e^{0{,}5x}$

16. Funktionsuntersuchung

Gegeben ist die Funktion $f(x) = (x^2 + 3) \cdot (x^2 - 1)$.

a) Begründen Sie, dass der Graph der Funktion f symmetrisch zur y-Achse ist.
b) Bestimmen Sie die Nullstellen von f.
c) In welchen Bereichen ist die Funktion monoton wachsend bzw. monoton fallend?
d) Bestimmen Sie die Gleichung der Tangente an den Graphen von f bei $x = 1$.
e) Eine quadratische Parabel $p(x) = ax^2 + c$ hat ihren Scheitelpunkt in $S(0|-4)$ und besitzt die gleichen Nullstellen wie die Funktion f. Wie lautet die Funktionsgleichung von p?

17. Exponentialfunktion

Gegeben ist die Funktion $f(x) = e^{2x} - 2 \cdot e^x$.

Untersuchen Sie f auf Nullstellen, Extrema, Wendepunkte, Verhalten für $x \to \pm\infty$.

Zeichnen Sie den Graphen von f für $-3 \le x \le 1{,}2$.

4. Extremalprobleme

Häufig sind bei einem Problem zwei Größen variabel, wobei die erste Größe die zweite Größe beeinflusst. Dann ist die Frage, wie die erste Größe gewählt werden muss, so dass die zweite Größe ein Extremum annimmt (Maximum oder Minimum). Man bezeichnet diese Aufgabenstellung als Extremalproblem. Extremalprobleme werden nach einem festen Schema gelöst.

Beispiel: Tunnel mit maximaler Querschnittsfläche

Der Querschnitt eines Straßentunnels soll die Form eines Rechtecks mit aufgesetztem Halbkreis haben. Die Höhe des Rechtecks sei h und der Radius der Halbkreises sei r. Der Umfang U des Tunnels soll 50 m betragen. Wie müssen r und h gewählt werden, damit die Querschnittsfläche A des Tunnels möglichst groß ist?

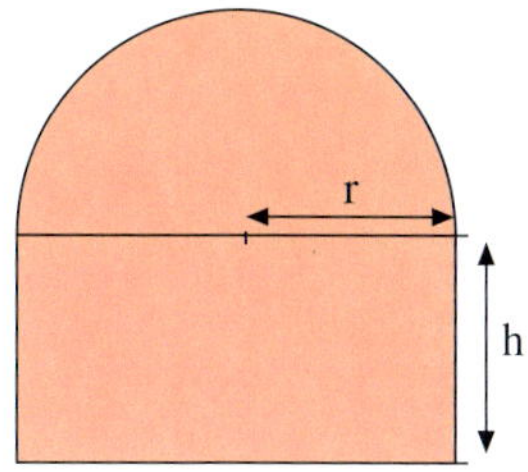

Lösung:

Wir führen zunächst passende Bezeichnungen ein.

r = Radius des Halbkreises
h = Höhe des Rechtecks
U = Umfang des Tunnels
A = Querschnittsfläche des Tunnels

Wir stellen zuerst die Hauptbedingung auf, also eine Gleichung für die zu maximierende Größe, hier also A.

A setzt sich aus einem Rechteck mit der Fläche $2rh$ und einem Halbkreis mit der Fläche $\frac{1}{2}\pi r^2$ zusammen. Wir erhalten Gleichung (1).

Nun stellen wir die Nebenbedingung auf. Dies ist die vorgegebene Festlegung des Umfangs, also $U = 50$. U setzt sich aus drei Strecken mit den Längen $2r$, h und h und einem Halbkreis der Länge πr zusammen. So erhalten wir Gleichung (2).

Dann lösen wir Gleichung (2) nach h auf und setzen h in Gleichung (1) ein. So erhalten wir die Zielfunktion (3).

Schließlich errechnen wir nun durch Nullsetzen der Ableitung A′ das Maximum der Zielfunktion. Es liegt bei $r \approx 7$, woraus $h \approx 7$ folgt. Der optimale Tunnel ist also ca. 14 m breit und in der Mitte auch 14 m hoch.

Hauptbedingung:

A soll maximal werden.

$$(1)\ A = 2r \cdot h + \frac{1}{2}\pi r^2$$

Nebenbedingung:

U ist gegeben.

$$U = 50$$

$$(2)\ 2r + 2h + \pi r = 50$$

Zielfunktion:

Auflösen von (2) nach h:

$$h = 25 - \frac{2+\pi}{2}r$$

Einsetzen in (1):

$$A(r) = 50r - (2+\pi)r^2 + \frac{1}{2}\pi r^2$$

$$(3)\ A(r) = 50r - \left(2 + \frac{\pi}{2}\right)r^2$$

Extremalrechnung:

$$A'(r) = 0$$

$$50 - 2\left(2 + \frac{\pi}{2}\right)r = 0$$

$$50 - (4+\pi)r = 0$$

$$r = \frac{50}{4+\pi} \approx 7$$

$$h = 25 - \frac{2+\pi}{2} \cdot 7 \approx 7$$

$$A''(r) = -(4+\pi)$$

$$A''(7) \approx -7{,}14 < 0 \Rightarrow \text{Maximum}$$

$$A(7) \approx 175$$

Ein beliebtes Extremalproblem ist das Problem des eingesperrten Rechtecks oder Dreiecks.

Beispiel: Das eingesperrte Rechteck

Unter dem Graphen von $f(x) = 3 - x^2$ liegt im ersten Quadranten ein achsenparalleles Rechteck mit den Seitenlängen x und y. Wie muss der Punkt $P(x|y)$ auf dem Graphen von f gewählt werden, damit die Fläche A des Rechtecks maximal wird?

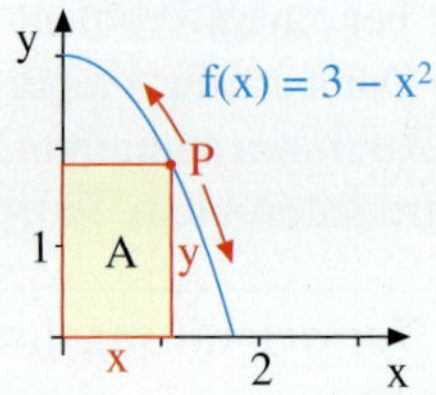

Lösung:

Wir stellen die Hauptbedingung für die gesuchte Größe auf, den Flächeninhalt A des Rechtecks. Sie lautet $A = x \cdot y$.

Hauptbedingung:
A = Fläche des Rechtecks
A = Breite × Höhe
(1) $A(x, y) = x \cdot y$

Die Variablen y und x in der Hauptbedingung sind über die Funktionsgleichung miteinander verbunden. Es gilt $y = f(x)$, d.h. $y = 3 - x^2$. Dieser Zusammenhang stellt die Nebenbedingung dar.

Nebenbedingung:
$y = f(x)$
(2) $y = 3 - x^2$

Setzen wir die Nebenbedingung in die Hauptbedingung ein, so erhalten wir die Zielfunktion $A(x) = -x^3 + 3x$.

Zielfunktion:
$A = x \cdot f(x)$
$A = x \cdot (3 - x^2)$
(3) $A(x) = -x^3 + 3x$

Die rechts aufgeführte Extremalrechnung ergibt, dass A für x = 1 maximal wird.

Extremalrechnung:
$A'(x) = -3x^2 + 3 = 0$
$3x^2 = 3$
$x^2 = 1$
$x = 1$ oder $x = -1$ (irrelevant)
$A''(x) = -6x$
$A''(1) = -6 < 0 \rightarrow$ Maximum

Das eingesperrte Rechteck nimmt also den maximalen Flächeninhalt A an, wenn seine obere rechte Ecke der Punkt $P(1|2)$ ist. Es gilt $A_{max} = 2$.

Übung 18 Eingesperrtes Rechteck

Der Eckpunkt $P(x|y)$ des abgebildeten achsenparallelen Rechtecks liegt auf der Geraden $f(x) = 3 - 0{,}5x$.
Wie muss x gewählt werden, damit die Rechtecksfläche A maximal wird?

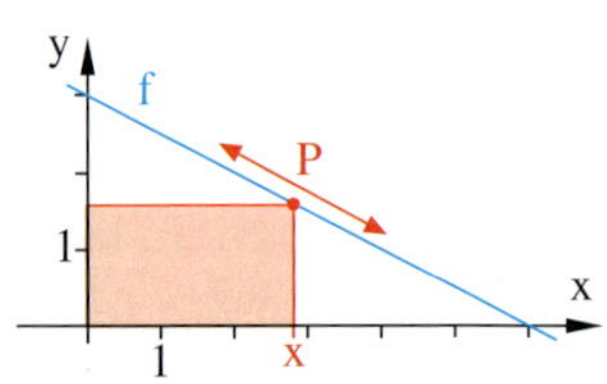

Übung 19 Regenrinne

Aus drei Blechplatten soll eine 2 m lange Regenrinne geformt werden (s. Abb.). Die Rinne soll eine Querschnittsfläche A von $250\,cm^2$ besitzen. Wie müssen Höhe h und Breite b der Rinne gewählt werden, damit der Blechverbrauch möglichst gering ausfällt?

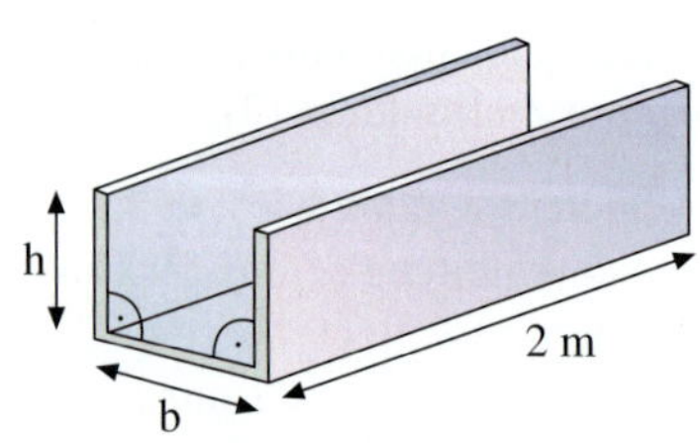

5. Modellierung mit Funktionen

In den Naturwissenschaften und anderen Disziplinen werden Anwendungsprobleme oft durch Funktionen modelliert.
Dazu müssen Funktionen mit vorgegebenen Eigenschaften aufgestellt werden.
Im einfachsten Fall ergibt sich ein sog. Rekonstruktionsproblem.

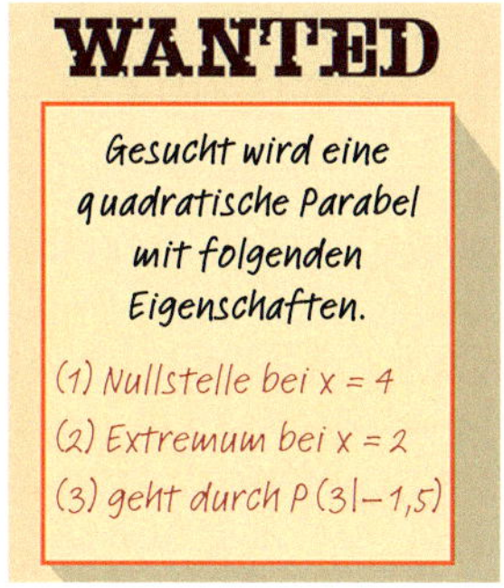

Beispiel: Rekonstruktion/Steckbriefaufgabe
Bestimmen Sie die Gleichung der Funktion f, die rechts oben im Steckbrief beschrieben wird.

Lösung:
Es ist vorgegeben, dass es sich um eine Polynomfunktion zweiten Grades handelt.

Wir verwenden daher die folgenden beiden Ansatzgleichungen:
$f(x) = ax^2 + bx + c$
$f'(x) = 2ax + b$

Nun übertragen wir die im Steckbrief gegebenen Eigenschaften der Funktion f in die symbolische Funktionsschreibweise.

Wir erhalten ein lineares Gleichungssystem mit drei Gleichungen und drei Variablen, das wir lösen.

Die Lösung ist $a = 0{,}5$, $b = -2$ und $c = 0$. Damit ist die gesuchte Funktion bekannt.

Die Funktion f lautet: $f(x) = 0{,}5x^2 - 2x$

1. Ansatz für die Gleichung von f

$f(x) = ax^2 + bx + c$
$f'(x) = 2ax + b$

2. Eigenschaften von f

(1) Nullstelle bei $x = 4$
(2) Extremum bei $x = 2$
(3) Geht durch $P(3|-1{,}5)$

3. Aufstellen eines Gleichungssystems

(1) $f(4) = 0 \Rightarrow \text{I} \quad 16a + 4b + c = 0$
(2) $f'(2) = 0 \Rightarrow \text{II} \quad 4a + b = 0$
(3) $f(3) = -1{,}5 \Rightarrow \text{III} \quad 9a + 3b + c = -1{,}5$

4. Lösung des Gleichungssystems

IV = I − III: $7a + b = 1{,}5$
V = II − IV: $-3a = -1{,}5$

aus V: $a = 0{,}5$
in IV: $b = -2 \Rightarrow f(x) = 0{,}5x^2 - 2x$
in I: $c = 0$

Übung 20 Rekonstruktion
Bestimmen Sie die Gleichung der Funktion f mit den angegebenen Eigenschaften.

1. f ist eine Funktion 3. Grades.
2. f ist symmetrisch zum Ursprung.
3. f hat ein Extremum bei $x = 3$.
4. f geht durch den Punkt $P\left(1\middle|-\frac{26}{3}\right)$.

Übung 21 Rekonstruktion
Bestimmen Sie die Gleichung der Funktion f mit den angegebenen Eigenschaften.

1. f ist eine Funktion 4. Grades.
2. f ist symmetrisch zur y-Achse.
3. f hat ein Extremum bei $(2|-2{,}25)$.
4. f schneidet die y-Achse bei $y = \frac{7}{4}$.

Übungen

22. Minimale Materialkosten

Ein zylindrischer Behälter für 1000 cm^3 Schmierfett hat einen Mantel aus Pappe, während Deckel und Boden aus Metall sind. Das Metall ist pro cm^2 viermal so teuer wie die Pappe.
Welche Maße muss der Behälter erhalten, wenn die Materialkosten minimiert werden sollen?

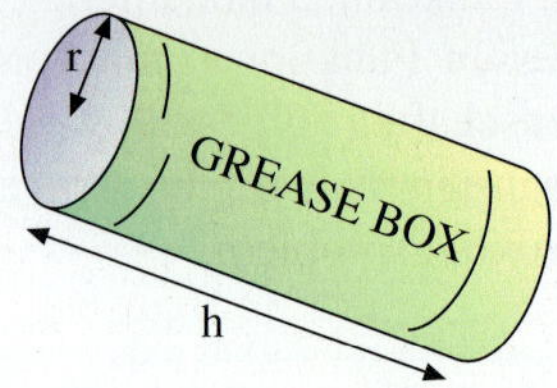

23. Rühraufsatz

Für eine Bohrmaschine soll ein Rühraufsatz entworfen werden, der aus einem rechteckigen Metallrahmen mit 30 cm Umfang besteht. Wie müssen Länge x und Breite y des Rechtecks gewählt werden, wenn beim Rühren ein maximales Volumen umschlossen werden soll?

24. Rekonstruktionen

a) Der Graph einer quadratischen Funktion f geht durch den Ursprung und hat bei $x = 1$ die Tangente $t(x) = 2x - 0{,}5$. Bestimmen Sie die Funktionsgleichung von f.

b) Eine Parabel schneidet die Koordinatenachsen bei $x = 1$, $x = 3$ und $y = -6$. Stellen Sie die Funktionsgleichung der Parabel auf.

c) Eine Parabel hat die Nullstellen $x = 1$ und $x = 5$. Die Nullstellentangenten schneiden sich im Punkt $S(3|-2)$. Stellen Sie die Funktionsgleichung der Parabel auf.

25. Flugbahn beim Landeanflug

Ein Flugzeug nähert sich im horizontalen Flug dem Punkt $P(-4|1)$. Dort beginnt der Pilot mit dem Sinkflug, der auf der Landebahn an den Koordinaten $Q(0|0)$ endet (Angaben in km).

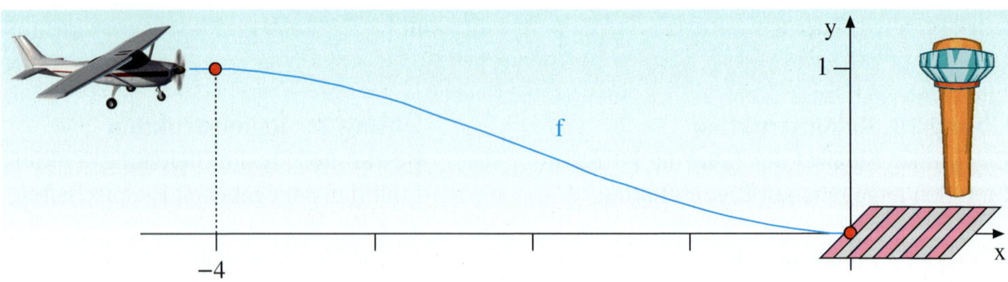

Seine Horizontalgeschwindigkeit beträgt durchgehend konstant 50 m/s.

a) Modellieren Sie die Sinkflugphase durch ein Polynom dritten Grades.

b) An welcher Stelle fällt die Flugbahn am steilsten ab? Wie groß ist dort der Abstiegswinkel α? Wie groß ist dort die vertikale Sinkgeschwindigkeit?

6. Integrationsaufgaben

In der Integralrechnung gibt es mehrere Möglichkeiten zur Bestimmung einer Stammfunktion.

Stammfunktionsnachweis durch Differenzieren:
Man kennt die Stammfunktion bereits oder hat eine stichhaltige Vermutung.
Durch Differenzieren wird nachgewiesen, dass es sich um eine Stammfunktion handelt.

Stammfunktionsbestimmung mittels Integrationsregeln:
Mit Hilfe von Integrationsregeln kann man Stammfunktionen direkt berechnen.

Beispiel: Stammfunktionsnachweis und regelhafte Bestimmung

a) Zeigen Sie: $F(x) = (x^2 - 2x) \cdot e^{2x}$ ist eine Stammfunktion von $f(x) = (2x^2 - 2x - 2) \cdot e^{2x}$.

b) Bestimmen Sie durch Regelanwendung eine Stammfunktion von $f(x) = 4e^{2x} + \sqrt{x} - \frac{1}{x^2}$.

Lösung zu a:
Wir differenzieren die vermutetete Stammfunktion F mit der Produktregel, der Exponentialregel und der linearen Kettenregel. Wir erhalten $F'(x) = f(x)$, was bedeutet, dass F wirklich eine Stammfunktion von f ist.

Stammfunktionsnachweis:

$$\begin{aligned} F'(x) &= [(x^2 - 2x) \cdot e^{2x}]' \\ &= (2x - 2) \cdot e^{2x} + (x^2 - 2x) \cdot 2e^{2x} \\ &= (2x^2 - 2x - 2) \cdot e^{2x} = f(x) \end{aligned}$$

Lösung zu b:
Als Umkehrung der Differentiationsregeln gibt es folgende Integrationsregeln: Potenzregel, Summenregel, Faktorregel, lineare Kettenregel, Exponentialregel und Sinus- bzw. Kosinusregel.
Einige dieser Regeln benötigen wir nun. Dabei verwenden wir die Integralschreibweise.

Anwendung der Integrationsregeln:

$$\begin{aligned} &\int\left(4e^{2x} + \sqrt{x} - \tfrac{1}{x^2}\right)dx \\ &= \int(4e^{2x} + x^{\frac{1}{2}} - x^{-2})\,dx \\ &= 4\int e^{2x}dx + \int x^{\frac{1}{2}}dx - \int x^{-2}dx \\ &= 4 \cdot \tfrac{1}{2}e^{2x} + \tfrac{2}{3}x^{\frac{3}{2}} - (-x^{-1}) + C \\ &\Rightarrow F(x) = 2e^{2x} + \tfrac{2}{3}x^{\frac{3}{2}} + \tfrac{1}{x} + C \end{aligned}$$

Resultat: $F(x) = 2e^{2x} + \frac{2}{3}x^{\frac{2}{3}} + \frac{1}{x} + C$

Übung 26 Stammfunktionen

Zeigen Sie, dass die Funktion F eine Stammfunktion der Funktion f ist.

a) $F(x) = x e^{-x}$
$f(x) = (1 - x)e^{-x}$

b) $F(x) = (4 - 2x^2) \cdot e^{-0,5x}$
$f(x) = (x^2 - 4x - 2) \cdot e^{-0,5x}$

c) $F(x) = \sin x - x \cdot \cos x$
$f(x) = x \cdot \sin x$

d) $F(x) = \frac{2}{3}\sqrt{x^3} + \ln x + 1$
$f(x) = \sqrt{x} + \frac{1}{x}$

Übung 27 Stammfunktionen

Bestimmen Sie eine Stammfunktion von f.

a) $f(x) = 2 \cdot e^{0,5x} + 3x^2 + 2\sqrt{x}$

b) $f(x) = (2x + 1)^3$

c) $f(x) = \cos 2x + 3x^{-2}$

d) $f(x) = \sqrt{4x} + \frac{1}{x^2}$

Mit Hilfe der Intergralrechnung kann man den Inhalt von Flächen unter dem Graphen einer Funktion bestimmen, wobei man manchmal zuerst die Nullstellen von f berechnen muss.

Flächen unter Funktionsgraphen

Der Inhalt eines Flächenstücks A zwischen dem Graphen einer Funktion f und der x-Achse kann in der Regel mit Hilfe des bestimmten Integrals $\int_a^b f(x)\,dx$ berechnet werden.

Dabei sind unterschiedliche Situationen möglich wie z. B. die folgenden Fälle.

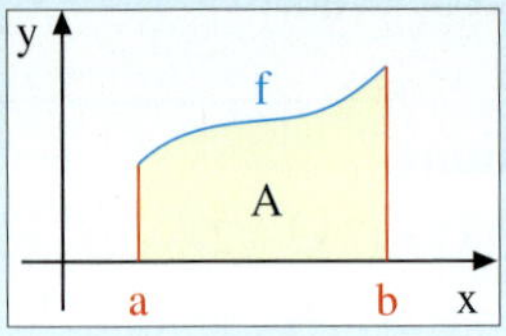

$A = \int_a^b f(x)\,dx$

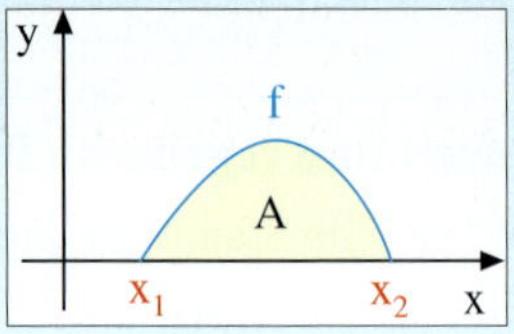

$A = \int_{x_1}^{x_2} f(x)\,dx$

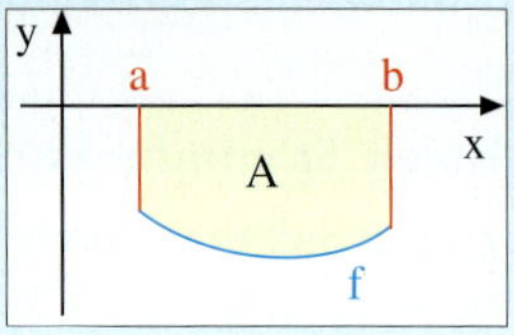

$A = \left|\int_a^b f(x)\,dx\right|$

Beispiel: Zusammengesetzte Fläche unter Funktionsgraphen

Gegeben sind die Funktionen $f(x) = x$ und $g(x) = \frac{8}{x^2}$.

a) Bestimmen Sie die Schnittstelle von f und g.

b) Berechnen Sie den Inhalt der markierten Fläche A, welche von den Graphen von f und g über dem Intervall [0; 4] begrenzt wird.

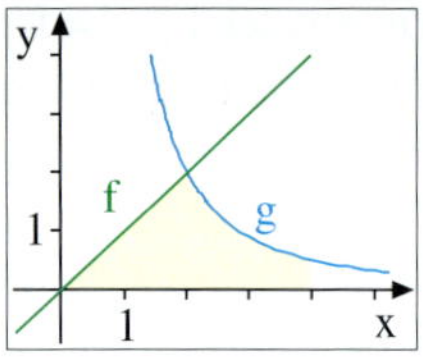

Lösung zu a:

Wir berechnen zunächst durch Gleichsetzen der Funktionsterme die Schnittstelle von f und g, die bei x = 2 liegt.

Schnittstelle von f und g:

$$f(x) = g(x)$$
$$x = \frac{8}{x^2}$$
$$x^3 = 8$$
$$x = 2$$

Lösung zu b:

Wir teilen die Fläche A in zwei Teilflächen A_1 (Fläche unter f über [0; 2]) und A_2 (Fläche unter g über [2; 4]) auf.

Nun berechnen wir Stammfunktionen von f und g: $F(x) = \frac{1}{2}x^2$, $G(x) = -\frac{8}{x}$.

Anschließend berechnen wir die Flächeninhalte von A_1 und A_2 als bestimmte Integrale.

Wir erhalten als Resultat $A = A_1 + A_2 = 4$.

Flächenberechnung:

$$A = A_1 + A_2 = \int_0^2 f(x)\,dx + \int_2^4 g(x)\,dx$$
$$= \int_0^2 x\,dx + \int_2^4 \frac{8}{x^2}\,dx$$
$$= \int_0^2 x\,dx + \int_2^4 8 \cdot x^{-2}\,dx$$
$$= \left[\tfrac{1}{2}x^2\right]_0^2 + \left[-\tfrac{8}{x}\right]_2^4 = 2 + 2 = 4$$

Weitere Problemstellungen in der Integralrechnung sind die Berechnung von Flächeninhalten unter Kurven und zwischen Kurven.

Beispiel: Fläche zwischen zwei Kurven
Bestimmen Sie den Inhalt der Fläche A zwischen den Graphen von $f(x) = x + 3$ und $g(x) = x^2 + 2x + 1$.
Berechnen Sie zunächst die Integrationsgrenzen.

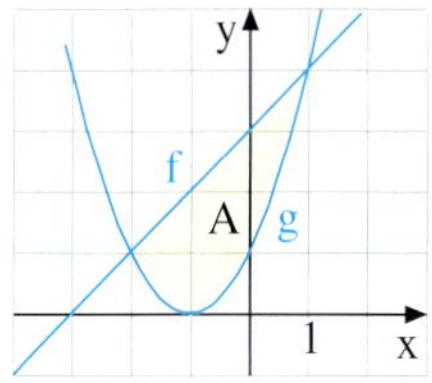

Lösung:
Wir berechnen zunächst die Schnittstellen a und b von f und g, denn das sind die benötigten Integrationsgrenzen.

Mit der p-q-Formel erhalten wir die Schnittstellen $a = -2$ und $b = 1$.

Integrationsgrenzen:

$f(x) = g(x)$
$x + 3 = x^2 + 2x + 1$
$x^2 + x - 2 = 0$
$x = -0{,}5 \pm \sqrt{2{,}25} = -0{,}5 \pm 1{,}5$
$x = -2,\ x = +1$

Im nächsten Schritt berechnen wir den Inhalt A_1 der Fläche unter dem Graphen von f. Es gilt $A_1 = 7{,}5$.
Analog berechnen wir den Inhalt der Fläche A_2 unter dem Graphen von g.
Es gilt $A_2 = 3$.

Der Inhalt der gesuchten Fläche A ist die Differenz von A_1 und A_2. Daher gilt $A = 4{,}5$.

Bemerkung: Die Aufgabe vereinfacht sich etwas, wenn man mit der *Differenzfunktion* $d(x) = f(x) - g(x)$ arbeitet. A ist dann die Fläche zwischen der Differenzfunktion und der x-Achse.

Bestimmung der Schnittfläche:

$$A_1 = \int_{-2}^{1} (x + 3)\,dx = \left[\tfrac{1}{2}x^2 + 3x\right]_{-2}^{1}$$
$$= (3{,}5) - (-4) = 7{,}5$$

$$A_2 = \int_{-2}^{1} (x^2 + 2x + 1)\,dx = \left[\tfrac{1}{3}x^3 + x^2 + x\right]_{-2}^{1}$$
$$= \left(\tfrac{7}{3}\right) - \left(-\tfrac{2}{3}\right) = 3$$

$$\Rightarrow A = A_1 - A_2 = 7{,}5 - 3 = 4{,}5$$

Übung 28 Fläche unter Kurven
Bestimmen Sie den Inhalt der Fläche A zwischen dem Graphen von f und der x-Achse über dem angegebenen Intervall I.

a) $f(x) = x^2 + x,\ I = [0; 4]$
b) $f(x) = x \cdot (x^2 - 4),\ I = [-2; 2]$
c) $f(x) = \frac{3}{x^2},\ I = [1; 5]$
d) $f(x) = \frac{1}{2}e^{-2x},\ I = [-1; 2]$

Übung 29 Fläche zwischen Kurven
Bestimmen Sie den Inhalt der Fläche A zwischen den Graphen von f und g.
Berechnen Sie zunächst die Integrationsgrenzen.

a) $f(x) = x^2,\ g(x) = 3x$
b) $f(x) = -x^2 + 2,\ g(x) = x^2$
c) $f(x) = x + 1,\ g(x) = x^2 - 2x + 1$
d) $f(x) = \frac{1}{3}x^3 - \frac{4}{3}x,\ g(x) = \frac{1}{3}x^2 + \frac{2}{3}x$
e) $f(x) = e^x,\ g(x) = \frac{e^2 - 1}{2}x + 1$
f) $f(x) = \sqrt{x},\ g(x) = x^2$

Übungen

30. Stammfunktionsnachweis

Zeigen Sie, dass F eine Stammfunktion von f ist.

a) $f(x) = (1 + x) \cdot e^x$, $F(x) = x \cdot e^x$
b) $f(x) = (1 - x) \cdot e^{-x}$, $F(x) = x \cdot e^{-x}$
c) $f(x) = \ln x + 1$, $F(x) = x \cdot \ln x$
d) $f(x) = x + \frac{1}{x}$, $F(x) = \frac{1}{2}x^2 + \ln x$
e) $f(x) = x \cdot \cos x$, $F(x) = x \cdot \sin x + \cos x$
f) $f(x) = \sin x \cdot \cos x$, $F(x) = \frac{1}{2} \cdot (\sin x)^2$
g) $f(x) = (4 + x) \cdot e^{0{,}5x}$, $F(x) = (4 + 2x) \cdot e^{0{,}5x}$
h) $f(x) = (x - 2) \cdot e^{2-x}$, $F(x) = (1 - x) \cdot e^{2-x}$

31. Fläche unter einer Kurve über einem Intervall

Bestimmen Sie den Inhalt der Fläche unter dem Graphen von f über dem Intervall I.

a) $f(x) = e^{1-x}$, $I = [0; 1]$
b) $f(x) = \frac{1}{2}(x - 2)^2$, $I = [0; 4]$
c) $f(x) = x + \frac{1}{x}$, $I = [1; e]$
d) $f(x) = x^3 - x$, $I = [-1; 1]$

32. Zusammengesetzte Fläche

Bestimmen Sie den Inhalt des abgebildeten Flächenstücks A, welches von den Graphen der Funktionen $f(x) = e^x$ und $g(x) = e^{2-x}$ berandet wird.

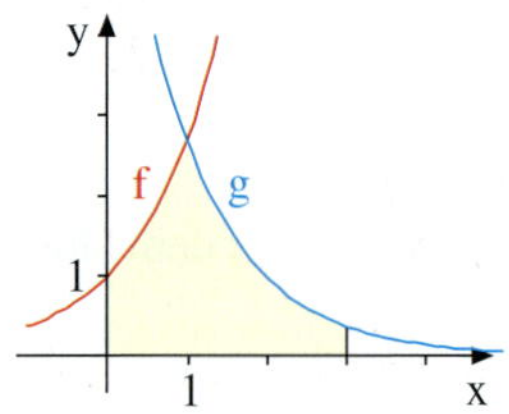

33. Bestimmen Sie den Inhalt der abgebildeten Fläche A zwischen den gegebenen Graphen über dem Intervall I.

a) $f(x) = -(x - 2)^2 + 4$
   $g(x) = 4 - x$, $I = [1; 5]$
b) $f(x) = -(x - 1)^2 + 3$, $g(x) = -x + 4$
   $h(x) = 1 - e^{-x}$, $I = [0; 2{,}5]$

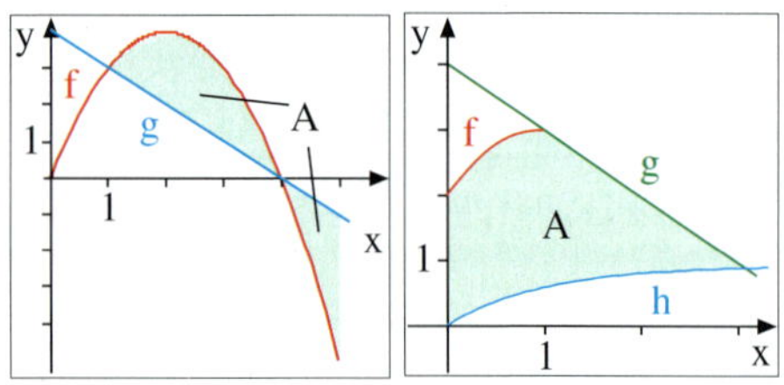

34. Fläche zwischen zwei Kurven

Bestimmen Sie den Inhalt der Fläche, die von den Graphen von f und g umschlossen wird. Fertigen Sie zunächst eine Skizze an und berechnen Sie die Schnittstellen von f und g.

a) $f(x) = x + 1$, $g(x) = (x - 2)^2 + 1$
b) $f(x) = \frac{1}{4}x^3 - x$, $g(x) = \frac{1}{2}x^2 - 2$
c) $f(x) = \sqrt{x}$, $g(x) = \frac{1}{2}x$
d) $f(x) = \frac{1}{x}$, $g(x) = -\frac{1}{2}x + \frac{3}{2}$

35. Fläche zwischen zwei Kurven

Die Funktionen $f(x) = ax^2 + b$ und $g(x) = ux^4 + vx^2$ umschließen wie abgebildet ein Flächenstück A.

a) Bestimmen Sie die Koeffizienten a, b, u und v.
b) Berechnen Sie die Schnittpunkte von f und g.
c) Berechnen Sie den Inhalt von A.

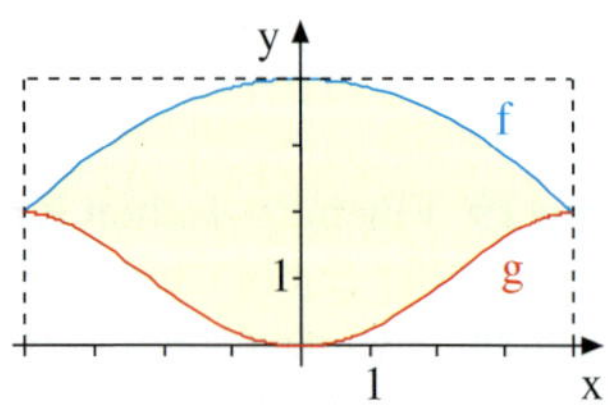

7. Exponentielle Wachstumsprozesse*

Modelle exponentiellen Wachstums und Zerfalls

Ungestörtes exponentielles Wachstum: $f(x) = c \cdot e^{kt}$, $k > 0$, Verdopplungszeit: $T_2 = \frac{\ln 2}{k}$

Ungestörte exponentielle Abnahme: $f(x) = c \cdot e^{-kt}$, $k > 0$ Halbwertszeit: $T_{1/2} = \frac{\ln 0{,}5}{-k}$

Begrenztes exponentielles Wachstum: $f(x) = a + b e^{-kt}$, $k > 0$, $b > 0$

Begrenzte exponentielle Abnahme: $f(x) = a + b e^{-kt}$, $k > 0$, $b < 0$

Beispiel: Ungestörtes exponentielles Wachstum

Eine Virusinfektion verläuft nach dem Modell $f(x) = c \cdot e^{kx}$ des ungestörten exponentiellen Wachstums. Am Montag, dem 9. März (Zeitpunkt $x = 0$), sind 1050 Personen infiziert, am Freitag, dem 13. März (Zeitpunkt $x = 4$), sind es bereits 3100 Personen.

a) Stellen Sie die Funktionsgleichung von f auf, indem Sie c und k bestimmen.
b) Berechnen Sie die Verdopplungszeit.
c) Berechnen Sie die Anzahl der Infizierten am Freitag, dem 20. März und am 27. März.
d) Ermitteln Sie, wann mit einer halben Million infizierter Personen zu rechnen ist.

Lösung zu a*:
Aus $f(0) = 1050$ und $f(4) = 3100$ ergeben sich nach nebenstehender Rechnung die Werte $c = 1050$ und $k \approx 0{,}27$.

Daher hat f die Funktionsgleichung $f(x) = 1050 \cdot e^{0{,}27t}$.

Bestimmung von c und k :

$f(0) = 1050 \Rightarrow c \cdot e^{k \cdot 0} = 1050 \Rightarrow c = 1050$

$f(4) = 3100$

$\Rightarrow 1050 \cdot e^{k \cdot 4} = 3100 \Rightarrow e^{4k} = \frac{3100}{1050}$

$\Rightarrow 4k = \ln\left(\frac{3100}{1050}\right) \approx 1{,}0826 \Rightarrow k \approx 0{,}27$

Lösung zu b:
Die Verdoppelungszeit berechnen wir nach der Formel $T_2 = \frac{\ln 2}{k}$.
Wir erhalten so $T_2 \approx 2{,}57$ Tage.

Verdopplungszeit:

$T_2 = \frac{\ln 2}{k} = \frac{\ln 2}{0{,}27} \approx 2{,}57$ Tage

Lösung zu c:
Der 9. März ist Tag $x = 0$.
Daher ist der 20. März Tag $x = 11$ und der 27. März ist Tag $x = 18$.
Dies führt auf 20467 Infizierte am 20. März und sogar 135475 Infizierte am 27. März.

Anzahl der infizierten Pesonen:

20. März, Tag $x = 11$: $f(11) \approx 20\,467$
27. März, Tag $x = 18$: $f(18) \approx 135\,475$

Lösung zu d:
Der Ansatz $f(x) = 500\,000$ führt nach einer kurzen logarithmischen Rechnung auf den Tag $x \approx 23$. Das ist der 1. April.

Eine halbe Million infizierte Personen:

$$f(x) = 500\,000$$
$$1050 \cdot e^{0{,}27x} = 500\,000$$
$$e^{0{,}27x} \approx 476{,}19$$
$$0{,}27x \approx \ln(476{,}19) \approx 6{,}17$$
$$x \approx 22{,}84 \approx 23$$

* c und k können mit dem CAS und auch mit dem WTR durch exponentielle Regression bestimmt werden.

Übung 36 Abnahmeprozess

Während einer Konjunkturflaute sinkt die Absatzrate eines Autoherstellers im Verlauf von 6 Monaten von 27 000 Autos pro Monat auf 20 000 Autos pro Monat.

a) Ermitteln Sie die Abnahmefunktion, wenn der Rückgang nach dem Modell des ungestörten Zerfalls mit der Abnahmefunktion $f(t) = c \cdot e^{-kt}$ erfolgt (t: Zeit in Monaten).

b) Untersuchen Sie, wann sich die Absatzrate halbiert hat.

c) Ermitteln Sie, um wie viele Fahrzeuge pro Monat die Absatzrate im Verlauf des 6. Monats sinkt.

Beispiel: Begrenztes exponentielles Wachstum – Tropfinfusion

Ein Medikament wird einem Patienten per Tropfinfusion zugeführt. Die Konzentration im Blut steigt gemäß der Funktion $k(t) = a - a \cdot e^{-0{,}04t}$ an (t: Zeit in min, k: Konzentration in μg/ml). Nach 23 Minuten beträgt die Konzentration 30,07 μg/ml.

a) Wie lautet die Wachstumsfunktion? Berechnen Sie a.

b) Welche Grenzkonzentration kann nicht überschritten werden?

c) Wann wird die therapeutische Wirkschranke von 40 μg/ml erreicht?

Lösung zu a:

Hier muss a bestimmt werden. Die Information $k(23) = 30{,}07$ führt nach nebenstehender Rechnung auf $a \approx 50$.

Die Gleichung der Wachstumsfunktion lautet daher $k(t) = 50 - 50e^{-0{,}04t}$.

Gleichung der Wachstumsfunktion:

$k(23) = 30{,}07$

$a - a \cdot e^{-0{,}04 \cdot 23} = 30{,}07$

$a(1 - e^{-0{,}92}) = 30{,}07$

$a = \frac{30{,}07}{1 - e^{-0{,}92}} \approx 49{,}99$

$a \approx 50$

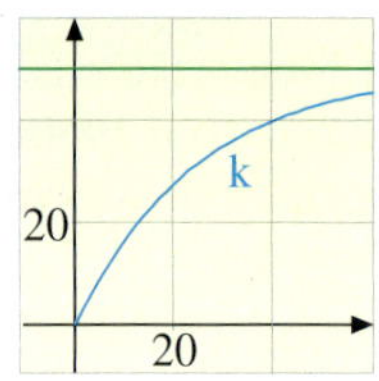

Lösung zu b:

Die Konzentration nähert sich langfristig, d. h. für $t \to \infty$, einer oberen Grenze an. Da der exponentielle Teilterm $e^{-0{,}04t}$ dabei gegen null strebt, nähert sich die Wachstumsfunktion k der Grenze 50 an.

Grenzkonzentration:

$\lim\limits_{t \to \infty} k(t) = \lim\limits_{t \to \infty} (50 - 50e^{-0{,}04t}) = 50$

Lösung zu c:

Die Schranke, ab der die gewünschte therapeutische Wirkung einsetzt, liegt bei 40 mg/ml. Der Ansatz $k(t) = 40$ führt nach einer logarithmischen Rechnung auf die Zeit $t \approx 40{,}24$ Minuten.

Therapeutische Schranke:

$k(t) = 40$

$50 - 50 \cdot e^{-0{,}04 \cdot t} = 40$

$50 \cdot e^{-0{,}04 \cdot t} = 10$

$e^{-0{,}04 \cdot t} = 0{,}2$

$-0{,}04t = \ln 0{,}2$

$t = \frac{\ln 0{,}2}{-0{,}04} \approx 40{,}24$

Übung 37 Wachstum von Pilzen

Die Masse eines Pilzes wächst nach der Formel $m(t) = 40 - 25e^{-kt}$ (t: Tage, m: Gramm), wobei k vom Nährboden abhängt (Boden A: $k = 0{,}10$; Boden B: $k = 0{,}20$).

Skizzieren Sie beide Graphen im gleichen Koordinatensystem. Wann werden 30 Gramm erreicht? Vergleichen Sie die Wachstumsgeschwindigkeiten zur Zeit $t = 0$ und $t = 10$.

Übungen

38. Unbegrenztes Wachstum

Die Population von Spatzen in einem Dorf wird in der Zeit von Anfang März bis Ende Mai durch die Funktion $N(t) = 100 \cdot e^{0,05t}$ erfasst (t in Tagen, N: Anzahl der Spatzen).

a) Wie viele Spatzen gibt es in dem Dorf zu Beginn des Beobachtunsgzeitraums (1. März) bzw. am Ende des Beobachtungszeitraums (31. Mai)?

b) Untersuchen Sie, wann die Zahl der Spatzen zum ersten Mal den Wert Tausend übersteigt.

c) Berechnen Sie die Wachstumsgeschwindigkeit der Spatzenpopulation zu Beginn und nach vier Wochen (28 Tagen). Wann erreicht die Wachstumsgeschwindigkeit 100 Spatzen/Tag?

d) Ermitteln Sie die Verdopplungszeit der Spatzenpopulation.

e) Die Starpopulation wächst ebenfalls exponentiell: $M(t) = 200 \cdot e^{kt}$. Die Verdopplungszeit beträgt 69,31 Tage. Bestimmen Sie k auf zwei Nachkommastellen genau. Berechnen Sie außerdem, an welchem Tag des Jahres Spatzen- und Starpopulation gleich groß sind.

39. Unbegrenztes und begrenztes Wachstum

Maja hat sich ein kleines Pflänzchen gekauft. Sie hat festgestellt, dass die Höhe der Pflanze durch die Funktion $h_1(t) = 8 \cdot e^{0,2t}$ beschrieben wird (t in Wochen, h in cm).

a) Welche Höhe hat die Pflanze zu Beginn bzw. nach zehn Wochen?

b) Wann ist die Pflanze 50 cm hoch?

c) Ermitteln Sie die Wachstumsgeschwindigkeit der Pflanze zu Beginn und nach 10 Wochen.

d) Nach zehn Wochen beginnt das Wachstum der Pflanze abzuflauen. Es wird nun durch die Funktion $h_2(t) = a - b \cdot e^{-0,2t}$ beschrieben. Bestimmen Sie a und b so, dass die Funktionen h_1 und h_2 an der Stelle t = 10 ohne Sprung und ohne Knick ineinander übergehen.

e) Untersuchen Sie, welcher Grenzhöhe H sich die Pflanze langfristig nähert.

40. Konjunktureller Einbruch und Erholung

Durch einen Konjunktureinbruch sinkt der Absatz von Fernsehgeräten eines Elektronikmarktes im Verlauf von 4 Wochen von 140 Geräten pro Woche auf 90 Geräte pro Woche.

a) Ermitteln Sie die exponentielle Abnahmefunktion $f(t) = a \cdot e^{-kt}$ (t: Zeit in Wochen).

b) Berechnen Sie, nach welcher Zeit der Absatz unter 100 Geräte pro Woche gefallen ist.

c) Ermitteln Sie, nach wie vielen Wochen sich der Absatz halbiert hat.

d) Nachdem der Absatz auf 40 Geräte pro Woche eingebrochen ist, erholt sich die Konjunktur wieder und der Absatz wächst pro Woche um 5 %. Untersuchen Sie, nach welcher Zeit der Absatz von 140 Geräten pro Woche wieder erreicht wird.

41. Begrenztes Wachstum

Eine Kieferart wächst nach dem Gesetz $h_1(t) = 36 - 35,5 \cdot e^{-0,04t}$ ($h_1(t)$ in m, t in Jahren).

a) Wie hoch war die Kiefer bei der Pflanzung (t = 0)? Welche Höhe kann sie erreichen?

b) Ermitteln Sie die Wachstumsgeschwindigkeit zum Zeitpunkt t = 5.
Untersuchen Sie, wann die Wachstumsgeschwindigkeit auf 0,1 m/Jahr fällt.

c) Das Höhenwachstum einer zweiten Kieferart kann durch die Funktion $h_2(t) = a - b e^{-0,06t}$ modelliert werden (t in Jahren, h (t) in Metern). Rechts sind einige Werte protokolliert. Bestimmen Sie a und b.

t	0	5	10
$h_2(t)$	1	11,11	18,60

d) Berechnen Sie, welcher Grenzhöhe diese Kieferart sich langfristig nähert.

42. Extremalproblem

Auf dem Graphen von $f(x) = 4x \cdot e^{-0,5x}$ wandert der Punkt $P(u|f(u))$, $u > 0$. Wie muss u gewählt werden, damit der Inhalt A des markierten achsenparallelen Rechtecks maximal wird. Was passiert, wenn u gegen unendlich strebt?

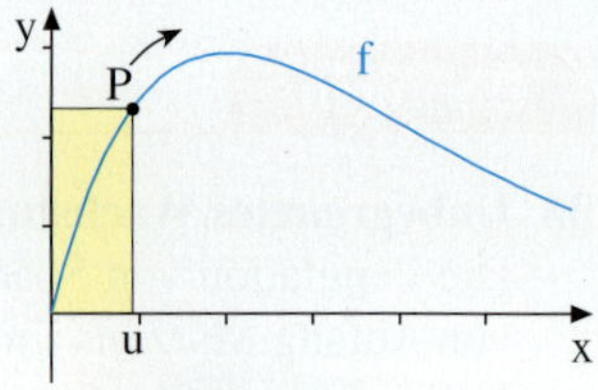

43. Extremalproblem

Eine Firma stellt oben offene Regentonnen her. Diese sollen bei einem gegebenen Materialbedarf von $2\,m^2$ ein maximales Volumen besitzen.
Welche Maße (Radius, Höhe) muss die Tonne erhalten?

44. Rekonstruktion

Bestimmen Sie den Funktionsterm der Funktion f.

a) f ist ein Polynom 3. Grades. Der Graph von f geht durch die Punkte $P(0|2)$ und $Q(2|8)$. f besitzt bei $x = 1$ die Steigung $m_1 = 2$ und bei $x = 2$ die Steigung $m_2 = 11$.

b) Der Graph einer ganzrationalen Funktion f dritten Grades ist punktsymmetrisch zum Ursprung und schneidet den Graphen von $g(x) = \frac{1}{2}(4x^3 + x)$ im Ursprung senkrecht. Ein zweiter Schnittpunkt von f und g liegt bei $x = 1$. Wie lautet die Gleichung von g?

45. Integration

a) Weisen Sie nach, dass F eine Stammfunktion von f ist.

I: $F(x) = (3 - 2x) \cdot e^x$, $f(x) = (-2x + 1) \cdot e^x$
II: $F(x) = -(x^2 + 2x + 2) \cdot e^{-x}$, $f(x) = x^2 \cdot e^{-x}$
III: $F(x) = (4x - 8) \cdot e^{0,5x}$, $f(x) = 2x \cdot e^{0,5x}$

b) Bestimmen Sie durch Anwendung der Integrationsregeln eine Stammfunktion von f

I: $f(x) = x^4 - 4e^{2x}$ II: $f(x) = 6x^2 - x^{-3} - 1$ III: $f(x) = 2\sin(2x)$ IV: $f(x) = 4e^{-0,5x} - \frac{1}{x}$

c) Bestimmen Sie den Inhalt der Fläche unter dem Graphen von f über dem Intervall I.

I: $f(x) = 2x^3 - 8x$, $I = [0; 2]$ II: $f(x) = 2\cos(0,5x)$, $I = \left[0; \frac{\pi}{2}\right]$

d) Bestimmen Sie den Inhalt der Fläche zwischen den Graphen von f und g.

I: $f(x) = x^2 + 2$, $g(x) = x + 1$, $I = [-1; 2]$ II: $f(x) = \cos\left(\frac{1}{2}x\right)$, $g(x) = x - \pi$, $I = [0; \pi]$

46. Begrenztes Wachstum

In einem botanischen Garten wird ein exotischer Kaktus (Sorte I) gepflanzt. Seine Höhe wird durch die Funktion $h_1(t) = 9,9 - 9,6 \cdot e^{-0,01t}$ beschrieben (t: Zeit in Jahren; h: Höhe in m).

a) Wie hoch war der Kaktus bei der Pflanzung? Wie groß war zu diesem Zeitpunkt seine Wachstumsgeschwindigkeit? Begründen Sie, dass die Wachstumsgeschwindigkeit zu keinem späteren Zeitpunkt wieder so groß sein kann.

b) Welche Höhe kann er maximal erreichen? Nach welcher Zeit wird er zwei Meter hoch sein?

c) Ein zweiter, gleichzeitig gepflanzter Kaktus (Sorte II) ist zu Beginn 2 m hoch und nach einem Vierteljahr 2,22 m hoch. Von dieser Sorte ist bekannt, dass sie eine Grenzhöhe von 8 m erreicht. Wie lautet die Höhenfunktion h_2 für diesen Kaktus?

d) Wann wird der Kaktus der Sorte I den Kaktus der Sorte II einholen? Wann beträgt die Wachstumsgeschwindigkeit für den Kaktus der Sorte I 0,2 m/Jahr?

47. Extremalproblem

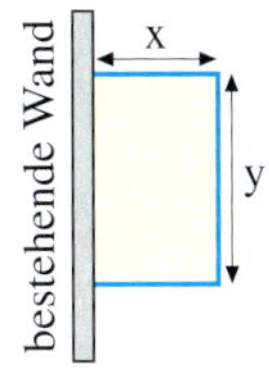

An eine bestehende Wand soll wie abgebildet ein rechteckiger Schuppen angebaut werden. Seine Grundfläche soll $32\,m^2$ groß sein. Berechnen Sie, bei welchen Abmessungen x und y für die drei neu zu bauenden, 2,50 m hohen Wände am wenigsten Material benötigt wird.

48. Rekonstruktion

a) Gesucht ist eine ganzrationale Funktion dritten Grades mit dem Tiefpunkt $P(1|-2)$, deren Wendepunkt im Koordinatenursprung liegt.

b) Der Graph einer ganzrationalen Funktion dritten Grades hat im Ursprung und im Punkt $P(2|4)$ jeweils ein Extremum.

49. Brücke

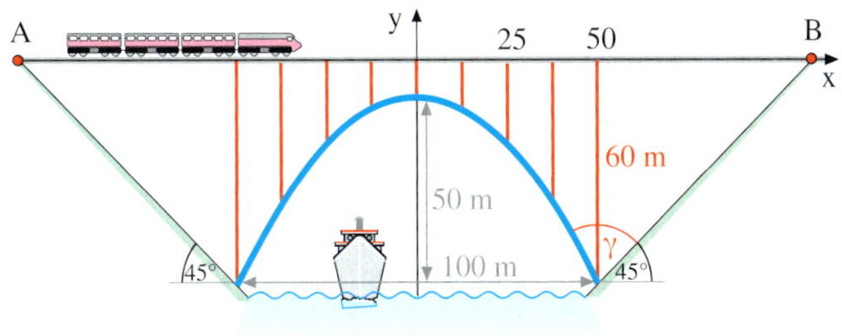

Die Eisenbahnbrücke wird von einem Parabelbogen getragen, der auf Hängen mit 45° Neigung steht.

a) Wie lautet die Gleichung der quadratischen Parabel?

b) Wie hoch sind die Brückenpfeiler, welche die Fahrbahn tragen?

c) Wie lang ist die Fahrbahn zwischen A und B?

d) Unter welchem Winkel γ trifft der Brückenbogen die Böschungslinien?

50. Eingeschlossene Fläche

Die Graphen von f und g besitzen zwei Schnittpunkte. Berechnen Sie den Inhalt A der von den Graphen der Funktionen f und g eingeschlossenen Fläche.

a) $f(x) = 0{,}5x^2 - 2$
$g(x) = -0{,}5x + 1$

b) $f(x) = -x^2 + 4x$
$g(x) = -0{,}5x^2 - 2x$

c) $f(x) = x^3 + 4x^2$
$g(x) = 2x^2$

d) $f(x) = e^x$
$g(x) = 6{,}5 - 3e^{-x}$

51. Population

Der Bestand einer Population wird durch die Funktion $N(t) = 10 - 8 \cdot e^{-0{,}2t}$ erfasst. Dabei gibt t die Zeit in Stunden seit Beobachtungsbeginn an und N(t) die Anzahl der Individuen in Tausend.

a) Zeichnen Sie den Graphen von N mit Hilfe einer Wertetabelle ($0 \le t \le 20$, Schrittweite 5).

b) Bestimmen Sie den Anfangsbestand und den Grenzbestand der Population.

c) Welcher Bestand liegt zur Zeit $t = 3$ vor?

d) Nach welcher Zeit hat sich der Anfangsbestand vervierfacht?

e) Wie groß ist die Wachstumsgeschwindigkeit (gemessen in Tausend Individuen pro Stunde) zu Beginn des Wachstumsprozesses bzw. nach 10 Stunden?

Test

Problemlösungsstrategien in der Analysis

1. Kurvenuntersuchung

Gegeben ist die Funktion $f(x) = (1 - 2x) \cdot e^{1-2x}$.

a) Untersuchen Sie f auf Nullstellen, Extrema und Wendepunkte.

b) Untersuchen Sie das Verhalten von f für $x \to \pm\infty$.

c) Fertigen Sie aufgrund der Ergebnisse aus a) und b) eine Zeichnung des Graphen von f an.

d) Bestimmen Sie die Gleichung der Kurvennormalen an der Stelle $x = 0$.

2. Extremalproblem

Aus Blech soll ein 10 m langer Doppelkanal zur Wasserabführung gebaut werden. Er wird aus drei senkrechten Blechplatten und einer horizontalen Bodenplatte zusammengesetzt.

Der Kanal soll eine Querschnittsfläche von $9\,m^2$ erhalten. Untersuchen Sie, wie die Maße x und y gewählt werden müssen, damit der Blechverbrauch minimal ist.

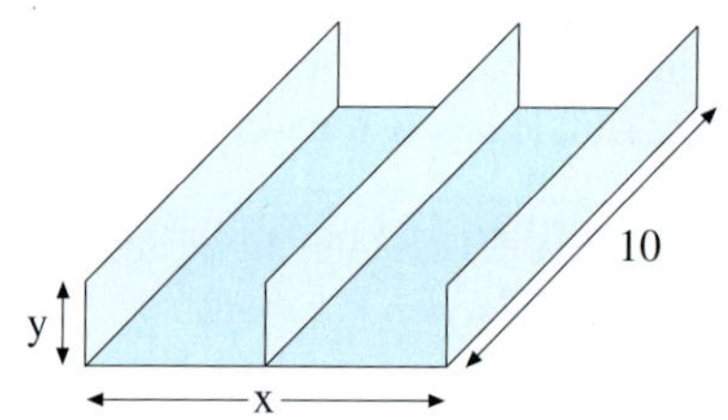

3. Rekonstruktion

a) Eine ganzrationale Funktion 2. Grades $f(x) = ax^2 + bx + c$ hat ein Extremum bei $x = 1$ und schneidet die x-Achse bei $x = 4$ mit der Steigung 3. Bestimmen Sie a, b und c.

b) Eine ganzrationale Funktion 4. Grades ist symmetrisch zur y-Achse.
Sie geht durch die Punkte $P(1|0)$ und $Q(2|9)$ und hat im Punkt P ein Extremum.
Bestimmen Sie ihren Funktionsterm.

4. Wachstumsfunktion

Das Wachstum eines frisch gesetzten Bäumchens wird durch die Gleichung $H(t) = 20 - 19{,}5 \cdot e^{-0{,}02t}$ beschrieben (t in Jahren, H in Meter).

a) Wie groß war das Bäumchen am Pflanztag? Welche Höhe wird es nie überschreiten?

b) Begründen Sie, dass die jährliche Wachstumsrate zu Beginn am größten war.
Wie groß war sie zu Beginn, wann wird sie weniger als 10 cm pro Jahr betragen?

c) Wann hat der Baum eine Höhe von 19 m erreicht?

5. Integration

Bestimmen Sie den Inhalt der markierten Fläche.

a)

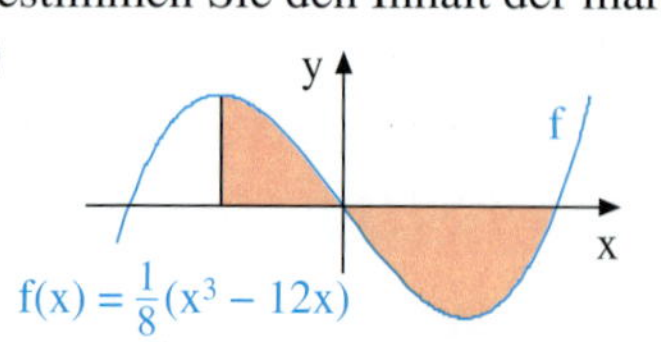

b)

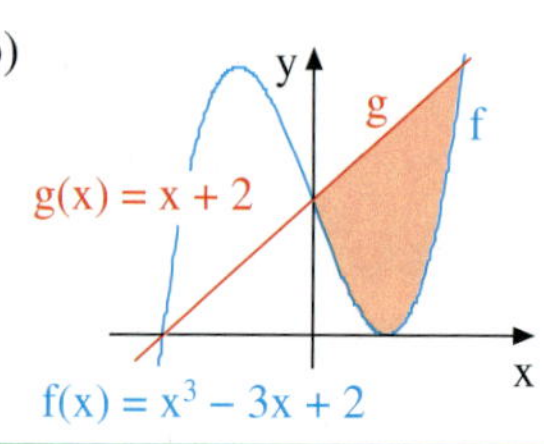

Lösungen: S. 368

2. Grundstrategien in der Analytischen Geometrie

Beim Problemlösen, aber auch im Abitur, ist es von Vorteil, grundlegende Lösungsstrategien mit einem aussagekräftigen Schlagwort zu versehen und jederzeit ohne große Überlegung abrufen zu können. Im Folgenden tabellieren wir wichtige Grundstrategien aus der Analytischen Geometrie und lösen in der Folge ausgewählte Problemstellungen zu diesen Strategien.

Die Übungen sind knapp gehalten, da sie durch das Rechnen von *komplexen Aufgaben* aus Kapitel VIII in erheblichem Umfang ergänzt werden können.

1. Kollinearität und Komplanarität

Kollinearität und Komplanarität von Vektoren

Zwei Vektoren $\vec{a}$ und $\vec{b}$ heißen ***kollinear***, wenn $\vec{b} = r \cdot \vec{a}$ oder $\vec{a} = r \cdot \vec{b}$ gilt ($r \in \mathbb{R}$).
Drei Vektoren $\vec{a}$, $\vec{b}$ und $\vec{c}$ heißen ***komplanar***, wenn einer der drei Vektoren sich als Linearkombination der anderen beiden Vektoren darstellen lässt (z. B. $\vec{c} = r\vec{a} + s\vec{b}$).
Kollineare Vektoren sind parallel gerichtet.
Komplanare Vektoren liegen in ein- und derselben Ebene.

Beispiel: Kollinearitätsprüfung

Überprüfen Sie, ob die Vektoren $\vec{a}$ und $\vec{b}$ kollinear sind.

a) $\vec{a} = \begin{pmatrix} -2 \\ +4 \\ -6 \end{pmatrix}$, $\vec{b} = \begin{pmatrix} 3 \\ -6 \\ 9 \end{pmatrix}$ b) $\vec{a} = \begin{pmatrix} 2 \\ 1 \\ -1 \end{pmatrix}$, $\vec{b} = \begin{pmatrix} 6 \\ -2 \\ 2 \end{pmatrix}$

Lösung zu a:

$\vec{b} = r \cdot \vec{a}$ (Ansatz)

$\begin{pmatrix} 3 \\ -6 \\ 9 \end{pmatrix} = r \cdot \begin{pmatrix} -2 \\ +4 \\ -6 \end{pmatrix}$

I: $3 = -2r \Rightarrow r = -1{,}5$
II: $-6 = 4r \Rightarrow r = -1{,}5$
III: $9 = -6r \Rightarrow r = -1{,}5$
$\Rightarrow \vec{b} = -1{,}5 \cdot \vec{a}$
$\Rightarrow \vec{a}$ und $\vec{b}$ sind kollinear.

Lösung zu b:

$\vec{b} = r \cdot \vec{a}$ (Ansatz)

$\begin{pmatrix} 6 \\ -2 \\ 2 \end{pmatrix} = r \cdot \begin{pmatrix} 2 \\ 1 \\ -1 \end{pmatrix}$

I: $6 = 2r \Rightarrow r = 3$
II: $-2 = r \Rightarrow r = -2$
III: $2 = -r \Rightarrow r = -2$
$\Rightarrow \vec{b} \neq r \cdot \vec{a}$
$\vec{a} \neq r \cdot \vec{b}$ analog
$\Rightarrow \vec{a}$ und $\vec{b}$ sind nicht kollinear.

Beispiel: Komplanaritätsprüfung

Zeigen Sie, dass die Vektoren $\vec{a}$, $\vec{b}$ und $\vec{c}$ komplanar sind. $\vec{a} = \begin{pmatrix} 1 \\ 2 \\ -1 \end{pmatrix}$, $\vec{b} = \begin{pmatrix} 2 \\ 1 \\ 2 \end{pmatrix}$, $\vec{c} = \begin{pmatrix} 4 \\ 5 \\ 0 \end{pmatrix}$

Lösung:

$\vec{c} = r \cdot \vec{a} + s \cdot \vec{b}$ (Ansatz)

$\begin{pmatrix} 4 \\ 5 \\ 0 \end{pmatrix} = r \cdot \begin{pmatrix} 1 \\ 2 \\ -1 \end{pmatrix} + s \cdot \begin{pmatrix} 2 \\ 1 \\ 2 \end{pmatrix} \Rightarrow$

I: $4 = r + 2s$
II: $5 = 2r + s$
III: $0 = -r + 2s$

$\Rightarrow$ I + III: $4 = 4s \Rightarrow s = 1$
in I: $4 = r + 2 \Rightarrow r = 2$
in II: $5 = 5$

$\Rightarrow \vec{c} = 2 \cdot \vec{a} + 1 \cdot \vec{b}$
$\Rightarrow \vec{a}$, $\vec{b}$ und $\vec{c}$ sind komplanar.

Übung 1 Kollineare Vektoren

Überprüfen Sie auf Kollinearität.

a) $\vec{a} = \begin{pmatrix} 4 \\ 2 \\ 8 \end{pmatrix}$, $\vec{b} = \begin{pmatrix} 14 \\ 7 \\ 28 \end{pmatrix}$ b) $\vec{a} = \begin{pmatrix} 4 \\ 2 \\ 6 \end{pmatrix}$, $\vec{b} = \begin{pmatrix} -6 \\ -3 \\ -8 \end{pmatrix}$

c) $\vec{a} = \begin{pmatrix} -4 \\ 2 \\ 6 \end{pmatrix}$, $\begin{pmatrix} 8 \\ -4 \\ -12 \end{pmatrix}$ d) $\vec{a} = \begin{pmatrix} a \\ 2 \\ 0 \end{pmatrix}$, $\vec{b} = \begin{pmatrix} 2a \\ 4 \\ a \end{pmatrix}$

Übung 2 Komplanare Vektoren

Prüfen Sie, ob $\vec{a}$, $\vec{b}$ und $\vec{c}$ komplanar sind.

a) $\vec{a} = \begin{pmatrix} 1 \\ 3 \\ 2 \end{pmatrix}$, $\vec{b} = \begin{pmatrix} 3 \\ -1 \\ 4 \end{pmatrix}$, $\vec{c} = \begin{pmatrix} 5 \\ 5 \\ 8 \end{pmatrix}$

b) $\vec{a} = \begin{pmatrix} 1 \\ -2 \\ 3 \end{pmatrix}$, $\vec{b} = \begin{pmatrix} 2 \\ 3 \\ 5 \end{pmatrix}$, $\vec{c} = \begin{pmatrix} -4 \\ 1 \\ 7 \end{pmatrix}$

2. Das Skalarprodukt und seine Anwendungen

Das Skalarprodukt von Vektoren

Das Skalarprodukt $\vec{a} \cdot \vec{b}$ zweier Vektoren $\vec{a}$ und $\vec{b}$ kann in der Koordinatenform oder in der Kosinusform dargestellt werden.

Koordinatenform:

$$\vec{a} = \begin{pmatrix} a_1 \\ a_2 \\ a_3 \end{pmatrix}, \ \vec{b} = \begin{pmatrix} b_1 \\ b_2 \\ b_3 \end{pmatrix} \Rightarrow \vec{a} \cdot \vec{b} = a_1 \cdot b_1 + a_2 \cdot b_2 + a_3 \cdot b_3$$

Kosinusform:

$$\vec{a} \cdot \vec{b} = |\vec{a}| \cdot |\vec{b}| \cdot \cos\gamma$$

Orthogonalität von Vektoren

Die Vektoren $\vec{a}$ und $\vec{b}$ sind genau dann orthogonal (senkrecht), wenn $\vec{a} \cdot \vec{b} = 0$ gilt.

Beispiel: Bestimmung orthogonaler Vektoren

Gesucht ist ein Vektor $\vec{b}$, der zum Vektor $\vec{a}$ orthogonal ist.

$$\vec{a} = \begin{pmatrix} 2 \\ 3 \\ 5 \end{pmatrix}$$

Lösung:

Diese Aufgabenstellung ist sehr einfach. Besitzt der Vektor $\vec{a}$ die Koordinaten a_1, a_2 und a_3, so gibt man dem Vektor $\vec{b}$ die Koordinaten a_2, $-a_1$ und 0. Dann ist das Skalarprodukt 0.

$$b_1 = a_2 = 3, \ b_2 = -a_1 = -2, \ b_3 = 0$$

$$\vec{a} \cdot \vec{b} = \begin{pmatrix} 2 \\ 3 \\ 5 \end{pmatrix} \cdot \begin{pmatrix} 3 \\ -2 \\ 0 \end{pmatrix} = 2 \cdot 3 + 3 \cdot (-2) + 5 \cdot 0 = 0$$

Beispiel: Bestimmung eines Normalenvektors

Gesucht ist ein Vektor $\vec{n}$, der zu den beiden Vektoren $\vec{a}$ und $\vec{b}$ orthogonal ist.

$$\vec{a} = \begin{pmatrix} 2 \\ 1 \\ 3 \end{pmatrix}, \ \vec{b} = \begin{pmatrix} 1 \\ 4 \\ 2 \end{pmatrix}$$

Lösung:

Wir verwenden den Skalarproduktansatz $\vec{n} \cdot \vec{a} = 0$, $\vec{n} \cdot \vec{b} = 0$.

Dieser Ansatz führt auf ein lineares Gleichungssystem mit zwei Gleichungen und drei Variablen.

Wir eliminieren durch die Operation I – 2 · II die Variable x. Es verbleibt eine Gleichung mit den zwei Variablen y und z. Wir wählen y = 1 frei. Daraus ergibt sich z = –7. Durch Rückeinsetzung in Gleichung II oder I erhalten wir x = 10, womit der gesuchte Normalenvektor gefunden ist.

$$\vec{n} \cdot \vec{a} = 0, \ \vec{n} \cdot \vec{b} = 0 \quad \text{(Ansatz)}$$

$$\begin{pmatrix} x \\ y \\ z \end{pmatrix} \cdot \begin{pmatrix} 2 \\ 1 \\ 3 \end{pmatrix} = 0, \ \begin{pmatrix} x \\ y \\ z \end{pmatrix} \cdot \begin{pmatrix} 1 \\ 4 \\ 2 \end{pmatrix} = 0$$

$$\begin{aligned} \text{I:} &\quad 2x + y + 3z = 0 \\ \text{II:} &\quad x + 4y + 2z = 0 \\ \text{I} - 2 \cdot \text{II:} &\quad -7y - z = 0 \end{aligned}$$

y = 1 (frei gewählt)

$\Rightarrow z = -7$

in II: $\Rightarrow x = 10$

$$\Rightarrow \vec{n} = \begin{pmatrix} 10 \\ 1 \\ -7 \end{pmatrix}$$

Übung 3 Normalenvektor

Gesucht ist ein Vektor $\vec{n}$, der sowohl zu $\vec{a}$ als auch zu $\vec{b}$ orthogonal ist.

a) $\vec{a} = \begin{pmatrix} 1 \\ 1 \\ 2 \end{pmatrix}, \ \vec{b} = \begin{pmatrix} 2 \\ -1 \\ -1 \end{pmatrix}$ b) $\vec{a} = \begin{pmatrix} 1 \\ 2 \\ 3 \end{pmatrix}, \ \vec{b} = \begin{pmatrix} a \\ 2 \\ 0 \end{pmatrix}$

Mit dem Skalarprodukt kann man außer der Bestimmung eines Normalenvektors zwei weitere wichtige Operationen durchführen: Die Bestimmung des Winkels zwischen zwei Vektoren und die Berechnung der Fläche eines Parallelogramms oder eines Dreiecks.

Winkel und Fläche

Der **Winkel** γ zwischen den Vektoren $\vec{a}$ und $\vec{b}$ kann mit der Kosinusformel berechnet werden.

$$\cos\gamma = \frac{\vec{a}\cdot\vec{b}}{|\vec{a}|\cdot|\vec{b}|}$$

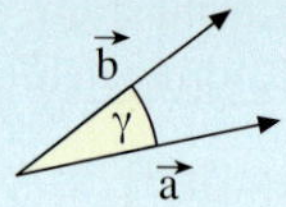

Die **Fläche** des von den Vektoren $\vec{a}$ und $\vec{b}$ aufgespannten Parallelogramms kann mit der rechts aufgeführten Formel berechnet werden.

$$A = \sqrt{\vec{a}^2\cdot\vec{b}^2 - (\vec{a}\cdot\vec{b})^2}$$

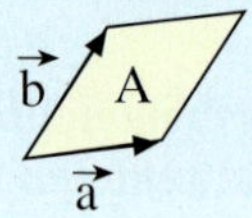

Beispiel: Winkel zwischen Vektoren/Fläche eines Dreiecks

Gegeben sind die Vektoren $\vec{a}$ und $\vec{b}$.

a) Berechnen Sie die Größe des Winkels γ zwischen den Vektoren $\vec{a}$ und $\vec{b}$.

b) Welche Fläche A hat das von den Vektoren aufgespannte Parallelogramm?

$$\vec{a} = \begin{pmatrix}1\\2\\2\end{pmatrix},\quad \vec{b} = \begin{pmatrix}3\\0\\4\end{pmatrix}$$

Lösung zu a:

$$\cos\gamma = \frac{\vec{a}\cdot\vec{b}}{|\vec{a}|\cdot|\vec{b}|} = \frac{\begin{pmatrix}1\\2\\2\end{pmatrix}\cdot\begin{pmatrix}3\\0\\4\end{pmatrix}}{\sqrt{9}\cdot\sqrt{25}} = \frac{11}{15} \approx 0{,}7333$$

$$\gamma = \arccos 0{,}7333 \approx 42{,}84°$$

Lösung zu b:

$$A = \sqrt{\vec{a}^2\cdot\vec{b}^2 - (\vec{a}\cdot\vec{b})^2}$$

$$= \sqrt{\begin{pmatrix}1\\2\\2\end{pmatrix}^2\cdot\begin{pmatrix}3\\0\\4\end{pmatrix}^2 - \left(\begin{pmatrix}1\\2\\2\end{pmatrix}\cdot\begin{pmatrix}3\\0\\4\end{pmatrix}\right)^2}$$

$$= \sqrt{9\cdot 25 - 11^2} = \sqrt{104} \approx 10{,}20$$

<u>Bemerkung zur Dreiecksfläche:</u>

Der Flächeninhalt des von den Vektoren aufgespannten Dreiecks ist gerade die Hälfte der Parallelogrammfläche, weshalb die rechts aufgeführte Formel gilt.

Dreiecksfläche

$$A_{\text{Dreieck}} = \frac{1}{2}\sqrt{\vec{a}^2\cdot\vec{b}^2 - (\vec{a}\cdot\vec{b})^2}$$

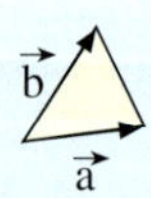

Übung 4 Winkel und Oberfläche bei einer Pyramide

Die abgebildete Pyramide hat die Ecken $A(7|7|0)$, $B(1|13|0)$, $C(-5|7|0)$, $D(1|1|0)$ und die Spitze $S(1|7|7)$.

Berechnen Sie den Winkel γ zwischen den Seitenkanten AB und AS sowie den Oberflächeninhalt O der Pyramide.

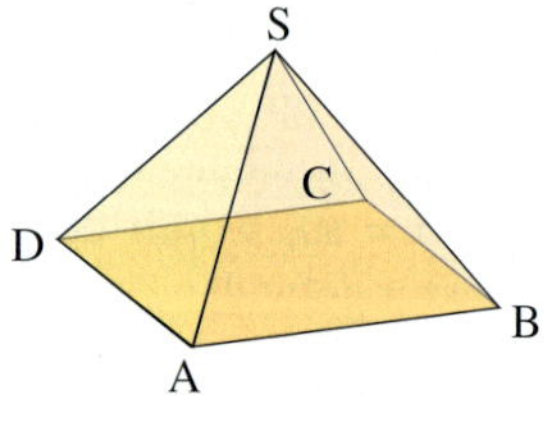

3. Nachweis von geometrischen Figuren

Gelegentlich wird mit Hilfe der Vektorrechnung der Nachweis geführt, dass eine Figur ein rechtwinkliges Dreieck oder ein Parallelogramm oder ein Trapez darstellt.

Nachweis zum rechtwinkligen Dreieck
Das Dreieck ABC ist rechtwinklig bei C genau dann, wenn gilt: $\overrightarrow{CA} \cdot \overrightarrow{CB} = 0$

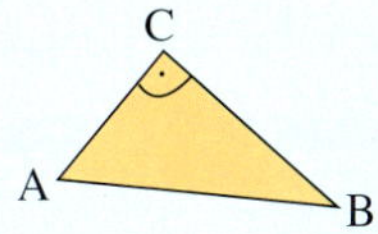

Parallelogrammnachweis
Das Viereck ABCD ist ein Parallelogramm genau dann, wenn gilt: $\overrightarrow{AB} = \overrightarrow{DC}$

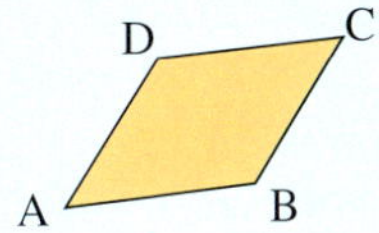

Trapeznachweis
Das Viereck ABCD ist ein Trapez, wenn gilt: $\overrightarrow{AB} = r \cdot \overrightarrow{DC}$ oder $\overrightarrow{AD} = r \cdot \overrightarrow{BC}$

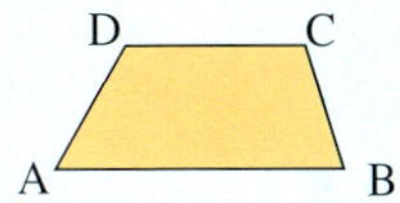

Beispiel: Trapeznachweis
Prüfen Sie, ob das Viereck ABCD ein Trapez ist.
a) A(2|3|1), B(0|9|3), C(−1|7|7), D(0|4|6)
b) A(3|4|0), B(1|8|2), C(−1|9|5), D(1|2|4)

Lösung zu a:
Wir vergleichen den Seitenvektor $\overrightarrow{AB}$ und den gegenüberliegenden Seitenvektor $\overrightarrow{DC}$.
Wir verwenden den Ansatz $\overrightarrow{AB} = r \cdot \overrightarrow{DC}$.

$$\begin{pmatrix}-2\\6\\2\end{pmatrix} = r \cdot \begin{pmatrix}-1\\3\\1\end{pmatrix} \Leftrightarrow \begin{array}{ll}\text{I:} & -2 = -r\\ \text{II:} & 6 = 3r\\ \text{III:} & 2 = r\end{array} \Leftrightarrow r = 2$$

In allen drei Gleichungen gilt $r = 2$.
Es gilt also $\overrightarrow{AB} = 2\,\overrightarrow{DC}$.
ABCD ist ein Trapez.

Lösung zu b:
Wir vergleichen $\overrightarrow{AB}$ und $\overrightarrow{DC}$. Wir verwenden den Ansatz $\overrightarrow{AB} = r \cdot \overrightarrow{DC}$.

$$\begin{pmatrix}-2\\4\\2\end{pmatrix} = r \cdot \begin{pmatrix}-2\\7\\1\end{pmatrix} \Leftrightarrow \begin{array}{ll}\text{I:} & -2 = -2r\\ \text{II:} & 4 = 7r\\ \text{III:} & 2 = r\end{array}$$

Es folgt $r = 1$, $r = \frac{4}{7}$ und $r = 2$. Das ist ein Widerspruch. Analog führt den Ansatz $\overrightarrow{AD} = r \cdot \overrightarrow{BC}$ ebenfalls zum Widerspruch.
ABCD ist kein Trapez.

Der Parallelogrammnachweis und der Nachweis der Rechtwinkligkeit eines Dreiecks sind noch einfacher, da dort kein Gleichungssystem auftritt. Sie sind in der Übung durchzuführen.

Übung 5 Figurennachweise
Überprüfen Sie die Aussage:
a) Das Dreieck ABC ist rechtwinklig.
A(4|1|1), B(2|7|1), C(−1|6|7).
b) Das Viereck ABCD ist ein Parallelogramm.
A(1|1|1), B(5|9|3), C(4|11|7), D(0|3|5)
c) Das Viereck ABCD ist ein Trapez.
A(1|2|1), B(7|6|3), C(0|8|8), D(−1|4|4)

Übung 6 Rautennachweis
Gegeben ist das Viereck A(2|4|3), B(4|6|4), C(3|4|6), D(1|2|5).
a) Zeigen Sie: Das Viereck ABCD ist ein Parallelogramm.
b) Weisen Sie nach, dass ABCD sogar eine Raute ist, indem Sie zeigen, dass die Diagonalen AC und BD senkrecht aufeinander stehen.

Übungen

7. Kollineare und komplanare Vektoren

I. Überprüfen Sie auf Kollinearität.

a) $\vec{a} = \begin{pmatrix} 2 \\ 6 \\ 4 \end{pmatrix}, \vec{b} = \begin{pmatrix} 5 \\ 15 \\ 10 \end{pmatrix}$ b) $\vec{a} = \begin{pmatrix} 8 \\ 4 \\ 2 \end{pmatrix}, \vec{b} = \begin{pmatrix} -4 \\ -2 \\ 1 \end{pmatrix}$ c) $\vec{a} = \begin{pmatrix} a \\ -1 \\ 1 \end{pmatrix}, \vec{b} = \begin{pmatrix} -2a \\ 2 \\ -2 \end{pmatrix}$

II. Überprüfen Sie auf Komplanarität.

d) $\vec{a} = \begin{pmatrix} 1 \\ 1 \\ 2 \end{pmatrix}, \vec{b} = \begin{pmatrix} 4 \\ -2 \\ 2 \end{pmatrix}, \vec{c} = \begin{pmatrix} 0 \\ 3 \\ 3 \end{pmatrix}$ e) $\vec{a} = \begin{pmatrix} 9 \\ -6 \\ 3 \end{pmatrix}, \vec{b} = \begin{pmatrix} 1 \\ -1 \\ 1 \end{pmatrix}, \vec{c} = \begin{pmatrix} 1 \\ 0 \\ 1 \end{pmatrix}$

8. Normalenvektor

Berechnen Sie einen Vektor $\vec{n}$, der sowohl zu $\vec{a}$ als auch zu $\vec{b}$ orthogonal ist.

a) $\vec{a} = \begin{pmatrix} 1 \\ 2 \\ -1 \end{pmatrix}, \vec{b} = \begin{pmatrix} 2 \\ -1 \\ 2 \end{pmatrix}$ b) $\vec{a} = \begin{pmatrix} 1 \\ 2 \\ a \end{pmatrix}, \vec{b} = \begin{pmatrix} 2 \\ 3 \\ 0 \end{pmatrix}$ c) $\vec{a} = \begin{pmatrix} 2 \\ 3 \\ 0 \end{pmatrix}, \vec{b} = \begin{pmatrix} 1 \\ 3 \\ 1 \end{pmatrix}$

9. Winkel zwischen Vektoren

Berechnen Sie den Winkel zwischen den Vektoren $\vec{a}$ und $\vec{b}$.

a) $\vec{a} = \begin{pmatrix} 3 \\ -2 \\ 1 \end{pmatrix}, \vec{b} = \begin{pmatrix} 2 \\ 2 \\ -1 \end{pmatrix}$ b) $\vec{a} = \begin{pmatrix} 3 \\ 3 \\ 2 \end{pmatrix}, \vec{b} = \begin{pmatrix} -2 \\ 3 \\ 2 \end{pmatrix}$ c) $\vec{a} = \begin{pmatrix} 1 \\ 1 \\ 1 \end{pmatrix}, \vec{b} = \begin{pmatrix} 2 \\ 2 \\ 0 \end{pmatrix}$

d) Berechnen Sie die Innenwinkel des Dreiecks ABC mit A(0|0|0), B(2|4|1), C(−2|2|4).

10. Parallelogrammfläche und Dreiecksfläche

a) Berechnen Sie den Flächeninhalt des von den Vektoren $\vec{a} = \begin{pmatrix} 2 \\ 1 \\ 2 \end{pmatrix}$ und $\vec{b} = \begin{pmatrix} 2 \\ 4 \\ 4 \end{pmatrix}$ aufgespannten Parallelogramms.

b) Berechnen Sie den Flächeninhalt des Dreiecks A(2|2|0), B(6|5|2), C(−1|3|4).

11. Dreieck

a) Prüfen Sie, ob das Dreieck A(1|1|1), B(3|4|2), C(1|6|1) rechtwinklig ist.

b) Berechnen Sie die Innenwinkel des DreieckABC.

c) Bestimmen Sie den Flächeninhalt des Dreiecks.

12. Parallelogramm

a) Prüfen Sie, ob das Viereck A(2|0|1), B(6|4|5), C(5|5|8), D(1|1|4) ein Parallelogramm ist.

b) Berechnen Sie die Innenwinkel des Vierecks ABCD.

c) Ermitteln Sie Umfang und Fläche des Vierecks.

13. Trapez

a) Überprüfen Sie, ob das Viereck A(3|−2|1), B(5|2|5), C(2|2|3), D(1|0|1) ein Trapez ist.

b) Berechnen Sie den Schnittwinkel der Diagonalen im Viereck.

14. Raute

a) Zeigen Sie. Das Viereck A(−1|2|1), B(2|3|5), C(6|4|8), D(3|3|4) ist eine Raute.

b) Berechnen Sie Umfang und Fläche der Raute.

c) Ermitteln Sie die Innenwinkel der Raute.

4. Lagebeziehungen von Geraden

Die relative Lage von zwei Geraden

Zwei Geraden g_1: $\vec{x} = \vec{a}_1 + r \cdot \vec{m}_1$ und g_2: $\vec{x} = \vec{a}_2 + s \cdot \vec{m}_2$ können identisch, echt parallel, schneidend oder windschief sein.

Man untersucht g_1 und g_2 auf Parallelität (kollineare Richtungsvektoren $\vec{m}_1$ und $\vec{m}_2$).
Bei Parallelität wird geprüft, ob der Stützpunkt A_1 der ersten Geraden g_1 auch auf der zweiten Geraden g_2 liegt. Trifft dies zu, sind die Geraden identisch, andernfalls sind sie echt parallel.
Bei Nichtparallelität überprüft man durch Gleichsetzen, ob die Geraden sich schneiden.
Sollte dies nicht der Fall sein, so sind die Geraden windschief.

Bei schneidenden Geraden können Schnittpunkt und Schnittwinkel berechnet werden.

Beispiel: Die relative Lage von zwei Geraden

Untersuchen Sie die relative Lage der Geraden g_1 und g_2. Bestimmen Sie ggf. den Schnittpunkt S und den Schnittwinkel γ.

$$g_1: \vec{x} = \begin{pmatrix} 0 \\ 0 \\ 6 \end{pmatrix} + r \cdot \begin{pmatrix} 2 \\ 3 \\ -1 \end{pmatrix} \quad g_2: \vec{x} = \begin{pmatrix} 4 \\ 0 \\ 2 \end{pmatrix} + s \cdot \begin{pmatrix} 0 \\ 3 \\ 1 \end{pmatrix}$$

Lösung:

Man kann durch einfaches Hinsehen feststellen, dass die Richtungsvektoren $\vec{m}_1$ und $\vec{m}_2$ nicht kollinear sind. Also sind die Geraden weder parallel noch identisch.

Nun setzen wir die rechten Seiten der Geradengleichungen gleich und erhalten ein lineares Gleichungssystem mit drei Gleichungen und den zwei Variablen r und s. Das Gleichungssystem lösen wir. Es ist lösbar mit den Lösungen r = 2 und s = 2.

Diese Parameterwerte führen auf den Schnittpunkt S(4|6|4).

Den Schnittwinkel errechnen wir mit der Kosinusformel. Er beträgt γ ≈ 47,46°.

Schnittuntersuchung:

$$\begin{aligned} &\text{I: } 0 + 2r = 4 + 0s &&\Rightarrow \text{I: } 2r = 4 \\ &\text{II: } 0 + 3r = 0 + 3s &&\Rightarrow \text{II: } 3r - 3s = 0 \\ &\text{III: } 6 - 1r = 2 + 1s &&\Rightarrow \text{III: } -r - s = -4 \end{aligned}$$

$$\begin{aligned} &\text{Aus I: } \Rightarrow r = 2 \\ &\text{In II: } \Rightarrow 6 - 3s = 0 \Rightarrow s = 2 \\ &\text{In III: } \Rightarrow -4 = -4 \end{aligned}$$

Schnittpunkt:

$$\vec{x} = \begin{pmatrix} 0 \\ 0 \\ 6 \end{pmatrix} + 2 \cdot \begin{pmatrix} 2 \\ 3 \\ -1 \end{pmatrix} = \begin{pmatrix} 4 \\ 6 \\ 4 \end{pmatrix} \Rightarrow S(4|6|4)$$

Schnittwinkel:

$$\cos\gamma = \frac{|\vec{m}_1 \cdot \vec{m}_2|}{|\vec{m}_1| \cdot |\vec{m}_2|} = \frac{\left|\begin{pmatrix} 2 \\ 3 \\ -1 \end{pmatrix} \cdot \begin{pmatrix} 0 \\ 3 \\ 1 \end{pmatrix}\right|}{\left|\begin{pmatrix} 2 \\ 3 \\ -1 \end{pmatrix}\right| \cdot \left|\begin{pmatrix} 0 \\ 3 \\ 1 \end{pmatrix}\right|} = \frac{8}{\sqrt{14} \cdot \sqrt{10}} \approx 0{,}6761$$

$$\Rightarrow \gamma \approx 47{,}46°$$

Übung 15 Relative Lage von Geraden

Untersuchen Sie die relative Lage der Geraden g_1 und g_2. Bestimmen Sie ggf. den Schnittpunkt S und den Schnittwinkel γ.

a) $g_1: \vec{x} = \begin{pmatrix} 1 \\ 1 \\ 4 \end{pmatrix} + r \cdot \begin{pmatrix} 1 \\ 3 \\ -1 \end{pmatrix}$, $g_2: \vec{x} = \begin{pmatrix} 0 \\ 6 \\ -4 \end{pmatrix} + s \cdot \begin{pmatrix} 3 \\ 1 \\ 6 \end{pmatrix}$ b) $g_1: \vec{x} = \begin{pmatrix} 2 \\ 0 \\ 0 \end{pmatrix} + r \cdot \begin{pmatrix} 1 \\ 1 \\ -2 \end{pmatrix}$, $g_2: \vec{x} = \begin{pmatrix} 1 \\ 0 \\ 0 \end{pmatrix} + s \cdot \begin{pmatrix} 2 \\ 2 \\ -3 \end{pmatrix}$

Beispiel: Bewegungsaufgabe (Flugbahnen)

Ein Hubschrauber befindet sich zur Zeit t = 0 an der Position A (4|0|2). Zum gleichen Zeitpunkt wird ein Flugzeug an der Position C (28|18|4) geortet. Eine Minute später ist der Hubschrauber bei B (8|4|4) und das Flugzeug an der Position D (22|15|6) (Positionsangaben in km).

a) Berechnen Sie, mit welchen Geschwindigkeiten sich die Luftfahrzeuge bewegen.

b) Untersuchen Sie, ob Kollisionsgefahr besteht.

Lösung zu a:

Von t = 0 bis t = 1 bewegt sich der Hubschrauber um den Vektor $\vec{m}_h = \overrightarrow{AB}$ mit dem Betrag $|\vec{m}_h| = 6$. Seine Geschwindigkeit ist also $\vec{v}_h = 6\,\text{km/min} = 360\,\text{km/h}$.

Von t = 0 bis t = 1 bewegt sich das Flugzeug um den Vektor $\vec{m}_f = \overrightarrow{CD}$ mit dem Betrag $|\vec{m}_f| = 7$. Seine Geschwindigkeit ist also $\vec{v}_f = 7\,\text{km/min} = 420\,\text{km/h}$.

Bewegungen in der ersten Minute:

Hubschrauber: Flugzeug:

$\vec{m}_h = \overrightarrow{AB} = \begin{pmatrix} 4 \\ 4 \\ 2 \end{pmatrix}$ $\qquad$ $\vec{m}_f = \overrightarrow{CD} = \begin{pmatrix} -6 \\ -3 \\ 2 \end{pmatrix}$

$|\vec{m}_h| = \sqrt{36} = 6$ $\qquad$ $|\vec{m}_f| = \sqrt{49} = 7$

Geschwindigkeiten der Fluggeräte:

$\vec{v}_h = 6\,\text{km/min} = 360\,\text{km/h}$

$\vec{v}_f = 7\,\text{km/min} = 420\,\text{km/h}$

Lösung zu b:

Nun stellen wir die Gleichungen der Flugbahnen h und f auf.

Die Bahnen sind nicht parallel, da die Richtungsvektoren nicht kollinear sind.

Flugbahnen:

$$h: \vec{x} = \begin{pmatrix} 4 \\ 0 \\ 2 \end{pmatrix} + r \cdot \begin{pmatrix} 4 \\ 4 \\ 2 \end{pmatrix}, \quad f: \vec{x} = \begin{pmatrix} 28 \\ 18 \\ 4 \end{pmatrix} + s \cdot \begin{pmatrix} -6 \\ -3 \\ 2 \end{pmatrix},$$

Daher führen wir nun eine Schnittuntersuchung durch, indem wir die rechten Seiten der beiden Geradengleichungen h und f gleichsetzen.

Schnittuntersuchung:

I: $4 + 4r = 28 - 6s \Rightarrow$ I': $4r + 6s = 24$

II: $0 + 4r = 18 - 3s \Rightarrow$ II': $4r + 3s = 18$

III: $2 + 2r = 4 + 2s \Rightarrow$ III': $2r - 2s = 2$

I' − II' $\Rightarrow 3s = 6 \Rightarrow s = 2$

In I': $\Rightarrow 4r + 12 = 24 \Rightarrow r = 3$

In III': $\Rightarrow 2 = 2$

$\Rightarrow$ Schnittpunkt S (16|12|8)

Es ergibt sich ein lineares Gleichungssystem mit drei Gleichungen und zwei Variablen. Die Flugbahnen schneiden sich im Punkt S (16|12|8).

Dennoch kommt es zu keiner Kollision, denn die Parameterwerte r = 3 und s = 2 geben die Flugzeit in Minuten bis zum Bahnschnittpunkt an. Das Flugzeug ist also schon längst vorbei, wenn der Hubschrauber am Bahnschnittpunkt S eintrifft.

Flugzeiten bis zum Schnittpunkt S:

Die Richtungsvektoren $\vec{m}_h$ und $\vec{m}_f$ werden jeweils in einer Minute zurückgelegt.

Wegen r = 3 und s = 2 dauert der Flug bis dort also drei Minuten bzw. zwei Minuten.

Übung 16 Bewegungsaufgabe

Ein Flugzeug bewegt sich von A (1|1|1) in einer Minute nach B (5|9|2). Ein zweites Flugobjekt bewegt sich im gleichen Zeitraum von C (−19|41|4) nach D (−9|36|4) (Längenangaben in km).

a) Berechnen Sie die Geschwindigkeit der Flugobjekte.

b) Wo treffen sich die beiden geradlinigen Flugbahnen f und h? Wie groß ist der Schnittwinkel?

c) Untersuchen Sie, ob Kollisionsgefahr besteht.

5. Darstellung von Ebenen

Ebenengleichungen

Sind von einer Ebene E ein Stützpunkt A (Stützvektor $\vec{a}$) und zwei Richtungsvektoren $\vec{u}$ und $\vec{v}$ bekannt, so lautet die vektorielle Parametergleichung der Ebene E: $\vec{x} = \vec{a} + r \cdot \vec{u} + s \cdot \vec{v}$.

Ist von der Ebene E ein Stützpunkt A (Stützvektor $\vec{a}$) und ein zur Ebene senkrecht stehender Normalenvektor $\vec{n}$ bekannt, so lautet die Normalengleichung von E: $(\vec{x} - \vec{a}) \cdot \vec{n} = 0$.

Durch Ausmultiplizieren der Skalarprodukte in der Normalengleichung erhält man die Koordinatengleichung E: $ax + by + cz = d$. Dabei sind a, b und c die Koordinaten des Normalenvektors. d errechnet man durch Einsetzen des Punktes A in die Koordinatengleichung.

Wichtig ist die Umrechnung der Ebenengleichung aus der Parameterform in die Normalen- oder Koordinatenform, da mit der Koordinatenform viele Probleme einfacher lösbar sind.

Beispiel: Parametergleichung → Koordinatengleichung

Gesucht ist die Koordinatengleichung der Ebene E.

$$E: \vec{x} = \begin{pmatrix}1\\4\\2\end{pmatrix} + r \cdot \begin{pmatrix}3\\2\\-4\end{pmatrix} + s \cdot \begin{pmatrix}2\\-2\\-1\end{pmatrix}$$

Lösung:

Den Normalenvektor von E, der senkrecht zu beiden Richtungsvektoren steht, bestimmen wir nach dem Verfahren von Seite 277.

Wir erhalten den Vektor $\vec{n} = \begin{pmatrix}2\\1\\2\end{pmatrix}$.

Der Normalenvektor liefert die Koeffizienten der linken Seite der Koordinatengleichung, so dass wir für diese den Ansatz E: $2x + y + 2z = d$ erhalten. Den rechtsseitigen Koeffizienten d können wir nun durch Einsetzen des Stützpunktes P(1|4|2) errechnen. Resultat: E: $2x + y + 2z = 10$.

1. Bestimmung eines Normalenvektors:

$$\begin{pmatrix}x\\y\\z\end{pmatrix} \cdot \begin{pmatrix}3\\2\\-4\end{pmatrix} = 0, \quad \begin{pmatrix}x\\y\\z\end{pmatrix} \cdot \begin{pmatrix}2\\-2\\-1\end{pmatrix} = 0$$

$$\Rightarrow \begin{array}{l} \text{I: } 3x + 2y - 4z = 0 \\ \text{II: } 2x - 2y - z = 0 \end{array}$$

Mögliche Lösung: $x = 2$, $y = 1$, $z = 2$.

2. Koordinatengleichung:

E: $2x + y + 2z = 10$

Punkt P: 1 4 2

Übung 17 Umrechnung von Ebenengleichungen

Stellen Sie die Gleichung der Ebene durch die Punkte A, B und C in Parameterform, in Normalenform und in Koordinatenform auf.

a) A(1|1|−3), B(0|3|−1), C(2|2|1)

b) A(−2|3|−1), B(1|3|−4), C(2|5|2)

Übung 18 Aufstellen der Koordinatengleichung

Stellen Sie die Koordinatengleichung der beschriebenen Ebene auf.

a) E enthält die z-Achse und den Punkt P(2|1|3).

b) E enthält die Punkte A(−1|−3|9) und B(2|−1|5) und ist parallel zur z-Achse.

6. Lagebeziehungen von Gerade/Ebene und Ebene/Ebene

Die relative Lage von Gerade und Ebene

Eine Gerade g: $\vec{x} = \vec{p} + r \cdot \vec{m}$ kann zu einer Ebene E: $ax + by + cz = d$ drei relative Lagen einnehmen: g kann echt parallel sein zu E, ganz in E liegen oder E in einem Punkt S schneiden.

Um festzustellen, welcher Fall vorliegt, setzt man die Koordinaten von g in die Koordinatengleichung der Ebene E ein. Es ergibt sich eine Gleichung für den Parameter r. Ist diese Gleichung unlösbar, so sind g und E echt parallel. Ist sie allgemeingültig (unendl. viele Lösungen), so liegt g ganz in E. Gibt es genau eine Lösung, so schneiden sich g und E in einem Punkt S.

Beim Vorliegen eines Schnittpunktes von g und E kann man den Schnittwinkel berechnen. Bei echter Parallelität von g und E kann man den Abstand von g und E berechnen.

Beispiel: Die relative Lage von Gerade und Ebene

Untersuchen Sie die relative Lage der Geraden g und der Ebene E. Bestimmen Sie ggf. Schnittpunkt und Schnittwinkel.

$$g: \vec{x} = \begin{pmatrix}0\\4\\2\end{pmatrix} + r \cdot \begin{pmatrix}0\\2\\1\end{pmatrix}, \quad E: x + 3y + 3z = 9$$

Lösung:

Wir setzen die drei Koordinaten von g, $x = 0$, $y = 4 + 2r$ und $z = 2 + r$ in die Koordinatengleichung E: $x + 3y + 3z = 9$ von E ein. Es ergibt sich eine Gleichung, die wir nach der Variablen r auflösen.

Da es nur eine Lösung $r = -1$ gibt, schneidet die Gerade g die Ebene E in einem Punkt S. Durch Einsetzen von $r = -1$ in die Geradengleichung erhalten wir den Schnittpunkt $S(0|2|1)$.

Der Schnittwinkel γ von Gerade und Ebene wird mit der Sinusformel (s. rechts) bestimmt, bei welcher der Richtungsvektor $\vec{m}$ von g und der Normalenvektor $\vec{n}$ von E verwendet werden.

Resultat für den Schnittwinkel: $\gamma \approx 67{,}43°$

Lageuntersuchung/Schnittpunkt:

Koordinaten von g:

$x = 0,\ y = 4 + 2r,\ z = 2 + r$

Einsetzen in die Gleichung von E:

$1(0) + 3(4 + 2r) + 3(2 + r) = 9$

$9r + 18 = 9$

$r = -1$

Schnittpunkt:

$$\vec{s} = \begin{pmatrix}0\\4\\2\end{pmatrix} + (-1) \cdot \begin{pmatrix}0\\2\\1\end{pmatrix} = \begin{pmatrix}0\\2\\1\end{pmatrix} \Rightarrow S(0|2|1)$$

Schnittwinkel:

$$\sin\gamma = \frac{|\vec{m} \cdot \vec{n}|}{|\vec{m}| \cdot |\vec{n}|} = \frac{\left|\begin{pmatrix}0\\2\\1\end{pmatrix} \cdot \begin{pmatrix}1\\3\\3\end{pmatrix}\right|}{\left|\begin{pmatrix}0\\2\\1\end{pmatrix}\right| \cdot \left|\begin{pmatrix}1\\3\\3\end{pmatrix}\right|} \approx 0{,}9234 \Rightarrow \gamma \approx 67{,}43°$$

Bemerkung: Ist die Ebene E im Gegensatz zum Beispiel in der Parameterform gegeben, so stellt man daraus zunächst die Koordinatenform der Ebene auf und kann dann wieder genauso wie im Beispiel vorgehen, um die relative Lage von g und E zu untersuchen.

Übung 19 Relative Lage von Gerade und Ebene

Bestimmen Sie die relative Lage der Geraden g mit den Ebenen E_1 bis E_4. g: $\vec{x} = \begin{pmatrix}3\\4\\2\end{pmatrix} + r \cdot \begin{pmatrix}1\\2\\1\end{pmatrix}$

a) E_1: $2x + y + 2z = 8$

b) E_2: $2x + 2y - 6z = 2$

c) E_3: $x + y - 3z = 2$

d) E_4: $\vec{x} = \begin{pmatrix}8\\2\\-1\end{pmatrix} + r \cdot \begin{pmatrix}1\\1\\-1\end{pmatrix} + s \cdot \begin{pmatrix}5\\-4\\1\end{pmatrix}$

Die relative Lage von zwei Ebenen

Zwei Ebenen E_1: $ax + by + cz = d$ und E_2: $\vec{x} = \vec{a} + r \cdot \vec{u} + s \cdot \vec{v}$ können drei unterschiedliche Lagen einnehmen: Sie können parallel oder identisch sein oder sich in einer Geraden g schneiden.

Um festzustellen, welcher Fall vorliegt, überprüft man das Skalarprodukt des Normalenvektors von E_1 mit den Richtungsvektoren von E_2. Sind beide Skalarprodukte gleich null, sind die Ebenen parallel oder identisch. Anderenfalls schneiden sich die Ebenen.

In letzterem Fall setzt man die Koordinaten von E_2 in die Koordinatengleichung von E_1 ein. Die sich ergebende Beziehung zwischen r und s wird in die Gleichung von E_2 eingesetzt und ergibt die Gleichung der Schnittgeraden.

Beispiel: Die relative Lage von zwei Ebenen

Untersuchen Sie die relative Lage der Ebenen E_1 und E_2. Bestimmen Sie ggf. die Schnittgerade der Ebenen.

E_1: $4x + 3y + 6z = 36$

E_2: $\vec{x} = \begin{pmatrix} 0 \\ 0 \\ 3 \end{pmatrix} + r \cdot \begin{pmatrix} 3 \\ 2 \\ -1 \end{pmatrix} + s \cdot \begin{pmatrix} 3 \\ 0 \\ -1 \end{pmatrix}$

Lösung:

Das Skalarprodukt des Normalenvektors von E_1 mit dem ersten Richtungsvektor von E_2 ist nicht null. Daher sind die Ebenen weder parallel noch identisch.

Lageuntersuchung

$\vec{n} \cdot \vec{u} = \begin{pmatrix} 4 \\ 3 \\ 6 \end{pmatrix} \cdot \begin{pmatrix} 3 \\ 2 \\ -1 \end{pmatrix} = 12 + 6 - 6 = 12 \neq 0$

$\vec{n}$ und $\vec{u}$ sind nicht orthogonal.

Zur Bestimmung der Schnittgerade setzen wir die Koordinaten von E_2 in die Gleichung E_1: $4x + 3y + 6z = 36$ ein.

Es ergibt sich die Gleichung $s = 3 - 2r$ für die Variablen r und s, die wir nach der Variablen r auflösen können. Daher schneiden sich die beiden Ebenen in einer Geraden g. Wir setzen nun den Term $s = 3 - 2r$ in die Gleichung von E_2 ein und vereinfachen die sich so ergebende Gleichung. Es entsteht die Gleichung der Schnittgeraden g.

Schnittgerade:

Koordinaten von E_2:

$x = 3r + 3s,\ y = 2r,\ z = 3 - r - s$

Einsetzen in die Gleichung von E_1:

$4(3r + 3s) + 3(2r) + 6(3 - r - s) = 36$

$12r + 6s + 18 = 36$

$s = 3 - 2r$

Schnittgerade:

$$g: \vec{x} = \begin{pmatrix} 0 \\ 0 \\ 3 \end{pmatrix} + r \cdot \begin{pmatrix} 3 \\ 2 \\ -1 \end{pmatrix} + (3 - 2r) \cdot \begin{pmatrix} 3 \\ 0 \\ -1 \end{pmatrix}$$

$$= \begin{pmatrix} 9 \\ 0 \\ 0 \end{pmatrix} + r \cdot \begin{pmatrix} -3 \\ 2 \\ 1 \end{pmatrix}$$

Übung 20 Relative Lage von Ebenen

Untersuchen Sie die relative Lage von E_1 und E_2. Bestimmen Sie ggf. Schnittgerade und -winkel.

a) E_1: $2x + y + 2z = 8$

E_2: $\vec{x} = \begin{pmatrix} 2 \\ 0 \\ 0 \end{pmatrix} + r \cdot \begin{pmatrix} -1 \\ 0 \\ 3 \end{pmatrix} + s \cdot \begin{pmatrix} -1 \\ 4 \\ 0 \end{pmatrix}$

b) E_1: $4x + y + 2z = 6$

E_2: $\vec{x} = \begin{pmatrix} 1 \\ 1 \\ 8 \end{pmatrix} + r \cdot \begin{pmatrix} -1 \\ 0 \\ 2 \end{pmatrix} + s \cdot \begin{pmatrix} -1 \\ 4 \\ 0 \end{pmatrix}$

7. Spurpunkte, Spurgeraden und Spiegelungen

Spurpunkte und Spurgeraden

Die Spurpunkte einer Geraden g sind die Schnittpunkte von g mit den drei Koordinatenebenen, d.h. die Punkte $S_{xy}(x|y|0)$, $S_{xz}(x|0|z)$ und $S_{yz}(0|y|z)$.
Die Spurgeraden einer Ebene sind ihre Schnittgeraden g_{xy}, g_{xz} und g_{yz} mit den drei Koordinatenebenen.

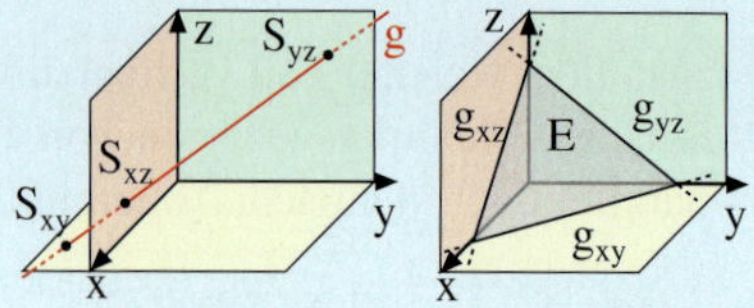

Spurpunkte Spurgeraden

Beispiel: Spurpunkte einer Geraden
Bestimmen Sie die Spurpunkte von g.

$$g: \vec{x} = \begin{pmatrix}4\\2\\2\end{pmatrix} + r \cdot \begin{pmatrix}1\\1\\-1\end{pmatrix}$$

Lösung:
Den Spurpunkt S_{xy} in der x-y-Ebene erhalten wir mit dem Ansatz $z = 0$. Das führt auf den Wert $r = 2$ und den Spurpunkt $S_{xy}(6|4|0)$.
Analog ergibt sich mit dem Ansatz $y = 0$ der Spurpunkt $S_{xz}(2|0|4)$ und mit dem Ansatz $x = 0$ der Spurpunkt $S_{yz}(0|-2|6)$.

Spurpunkt S_{xy} mit der x-y-Ebene:

Ansatz: $z = 0$
$2 - r = 0$
$r = 2$
$\Rightarrow S_{xy}(6|4|0)$

Beispiel: Spurgeraden einer Ebene
Bestimmen Sie die Spurgeraden von E.

$$E: \vec{x} = \begin{pmatrix}2\\0\\2\end{pmatrix} + r \cdot \begin{pmatrix}-1\\0\\2\end{pmatrix} + s \cdot \begin{pmatrix}1\\-1\\1\end{pmatrix}$$

Lösung:
Die Spurgerade von g in der x-y-Ebene erhalten wir mit dem Ansatz $z = 0$.
Dieser Ansatz führt auf die Beziehung $s = -2 - 2r$ zwischen den Parametern r und s.
Setzen wir diese Beziehung in die Ebenengleichung ein, so lässt diese sich vereinfachen und ergibt die Gleichung der Spurgeraden g_{xy}. Sie lautet:

$$\vec{x} = \begin{pmatrix}0\\2\\0\end{pmatrix} + r \cdot \begin{pmatrix}-3\\2\\0\end{pmatrix}$$

Analog erhält man mit den Ansätzen $y = 0$ und $x = 0$ die Spurgeraden g_{xz} und g_{yz}.

Spurgerade g_{xy} in der x-y-Ebene:

Ansatz: $z = 0$
$2 + 2r + s = 0$
$s = -2 - 2r$

$$\vec{x} = \begin{pmatrix}2\\0\\2\end{pmatrix} + r \cdot \begin{pmatrix}-1\\0\\2\end{pmatrix} + (-2 - 2r) \cdot \begin{pmatrix}1\\-1\\1\end{pmatrix}$$

$$\Rightarrow g_{xy}: \vec{x} = \begin{pmatrix}0\\2\\0\end{pmatrix} + r \cdot \begin{pmatrix}-3\\2\\0\end{pmatrix}$$

Spurgeraden g_{xz} und g_{yz}:

$$g_{xz}: \vec{x} = \begin{pmatrix}2\\0\\2\end{pmatrix} + r \cdot \begin{pmatrix}-1\\0\\2\end{pmatrix} \quad g_{yz}: \vec{x} = \begin{pmatrix}0\\2\\0\end{pmatrix} + r \cdot \begin{pmatrix}0\\-1\\3\end{pmatrix}$$

Übung 21 Spurpunkte
Berechnen Sie die Spurpunkte der Geraden g durch die Punkte A und B.
a) A(8|6|−1), B(4|2|1)
b) A(5|−1|−1), B(3|1|3)
c) A(6|8|6), B(8|8|3)

Übung 22 Spurgeraden
Berechnen Sie die Spurgeraden der Ebene E durch die Punkte A, B und C.
a) A(−1|1|3), B(−10|3|6), C(−2|3|0)
b) A(5|2|−2), B(5|4|−4), C(0|6|−4)
c) A(1|0|5), B(2|3|0), C(1|3|2)

Eine Anwendung der Spurpunktbestimmung ist der Schattenwurf.

Beispiel: Schattenwurf in die x-y-Ebene

Eine 4 m hohe senkrechte Ehrensäule wird von parallelem Licht in Richtung des Vektors $\vec{m}$ beleuchtet. In der x-y-Ebene entsteht ein Schattenbild S′ der Spitze S(2|4|4) der Säule. Berechnen Sie den Punkt S′ und die Länge des Schattens $\overline{BS'}$ der Säule.

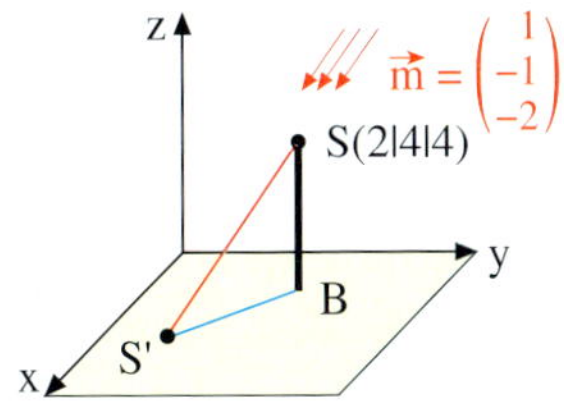

Lösung:

Wir stellen zunächst die Gleichung des Lichtstrahls g auf als Gerade durch die Spitze S(2|4|4) der Säule mit dem Lichtvektor $\vec{m}$ als Richtungsvektor (s. rechts).

Gleichung der Lichtstrahlgeraden g:

$g: \vec{x} = \vec{s} + r \cdot \vec{m}$

$g: \vec{x} = \begin{pmatrix} 2 \\ 4 \\ 4 \end{pmatrix} + r \cdot \begin{pmatrix} 1 \\ -1 \\ -2 \end{pmatrix}$

Dann berechnen wir den Spurpunkt S′ der Geraden g in der x-y-Ebene. Dazu setzen wir die z-Koordinate von g, also $z = 4 - 2r$, gleich null. Es folgt r = 2 und S′(4|2|0).
S′ ist der Schattenpunkt der Spitze S.

Spurpunkt von g in der x-y-Ebene:

$z = 0$

$4 - 2r = 0$

$r = 2$

$\vec{x} = \begin{pmatrix} 2 \\ 4 \\ 4 \end{pmatrix} + 2 \cdot \begin{pmatrix} 1 \\ -1 \\ -2 \end{pmatrix} = \begin{pmatrix} 4 \\ 2 \\ 0 \end{pmatrix} \Rightarrow S'(4|2|0)$

Nun kommen wir zur Länge des Schattens, d. h. der Strecke $\overline{BS'}$ oder des Vektors $\overrightarrow{BS'}$, wobei B(2|4|0) der Fußpunkt der Säule ist.
Diese Länge beträgt $|\overrightarrow{BS'}| = \sqrt{8} \approx 2{,}83$.

Länge des Schattens BS′:

$|\overrightarrow{BS'}| = \left| \begin{pmatrix} 4 \\ 2 \\ 0 \end{pmatrix} - \begin{pmatrix} 2 \\ 4 \\ 0 \end{pmatrix} \right| = \left| \begin{pmatrix} 2 \\ -2 \\ 0 \end{pmatrix} \right| = \sqrt{8} \approx 2{,}83$

Übung 23 Schattenwurf auf die x-y-Ebene

Ein senkrecht stehendes, trapezförmiges Denkmal ABCD wird von parallelem Licht in Richtung des Vektors $\vec{m}$ getroffen. So wird ein Schatten des Denkmals auf dem Boden erzeugt. Berechnen Sie die Eckpunkte A′ und B′ des Schattenbildes und die Länge des Umrisses CB′A′D des Schattens.

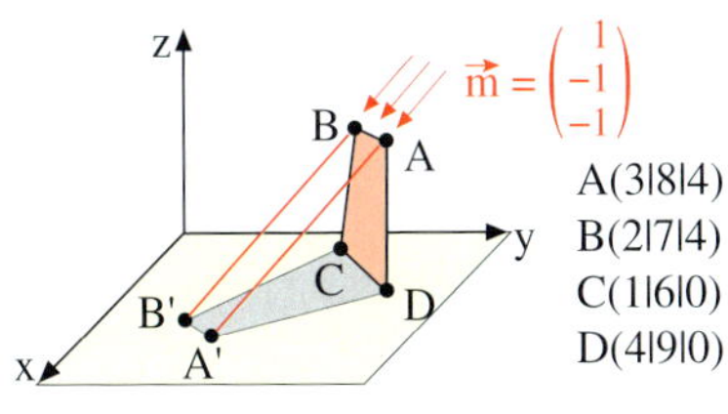

Übung 24 Schattenwurf auf zwei Ebenen

Eine Toreinfahrt wird von parallelem Licht in Richtung des Vektors $\vec{m}$ getroffen. Das durchfallende Licht fällt auf eine Wand in der x-z-Ebene sowie auf den Boden.

a) Berechnen Sie die Eckpunkte A′, B′, A″, B″ des Schattenbildes.

b) Berechnen Sie den Flächeninhalt des Schattenbildes CA″B″D auf dem Boden.

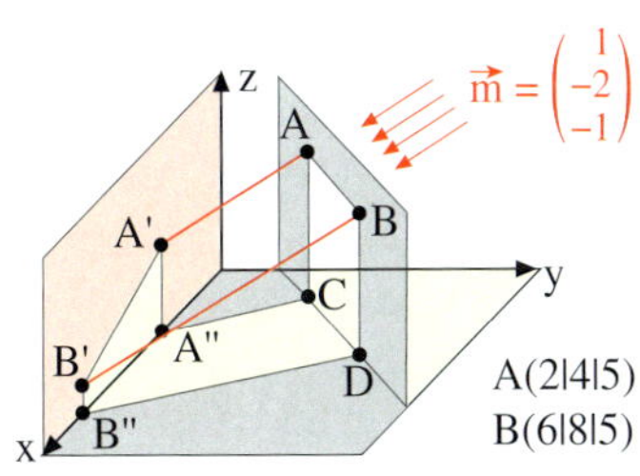

Eine häufige Aufgabenstellung ist die Spiegelung einer Figur an einer Ebene. Diese Aufgabe wird auf die Spiegelung eines einzelnen Punktes zurückgeführt.

Beispiel: Spiegelung an einer Ebene

Berechnen Sie den Punkt P′, der entsteht, wenn der Punkt P an der Ebene E gespiegelt wird.

$P(6|-1|5), \quad E: -4x + 4y - z = 0$

Lösung:

Das Strategiebild zeigt, wie wir vorgehen müssen. Die Verbindungsgerade g von P und P′ steht nämlich senkrecht auf E. Wir müssen also diese Gerade bestimmen und anschließend ihren Schnittpunkt S mit E. Dann müssen wir von S aus den Vektor $\overrightarrow{PS}$ abtragen. Er führt dann zum Punkt P′.

Strategiebild:

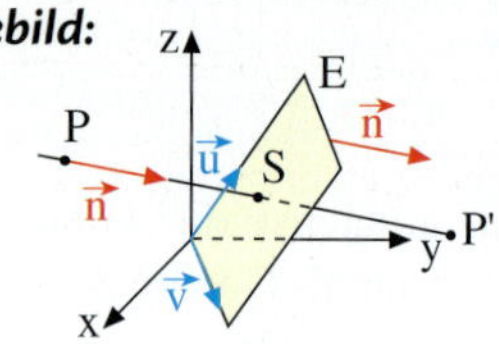

Wir stellen daher die Gleichung der Geraden g durch P auf, deren Richtungsvektor der Normalenvektor $\vec{n}$ der Ebene E ist, den wir aus der gegebenen Koordinatengleichung der Ebene direkt ablesen können. Die Gleichung von g lautet also:

$$g: \vec{x} = \begin{pmatrix} 6 \\ -1 \\ 5 \end{pmatrix} + r \cdot \begin{pmatrix} -4 \\ 4 \\ -1 \end{pmatrix}$$

Gleichung der Geraden g:

$$g: \vec{x} = \begin{pmatrix} 6 \\ -1 \\ 5 \end{pmatrix} + r \cdot \begin{pmatrix} -4 \\ 4 \\ -1 \end{pmatrix}$$

Jetzt berechnen wir den Schnittpunkt S von g und E, indem wir die Koordinaten von g in E einsetzen. Wir erhalten S(2|3|4).

Schnittpunkt S von g und E:

$$-4 \cdot (6-4r) + 4 \cdot (-1+4r) - 1 \cdot (5-r) = 0$$
$$33r = 33$$
$$r = 1$$
$$\Rightarrow S(2|3|4)$$

Der Spiegelpunkt P′ ergibt sich dann aus dem Schnittpunkt S durch Addition des Vektors $\overrightarrow{PS}$. Das Endresultat lautet: P′(−2|7|3)

Bestimmung des Spiegelpunktes P′:

$$\overrightarrow{OP'} = \overrightarrow{OS} + \overrightarrow{PS} = \begin{pmatrix} 2 \\ 3 \\ 4 \end{pmatrix} + \begin{pmatrix} 2-6 \\ 3-(-1) \\ 4-5 \end{pmatrix} = \begin{pmatrix} -2 \\ 7 \\ 3 \end{pmatrix}$$

$\Rightarrow P'(-2|7|3)$

Bemerkung: Sollte bei dieser Aufgabenstellung die Parameterform der Ebenengleichung gegeben sein, so wandeln wir diese im ersten Schritt in die Koordinatenform um. Alles andere bleibt gleich.

Übung 25 Spiegelung an einer Ebene

Gegeben ist die Ebene E: $2x + 4y + z = 8$.

a) Spiegeln Sie den Punkt P(−3|−7|0) an E.

b) Zeigen Sie: Q′(4|5|1) ist der Spiegelpunkt von Q(0|−3|−1) bei Spiegelung an E. Welcher Punkt der Geraden g durch Q und Q′ liegt auf E?

c) Spiegeln sie die Gerade g durch die Punkte A(3|5|3) und B(4|7|0) an E.

Übung 26 Spiegelebene

Der Punkt A wurde bei Spiegelung an der Ebene E auf den Punkt A′ abgebildet. Wie lautet die Gleichung der Ebene E?

a) A(1|0|3), A′(5|8|1)

b) A(2|1|−4), A′(3|3|0)

8. Abstandsberechnungen

In Anwendungsaufgaben spielen Abstände in Figuren, z. B. als Pyramidenhöhe, eine Rolle, aber auch in Bewegungsaufgaben sind manchmal Abstände zu berechnen. Die Grundaufgabe dabei ist, den Abstand eines Punktes von einer Ebene zu berechnen. Bei Parallelität können so auch die Abstände Gerade/Ebene und Ebene/Ebene berechnet werden.

Der Abstand Punkt/Ebene

Der Abstand eines Punktes P zu einer Ebene E wird folgendermaßen berechnet:

1. Aufstellen der Gleichung einer Lotgeraden g, die duch den Punkt P geht und senkrecht auf der Ebene E steht. (Stützpunkt von g: P; Richtungsvektor von G: der Normalenvektor von E.)
2. Berechnung des Lotfußpunktes F als Schnittpunkt von g und E.
3. Berechnung des Abstandes $d = |PF|$ als Länge der Lotstrecke $\overline{PF}$.

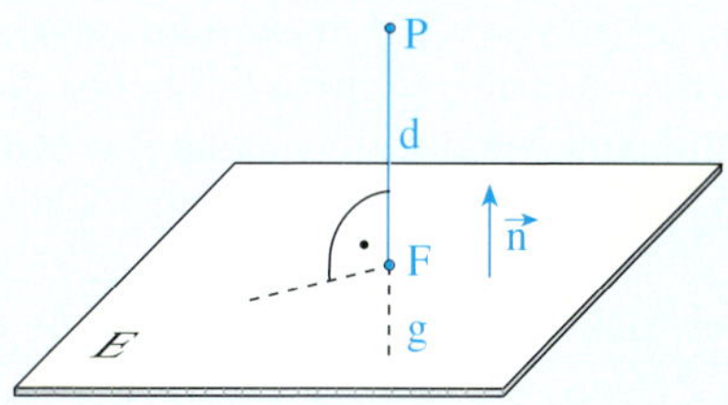

Beispiel: Abstand Punkt/Ebene

Bestimmen Sie den Abstand des Punktes $P(4|4|5)$ von der Ebene $E: x + y + 2z = 6$

Lösung:
Wir bestimmen zunächst die Gleichung der Lotgeraden g. Als Stützpunkt verwenden wir den Punkt P und als Richtungsvektor dient der Normalenvektor von E, denn die Gerade g soll senkrecht zu E verlaufen. Die Koordinaten $x = 1$, $y = 1$, $z = 2$ des Normalenvektors können hier direkt aus der Koordinatenform von E abgelesen werden.

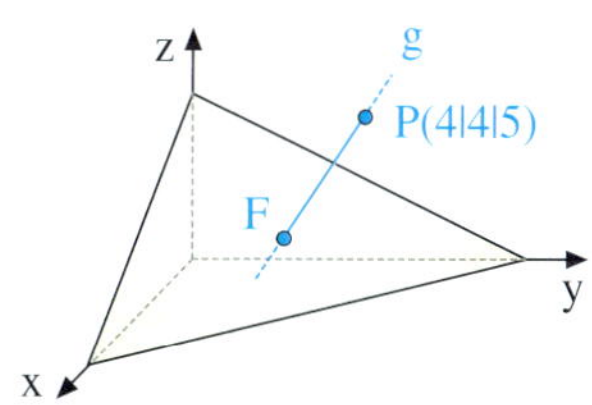

1. Lotgerade g: $g: \vec{x} = \begin{pmatrix} 4 \\ 4 \\ 5 \end{pmatrix} + r \begin{pmatrix} 1 \\ 1 \\ 2 \end{pmatrix}$

Nun wird durch Einsetzen der Koordinaten von g in die Gleichung von E der Schnittpunkt F berechnet.
Resultat: $F(2|2|1)$

2. Schnittpunkt von g und E:

$$(4 + r) + (4 + r) + 2(5 + 2r) = 6$$
$$18 + 6r = 6$$
$$r = -2,\ F(2|2|1)$$

Schließlich errechnen wir den Abstand der beiden Punkte P und F nach der wohlbekannten Abstandsformel.
Resultat: Der Punkt P und die Ebene E haben den Abstand $d = \sqrt{24} \approx 4{,}90$.

3. Abstand von P und F:

$$d = |\overrightarrow{PF}| = \sqrt{(2-4)^2 + (2-4)^2 + (1-5)^2}$$

$$d = \sqrt{24} \approx 4{,}90$$

Übung 27 Abstand Punkt/Ebene

Bestimmen Sie den Abstand des Punktes P von der Ebene E.

a) $E: 4x - 4y + 2z = 16$, $P(5|-5|6)$

b) $E: -4x + 5y + z = 10$, $P(-3|7|5)$

Abstandsberechnung mit der Hesseschen Normalenform

Ein Normalenvektor $\vec{n}$ einer Ebene E hat eine festgelegte Richtung, aber sein Betrag ist nicht festgelegt. Dividiert man alle Koordinaten des Normalenvektors $\vec{n}$ durch seinen Betrag $|\vec{n}|$, so erhält man einen Normaleneinheitsvektor $\vec{n}_0$, der den Betrag 1 besitzt.
Verwendet man $\vec{n}_0$ in der Normalengleichung der Ebene E, so ergibt sich die sog. Hessesche Normalenform von E. Mit ihrer Hilfe lässt sich der Abstand d eine Punktes P von der Ebene E nach der unten rechts aufgeführten Formel berechnen.

Hessesche Normalenform von E
E: $(\vec{x} - \vec{a}) \cdot \vec{n}_0 = 0 \;,\; |\vec{n}_0| = 1$

Abstand von P zu E:
$d = d(P; E) = |(\vec{p} - \vec{a}) \cdot \vec{n}_0|$

Mit der oben aufgeführten Formel ist die Abstandsberechnung wesentlich einfacher als mit dem Lotfußpunktverfahren. Allerdings erhält man nur den Abstand des Punktes zur Ebene, nicht aber den Lotfußpunkt, der manchmal wichtig ist, z. B. bei Spiegelungsproblemen.

Beispiel: Abstand Ebene/parallele Gerade

a) Zeigen Sie, das die Ebene E und die Gerade g parallel verlaufen.
b) Berechnen Sie den Abstand der Geraden g zur Ebene E.

$$g: \vec{x} = \begin{pmatrix} 3 \\ -1 \\ 7 \end{pmatrix} + r \cdot \begin{pmatrix} 3 \\ 2 \\ -2 \end{pmatrix}$$
$$E: 2x - y + 2z = 3$$

Lösung:
Da der Richtungsvektor $\vec{u}$ der Geraden und der Normalenvektor $\vec{n}$ der Ebene orthogonal sind, müssen g und E parallel sein.

Parallelität von g und E:
$$\vec{n} \cdot \vec{u} = \begin{pmatrix} 2 \\ -1 \\ 2 \end{pmatrix} \cdot \begin{pmatrix} 3 \\ 2 \\ -2 \end{pmatrix} = 6 - 2 - 4 = 0$$

Zunächst ermitteln wir den Normaleneinheitsvektor $\vec{n}_0$ der Ebene E. Da der Normalenvektor die Länge 3 hat, müssen dafür alle seine Koordinaten um diesen Faktor gekürzt werden.

Normaleneinheitsvektor:
$$|\vec{n}| = \left|\begin{pmatrix} 2 \\ -1 \\ 2 \end{pmatrix}\right| = \sqrt{2^2 + (-1)^2 + 2^2} = \sqrt{9} = 3$$
$$\vec{n}_0 = \frac{\vec{n}}{|\vec{n}|} = \begin{pmatrix} 2 \\ -1 \\ 2 \end{pmatrix} \cdot \frac{1}{3}$$

Anschließend berechnen wir mit der Abstandsformel der Abstand von Gerade und Ebene. Das nebenstehende Resultat 6 ist der gesuchte Abstand.

Abstand von g zu E:
$$d = \left|\left(\begin{pmatrix} 3 \\ -1 \\ 7 \end{pmatrix} - \begin{pmatrix} 2 \\ 3 \\ 1 \end{pmatrix}\right) \cdot \begin{pmatrix} 2 \\ -1 \\ 2 \end{pmatrix} \cdot \frac{1}{3}\right| = \left|\begin{pmatrix} 1 \\ -4 \\ 6 \end{pmatrix} \cdot \begin{pmatrix} 2 \\ -1 \\ 2 \end{pmatrix} \cdot \frac{1}{3}\right| = 6$$

Übung 28 Abstand paralleler Ebenen

a) Zeigen Sie: E und F sind parallel .
b) Ermitteln Sie den Abstand von E und F.

$$E: \vec{x} = \begin{pmatrix} 22 \\ 7 \\ -8 \end{pmatrix} + r \cdot \begin{pmatrix} 2 \\ 2 \\ 6 \end{pmatrix} + s \cdot \begin{pmatrix} -1 \\ 2 \\ -1 \end{pmatrix}$$
$$F: 7x + 2y - 3z = 6$$

Übungen

29. Relative Lage von Geraden

Untersuchen Sie die relative Lage der Geraden g_1 und g_2. Bestimmen Sie ggf. den Schnittpunkt S und den Schnittwinkel γ.

a) $g_1\colon \vec{x} = \begin{pmatrix}1\\0\\2\end{pmatrix} + r\begin{pmatrix}1\\1\\2\end{pmatrix}$, $g_2\colon \vec{x} = \begin{pmatrix}1\\6\\8\end{pmatrix} + s\begin{pmatrix}-1\\2\\1\end{pmatrix}$

b) $g_1\colon \vec{x} = \begin{pmatrix}2\\-1\\3\end{pmatrix} + r\begin{pmatrix}3\\4\\-2\end{pmatrix}$, $g_2\colon \vec{x} = \begin{pmatrix}1\\1\\0\end{pmatrix} + s\begin{pmatrix}-6\\-8\\4\end{pmatrix}$

30. Bewegungsaufgabe bei Geraden

Ein Flugzeug f wird um 8.00 Uhr bei A(8|6|0) und 20 Sekunden später bei B(6|7|2) geortet. Ein zweites Flugzeug g wird um 8.00 Uhr bei C(−12|−2|2) und 25 Sekunden später bei D(−8|2|4) geortet. (Längenangaben in km).

a) Berechnen Sie die Geschwindigkeiten der beiden Flugzeuge.

b) Wo treffen sich die beiden Flugbahnen f und h? Wie groß ist der Schnittwinkel?

c) Untersuchen Sie, ob Kollisionsgefahr besteht.

31. Relative Lage Gerade/Ebene

Untersuchen Sie die relative Lage der Geraden g: $\vec{x} = \begin{pmatrix}2\\1\\-2\end{pmatrix} + r\begin{pmatrix}2\\2\\1\end{pmatrix}$ mit den Ebenen E_1 bis E_3.

a) $E_1\colon x + y - 4z = 11$ b) $E_2\colon -x + 2y + z = -8$ c) $E_3\colon 2x - y - 2z = 6$

32. Relative Lage Ebene/Ebene

Untersuchen Sie die relative Lage von E_1 und E_2. Bestimmen Sie ggf. Schnittgerade und -winkel.

a) $E_1\colon x - 2y + 2z = 9$

$E_2\colon \vec{x} = \begin{pmatrix}2\\-1\\3\end{pmatrix} + r\begin{pmatrix}1\\-3\\-3\end{pmatrix} + s\begin{pmatrix}-1\\4\\4\end{pmatrix}$

b) $E_1\colon 4x - 2y - 2z = 12$

$E_2\colon \vec{x} = \begin{pmatrix}5\\1\\1\end{pmatrix} + r\begin{pmatrix}2\\1\\1\end{pmatrix} + s\begin{pmatrix}-1\\1\\1\end{pmatrix}$

33. Spurpunkte

Berechnen Sie die Spurpunkte der Geraden g durch die Punkte A und B.

a) A(2|4|4), B(4|8|2) b) A(6|8|10), B(8|4|8)

34. Spurgeraden

Berechnen Sie die Spurgeraden der Ebene E durch die Punkte A, B und C.

a) A(−4|2|3), B(2|1|0), C(−2|−1|6) b) A(2|−1|0), B(3|1|6), C(4|2|8)

35. Spiegelung an einer Ebene

Gegeben ist die Ebene E: $2x + y + 2z = 16$.

a) Spiegeln Sie den Punkt P(10|7|8) an E.

b) Zeigen Sie: Q′(6|6|8) ist der Spiegelpunkt von Q(−2|2|0) bei einer Spiegelung an E.

c) Welcher Punkt der Geraden durch Q und Q′ liegt auf E?

36. Spiegelebene

Der Punkt A wurde bei Spiegelung an der Ebene E auf den Punkt A′ abgebildet. Ermitteln Sie eine Gleichung der Ebene E.

a) A(1|3|1), A′(3|1|5) b) A(−3|−3|0), A′(5|5|−4)

37. Abstand Punkt/Ebene

Bestimmen Sie den Abstand des Punktes P von der Ebene E.

a) P(7|−7|7), E: $2x - y + 2z = 8$ b) P(4|4|6), E: $2x + 4y - 4z = 12$

Test

Grundstrategien in der Analytischen Geometrie

1. Kollinearität und Komplanarität

Prüfen Sie, ob die gegebenen Vektoren kollinear bzw. komplanar sind.

a) $\begin{pmatrix} 12 \\ 6 \\ -4 \end{pmatrix}, \begin{pmatrix} -4 \\ 2 \\ 2 \end{pmatrix}$ b) $\begin{pmatrix} 1 \\ 2 \\ 2 \end{pmatrix}, \begin{pmatrix} -2 \\ 1 \\ 1 \end{pmatrix}, \begin{pmatrix} 6 \\ 2 \\ 2 \end{pmatrix}$ c) $\begin{pmatrix} 3 \\ 1 \\ 2 \end{pmatrix}, \begin{pmatrix} 2 \\ 3 \\ 2 \end{pmatrix}, \begin{pmatrix} 4 \\ -1 \\ 1 \end{pmatrix}$

2. Dreieck

Die Punkte A(−1|3|1), B(1|2|0) und C(4|4|4) bilden ein Dreieck.

a) Zeigen Sie, dass $\beta = 90°$ gilt.
b) Berechnen Sie α und γ.
c) Berechnen Sie den Flächeninhalt des Dreiecks.
d) Bestimmen Sie einen Punkt D, sodass das Viereck ABCD ein Rechteck ist.

3. Ebene

Gegeben sind die Punkte A(0|−1|2), B(2|2|3) und C(3|5|0). E sei eine Ebene, die die Punkte A, B und C enthält.

a) Zeigen Sie, dass die Ebene E durch die Punkte A, B und C eindeutig bestimmt ist.
b) Berechnen Sie einen Normalenvektor der Ebene E.

4. Geraden

Gegeben ist die Gerade g: $\vec{x} = \begin{pmatrix} a \\ 2a \\ 6 \end{pmatrix} + r\begin{pmatrix} 1 \\ 2 \\ 3 \end{pmatrix}$, deren Stützpunkt nicht eindeutig festgelegt ist.

a) Zeigen Sie, dass die Gerade g unabhängig von der Wahl von a die z-Achse schneidet. Bestimmen Sie den Schnittpunkt S in Abhängigkeit von a.
b) Prüfen Sie, ob a so gewählt werden kann, dass die Gerade g durch den Ursprung geht.
c) Weisen Sie nach, dass die Gerade g und die Ebene E: $3x - z = 15$ parallel sind. Bestimmen Sie den Abstand von g und E für $a = 1$.

5. Bewegungsaufgabe bei Geraden

Ein Flugzeug bewegt sich von A(1|1|0) in einer Minute nach B(5|9|1). Ein zweites Flugzeug bewegt sich im gleichen Zeitraum von C(−32|−16|4) nach D(−20|−4|4) (Längenangaben in km).

a) Berechnen Sie die Geschwindigkeiten der Flugzeuge.
b) Ermitteln Sie, wo sich die beiden Flugbahnen f und h treffen.
c) Untersuchen Sie, ob Kollisionsgefahr besteht.

6. Relative Lage Gerade/Ebene

Bestimmen Sie die relative Lage der Geraden g und der Ebene E.

g: $\vec{x} = \begin{pmatrix} 10 \\ 4 \\ 8 \end{pmatrix} + t\begin{pmatrix} 3 \\ 2 \\ -1 \end{pmatrix}$, E: $\vec{x} = \begin{pmatrix} 1 \\ -2 \\ 1 \end{pmatrix} + r\begin{pmatrix} 1 \\ 3 \\ 1 \end{pmatrix} + s\begin{pmatrix} 0 \\ 1 \\ 2 \end{pmatrix}$

Lösungen: S. 369

3. Grundstrategien in der Stochastik

Beim Problemlösen, aber auch im Abitur, ist es von Vorteil, grundlegende Lösungsstrategien mit einem aussagekräftigen Schlagwort zu versehen und jederzeit ohne große Überlegung abrufen zu können. Im Folgenden tabellieren wir wichtige Grundstrategien aus der Stochastik und lösen damit ausgewählte Problemstellungen.

1. Laplace-Wahrscheinlichkeiten

Laplace-Experimente

Laplace-Experimente sind Zufallsexperimente, bei denen alle Ergebnisse gleichwahrscheinlich sind. Bei einem Laplace-Expriment berechnet man die Wahrscheinlichkeit eines Ereignisses E nach folgender Formel:

$$P(E) = \frac{\text{Anzahl der für E günstigen Ergebnisse}}{\text{Anzahl aller Ergebnisse}}$$

Beispiel: Münzwurf

Bei einem Experiment wird eine Münze dreimal geworfen. Es kann Kopf (K) oder Zahl (Z) fallen.

a) Stellen Sie alle möglichen Ergebnisse in Form von Tripeln (A; B; C) zusammen.

b) Bestimmen Sie anschließend die Wahrscheinlichkeiten der folgenden Ereignisse:
E_1: „Es kommt das Ergebnis (K; Z; K)." E_2: „Es kommt mindestens zweimal Kopf."

Lösung zu a:
Da wir jede der drei Positionen eines Tripels mit den beiden Werten K und Z belegen können, gibt es – wie rechts dargestellt – 8 mögliche Zahlentripel.

Die möglichen Ergebnisse:
(K; K; K), (K; K; Z), (K; Z; K), (K; Z; Z)
(Z; K; K), (Z; K; Z), (Z; Z; K), (Z; Z; Z)

Lösung zu b:
Für das Ereignis E_1 günstig ist nur eines der acht Ergebnisse, nämlich (K; Z; K).
Seine Wahrscheinlichkeit beträgt also nach der Formel aus dem obigen Kasten 12,5 %.

Berechnung der Wahrscheinlichkeiten:
Für E_1 günstige Ergebnisse:
(K; Z; K)

$$P(E_1) = \frac{\text{mögliche Ergebnisse}}{\text{günstige Ergebnisse}} = \frac{1}{8} = 0{,}125 = 12{,}5\,\%$$

Für das Ereignis E_2 sind 4 der 8 möglichen Ergebnisse günstig, nämlich (K; K; K), (K; K; Z), (K; Z; K), und (Z; K; K).
Also gilt nach obiger Formel $P(E_2) = 50\,\%$.

Für E_2 günstige Ergebnisse:
(K; K; K), (K; K; Z), (K; Z; K), (Z; K; K)

$$P(E_2) = \frac{\text{mögliche Ergebnisse}}{\text{günstige Ergebnisse}} = \frac{4}{8} = 0{,}50 = 50\,\%$$

Übung 1 Ziehen aus einer Urne

In einer Urne liegen zwei blaue (B1, B2) und drei rote Kugeln (R1, R2, R3). Mit einem Griff werden drei der Kugeln gezogen.
Stellen Sie mit Hilfe von Tripeln eine Ergebnismenge Ω auf.
Bestimmen Sie die Wahrscheinlichkeiten folgender Ereignisse:
E_1: „Es werden mindestens 2 blaue Kugeln gezogen."
E_2: „Alle gezogenen Kugeln sind rot."
E_3: „Es werden mehr rote als blaue Kugeln gezogen."

Übung 2 Ist das Spiel fair?

Ein Wurf mit zwei Würfeln kostet 1 € Einsatz. Ist das Produkt der beiden Augenzahlen größer als 20, werden 3 € ausbezahlt. Ist das Spiel fair? Wie müsste der Einsatz geändert werden, wenn das Spiel fair sein soll?

2. Mehrstufige Zufallsversuche und Baumdiagramme

Die Pfadregeln für Baumdiagramme

Mehrsufige Zufallsexperimente können durch Baumdiagramme erfasst werden. Dabei stellt jeder Pfad ein Ergebnis des Zufallsexperiments dar. Zur Berechnung von Wahrscheinlichkeiten bei solchen mehrstufigen Experimenten werde die folgenden Pfadregeln verwendet.

I. Jedem Ergebnis des Zufallsversuchs entspricht ein Pfad im Baumdiagramm. Die Wahrscheinlichkeit des Ergebnisses ist gleich dem Produkt der Zweigwahrscheinlichkeiten längs dieses Pfades (Pfadwahrscheinlichkeit).

II. Jedem Ereignis des Zufallsversuchs entsprechen ein oder mehrere Pfade. Die Wahrscheinlichkeit des Ereignisses ist gleich der Summe der zugehörigen Pfadwahrscheinlichkeiten.

Beispiel: Zweifacher Würfelwurf

Der abgebildete Würfel trägt vier Einsen und zwei Sechsen. Der Würfel wird zweimal geworfen. Beobachtet wird die dabei auftretende Augensumme. Gesucht ist die Wahrscheinlichkeit dafür, dass sich eine gerade Augensumme ergibt.

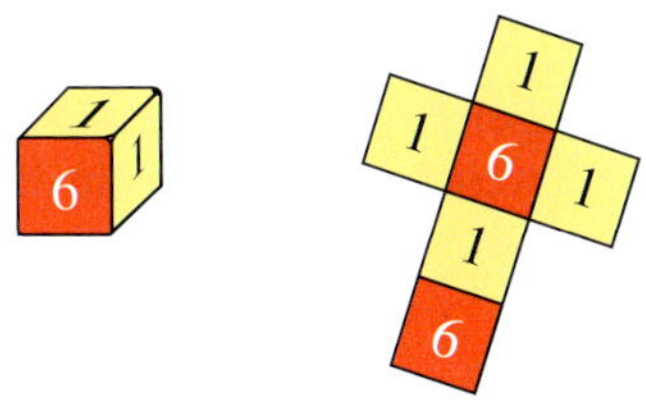

Lösung:
Wir stellen das Zufallsexperiment als Baumdiagramm dar. Der Baum hat zwei Stufen. Er besitzt insgesamt vier Pfade der Länge 2. Jeder Pfad repräsentiert das an seinem Ende vermerkte *Ergebnis* des zweistufigen Experiments.

Baumdiagramm:

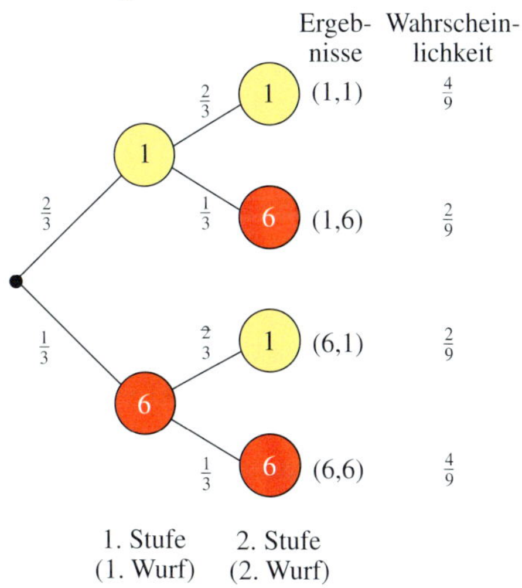

Für das Ereignis „Augensumme gerade“ sind zwei Pfade günstig:
Der Pfad (1; 1), dessen Pfadwahrscheinlichkeit nach der ersten Pfadregel den Wert $P(1;1) = \frac{2}{3} \cdot \frac{2}{3} = \frac{4}{9}$ besitzt, und der Pfad (6; 6), dessenWahrscheinlichkeit nach der ersten Pfadregel $P(6;6) = \frac{1}{3} \cdot \frac{1}{3} = \frac{1}{9}$ beträgt.
Das Ereignis E: „Augensumme gerade“ hat also nach der zweiten Pfadregel die folgende Wahrscheinlichkeit:
$P(E) = \frac{4}{9} + \frac{1}{9} = \frac{2}{9} = 0{,}56 = 56\%$

Übung 3 Sicherungen

In einer Schublade liegen fünf Sicherungen, von denen genau zwei defekt sind. Ermitteln Sie die Wahrscheinlichkeit, dass bei zufälliger Entnahme von zwei Sicherungen mindestens eine defekte Sicherung entnommen wird.

Ziehen mit und ohne Zurücklegen

Es kommen zwei unterschiedliche Modelle des mehrmaligen Ziehens vor, das Ziehen mit Zurücklegen und das Ziehen ohne Zurücklegen. Das ist auch bei Baumdiagrammen zu beachten.

Beispiel: Ziehen von zwei Kugeln

In einer Urne liegen drei rote und zwei schwarze Kugeln. Zwei der Kugeln sollen gezogen werden Zeichnen Sie den zugehörigen Wahrscheinlichkeitsbaum und bestimmen Sie die Wahrscheinlichkeit für das Ereignis E: „Beide gezogenen Kugeln haben die gleiche Farbe“. Lösen Sie die Aufgabe sowohl für das Ziehen mit Zurücklegen als auch für das Ziehen ohne Zurücklegen.

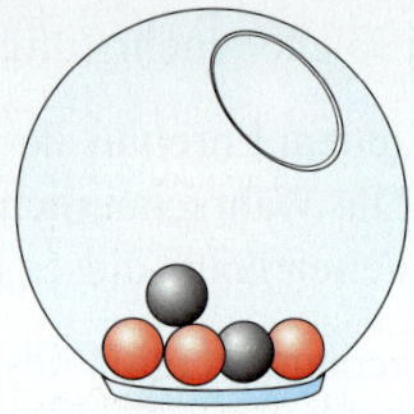

Lösung:

Ziehen mit Zurücklegen

Die erste Kugel wird gezogen und vor dem Ziehen der zweiten Kugel wieder in die Urne zurückgelegt.

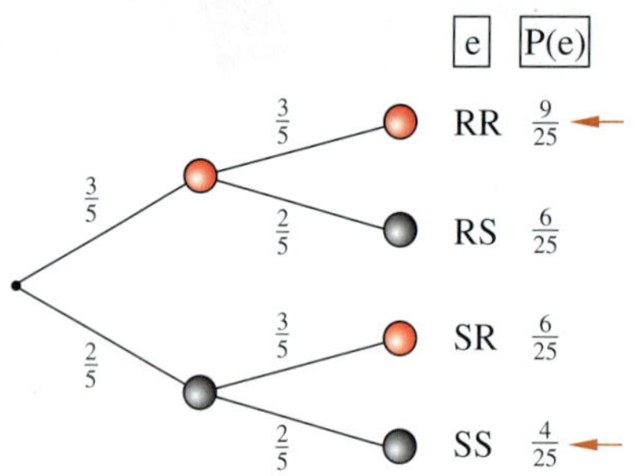

$P(E) = P(RR) + P(SS) = \frac{9}{25} + \frac{4}{25} = \frac{13}{25} = 0{,}52$

Ziehen ohne Zurücklegen

Die zweite Kugel wird gezogen, ohne dass die bereits gezogene erste Kugel zurückgelegt wird.

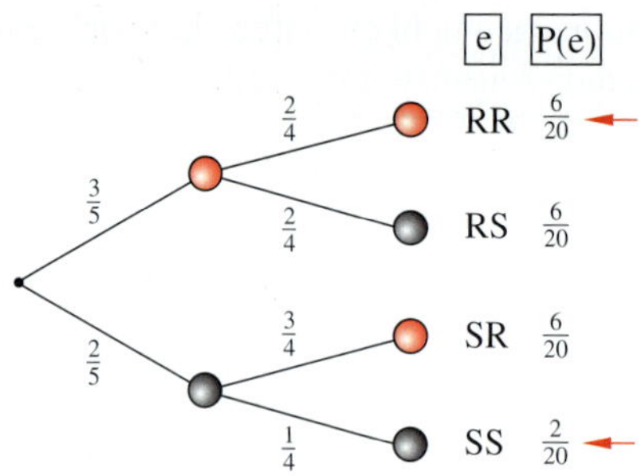

$P(E) = P(RR) + P(SS) = \frac{6}{20} + \frac{2}{20} = \frac{8}{20} = 0{,}40$

Übung 4 Urne

Aus der abgebildeten Urne mit sechs Kugeln werden nacheinander ohne Zurücklegen zwei Kugeln gezogen. Mit welcher Wahrscheinlichkeit

a) kommt die Augensumme 4?
b) kommen nur Einsen?
c) kommt als Augensumme eine Primzahl?
d) kommen sowohl rote als auch gelbe Kugeln?

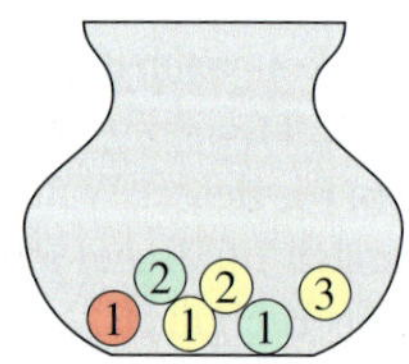

Übung 5 Glücksrad

Das abgebildete Glücksrad wird dreimal gedreht.

a) Ermitteln Sie die Wahrscheinlichkeit für BLAU-ROT-BLAU.
b) Ermitteln Sie die Wahrscheinlichkeit für genau zweimal BLAU.
c) Ermitteln Sie die Wahrscheinlichkeit für drei unterschiedliche Farben.
d) Für einen Einsatz von 10 € kann man das Glücksrad dreimal drehen. Gewonnen hat man, wenn dabei genau zweimal die gleiche Farbe kommt. Dann erhält man 12 € ausgezahlt. Lohnt sich das Spiel?

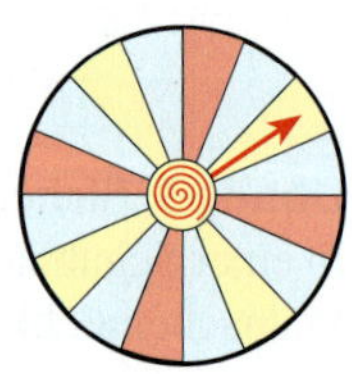

Übungen

6. ANANAS

a) Aus der abgebildeten Schale werden mit einem Griff zwei Buchstaben gezogen. Mit welcher Wahrscheinlichkeit handelt es sich um zwei Konsonanten? Mit welcher Wahrscheinlichkeit sind die beiden Buchstaben gleich?

b) Nun werden aus der Schale die zwei Buchstaben nacheinander mit Zurücklegen gezogen. Welche Wahrscheinlichkeiten ergeben sich dann?

c) Aus der Schale werden vier Buchstaben ohne Zurücklegen gezogen. Ermitteln Sie, mit welcher Wahrscheinlichkeit sich das Wort ANNA ergibt.

7. Socken

In einer Schublade liegen 4 rote, 8 weiße, 2 blaue und 6 grüne Socken. In Dunkeln entnimmt Franz zwei Socken gleichzeitig aus der Schublade. Mit welcher Wahrscheinlichkeit erwischt er

a) eine weiße und eine blaue Socke?
b) zwei gleichfarbige Socken?
c) keine rote Socke?
d) Franz entnimmt nun zwei weitere Socken. Mit welcher Wahrscheinlichkeit hat er nun zwei gleichfarbige Paare?

8. Silvester

Auf der Silvesterparty mit acht Personen wird eine Skireise verlost. In der Lostrommel sind sieben Nieten und ein Gewinn. Jede Person darf einmal ohne Zurücklegen ziehen.
Untersuchen Sie, ob die Person, die als zweite (als dritte, als vierte usw.) zieht, eine größere Gewinnchance hat als die Person, die als erste zieht.

9. Würfel

Der abgebildete Würfel trägt die Ziffern 1, 2 und 6.

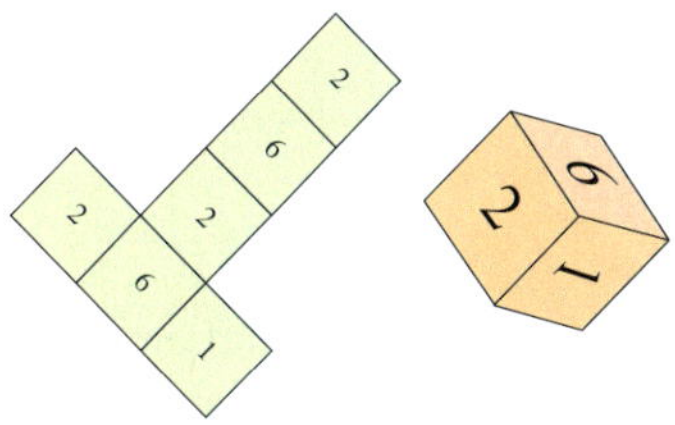

a) Moritz darf den Würfel bei einem Einsatz von 1 € zweimal werfen. Er hat gewonnen, wenn die Augensumme 3 beträgt oder wenn zwei Sechsen fallen. Er erhält dann 3 € Auszahlung. Prüfen Sie, ob das Spiel für Moritz günstig ist .

b) Nadja darf für einen Einsatz von 6 € dreimal würfeln. Bei jeder Zwei, die dabei fällt, erhält sie eine Sofortauszahlung von a €. Ermitteln Sie, für welchen Wert von a dieses Spiel fair ist.

10. Tontaube

Eine Tontaube wird von fünf Tontaubenjägern gleichzeitig ins Visier genommen. Zum Glück treffen diese nur mit Wahrscheinlichkeiten von 5 %, 5 %, 10 %, 10 % und 20 %.

a) Ermitteln Sie, mit welcher Wahrscheinlichkeit die Tontaube überlebt.
b) Mit welcher Wahrscheinlichkeit wird die Tontaube mindestens zweimal getroffen?

3. Kombinatorische Abzählverfahren

I. Ziehen mit Zurücklegen unter Beachtung der Reihenfolge

Geordnete Stichproben mit Zurücklegen

Aus einer Urne mit n unterscheidbaren Kugeln werden nacheinander k Kugeln ***mit Zurücklegen*** gezogen. Die Ergebnisse werden in der Reihenfolge des Ziehens notiert, also als k-Tupel. Dann gilt für die Anzahl N der möglichen Anordnungen (k-Tupel) die folgende Formel:

$$\mathbf{N = n^k}$$

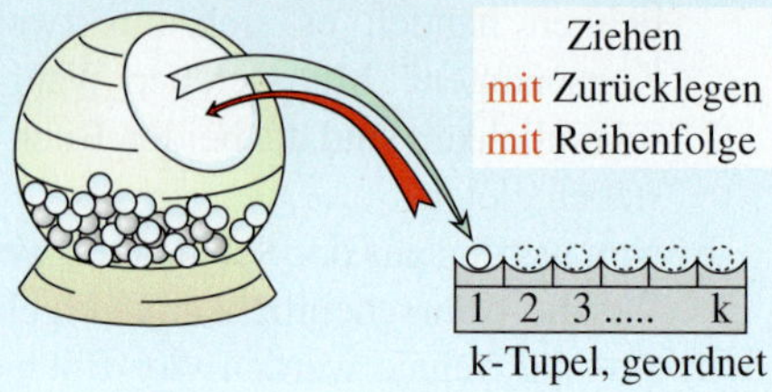

Beispiel: Urne – Ziehen mit Zurücklegen

Aus einer Urne mit drei Kugeln, die mit 1, 2 und 3 nummeriert sind, wird 5-mal mit Zurücklegen unter Beachtung der Reihenfolge gezogen. Wieviele mögliche Ergebnisse gibt es?

Lösung:
Für jede Stelle des Tupels gibt es drei Möglichkeiten. Also gibt es $3^5 = 243$ mögliche Ergebnisse von (1; 1; 1; 1; 1) bis (3; 3; 3; 3; 3).

Mögliche Ergebnisse:
5-Tupel: (a; b; c; d; e)
$N = n^k = 3^5 = 243$ 5-Tupel

Übung 11 Würfel

Ein Würfel wird 4-mal geworfen.

a) Erklären Sie, warum dieser Zufallsversuch als Ziehen aus einer Urne interpretiert werden kann. Geben Sie dazu an, welchen Inhalt die Urne hat und ob mit oder ohne Zurücklegen gezogen wird.

b) Wie viele verschiedene Ergebnisse gibt es, wenn man die Reihenfolge beachtet?

Übung 12 Lampen

In einer Halle gibt es 8 Lampen, die einzeln an- und ausgeschaltet werden können. Wie viele unterschiedliche Beleuchtungsmöglichkeiten gibt es?

Übung 13 Zahlenschloss

Ein Zahlenschloss hat 5 Einstellringe für die Ziffern 0 bis 9.

a) Wie viele Zahlenkombinationen ermöglicht das Schloss?

b) Wie viele Kombinationen mit höchstens einer ungeraden Ziffer gibt es?

c) Wie viele Zahlenkombinationen gibt es, die nur gerade Ziffern enthalten?

II. Ziehen ohne Zurücklegen unter Beachtung der Reihenfolge

Geordnete Stichproben ohne Zurücklegen

Aus einer Urne mit n unterscheidbaren Kugeln werden nacheinander k Kugeln ***ohne Zurücklegen*** gezogen. Die Ergebnisse werden in der Reihenfolge des Ziehens notiert, also als k-Tupel. Dann gilt für die Anzahl N der möglichen Anordnungen (k-Tupel) die folgende Formel:

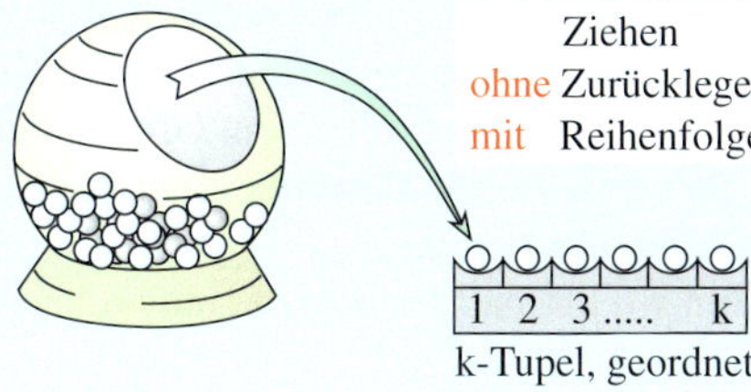

$$\mathbf{N = n \cdot (n-1) \cdot \ldots (n-k+1)}$$

Wichtiger Sonderfall: k = n. Aus der Urne wird solange gezogen, bis sie leer ist. Es gibt dann **N = n!** (n-Fakultät) mögliche Anordnungen.

Beispiel: Pferderennen

Bei einem Pferderennen mit 12 Pferden gibt ein völlig ahnungsloser Zuschauer einen Tipp ab für die Plätze 1, 2 und 3.
Wie viele verschiedene Möglichkeiten gibt es?
Wie groß ist die Chance, dass der Zuschauer die richtige Reihenfolge trifft?

Lösung:
Man modelliert den Vorgang durch eine Urne mit zwölf Kugeln, für jedes Pferd eine Kugel. Dann zieht man drei Kugeln ohne Zurücklegen unter Beachtung der Reihenfolge. Es gibt $N = 12 \cdot 11 \cdot 10 = 1320$ Möglichkeiten. Die Wahrscheinlichkeit, die richtige Reihenfolge zu treffen, beträgt also nur $P = \frac{1}{1320} = 0{,}00075$, weniger als 1 Promille.

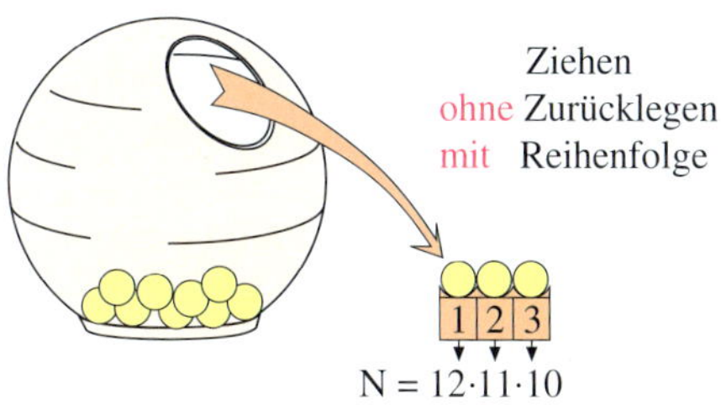

Übung 14 Kaugummikugeln
Alexandra hat eine Wundertüte mit acht Kaugummikugeln bekommen, die alle eine unterschiedliche Farbe haben. Im Laufe des Tages entnimmt sie der Tüte zufällig vier Kugeln. Wie viele unterschiedliche Farbreihenfolgen sind möglich?

Übung 15 Städtereise
Johannes hat 10 deutsche Städte ausgewählt, die er im neuen Jahr besuchen will. Wie viele unterschiedliche Besuchsreihenfolgen gibt es?

III. Ziehen ohne Zurücklegen ohne Beachtung der Reihenfolge

Ungeordnete Stichproben ohne Zurücklegen

Aus einer Urne mit n unterscheidbaren Kugeln werden nacheinander k Kugeln ***ohne Zurücklegen*** gezogen oder mit einem Griff. Die Ergebnisse werden ohne Beachtung der Reihenfolge als Menge notiert.
Dann gilt für die Anzahl N der möglichen Ergebnismengen

Ziehen
ohne Zurücklegen
ohne Reihenfolge

$$\mathbf{N = \binom{n}{k} = \frac{n!}{k! \cdot (n-k)!}}$$

Beispiel: 6 Richtige im Lotto
Wie viele verschiedene Tipps muss man abgeben, um im Zahlenlotto 6 aus 49 mit Sicherheit 6 Richtige zu erzielen?

Lösung:
Beim Zahlenlotto werden aus 49 Zahlen 6 Zahlen ohne Zurücklegen gezogen. Dabei kommt es nicht auf die Reihenfolge der Zahlen an. Es gibt $\binom{49}{6} = 13\,983\,816$ verschiedene Möglichkeiten. Die Gewinnchancen bei einem Tipp sind also extrem gering.

Anzahl der Möglichkeiten:

$$N = \binom{49}{6} = \frac{49!}{6! \cdot (49-6)!} = 13\,983\,816$$

Übung 16 Ungeordnete Stichproben

a) An einem Fußballturnier nehmen 8 Mannschaften teil. Ermitteln Sie, wie viele Endpielpaarungen möglich sind.
b) In einer Stadt gibt es 5000 Festnetztelefonanschlüsse. Ermitteln Sie, wie viele verschiedene Gesprächspaarungen möglich sind.
c) Eine Klasse mit 25 Schülern will drei Schüler für die Gesamtkonferenz abordnen. Ermitteln Sie, wie viele verschiedene Abordnungsmöglichkeiten es gibt.
d) Aus einem Skatspiel werden vier Karten gezogen. Ermitteln Sie, mit welcher Wahrscheinlichkeit es sich um vier Asse handelt.
e) Aus den 26 Buchstaben des Alphabets werden fünf Buchstaben zufällig ausgewählt. Wiederholungen sollen nicht erlaubt sein. Wie groß ist die Wahrscheinlichkeit, dass kein Konsonant dabei ist? Wie groß ist die Wahrscheinlichkeit, dass man aus den gezogenen Buchstaben das Wort Venus legen kann?

Übung 17 Elfmeterschießen

Ein Fußballspiel endet Unentschieden und es kommt zum Elfmeterschießen. Der Trainer wählt fünf Spieler zufällig als Schützen aus.
a) Wieviele Auswahlmöglichkeiten hat der Trainer?
b) Wie viele Auswahlmöglichkeiten hat der Trainer, wenn er zusätzlich auch noch festlegt, in welcher Reihenfolge die fünf Schützen schießen sollen?

IV. Das Lottomodell

Das Lottomodell

In einer Urne befinden sich N Kugeln. R Kugeln sind rot und die restlichen N – R Kugeln sind weiß. Bis auf ihre Farbe sind die Kugeln nicht unterscheidbar.
Nun werden ohne Zurücklegen oder mit einem Griff genau Z Kugeln aus der Urne gezogen.
Dann ist die Wahrscheinlichkeit, dass sich darunter genau k rote Kugeln befinden, gleich

$$\mathbf{P(X = k) = \frac{\binom{R}{k} \cdot \binom{N-R}{Z-k}}{\binom{N}{Z}}}.$$

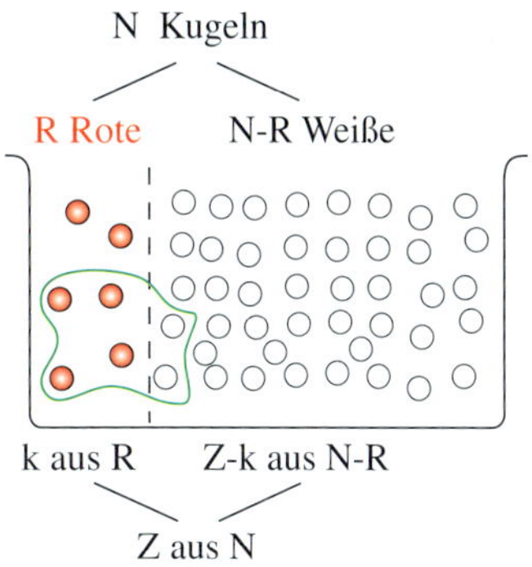

Beispiel: Vier Richtige im Lotto
Wie groß ist die Wahrscheinlichkeit, im Zahlenlotto „6 aus 49“ genau 4 Richtige zu erzielen?

Lösung:
Den Lottozahlen entsprechen N = 49 Kugeln, die mit 1 bis 49 beschriftet sind. Es gibt R = 6 Gewinnkugeln, die rot gefärbt sind und N – R = 43 weitere Kugeln, die weiß gefärbt sind.
Nun werden Z = 6 der N = 49 Kugeln ohne Zurücklegen gezogen. Die Wahrscheinlichkeit, dass darunter genau k = 4 Gewinnkugeln sind, beträgt nach nebenstehender Rechnung ca. 0,1 %, also 1 Promille.

Wahrscheinlichkeit für 4 rote Kugeln:

$$P(X = k) = \frac{\binom{6}{4} \cdot \binom{49-6}{6-4}}{\binom{49}{6}}$$

$$= \frac{15 \cdot 903}{13983816} \approx 0{,}001 = 0{,}1\,\%$$

Übung 18 Lottoprobleme

a) Berechnen Sie die Wahrscheinlichkeit für genau drei Richtige im Lotto „6 aus 49“.

b) Berechnen Sie, mit welcher Wahrscheinlichkeit man im Lotto „6 aus 49“ mindestens 5 Richtige erzielt.

Übung 19 Glühlampen

Eine Zehnerpackung Glühlampen enthält vier Lampen mit verminderter Leistung. Jemand kauft fünf Lampen aus der Packung. Mit welcher Wahrscheinlichkeit befinden sich darunter

a) genau zwei defekte Lampen?
b) mindestens zwei defekte Lampen?
c) höchstens zwei defekte Lampen?
d) zwei bis drei defekte Lampen?

Übungen

20. Zahlenschloss
Ein Zahlenschloss hat drei Einstellringe für die Ziffern 0 bis 9.
a) Wie viele Zahlenkombinationen gibt es insgesamt?
b) Wie viele Kombinationen gibt es, die höchstens eine ungerade Ziffer enthalten?

21. Foto
Wie viele Möglichkeiten gibt es, die elf Spieler einer Fußballmannschaft für ein Foto in einer Reihe aufzustellen?

22. Schülerabordnung
Eine Klasse besteht aus 24 Schülern, 16 Mädchen und 8 Jungen. Es soll eine Abordnung von 5 Schülern gebildet werden. Wie viele Möglichkeiten gibt es, wenn die Abordnung
a) aus 3 Mädchen und 2 Jungen bestehen soll,
b) nicht nur aus Mädchen bestehen soll?

23. Solo mit der Bigband
Eine Bigband besteht aus 12 Musikern. Im letzten Stück eines Konzertes improvisieren vier Musiker nacheinander solo auf ihrem Instrument.
a) Wie viele Möglichkeiten hat der Leiter der Bigband für die Auswahl der vier Solisten?
b) Ermitteln Sie, wie viele Auswahlmöglichkeiten der Leiter hat, wenn er auch noch die Reihenfolge der Solisten festlegt.

24. Kartenspiel
Aus einem Kartenspiel mit den üblichen 32 Karten werden vier Karten entnommen.
a) Wie viele Möglichkeiten der Entnahme gibt es insgesamt?
b) Wie viele Möglichkeiten gibt es, wenn zusätzlich gefordert wird, dass unter den vier Karten genau zwei Asse sein sollen?

25. Urne
Aus einer Urne mit 15 weißen und 5 roten Kugeln werden 8 Kugeln ohne Zurücklegen gezogen. Mit welcher Wahrscheinlichkeit sind unter den gezogenen Kugeln genau 3 rote Kugeln? Mit welcher Wahrscheinlichkeit sind mindestens 4 rote Kugeln dabei?

26. Batterien
In einer Sendung von 80 Batterien befinden sich 10 defekte. Mit welcher Wahrscheinlichkeit enthält eine Stichprobe von 5 Batterien genau eine (genau 3, höchstens 4, mindestens eine) defekte Batterie?

27. Tulpen
Ein Hobbygärtner kauft eine Packung mit 50 Tulpenzwiebeln. Laut Aufschrift handelt es sich um 10 rote und 40 weiße Tulpen. Er pflanzt 5 zufällig entnommene Zwiebeln. Wie groß ist die Wahrscheinlichkeit, dass hiervon
a) genau 2 Tulpen rot sind?
b) mindestens 3 Tulpen weiß sind?

4. Bedingte Wahrscheinlichkeiten

Bedingte Wahrscheinlichkeit und Multiplikationssatz

Wahrscheinlichkeit des Ereignisses A unter der Bedingung B

$$P_B(A) = \frac{P(A \cap B)}{P(B)}, \quad P(B) \neq 0$$

In zweistufigen Baumdiagrammen treten totale und bedingte Wahrscheinlichkeiten als Zweigwahrscheinlichkeiten und Schnittwahrscheinlichkeiten als Pfadwahrscheinlichkeiten auf, wie rechts dargestellt. Diese anschauliche Vorstellung kann in vielen Fällen eine Hilfe sein.

Der Multiplikationssatz

$$P(A \cap B) = P(B) \cdot P_B(A)$$

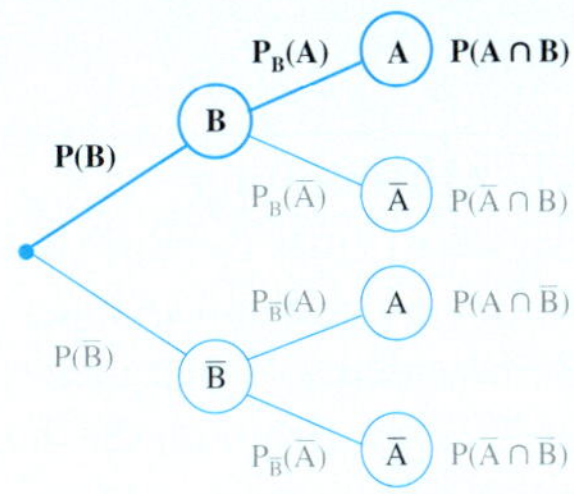

Bedingte Wahrscheinlichkeiten lassen sich in der Regel leichter bestimmen als Schnittwahrscheinlichkeiten. Daher wird in den meisten Fällen der Multiplikationssatz verwendet, um unbekannte Schnittwahrscheinlichkeiten auf bekannte bedingte Wahrscheinlichkeiten zurückzuführen.

Beispiel: Kartenspiel

Aus einem Kartenspiel werden ohne Zurücklegen zwei Karten gezogen. Mit welcher Wahrscheinlichkeit zeigen

a) beiden Karten einen Buben?

b) beide Karten keinen Buben?

Lösung:

B_1 und B_2 sind die rechts aufgeführten Ereignisse. Gesucht sind die Schnittwahrscheinlichkeiten $P(B_1 \cap B_2)$ und $P(\overline{B}_1 \cap \overline{B}_2)$.

Bezeichnungen:

B_1: „Die 1. Karte ist ein Bube."

B_2: „Die 2. Karte ist ein Bube."

4 der 32 Karten sind Buben.

Daher gilt $P(B_1) = \frac{4}{32}$ und $P(\overline{B}_1) = \frac{28}{32}$.

Auch die bedingten Wahrscheinlichkeiten sind leicht zu bestimmen.

Es gilt $P_{B_1}(B_2) = \frac{3}{31}$ und $P_{\overline{B}_1}(\overline{B}_2) = \frac{27}{31}$.

Anwendung des Multiplikationssatzes:

$$P(B_1 \cap B_2) = P(B_1) \cdot P_{B_1}(B_2) = \frac{4}{32} \cdot \frac{3}{31} = 0{,}012 = 1{,}2\,\%$$

$$P(\overline{B}_1 \cap \overline{B}_2) = P(\overline{B}_1) \cdot P_{\overline{B}_1}(\overline{B}_2) = \frac{28}{32} \cdot \frac{27}{31} = 0{,}0762 = 76{,}2\,\%$$

Nun kann der Multiplikationssatz angewandt werden (s. rechts). Wir erhalten mit 1,2 Prozent zwei Buben und mit 76,2% zwei Karten, die beide keine Buben sind.

Der Satz von der totalen Wahrscheinlichkeit

A und B seien beliebige Ereignisse mit $P(B) \neq 0$ und $P(\overline{B}) \neq 0$. Dann gilt:

$$P(A) = P(B) \cdot P_B(A) + P(\overline{B}) \cdot P_{\overline{B}}(A)$$

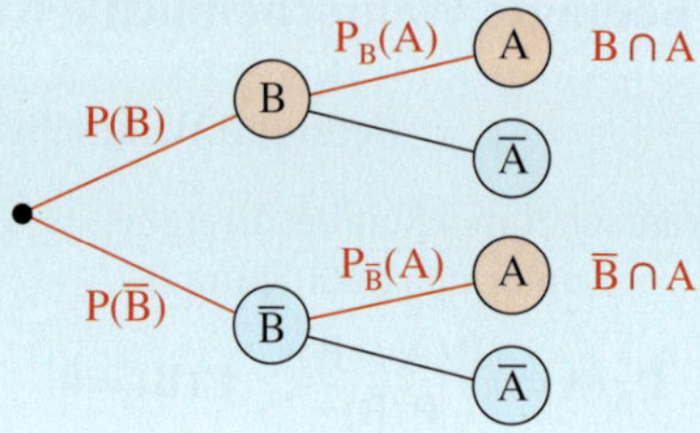

Beispiel: Abstimmung

Die Belegschaft einer Behörde besteht zu 41 % aus Angestellten (U) und zu 59 % aus Beamten ($\overline{U}$). Die Belegschaft soll in einer Abstimmung entscheiden, ob die gleitende Arbeitszeit (G) eingeführt werden soll oder nicht ($\overline{G}$). Interne Umfragen ergeben, dass 80 % der Angestellten, aber nur 25 % der Beamten für die gleitende Arbeitszeit sind. Wie wird die Abstimmung voraussichtlich ausgehen?

Lösung:

Gesucht ist die Wahrscheinlichkeit, dass ein zufällig ausgesuchtes Belegschaftsmitglied für die gleitenden Arbeitszeit ist, also die totale Wahrscheinlichkeit $P(G)$.

Bezeichnungen:

G: „Entscheidung für gleitende Arbeitszeit"
$\overline{G}$: „Entscheidung gegen gleitende Arbeitszeit"
U: „Die abstimmende Person ist Angestellter"
$\overline{U}$: „Die abstimmende Person ist Beamter"

Bekannt sind die totalen Wahrscheinlichkeiten $P(U)$ und $P(\overline{U})$ sowie die bedingten Wahrscheinlichkeiten $P_U(G)$ und $P_{\overline{U}}(G)$.

Nun kann die Wahtrscheinlichkeit $P(G)$ mit dem Satz von der totalen Wahrscheinlichkeit berechnet werden.
Sie beträgt ca. 47,6 %. Die gleitende Arbeitszeit wird also vermutlich abgelehnt.

Berechnung von P(G):

$$\begin{aligned} P(G) &= P(U) \cdot P_U(G) + P(\overline{U}) \cdot P_{\overline{U}}(G) \\ &= 0{,}41 \cdot 0{,}80 + 0{,}59 \cdot 0{,}25 \\ &= 0{,}4755 = 47{,}55\,\% \end{aligned}$$

Übung 28 Multiplikationssatz

40 % der Mitarbeiter einer Firma sind Raucher. 30 % der Raucher treiben Sport. Unter den Nichtrauchern beträgt der Anteil der Sportler 45 %. Wie groß ist die Wahrscheinlichkeit dafür, dass ein beliebiger Mitarbeiter

a) besonders gesund lebt, d. h. Sport treibt und zugleich Nichraucher ist?

b) sich besonders unvernünftig verhält, d. h. keinen Sport teibt und auch noch Raucher ist?

Übung 29 Totale Wahrscheinlichkeit

Ein Kandidat für den Posten des Schulsprechers wird von 63 % der 528 Schülerinnen favorisiert. Von den Schülern wollen 41 % für ihn stimmen. Insgesamt hat die Schule 1200 Schüler. Mit welchem Stimmenanteil kann der Kandidat rechnen?

Der Satz von Bayes

A und B seien Ereignisse mit $P(A) \neq 0$ und $P(B) \neq 0$. Dann gelten folgende Formeln:

$$P_B(A) = \frac{P(A) \cdot P_A(B)}{P(B)} \qquad P_B(A) = \frac{P(A) \cdot P_A(B)}{P(A) \cdot P_A(B) + P(\overline{A}) \cdot P_{\overline{A}}(B)}$$

Beispiel: Die Aussagekraft medizinisch-diagnostischer Tests

Eine von zehntausend Personen leidet an einer bestimmten Stoffwechselerkrankung. Für diese Erkrankung gibt es einen einfachen diagnostischen Test, der bei einem Kranken mit einer Wahrscheinlichkeit von 90% und bei einem Gesunden mit einer Wahrscheinlichkeit von 98% die richtige Diagnose liefert.
Johannes unterzieht sich diesem Test. Das Ergebnis ist positiv, d.h., dass das Testergebnis für eine Erkrankung spricht. Wie wahrscheinlich ist es, dass Johannes tatsächlich erkrankt ist?

Lösung:
Gesucht ist die bedingte Wahrscheinlichkeit $P_T(K)$, dass jemand tatsächlich erkrankt ist, unter der Bedingung, dass der Test ein positives Resultat zeigt.

Gegeben sind die Wahrscheinlichkeiten: $P(K) = 0{,}0001$ und $P_K(T) = 0{,}90$
$P_{\overline{K}}(\overline{T}) = 0{,}98$.

Daraus ergeben sich folgende Gegenwahrscheinlichkeiten: $P(\overline{K}) = 0{,}9999$, $P_K(\overline{T}) = 0{,}10$ und $P_{\overline{K}}(T) = 0{,}02$.

Mit der Formel von der totalen Wahrscheinlichkeit berechnen wir nun P(T), wobei wir die Formel von der totalen Wahrscheinlichkeit anwenden. Ergebnis: $P(T) = 0{,}020088$

Nun müssen wir nur noch den Satz von Bayes anwenden. Endresultat: $P_T(K) = 0{,}45\%$.

Bezeichnungen:
K: „Die getestete Person ist krank.“
T: „Der Test zeigt ein positives Resultat.“

Gegebene Größen:

$$P(K) = 0{,}0001 \Rightarrow P(\overline{K}) = 0{,}9999$$
$$P_K(T) = 0{,}90 \Rightarrow P_K(\overline{T}) = 0{,}10$$
$$P_{\overline{K}}(\overline{T}) = 0{,}98 \Rightarrow P_{\overline{K}}(T) = 0{,}02$$

Die totale Wahrscheinlichkeit P(T):

$$P(T) = P(K) \cdot P_K(T) + P(\overline{K}) \cdot P_{\overline{K}}(T) = 0{,}0001 \cdot 0{,}90 + 0{,}9999 \cdot 0{,}02 = 0{,}020088$$

Die gesuchte Wahrscheinlichkeit $P_T(K)$:

$$P_T(K) = \frac{P(K) \cdot P_K(T)}{P(T)} = \frac{0{,}0001 \cdot 0{,}90}{0{,}020088} = 0{,}00448 = 0{,}45\%$$

Interpretation: Johannes muss sich zunächst noch keine großen Sorgen machen. Ein positiver Test bedeutet nur bei ca. einer von 200 Personen, dass die Testperson tatsächlich erkrankt ist. Das liegt daran, dass die Krankheit so selten auftritt, nur bei einer von 10000 Personen. Johannes sollte eine Nachuntersuchung machen, die mit wahrscheinlich zeigen wird, dass er gesund ist.

Stochastische Unabhängigkeit

Zwei Ereignisse A und B mit positiven Wahrscheinlichkeiten werden als stochastisch unabhängig bezeichnet, wenn $P_B(A) = P(A)$ bzw. $P_A(B) = P(B)$ gilt.

Beispiel: Sehvermögen und Geschlecht

Eine Schule wird von 1036 Schülern besucht, 560 Jungen und 476 Mädchen. 125 Jungen und 105 Mädchen tragen eine Brille. Entscheiden Sie, ob das Sehvermögen der Kinder vom Geschlecht abhängt.

Lösung:

Wir verwenden die rechts angegebenen Bezeichnungen.

Wir können $P(B)$ und $P_M(B)$ näherungsweise bestimmen, indem wir aus den gegebenen statistischen Daten die relativen Häufigkeiten errechnen.

Wir stellen fest, dass das Tragen einer Brille an dieser Schule nicht vom Geschlecht abhängt.

Bezeichnungen:

B: „Kind trägt eine Brille."

M „Kind ist ein Mädchen."

Untersuchung auf Unabhängigkeit:

$P(B) = \frac{230}{1036} \approx 0{,}222 = 22{,}2\,\%$

$P_M(B) = \frac{105}{476} \approx 0{,}221 = 22{,}1\,\%$

$\Rightarrow$ B und M sind stochastisch unabhängig.

Beispiel: Sehvermögen von Kindern und Eltern

Eine Umfrage unter den Eltern der Kinder aus dem obigen Beispiel ergibt, dass bei 213 Kindern beide Elternteile Brillenträger sind. In 70 dieser Fälle trägt das Kind ebenfalls eine Brille. Entscheiden Sie, ob das Sehvermögen der Kinder von dem der Eltern abhängt.

Lösung:

Wir verwenden die rechts angegebenen Bezeichnungen.

Unter den Kindern mit brillentragenden Elternpaaren ist die relative Häufigkeit für das Tragen einer Brille deutlich erhöht.

Das Sehrvermögen der Kinder ist also vom Sehvermögern der Eltern stochastisch deutlich abhängig.

Bezeichnungen:

B: „Kind trägt eine Brille."

E: „Beide Elternteile tragen eine Brille."

Untersuchung auf Unabhängigkeit:

$P(B) = \frac{230}{1036} \approx 0{,}222 = 22{,}2\,\%$

$P_E(B) = \frac{70}{213} \approx 0{,}329 = 32{,}9\,\%$

$\Rightarrow$ B und E sind stochastisch abhängig.

Übung 30 Zug oder Auto

In einer großen Ferienanlage wohnen 738 Familien. 462 Familien sind mit dem PKW angereist, die restlichen mit dem Zug. Von den 396 Familien mit zwei oder mehr Kindern reisten 121 mit dem Zug. Untersuchen Sie, ob das zur Anreise benutzte Verkehrsmittel von der Kinderzahl abhängig ist.

Übungen

31. Multiplikationssatz: Gartenbesitzer und ihre vierbeinigen Freunde
Von den Haushalten einer Kleinstadt besitzen 20% einen Garten. 60% der Gartenbesitzer haben einen Hund. Von den Haushalten ohne Garten hat nur jeder Vierte einen Hund. Ermitteln Sie die Wahrscheinlichkeit, dass ein beliebiger Haushalt
a) einen Garten und einen Hund besitzt,
b) weder einen Garten noch einen Hund besitzt.

32. Bedingte Wahrscheinlichkeiten: Urne
Eine Urne enthält 5 rote und 4 schwarze Kugeln. Es werden zwei Kugeln nacheinander ohne Zurücklegen gezogen. Wie groß ist die Wahrscheinlichkeit dafür,
a) dass die zweite gezogene Kugel rot ist, wenn die erste Kugel bereits rot war,
b) dass die zweite gezogene Kugel rot ist, wenn die erste Kugel schwarz war,
c) dass beide gezogenen Kugeln rot sind?

33. Bedingte Wahrscheinlichkeiten: Skat
Bei einem Skatspiel erhält jeder der drei Spieler 10 Karten, während die restlichen beiden Karten in den Skat gelegt werden.
a) Felix hat genau 2 Buben und 8 weitere Karten auf der Hand und hofft, dass genau ein weiterer Bube im Skat liegt. Welche Wahrscheinlichkeit besteht hierfür?
b) Felix' Buben sind Herz- und Karo-Bube. Mit welcher Wahrscheinlichkeit liegt
b_1) genau 1 Bube, b_2) nur der Kreuz-Bube im Skat?

34. Totale Wahrscheinlichkeiten: Urnenexperiment
Die Urne U_1 enthält 10 rote und 5 grüne Kugeln, die Urne U_2 enthält 3 rote und 7 grüne Kugeln. Jemand wählt blindlings (d. h. mit verbundenen Augen) eine der beiden Urnen aus und zieht eine Kugel.
a) Mit welcher Wahrscheinlichkeit ist diese rot?
b) Mit welcher Wahrscheinlichkeit ist diese grün?

35. Totale Wahrscheinlichkeiten: Test
3% der Bevölkerung sind zuckerkrank. Ein Test zeigt bei 96% der Kranken die Krankheit an. Bei den Gesunden ergibt der Test bei 6% irrtümlich ein positives Ergebnis.
Welcher Prozentsatz der Durchschnittsbevölkerung wird bei einem Massenscreening ein positives Testergebnis erhalten?

36. Totale Wahrscheinlichkeiten: Widerstände
Ein Hersteller von elektrischen Widerständen produziert diese auf drei Maschinen M_1, M_2, und M_3. 20% der Widerstände werden auf M_1, 30% auf M_2 und 50% auf M_3 produziert. Die Ausschussraten betragen 4% für M_1, 3% für M_2 und 2% für M_3.
Welche Ausschussrate ergibt sich für die Gesamtproduktion?

37. Satz von Bayes: Lügendedektor

Mit einem Lügendetektor werden des Diebstahls verdächtige Personen überprüft. Der Detektor schlägt durch ein rotes Lichtsignal an oder entwarnt durch ein grünes Signal. Er ist zu 90% zuverlässig, wenn die überprüfte Person tatsächlich schuldig ist, und er ist zu 99% zuverlässig, wenn die Person unschuldig ist. Aus einer Gruppe von Personen, von denen 5% einen Diebstahl begangen haben, wird eine Person überprüft. Der Detektor gibt ein rotes Signal. Mit welcher Wahrscheinlichkeit ist die Person dennoch unschuldig?

a) Lösen Sie die Aufgabe mit Hilfe von Baumdiagrammen.

b) Lösen Sie die Aufgabe durch Anwendung der Formeln.

38. Satz von Bayes: Alarmanlage

Eine noble Villa ist durch eine Alarmanlage gesichert. Diese gibt im Falle eines Einbruchs mit einer Wahrscheinlichkeit von 99% Alarm. Jedoch muss mit einer Wahrscheinlichkeit von 1% ein Fehlalarm einkalkuliert werden, wenn kein Einbruch stattfindet. Die Wahrscheinlichkeit für einen Einbruch liegt pro Nacht bei etwa 1 : 1000. Wie groß ist die Wahrscheinlichkeit, dass im Falle eines Alarms tatsächlich ein Einbruch begangen wird?

39. Satz von Bayes: Stoffwechselkrankheit

Über eine bestimmte Stoffwechselkrankheit ist bekannt, dass sie ca. eine von 150 Personen befällt. Ein recht zuverlässiger Test fällt bei tatsächlich erkrankten Personen mit einer Wahrscheinlichkeit von 97% positiv aus. Bei Personen, die nicht krank sind, fällt er mit 95% Wahrscheinlichkeit negativ aus.

a) Jemand lässt sich testen und erhält ein positives Resultat. Mit welcher Wahrscheinlichkeit ist er tatsächlich erkrankt?

b) Wie groß ist die Wahrscheinlichkeit, dass man bei einem negativen Ergebnis tatsächlich nicht erkrankt ist?

c) Welche Ergebnisse würde man bei a) erhalten, wenn die Krankheit nur eine von 1500 Personen befällt?

40. Stochastische Unabhängigkeit: Würfelwurf

Prüfen Sie beim zweimaligen Würfelwurf die Ereignisse A und B auf stochastische Unabhängigkeit.

a) A: Im ersten Wurf kommt eine Sechs. B: Im zweiten Wurf kommt keine 6.

b) A: Im ersten Wurf kommt Eins. B: Die Augensumme der Würfe ist gerade.

c) A: Gerade Augenzahl im ersten Wurf. B: In beiden Würfen gleiche Augenzahl.

41. Stochastische Unabhängigkeit: Francis Galton

Der englische Naturforscher Sir Francis Galton (1822–1911) untersuchte den Zusammenhang zwischen der Augenfarbe von 1000 Vätern und je einem ihrer Söhne. Die Ergebnisse sind in einer Tafel dargestellt. Dabei sei V das Ereignis „Vater ist helläugig“, S das Ereignis „Sohn ist helläugig“. Untersuchen Sie V und S auf stochastische Unabhängigkeit.

V: Vater blauäugig
S: Sohn blauäugig

	S	$\overline{S}$
V	471	151
$\overline{V}$	148	230

5. Vierfeldertafeln

Vierfeldertafeln

In einer Vierfeldertafel stehen Wahrscheinlichkeiten zweier Merkmale mit den Ausprägungen A und $\overline{A}$ sowie B und $\overline{B}$.
Auf den Innernfeldern stehen die Wahrscheinlichkeiten der möglichen Schnittereignisse.
In den Außenfeldern stehen die totalen Wahrscheinlichkeiten der Ereignisse. Sie sind Spalten- bzw. Zeilensummen der Innenfelder.

	B	$\overline{B}$	
A	$P(A\cap B)$	$P(A\cap\overline{B})$	$P(A)$
$\overline{A}$	$P(\overline{A}\cap B)$	$P(\overline{A}\cap\overline{B})$	$P(\overline{A})$
	$P(B)$	$P(\overline{B})$	1

Beispiel: Umfrage
Eine Umfrage hat ergeben, dass 40 % der deutschen Haushalte einen Computer (C) besitzen, 90 % einen Fernseher (F) und 5 % keinen Computer und keinen Fernseher.
a) Legen Sie eine Vierfeldertafel an und füllen Sie diese vollständig aus.
b) Mit welcher Wahrscheinlichkeit besitzt ein Haushalt mit Computer keinen Fernseher?

Lösung zu a):
Wir entnehmen dem Text die folgenden gegebenen Wahrscheinlichkeiten.
(1) $P(C) = 0{,}40$
(2) $P(F) = 0{,}90$
(3) $P(\overline{C}\cap\overline{F}) = 0{,}05$
Diese Wahrscheinlichkeiten tragen wir ein.

Vierfeldertafel:
Gegeben:

	F	$\overline{F}$	
C			① 0,40
$\overline{C}$		③ 0,05	
	② 0,90		1

Nun können wir der Reihe nach die folgenden Wahrscheinlichkeiten ableiten und in die Tabelle eintragen.
aus (2) → (4) $P(\overline{F}) = 0{,}10$
aus (1) → (5) $P(\overline{C}) = 0{,}60$
aus (3), (5) → (6) $P(\overline{C}\cap F) = 0{,}55$
aus (2), (6) → (7) $P(C\cap F) = 0{,}35$
aus (3), (4) → (8) $P(C\cap\overline{F}) = 0{,}05$

Vollständig ausgefüllt:

	F	$\overline{F}$	
C	⑦ 0,35	⑧ 0,05	① 0,40
$\overline{C}$	⑥ 0,55	③ 0,05	⑤ 0,60
	② 0,90	④ 0,10	1

Lösung zu b):
Gesucht ist hier die bedingte Wahrscheinlichkeit $P_C(\overline{F})$. Bedingte Wahrscheinlichkeiten stehen nicht in der Vierfeldertafel. Daher berechnen wir diese mit der Formel
$P_C(\overline{F}) = \frac{P(\overline{F}\cap C)}{F(C)}$.

Bedingte Wahrscheinlichkeit $P_C(\overline{F})$:

$$P_C(\overline{F}) = \frac{P(\overline{F}\cap C)}{F(C)} = \frac{0{,}05}{0{,}40} = \frac{1}{8} = 0{,}125 = 12{,}5\,\%$$

Resultat: $P_C(\overline{F}) = 12{,}5\,\%$.

Übungen

42. Go-Cart-Bahn

Eine Go-Cart-Bahn ist gut besucht. 20% der Besucher sind Erwachsene (E), der Rest sind Jugendliche (J). 40% kannten (K) die Bahn schon. 10% der Besucher sind Erwachsene und kannten die Bahn.

a) Fertigen Sie eine vollständige Vierfeldertafel an.

b) Mit welcher Wahrscheinlichkeit kennt ein jugendlicher Besucher die Bahn schon?

43. Alarmanlage

In einer gefährlichen Stadt werden 500 Häuser mit dem neuen Modell einer Alarmanlage ausgerüstet. In der ersten Nacht ergibt sich die rechts dargestellte Statistik.

A: Alarm, $\overline{A}$: kein Alarm

E: Einbruch, $\overline{E}$: kein Einbruch

	E	$\overline{E}$	
A	3	9	12
$\overline{A}$	1	487	488
	4	496	500

a) In der Tabelle stehen absolute Häufigkeiten. Ersetzen Sie diese durch relative Häufigkeiten, indem Sie alle Zahlen durch 500 teilen.

b) Mit welcher Wahrscheinlichkeit gibt die Anlage bei einem Einbruch Alarm?

c) Mit welcher Wahrscheinlichkeit wird ein Fehlalarm ausgelöst?

d) Mit welcher Zahl von Einbruchsversuchen muss ein Hausbesitzer im Jahr rechnen?

44. Lügendetektor

Ein neuer Lügendetektor wird einer gründlichen Testserie unterzogen. Die Vierfeldertafel zeigt die Ergebnisse von 1200 Testläufen.

A: Detektor schlägt an

L: Person hat gelogen

	L	$\overline{L}$	
A	300	400	700
$\overline{A}$	150	350	500
	450	750	1200

a) In der Tabelle stehen absolute Häufigkeiten. Ersetzen Sie diese durch relative Häufigkeiten, indem Sie alle Zahlen durch 1200 teilen.

b) Mit welcher Wahrscheinlichkeit bewertet der Detektor eine Lüge richtig?

c) Mit welcher Wahrscheinlichkeit wird eine wahre Antwort korrekt eingestuft?

d) Berechnen Sie die Wahrscheinlichkeiten der folgenden Ereignisse:
„falsch positiv“ (Detektor schlägt an, obwohl die Person nicht gelogen hat.)
„falsch negativ“ (Detektor schlägt nicht an, obwohl die Person gelogen hat.)

e) Wie viele Fehler sind bei einer Person zu erwarten, der 50 Fragen gestellt werden, von denen sie 20 wahrheitsgemäß und 30 falsch beantwortet?

45. Laboruntersuchung

In einem Hygienelabor werden 100 Wischproben auf die Krankheitserreger A und B untersucht.

	B	$\overline{B}$	
A	56		80
$\overline{A}$			
	70		100

a) Vervollständigen Sie die Tabelle.

b) Ersetzen Sie die absoluten Häufigkeiten in der Tabelle dann durch relative Häufigkeiten.

c) Beurteilen Sie anhand der Vierfeldertafel, ob die Erreger A und B stochastisch unabhängig voneinander auftreten.

6. Bernoulli-Experimente und Binomialverteilung

Die Formel von Bernoulli

X sei die Anzahl der Treffer in einer Benoulli-Kette der Länge n mit der Tefferwahrscheinlichkeit p. Dann wir die Wahrscheinlichkeit für genau k Treffer mit $P(X = k) = B(n; p; k)$ bezeichnet. Diese Wahrscheinlichkeit kann mit der folgenden Formel berechnet werden.

$$P(X = k) = B(n; p; k) = \binom{n}{k} \cdot p^k \cdot (1 - p)^{n-k}$$

Man kann diese Wahrscheinlichkeit manuell nach obiger Formel bestimmen oder mit Hilfe des Taschenrechners (s. S. 212 f.) oder durch Ablesen aus Tabellen.

Beispiel: Bestimmung einer Einzelwahrscheinlichkeit

Ein Würfel wird sechsmal geworfen. X sei die Anzahl der geworfenen Sechsen. Wie groß ist die Wahrscheinlichkeit, dass genau zwei Sechsen geworfen werden?

Lösung:

Es liegt eine Bernoulli-Kette der Länge n = 4 mit der Trefferwahrscheinlichkeit $p = \frac{1}{6}$ vor.

Zu berechnen ist die Wahrscheinlichkeit $P(X = 2) = B\left(6; \frac{1}{6}; 2\right)$ mit der Formel von Bernoulli. Dies kann manuell mit Taschenrechnerunterstützung geschehen oder durch Taschenrechneraufruf der Binomialverteilung Binomialpdf.

Resultat: $P(X = 2) = 0{,}201 = 20{,}1\,\%$

Gegebene Größen:

Kettenlänge: n = 6

Trefferzahl: X

Trefferwahrscheinlichkeit: $p = \frac{1}{6}$

Berechnung der Wahrscheinlichkeit:

$$P(X = 2) = B\left(6; \frac{1}{6}; 2\right) = \binom{6}{2} \cdot \frac{1^2}{6} \cdot \frac{5^4}{6} \approx 0{,}201$$

Übung 46 Ziehen aus einer Urne

Aus der abgebildeten Urne wird 10-mal mit Zurücklegen eine Kugel gezogen.

a) Mit welcher Wahrscheinlichkeit werden genau 6 rote Kugeln gezogen?

b) Mit welcher Wahrscheinlichkeit wird keine einzige grüne Kugel gezogen?

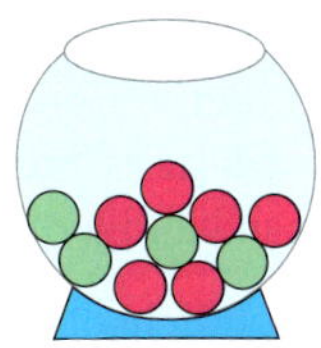

Übung 47 Bestimmung von Intervallwahrscheinlichkeiten

Mit der Formel von Bernoulli kann man auch Intervallwahrscheinlichkeiten der Form $P(X \leq k)$ oder $P(X \geq k)$ berechnen, indem man diese auf Einzelwahrscheinlichkeiten zurückführt. Allerdings sollten es nicht zu viele Einzelwahrscheinlichkeiten sein.

a) Mit welcher Wahrscheinlichkeit werden beim 12-maligen Würfelwurf höchstens 2 Sechsen geworfen? Berechnen Sie $P(X \leq 2) = P(X = 0) + P(X = 1) + P(X = 2)$.

b) Mit welcher Wahrscheinlichkeit wird beim 10-fachen Münzwurf mindestens 7-mal Kopf geworfen? Berechnen Sie $P(X \geq 7) = P(X = 7) + P(X = 8) + P(X = 9) + P(X = 10)$.

Angenäherte Bernoulli-Kette

Eine Bernoulli-Kette kann im Prinzip stets als Ziehen mit Zurücklegen aus einer Urne mit zwei Sorten von Kugeln betrachtet werden. Wenn aber sehr viele Kugeln in der Urne sind, kann man angenähert auch vom Ziehen ohne Zurücklegen ausgehen.

Beispiel: Angenäherte Bernoulli-Kette bei großer Grundgesamtheit

Blumenzwiebeln werden in Großpackungen von 1000 Stück an Gärtnereien geliefert. Im Durchschnitt treiben 20 % der Zwiebeln nicht aus. Ein Gärtner verkauft zehn Zwiebeln. Mit welcher Wahrscheinlichkeit wird hiervon höchstens eine Zwiebel nicht austreiben?

Lösung:
Hier wird ohne Zurücklegen eine Stichprobe vom Umfang n = 10 entnommen.
Die Trefferwahrscheinlichkeit ändert sich daher mit jedem Zug ein wenig, aber wegen der großen Zahl von 1000 Zwiebeln nur so geringfügig, dass man von einer ***angenäherten Bernoulli-Kette*** mit der Trefferwahrscheinlichkeit $p \approx 0{,}2$ sprechen kann.

Die Rechnung rechts liefert daher das folgende Näherungsresultat:
$P(X \le 1) \approx 0{,}3758 = 37{,}58\,\%$

Berechnung von P (X ≤ 1):
X = Anzahl der unbrauchbaren Zwiebeln in der Stichprobe

$$\begin{aligned} P(X \le 1) &= P(X = 0) + P(X = 1) \\ &\approx B(10;\, 0{,}2;\, 0) + B(10;\, 0{,}2;\, 1) \\ &= \binom{10}{0} 0{,}2^0\, 0{,}8^{10} + \binom{10}{1} 0{,}2^1\, 0{,}8^9 \\ &\approx 0{,}1074 + 0{,}2684 = 0{,}3758 \end{aligned}$$

Resultat:
$P(X \le 1) \approx 37{,}58\,\%$

Länge einer Bernoulli-Kette oder Die Mindestens-mindestens-mindestens-Aufgabe

Beispiel: Bestimmung der Länge einer Bernoulli-Kette

Ein Glücksrad hat vier gleich große Sektoren, drei weiße und einen roten. Berechnen Sie, wie oft man das Rad *mindestens* drehen muss, wenn mit einer Wahrscheinlichkeit von *mindestens* 95 % *mindestens* einmal ROT auftreten soll.

Lösung:
Es handelt sich hier um die recht beliebte ***Mindestens-mindestens-mindestens-Aufgabe***, auf die man häufiger trifft.

Da die Wahrscheinlichkeit für mindestens einen Treffer mindestens 0,95 betragen soll, verwenden wir den Ansatz $P(X \ge 1) \ge 0{,}95$. Von dieser Ungleichung ausgehend, erhalten wir nach nebenstehender Umformungsrechnung die Ungleichung $n \ge 10{,}41$, woraus sich für die Kettenlänge $n \ge 11$ ergibt.

Resultat: Das Glücksrad muss mindestens 11-mal gedreht werden, um mit mindestens 95 % Wahrscheinlichkeit 1 oder mehr Treffer (ROT) zu erzielen.

Bestimmung der Kettenlänge n:
n: Anzahl der Drehungen des Rades
p = 0,25: Trefferwahrscheinlichkeit für ROT

$$\begin{aligned} P(X \ge 1) &\ge 0{,}95 \qquad \text{(Ansatz)} \\ 1 - P(X = 0) &\ge 0{,}95 \\ P(X = 0) &\le 0{,}05 \\ B(n;\, 0{,}25;\, 0) &\le 0{,}05 \\ \binom{n}{0} 0{,}25^0\, 0{,}75^n &\le 0{,}05 \\ 0{,}75^n &\le 0{,}05 \\ \log 0{,}75^n &\le \log 0{,}05 \\ n \cdot \log 0{,}75 &\le \log 0{,}05 \qquad |:\log 0{,}75 < 0 \\ n &\ge 10{,}41 \end{aligned}$$

Übungen

48. Bestimmung einer Punktwahrscheinlichkeit $P(X = k)$
51,4 % aller Neugeborenen sind Knaben. Berechnen Sie die Wahrscheinlichkeit dafür, dass eine Familie genauso viele Mädchen wie Jungen hat, für eine Familie mit 2 Kindern, eine Familie mit 4 Kindern und eine Familie mit 6 Kindern.

49. Bestimmung einer linksseitigen Intervallwahrscheinlichkeit $P(X \leq k)$
Der Marktanteil von Smartphones lag im Jahr 2011 bei 23 %. Wie groß war die Wahrscheinlichkeit, dass unter 6 zufällig ausgewählten Personen höchstens 2 ein Smartphone besaßen?

50. Bestimmung einer rechtsseitigen Intervallwahrscheinlichkeit $P(X \geq k)$
Der Anteil der Haushalte mit Internet-Anschluss ist auf 73 % angewachsen. Wie groß ist die Wahrscheinlichkeit, dass von 10 zufällig ausgewählten Haushalten mindestens 8 einen Internet-Anschluss haben?

51. Bestimmung einer Intervallwahrscheinlichkeit: $P(k \leq X \leq m)$
70 % aller Schäferhunde werden 10 Jahre oder älter. Wie groß ist die Wahrscheinlichkeit, dass von den 12 Hunden eines Züchters mindestens 7 und höchstens 10 Schäferhunde dieses Alter erreichen?

52. Anwendung der Formel für das Gegenereignis: $P(X > k) = 1 - P(X \leq k)$
30 % der Deutschen sind in einem Verein. Wie groß ist die Wahrscheinlichkeit, dass unter 12 Personen mehr als 3 in einem Verein sind?

53. Bestimmung einer Mindestanzahl von Versuchen
Wie oft muss ein Würfel mindestens geworfen werden, damit mit einer Wahrscheinlichkeit von mindestens 98 % mindestens einmal die Sechs fällt?

54. Briefsendung
Nach Angaben der Post erreichen 90 % aller Inlandsbriefe den Empfänger am nächsten Tag. Johanna verschickt acht Einladungen zu ihrem Geburtstag. Mit welcher Wahrscheinlichkeit
a) sind alle Briefe am nächsten Tag zugestellt?
b) sind mindestens sechs Briefe am nächsten Tag zugestellt?

55. Tischtennis
Die Mitglieder der deutschen Tischtennis-Nationalmannschaft gewinnen gegen chinesische Spitzenspieler 15 % der Spiele.
a) Mit welcher Wahrscheinlichkeit gewinnt von 6 Nationalspielern genau einer sein Spiel?
b) Mit welcher Wahrscheinlichkeit gewinnen die Deutschen von 10 Einzelspielen mehr als 2?

Die kumulierte Binomialverteilung

Intervallswahrscheinlichkeiten werden mit Hilfe der kumulierten Binomialverteilung F bestimmt. Die Werte von F können mit dem Taschenrechner ermittelt werden (s. S. 214).
Es gibt folgende Fälle:

Linksseitige Intervallwahrscheinlichkeit:	$P(X \leq k) = F(n; p; k)$
Rechtsseitige Intervallwahrscheinlichkeit:	$P(X \geq k) = 1 - P(X \leq k - 1) = 1 - F(n; p; k - 1)$
Zweiseitige Intervallwahrscheinlichkeit:	$P(a \leq X \leq b) = F(n; p; b) - F(n; p; a - 1)$

Beispiel: Reifen mit Unwucht

Ein Hersteller produziert Autoreifen: Im Mittel weisen 10 % der Reifen eine leichte Unwucht auf, die beim Montieren noch beseitigt werden muss. Ein Montagebetrieb hat 200 Reifen bestellt.
Mit welcher Wahrscheinlichkeit enthält diese Lieferung

a) höchstens 10
b) mindestens 25
c) zwischen 15 und 25
unwuchtige Reifen?

Lösung zu a:
X sei die Anzahl der unwuchtigen Reifen in der Lieferung. Es ist n = 200 und p = 0,10. Gesucht ist die Wahrscheinlichkeit für maximal k = 10 unwuchtige Reifen, also $P(X \leq 10) = F(200; 0,1; 10) \approx 0,0081 \approx 0,8\,\%$
Die Wahrscheinlichkeit für so wenige unwuchtige Reifen ist also sehr klein.

Lösung zu a:
Gegeben: $n = 200$, $p = 0,1$, $k = 10$
Gesucht: $P(X \leq 10)$

$$P(X \leq 10) \approx F(200; 0,1; 10) = 0,0081 \approx 0,8\,\%$$

Lösung zu b:
Die von uns nun gesuchte Wahrscheinlichkeit $P(X \geq 25)$ kann auf $1 - P(X \leq 24)$ zurückgeführt werden, welche sich wiederum mit der kumulierten Binomialverteilung F (Taschenrechner) ermitteln lässt.
Resultat: $P(X \geq 25) \approx 0,1449 \approx 1,5\,\%$

Lösung zu b:
Gegeben: $n = 200$, $p = 0,1$, $k = 25$
Gesucht: $P(X \geq 25)$

$$\begin{aligned} P(X \geq 25) &= 1 - P(X \leq 24) \\ &= 1 - F(200; 0,1; 24) \\ &= 1 - 0,8551 = 0,1449 \approx 14,5\,\% \end{aligned}$$

Lösung zu c:
Die zweiseitige Intervallwahrscheinlichkeit $P(15 \leq X \leq 25)$ kann wie rechts dargestellt errechnet werden. Wir erhalten als Ergebnis $P(15 \leq X \leq 25) \approx 0,8066 \approx 80,7\,\%$.

Lösung zu c:
Gegeben: $n = 200$, $p = 0,1$, $k = 25$
Gesucht: $P(15 \leq X \leq 25)$

$$\begin{aligned} P(15 \leq X \leq 25) &= P(X \leq 25) - P(X \leq 14) \\ &= F(200; 0,1; 25) - F(200; 0,1; 14) \\ &= 0,8995 - 0,0929 \\ &= 0,8066 \approx 80,7\,\% \end{aligned}$$

Übungen

56. Reißnägel

100 Reißnägel werden geworfen. Aus der Erfahrung ist bekannt, dass ein Reißnagel mit einer Wahrscheinlichkeit von 40 % in Schräglage landet, d. h. nicht in Kopflage. Mit welcher Wahrscheinlichkeit landen

a) genau 40 Reißnägel in Schräglage?
b) höchstens 40 Reißnägel in Schräglage?
c) mindestens 60 Reißnägel in Schräglage?
d) 30 bis 50 Reißnägel in Schräglage?

57. Gefälschte Münze

Eine Münze ist derart gefälscht, dass die Wahrscheinlichkeit für Kopf auf 70 % erhöht ist.

a) Bestimmen Sie die Wahrscheinlichkeit, dass bei 20 Würfen höchstens 10-mal Kopf kommt.
b) Der Einsatz für das 50-malige Werfen der Münze beträgt 2 € und die Auszahlung 20 €, wenn höchstens 30-mal Kopf kommt. Untersuchen Sie, ob dieses Spiel günstig ist für den Spieler.

58. Defekte Schrauben

Eine Gipskarton-Schraube wird in Packungen zu 50 Stück und zu 100 Stück verkauft. Im Mittel haben 2 % der Schrauben kleine Fehler, wie ein unregelmäßiges Gewinde oder einen defekten Kopf.

Bestimmen Sie die Wahrscheinlichkeit dafür, dass

a) in einer 50er-Packung keine defekte Schraube ist.
b) in einer 100er Packung mehr als 3 defekte Schrauben sind.
c) in einer 100er-Packung weniger als 5 defekte Schrauben sind.
d) alle drei 50er-Packungen, die ein Kunde kauft, jeweils mindestens eine defekte Schraube enthalten.

59. Multiple-Choice-Test

Bei einem Multiple-Choice-Test mit 12 Fragen gibt es zu jeder Frage genau 2 Antwortmöglichkeiten, von denen jeweils genau eine richtig ist. Ein Kandidat kreuzt die Fragen zufällig an. Berechnen Sie die Wahrscheinlichkeiten folgender Ereignisse.

a) Test bestanden: Mindestens 6 Fragen wurden richtig angekreuzt.
b) Test mit „Gut" bestanden: Zwischen 9 und 11 Fragen wurden richtig angekreuzt.

60. Feuerwehr

Die Einsatzbereitschaft jeder der 10 Feuerwehrwachen einer Stadt beträgt 60 %. Berechnen Sie die Wahrscheinlichkeit, dass beim Ausbruch eines Großbrandes

a) genau drei Wachen einsatzbereit sind,
b) mindestens acht Wachen einsatzbereit sind,
c) weniger als drei Wachen einsatzbereit sind,
d) nur die drei Wachen am Südtor, am Bahnhof und am Hühnerberg einsatzbereit sind.

7. Prognose- und Konfidenzintervalle

Prognoseintervalle

Die Wahrscheinlichkeit p eines bestimmten Merkmals in der Grundgesamtheit sei bekannt. Dann kann man die Trefferzahl X für das Merkmal in einer der Grundgesamtheit zu entnehmenden Stichprobe zwar nicht exakt vorhersagen, jedoch kann man ein Intervall angeben, in dem die Trefferzahl X mit einer vorgegebenen Sicherheitswahrscheinlichkeit liegt. Ein solches Intervall bezeichnet man als Prognoseintervall.
Im folgenden sind die gebräuchlichen Prognoseintervalle und deren Sicherheitswahrscheinlichkeiten aufgeführt.
Dabei ist $\mu \cdot n \cdot p$ der Erwartungswert und $\sigma = \sqrt{n \cdot p \cdot (1 - p)}$ die Standardabweichung von X. Außerdem wird vorausgesetzt, dass die Laplace-Bedingung $\sigma > 3$ gilt.

90%-Intervall: $\mu - 1{,}64 \cdot \sigma \leq X \leq \mu + 1{,}64 \cdot \sigma$

95%-Intervall: $\mu - 1{,}96 \cdot \sigma \leq X \leq \mu + 1{,}96 \cdot \sigma$

99%-Intervall: $\mu - 2{,}58 \cdot \sigma \leq X \leq \mu + 2{,}58 \cdot \sigma$

68,3%-Intervall: $\mu - \sigma \leq X \leq \mu + \sigma$

95,5%-Intervall: $\mu - 2\sigma \leq X \leq \mu + 2 \cdot \sigma$

99,7%-Intervall: $\mu - 3\sigma \leq X \leq \mu + 3 \cdot \sigma$

Beispiel: Kürbisse

Eine landwitschaftlicher Großbetrieb produziert Kürbisse, die zu 80% die beste Qualität aufweisen. Ein Obsthändler hat 250 Kürbisse bestellt. Er verlangt eine Prognose über die Anzahl der Kürbisse bester Qualität in der Lieferung.
Die Sicherheitswahrscheinlichkeit der Prognose soll 95% betragen. Bestimmen Sie ein geeignetes Prognoseintervall.

Lösung:
Die Wahrscheinlichkeit für einen Kürbis bester Qualität beträgt p = 0,80.
X sei die Anzahl der Kürbisse bester Qualität in der Stichprobe vom Umfang n = 250.
Wir bestimmen zunächst den Erwartungswert und die Standardabweichung von X.
Wir erhalten $\mu = 250$ und $\sigma = 6{,}32$.
Die Laplace-Bedingung gilt wegen $\sigma > 3$.

Das gewünschte Prognoseintervall mit der Sicherheitswahrscheinlichkeit von 95% ist die $1{,}96\,\sigma$-Umgebung des Erwartungswertes, die rechts errechnet wird, wobei am Ende ganzzahlig nach außen* gerundet werden muss. Resultat: Mit 95% Sicherheit enthält die Lieferung zwischen 237 und 263 Kürbisse erster Qualität.

Gegebene Daten:
X = Anzahl der Treffer (Kürbisse 1. Klasse) in der Stichprobe
Umfang der Stichprobe: n = 250
Trefferwahrscheinlichkeit: p = 0,80

Erwartungswert und Standardabweichung:
$\mu = n \cdot p = 250 \cdot 0{,}8 = 200$
$\sigma = \sqrt{n \cdot p \cdot (1-p)} = \sqrt{250 \cdot 0{,}8 \cdot 0{,}2} = 6{,}32 > 3$

Prognoseintervall mit 90 % Sicherheit:

$$\mu - 1{,}96 \leq X \leq \mu + 1{,}96\sigma$$
$$250 - 1{,}96 \cdot 6{,}32 \leq X \leq 250 + 1{,}96 \cdot 6{,}32$$
$$237{,}61 \leq X \leq 262{,}39$$
$$237 \leq X \leq 263$$

* **Prognoseintervalle** werden **nach außen gerundet**, um die Sicherheitswahrscheinlichkeit nicht zu gefährden.

Konfidenzintervalle

Ein binomialverteiltes Merkmal besitze in der Grundgesamtheit die *unbekannte* Wahrscheinlichkeit p. Der Grundgesamtheit wird eine Stichprobe vom Umfang n entnommen, in der das Merkmal mit der absoluten Häufigkeit X bzw. mit der relativen Häufigkeit $h_n = \frac{X}{n}$ vorkommt. Dann kann die unbekannte Wahrscheinlichkeit p mit Hilfe eines Konfidenzintervalls mit vorgegebener Sicherheitswahrscheinlichkeit abgeschätzt werden.
Dabei wird vorausgesetzt, dass die Laplace-Bedingung für Konfidenzintervalle erfüllt ist.
Sie lautet: $\sigma^* = \sqrt{n \cdot h_n \cdot (1 - h_n)} > 3$

Als übliche Konfidenzintervalle* verwendet man folgende Intervalle:

90%-Intervall: $h_n - 1{,}64 \cdot \sqrt{\frac{h_n \cdot (1 - h_n)}{n}} \le p \le h_n + 1{,}64 \cdot \sqrt{\frac{h_n \cdot (1 - h_n)}{n}}$

95%-Intervall: $h_n - 1{,}96 \cdot \sqrt{\frac{h_n \cdot (1 - h_n)}{n}} \le p \le h_n + 1{,}96 \cdot \sqrt{\frac{h_n \cdot (1 - h_n)}{n}}$

99%-Intervall: $h_n - 2{,}58 \cdot \sqrt{\frac{h_n \cdot (1 - h_n)}{n}} \le p \le h_n + 2{,}58 \cdot \sqrt{\frac{h_n \cdot (1 - h_n)}{n}}$

Beispiel: Schätzung eines Marktanteils p

Eine Partei möchte den Anteil p ihrer Anhänger mit einer Sicherheitswahrscheinlichkeit von 90% schätzen lassen. In einer Zufallsstichprobe von 1000 befragten Personen findet man 250 Anhänger der Partei.
Bestimmen Sie ein Konfidenzintervall für p.

Lösung:
Wir bestimmen zunächst die in der Stichprobe beobachtete relative Häufugkeit. Sie beträgt $h_n = 0{,}25$.

Dann überprüfen wir, ob die Laplace-Bedingung für Konfidenzintervalle erfüllt ist. Wegen $\sigma^* = 13{,}69 > 3$ ist sie erfüllt.

Nun berechnen wir die linke Grenze p_1 und die rechte Grenze p_2 des Konfidenzintervalls. Dabei verwenden wir wegen der geforderten Sicherheit von 90% das Konfidenzintervall mit z = 1,64 (s. Kasten oben).

Wir erhalten $0{,}2275 \le p \le 0{,}2725$.

Der Anteil der Anhänger liegt mit 90% Sicherheit zwischen 22,8% und 27,3%.

Relative Häufigkeit h_n:

$$h_n = \frac{X}{n} = \frac{250}{1000} = 0{,}25$$

Laplace-Bedingung:

$$\sigma^* = \sqrt{n \cdot h_n \cdot (1 - h_n)} = \sqrt{1000 \cdot 0{,}25 \cdot 0{,}75} \approx 13{,}69 > 3$$

Grenzen des Konfidenzintervalls:

$$p_1 = h_n - 1{,}64 \cdot \sqrt{\frac{h_n \cdot (1 - h_n)}{n}} = 0{,}25 - 1{,}64 \cdot \sqrt{\frac{0{,}25 \cdot 0{,}75}{1000}} \approx 0{,}2275$$

$$p_2 = h_n + 1{,}64 \cdot \sqrt{\frac{h_n \cdot (1 - h_n)}{n}} = 0{,}25 + 1{,}64 \cdot \sqrt{\frac{0{,}25 \cdot 0{,}75}{1000}} \approx 0{,}2725$$

* Möglich sind auch Intervalle mit 68,3%-, 95,5%- und 99,7%-Sicherheit (s. S. 239).

Übungen

61. Prognoseintervall: Wette
Maja möchte mit einer Freundin wetten, wie viele Kopfwürfe sie bei 100 Würfen einer Münze wohl schafft. Um die Zahl der Kopfwürfe für diese Wette besser eingrenzen zu können, will sie ein Prognoseintervall errechnen. Wie lautet ihr Ergebnis, wenn es eine Sicherheitswahrscheinlichkeit von 90% besitzen soll? Achtung: Prognoseintervalle werden nach außen gerundet.

62. Prognoseintervall: Golfclub
Ein Golfclub mit einer sehr großen Zahl von Mitgliedern möchte 200 Mitglieder zur Neuanlage eines Platzes befragen und schreibt diese an. Aus Erfahrung weiß man, dass im Durchschnitt 60% der Angeschriebenen antworten.

a) Schätzen Sie die Zahl der Mitglieder, die antworten werden, auf einem Sicherheitsniveau von 90% sowie von 99%.
b) Ein hohes Sicherheitsniveau ist ein Vorteil, es bringt aber auch einen Nachteil. Worum handelt es sich dabei?

63. Prognoseintervall: Gewinnkalkulation
Eine freischaffende Künstlerin lebt vom Verkauf ihrer Bilder an Touristen. Sie weiß aus Erfahrung, dass 40% der Bilder gut ankommen und mit einem Gewinn von jeweils 400€ verkauft werden können. Auf den restlichen Bildern bleibt sie sitzen, sie verursachen einen Verlust von jeweils 100€. Für die nächste Saison plant sie 800 Bilder zu malen und möchte nun wissen, mit welchem Gewinn sie rechnen kann. Bestimmen Sie ein Prognoseintervall für die Anzahl der verkauften Bilder und kalkulieren Sie die Gewinnerwartungsspanne der Künstlerin. Die geforderte Sicherheitswahrscheinlichkeit soll 90% betragen.

64. Konfidenzintervall: Filmkonsum
Von 65 Teenagern gaben bei einer Befragung 55 an, im Laufe der letzten Woche mindestens einen Kinofilm gesehen zu haben. Bestimmen Sie ein 90%-Konfidenzintervall für die Wahrscheinlichkeit in der Gruppe aller Teenager, im Laufe einer Woche mindestens einen Film zu sehen. Aus welchem Grund muss das Resultat mit einer gewissen Skepsis betrachtet werden?

65. Konfidenzintervall: Würfel
Ein Würfel soll daraufhin untersucht werden, ob er gefälscht ist. Dazu wird der Würfel 60-mal geworfen. Es fallen 18 Sechsen.

a) Überprüfen Sie, ob der Würfel mit einer Sicherheitswahrscheinlichkeit von 90% fair ist.
b) Jonas glaubt, dass der Würfel mit einer Wahrscheinlichkeit von ca. 25% Sechsen liefert. Ist Jonas Einschätzung mit dem Stichprobenergebnis von 18 Sechsen verträglich?

66. Konfidenzintervall: Meinungsumfrage
In einer repräsentativen Umfrage befürworten 55% von 300 befragten Bewohnern einer Großstadt die Verlängerung der Grünphasen für Fußgänger an den Ampelanlagen der Stadt.

a) Ermitteln Sie ein Konfidenzintervall für den Anteil der Befürworter der verlängerten Grünphasen für Fußgänger zum Sicherheitsniveau von 95%. Begründen Sie, dass dieses Ergebnis bei 95% Sicherheit nicht für die absolute Mehrheit reicht.
b) Untersuchen Sie, welcher Stichprobenumfang n bei 55% Zustimmung und 95% Sicherheit für die absolute Mehrheit erforderlich ist.

VIII. Aufgaben zur Abiturvorbereitung

1. Hilfsmittelfreie Aufgaben

A. Analysis

1. Ganzrationale Funktion I

Gegeben ist die Funktion $f(x) = x^3 - 4x$.

a) Bestimmen Sie die Nullstellen von f.

b) Untersuchen Sie f auf Standardsymmetrie.

c) Berechnen Sie $\int_{-2}^{2} f(x)\,dx$ und interpretieren Sie Ihr Ergebnis.

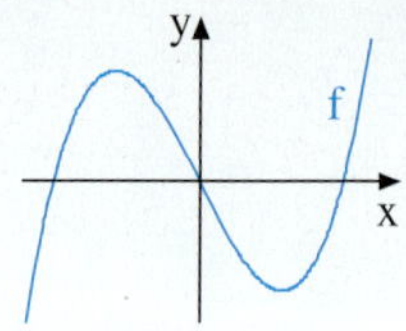

2. Ganzrationale Funktion II

a) Ermitteln Sie eine ganzrationale Funktion f vierten Grades. Sie ist symmetrisch zur y-Achse, schneidet die y-Achse bei $y = 1$ und besitzt den Tiefpunkt $T(2|-3)$.

b) Bestimmen Sie die Tangente an f im Punkt $P(1|-0{,}75)$.

3. Ganzrationale Funktion III (mit Parameter a)

Gegeben ist die Funktion $f_a(x) = -\frac{1}{2}x^2 + 2ax,\ \ a > 0$.

a) Zeigen Sie, dass die Tangente an f im Punkt $P_a(a|f(a))$ für jedes $a > 0$ die Steigung a besitzt.

b) Bestimmen Sie den Wert für a so, dass f einen Extremwert mit dem y-Wert 8 besitzt.

c) Zeigen Sie: Das Flächenstück unter f_a über dem Intervall [0; 1] hat den Inhalt $A = a - \frac{1}{6}$.

4. Ganzrationale Funktion IV

Gegeben ist die Funktion $f(x) = \left(\frac{1}{2}x^4 - 2x\right)^2 \cdot x^2$.

a) Bestimmen Sie die Ableitungsfunktion $f'(x)$ mittels Produkt- und Kettenregel.

b) Bestimmen Sie f in Polynomschreibweise und leiten Sie f dann mittels Potenzregel ab.

c) Stellen Sie nun das Ergebnis von a) ebenfalls in Polynomschreibweise dar und zeigen Sie, dass die Ergebnisse von a) und b) übereinstimmen.

5. Exponentialfunktion I

Gegeben ist die Funktion $f(x) = -x \cdot e^{-x+1}$.

a) Bestimmen Sie die Nullstellen von f.

b) Untersuchen Sie die Funktion f auf Extrema.

c) Untersuchen Sie das Verhalten von f für $x \to \pm\infty$.

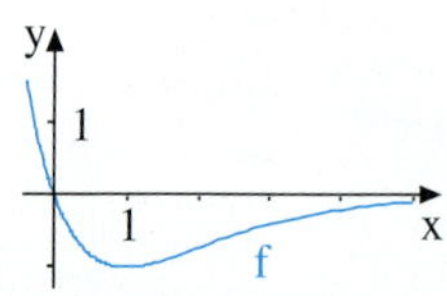

6. Exponentialfunktion II (mit Parameter a)

Gegeben ist die Funktion $f_a(x) = a\,e^{1-x} + x$.

a) Bestimmen Sie den Parameter a so, dass f_a bei $x = 0$ ein Extremum besitzt.

b) Zeigen Sie, dass es sich um den Tiefpunkt $T(0|1)$ handelt.

c) Bestimmen Sie eine Stammfunktion F_a von f_a.

7. Exponentialfunktion III

Gegeben ist die Funktion $f(x) = 12e^{\frac{1}{3}x} - 4$.

a) Bestimmen Sie die Nullstellen von f (Angabe des vereinfachten Terms genügt).

b) Bestimmen Sie die Tangente im Punkt $P(0|8)$ an f.

c) Bestimmen Sie den Inhalt des von den Koordinatenachsen mit der Tangente gebildeten Dreiecks.

8. Exponentialfunktion IV

Gegeben ist die Funktion $f(x) = (1 + x^2) \cdot e^{-x}$.

a) Zeigen Sie, dass f keine Nullstellen besitzt.

b) Zeigen Sie, dass $F(x) = (-x^2 - 2x - 3) \cdot e^{-x}$ eine Stammfunktion von f ist.

c) Geben Sie eine Stammfunktion von f an, deren Graph durch den Punkt $P(0|0)$ geht.

9. Exponentialfunktion V

Gegeben ist die Funktion $f(x) = (14 - 2x) \cdot e^{-x}$.

a) Bestimmen Sie die Achsenschnittpunkte von f.

b) Bestimmen Sie für $F(x) = (2x - a) \cdot e^{-x}$ den Parameter a so, dass F eine Stammfunktion von f ist.

c) Bestimmen Sie den Inhalt der Fläche unter f im 1. Quadranten (Termangabe genügt).

10. Exponentialfunktion VI

Gegeben ist die Funktion $f(x) = (2x - 1) \cdot e^{-x}$.

a) Untersuchen Sie f auf Extrema.

b) Untersuchen Sie f auf Wendepunkte.

c) Zeigen Sie, dass $F(x) = (-2x - 1) \cdot e^{-x}$ eine Stammfunktion von f ist.

11. Exponentialfunktion VII

Gegeben ist die Funktion $f(x) = -3e^{-x}$.

a) Bilden Sie $f'(x)$. Interpretieren Sie das Resultat für das Monotonieverhalten von f.

b) Erläutern Sie das Ergebnis von a) für die Existenz von Extrema.

c) Die Tangente von f bei $x = 0$ bildet mit den Koordinatenachsen ein Dreieck. Bestimmen Sie den Inhalt dieses Dreiecks.

12. Identifikation von Exponentialfunktionen

a) Ordnen Sie den Graphen in Bild 1 die Funktionen $f(x) = 1 + e^{-x}$, $g(x) = 2e^{-x}$ und $h(x) = e^{1-x}$ zu.

b) Ordnen Sie den Graphen in Bild 2 die Ableitungen f', g' und h' zu.

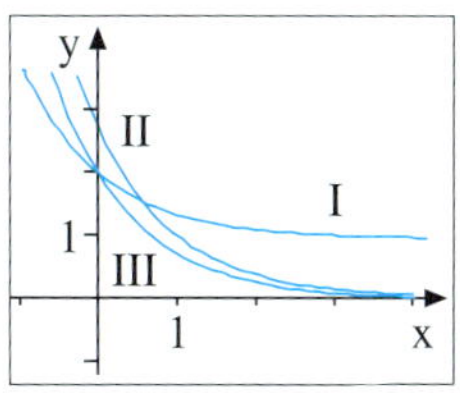

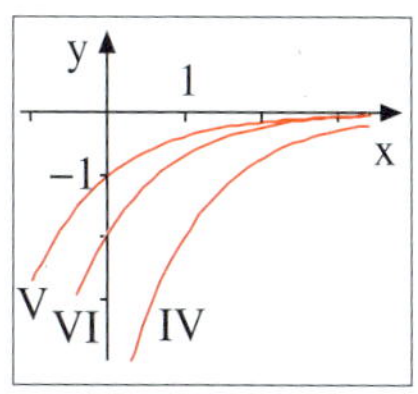

13. Logarithmusfunktion

Gegeben ist die Funktion $f(x) = x \cdot \ln(2x)$, $x > 0$.

a) Untersuchen Sie f auf Extremstellen (Angabe des vereinfachten Terms genügt). Geben Sie auch die Art des Extremums an.

b) Zeigen Sie, dass $F(x) = \frac{1}{2}x^2 \cdot \ln(2x) - \frac{1}{4}x^2$ eine Stammfunktion von f ist.

c) Untersuchen Sie das Krümmungsverhalten des Graphen von f.

14. Rationale Funktion I

Gegeben ist die Funktion $f(x) = x^2 - \frac{1}{x^2}$, $x \neq 0$.

a) Bestimmen Sie die Nullstellen von f.

b) Untersuchen Sie auf Wendestellen (Angabe des vereinfachten Terms genügt).

c) Bestimmen Sie eine Stammfunktion von f.

15. Rationale Funktion II

Gegeben ist die Funktion $f(x) = \frac{1}{4}x^2 + \frac{4}{x}$, $x > 0$.

a) Untersuchen Sie f auf Extrema.

b) Bestimmen Sie eine Stammfunktion F von f (Kontrolle: $F(x) = \frac{1}{12}x^3 + 4\ln x$).

c) Bestimmen Sie den Inhalt der Fläche unter f über dem Intervall [1; 2] (Angabe des vereinfachten Terms genügt).

16. Trigonometrische Funktion I

Gegeben ist die Funktion $f(x) = x + \sin x$, $0 \leq x \leq 2\pi$.

a) Begründen Sie, dass $x = 0$ die einzige Nullstelle von f ist.

b) Untersuchen Sie f auf Extrema.

c) Zeichnen Sie den Graphen von f für $0 \leq x \leq 2\pi$.

17. Trigonometrische Funktion II

Gegeben ist die Funktion $f(x) = \sin x \cdot \cos x$, $0 \leq x \leq \frac{\pi}{2}$.

a) Untersuchen Sie f auf Extrema.

b) Zeigen Sie, dass $F(x) = \frac{1}{2}\sin^2 x$ eine Stammfunktion von f ist.

c) Bestimmen Sie den Inhalt der Fläche, die von f und der x-Achse über $\left[0; \frac{\pi}{2}\right]$ eingeschlossen wird. Es kann genutzt werden: $\sin\frac{\pi}{4} = \cos\frac{\pi}{4} = \sqrt{\frac{1}{2}}$.

18. Potenz- und Wurzelfunktionen

Gegeben sind die Funktionen $f(x) = \sqrt{x}$, $g(x) = x$ und $h(x) = x^2$.

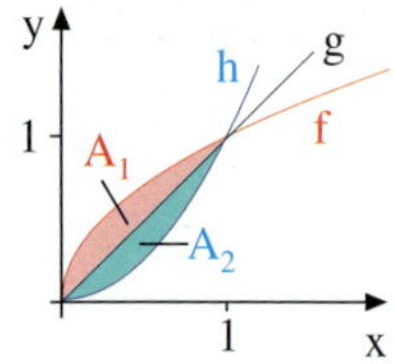

a) Beschreiben Sie das Krümmungsverhalten von f und h im Intervall $0 < x < 1$.

b) Begründen Sie, dass die Flächen A_1 und A_2 den gleichen Flächeninhalt besitzen.

c) Untersuchen Sie, an welcher Stelle im Intervall [0; 1] die Funktionswerte von f und g am stärksten voneinander abweichen.

Gemischte Aufgaben zur Analysis

1. Gegeben sind die Funktionen $f(x) = x^3 + 4x$ und $g(x) = -x^3 + 6x^2$, $x \in \mathbb{R}$.

a) Geben Sie an, wie viele Schnittstellen zwei Graphen ganzrationaler Funktionen dritten Grades maximal haben können.

b) Ermitteln Sie alle Schnittstellen der Graphen von f und g.

c) Zeigen Sie, dass die Graphen von f und g über [0; 2] mit der x-Achse jeweils ein exakt gleich großes Flächenstück beranden. Bestimmen Sie auch dessen Inhalt.

2. Gegeben sind die Funktionen $f(x) = x^3 - 3x^2 + 2x$ und $g(x) = 2x - 2$, $x \in \mathbb{R}$.

a) Untersuchen Sie, an welchen Stellen die Abweichung $d = |f - g|$ ein lokales Maximum annimmt.
Berechnen Sie, wie groß ist die Abweichung d an diesen Stellen ist.

b) Zeigen Sie, dass die Tangenten an den Graphen von f an diesen Stellen parallel zum Graphen von g verlaufen.

c) Zeigen Sie, dass $\int_0^2 (f(x) - g(x))\,dx = 0$ gilt.
Interpretieren Sie dieses Ergebnis.

3. Gegeben sind die lineare Funktion $f(x) = ax + b$, $x \leq 0$, $a \neq 0$ und die Funktion g mit der Funktionsgleichung $g(x) = 0{,}5\,e^{-2x}$, $x \geq 0$.

a) Berechnen Sie die Parameter a und b der Funktion f so, dass die Graphen von f und g an der Stelle $x = 0$ knickfrei ineinander übergehen.

b) Berechnen Sie den Inhalt der vom Graphen von g und der x-Achse über dem Intervall [0; 10] begrenzten Fläche A.

c) Begründen Sie, dass die Funktion g weder Extrema noch Wendepunkte besitzt.

4. Gegeben sind die Funktionen $f(x) = x^3 - x^2$ und $g(x) = -x^3 + x^2 + 4x$, $x \in \mathbb{R}$.

a) Stellen Sie die Gleichung der Tangente t an den Graphen von f im Punkt $P(2|f(2))$ auf. Berechnen Sie die Steigung und den y-Achsenabschnitt von t.

b) Berechnen Sie den Inhalt der von den Graphen von f und g eingeschlossenen Fläche A.

5. Gegeben sind die Funktionen der Form $f_a(x) = \sin(ax)$, $a, x \in \mathbb{R}$, $a \neq 0$.

a) Geben Sie alle Nullstellen von f_a in Abhängigkeit von a an.

b) Berechnen Sie, welche Steigung f_a in den Nullstellen hat.

c) Untersuchen Sie, wie a gewählt werden muss, damit die Fläche eines Bogens von f_a den Inhalt 0,5 hat.

6. Gegeben ist die Funktion $f(x) = -x^3 + 3x \ (x \in \mathbb{R})$.
Ihr Graph ist rechts abgebildet.

a) Zeigen Sie: f hat die Extrempunkte $T(-1|-2)$ und $H(1|2)$ und den Wendepunkt $W(0|0)$.

b) Skizzieren Sie den Graphen von f′. Verwenden Sie hierzu die Ergebnisse aus a).

c) Ein achsenparalleles Rechteck mit einer Ecke im Ursprung und der gegenüberliegenden Ecke P auf dem Graphen von f im 1. Quadranten soll maximalen Inhalt haben.
Berechnen Sie die x-Koordinate des Punktes P.

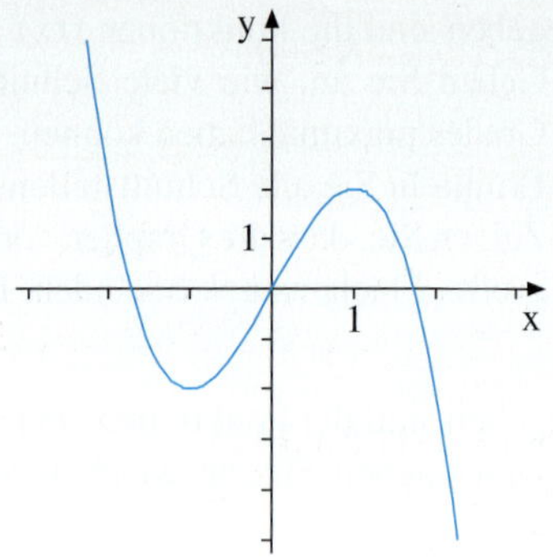

7. Gegeben ist die Funktion $f(x) = x^3 + 3x \ (x \in \mathbb{R})$.

a) Begründen Sie:
   I. Der Graph von f ist symmetrisch zum Ursprung.
   II. Es gilt: $f(x) < 0$ für $x < 0$ und $f(x) > 0$ für $x > 0$.

b) Berechnen Sie den Inhalt der Fläche unter dem Graphen von f über dem Intervall [0; 1].

c) Untersuchen Sie, um wie viel man den Graphen von f in y-Richtung verschieben muss, damit der Flächeninhalt aus b) ganzzahlig wird.

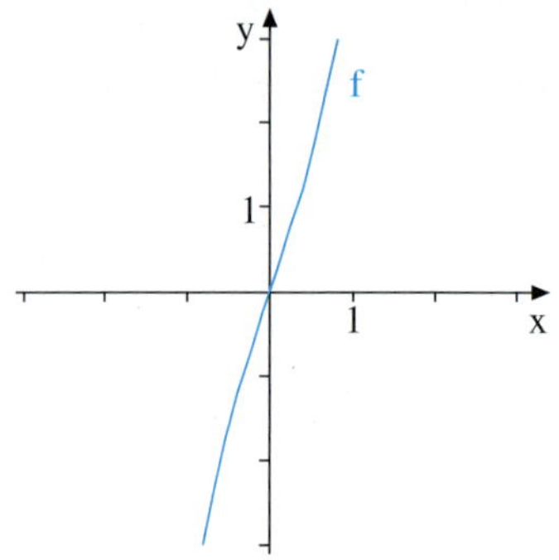

8. Gegeben ist die Funktion $f(x) = x \cdot e^{1+x}$, $x \in \mathbb{R}$.

a) Berechnen Sie die ersten beiden Ableitungen f′ und f″.

b) Berechnen Sie das lokale Extremum sowie seine Art (Hoch- oder Tiefpunkt).

c) Berechnen Sie den Wendepunkt von f (ohne f‴).

9. Gegeben ist die Funktion $f(x) = \ln x$.

a) Zeigen Sie, dass die Tangente t an f im Punkt $P(e|f(e))$ durch den Koordinatenursprung $O(0|0)$ geht.

b) Die Tangente t, die Normale n und die x-Achse bilden das rechtwinklige Dreieck OCP mit der Hypotenuse $\overline{OC}$. Berechnen Sie die Länge des Hypotenusenabschnitts $q = \overline{DC}$.

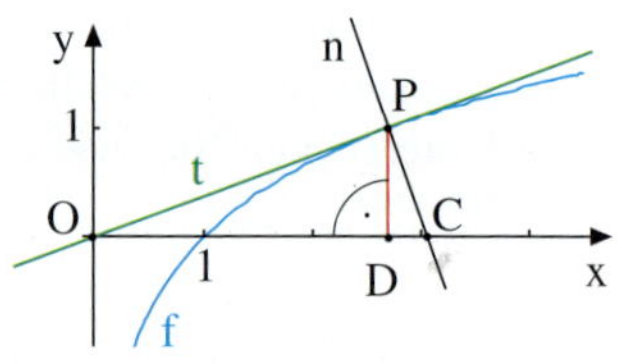

B. Lineare Algebra und analytische Geometrie

1. Geraden im Raum I

Gegeben sind die Geraden g: $\vec{x} = \begin{pmatrix} 1 \\ 2 \\ 1 \end{pmatrix} + r\begin{pmatrix} 2 \\ -1 \\ -2 \end{pmatrix}$ und h durch die Punkte A (−5|6|5) und B (−1|2|5).

a) Stellen Sie eine Gleichung der Geraden h auf.
b) Untersuchen Sie die relative Lage der Geraden g und h.
c) Zeigen Sie, dass sich die Geraden g und h unter 45° schneiden $\left(\text{Es gilt } \cos 45° = \sqrt{\tfrac{1}{2}}.\right)$.

2. Geraden im Raum II

Gegeben sind die Punkte A (−1|2|−1) und B (8|8|2).

a) Stellen Sie eine Gleichung der Geraden g durch die Punkte A und B auf.
b) Berechnen Sie den Schnittpunkt von g mit der x-y-Ebene, also den Spurpunkt S_{xy}.
c) Bestimmen Sie zwei Punkte von g, die durch die x-y-Ebene getrennt werden und zu ihr den gleichen Abstand auf g haben.

3. Flugbahn

Ein Flugzeug befindet sich um 12.00 Uhr in Position A (2|4|3) und eine Minute später in Position B (5|8|3) (Angaben in km).

a) Berechnen Sie, in welcher Position es sich um 12.02 Uhr bzw. um 12.20 Uhr befindet.
b) Prüfen Sie, welcher der Punkte P (14|20|3), Q (5|8|1) sich auf der Flugbahn befindet.
c) Bestimmen Sie die Geschwindigkeit des Flugzeugs in $\frac{\text{km}}{\text{h}}$.

4. Lagebeziehung Gerade/Ebene

Gegeben ist die Ebene E durch die Punkte A (1|2|0), B (3|3|2) und C (3|2|1).

a) Stellen Sie E durch eine Koordinatenform dar.
b) Untersuchen Sie die relative Lage von E und der Geraden g: $\vec{x} = \begin{pmatrix} -3 \\ 3 \\ -5 \end{pmatrix} + r\begin{pmatrix} 0 \\ 1 \\ -1 \end{pmatrix}$.
c) Zeigen Sie, dass die Gerade h: $\vec{x} = \begin{pmatrix} -3 \\ 1 \\ -3 \end{pmatrix} + r\begin{pmatrix} 4 \\ 1 \\ 3 \end{pmatrix}$. in E liegt.

5. Vektoren

Gegeben ist der abgebildete Würfel.

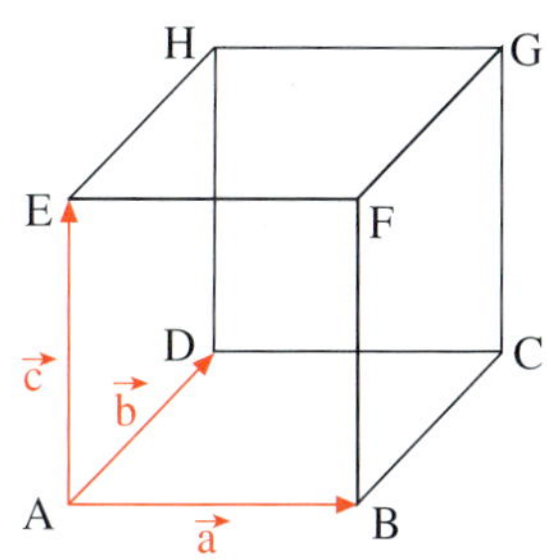

a) Stellen Sie die Vektoren $\overrightarrow{AC}$, $\overrightarrow{BH}$, $\overrightarrow{GA}$, $\overrightarrow{CE}$ durch die Vektoren $\vec{a}$, $\vec{b}$, $\vec{c}$ dar.
b) Stellen Sie umgekehrt die Vektoren $\vec{a} - \vec{b}$, $\vec{b} + \vec{c}$, $\vec{a} + \vec{b} - \vec{c}$ durch Vektoren $\overrightarrow{XY}$ mit X, Y aus A, …, H dar.
c) Der Würfel liegt nun in einem Koordinatensystem mit D (0|0|0), A (3|0|0), C (0|3|0). Bestimmen Sie die Koordinaten der restlichen Eckpunkte.

6. Schattenwurf

Abgebildet ist die Schräge E mit einem 4 m hohen senkrechten Mast in M(0|5|0) mit der Spitze S. In Richtung des Vektors $\vec{v}$ fällt Sonnenlicht ein und wirft einen Schatten des Mastes aufs Dach.

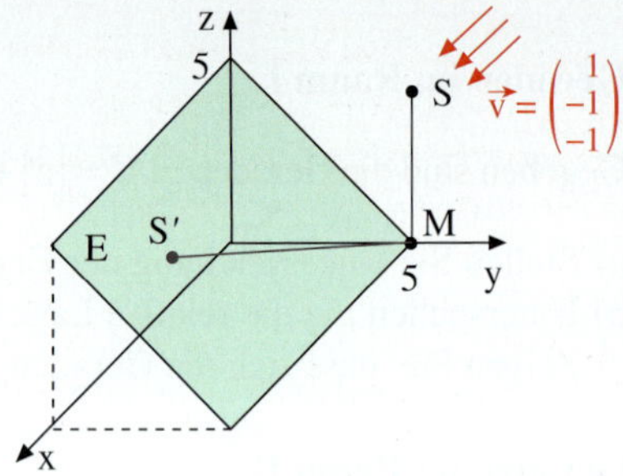

a) Stellen Sie eine Gleichung des Daches E in Parameterform sowie in Koordinatenform auf.
b) Bestimmmen Sie die Koordinaten des Schattenpunktes S′ von S.
c) Berechnen Sie die Länge des Schattens auf dem Dach.

7. Ebenen im Raum I

Gegeben ist das abgebildete Dach.

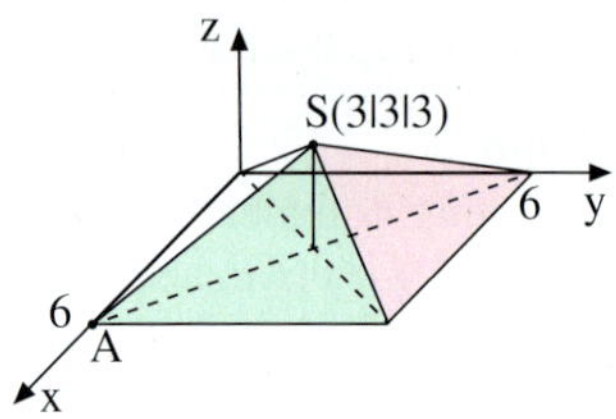

a) E_1 ist die vordere Dachfläche, E_2 ist die rechte. Stellen Sie je eine Normalengleichung von E_1 und E_2 auf.
b) Berechnen Sie den Winkel zwischen der Dachkante $\overline{AS}$ und dem Dachboden.
c) Berechnen Sie den von E_1 und E_2 eingeschlossenen Winkel.
Angabe als trigonometrischer Term genügt.

8. Ebenen im Raum II

Gegeben ist die Ebene E: $\left(\vec{x} - \begin{pmatrix} 1 \\ 5 \\ 3 \end{pmatrix}\right) \cdot \begin{pmatrix} 1 \\ -2 \\ 2 \end{pmatrix} = 0.$

a) Stellen Sie E in Koordinatenform sowie in Parameterform dar.
b) Bestimmen Sie eine Gerade g durch P(1|1|5), die parallel zur Ebene E verläuft.
c) Bestimmen Sie den Abstand der Gerade g zur Ebene E.

9. Ebenen im Raum III

Gegeben ist die abgebildete Ebene E.

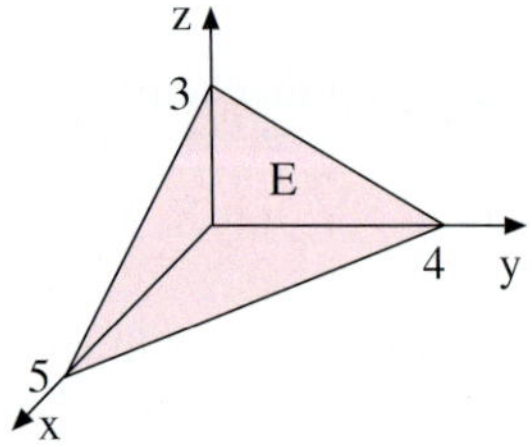

a) Stellen Sie die Ebene E durch Gleichungen in Koordinatenform, Normalenform und in Parameterform dar.
b) Stellen Sie die Ebene F parallel zu E durch den Punkt P(5|4|1) in Koordinatenform dar.
c) Bestimmen Sie die Gleichung der Geraden g durch P, die parallel zur x-y-Ebene in der Ebene F liegt.

Gemischte Aufgaben zur linearen Algebra und zur analytischen Geometrie

1. Gegeben ist das Dreieck A(5|6|−5), B(11|9|1), C(2|0|1).
a) Zeigen Sie, dass das Dreieck rechtwinklig und gleichschenklig ist.
b) Bestimmen Sie den Flächeninhalt des Dreiecks.
c) Bestimmen Sie einen Punkt D so, dass A, B, C und D ein Quadrat bilden.

2. Gegeben ist die Ebene E durch die Punkte A(3|1|1), B(1|2|3), C(3|2|5).
a) Stellen Sie je eine Ebenengleichung in Normalenform sowie in Koordinatenform auf.
b) Untersuchen Sie die relative Lage der Geraden g: $\vec{x} = \begin{pmatrix} -1 \\ 6 \\ -2 \end{pmatrix} + r\begin{pmatrix} 2 \\ 4 \\ -1 \end{pmatrix}$ zur Ebene E.
c) Berechnen Sie den Abstand des Punktes P(4|5|0) zur Ebene E.

3. Die Ebene E schneidet die Koordinatenachsen in den Punkten X(4|0|0), Y(0|6|0) und Z(0|0|4).
a) Stellen Sie die Ebene E durch eine Parametergleichung dar.
b) Berechnen Sie den Parameter a so, dass der Punkt P(a|12|−8) auf E liegt.
c) Zeigen Sie, dass das Dreieck XYZ spitzwinklig ist.

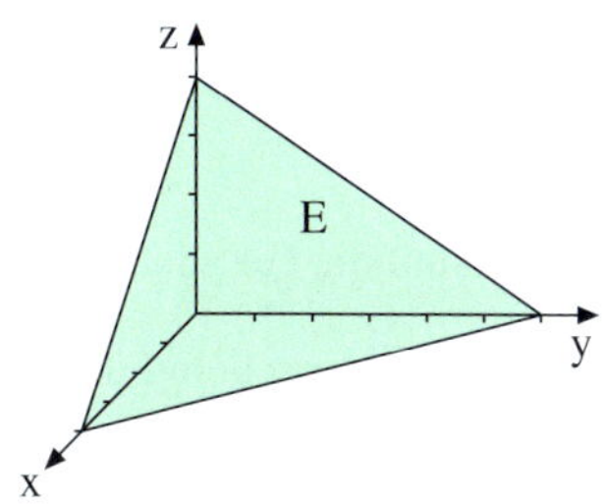

4. Gegeben ist die Gerade g: $\vec{x} = \begin{pmatrix} 1 \\ 0 \\ 3 \end{pmatrix} + r\begin{pmatrix} 2 \\ 1 \\ 2 \end{pmatrix}$ sowie der Punkt P(9|7|5).
a) Prüfen Sie, ob es einen Punkt auf der Geraden g mit gleichen Koordinaten Q(a|a|a) gibt.
b) Bestimmen Sie eine Gleichung der Geraden h durch P, die die Gerade g senkrecht schneidet. Geben Sie auch den Schnittpunkt S an.
c) Bestimmen Sie einen Punkt R auf der Geraden h, der von S die gleiche Entfernung wie der Punkt P hat.

5. Gegeben sind die Punkte A(0|0|0), B(4|0|8), C(2|6|4) und D_a(a|3|3a − 2), $a \in \mathbb{R}$ sowie die Ebene E mit der Gleichung $\vec{x} = r\begin{pmatrix} 0 \\ 1 \\ 0 \end{pmatrix} + s\begin{pmatrix} 1 \\ 0 \\ 2 \end{pmatrix}$, $r, s \in \mathbb{R}$.
a) Berechnen Sie den Parameter a so, dass der Punkt D_a in der Ebene E liegt. Kontrolle D_2(2|3|4)
b) Zeigen Sie rechnerisch, dass der Punkt D_2 im von den Vektoren $\overrightarrow{AB}$ und $\overrightarrow{AC}$ aufgespannten Parallelogramm liegt.
c) Berechnen Sie den Abstand des Punktes D_2 vom Mittelpunkt des Parallelogramms.

6. a) Lösen Sie das rechts dargestellte lineare Gleichungssystem.
b) Deuten Sie die Lösungsmenge aus a) geometrisch.

7. Gegeben sind die Ebenen E_1: $x + y + 2z = 2$, E_2: $\vec{x} = \begin{pmatrix}0\\3\\2\end{pmatrix} + r\begin{pmatrix}1\\2\\-2\end{pmatrix} + s\begin{pmatrix}2\\1\\2\end{pmatrix}$ und F_a: $ax + 2y - z = 4$.

a) Bestimmen Sie jeweils einen gemeinsamen Punkt von E_1 und F_a bzw. E_2 und F_a.
b) Zeigen Sie, dass F_a weder zu E_1 noch zu E_2 parallel verlaufen kann.
c) Untersuchen Sie, für welchen Wert von a die Ebene F_a senkrecht auf E_1 bzw. auf E_2 steht.

8. Gegeben ist das Quadrat ABCD (s.Abb.).
a) Stellen Sie die Vektoren $\overrightarrow{AE}$ bzw. $\overrightarrow{BF}$ als Linearkombination der Vektoren $\vec{a}$ und $\vec{b}$ dar.
b) Ermitteln Sie, in welchem Verhältnis S die Transversalen $\overline{AE}$ und $\overline{BF}$ teilt.

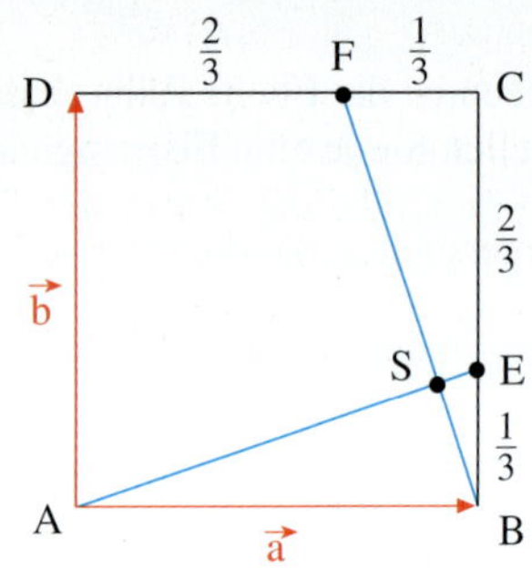

9. Gegeben sind die Geraden g: $\vec{x} = \begin{pmatrix}-2\\-4\\4\end{pmatrix} + r\begin{pmatrix}3\\2\\-1\end{pmatrix}$ und h: $\vec{x} = \begin{pmatrix}3\\0\\5\end{pmatrix} + s\begin{pmatrix}1\\1\\1\end{pmatrix}$, $r, s \in \mathbb{R}$.

a) Zeigen Sie, dass sich g und h in $S(1|-2|3)$ schneiden.
b) Die Geraden g und h liegen in einer Ebene E.
Stellen Sie die Ebene E durch eine Parametergleichung dar.
Zeigen Sie, dass die Ebene E die Koordinatenform $3x - 4y + z = 14$ besitzt.
c) Lotrecht über S liegt der Punkt $P(-5|y|z)$. Berechnen Sie die Koordinaten y und z.
Kontrolle: $P(-5|6|1)$
d) Der Punkt P wird an der Ebene E gespiegelt. Berechnen Sie die Koordinaten des Bildpunktes P′.

10. Gegeben ist die Ebene E: $\vec{x} = r\begin{pmatrix}2\\-1\\1\end{pmatrix} + s\begin{pmatrix}2\\2\\3\end{pmatrix}$, $r, s \in \mathbb{R}$.

a) Zeigen Sie, dass E die Koordinatendarstellung $-5x - 4y + 6z = 0$ besitzt.
b) Eine zu E parallele Ebene F schneidet die z-Achse bei $z = 1$.
Stellen Sie eine Koordinatendarstellung von F auf.
c) G: $\vec{x} = r\begin{pmatrix}2\\-1\\1\end{pmatrix} + s\begin{pmatrix}x\\y\\z\end{pmatrix}$ soll eine zu E senkrechte Ebene darstellen.
Berechnen Sie die Koordinaten des 2. Richtungsvektors von G.

11. Gegeben sind die Vektoren $\vec{u} = \begin{pmatrix}3\\4\\-2\end{pmatrix}$, $\vec{v} = \begin{pmatrix}-2\\2\\1\end{pmatrix}$, $\vec{w} = \begin{pmatrix}2\\-1\\2\end{pmatrix}$.

a) Zeigen Sie, dass $\vec{u}$ orthogonal zu $\vec{v}$ aber nicht zu $\vec{w}$ ist.
b) Gegeben sei ein weiterer Vektor $\vec{k} = \begin{pmatrix}2\\-1\\z\end{pmatrix}$, $z \in \mathbb{R}$.
Zeigen Sie: Der Vektor $\vec{k}$ kann jeweils zu genau einem der Vektoren $\vec{u}$, $\vec{v}$, $\vec{w}$ orthogonal sein. Berechnen Sie die entsprechenden z-Werte.

C. Stochastik

1. Wahrscheinlichkeitsverteilung

Ein Würfel mit nebenstehendem Würfelnetz wird zweimal geworfen. Die Zufallsgröße X beschreibt die Augensumme der beiden Wurfergebnisse.

a) Kopieren und vervollständigen Sie die Tabelle der Verteilung von X.

b) Ermitteln Sie die Wahrscheinlichkeiten der folgenden Ereignisse:
A: Die Augensumme ist gerade.
B: Die Augensumme ist größer als eins.

Würfelnetz:

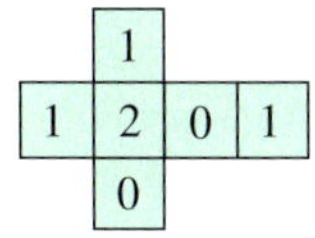

x_i	0	1	2	
$P(X = x_i)$	$\frac{1}{9}$			

2. Verteilung und Erwartungswert

In einer Urne befinden sich zwei Kugeln, die mit einer Eins beschriftet sind, sowie drei mit einer Zwei beschriftete Kugeln. Es werden zwei Kugeln gezogen und die Augensumme betrachtet.

a) Berechnen Sie die Wahrscheinlichkeit für das Ereignis: Die Augensumme ist drei.

b) Ein Spieler, der zwei Kugeln zieht, bekommt die Augensumme in Euro ausgezahlt. Prüfen Sie, ob sich bei einem Spieleinsatz von 3 Euro das Spiel für den Spieler lohnt.

3. Kombinatorische Probleme

a) Die fünf Familienmitglieder stellen sich in beliebiger Reihenfolge in einer Reihe für ein Familienfoto auf. Ermitteln Sie die Anzahl der Möglichkeiten der Aufstellung.

b) Für ein zweites Foto sollen die drei Kinder in der Mitte stehen und die beiden Eltern am Rand. Ermitteln Sie, wie viele Möglichkeiten es für diese Anordnung gibt.

c) Das nebenstehende Glücksrad wird dreimal gedreht. Ermitteln Sie die Wahrscheinlichkeiten der folgenden Ereignisse:
A: Jede Farbe tritt genau einmal auf.
B: Mindestens zweimal erscheint die Farbe gelb.

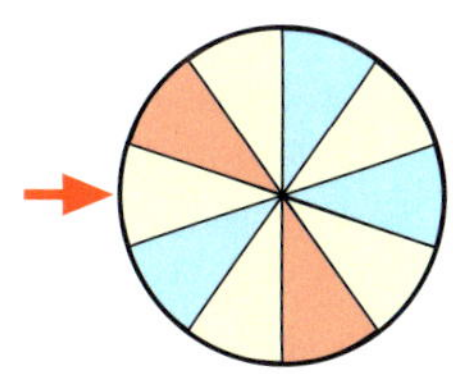

4. Ereignis und Gegenereignis

In einer Urne befinden sich fünf blaue, vier rote und drei weiße Kugeln. Es werden zwei Kugeln ohne Zurücklegen gezogen. Folgende Ereignisse werden untersucht:
A: Mindestens eine gezogene Kugel ist blau.
B: Die erste gezogene Kugel ist rot.

a) Formulieren Sie die Gegenereignisse $\overline{A}$ und $\overline{B}$.

b) Ermitteln Sie die Wahrscheinlichkeiten der Ereignisse A, B und $\overline{B}$.

5. Vierfeldertafel

a) Vervollständigen Sie die nebenstehende Vierfeldertafel.

b) Ermitteln Sie die bedingte Wahrscheinlichkeit, dass B eintritt unter der Bedingung, dass A eingetreten ist.

	A	$\overline{A}$	
B			0,3
$\overline{B}$		0,1	
	0,7		

6. Baumdiagramm

Für zwei Ereignisse A und B gilt $P(A \cap B) = 0{,}3$.

a) Kopieren und vervollständigen Sie das Baumdiagramm.

b) Entwickeln Sie aus dem Baumdiagramm das inverse Baumdiagramm, in dem die Reihenfolge der Ereignisse A und B vertauscht ist.

c) Prüfen Sie, ob die Ereignisse A und B stochastisch unabhängig sind.

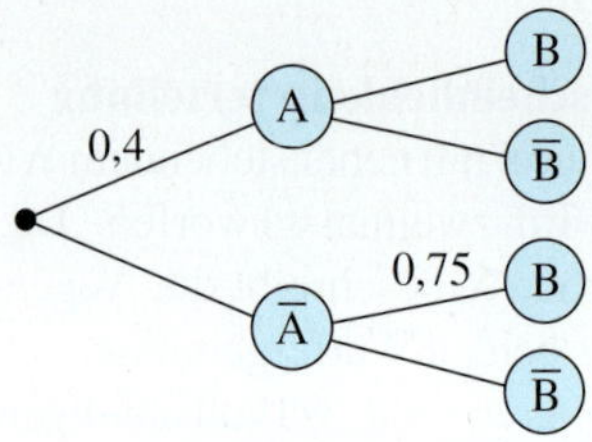

7. Losglück

Ein Losverkäufer bietet Lose an. Unter den in sehr großer Zahl vorhandenen Losen sind 10% Gewinnlose. Ein Käufer kauft sechs Lose. Geben Sie den Term an, mit dem die Wahrscheinlichkeiten der folgenden Ereignisse ermittelt werden können.

A: Das 1. gezogene Los ist eine Niete.

B: Unter den gezogenen Losen ist genau ein Gewinnlos.

C: Mindestens fünf der Lose sind Nieten.

8. Binomialverteilung, Erwartungswert, Standardabweichung

Bei einem Glückspiel liegt die Gewinnwahrscheinlichkeit bei 25%.

a) Berechnen Sie die zu erwartende Anzahl von Gewinnen bei 300 Spielen.

b) Zeigen Sie, dass unter diesen Bedingungen die Standardabweichung gleich 7,5 ist.

9. Kumulierte Binomialverteilung

Ein Glücksrad besteht aus einem roten, einem blauen und einem weißen Sektor. Die Wahrscheinlichkeit, dass beim einmaligen Drehen „Weiß" erscheint, beträgt $\frac{1}{4}$. Die Wahrscheinlichkeit, dass bei zweimaligem Drehen beide Male „Rot" erscheint, ist gleich $\frac{1}{9}$.

a) Ermitteln Sie die Wahrscheinlichkeit, dass beim einmaligen Drehen „Blau" erscheint.

b) Geben Sie an, zu welchem Zufallsexperiment die Wahrscheinlichkeit eines Ereignisses gleich $\sum_{k=0}^{1} \binom{6}{k} \cdot \left(\frac{1}{16}\right)^k \cdot \left(\frac{15}{16}\right)^{6-k}$ sein kann.

10. Prognoseintervall

Eine Bernoulli-Kette hat die Länge $n = 600$ und die Trefferwahrscheinlichkeit $p = 0{,}4$. Die Zufallsgröße X beschreibt die Anzahl der Treffer.

a) Berechnen Sie den Erwartungswert und die Standardabweichung von X.

b) Für das Prognoseintervall der Erfolge gilt mit 90% Sicherheit $220 \leq X \leq 260$.
Geben Sie das Prognoseintervall zu 90% Sicherheit an, wenn die Länge der Kette auf $n = 2400$ erhöht wird.

11. Konfidenzintervall

Um den Marktanteil seiner Autozeitschrift zu testen, führt der Zeitschriftenverlag eine Umfrage unter $n = 400$ Personen durch. Von diesen geben 80 an, dass sie die Zeitschrift lesen.

a) Berechnen Sie die relative Häufigkeit der Leser der Zeitschrift.

b) Das 95%-Konfidenzintervall bei diesen Parametern ist gleich $0{,}1608 \leq p \leq 0{,}2392$.
Geben Sie das 95%-Konfidenzintervall an, wenn $n = 1600$ Personen befragt werden, von denen 320 die Zeitschrift lesen.

Gemischte Aufgaben zur Stochastik

1. In einer Urne liegen 25 rote, 15 blaue und 10 grüne Kugeln.

a) Es werden 4 Kugeln mit Zurücklegen gezogen. Berechnen Sie, mit welcher Wahrscheinlichkeit keine rote Kugel dabei ist (Angabe als Bruch).

b) Geben Sie an, wie viele grüne Kugeln der Urne hinzugeführt werden müssen, damit die Wahrscheinlichkeit für das Ziehen einer grünen Kugel 0,5 beträgt.

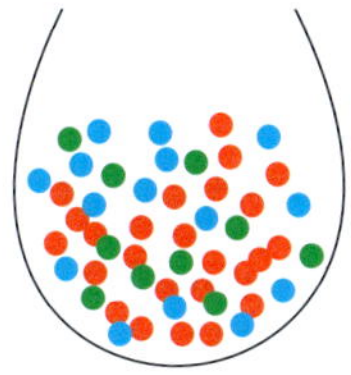

2. Eine Zufallsgröße X sei binomialverteilt mit $n = 100$ und der Varianz $V(X) = \sigma^2 = 9$.

a) Berechnen Sie, welche Werte die Trefferwahrscheinlichkeit p, der Erwartungswert μ und die Standardabweichung σ annehmen können.

b) Beschreiben Sie, wie sich die Werte für μ und σ ändern, wenn bei gleichbleibendem Wert für p der Umfang n erhöht wird.

3. In einem Kurs befinden sich 12 Mädchen und 7 Jungen. Eins der 12 Mädchen heißt Lisa.

a) Zwei Schüler werden zufällig ausgewählt.
Berechnen Sie, mit welcher Wahrscheinlichkeit es zwei Mädchen bzw. zwei Jungen sind.

b) Eine Person wird ausgewählt, es ist ein Mädchen. Berechnen Sie, mit welcher Wahrscheinlichkeit es Lisa ist.

4. Beim zehnmaligen Würfelwurf sei die Zufallsgröße X die Anzahl der Sechsen.
Stellen Sie jeweils einen Term für die Wahrscheinlichkeiten folgender Ereignisse auf.

a) Es kommt genau dreimal eine Sechs.

b) Es kommen genau drei Sechsen und zwar hintereinander.

5. Zehn Skatkarten (5 Buben, 3 Könige, 2 Damen) liegen verdeckt auf einem Tisch.

a) Zwei Karten werden aufgedeckt. Stellen Sie die Situation in einem Baumdiagramm dar und berechnen Sie die Wahrscheinlichkeiten folgender Ereignisse.
E_1: Es wird kein Bube aufgedeckt.
E_2: Es werden ein Bube und eine Dame aufgedeckt.

b) Nun wird nacheinander Karte um Karte aufgedeckt, bis erstmals ein Bube erscheint.
Die Zufallsgröße X gibt die Anzahl der aufgedeckten Karten an.
I. Geben Sie an, welche Werte X annehmen kann.
II. Berechnen Sie $P(X \leq 2)$.

6. Bei einem Glücksspiel gewinnt man mit einer Wahrscheinlichkeit von $p = \frac{1}{5}$ aller Spiele.

a) Formulieren Sie ein Ereignis, für das gilt:
$$P(A) = \left(\frac{4}{5}\right)^{10} + \binom{10}{1} \cdot \left(\frac{1}{5}\right) \cdot \left(\frac{4}{5}\right)^9.$$

b) Konrad spielt 4-mal. Bestimmen Sie, mit welcher Wahrscheinlichkeit er genau zweimal gewinnt. (Termangabe genügt)

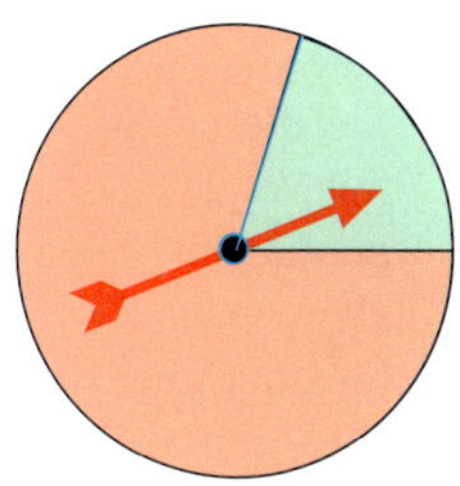

7. In einer Urne befinden sich doppelt so viele rote Kugeln wie blaue Kugeln.

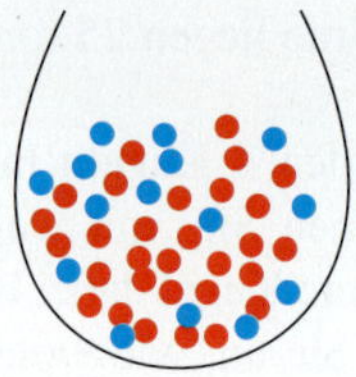

a) Formulieren Sie ein Zufallsexperiment und ein Ereignis A, für das gilt:

$$P(A) = \left(\tfrac{1}{3}\right)^{10} + 10 \cdot \tfrac{2}{3} \cdot \left(\tfrac{1}{3}\right)^{9} + \binom{10}{2} \cdot \left(\tfrac{2}{3}\right)^{2} \cdot \left(\tfrac{1}{3}\right)^{8}$$

b) Jemand entnimmt vier Kugeln mit Zurücklegen. Berechnen Sie, mit welcher Wahrscheinlichkeit es zwei rote und zwei blaue Kugeln sind.

8. In einem Land grassiert eine seltene Krankheit, von der nur zehn pro Tausend Personen betroffen sind, aber bei 200 Personen fällt ein Test positiv aus. Bei 799 der nicht betroffenen Personen fällt auch der Test negativ aus.

a) Stellen Sie die Situation mit Hilfe einer Vierfeldertafel dar.

b) Berechnen Sie die Wahrscheinlichkeit, mit der eine Person tatsächlich erkrankt ist, wenn bei ihr der Test positiv ausgefallen ist (Angabe als Bruch genügt).

c) Berechnen Sie die Wahrscheinlichkeit, mit der eine Person erkrankt ist, obwohl bei ihr der Test negativ ausfiel (Angabe als Bruch genügt).

9. Die Zufallsgröße X ist binomialverteilt mit $n = 8$ und $p = 0{,}3$.

a) Entscheiden Sie, welches der beiden Diagramme die Wahrscheinlichkeitsverteilung von X zeigt.
Geben Sie eine Begründung für Ihre Entscheidung.

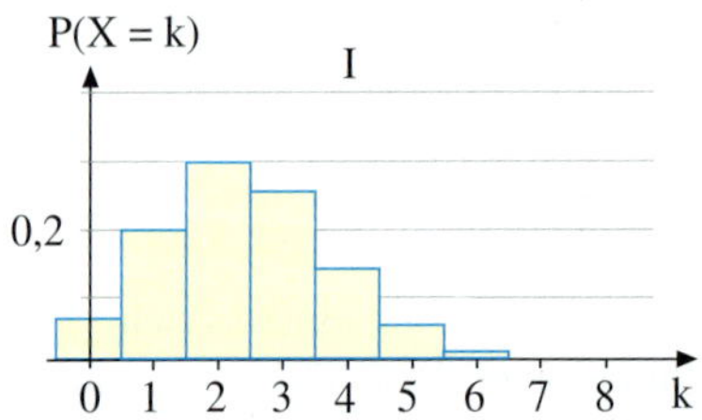

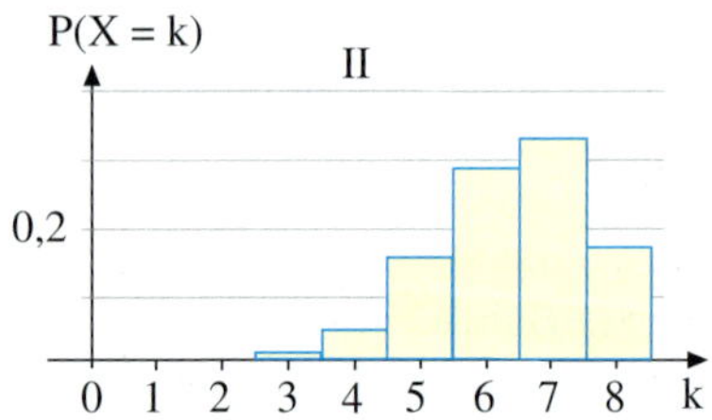

b) Beschreiben Sie, wie sich das Diagramm ändert, wenn p größer wird.

c) Bestimmen Sie anhand des korrekten Diagramms aus a) näherungsweise die Wahrscheinlichkeiten $P(0 < X < 3)$ und $P(X \neq 2)$.

10. In einer Urne liegen 3 rote, 2 grüne und eine schwarze Kugel. Es werden ohne Zurücklegen Kugeln gezogen.

a) Berechnen Sie die Wahrscheinlichkeit, dass die zweite gezogene Kugel schwarz ist.

b) Es soll solange gezogen werden, bis eine rote Kugel kommt. Beurteilen Sie die nebenstehende Darstellung im Vergleich zu einem Baumdiagramm mit allen Kugelfarben und allen sechs Teilvorgängen. Deuten Sie die Ereignisse R und $\overline{R}$.

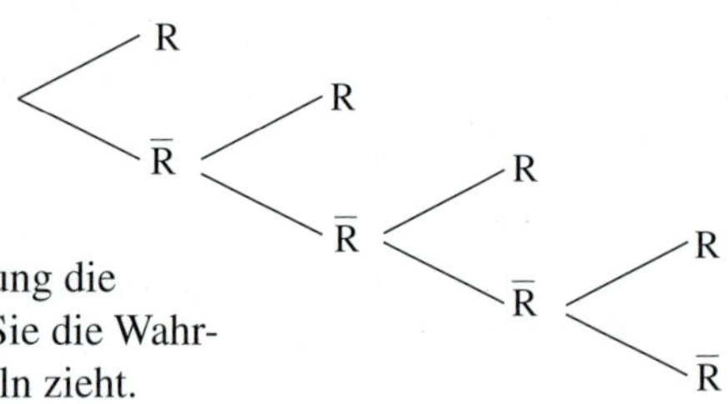

c) Ergänzen Sie in der nebenstehenden Darstellung die fehlenden Wahrscheinlichkeiten. Berechnen Sie die Wahrscheinlichkeit, dass man höchstens drei Kugeln zieht.

2. Komplexe Aufgaben

A. Analysis

1. Fluss

Zwischen einer Hochebene und einer Tiefebene verläuft ein Fluss (s. Abb.)
Das Profil des Flussbettes wird für $0 \leq x \leq 5$ duch die Funktion $f(x) = -4x^2 \cdot e^{-x} + 1$ beschrieben. Dabei ist 1 LE = 10 m.

a) Ermitteln Sie den Höhenunterschied zwischen der Hoch- und der Tiefebene.
b) Bestätigen Sie, dass das linke Ufer des Flusses in ca. 7,1 m Entfernung und das rechte Ufer in ca. 43,1 m Entfernung vom Ursprung des Koordinatensystems liegen.
c) Berechnen Sie die Ableitungen f′ und f″ der Funktion f. Hinweis: Verwenden Sie die Produktregel und die lineare Kettenregel. Kontrollergebnis: $f''(x) = (-4x^2 + 16x - 8) \cdot e^{-x}$.
d) Ermitteln Sie die Lage des tiefsten Punktes des Flussbetts.
e) Berechnen Sie, unter welchem Winkel der linksseitige Uferhang auf die Wasseroberfläche trifft. Verwenden Sie hierzu ein Ergebnis von Teil b.
f) Weisen Sie nach, dass $F(x) = (4x^2 + 8x + 8) \cdot e^{-x} + x$ eine Stammfunktion von f ist.
g) Berechnen Sie die Querschnittsfläche A_f des Flusses f. Verwenden Sie hierzu die Ergebnisse von Teil b.

Um die Schifffahrt zu verbessern, soll das Flussbett verändert werden. Die linke Flussufer soll nun in 10 m Abstand und das rechte Flussufer in 40 m Abstand vom Ursprung liegen.
Die tiefste Stelle soll nun exakt in der Flussmitte liegen. Hier soll der Fluss 11,25 m tief werden.
Das Randprofil des Flussbettes soll nun durch eine Parabel der Form $g(x) = ax^2 + bx + c$ erfasst werden.

h) Bestimmen Sie a, b und c.
i) Zeichnen Sie die neue Profilkurve g in der Abbildung unten für $1 \leq x \leq 4$ ein.
j) Untersuchen Sie, ob der Fluss nun weniger oder mehr Wasser als vorher transportieren kann, wenn man annimmt, dass er genauso schnell fließt wie vor der Veränderung.
k) Ein Lastkahn hat einen Tiefgang von 6,25 m. Untersuchen Sie, in welchem Bereich des Flusses g der Lastkahn fahren kann.

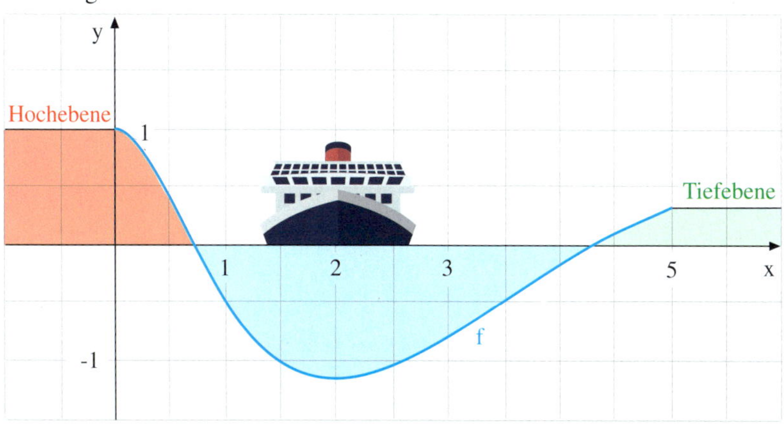

2. Dachgiebel

Ein Haus besitzt einen sechs Meter breiten und 3 m hohen Nebengiebel. Er ist symmetrisch zur y-Achse und läuft unten seitlich tangential zur Dachkante aus (s. Abb.).

a) Das Randprofil des Nebengiebels soll durch eine ganzrationale Funktion der Form $f(x) = a x^4 + b x^2 + c$ modelliert werden. Bestimmen Sie a, b und c. Beachten Sie, dass der Giebel rechts und links horizontal mit waagerechter Tangente ausläuft.
Begründen Sie außerdem, weshalb eine quadratische Parabel daher zur Modellierung nicht geeignet ist. Zur Kontrolle dient folgende Angabe: $f'(x) = \frac{4}{27}x^3 - \frac{4}{3}x$.

b) Ermitteln Sie, an welchen Stellen die Profilkurve f die größte Steigung aufweist. Bestimmen Sie den Steigungswinkel α an einer solchen Stelle.

c) Bestimmen Sie eine Stammfunktion F von f.

d) Der Nebengiebel soll neu gestrichen werden. Berechnen Sie, wie groß die zu streichende Fläche A ist. Das Fenster kann dabei unberücksichtigt bleiben.

e) Für den Anstrich gibt der Hersteller der Farbe einen Verbrauch von $1350\,cm^3$ Farbe pro Quadratmeter Wandfläche an. Berechnen Sie, wieviele Farbdosen mindestens erforderlich sind für einen dreimaligen Anstrich, wenn möglichst wenig angebrochene Farbe übrig bleiben soll. Es gibt Dosen in Größen mit einem Inhalt von 1-, 2-, 4- und 5 Litern.

Es wird überlegt, den Giebel abzureißen und durch einen genauso breiten und hohen Nebengiebel zu ersetzen, dessen Profilkurve nun durch eine quadratische Parabel g der Gestalt $g(x) = a x^2 + b$ gebildet wird.

f) Bestimmen Sie die Funktionsgleichung von g.

g) Skizzieren Sie den Graphen von g in der Abbildung unten.

h) Berechnen Sie den Prozentsatz des Mehrverbrauchs an Farbe, der beim dreimaligen Streichen des neuen Giebels gegenüber dem Streichvorgang aus Teil d) entsteht.

i) Die neue Profilkurve g liegt durchgehend über der alten Profilkurve f. Berechnen Sie, an welchen Stellen der Höhenunterschied zwischen den beiden Profilkurven maximal ist.

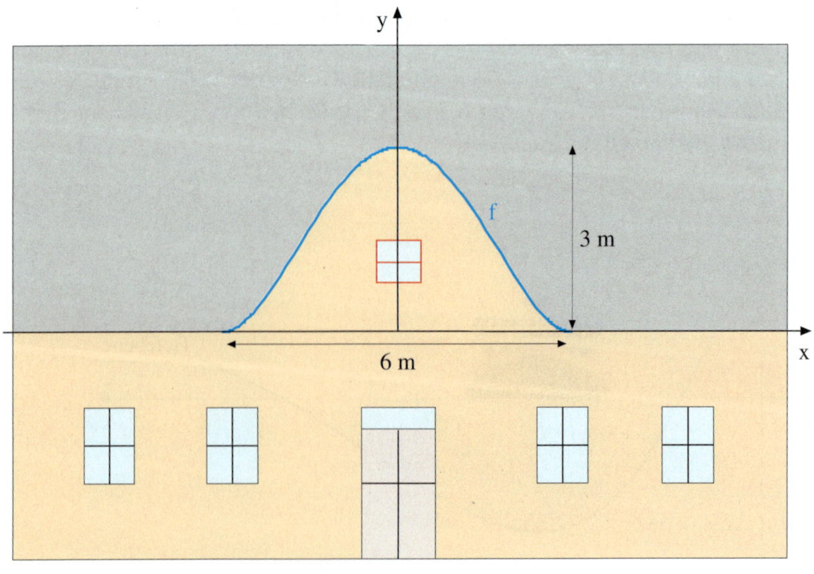

3. Epidemie

In der kalten Jahreszeit kommt es regelmäßig zu Grippeepidemien, die z. B. durch Influenzaviren ausgelöst werden. Die Zahl N der insgesamt von der Epidemie bereis erfassten Personen (Erkrankten) geht dabei beständig in die Höhe.

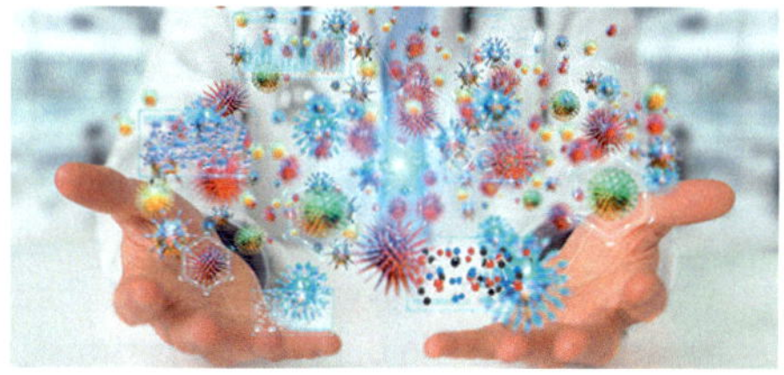

Bei einer Erkrankungswelle in einer Stadt sei N die Zahl der Erkrankten und N′ die Änderungsrate von N in Personen/Woche.

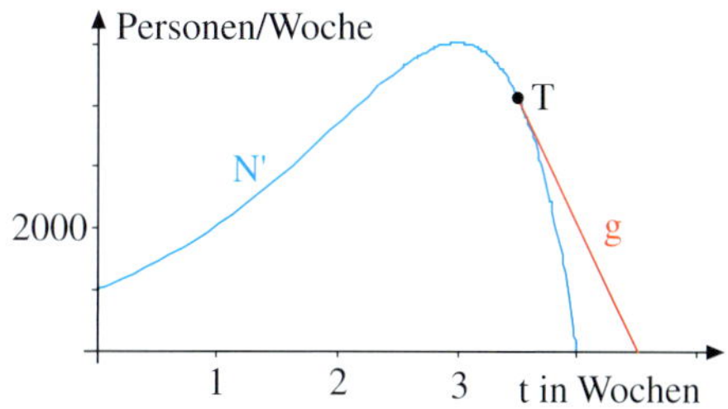

Dabei gelte $N'(t) = 250 \cdot (4 - t) \cdot e^t$ für $0 \leq t \leq 4$, wobei t die Zeit in Wochen ist.

a) Beschreiben Sie anhand der Graphik, wie sich die Erkrankungsrate im Verlauf der vier Wochen der Epidemie entwickelt.
b) Beschreiben Sie, wie sich unter Bezug auf Teil a) die Zahl der insgesamt von der Krankheit erfassten Personen im Verlauf der Epidemie entwickelt.
c) Berechnen Sie, wann die Änderungsrate ihren Maximalwert erreicht.
d) Geben Sie den Maximalwert der Änderungsrate nun an, und zwar in folgenden Einheiten: I: Personen/Woche II: Personen/Tag III: Personen/Stunde.
Geben Sie an, welche Einheit Sie bei der Beobachtung der Epidemie bevorzugen würden. Begründen Sie ihre Wahl.

Man interessiert sich für die Anzahl der insgesamt im Laufe der Epidemie an der Influenza erkrankten Personen. Bearbeiten Sie zur Lösung dieses Problems die beiden folgenden Teilaufgaben.

e) Zeigen Sie: $N(t) = 250 \cdot (5 - t) \cdot e^t$ ist eine Stammfunktion von $N'(t)$.
f) Berechnen Sie unter Verwendung des Ergebnisses von e) die Anzahl der insgesamt im Laufe der Epidemie an der Influenza neu erkrankten Personen.

Nach exakt 3,5 Wochen – in der Zeichnung entspricht dies dem Punkt T – beginnt das Vorbeugungsverhalten der Bevölkerung etwas zu erlahmen.
Die Änderungsrate N′ sinkt nun nicht mehr so schnell wie vor diesem Zeitpunkt, sondern nur noch linear nach der Funktion $g(t) = at + b$. g ist Tangente von N′ im Punkt T.

g) Bestimmen Sie a und b.
h) Ermitteln Sie, um welchem Zeitraum sich die Dauer der Epidemie aufgrund des oben geschilderten linearen Verlaufs der Änderungsrate verlängert.
i) Berechnen Sie die Anzahl der zusätzlichen Erkrankungsfälle, die sich aus dem geänderten Verlauf der Änderungsrate ergeben.

4. Sporthalle

Ein Sporthalle hat eine Breite von 26 m. In der Mitte ist sie 12 m hoch und an der Rändern 4 m. Ihre Länge beträgt 60 m.
Das Dachrandprofil der Halle soll für $-13 \leq x \leq 13$ durch eine Exponentialfunktion der Form $f(x) = a \cdot e^{b x^2}$ modelliert werden.

a) Berechnen Sie systematisch die Parameter a und b. Kontrollergebnis: $f(x) = 12 \cdot e^{-0{,}0065 x^2}$
b) Bestimmen Sie die Ableitungsfunktionen f′, f″ und f‴.
c) Untersuchen Sie f auf Extrema.
d) Ermitteln an, in welchen Punkten der Vorderfront das Dachrandprofil der Halle am steilsten ist.
e) Berechnen Sie, in welcher Höhe der rechte und der linke Randpunkt des Profils liegen.
f) Berechnen Sie, wie groß der Neigungswinkel des Dachprofils am linken Randpunkt ist.
g) Das Dach soll durch Drahtseile gesichert werden, die in den Randpunkten des Profils exakt tangential an die Profilkurve anschließen. Stellen Sie eine Funktion g für das rechte Drahtseil auf. Berechnen Sie anschließend, wo diese Seile im Boden verankert werden und wie lang sie sein müssen.

In die Frontwand der Halle soll eine möglicht große achsenparallele Glasscheibe eingebaut werden (s. Abb.). Der obere Eckpunkt $P(x|f(x))$ soll auf der Profilkurve f liegen.

h) Stellen Sie eine Formel auf für die Fläche R der Glasscheibe.
i) Untersuchen Sie, wie die Abszisse x des Punktes P gewählt werden, damit die Fläche R der Glasfront maximal wird. Geben Sie den Inhalt der maximalen Fläche an.
Auf die Überpüfung mit einer hinreichenden Bedingung kann verzichtet werden.

Die Profilkurve f soll nun durch eine einfachere Funktion g approximiert werden. Es soll sich um eine quadratische Parabel der Form $g(x) = a x^2 + b$ handeln, die ebenfalls durch den höchsten Punkt $P(0|12)$ des Profils der Vorderfront sowie durch die beiden Randpunkte des Profils (siehe Teil e)) geht.

j) Bestimmen Sie die Gleichung von g.
k) Das Luftvolumen der 60 m langen Halle mit dem neuen Profil g soll bestimmt werden. Hinweis: Errechnen Sie dazu zunächst den Flächeninhalt A der Vorderfront der Halle.

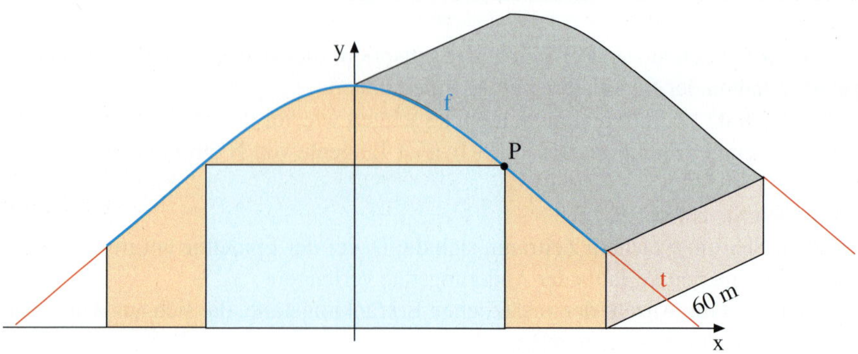

5. Hochwasser

Bei einem Unwetter steigt der Wasserspiegel eines Flusses A an. Die Funktion $h(t) = -\frac{1}{512}(t^4 - 12t^3)$ gibt die Höhe des Wasserspiegels über Normalnull des Flusses an. Dabei ist t Zeit in Stunden seit Beginn des Hochwassers und h die Höhe über Normalnull in m. Der prinzipielleVerlauf des Graphen von f ist rechts dargestellt.

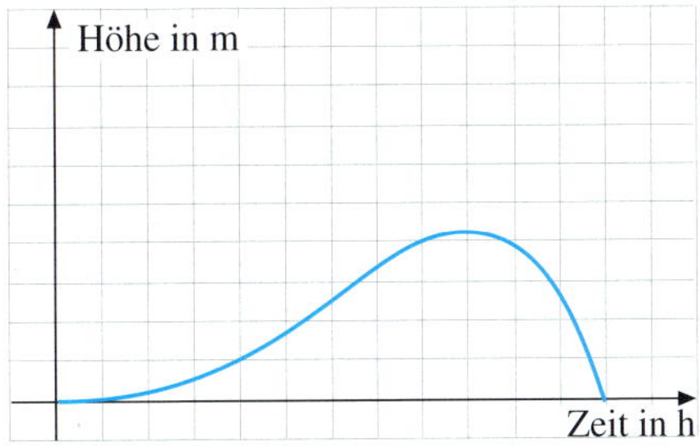

a) Berechnen Sie, wie lange der Zustand des erhöhten Wasserstands andauert.
b) Bestimmen Sie sowohl den Zeitpunkt als auch die Höhe des maximalen Wasserstands.
c) Berechnen Sie den Zeitpunkt, zu dem der Wasserstand am schnellsten steigt. Geben Sie außerdem die maximale Anstiegsgeschwindigkeit des Wasserstands in den Einheiten m/Stunde und in cm/min an.
d) Übertragen Sie anhand der in a) bis c) gewonnenen Ergebnisse die obige Zeichnung des Graphen von h maßstabsgerecht auf kariertes Papier. 1 LE = 1 cm.

Der Wasserstand in einem zweiten, in der Nähe gelegenen Fluss B beginnt bei dem Unwetter zeitgleich mit dem Wasserstand im ersten Fluss zu steigen. Er kann durch die Funktion $g(t) = -\frac{1}{4}(at^3 - bt^2)$ erfasst werden.
Der Wasserstand im Fluss B beträgt nach zwei Stunden 4 m über Normalnull und der Wasserstand steigt zu diesem Zeitpunkt mit einer Geschwindigkeit vom 3 m/h weiter an.

e) Bestimmen Sie mit den angegebenen Daten die Funktionsgleichung von g.
Kontrollergebnis: $g(t) = -\frac{1}{4}(t^3 - 6t^2)$
f) Das Unwetter flaut über dem Fluss B früher ab als über dem Fluss A.
Bestimmen Sie den Zeitpunkt, zu dem der Fluss B wieder Normalnull erreicht hat.
g) Der Graph von g soll für den Zeitraum, in dem der Fluss B über Normalnull steht, ebenfalls in die Graphik aus d) eingezeichnet werden. Bestimmen Sie zu diesem Zweck die Extrema und Wendepunkte von g.
h) Zeigen Sie, dass die Zunahmegeschwindigkeiten der Wasserstände in den Flüssen A und B nach 3,79 Stunden angenähert gleich groß sind.
i) Berechnen Sie, zu welchem Zeitpunkt der Wasserstand im Fluss g mit einer Geschwindigkeit von exakt 2 m/h steigt.
j) Entscheiden Sie anhand der Zeichnung, welcher der beiden Flüsse während der Zeitspanne von $t = 2$ bis $t = 5$ die größere mittlere Zunahmegeschwindigkeit des Wasserstands aufweist.
k) Berechnen Sie für beide Flüsse die mittlere Erhöhung des Wasserstands während der Hochwasserphase. Hinweis: Berechnen Sie zunächst jeweils den Inhalt der Fläche unter den Graphen von f und g.

6. Löschteich

Gegeben sind die beiden ganzrationalen Funktionen $f(x) = -\frac{1}{27}x^3 + \frac{1}{3}x^2$ und $g(x) = -\frac{10}{27}x^2 + \frac{20}{9}x$ für $0 \leq x \leq 10$.
Die Graphen von f und g sind rechts dargestellt, allerdings ohne Einheiten an den Achsen.

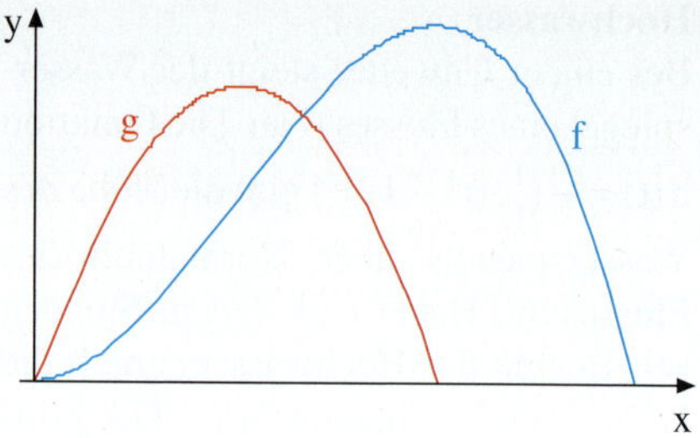

a) Berechnen Sie die Nullstellen von f sowie die Nullstellen von g.
b) Untersuchen Sie f und g auf auf lokale Maxima und Minima.
c) Übertragen Sie nun die Graphen von f und g auf kariertes Papier. Versehen Sie dabei die Achsen anhand der Ergebnisse aus a) und b) mit Maßzahlen (1 LE = 1 cm).
d) Bestimmen Sie die Gleichung der Wendenormale n von f und zeichnen Sie deren Graphen in ihre Abbildung ein.
e) Zeigen Sie: f und g schneiden sich bei $x = 4$. Bestimmen Sie den Schnittwinkel γ.

Der Graph von f soll nun die Einströmrate von Wasser in m^3/min darstellen, das während eines Gewitters in den Löschteich der Feuerwehr einfließt.
Die Oberfläche des Löschteichs ist $1000\,m^2$ groß ist. x ist nun die Zeit in Minuten.

f) Geben Sie die Dauer des Gewitters an, also die Zeit der erhöhten Einströmrate.
g) Berechnen Sie die während des Gewitters zusätzlich in den Teich gelangte Wassermenge.
h) Berechnen Sie, um welchen Wert sich der Wasserspiegel im Teich im Verlauf des Gewitters insgesamt erhöht.
i) Zeigen Sie, dass nach 5 Minuten und 30 Sekunden noch nicht ganz die Hälfte der gesamten Wassermenge in den Teich eingelaufen ist.

7. Exponentialfunktion

Gegeben ist die Funktion $f(x) = (2x^2 - 2) \cdot e^{0,25 - x}$.
a) Bestimmen Sie die Nullstellen von f sowie den Schnittpunkt mit der y-Achse.
b) Untersuchen Sie, wie sich f für $x \to \infty$ und $x \to -\infty$ verhält.
c) Untersuchen Sie f auf Extrema.
d) Berechnen Sie den Steigungswinkel α von f im rechten Wendepunkt der Funktion.
e) Bestimmen Sie die Gleichung der Normale n von f an der Nullstelle $x = 1$.
f) Skizzieren Sie nun den Graphen von für $-1 \leq x \leq 6$, 1 LE = 2 cm. Zeichnen Sie auch die Normale aus Aufgabenteil e) ein.
g) Weisen Sie nach, dass $F(x) = (-2x^2 - 4x - 2) \cdot e^{0,25 - x}$ eine Stammfunktion von f ist.
h) Bestimmen Sie den Inhalt des Flächenstücks A, welches im ersten und vierten Quadranten vom Graphen von f, der Normalen n aus Aufgabenteil e) und der y-Achse eingeschlossen wird.

Gegeben ist nun die Funktion $f_a(x) = (2x^2 + a) \cdot e^{0,25 - x}$ mit einem Parameter $a \in \mathbb{R}$.

i) Untersuchen Sie, für welche Werte von a die Funktion f_a keine Extrema hat.
j) Bestimmen Sie eine Stammfunktion von f_a.
Hinweis: Es gilt: $f_a(x) = (2x^2 + a)e^{0,25 - x} = (2x^2 - 2)e^{0,25 - x} + (a + 2)e^{0,25 - x}$. Nun können Sie das Ergebnis von Aufgabenteil g) verwenden.

8. Grippemedikament

Die monatliche Absatzrate eines Medikaments gegen Erkältungssymptome kann für die ca. sechsmonatige Erkältungssaison durch die Funktion $n(t) = 4t \cdot e^{-0,5t}$ beschrieben werden.

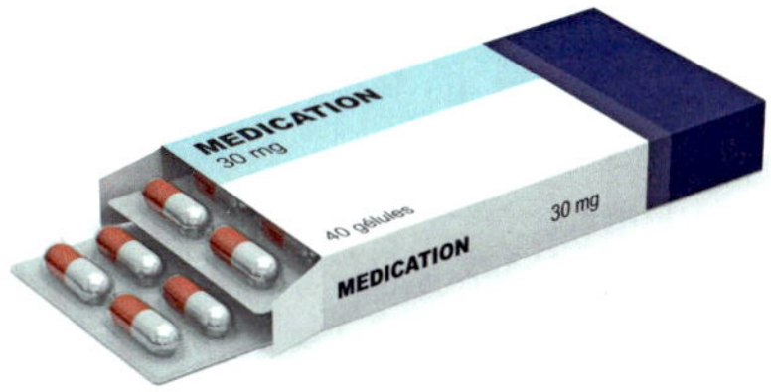

Dabei ist t die Zeit in Monaten ab Beginn der Erkältungssaison und n(t) die monatliche Absatzrate zur Zeit t in Einheiten pro Monat, wobei eine Einheit aus 10 000 Packungen besteht. Der Graph von n ist unten dargestellt.

a) Bestimmen Sie den Zeitpunkt, zu dem die maximale Absatzrate erreicht wird. Geben Sie die maximale Absatzrate an.
b) Bestimmen Sie den Zeitpunkt, zu dem geht die Absatzrate am stärksten zurückgeht.

Ab dem Zeitpunkt $t = 6$ wird der Absatz aus markttechnischen Gründen bewusst gedrosselt. Die Absatzrate verläuft nun nach der linearen Funktion $t(x) = ax + b$, die im Punkt $P(6|n(6))$ tangential an die Funktion n anschließt.

c) Bestimmen Sie a und b und zeichnen Sie den Graphen von t in die Abbildung unten ein. Ermitteln Sie, zu welchem Zeitpunkt die Produktion völlig ausläuft.
d) Zeigen Sie, dass die Funktion $N(t) = -8(t + 2) \cdot e^{-0,5t}$ eine Stammfunktion von n ist.
e) Berechnen Sie, wie viele Einheiten des Medikaments in den ersten sechs Monaten insgesamt abgesetzt werden. Hierzu können Sie ein bestimmtes Integral verwenden. Erläutern Sie dies.
f) In den ersten sechs Monaten wird eine Packung des Medikaments für 40 € verkauft. In der restlichen Zeit bis zum Auslaufen des Absatzes wird der Preis dann auf 30 € gesenkt. Untersuchen Sie, ob der für das Jahr geplante Mindestumsatz von 5,5 Millionen € trotz der Drosselung des Absatzes und des Auslaufens der Produktion noch erreicht wird.

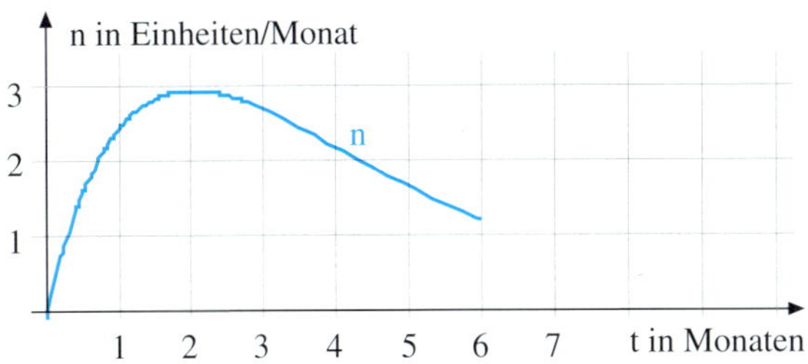

9. Quadratische Funktion mit Parameter

Gegeben ist die Funktion $f_a(x) = a \cdot (6x - x^2)$. Dabei ist a eine positive reelle Zahl $(a > 0)$.

a) Bestimmen Sie die Nullstellen von f_a.
b) Untersuchen Sie f_a auf Extrema.
c) Begründen Sie: f_a hat keine Wendepunkte.
d) Bestimmen Sie den Inhalt der Fläche A_a, welche vom Graphen von f_a und der x-Achse im 1. Quadranten umschlossen wird. Für welchen Wert von a ist $A_a = 9$.
e) F_a sei eine Stammfunktion von f_a. Begründen Sie, weshalb man die Stellen, an denen F_a ein Maximum bzw. ein Minimum annnimt, dem Funktionsterm von f_a entnehmen kann.

Wir betrachten nun den Graphen von $f_{0,25}$. R sei wie rechts dargestellt ein achsenparalleles Rechteck, dessen beide untere Ecken auf der x-Achse bei $x = u$ und $x = 6 - u$ liegen, wobei $0 \le u \le 3$ gilt. Die beiden oberen Ecken liegen auf dem Graphen von $f_{0,25}$ bei $P(u|f_{0,25}(u))$ und $Q(6 - u|f_{0,25}(6 - u))$.

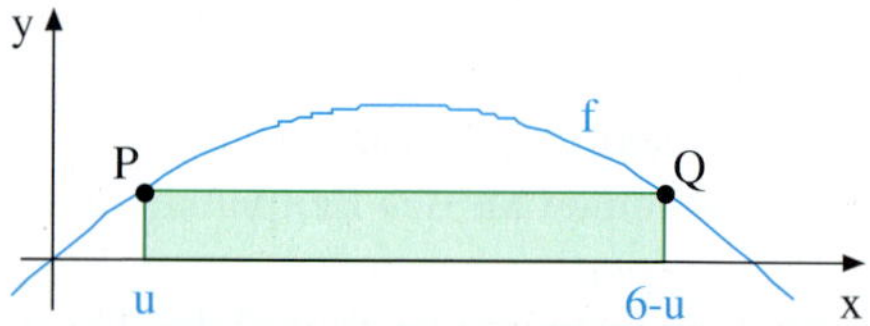

f) Stellen Sie einen Term B(u) auf, der den Flächeninhalt B des Rechtecks R als Funktion von u darstellt.
g) Berechnen Sie nun, für welchen Wert von u das Rechteck R einen maximalen Flächeninhalt annimmt. Skizzieren Sie das maximale Rechteck in der obigen Abbildung.

10. Straßenverlauf

Gegeben sind die Funktionen $f(x) = \frac{1}{50}(x^3 + 7x^2 + 20x + 50)$ und $g(x) = \frac{1}{2}x + \frac{5}{2}$.

a) Zeigen Sie, dass die Punkte $A(-5|0)$ und $B(3|4)$ auf den Graphen von f und g liegen.
b) Untersuchen Sie f auf Extrema.
c) Weisen Sie nach, dass die Funktion f streng monoton steigt.
d) Berechnen Sie, in welchem Punkt sich das Krümmungsverhalten von f ändert.
e) Skizzieren Sie die Graphen von f und g mit Hilfe der bisherigen Ergebnisse und unter Berücksichtigung folgender Werte: $f(-6) = -0{,}68$, $f(-3) = 0{,}52$, $f(-1) = 0{,}72$, $f(2) = 2{,}52$.

Die Graphen von f und g beschreiben zwischen A und B den Verlauf zweier Straßen. Die Nord-Süd-Richtung entspricht der y-Achse des Koordinatensystems (1 LE = 1 km).

f) Weisen Sie nach, dass die Verzweigung beider Straßen im Punkt A ohne Knick erfolgt.
g) Bestimmen Sie den Winkel, unter dem sich die beiden Straßen im Punkt B treffen.
h) Ermitteln Sie die Größe der zwischen den Straßen liegenden Fläche.

Der Graph von g bildet die nördliche Begrenzung eines Gewerbegebietes, dessen südliche Begrenzung durch den Graphen der Funktion $h(x) = \frac{1}{4}x^2 + x + \frac{7}{4}$ beschrieben wird.

i) Berechnen Sie die Schnittpunkte von g und h.
j) Berechnen Sie, an welcher Stelle die vertikale Nord-Süd-Ausdehnung des Gewerbegebiets maximal ist.
k) Berechnen Sie, welchen Prozentanteil des Gebiets zwischen den Straßen das Gewerbegebiet einnimmt.

11. Seeufer

Die Graphen der ganzrationalen Funktionen $f(x) = x^3 - 6x^2 + 8x$ und $g(x) = ax^2 + bx + c$ begrenzen einen See.

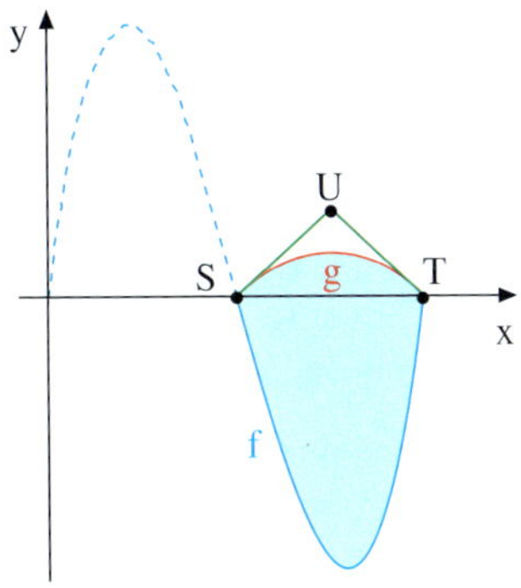

Ein Teil von f stellt das südliche Ufer des Sees und ein Teil von g das nördliche Ufer dar (s. Abb). 1 LE = 1 km.

a) Berechnen Sie die drei Nullstellen der Funktion f.

b) Der Hochpunkt von g ist der Punkt P(3|0,5). Die Nullstellen von g sind auch Nullstellen von f. Bestimmen Sie mit diesen Informationen die Funktionsgleichung von g, d.h. die Parameter a, b und c. Hinweis: Überlegen Sie zunächst, welche der drei Nullstellen von f als Nullstellen von g in Frage kommen. Kontrollergebnis: $g(x) = -\frac{1}{2}x^2 + 3x - 4$

c) Bestimmen Sie die Extrema von f angenähert.

d) Ein Boot fährt mit einer Geschwindigkeit von 20 km/h vom nördlichsten zu südlichsten Punkt des Sees. Untersuchen Sie, ob die Fahrt in weniger als 15 Minuten zu schaffen ist.

e) Ermitteln Sie die Größe der Oberfläche A des Sees.

Im Punkt S(2|0) befinden sich Start und Ziel eines kombinierten Lauf-Schwimm-Wettkampfs. Die zu bewältigende Strecke hat die Form eines gleichschenkligen Dreiecks. Zunächst wird vom Startpunkt S (s. Abb.) exakt nach Osten bis zum dortigen Uferpunkt T geschwommen. Dann wird bis zum nördlich des Sees markierten Umkehrpunkt U gelaufen und von dort zurück zum Ziel in S. Die Geraden von S und T nach U sind Tangenten von g.

f) Bestimmen Sie rechnerisch die Koordinaten des Umkehrpunktes U. Kontrolle: U(3|1)

g) Ein Läufer läuft mit einer durchschnittlichen Geschwindigkeit von 5 m/s. Er benötigt vom Start bis zum Ziel exakt eine halbe Stunde. Berechnen Sie, wie schnell er im Durchschnitt geschwommen ist.

Nun wird derjenige Teil des Graphen der Funktion f betrachtet, der im ersten Quadranten zwischen dem Ursprung und dem See verläuft. Eine Ecke des achsenparallelen Rechtecks R liegt im Ursprung, während die diagonal gegenüberliegende Ecke P(x|f(x)) auf dem Graphen von f liegt und dort frei verschoben werden kann, wodurch das Rechteck seine Größe ändert. (s. Abb. unten).

h) Stellen Sie eine Formel für den Flächeninhalt B des Rechtecks R auf.

i) Untersuchen Sie, wie die Abszisse x des Punktes P gewählt werden muss, damit der Flächeninhalt des Rechtecks R maximal wird.

j) Geben Sie den maximalen Flächeninhalt des Rechtecks an.

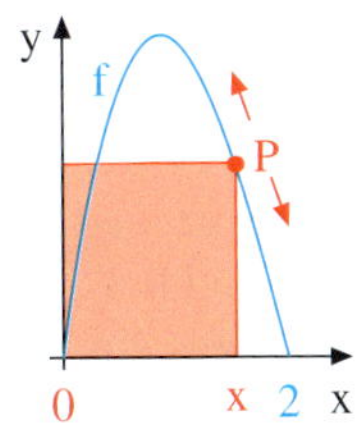

12. Konzentration von Koffein im Blut

Nach dem Genuss eines stark koffeinhaltigen Sportgetränks wird die Konzentration der Koffeins im Blut durch die Funktion $f(t) = \frac{2}{27}t^3 - \frac{4}{3}t^2 + 6t$ (t: Zeit in Stunden; f: Konzentration in mg/ml) erfasst. Der prinzipielle Verlauf des Graphen von f ist rechts dargestellt.

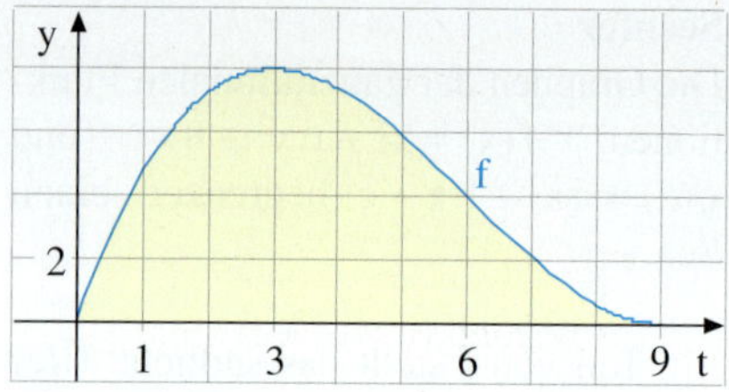

a) Ermitteln Sie rechnerisch, bis zu welchem Zeitpunkt die Konzentration zunimmt. Geben Sie ihren maximalen Wert und ihren minimalen Wert im dargestellten Intervall an.

b) Untersuchen Sie, zu welchem Zeitpunkt die Konzentration am stärksten abnimmt. Geben Sie die maximale Abnahmerate der Konzentration an.

c) Bestimmen Sie aus dem Graphen von f angenähert die Zeitspanne, in der die Konzentration mindestens 5 mg/ml beträgt.

d) Berechnen Sie, zu welchem Zeitpunkt die Konzentration auf null gesunken wäre, wenn sie ab dem Zeitpunkt $t = 6$ nicht durch den Graphen von f, sondern durch dessen Tangente zur Zeit $t = 6$ beschrieben werden würde.

e) In einem ähnlichen Getränk wird die Aufnahme des Koffeins durch eine besondere Zubereitung abgeschwächt. Die Konzentration wird nun durch die Funktion $g(t) = at^3 + bt^2 + ct$ beschrieben. Sie hat zur Zeit $t = 2$ ein lokales Maximum von 6 mg/ml und zur Zeit $t = 6$ den Wert 0 mg/ml erreicht. Bestimmen Sie die Koeffizienten a, b und c.
Kontrollergebnis: $g(t) = \frac{3}{16}t^3 - \frac{9}{4}t^2 + 27t$

f) Zeichnen Sie den Graphen von g in die oben dargestellte Graphik ein ($0 \le t \le 6$).

g) Zeigen Sie: Das bestimmte Integral von f in den Grenzen von 0 bis 9 ist exakt doppelt so groß wie das bestimmte Integral von g in den Grenzen von 0 bis 6.

13. Rennwagen

Gegeben ist die Funktion $v(t) = -(5t + 100) \cdot e^{-\frac{t}{20}} + 100$.

a) Bestimmen Sie die Extrema und die Wendepunkte von v.

b) Untersuchen Sie das Verhalten der Funktion v für $t \to \infty$.

c) Zeigen Sie: $s(t) = 100 \cdot (t + 40) \cdot e^{-\frac{t}{20}} + 100t$ ist eine Stammfunktion von f.

d) Skizzieren Sie den Graphen von v für $0 \le t \le 100$, $0 \le v \le 100$.

Die Geschwindigkeit eines Rennwagens, der aus dem Stand anfährt, wird durch die Funktion v modellhaft beschrieben. t ist die Zeit in Sekunden und v(t) die Geschwindigkeit in m/s.

e) Die Beschleunigung a ist die Ableitung der Geschwindigkeit v, also gleich $a = v'$ (vgl. Aufgabenteil a). Geben Sie den Zeitpunkt der maximalen Beschleunigung des Fahrzeugs an. Geben Sie auch die maximale Beschleunigung a_{max} an.
Skizzieren Sie nun in einem zweiten Koordinatensystem den Graphen von a.

f) Ab dem Zeitpunkt $t = 60$ soll die Beschleunigung nur noch linear abnehmen. Sie soll nun durch die Funktion $g(t) = pt + q$ beschrieben werden, die als Tangente an der Stelle $t = 60$ an den Graphen von a anschließt. Bestimmen die Gleichung von g und zeichnen Sie den Graphen von g nun ebenfalls ein.

h) Untersuchen Sie, wann die Beschleunigung auf Null gesunken ist. Geben Sie an, welche Bedeutung dies für die Geschwindigkeit des Fahrzeugs hat.

i) Berechnen Sie die Endgeschwindigkeit des Fahrzeugs, die erreicht wird, wenn die Beschleunigung auf Null gesunken ist.

14. Skihügel

In einem Skigebiet soll ein Hügel zum Üben für Anfänger aufgeschüttet werden. Die Profilkurve f soll durch die Funktion $f(x) = \frac{1}{2500} \cdot x^3 - \frac{3}{100}x^2 + 27$ modelliert werden (blaue Kurve, s. Abb.). 1 LE entspricht 1 m.
Unten und oben schließen waagerechte Streckenteile ohne Knick glatt an die Profilkurve an (rote Linien).

a) Bestimmen Sie den oberen und den unteren Anschlusspunkt O bzw U als Extrempunkte von f.
b) Errechnen Sie aus den Ergebnissen von a) die horizontale Gesamtlänge L und die vertikale Höhendifferenz H der Abfahrt sowie die durchschnittliche Steigung.
c) Bestimmen Sie die Stelle der Abfahrt, an der diese am steilsten ist. Errechnen Sie, welchen Neigungswinkel α der Hang an dieser steilsten Stelle hat.
d) Ein Sportler erklimmt den Hügel zu Fuß. Ermitteln Sie, in welcher Höhe über Grund ($y = 0$) er sich befindet, wenn er eine Stelle mit der Steigung $-0{,}63$ erreicht hat.
e) Bestimmen Sie eine Stammfunktion von f.
f) Die Lauffläche der Bahn hat eine Breite von 40 m. Berechnen Sie, wieviele m^3 Erde über Grund ($y = 0$) aufgeschüttet werden, um den grün eingefärbten Bereich der Anlage anzulegen.
g) Es ist geplant, nach der Aufschüttung eine Probebohrung durchzuführen, um die Festigkeit des Bodens zu kontrollieren. Diese Bohrung soll im steilsten Punkt des Profils angesetzt werden und dort senkrecht zum Profil in den Boden gehen. Sie soll bis auf den Grund der Aufschüttung, also in die Höhe $y = 0$, führen. Errechnen Sie, wie lang das Bohrgestänge mindestens sein muss, um den Grund zu erreichen.

Die Kosten für die Aufschüttung sind der Verwaltung zu hoch. Sie fordert daher die Planer auf, die Anlage etwas kleiner zu bauen. Der obere linke Punkt des Profils nach wie vor bei $O(0|27)$ liegen, aber der untere rechte Punkt U soll um 20 m nach links verlagert werden d. h. nach $U(30|2)$. In den neuen Endpunkten O und U läuft die Bahn ebenfalls wieder waagerecht aus. Die Funktionsgleichung des neuen Profils soll die Gestalt $g(x) = a x^3 + b x^2 + 27$ besitzen.

h) Bestimmen Sie die Funktionsgleichung des neuen Profils, d. h. die Koeffizienten a und b.
i) Für das neue Profil g muss weniger Erde aufgeschüttet werden als für das ursprünglich geplante Profil f. Berechnen Sie, wie groß ist die prozentuale Materialeinsparung für die Aufschüttung des neuen Profils g gegenüber dem Materialverbrauch für das alte Profil f ist (siehe Aufgabenteil f).

15. Strand

Gegeben ist die Funktion $f(x) = \frac{1}{2}x^3 - 3x^2 + \frac{9}{2}x$.

a) Bestimmen Sie die Nullstellen von f.

b) Beschreiben Sie, wie sich f für $x \to \infty$ bzw. für $x \to -\infty$ verhält. Begründen Sie ihre Angaben anhand der einzelnen Summanden des Funktionsterms.

c) Begründen Sie anhand des Funktionsterms, weshalb der Graph von f nicht symmetrisch zur y-Achse sein kann, aber auch nicht symmetrisch zum Ursprung.

d) Untersuchen Sie f auf lokale Extrema.

In einem bewaldeten Gebiet liegt ein See mit Sandstrand (s. Abb.). Das geschwungene Seeufer wird duch den Graph der Funktion f modelliert. 1 LE entspricht 1 km.

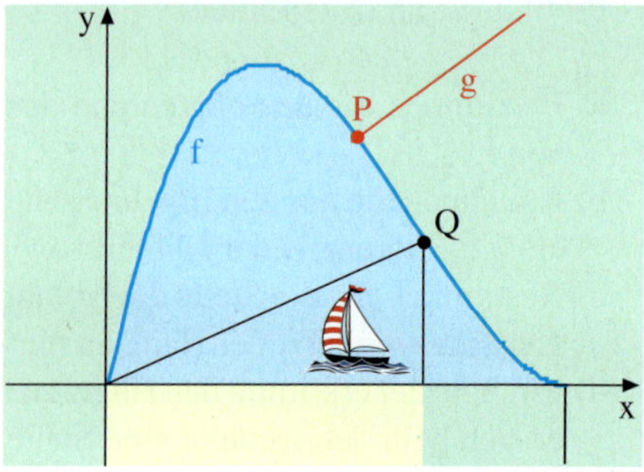

e) Geben Sie die größte Ausdehnung des Sees von Süden nach Norden und von Osten nach Westen an.

f) Berechnen Sie die Größe der Oberfläche des Sees.

Am nordöstlichen Seeufer gibt es einen Zufahrtsweg g, der exakt senkrecht auf das Seeufer stößt, und zwar in einem Punkt P, der 1,5 km östlich der y-Achse liegt. (s. Abb.).
Ein zweiter Zufahrtsweg soll exakt parallel zum ersten Weg verlaufen und ebenfalls senkrecht auf das Seeufer stoßen, und zwar im Punkt R.

g) Berechnen Sie Steigung der Funktion f im Punkt P.

h) Beschreiben Sie, welche Eigenschaft die Funktion f im Punkt R besitzen muss, in welchem der zweite Zufahrtsweg das Ufer erreicht.

i) Berechnen Sie den x-Wert des Punktes R.

Auf dem See soll ein Segelwettbewerb ausgetragen werden. Um die Ufer zu schonen, wird zu diesem Zweck ein dreieckiges Gebiet A ausgewiesen (s. Abb.). Ein Eckpunkt des rechtwinkligen Dreiecks ist der Ursprung $O(0|0)$. Ein zweiter Eckpunkt ist der Punkt $Q(x|f(x))$ auf dem Ufer des Sees.

j) Begründen Sie, dass die Größe der Fläche für den Segelwettbewerb durch die Formel $A(x) = \frac{1}{2}x \cdot f(x)$ allgemein dargestellt werden kann.

k) Untersuchen Sie nun mit Hilfe einer Extremalrechnung, für welchen Wert von x die Segelfläche A maximal groß wird.

l) Berechnen Sie den Prozentanteil, den die Wettbewerbsfläche an der gesamten Seefläche einnimmt.

16. Wachstum

Zwei Paprikasorten haben ein unterschiedliches Wachstumsverhalten. Sorte I wächst mit unbegrenztem Wachstum, Sorte II mit begrenztem Wachstum.

Anhand von Messungen wurde die Staudenhöhe beider Sorten protokolliert. Die Protokolle sind in den folgenden Tabellen festgehalten.

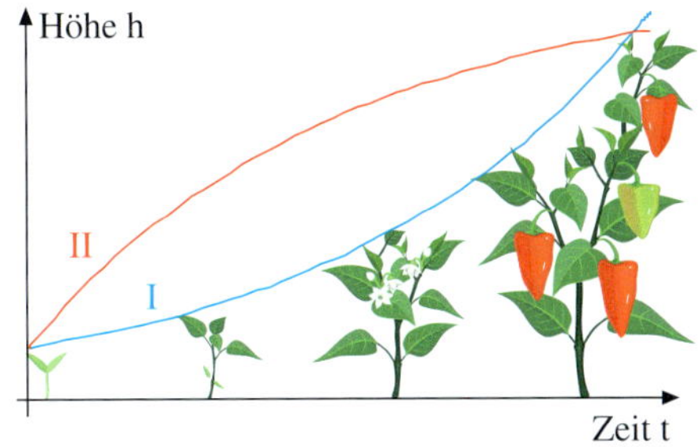

Sorte I:

Zeit t in Tagen	**0**	5	10	15	**20**
Höhe h_1 im cm	**10**	12,2	14,9	18,2	**22,3**

Sorte II:

Zeit t in Tagen	**0**	**5**	10	15	20
Höhe h_2 im cm	**10**	**22,7**	33,1	41,6	48,5

a) Begründen Sie anhand aller Tabellenwerte, dass man für Sorte I im Beobachtungszeitraum das Vorliegen eines unbegrenzten Wachstumsprozesses annehmen darf.
Hinweis: Quotiententest.

b) Stellen Sie das Wachstumsgestz von Sorte I auf. Verwenden Sie den Ansatz $h_1(t) = c \cdot e^{kt}$ sowie die fett gedruckten Werte der Tabelle I. Kontrollergebnis $k \approx 0{,}04$.

c) Das Höhenwachstum der Sorte II soll durch die Funktion $h_2(t) = 80 - a \cdot e^{bt}$ beschrieben werden. Bestimmen Sie die Koeffizienten a und b mit Hilfe der fettgedruckten Werte aus Tabelle II. Kontrollergebnis $b \approx -0{,}04$

d) Begründen Sie: Das Höhenwachstum der Sorte II ist nach oben begrenzt. Geben Sie die obere Grenze an.

e) Berechnen Sie, nach welcher Zeit die Höhe der Sorte II 95% des maximal möglichen Wertes erreicht hat.

f) Bestimmen Sie die Geschwindigkeit des Höhenwachstums von Sorte II zum Zeitpunkt der Pflanzung.

g) Berechnen Sie, nach welcher Zeit eine Pflanze der Sorte I die Wachstumsgeschwindigkeit aus f) ebenfalls erreicht hat.

h) Es gibt einen Zeitpunkt t_0, zu dem beide Pflanzen die gleiche Wachstumsgeschwindigkeit besitzen müssen. Begründen Sie dies anhand der Abbildung oben ohne weitere Rechnung. Berechnen Sie anschließend diesen Zeitpunkt.

i) Innerhalb der ersten 30 Tage gibt es einen Zeitpunkt t_1, an dem die Höhendifferenz $h_2 - h_1$ der beiden Pflanzen maximal ist. Bestimmen Sie diesen Zeitpunkt und geben Sie die maximale Höhendifferenz an.

j) Durch die kontinuierliche Zugabe von flüssigen Mineralstoffen soll die Qualität des Paprikas verbessert werden. Die Zuführungsrate zum Zeitpunkt t wird in Gramm/Tag angegeben. Sie soll proportional zum Höhenwachstum ansteigen und wird durch die Funktion $z(t) = 0{,}1 \cdot h_2(t)$ erfasst. Berechnen Sie unter Verwendung eines bestimmten Integrals, welche Mineralstoffmenge in Gramm in den ersten 50 Tagen insgesamt zugeführt wird.

B. Lineare Algebra und analytische Geometrie

1. Quader

Der abgebildete Quader ABCDEFGH hat die Ecken D(0|0|0) und F(10|10|8).
EBG ist ein Dreieck, dessen Eckpunkte in drei Ecken des Quaders liegen.

a) Bestimmen Sie die Koordinaten der restlichen Punkte des Quaders.
b) Zeigen Sie, dass das Dreieck EBG-gleichschenklig, aber nicht gleichseitig ist.
c) Berechnen Sie den Innenwinkel β des Dreiecks EBG am Eckpunkt B.
d) Bestimmen Sie den Flächeninhalt des Dreiecks EBG.

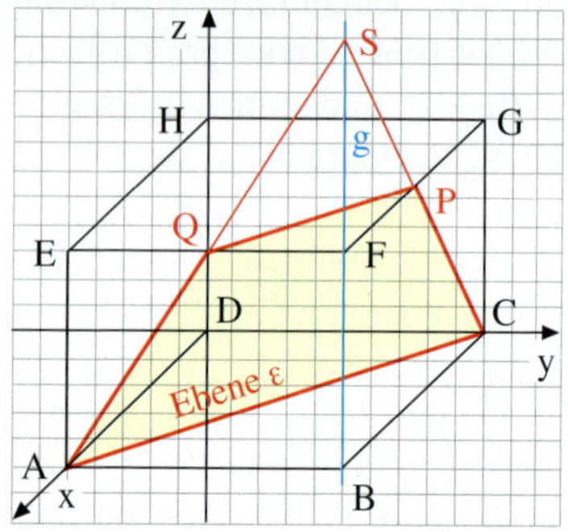

Die Ebene ε geht durch die Punkte A, C und P. Dabei ist P der Mittelpunkt der Seite $\overline{FG}$.
g sei eine Gerade durch die Quaderpunkte B und F.

e) Bestimmen Sie eine Parametergleichung und eine Koordinatengleichung der Ebene ε.
f) Zeigen Sie, dass der Mittelpunkt Q der Seite $\overline{EF}$ auf der Ebene ε liegt.
g) Bestimmen Sie den Schnittpunkt S und den Schnittwinkel γ der Geraden g mit der Ebene ε.
h) Die Ebene ε zerschneidet den Quader in zwei Teilkörper. Einer der beiden Teilkörper enthält den Punkt B. Begründen Sie, dass es sich bei diesem Teilkörper um einen Pyramidenstumpf handelt. Hinweis: Ein Pyramidenstumpf kann stets als „Differenz" zweier Pyramiden dargestellt werden.
i) Bestimmen Sie das Volumen V des Teilkörpers aus Aufgabenteil h.
j) Eine zweite Ebene τ enthält die Gerade durch die Punkte E und G. Sie ist parallel zur Ebene ε. Bestimmen Sie eine Gleichung von τ. Berechnen Sie außerdem den Abstand der Ebenen ε und τ voneinander.

Ein Teehändler verwendet hochwertige quaderförmige Schachteln der Maße 10 cm × 10 cm × 8 cm als Verpackungen der beiden Teesorten „Ceylon Blatt" und „Ceylon Broken". Der Einkaufspreis von „Ceylon Blatt" liegt pro Kilogramm doppelt so hoch wie bei „Ceylon Broken". Eine Schachtel mit 100 g „Ceylon Blatt" kostet 6 Euro. Eine Schachtel mit 125 g „Ceylon Broken" kostet 4,50 Euro.

k) Berechnen Sie für die Sorten „Ceylon Blatt" und „Ceylon Broken" den Einkaufspreis pro Kilogramm und den Preis für eine leere Teeschachtel.

2. Freizeitpark

In einem Freizeitpark steht eine ebene Kletterwand E, auf welcher die Punkte U(−2|4|0), V(−5|8|3) und W(−8|12|2) liegen. In der Nähe der Kletterwand steht ein Windkraftwerk mit der Spitze S(−5|20|11), welches den Park mit Strom versorgt (1 LE = 10 m).

a) Bestimmen Sie eine Parameter- und eine Normalengleichung der Ebene E.

b) Begründen Sie: Die Ebene E steht senkrecht auf der x-y-Ebene.

c) Bestimmen Sie den Flächeninhalt des Dreiecks UVW.

d) Sonnenlicht fällt ein in Richtung des Vektors $\vec{v}$, dessen Koordinaten in der Abbildung angegeben sind. Bestimmen Sie das Schattenbild S′ der Spitze S des Windkraftwerks auf der Kletterwand E. Zeichnen Sie den Schatten S′ in der Abbildung ein.

e) Ermitteln Sie, unter welchem Winkel α der Lichtstrahl, der durch die Spitze S geht, die Wand E trifft. Ermitteln Sie, wie lang der Weg des Lichts von der Spitze S bis zur Wand ist.

f) Bestimmen Sie den Abstand der Spitze S von der Steilwandebene E.

Eine Eislaufbahn führt durch die Punkte A(14|0|0) und B(2|16|0). Sie wird überspannt von einer Seilbahn, die von der Bodenstation C(14|14|0) zur Bergstation D(0|0|7) führt.
Ein Läufer durchfährt mit konstanter Geschwindigkeit die Position A und erreicht nach 2,5 Sekunden die Position P(12,5|2|0).

g) Berechnen Sie die Geschwindigkeit des Läufers in m/s und in km/h.

h) Der Läufer fährt mit konstanter Geschwindigkeit weiter. Nach einiger Zeit erreicht er den Punkt T der Fahrbahn, der exakt senkrecht unter der Seilbahn liegt. Bestimmen Sie die Koordinaten des Punktes T und berechnen Sie die Fahrzeit des Läufers auf dem Weg von A nach T.

i) Ermitteln Sie, in welcher Höhe die Seilbahn die Eislaufbahn überquert.

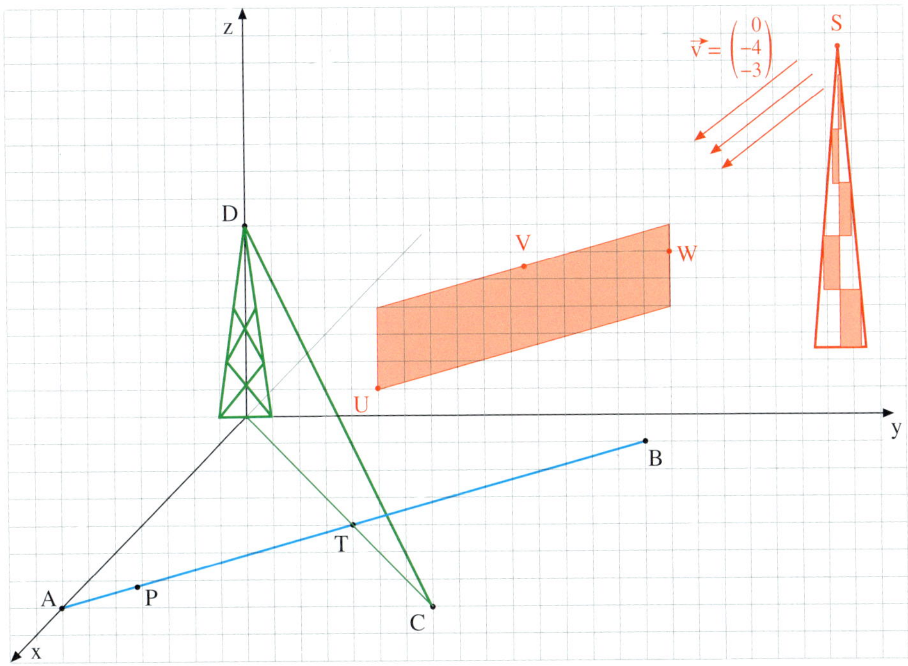

3. Halle

Die dargestellte Halle hat die Ecken A(20|0|0), F(20|12|6), G(4|12|6) und I(20|6|10) (1 LE = 1 m).

a) Ermitteln Sie Koordinaten der Punkte B, E und H des Hauses.
b) Bestimmen Sie Koordinatengleichung der rechten Dachebene E_1.
c) Die linke Dachebene E_2 hat die Koordinatengleichung E_2: $2y - 3z = -18$.
Berechnen Sie die Größe des Winkels γ, unter dem die Dachflächen E_1 und E_2 aufeinanderstoßen.
d) Auf dem Dachboden wird zur Stabilisierung ein Balken eingezogen, der die Mittelpunkte M_1 und M_2 der Dachflächen E_1 und E_2 verbindet. Bestimmen Sie die Länge dieses Balkens. Geben Sie an, unter welchem Winkel α er auf die Dachfläche E_1 stößt.

Im Punkt S(8|9|12) befindet sich die Spitze S einer senkrecht stehenden Dachantenne.

e) Bestimmen Sie den Fußpunkt U der Antenne auf der Dachfläche E_1 sowie die sichtbare Länge l der Antenne.
f) Ermitteln Sie, unter welchem Winkel β die Antenne aus der Dachfläche E_1 austritt.
g) Sonnenlicht in Richtung des Vektors $\vec{v}$ fällt auf die Antenne und erzeugt deren Schatten auf der Dachfläche E_1. Bestimmen Sie die Länge des Schattens der Antenne.
Hinweis: Der Vektor $\vec{v}$ ist in der Zeichnung unten aufgeführt.

Über dem in der Abbildung erkennbaren Seitenfenster ist als Sonnenschutz ein dreieckiges Stoffsegel angebracht. Am Haus ist es mit seinen Ecken an den Punkten K(18|12|4) und L(16|12|4) befestigt. Am Boden ist seine dritte Ecke M(16|14|0) befestigt.

h) Zeigen Sie, dass das Stoffsegel KLM ein rechtwinkliges Dreieck dastellt.
i) Das Segel spendet zu wenig Schatten. Daher soll es zu einem Trapez KLMN vergrößert werden, welches dann die dreifache Fläche wie das urspüngliche Stoffsegel besitzt.
Bestimmen Sie eine mögliche Lage des Punktes N.

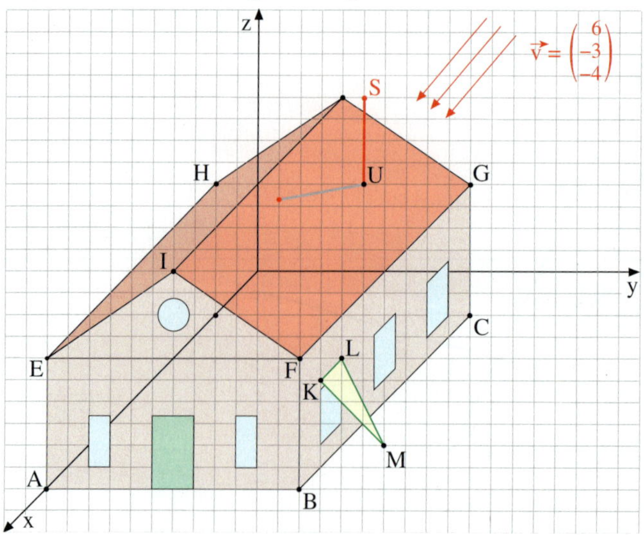

4. Pyramide und Tempel

Gegeben ist ein Tempel, der die Form eines quadratischen Pyramidenstumpfes mit den Ecken A (8|0|0), B (0|8|0), C (−8|0|0), D (0|−8|0), E (4|0|6), F (0|4|6), G (−4|0|6) und H (0|−4|6) besitzt (s. Abb.). Dabei ist 1 LE = 10 m.

a) Zeigen Sie, dass die linke Seitenfläche DAEH des Tempels ein Trapez ist.

b) Bestimmen Sie die Höhe des Trapezes DAEH und berechnen Sie seinen Flächeninhalt.

c) Bestimmen Sie eine Parameter- und eine Koordinatengleichung der Ebene ε, in der die vordere Seitenfläche ABFE des Tempels liegt.

d) Bestimmen Sie den Schnittwinkel der Ebene ε mit dem Erdboden.

e) Der Tempel hat die Form eines quadratischen Pyramidenstumpfes. Berechnen Sie die Koordinaten der Spitze Z der zugehörigen Gesamtpyramide (s. Abb.).

f) Bestimmen Sie das Volumen V des Tempels. Hinweis: V lässt sich als Differenz zweier Pyramidenvolumina darstellen.

Weiter ist eine quadratische Pyramide mit den Ecken U (25|17|0), V (25|25|0), W (17|25|0), X (17|17|0) und der Spitze S (21|21|15) gegeben (s. Abb.).

g) Die Pyramide wird von Sonnenlicht getroffen, das in Richtung des Vektors $\vec{v} = \begin{pmatrix} -1 \\ -3 \\ -3 \end{pmatrix}$ einfällt. Bestimmen Sie den Schatten der Spitze S der Pyramide auf dem Erdboden und zeichnen Sie den Pyramidenschatten in der Abbildung ein.

h) Von der Spitze S der Pyramide wird ein Seil gespannt bis zu einem Punkt T auf der vorderen Seitenfäche des Tempels, in dem das Seil senkrecht zu dieser Seitenfläche befestigt wird. Bestimmen Sie den Punkt T und berechnen Sie die Länge des Seils.

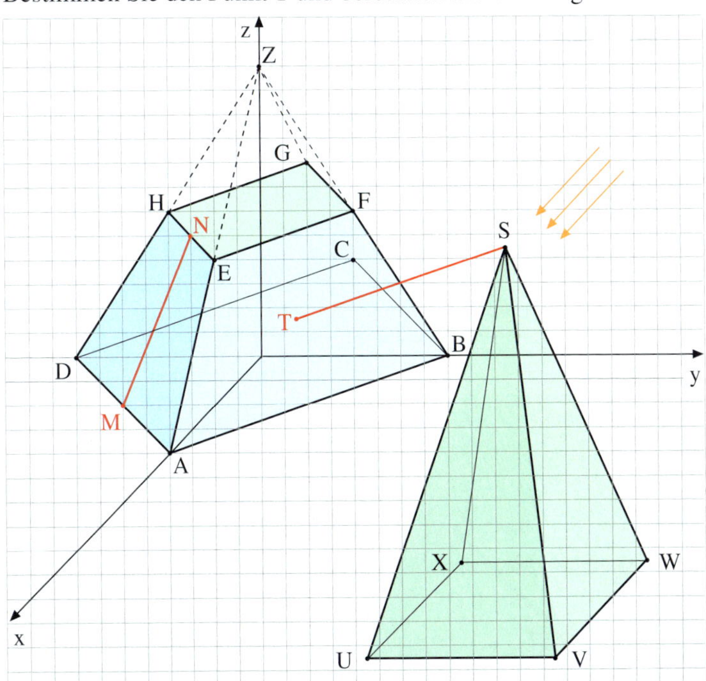

5. Flugbahnen

Ein Flugzeug startet auf dem Flughafen L und befindet sich nun im geradlinigen Steigflug. Um 14.00 Uhr wird es an der Position A (12|4|2) und eine Minute später noch einmal an der Position B (10|6|3) geortet. Dabei entspricht 1 Längeneinheit einem Kilometer.
Später verschwindet das Flugzeug in einer horizontalen Wolkenschicht von 1 km Dicke, deren untere Begrenzung in 8 km Höhe liegt.

a) Bestimmen Sie eine Parametergleichung der Flugbahn f des Flugzeugs.
b) Berechnen Sie den Anstiegswinkel α der Flugbahn, d. h. den Winkel gegen die Horizontale.
c) Berechnen Sie die Geschwindigkeit des Flugzeugs in km/h und in km/min.
d) Bestimmen sie die Positionen P und Q, in denen das Flugzeug in die Wolkenschicht einfliegt bzw. sie wieder verlässt.
e) Berechnen Sie, wann das Flugzeug die Wolkendecke erreicht und wie lange der Flug durch die Wolkendecke dauert.
f) Der Startflughafen L des Flugzeugs liegt in der Höhe z = 0. Berechnen Sie seine Position sowie den Zeitpunkt des Starts.

Ein Spezialhubschrauber startet um 14.01 an der Position C (8|11|0) mit Kurs auf den Zielpunkt D (8|2|12). Seine Geschwindigkeit beträgt konstant 150 km/h.

g) Überprüfen Sie, ob sich die Flugbahn f des Flugzeugs und die Flugbahn g des Hubschraubers schneiden.
h) Untersuchen Sie, ob es zu einer Kollision der beiden Luftfahrzeuge kommt oder nicht.

Im Westen gibt es eine Flugsperrzone. Diese wird durch die Ebene E: $2x - 6y - 3z = 17$ begrenzt. Flugzeuge dürfen nicht näher als 6 km an diese Sperrzone heranfliegen.

i) Prüfen Sie, ob der Hubschrauber den geforderten Abstand zur Sperrzone in seinem Zielpunkt D noch einhält.
j) Der Punkt T sei derjenige Punkt der Sperrebene E, der dem Zielpunkt D des Hubschraubers am nächsten liegt. Bestimmen Sie die Koordinaten von T.

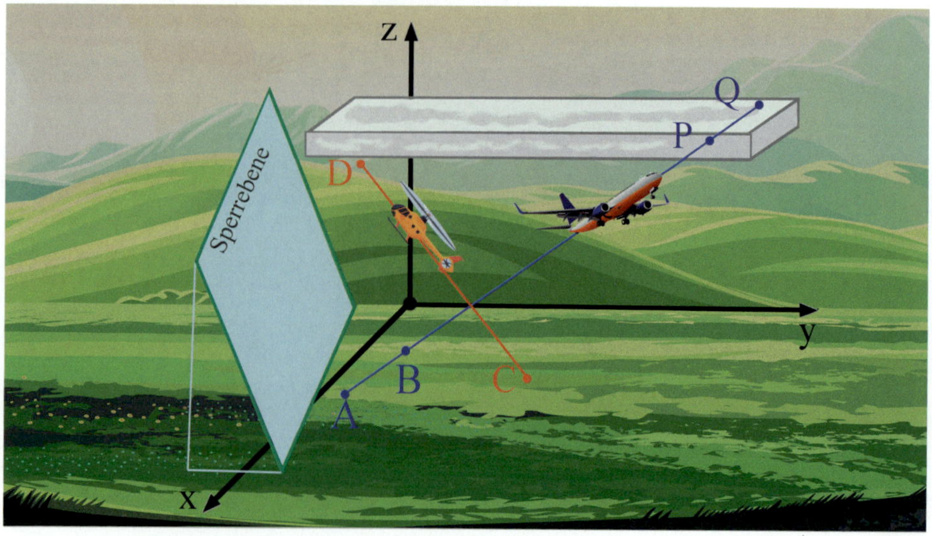

6. Pyramide

Gegeben ist ein Dreieck BCS mit den Eckpunkten B (100 | 100 | 0), C (0 | 100 | 0) und S (50 | 50 | 100).

a) Zeigen Sie, dass das Dreieck BCS gleichschenklig ist.
b) Bestimmen Sie den Mittelpunkt M der Strecke $\overline{BC}$.
c) Berechnen Sie den Flächeninhalt des Dreiecks BCS.
d) Stellen Sie eine Koordinatengleichung der Ebene E durch die Punkte B, C und S auf.
e) Ermitteln Sie, unter welchem Winkel α die Ebene E die x-y-Ebene schneidet.

A (100 | 0 | 0) und D (0 | 0 | 0) seien zwei weitere Punkte, die zusammen mit den Punkten B, C und S eine Pyramide mit der Grundfläche ABCD und der Spitze S bilden.

f) Zeigen Sie, dass die Grundfläche ein Quadrat ist.
g) Berechnen Sie die Mantelfläche (Hinweis:Teile b, c) und das Volumen der Pyramide.
h) Zeigen Sie, dass die Punkte U (40|40|80) und V (60|40|80) auf zwei Kanten der Pyramide liegen.
i) Begründen Sie, dass das Viereck ADUV ein gleichschenkliges Trapez ist.

Aus der Seitenfläche BCS der Pyramide ragt als Teil einer Hebevorrichtung senkrecht ein Balken PQ heraus, dessen Mitte auf einer vertikalen Stütze RT steht (s. Abb.). Die Punkte P und Q besitzen die Koordinaten P(50|60|80) und Q(50|100|100).

j) Weisen Sie nach dass der Balken PQ senkrecht auf der Seitenfläche BCS steht.
k) Berechnen Sie die Länge der Stütze $\overline{TR}$. Stellen Sie dazu die Gleichung der vertikalen Geraden g auf, die den Punkt T enthält. Berechnen Sie dann den Punkt R als Schnittpunkt der Geraden g mit der Fläche BCS.
l) Paralleles Sonnenlicht in Richtung des Vektors $\vec{v}$ (Koordinaten siehe Abb.) fällt von oben auf die Pyramide und erzeugt am Boden einen Schatten. Bestimmen Sie die Koordinaten des Schattens S′ der Pyramidenspitze S und fertigen Sie eine Skizze des Pyramide und ihres Schattens an.

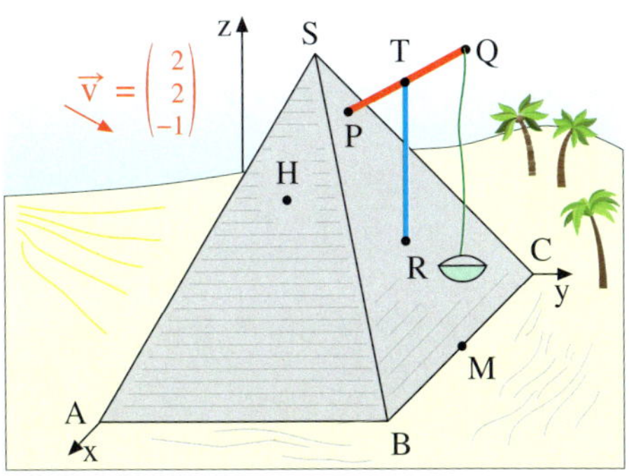

7. Kletterturm

Das Bauamt plant den Bau eines Kletterturms. Er besteht aus einem Grundkörper in Form eines Quaders mit quadratischer Grundfläche (Seitenlänge 4 m), der 3 m hoch ist. Auf dem Quader sitzen vier 2 m hohe Stützen, die ein pyramidenförmiges, symmetrisches Dach tragen.

a) Bestimmen Sie die Koordinaten der Punkte F, J und K (1 LE entspricht 1 m.).
b) Berechnen Sie die auf IJ senkrecht stehende Höhe des gleichschenkligen Dreiecks ISJ.
c) Die Dachfläche soll mit Schindeln gedeckt werden. Pro Quadratmeter kostet das 90 €. Ermitteln Sie die Dachdeckungskosten.
d) Bestimmen Sie das Luftvolumen des Dachraums.
e) Bestimmen Sie eine Koordinatengleichung der Dachflächenebene ε, auf der die Ecken J, S und K liegen.
f) Berechnen Sie den Winkel α, unter dem die Dachflächenebene ε gegen den Dachboden geneigt ist.

Eine Rutsche führt von der Decke des Grundquaders bis zum Boden. Sie ist mittig angebracht und 2 m breit sowie 5 m lang.

g) Bestimmen Sie die Koordinaten der Punkte M, N und T.
h) Die Neigung der Rutsche darf maximal 40° betragen. Überprüfen Sie, ob diese Forderung erfüllt ist.
i) Stellen Sie eine Normalengleichung der Ebene τ auf, in der die Rutsche liegt.

Ein Hangelseil führt vom Mittelpunkt U des unteren rechten Dachrands zum Punkt $V\left(2\middle|\frac{32}{3}\middle|0\right)$ auf dem Erdboden.

j) Bestimmen Sie die Länge des Seils.
k) Zeigen Sie, dass das Seil parallel zur Rutschfläche verläuft.
l) Bestimmen Sie den Abstand des Seilmittelpunktes zur Rutschfläche.
m) Ein Kind mit einer Körpergröße von 150 m steht auf der Rutschfläche. Ermitteln Sie, wieviel Platz zwischen dem Kopf des Kindes und dem Seil ist.

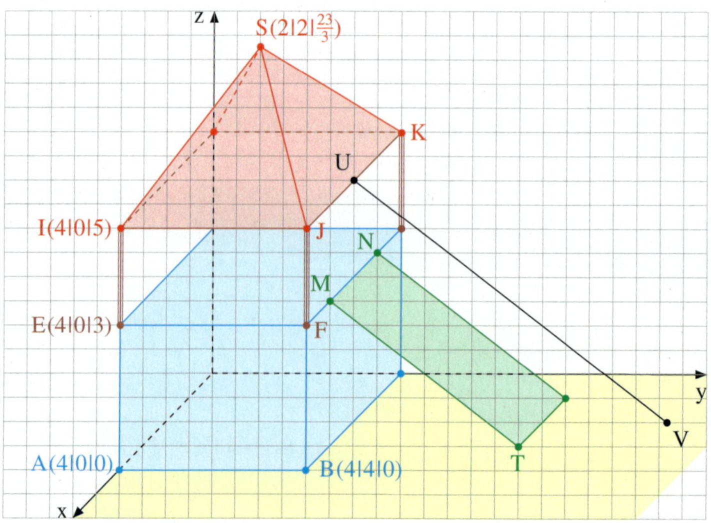

C. Stochastik

1. Urnenproblem

In einer Urne befinden sich rote, blaue und weiße Kugeln. Der Anteil der roten Kugeln in der Urne beträgt 30%, der Anteil der blauen Kugeln liegt bei 25%.

a) Es werden 100 Kugeln nacheinander mit Zurücklegen gezogen.
Berechnen Sie die Wahrscheinlichkeiten der folgenden Ereignisse:
A: Es werden mehr als 30 rote Kugeln gezogen.
B: Die ersten beiden gezogenen Kugeln sind weiß.
C: Es werden mehr als 50, aber weniger als 60 nicht weiße Kugeln gezogen.

b) Es werden n Kugeln mit Zurücklegen gezogen.
Ermitteln Sie, wie groß n mindestens gewählt werden muss, damit mit mindestens 95% Wahrscheinlichkeit mindestens eine blaue Kugel unter den n Kugeln ist.

c) Begründen Sie, dass sich in der Urne 40, nicht aber 50 Kugeln befinden können.

Zusätzlich zu den Farben sind die Kugeln mit Nummern versehen. Rote Kugeln tragen die 1, blaue eine 3 und weiße eine 2.

d) Ein Spieler zieht eine Kugel und erhält die gezogene Zahl als Gewinn.
Berechnen Sie den durchschnittlichen Gewinn des Spielers.

e) Zu den in der Urne befindlichen 100 Kugeln werden 20 weiße Kugeln hinzugegeben. Prüfen Sie, ob nun der durchschnittliche Gewinn des Spielers aus d) höher als vorher ist.

f) Aus der Urne mit nun 120 Kugeln werden zwei Kugeln mit Zurücklegen gezogen.
Berechnen Sie die Wahrscheinlichkeit dafür, dass die Augensumme der gezogenen Kugeln gleich vier ist.

2. Polizeikontrolle

An einem Unfallschwerpunkt werden Polizeikontrollen durchgeführt. Neben Geschwindigkeitskontrollen wird verstärkt auf das Handyverbot am Steuer geachtet. Die Wahrscheinlichkeit der Kontrolle eines Fahrzeugs liegt bei 10%. Gegen das Handyverbot verstoßen nach statistischen Erhebungen 5% der PKW-Fahrer und 1% der LKW-Fahrer.

a) Berechnen Sie die Wahrscheinlichkeit der Ereignisse
A: unter 50 kontrollierten PKW verstößt kein Fahrer gegen das Handyverbot.
B: unter 100 kontrollierten LKW verstößt höchstens ein Fahrer gegen das Handyverbot.

b) Berechnen Sie, ggf. mithilfe eines Baumdiagramms, die Wahrscheinlichkeiten der folgenden Ereignisse.
C: Unter 5 kontrollierten PKW verstößt nur der 4. Fahrer gegen das Handyverbot.
D: Unter 4 kontrollierten LKW verstoßen 2 aufeinander folgende Fahrer gegen das Handyverbot.

c) Untersuchen Sie, wie viele PKW mindestens kontrolliert werden müssen, um mit mindestens 99 % Sicherheit einen Fahrer zu finden, der gegen das Handyverbot verstößt.
d) Bei Geschwindigkeitskontrollen wird festgestellt, dass 25 % der Fahrzeuge zu schnell fahren. Ermitteln Sie die Wahrscheinlichkeit, dass von 100 kontrollierten Fahrzeugen mehr als 30 zu schnell fahren.
e) Durch eine Aufklärungskampagne soll die Anzahl der Geschwindigkeitsüberschreitungen reduziert werden. Die Wahrscheinlichkeit, dass unter 7 kontrollierten Fahrzeugen höchstens 2 zu schnell fahren, soll bei mindestens 80 % liegen. Prüfen Sie, ob diese Vorgabe durch eine Reduzierung der zu schnell fahrenden Fahrzeuge auf p = 20 % zu erreichen ist.

3. Streaming-Portal
In einer Region benutzen 90 % der Jugendlichen Streaming-Portale zusätzlich zu den üblichen Fernsehsendern. 100 Jugendliche werden zufällig ausgewählt.

a) Bestimmen Sie die Wahrscheinlichkeiten der folgenden Ereignisse:
A: Genau 91 der 100 Befragten nutzen ein Streaming-Portal.
B: Weniger als 85 der Jugendlichen nutzen ein Streaming-Portal.
b) Ermitteln Sie, wie viele Jugendliche mindestens gefragt werden müssen, um mit mindestens 99 % Sicherheit mindestens einen Jugendlichen zu finden, der kein Streaming-Portal benutzt.

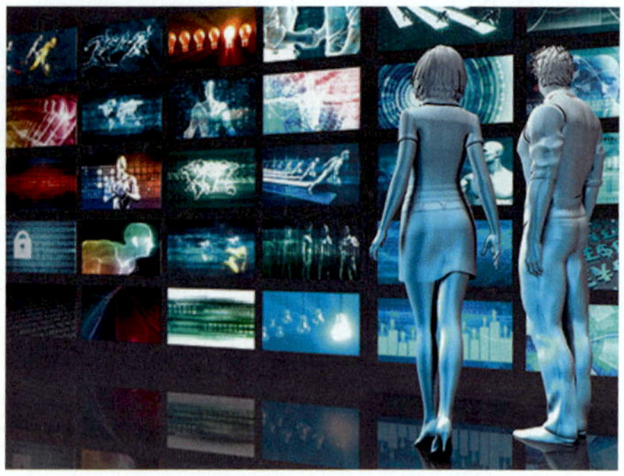

Eine Anzahl von Jugendlichen wird gefragt, ob sie das Streaming-Portal A oder das Portal N bevorzugen, wobei Jugendliche, die keines dieser beiden Portale benutzen, nicht weiter berücksichtigt werden. Die Portal-Benutzer wurden außerdem gefragt, ob sie mindestens 15 Jahre alt oder jünger sind. Von den 2638 berücksichtigten Jugendlichen waren 1114 mindestens 15 Jahre alt. Von ihnen bevorzugten 498 das Streaming-Portal A. Von den jüngeren bevorzugten 513 das Portal N.

c) Ein Jugendlicher der Portal-Nutzer wird zufällig ausgewählt. Ermitteln Sie die Wahrscheinlichkeiten der folgenden Ereignisse:
C: Der Jugendliche war mindestens 15 Jahre alt.
D: Der Jugendliche bevorzugt das Portal A.
d) Ermitteln Sie die Wahrscheinlichkeit, dass der Jugendliche mindestens 15 Jahre alt ist und das Portal N bevorzugt.
e) Bestimmen Sie die Wahrscheinlichkeit, dass ein Jugendlicher mindestens 15 jahre alt ist unter der Bedingung, dass er das Streaming-Portal N bevorzugt.
f) Ein neues Streaming-Portal ermittelt einen Anteil a unter den Jugendlichen. Bei einer späteren zweiten Umfrage hat sich der Anteil unter denjenigen, die bei der ersten Umfrage dieses Portal nicht benutzten, gegenüber dem Anteil bei der ersten Befragung verdoppelt. Insgesamt liegt der Anteil der teilnehmenden Jugendlichen am neuen Streaming-Portal nach der 2. Umfrage bei 72 %. Berechnen Sie a.

4. Vignette

Wer in der Schweiz die Autobahn befahren will, muss eine Vignette kaufen, die für das laufende Jahr Gültigkeit besitzt.

Die Wahrscheinlichkeit dafür, dass ein Autofahrer noch eine Vignette kaufen muss, sei p.

a) Bestimmen Sie für $p = 0{,}15$ die Wahrscheinlichkeiten dafür, dass unter 10 einreisenden Fahrzeugen ***kein*** Fahrer, ***genau ein*** Fahrer bzw. ***mindestens ein*** Fahrer noch eine Vignette kaufen muss.

b) Ermitteln Sie die unbekannte Wahrscheinlichkeit p dafür, dass unter 10 einreisenden Fahrzeugen mit einer Wahrscheinlichkeit von 95 % mindestens eines ohne Vignette gelenkt wird.

c) Berechnen Sie für $p = 15\%$ die Anzahl der Fahrzeuge, die mindestens einreisen müssen, damit mit einer Wahrscheinlichkeit von 95 % oder mehr mindestens einmal ein Fahrzeug ohne Vignette dabei ist.

d) Bei bekannter Wahrscheinlichkeit $p = 15\%$ beobachtet man einreisende Fahrzeuge so lange, bis man eines ohne Vignette entdeckt, höchstens aber 10 Fahrzeuge. Bestimmen Sie die Wahrscheinlichkeit dafür, dass tatsächlich 10 Fahrzeuge beobachtet werden müssen.

e) Das Ereignis, dass bei einer Einreise von 10 Fahrzeugen die ersten 4 Fahrzeuge mit Vignetten bestückt sind, aber trotzdem unter den 10 Fahrzeugen genau 2 Fahrzeuge noch eine Vignette benötigen, werde mit B benannt.
Bestimmen Sie die Wahrscheinlichkeit $P(B)$ allgemein in Abhängigkeit von p.

5. Eishockey

Zu einem Eishockey-Spiel reist die Gastmannschaft mit 2 Torhütern, 6 Verteidigern und 8 Stürmern an.

a) Ermitteln Sie, wie viele Möglichkeiten der Trainer für die Startaufstellung seiner Mannschaft (1 Torwart, 2 Verteidiger, 3 Stürmer) hat.

b) Bei einem Foul muss ein Spieler für 2 Minuten auf die Strafbank. Pro Spieldrittel ereilt dieses Schicksal die Gastmannschaft in 70 % aller Fälle. Berechnen Sie die Wahrscheinlichkeiten der folgenden Ereignisse.
A: Die Gastmannschaft übersteht ein Spiel ohne Strafzeiten.
B: Nur im letzten Drittel erhält die Gastmannschaft eine Strafzeit.
C: In zwei der drei Drittel wird eine Strafzeit ausgesprochen.

c) Ermitteln Sie, wie groß die Wahrscheinlichkeit ist, dass die Mannschaft in 50 Auswärtsspielen mehr als zwei Spiele ohne eine Strafzeit übersteht.

d) Bei einem groben Foul, durch das eine Torchance vereitelt wird, erhält die betroffene Mannschaft einen Penalty (Strafstoß: Ein Spieler läuft ungehindert von Feldspielern auf das Tor des Gegners zu und versucht, gegen den Torwart ein Tor zu erzielen). Bei der Gastmannschaft führt ein Penalty in 60 % aller Fälle zum Erfolg. Ermitteln Sie, wie viele Penalties der Mannschaft mindestens zugesprochen werden müssen, um mit mindestens 99 % Wahrscheinlichkeit mindestens einmal erfolgreich zu sein.

e) Endet ein Spiel unentschieden, so gibt es fünf Minuten Verlängerung. Steht dann immer noch kein Sieger fest, gibt es ein Penalty-Schießen mit drei Spielern je Mannschaft. Bei der Heimmannschaft führt ein Penalty in 70 % der Fälle zum Erfolg. Ermitteln Sie die Wahrscheinlichkeit, dass das Penalty-Schießen 2:2 endet.

f) Endet aber auch das Penalty-Schießen ohne Sieger, so tritt jeweils ein Spieler pro Mannschaft an, bis ein Spieler schließlich Erfolg hat, sein Gegner aber nicht. Ermitteln Sie die Wahrscheinlichkeit, dass nach zwei weiteren Penalties pro Mannschaft immer noch keine Entscheidung gefallen ist.

6. Schulabschluss in einer Universitätsstadt

In einer Universitätsstadt hat die Stadtverwaltung folgende Zahlen ermittelt.

Erwachsene	Hochschul-abschluss	Abitur ohne Hochschulabschl.	anderer Schulabschl.	ohne Schulabschl.
144 000	23 200	34 400	78 100	8300

In der Gesamtzahl waren 36 000 Einwohner ausländischer Herkunft, von ihnen hatten 3800 einen Hochschulabschluss. Befragt werden nur in der Gesamtheit erfasste Personen.

a) Berechnen Sie die Wahrscheinlichkeiten der folgenden Ereignisse.
   A: Von 3 zufällig Befragten hat einer einen Hochschulabschluss, einer einen Schulabschluss (ohne Abitur) und einer keinen Schulabschluss.
   B: Unter 4 Befragten haben der erste und der dritte das Abitur.

b) 20 zufällig ausgewählte Personen werden befragt. Ermitteln Sie die Wahrscheinlichkeiten der folgenden Ereignisse.
   C: Genau 4 der Befragten haben einen Hochschulabschluss.
   D: Höchstens 2 Personen haben keinen Schulabschluss.

c) Eine Person wird zufällig ausgewählt. Sie ist von deutscher Herkunft. Ermitteln sie, wie groß die Wahrscheinlichkeit ist, dass die Person einen Hochschulabschluss hat.

d) In einer Gruppe von 12 Personen befinden sich 3 ohne Schulabschluss. Zwei aus der Gruppe werden zufällig befragt. Ermitteln sie, wie groß die Wahrscheinlichkeit ist, dass beide oder keiner einen Schulabschluss haben.

e) Man befragt zufällig 6 Personen. Es stellt sich heraus, dass keiner einen Hochschulabschluss hat. Ermitteln Sie die Wahrscheinlichkeit, dass genau 2 von ihnen Abitur haben.

7. Umfrage

Bei einer repräsentativen Umfrage unter 1500 Kinobesuchern wird nach den beiden Merkmalen
- männlich (M) weiblich (W) und
- intensiver (I)/gelegentlicher Kinobesucher (G)

unterschieden.

	I	G	Summe
M	200		
W		460	
Summe	250		

Das Ergebnis dieser Umfrage ist (unvollständig) in der nebenstehenden Tabelle wiedergegeben.

a) Übertragen Sie die Vierfeldertafel auf Ihr Blatt, ergänzen Sie alle fehlenden Werte. Ermitteln Sie den Anteil der intensiven Kinobesucher unter den weiblichen Besuchern. Ermitteln Sie den Anteil der männlichen gelegentlichen Kinobesucher unter allen Besuchern.

b) Bestimmen Sie die Wahrscheinlichkeit dafür, dass man unter 100 befragten Kinobesuchern mehr als 10 intensive Kinobesucher findet.
   Bestimmen Sie, wie viele Kinobesucher man mindestens befragen muss, um mit mindestens 99 % Wahrscheinlichkeit mindestens einen intensiven Kinobesucher zu finden.

c) Von den 12 Schülern eines Kurses sind 3 intensive Kinobesucher, der Rest geht gelegentlich ins Kino. Drei Schüler des Kurses werden zufällig ausgewählt. Bestimmen Sie die Wahrscheinlichkeit folgender Ereignisse:
   A: „Nur der erste und der dritte Schüler sind gelegentliche Kinobesucher."
   B: „Genau zwei der Schüler sind intensive Kinobesucher."

d) Der Kinobetreiber möchte durch ein verstärktes Angebot von Premiumfilmen den Anteil p der intensiven Kinobesucher steigern. Die Wahrscheinlichkeit, dass unter sechs Kinobesuchern mindestens zwei intensive zu finden sind, soll mindestens 60 % betragen. Prüfen Sie, ob dies bei einem Anstieg der intensiven Kinobesucher auf $p = 30\,\%$ erfüllt ist.

8. Glücksspiel

Der einarmige Bandit kann in jedem der vier Fenster eine der Ziffern 1, 2 und 3 ausgeben.

a) Geben Sie die Anzahl der möglichen Ergebnisse an.

b) Bestimmen Sie die Wahrscheinlichkeit des Ereignisses:
A: Es erscheint die Ziffernfolge 1 2 3 3.
B: Es erscheint genau zweimal die Ziffer 1.
C: Es erscheinen nur Einsen.
D: Es erscheinen nur gleiche Ziffern.

c) Das Gerät wird 10-mal bedient. Berechnen Sie, mit welcher Wahrscheinlichkeit das Ereignis B nicht ein einziges Mal bzw. genau zweimal eintritt.

d) Untersuchen Sie, wie oft man das Gerät mindestens in Gang setzen muss, damit mit einer Wahrscheinlichkeit von wenigstens 95 % mindestens einmal das Ereignis B eintritt.

e) Bei einem Einsatz von 1 € pro Spiel gewinnt man 30 €, wenn die Ziffernfolge 3333 kommt und 5 €, wenn die Ziffernfolge 2xx2 kommt, wobei x eine beliebige aber feste Ziffer ist. Untersuchen Sie, ob sich das Spiel für den Spieler lohnt. Berechnen Sie, wie viel Gewinn/Verlust an einem Tag mit acht Stunden zu erwarten sind, wenn pro Stunde ca. 20 Spiele stattfinden.

f) Johannes berichtet, dass er gerade fünfmal hintereinander gewonnen hat (Ziffernfolge 3333 oder 2xx2). Beurteilen Sie diese Aussage bezüglich ihrer Glaubwürdigkeit.

9. Der Spezialwürfel

Beim Spezialwürfel treten die Augenzahlen 2 und 3 mit der doppelten Wahrscheinlichkeit, die Augenzahlen 4 und 5 mit der dreifachen Wahrscheinlichkeit und die Augenzahl 6 mit der vierfachen Wahrscheinlichkeit der Augenzahl 1 auf. Man kann dazu einen 20-flächigen Würfel verwenden, der fünf ungültige Flächen hat.

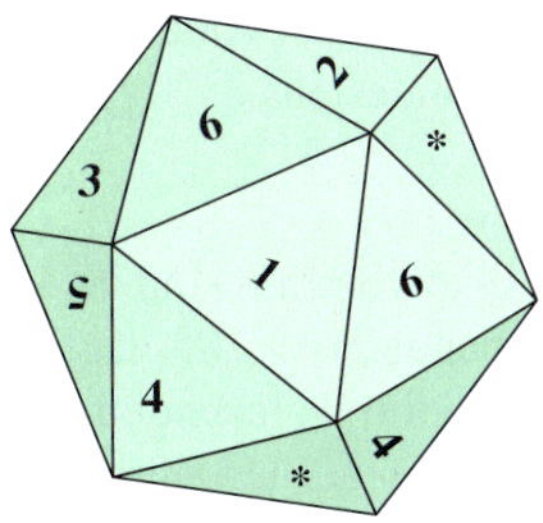

Eins	1
Zwei	2
Drei	2
Vier	3
Fünf	3
Sechs	4
*	5

a) Die Zufallsgröße X gibt die Augenzahl beim Werfen des Würfels an. Bestimmen Sie die Wahrscheinlichkeitsverteilung und den Erwartungswert von X.

b) Ein Spiel kann man nur durch Würfeln einer Sechs beginnen. Dazu hat ein Spieler bis zu drei Versuche pro Spielrunde.
Berechnen Sie die Wahrscheinlichkeiten folgender Ereignisse:
– Eintritt ins Spiel in der ersten Runde,
– drei Runden ohne Eintritt ins Spiel.

c) Untersuchen Sie, wie oft man mindestens würfeln muss, um mit mindestens 99 % Wahrscheinlichkeit mindestens eine Sechs zu würfeln.

d) Berechnen Sie die Wahrscheinlichkeit, bei 100 Würfen mehr als 25 Sechsen zu würfeln.

e) Der Würfel wird für ein Glücksspiel benutzt. Bei 2 Euro Einsatz wird der Würfel zweimal geworfen. Ist die Augensumme größer als 10, wird die Augensumme in Euro ausgezahlt. Berechnen Sie, mit welchem Gewinn pro Spiel der Anbieter rechnen kann.

f) Jemand behauptet, bei 100 Spielen 25-mal gewonnen zu haben. Beurteilen Sie die Glaubwürdigkeit dieser Aussage.

10. Freizeitgestaltung*

Nach einer repräsentativen Umfrage unter Schülern haben 96% ein Fahrrad, 70% ein Musikinstrument und 80% ein Profil bei einem sozialen Netzwerk.

a) Bestimmen Sie die Wahrscheinlichkeit, dass von 100 Schülern
   A: mindestens 99 ein Fahrrad haben,
   B: mindestens 60 und höchstens 75 ein Musikinstrument besitzen.

b) Untersuchen Sie, wie viele Schüler mindestens befragt werden müssen, um mit mindestens 98% Wahrscheinlichkeit mindestens einen zu finden, der kein Fahrrad besitzt.

c) Von 15 Schülern einer Jugendmannschaft haben 14 ein Fahrrad und 9 ein Musikinstrument. Berechnen Sie die Wahrscheinlichkeit, dass von 4 zufällig ausgewählten Schülern
   C: alle ein Fahrrad,
   D: mindestens drei ein Musikinstrument besitzen.

d) Unter den Musikinstrument-Besitzern haben sogar 98% ein Fahrrad. Berechnen Sie den Prozentsatz der Schüler, die kein Musikinstrument, aber ein Fahrrad besitzen.

e) Eine Gesamtschule hat 1400 Schüler. Berechnen Sie, wie viele Schüler mit einem Profil bei einem sozialen Netzwerk zu erwarten sind. Bestimmen Sie die Wahrscheinlichkeit, dass mindestens 1100 und höchstens 1150 Schüler ein Profil bei einem sozialen Netzwerk haben.

f) In den informationstechnischen Grundkursen erstellen alle 300 Schüler der 9. und 10. Klassen der Gesamtschule ein Profil bei einem sozialen Netzwerk. Bestimmen Sie die Wahrscheinlichkeit, dass der Anteil der Schüler mit einem Profil bei einem sozialen Netzwerk dadurch auf mindestens 85% gestiegen ist.

11. Fahrradtraining*

60% der Deutschen (hiermit sind im folgenden stets Erwachsene gemeint) besitzen ein Fahrrad, von ihnen benutzen es 20% täglich.

a) Bestimmen Sie die Wahrscheinlichkeiten der folgenden Ereignisse.
   A: Von 30 zufällig ausgewählten Deutschen haben genau 20 ein Fahrrad.
   B: Von 20 zufällig ausgewählten Deutschen benutzen höchstens 2 das Fahrrad täglich.

b) 100 Deutsche werden zufällig befragt. Berechnen Sie, wie viele Fahrradbesitzer unter ihnen zu erwarten sind. Bestimmen Sie die Wahrscheinlichkeit, dass sich unter den 100 Befragten genau so viele Fahrradbesitzer wie erwartet befinden.

c) In einer Region in Deutschland sind 48% der Menschen männlich. Von ihnen besitzen 8% ein Rennrad. Der Anteil der Rennradbesitzer in dieser Region beträgt 6%. Berechnen Sie die Wahrscheinlichkeit, dass eine zufällig aus der Gruppe der Rennradbesitzer ausgewählte Person ein Mann ist. Berechnen Sie die Wahrscheinlichkeit, dass eine zufällig aus der Gruppe der Frauen ausgewählte Person ein Rennrad besitzt.

d) Ein Rennradfan trainiert im Jahr an 300 Tagen, wobei er in 80% der Fälle mehr als 50 km pro Trainingsfahrt zurücklegt. Zwei seiner Freunde, Alex und Björn, planen eine Wette. Hat ihr Freund weniger als m Trainingsfahrten von mindestens 50 km Länge gemacht, gewinnt Alex, sonst gewinnt Björn. Ermitteln Sie durch Probieren, wie groß m mindestens sein muss, damit Alex mit mindestens 70% Wahrscheinlichkeit die Wette gewinnt.

e) Bei einem Radrennen befindet sich in einer Gruppe von 20 Zuschauern genau ein Rennradbesitzer. Berechnen Sie, wie viele Personen der Gruppe man mindestens auswählen muss, damit mit 80% Wahrscheinlichkeit der Rennradbesitzer zu den Ausgewählten gehört.

---
* Taschenrechner mit kumulierter Binomialverteilung erforderlich

12. Anglerlatein

Ein Angler fängt in der Ostsee bevorzugt Zander. Nur 25 % der von ihm gefangenen Zander sind *groß*, d. h., ihre Länge beträgt mindestens 50 cm. Insgesamt sind nur 30 % der von ihm gefangenen Fische *groß*. Auch sind nur 10 % seiner gefangenen Fische *Zander* **und** sind zugleich *groß*.

a) Bestimmen Sie die Wahrscheinlichkeiten der folgenden Ereignisse:
A: von 9 gefangenen Zandern sind mindestens 2 groß,
B: von 500 gefangenen Fischen sind mindestens 140 und höchstens 170 Fische groß.
Begründen Sie, warum Bernoulli-Ketten zur Modellierung dieser Situationen nutzbar sind.

b) Untersuchen Sie, wie viele Zander der Angler mindestens fangen muss, um mit mindestens 98 % Wahrscheinlichkeit mindestens einen großen Zander zu erhalten.

c) Erstellen Sie eine Vierfeldertafel mit den beiden Merkmalen Fischart (Zander/kein Zander) und Fanggröße (groß/klein) auf der Basis von 1000 gefangenen Fischen.

d) Ermitteln Sie die Wahrscheinlichkeiten der folgenden Ereignisse.
C: Der nächste gefangene Fisch ist kein Zander und ist groß,
D: Der letzte gefangene Fisch war kein Zander,
E: Der letzte gefangene Fisch ist ein Zander, unter der Bedingung, dass es sich um einen großen Fisch handelt.

e) Berechnen Sie näherungsweise die Wahrscheinlichkeit, dass unter 400 gefangenen Fischen mindestens 28 und höchstens 52 große Zander sind.

f) Berechnen Sie Intervallgrenzen a und b, so dass für die Anzahl X der großen Zander unter 225 gefangenen Fischen die Wahrscheinlichkeit $P(a \leq X \leq b)$ mindestens 95,5 % beträgt.

g) Über einen längeren Zeitraum hinweg stellt der Angler fest, dass er bei 625 Fischen 75 große Zander geangelt hatte. Beurteilen Sie zum Konfidenzniveau von 95,5 %, ob die Erfolgsquote des Anglers für große Zander nun auf über 10 % gestiegen ist.

13. Bücherwürmer

18 % der Deutschen lesen im Jahr mehr als 15 Bücher, sie sind „Bücherwürmer".

a) Bestimmen Sie die Wahrscheinlichkeiten der folgenden Ereignisse.
A: Unter 10 zufällig ausgewählten Personen befinden sich genau 2 Bücherwürmer,
B: Unter 7 zufällig ausgewählten Personen sind mindestens 6 keine Bücherwürmer,
C: Unter 1000 zufällig ausgewählten Personen sind mindestens 165 und höchstens 210 Bücherwürmer.

b) Untersuchen Sie, wie viele Personen man mindestens befragen muss, um mit mindestens 99,5 % Wahrscheinlichkeit mindestens einen Bücherwurm zu finden.

c) Ein Verleger lässt seine Bücher in einer Druckerei herstellen, von der bekannt ist, dass 3 % der Produktion Fehldrucke sind. In einem Prüfverfahren werden 97 % der Fehldrucke und 99 % der korrekten Bücher richtig eingestuft.
Berechnen Sie die Wahrscheinlichkeiten der folgenden Ereignisse.
D: Ein Buch wird als Fehldruck eingestuft.
E: Ein als Fehldruck eingestuftes Buch ist tatsächlich ein Fehldruck.
F: Ein nicht als Fehldruck eingestuftes Buch ist tatsächlich ein Fehldruck.

d) Zur Veröffentlichung eines neuen Romans bietet ein Verlag eine Lesung an. Da erfahrungsgemäß 4 % aller angemeldeten Personen nicht kommen, werden vom Verlag mehr als 150 Reservierungen für die 150 vorhandenen Plätze angenommen. Untersuchen Sie, wie viele Reservierungen angenommen werden dürfen, damit trotz Überbuchung das Platzangebot mit mindestens 96 % Wahrscheinlichkeit ausreicht.

14. Schulzufriedenheit

Bei einer repräsentativen Umfrage unter Abiturienten gaben 75 % an, dass sie mit ihrer Schule und dem Unterricht zufrieden waren. Immerhin 40 % äußern sich positiv über den Mathematikunterricht.

a) Bestimmen Sie die Wahrscheinlichkeiten der folgenden Ereignisse.
   A: Unter 10 Abiturienten befinden sich höchstens 2 mit positiver Meinung über den Mathematikunterricht.
   B: Unter 800 Abiturienten äußern mindestens 580 und höchstens 630 Zufriedenheit mit ihrer Schule.

b) Untersuchen Sie, wie viele Abiturienten mindestens befragt werden müssen, um mit einer Wahrscheinlichkeit von mindestens 99 % wenigstens einen zu finden, der sich unzufrieden über seine Schule äußert.

c) Eine Umfrage unter den 200 Schülern der Oberstufe eines Gymnasiums ergaben die in der Vierfeldertafel aufgeführten Ergebnisse.
   Beobachtete Merkmale:
   Matheunterricht: zufrieden/unzufrieden
   Jahrgangsstufe: Stufe 11/Stufe 12

	11	12	
Z		35	
$\overline{Z}$	65		120

   c_1) Vervollständigen Sie die Vierfeldertafel.
   c_2) Ein Schüler der Oberstufe wird zufällig ausgewählt.
   Berechnen Sie die Wahrscheinlichkeit, dass er
   C: in die 12. Klasse geht und mit dem Mathematikunterricht unzufrieden ist,
   D: mit dem Mathematikunterricht zufrieden ist,
   E: in die 11. Klasse geht, wenn er mit dem Mathematikunterricht unzufrieden ist.

d) Die Schulleitung geht davon aus, dass bei einem Klausurtermin 5 % der Schüler wegen Krankheit fehlen. Angenommen, das trifft zu. Bestimmen Sie die Wahrscheinlichkeit, dass bei einem Klausurtermin der Oberstufe mehr als 13 der 200 Schüler fehlen.

15. Urnen

Aus einer Urne mit drei blauen, fünf weißen und zwei gelben Kugeln werden n Kugeln mit Zurücklegen gezogen. X sei die Anzahl der blauen unter den gezogenen Kugeln.

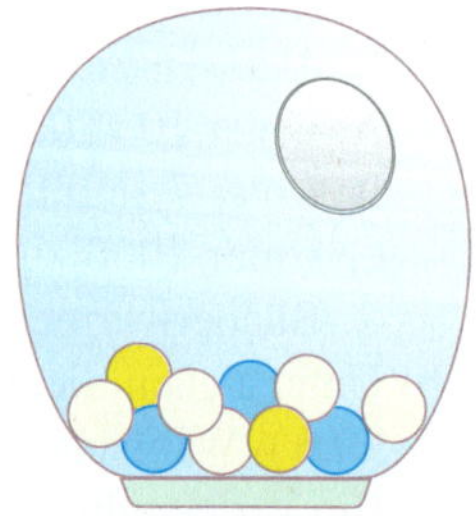

a) Gezogen werden vier Kugeln mit Zurücklegen.
   Bestimmen Sie die Wahrscheinlichkeiten der Ereignisse:
   A: „Alle vier Kugeln sind blau."
   B: „Die dritte gezogene Kugel ist blau."
   C: „Mindestens zwei der Kugeln sind blau."

b) Es werden 100 Kugeln mit Zurücklegen gezogen. Berechnen Sie den Erwartungswert von X. Ermitteln Sie die Wahrscheinlichkeit, dass dabei 28 bis 32 blaue Kugeln gezogen werden.

c) Entscheiden Sie, ob es wahrscheinlicher ist, beim zehnmaligen Ziehen mit Zurücklegen genau drei blaue Kugeln zu ziehen oder beim zwanzigmaligen Ziehen genau sechs blaue Kugeln zu ziehen.

d) Entscheiden Sie, ob es wahrscheinlicher ist, beim dreimaligen Ziehen ohne Zurücklegen drei blaue Kugeln oder beim fünfmaligen Ziehen ohne Zurücklegen fünf weiße Kugeln zu ziehen.

e) Untersuchen Sie, wie oft man mindestens mit Zurücklegen ziehen muss, wenn die Wahrscheinlichkeit, mindestens eine gelbe Kugel zu ziehen, mindestens 99 % betragen soll.

f) Lars behauptet: Ich habe schon mehrfach beim fünfzigmaligen Ziehen mit Zurücklegen mindestens 20 gelbe Kugeln gezogen. Beurteilen Sie, wie glaubhaft diese Aussage ist.

Testlösungen

Testlösungen zum Kapitel I (Seite 62)

1. a) B(4|8|0), C(0|8|0), D(0|0|0), E(4|0|5), F(4|8|5), H(0|0|5), M(2|4|5)

   b) $|\overline{AF}| = \sqrt{64+25} = \sqrt{89} \approx 9{,}43$, $|\overline{DM}| = \sqrt{4+16+25} = \sqrt{45} \approx 6{,}71$

   c) Die Vektoren $\overrightarrow{HM}$, $\overrightarrow{EM}$ liegen in der Deckfläche EFGH und sind nicht kollinear.

   Der Vektor $\overrightarrow{AM}$ liegt nicht in dieser Ebene.

2. $|AT| = \sqrt{24}$, $|TB| = \sqrt{54}$, $\frac{\sqrt{24}}{\sqrt{54}} = \frac{2}{3}$; T teilt die Strecke wie 2 : 3

3. $\vec{a} = \begin{pmatrix} 2 \\ -2 \end{pmatrix}$, $\vec{b} = \begin{pmatrix} 3 \\ 2 \end{pmatrix}$, $\vec{c} = \begin{pmatrix} 2 \\ 0 \end{pmatrix}$, $\vec{d} = \begin{pmatrix} 0 \\ -2 \end{pmatrix}$

   a) $\begin{pmatrix} 2 \\ -2 \end{pmatrix} + \begin{pmatrix} 3 \\ 2 \end{pmatrix} + \begin{pmatrix} 0 \\ -2 \end{pmatrix} = \begin{pmatrix} 5 \\ -2 \end{pmatrix}$

   b) $\begin{pmatrix} 1 \\ -1 \end{pmatrix} - 2\left(\begin{pmatrix} 3 \\ 2 \end{pmatrix} - \begin{pmatrix} 0 \\ -4 \end{pmatrix}\right) = \begin{pmatrix} -5 \\ -13 \end{pmatrix}$

   c) $\begin{pmatrix} 2 \\ -2 \end{pmatrix} + \begin{pmatrix} 6 \\ 4 \end{pmatrix} - \begin{pmatrix} 8 \\ 0 \end{pmatrix} + \begin{pmatrix} 0 \\ -2 \end{pmatrix} = \begin{pmatrix} 0 \\ 0 \end{pmatrix}$

4. a) $\begin{pmatrix} 6 \\ -2 \\ -1 \end{pmatrix} = 4\begin{pmatrix} 3 \\ 1 \\ 2 \end{pmatrix} - 3\begin{pmatrix} 2 \\ 2 \\ 3 \end{pmatrix}$

   b) Die Vektoren sind nicht komplanar, denn keiner der Vektoren lässt sich durch die beiden anderen darstellen.

5. a) $\overrightarrow{AB} = \begin{pmatrix} -2 \\ -3 \\ -6 \end{pmatrix}$, $\overrightarrow{AC} = \begin{pmatrix} -4 \\ 3 \\ -3 \end{pmatrix}$, $\overrightarrow{BC} = \begin{pmatrix} -2 \\ 6 \\ 3 \end{pmatrix}$

   $|\overrightarrow{AB}| = \sqrt{4+9+36} = 7$,

   $|\overrightarrow{AC}| = \sqrt{34}$, $|\overrightarrow{BC}| = \sqrt{49} = 7$

   Das Dreieck ist gleichschenklig, aber nicht gleichseitig.

   b)

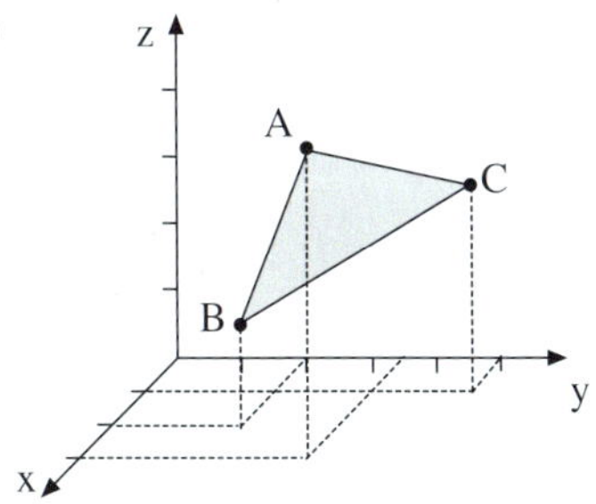

   c) $\vec{d} = \vec{c} + \overrightarrow{AB} = \begin{pmatrix} 2 \\ 10 \\ 6 \end{pmatrix} + \begin{pmatrix} -2 \\ -3 \\ -6 \end{pmatrix} = \begin{pmatrix} 0 \\ 7 \\ 0 \end{pmatrix} \Rightarrow D(0|7|0)$

6. Kraft des α-Teams: $\vec{F}_\alpha = \begin{pmatrix} -2 \\ 2 \end{pmatrix} + \begin{pmatrix} -3 \\ -1 \end{pmatrix} = \begin{pmatrix} -5 \\ 1 \end{pmatrix}$

   Kraft des β-Teams: $\vec{F}_\beta = \begin{pmatrix} 3 \\ 2 \end{pmatrix} + \begin{pmatrix} 1 \\ -2 \end{pmatrix} = \begin{pmatrix} 4 \\ 0 \end{pmatrix}$

   Gesamtkraft: $\vec{F}_\alpha + \vec{F}_\beta = \begin{pmatrix} -1 \\ 1 \end{pmatrix}$

   Das α-Team gewinnt, da die Gesamtkraft nach links zeigt, denn ihre erste Koordinate ist −1.

Testlösungen zum Kapitel II (Seite 84)

1. a) $\cos\alpha = \frac{5}{\sqrt{35 \cdot 21}}$, $\alpha \approx 79{,}4°$ b) $\cos\alpha = 0$, $\alpha = 90°$

   c) $\cos\alpha = 0$, $\alpha = 90°$

2. I: –2; II: 11; III: 12; IV: 0; V: 9; VI: 5

3. a) $\cos\alpha = \frac{54}{9\sqrt{140}}$, $\alpha \approx 59{,}5°$ b) $54 = 140\,r \Rightarrow \vec{b}_a = \begin{pmatrix} -4 \\ 4 \\ 2 \end{pmatrix}$

   c) $A = \sqrt{81 \cdot 140 - 54^2} \approx 91{,}78$

4. a) BSA: $\cos\alpha = \frac{138}{\sqrt{130 \cdot 182}}$, $\alpha \approx 26{,}2°$ SAB: $\cos\beta = \frac{-8}{6\sqrt{130}}$, $\beta \approx 96{,}7°$

   b) $\overrightarrow{AB} = \begin{pmatrix} -4 \\ 2 \\ -4 \end{pmatrix}$, $\overrightarrow{AC} = \begin{pmatrix} -6 \\ 6 \\ 0 \end{pmatrix}$, $\overrightarrow{BC} = \begin{pmatrix} -2 \\ 4 \\ 4 \end{pmatrix}$, $|AB| = |BC| = 6$, $\overrightarrow{AB} \cdot \overrightarrow{BC} = 0$

   c) $D(11|7|3)$

5. neue Flugrichtung: $\vec{v} = \begin{pmatrix} 8 \\ 8 \\ 0 \end{pmatrix}$

   Winkel der Kursänderung: $\cos\alpha = \frac{128}{\sqrt{132 \cdot 128}}$, $\alpha \approx 10°$

Testlösungen zum Kapitel III (Seite 124)

1. a) g: $\vec{x} = \begin{pmatrix} 3 \\ 0 \\ 1 \end{pmatrix} + r\begin{pmatrix} -3 \\ 6 \\ 3 \end{pmatrix}$

b) $\begin{pmatrix} 1 \\ 4 \\ 3 \end{pmatrix} = \begin{pmatrix} 3 \\ 0 \\ 1 \end{pmatrix} + r\begin{pmatrix} -3 \\ 6 \\ 3 \end{pmatrix}$ gilt für $r = \frac{2}{3}$. Wegen $0 < r < 1$ liegt P auf der Strecke $\overline{AB}$.

2. A(4|0|0), B(4|6|0), C(0|6|0), D(0|0|0), E(4|0|3), F(4|6|3), G(0|6|3), H(0|0|3), I(4|3|0), J(2|6|0)

a) g_{HB}: $\vec{x} = \begin{pmatrix} 0 \\ 0 \\ 3 \end{pmatrix} + r\begin{pmatrix} 4 \\ 6 \\ -3 \end{pmatrix}$, g_{HF}: $\vec{x} = \begin{pmatrix} 0 \\ 0 \\ 3 \end{pmatrix} + r\begin{pmatrix} 4 \\ 6 \\ 0 \end{pmatrix}$, g_{HI}: $\vec{x} = \begin{pmatrix} 0 \\ 0 \\ 3 \end{pmatrix} + r\begin{pmatrix} 4 \\ 3 \\ -3 \end{pmatrix}$

g_{GJ}: $\vec{x} = \begin{pmatrix} 0 \\ 6 \\ 3 \end{pmatrix} + r\begin{pmatrix} 2 \\ 0 \\ -3 \end{pmatrix}$

3. a) g = h: $r = \frac{1}{3}$, $s = -2$, S(3|4|4)

$\cos\gamma = \frac{\left|\begin{pmatrix} 3 \\ 6 \\ 3 \end{pmatrix} \cdot \begin{pmatrix} -1 \\ -1 \\ 1 \end{pmatrix}\right|}{\sqrt{54 \cdot 3}} = \frac{6}{\sqrt{162}}$; $\gamma = 61{,}9°$

b)

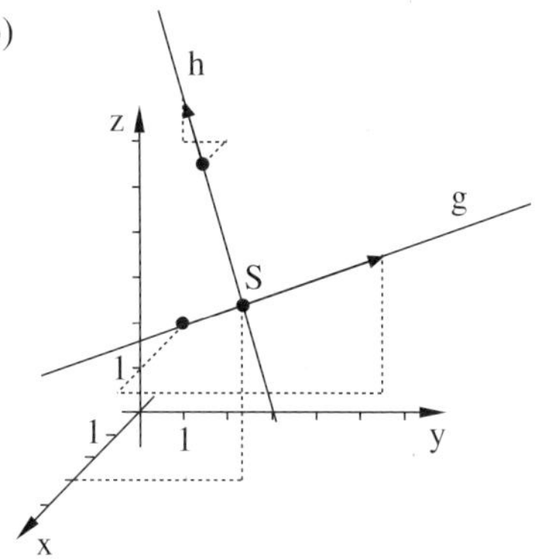

c) g: $S_{xy}(-1|-4|0)$, $S_{xz}(1|0|2)$, $S_{yz}(0|-2|1)$
h: $S_{xy}(7|8|0)$, $S_{xz}(-1|0|8)$, $S_{yz}(0|1|7)$

4. a) g: $\vec{x} = \begin{pmatrix} 4 \\ 0 \\ 6 \end{pmatrix} + r\begin{pmatrix} 1 \\ 3 \\ -1{,}5 \end{pmatrix}$, $z = 0 \Rightarrow r = 4$

P(8|12|0), der Anflug dauert 4 min.

b) aus a) $4 + r = 6$ ergibt $r = 2$, $y = 6$ und $z = 3$
Mittelpunkt bei 2,9; Rand bei 2,92
d. h. 80 m Sicherheitsabstand nach unten

c) h: $\vec{x} = \begin{pmatrix} 12 \\ 0 \\ 0 \end{pmatrix} + s\begin{pmatrix} -14 \\ 14 \\ 7 \end{pmatrix}$; h = g : r = 2, $s = \frac{3}{7}$; Kollisionskurs mit S(6|6|3)

Der Flieger ist nach 2 min bei S, der Hubschrauber nach $5 \cdot \frac{3}{7} = \frac{15}{7} = 2\frac{1}{7}$ min, also $\frac{1}{7}$ min später, also keine Kollision.

Testlösungen zum Kapitel IV (Seite 172)

1. a) E: $\vec{x} = \begin{pmatrix} 2 \\ 2 \\ -1 \end{pmatrix} + r\begin{pmatrix} -2 \\ 1 \\ 2 \end{pmatrix} + s\begin{pmatrix} 2 \\ -1 \\ 2 \end{pmatrix}$

   b) E: $y + 2y = 6$

   c) P in E einsetzen liefert $a = 2$.

   d) $X(6|0|0)$, $Y(0|3|0)$, kein Schnittpunkt mit der z-Achse, E ist parallel zur z-Achse.

   e) g: $\vec{x} = \begin{pmatrix} 4 \\ 6 \\ 3 \end{pmatrix} + t \cdot \begin{pmatrix} 1 \\ 2 \\ 0 \end{pmatrix}$ $\quad g \cap E$: $t = -2$, $F(2|2|3)$

2. a) $\begin{pmatrix} -4 \\ 1 \\ 3 \end{pmatrix} \cdot \begin{pmatrix} 1 \\ -2 \\ 1 \end{pmatrix} \neq 0 \Rightarrow E_1$ und E_2 sind nicht parallel.

   b) g: $\vec{x} = \begin{pmatrix} -3 \\ -1 \\ 5 \end{pmatrix} + r\begin{pmatrix} -8 \\ -1 \\ 6 \end{pmatrix}$ c) E: $\left(\vec{x} - \begin{pmatrix} 1 \\ 1 \\ 2 \end{pmatrix}\right) \cdot \begin{pmatrix} 3 \\ 0 \\ 4 \end{pmatrix} = 0$ d) $3x + 4z = 46$

3. a) g in E: $3r = 6$, $r = 2$, $S(3|6|5)$ b) für $r = 4$ erhält man $P(5|10|9)$

   c) h: $\vec{x} = \begin{pmatrix} 5 \\ 10 \\ 9 \end{pmatrix} + r\begin{pmatrix} 1 \\ 2 \\ -1 \end{pmatrix}$, $6r = -6$, $r = -1$, $T(4|8|10)$

   d) Wir benötigen zwei Spiegelpunkte von g. Einer ist S.
   Als zweiten Punkt spiegeln wir $Q(1|2|1)$ $(r = 0)$.
   Gerade durch Q senkrecht zu E:

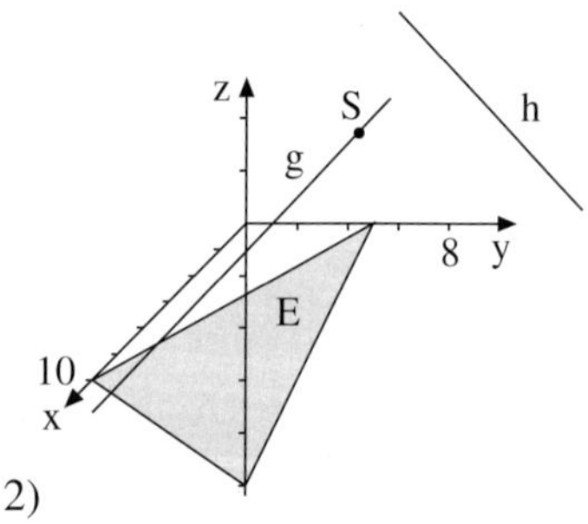

   k: $\vec{x} = \begin{pmatrix} 1 \\ 2 \\ 1 \end{pmatrix} + r\begin{pmatrix} 1 \\ 2 \\ -1 \end{pmatrix}$ in E: $r = 1$, $F_Q(2|4|0)$, $Q'(3|6|-1)$ $(r = 2)$

   Spiegelgerade durch Q′ und S: g′: $\vec{x} = \begin{pmatrix} 3 \\ 6 \\ -1 \end{pmatrix} + r\begin{pmatrix} 0 \\ 0 \\ 6 \end{pmatrix}$

4. a) $A(0|0|3)$, $B(0|14|3)$, $C(-10|14|3)$, $D(-5|14|7)$, $E(-5|0|7)$

   b) $\overrightarrow{BD} = \begin{pmatrix} -5 \\ 0 \\ 4 \end{pmatrix}$, $\overrightarrow{CD} = \begin{pmatrix} 5 \\ 0 \\ 4 \end{pmatrix}$, $\cos\gamma = \frac{-9}{41} \approx -0{,}22$, $\gamma \approx 102{,}7°$

   c) E_{ABD}: $\vec{x} = \begin{pmatrix} 0 \\ 0 \\ 3 \end{pmatrix} + r\begin{pmatrix} 0 \\ 14 \\ 0 \end{pmatrix} + s\begin{pmatrix} -5 \\ 0 \\ 4 \end{pmatrix}$, g_S: $\vec{x} = \begin{pmatrix} -2 \\ 10 \\ 0 \end{pmatrix} + t\begin{pmatrix} 0 \\ 0 \\ 1 \end{pmatrix}$

   E = g liefert $r = \frac{5}{7}$, $s = 0{,}4$, $t = 4{,}6$, $T(-2|10|4{,}6)$.
   Er ragt 1,4 m heraus.

   d) Lichtgerade durch S: h: $\vec{x} = \begin{pmatrix} -2 \\ 10 \\ 6 \end{pmatrix} + t\begin{pmatrix} 1 \\ -1 \\ -2 \end{pmatrix}$

   Schnittpunkt mit E_{ABD}: $s = \frac{1}{6}$, $t = \frac{7}{6}$, $r = \frac{53}{6 \cdot 14}$, $P\left(-\frac{5}{6}\middle|\frac{53}{6}\middle|\frac{22}{6}\right)$, $l \approx \sqrt{3{,}59} \approx 1{,}90\,\text{m}$

Testlösungen zum Kapitel V (Seite 208)

1. a) g: $\vec{x} = \begin{pmatrix}10\\13\\7\end{pmatrix} + r\begin{pmatrix}-2\\-4\\-2\end{pmatrix}$, E: $\vec{x} = \begin{pmatrix}8\\0\\0\end{pmatrix} + s\begin{pmatrix}-8\\4\\0\end{pmatrix} + t\begin{pmatrix}-8\\0\\4\end{pmatrix}$, $\left(\vec{x} - \begin{pmatrix}8\\0\\0\end{pmatrix}\right) \cdot \begin{pmatrix}1\\2\\2\end{pmatrix} = 0$

   b) d(P; E) = 9

   c) g: in E: x + 2y + 2z = 8, r = −3, S(4|1|1)

   $\sin\gamma = \frac{\begin{pmatrix}2\\4\\2\end{pmatrix} \cdot \begin{pmatrix}1\\2\\2\end{pmatrix}}{3\sqrt{24}}$, $\gamma \approx 72{,}3°$

2. a) E: $\vec{x} = \begin{pmatrix}0\\0\\5\end{pmatrix} + r\begin{pmatrix}12\\0\\0\end{pmatrix} + s\begin{pmatrix}0\\12\\-5\end{pmatrix}$, $\left(\vec{x} - \begin{pmatrix}0\\0\\5\end{pmatrix}\right) \cdot \begin{pmatrix}0\\5\\12\end{pmatrix} = 0$, 5y + 12z = 60

   b) $\overrightarrow{AB} = \begin{pmatrix}12\\0\\0\end{pmatrix} = \overrightarrow{DC}$, $\overrightarrow{AD} = \begin{pmatrix}0\\12\\-5\end{pmatrix} = \overrightarrow{BC}$, $\overrightarrow{AB} \cdot \overrightarrow{AD} = 0$

   A = 12 · 13 = 156

   c) d(S; E) = 13, $V = \frac{1}{3} \cdot 156 \cdot 13 = 676$

   d) $\cos\gamma = \frac{\begin{pmatrix}6\\-11\\-9{,}5\end{pmatrix} \cdot \begin{pmatrix}6\\1\\-14{,}5\end{pmatrix}}{247{,}25}$, $\gamma \approx 48{,}8°$

   e) $A = \frac{1}{2}\sqrt{247{,}25^2 - 162{,}75^2} \approx 93{,}07$

3. a) h: $\vec{x} = \begin{pmatrix}6\\-3\\2\end{pmatrix} + r\begin{pmatrix}-2\\2\\1\end{pmatrix}$, f: $\vec{x} = \begin{pmatrix}-8\\-7\\10\end{pmatrix} + s\begin{pmatrix}3\\6\\-2\end{pmatrix}$

   b) h = f ⇒ r = 4, s = 2, S(−2|5|6), $\cos\gamma = \frac{4}{3 \cdot 7}$, $\gamma \approx 79{,}02°$

   c) f: d(S; C) = 14 km in 2 min

   h: 3 km in 30 s ⇒ $v_h = 360\,\frac{km}{h}$, in 2 min bei S

   Ja, es droht eine Kollision.

   d)

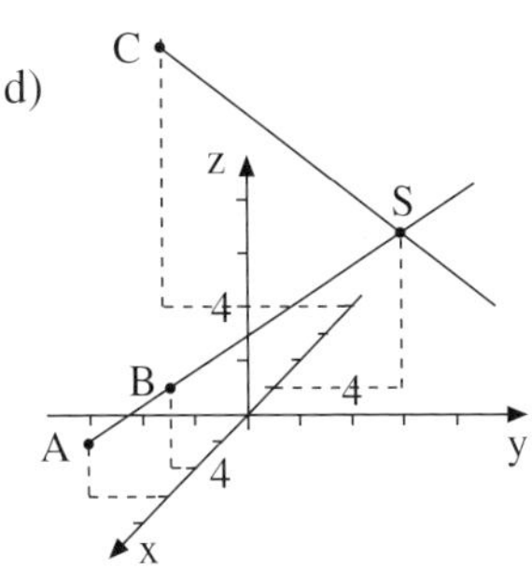

4. E: $\left(\vec{x} - \begin{pmatrix}6\\10\\0\end{pmatrix}\right) \cdot \begin{pmatrix}1\\4\\8\end{pmatrix} = 0$, P(7|30|0) ∈ F, d(P; E) = 9

   x + 4y + 8z = 208 oder x + 4y + 8z = −116

Testlösungen zum Kapitel VI (Seite 252)

1. a) Erwartungswert: $\mu = 12$; Standardabweichung: $\sigma = \sqrt{9{,}6} \approx 3{,}1$
   b) $\sigma = \sqrt{9{,}6} \approx 3{,}1 > 3 \Rightarrow$ Laplace-Bedingung ist knapp erfüllt.
   c) 90%, d.h. $z = 1{,}64 \Rightarrow 6{,}92 \leq X \leq 17{,}08$ bzw. $6 \leq X \leq 18$
   d) Hier muss die kumulierte Binomialverteilung F angewendet werden, wozu der Taschenrechner eingesetzt wird.

   $$\begin{aligned} P(11 \leq X \leq 15) &= P(X \leq 15) - P(X \leq 10) = F(60; 0{,}2; 15) - F(60; 0{,}2; 10) \\ &\approx 0{,}8694 - 0{,}3235 = 0{,}5459 = 54{,}59\,\% > 50\,\% \end{aligned}$$

   Der Trainer behält recht mit einer Wahrscheinlichkeit von knapp über 50%.

2. a) Erwartungswert: $\mu = 480$; Standardabweichung: $\sigma = \sqrt{96} \approx 9{,}80 > 3$

   $\mu - 1{,}64 \cdot 9{,}8 \leq X \leq \mu + 1{,}64 \cdot 9{,}8, \quad 463{,}93 \leq X \leq 496{,}07$
   $463 \leq X \leq 497$ (Prognoseintervall)

   b) Der Händler kann mit mindestens 463 mängelfreien Bäumen rechnen, die je 18 Euro Gewinn bringen. Dazu kommen dann 137 mangelhafte Bäume, die nur 6 Euro Gewinn bringen.
   Zu erwartender Mindestgewinn: $463 \cdot 18\,€ + 137 \cdot 6\,€ = 9156\,€$
   c) Hier ist ein Prognoseintervall für die unbekannte Anzahl Y der mangelhaften Bäume zu bestimmen: $n = 600$, $p = 0{,}2$, $\mu = 120$, $\sigma \approx 9{,}8$
   Wir verwenden die 1,96-Umgebung mit einer Sicherheitswahrscheinlichkeit von 95%.

   $120 - 1{,}96 \cdot 9{,}8 \leq Y \leq 120 + 1{,}96 \cdot 9{,}8, \quad 100{,}79 \leq Y \leq 139{,}21$
   $100 \leq Y \leq 140$ (Prognoseintervall)

   Mit einer Wahrscheinlichkeit von 95% werden mindestens 100 mangelhafte Bäume vorhanden sein. Da insgesamt 600 Bäume unterzubringen sind, muss die separate Fläche einen Mindestanteil von $\frac{100}{600} \approx 0{,}1667 = 16{,}67\,\%$ besitzen.

3. $n = 100$, $X = 30$, $h_n = \frac{X}{n} = 0{,}3$, p = Wahrscheinlichkeit einer aufrechten Landung
   $\sigma^* = \sqrt{n \cdot h_n \cdot (1 - h_n)} = \sqrt{100 \cdot 0{,}3 \cdot 0{,}7} = \sqrt{21} \approx 4{,}58 > 3$
   Wir verwenden das Konfidenzintervall mit einer Sicherheit von 90% ($z = 1{,}64$).
   $0{,}3 - 1{,}64 \cdot \sqrt{\frac{0{,}3 \cdot 0{,}7}{100}} \leq p \leq 0{,}3 + 1{,}64 \cdot \sqrt{\frac{0{,}3 \cdot 0{,}7}{100}}, \quad 0{,}2248 \leq p \leq 0{,}3752$
   Der Prozentsatz der Hütchen, die aufrecht landen, liegt mit einer Wahrscheinlichkeit von 90% zwischen 22,48% und 37,52%.

4\. a) $n = 400$, $X = 12$, $h_n = \frac{12}{400} = 0{,}03$, p = Anteil der minderwertigen Bohnen

$\sigma^* = \sqrt{n \cdot h_n \cdot (1 - h_n)} = \sqrt{400 \cdot 0{,}03 \cdot 0{,}97} \approx 3{,}41 > 3$ Laplace-Bedingung erfüllt

Wir verwenden das Konfidenzintervall mit einer Sicherheit von 90% ($z = 1{,}64$).

$$0{,}03 - 1{,}64 \cdot \sqrt{\frac{0{,}03 \cdot 0{,}97}{400}} \le p \le 0{,}03 + 1{,}64 \cdot \sqrt{\frac{0{,}03 \cdot 0{,}97}{400}}$$

$$0{,}0160 \le p \le 0{,}0440$$

Der Anteil der mangelhaften Bohnen liegt mit 90% Sicherheit zwischen 1,6% und 4,4%. Die Großlieferung ist also mit einer Sicherheit von 90% in Ordnung und annahmefähig.

b) Verwenden wir das Konfidenzintervall auf einem Sicherheitsniveau von 99% ($z = 2{,}58$), so ändert sich die Rechnung folgendermaßen.

$$0{,}03 - 2{,}58 \cdot \sqrt{\frac{0{,}03 \cdot 0{,}97}{400}} \le p \le 0{,}03 + 2{,}58 \cdot \sqrt{\frac{0{,}03 \cdot 0{,}97}{400}}$$

$$0{,}0080 \le p \le 0{,}0520$$

Der Anteil der mangelhaften Bohnen liegt bei einer Sicherheit von 99% zwischen 0,8% und 5,2%.

Auf diesem Sicherheitsniveau kann die Großlieferung im Gegensatz zum Sicherheitsniveau von 90% nicht mehr als einwandfrei und annahmefähig eingestuft werden.

Testlösungen zum Kapitel VII (Seite 274)

1. a) Nullstellen: $x = 0{,}5$

   Extrema: $f'(x) = (4x - 4) \cdot e^{1-2x}$, $f''(x) = (-8x + 12)\, e^{1-2x}$

   $f'(x) = 0$: $x = 1$, $f''(1) > 0 \Rightarrow T(1|e^{-1})$

   Wendepunkt: $f''(x) = 0$: $x = \frac{3}{2}$

   $f'''(x) = (16x - 32) \cdot e^{1-2x}$

   $f'''\left(\frac{3}{2}\right) \neq 0 \Rightarrow W\left(\frac{3}{2}\middle|-2e^{-2}\right)$

   b) $f(x) \to 0$ für $x \to \infty$, $f(x) \to \infty$ für $x \to -\infty$

   c) 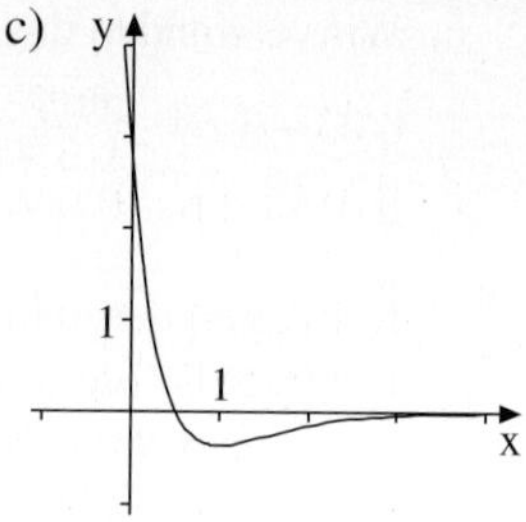

   d) Ansatz: $n(x) = -\frac{1}{f'(0)}x + f(0)$, $n(x) = \frac{1}{4e}x + e$

2. Hauptbedingung: $A = 10(x + 3y)$

   Nebenbedingung: $x \cdot y = 9$, $y = \frac{9}{x}$

   Zielfunktion: $A(x) = 10\left(x + \frac{27}{x}\right)$

   Bestimmung des Minimums: $A'(x) = 10\left(1 - \frac{27}{x^2}\right)$, $a'(x) = 0 \Rightarrow x = 3\sqrt{3}$

   $A''(3\sqrt{3}) > 0 \Rightarrow$ Minimum: $x = 3\sqrt{3}$, $y = \sqrt{3}$

3. a) $f'(1) = 0$: $2a + b = 0$

   $f(4) = 0$: $16a + 4b + c = 0$

   $f'(4) = 3$: $8a + b = 3 \Rightarrow a = 0{,}5,\ b = -1,\ c = -4$

   Resultat: $f(x) = 0{,}5x^2 - x - 4$

   b) Ansatz, wegen Symmetrie nur gerade Exponenten: $f(x) = ax^4 + bx^2 + c$

   $f'(x) = 4ax^3 + 2bx$

   $P(1|0)$: $a + b + c = 0$

   $Q(2|9)$: $16a + 4b + c = 9$

   $f'(1) = 0$: $4a + 2b = 0 \Rightarrow a = 1,\ b = -2,\ c = 1$, $f(x) = x^4 - 2x^2 + 1$

4. a) Am Pflanztag war das Bäumchen $h(0) = 0{,}5$ m hoch.
   Es wird nie höher als 20 m sein.

   b) Die Ableitung $H'(t) = 0{,}39 \cdot e^{-0{,}02t}$ ist streng monoton fallend, also wird die Wachstumsrate von Jahr zu Jahr immer kleiner.
   Zu Beginn war sie 0,39 m/Jahr groß.
   Wegen $H'(t) = 0{,}39 \cdot e^{-0{,}02t} < 0{,}1 \Rightarrow t > 68{,}05$ wird die Wachstumsrate etwa mit Beginn des 69. Jahres unter den Wert von 0,1 m/Jahr fallen.

   c) Im Laufe des 149. Jahres wird der Baum die 19 m-Höhe erreichen.

5. a) $F(x) = \frac{1}{8}\left(\frac{1}{4}x^4 - 6x^2\right)$

   $A_1 = F(0) - F(-2) = 2{,}5$, $A_2 = F(0) - F(\sqrt{12}) = 4{,}5$

   $A = 7$

   b) $d(x) = -x^3 + 4x$, $D(x) = -\frac{1}{4}x^2 + 2x^2$, $A = D(2) - D(0) = 4$

Testlösungen zum Kapitel VII (Seite 292)

1. a) nicht kollinear b) komplanar: $2\begin{pmatrix}1\\2\\2\end{pmatrix} - 2\begin{pmatrix}-2\\1\\1\end{pmatrix} = \begin{pmatrix}6\\2\\2\end{pmatrix}$ c) nicht komplanar

2. a) $\overrightarrow{BA} = \begin{pmatrix}-2\\1\\1\end{pmatrix}$, $\overrightarrow{BC} = \begin{pmatrix}3\\2\\4\end{pmatrix}$, $\begin{pmatrix}-2\\1\\1\end{pmatrix} \cdot \begin{pmatrix}3\\2\\4\end{pmatrix} = 0 \Rightarrow \beta = 90°$

   b) $\cos\alpha = \dfrac{\left|\begin{pmatrix}2\\-1\\-1\end{pmatrix} \cdot \begin{pmatrix}5\\1\\3\end{pmatrix}\right|}{\left|\begin{pmatrix}2\\-1\\-1\end{pmatrix}\right| \cdot \left|\begin{pmatrix}5\\1\\3\end{pmatrix}\right|} = \dfrac{6}{\sqrt{6 \cdot 35}} \Rightarrow \alpha \approx 65{,}5°$, $\cos\gamma = \dfrac{\left|\begin{pmatrix}-3\\-2\\-4\end{pmatrix} \cdot \begin{pmatrix}-5\\-1\\-3\end{pmatrix}\right|}{\left|\begin{pmatrix}-3\\-2\\-4\end{pmatrix}\right| \cdot \left|\begin{pmatrix}-5\\-1\\-3\end{pmatrix}\right|} = \dfrac{29}{\sqrt{29 \cdot 35}} \Rightarrow \gamma \approx 24{,}5°$

   c) $A = \frac{1}{2}|AB| \cdot |BC| = \frac{1}{2}\sqrt{6} \cdot \sqrt{29} \approx 6{,}60$

   d) $\vec{a} + \overrightarrow{BC} = \begin{pmatrix}-1\\3\\1\end{pmatrix} + \begin{pmatrix}3\\2\\4\end{pmatrix} = \begin{pmatrix}2\\5\\5\end{pmatrix} \Rightarrow D(2|5|5)$

3. a) $\overrightarrow{AB} = \begin{pmatrix}2\\3\\1\end{pmatrix}$ und $\overrightarrow{AC} = \begin{pmatrix}3\\6\\-2\end{pmatrix}$ sind nicht kollinear, also ist E eindeutig bestimmt.

   b) $\begin{pmatrix}x\\y\\z\end{pmatrix} \cdot \begin{pmatrix}2\\3\\1\end{pmatrix} = 0$, $\begin{pmatrix}x\\y\\z\end{pmatrix} \cdot \begin{pmatrix}3\\6\\-2\end{pmatrix} = 0 \Rightarrow$ zB. $\vec{n} = \begin{pmatrix}-12\\7\\3\end{pmatrix}$

4. a) Die z-Achse wird geschnitten, wenn die x-Koordinate sowie die y-Koordinate null sind. Das ist für $r = -a$ der Fall: $S_z(0|0|6 - 3a)$.

   b) Für $a = 2$ ist auch die z-Koordinate null und g_2 geht durch den Ursprung.

   c) $\begin{pmatrix}1\\2\\3\end{pmatrix} \cdot \begin{pmatrix}3\\0\\-1\end{pmatrix} = 0 \Rightarrow$ g und E verlaufen parallel.

   h: $\vec{x} = \begin{pmatrix}1\\2\\6\end{pmatrix} + r\begin{pmatrix}3\\0\\-1\end{pmatrix}$ in E: $S(6{,}4|2|4{,}2)$, $d = \sqrt{(1 - 6{,}4)^2 + (6 - 4{,}2)^2} \approx 5{,}69$

5. a) $|AB| = 9$ km in 1 Minute, also 540 km/h

   $|CD| = \sqrt{288} \approx 16{,}97$ km in 1 Minute, also ca. 1018 km/h.

   b) AB: $\vec{x} = \begin{pmatrix}1\\1\\0\end{pmatrix} + r\begin{pmatrix}4\\8\\1\end{pmatrix}$, CD: $\vec{x} = \begin{pmatrix}-32\\-16\\4\end{pmatrix} + s\begin{pmatrix}12\\12\\0\end{pmatrix}$

   Gleichsetzen der Geradengleichungen liefert $r = 4$, $s = 4\frac{1}{12}$ und $S(17|33|4)$.

   c) Es besteht keine unmittelbare Kollisionsgefahr, da der Flieger längs CD $\frac{1}{12}$ Minute, also 5 Sekunden später bei S ankommt.

6. Gleichsetzen g = E liefert $t = -4$, $r = -3$ und $s = 7$, also $S(-2|-4|12)$.

Stichwortverzeichnis

Bildnachweis

Illustrationen
Cornelsen/Anton Bigalke, Wald-Michelbach
Cornelsen/Detlev Schüler
Cornelsen/Gerlinde Keller
Cornelsen/Gudrun Lenz
Cornelsen/Klein und Halm, Grafikdesign Berlin
Cornelsen/Norbert Köhler (114)

Screenshots
Cornelsen/Felix Arndt/© Texas Instruments. Nutzung mit Genehmigung von Texas Instruments

Abbildungen

Cover/mauritius images/Frank Röder/Westend61;

2/PEFC Deutschland e.V.; **13/**Shutterstock.com/ArTono; **24/o./**Cornelsen/Henning Knoff; **24/Mi./**Shutterstock.com/StockVector; **47/u.l./**Shutterstock.com/Hennadii H; **47/u. r./**Shutterstock.com/LynxVector; **48/o./**Shutterstock.com/Yuri Schmidt; **48/Mi. l./**Shutterstock.com/Axel Wolf; **48/Mi. r./**Shutterstock.com/HappyPictures; **48/u./**Shutterstock.com/Tim Carillet; **50/Bäume/**Shutterstock.com/Cat_arch_angel; **62/Figuren/**Shutterstock.com/Darq; **63/**stock.adobe.com/Peter Probst/meseberg; **75/**stock.adobe.com/Michael Rosskothen; **85/**Shutterstock.com/Ryszard Filipowicz; **87/**akg-images; **104/A/**stock.adobe.com/tai111; **104/B/**Shutterstock.com/lexaarts; **104/T/**stock.adobe.com/chagpg; **104/Turm/**Shutterstock.com/Rvector; **105/**Cornelsen/Norbert Köhler, Stahnsdorf; **111/**Shutterstock.com/Vector_dream_team; **114/B/**Shutterstock.com/Markus Gann; **114/C/**Shutterstock.com/Rvector; **114/F/**Shutterstock.com/Mountain Brothers; **116/**Shutterstock.com/southmind; **120/Helikopter/**stock.adobe.com/Archmotion.net; **120/Hintergrund/**stock.adobe.com/Oceloti; **120/Flugzeug/**stock.adobe.com/Oleksandr Rozhkov; **121/Ballon/**stock.adobe.com/junzportraits; **121/Drohne/**stock.adobe.com/nsit0108; **121/Insel/**stock.adobe.com/Robert Kneschke; **121/Schiff/**stock.adobe.com/sudowoodo; **121/U-Boot/**stock.adobe.com/Zefir; **121/Wüste/**stock.adobe.com/ActiveLines; **124/Flugzeug/**Shutterstock.com/fckncg; **124/Helikopter/**stock.adobe.com/tai111; **124/Turm/**Shutterstock.com/Rvector; **125/**mauritius images/Oliver Gerhard; **126/o./**Shutterstock.com/Boyko.Pictures; **130/**Shutterstock.com/udaix; **148/**Shutterstock.com/yekaterinalim; **160/Bäume/**Shutterstock.com/wnprh collective; **160/Krahn/**Shutterstock.com/Hennadii H; **164/**stock.adobe.com/dreamblack46; **165/Flugzeug/**stock.adobe.com/Riko Best; **165/Kamel/**Shutterstock.com/Hennadii H; **165/Palmen/**Shutterstock.com/StockSmartStart; **169/**Shutterstock.com/udaix; **173/**Shutterstock.com/photolike; **189/**stock.adobe.com/WoGi; **191/o./**stock.adobe.com/WoGi; **191/u./**Shutterstock.com/Nerthuz; **192/**stock.adobe.com/Svjatoslav; **193/**stock.adobe.com/Maxim_Kazmin; **196/Flugzeug/**Shutterstock.com/Magicleaf; **196/Helikopter/**stock.adobe.com/Archmotion.net; **199/Berge/**Shutterstock.com/Rustic; **199/Flugzeug/**stock.adobe.com/Morphart; **199/Helikopter/**stock.adobe.com/Leonid; **200/f/**Shutterstock.com/fckncg; **200/g/**Shutterstock.com/Rvector; **201/o./**stock.adobe.com/Rustic; **201/u./**stock.adobe.com/i-picture; **209/**Shutterstock.com/ArTono; **214/**Shutterstock.com/Nickola_Che; **222/**Shutterstock.com; **224/**Shutterstock.com/Svyatoslav Balan; **225/**stock.adobe.com/Tatjana Balzer; **226/**Shutterstock.com/Dean Drobot; 227/Shutterstock.com/Elina Leonova; **228/**stock.adobe.com/talsen; **230/o./**stock.adobe.com/pure-life-pictures; **230/**Mi./stock.adobe.com/Leo Lintang; **233/**Mi. l./stock.adobe.com/Dan Race; **233/Mi. r./**Shutterstock.com/BAO-Images Bildagentur; **233/u./**stock.adobe.com/Lutwin Johannes/Xandi; **236/**stock.adobe.com/tang90246; **237/**Shutterstock.com/Fotyma; **238/o./**stock.adobe.com/Hans und Christa Ede; **238/u./**stock.adobe.com/Alexandr Mitiuc; **240/**Shutterstock.com/Farion_O; **241/**stock.adobe.com/sabelskaya; **244/**Shutterstock.com/altafulla; **247/**Shutterstock.com/aleksandr4300; **252/**stock.adobe.com/hayo; **253/**Shutterstock.com/Sina Ettmer Photography; **263/**Shutterstock.com/Tancha; **264/**Bohrmaschine/Shutterstock.com/Taigi; **264/Flugzeug/**stock.adobe.com/Riko Best; **264/Turm/**Shutterstock.com/Rvector; **271/**stock.adobe.com/Sushi; **297/Buchstaben/**stock.adobe.com/gnatiuklv; **297/Tontaube/**Shutterstock.com/Menna; **297/Schale/**Shutterstock.com; **297/Socke/**Shutterstock.com/Dimedrol68; **298/**Shutterstock.com/tkemot; **299/**stock.adobe.com/jentz5262; **303/**Cornelsen/Dr. Norbert Köhler, Stahnsdorf; **306/**Shutterstock.com/goodluz; **309/**Shutterstock/Artisticco; **312/**Shutterstock.com/ingehogenbijl; **313/**Shutterstock.com/Master1305; **314/**stock.adobe.com/Marco Müller Marcografie/albert schleich; **315/o./**Shutterstock.com/kerem39; **315/u./**Shutterstock.com/Gorodenkoff;

316/Shutterstock.com/Mariia Boiko; **317/**stock.adobe.com/SimpLine; **319/**stock.adobe.com/Thomas Schulze, Prenzlau/Th. Schulze Prenzlau; **333/**Shutterstock.com/Eduard Radu; **335/**Shutterstock.com/sdecoret; **339/**stock.adobe.com/esoxx; **342/**Shutterstock.com/Wth; **343/**Shutterstock.com/Nadya_Art; **344/**Shutterstock.com/StockVector; **345/**Shutterstock.com/Kazakova Maryia; **350/**Hintergrund/ Shutterstock/Rustic; **350/Helikopter/**Shutterstock/NotionPic; **350/Flugzeug/**stock.adobe.com/rikimaru005; **351/Palmen/**Shutterstock.com/StockSmartStart; **353/**stock.adobe.com/luismolinero; **354/**stock.adobe.com/kentoh; **357/o./**stock.adobe.com/grgroup; **358/**Shutterstock.com/Fotokostic